N. BOURBAKI

ÉLÉMENTS DE MATHÉMATIQUE

N. BOURBAKI

ÉLÉMENTS DE
MATHÉMATIQUE

THÉORIES SPECTRALES

Chapitres 1 et 2

Seconde édition,
refondue et augmentée

Springer

N. Bourbaki
Institut Henri Poincaré
Paris Cedex 05, France

ISBN 978-3-030-14063-2 ISBN 978-3-030-14064-9 (eBook)
https://doi.org/10.1007/978-3-030-14064-9

Edition originale publiée par Hermann, Paris, 1967

This Springer imprint is published by the registered company Springer Nature Switzerland AG
The registered company address is: Gewerbestrasse 11, 6330 Cham, Switzerland

THÉORIES SPECTRALES

SOMMAIRE v

MODE D'EMPLOI vii

INTRODUCTION xi

CHAPITRE I. — ALGÈBRES NORMÉES 1
§ 1. *Spectres et caractères* 1
§ 2. *Algèbres normées* 15
§ 3. *Algèbres de Banach commutatives* 29
§ 4. *Calcul fonctionnel holomorphe* 49
§ 5. *Algèbres de Banach commutatives régulières* 88
§ 6. *Algèbres stellaires* 95
§ 7. *Spectre des endomorphismes des espaces de Banach* . . 127
§ 8. *Algèbres de fonctions continues sur un espace compact* 142

Exercices du § 1. 153
Exercices du § 2. 155
Exercices du § 3. 166
Exercices du § 4. 172
Exercices du § 5. 178

Exercices du § 6. 180
Exercices du § 7. 187
Exercices du § 8. 191

CHAPITRE II. — GROUPES LOCALEMENT COMPACTS COMMUTATIFS.......................... 199
§ 1. *Transformation de Fourier*.......................... 201
§ 2. *Classification*.. 244
§ 3. *Sous-espaces invariants*.......................... 250

Exercices du § 1. 262
Exercices du § 2. 304
Exercices du § 3. 308

FORMULAIRE DE THÉORIE DE FOURIER.......................... 319

INDEX DES NOTATIONS.. 323

INDEX TERMINOLOGIQUE 327

TABLE DES MATIÈRES.. 333

MODE D'EMPLOI

1. Le traité prend les mathématiques à leur début et donne des démonstrations complètes. Sa lecture ne suppose donc, en principe, aucune connaissance mathématique particulière, mais seulement une certaine habitude du raisonnement mathématique et un certain pouvoir d'abstraction. Néanmoins, le traité est destiné plus particulièrement à des lecteurs possédant au moins une bonne connaissance des matières enseignées dans la première ou les deux premières années de l'université.

2. Le mode d'exposition suivi est axiomatique et procède le plus souvent du général au particulier. Les nécessités de la démonstration exigent que les chapitres se suivent, en principe, dans un ordre logique rigoureusement fixé. L'utilité de certaines considérations n'apparaîtra donc au lecteur qu'à la lecture de chapitres ultérieurs, à moins qu'il ne possède déjà des connaissances assez étendues.

3. Le traité est divisé en Livres et chaque Livre en chapitres. Les Livres actuellement publiés, en totalité ou en partie, sont les suivants :

Théorie des ensembles	désigné par	E
Algèbre	—	A
Topologie générale	—	TG
Fonctions d'une variable réelle	—	FVR
Espaces vectoriels topologiques	—	EVT
Intégration	—	INT
Algèbre commutative	—	AC
Variétés différentiables et analytiques	—	VAR
Groupes et algèbres de Lie	—	LIE
Théories spectrales	—	TS
Topologie algébrique	—	TA

Dans les *six premiers* Livres (pour l'ordre indiqué ci-dessus), chaque énoncé ne fait appel qu'aux définitions et résultats exposés précédemment dans le chapitre en cours ou dans les chapitres *antérieurs dans l'ordre suivant* : E ; A, chapitres I à III ; TG, chapitres I à III ; A, chapitres IV et suivants ; TG, chapitres IV et suivants ; FVR ; EVT ; INT. À partir du septième Livre, le lecteur trouvera éventuellement, au début de chaque Livre ou chapitre, l'indication précise des autres Livres ou chapitres utilisés (les six premiers Livres étant toujours supposés connus).

4. Cependant, quelques passages font exception aux règles précédentes. Ils sont placés entre deux astérisques : *... *. Dans certains cas, il s'agit seulement de faciliter la compréhension du texte par des exemples qui se réfèrent à des faits que le lecteur peut déjà connaître par ailleurs. Parfois aussi, on utilise, non seulement les résultats supposés connus dans tout le chapitre en cours, mais des résultats démontrés ailleurs dans le traité. Ces passages seront employés librement dans les parties qui supposent connus les chapitres où ces passages sont insérés et les chapitres auxquels ces passages font appel. Le lecteur pourra, nous l'espérons, vérifier l'absence de tout cercle vicieux.

5. À certains Livres (soit publiés, soit en préparation) sont annexés des *fascicules de résultats*. Ces fascicules contiennent l'essentiel des définitions et des résultats du Livre, mais aucune démonstration.

6. L'armature logique de chaque chapitre est constituée par les *définitions*, les *axiomes* et les *théorèmes* de ce chapitre ; c'est là ce qu'il est principalement nécessaire de retenir en vue de ce qui doit suivre. Les résultats moins importants, ou qui peuvent être facilement retrouvés à partir des théorèmes, figurent sous le nom de « propositions », « lemmes », « corollaires », « remarques » ; etc. ; ceux qui peuvent être omis en première lecture sont imprimés en petits caractères. Sous le nom de « scholie », on trouvera quelquefois un commentaire d'un théorème particulièrement important.

Pour éviter des répétitions fastidieuses, on convient parfois d'introduire certaines notations ou certaines abréviations qui ne sont valables qu'à l'intérieur d'un seul chapitre ou d'un seul paragraphe (par exemple, dans un chapitre où tous les anneaux sont commutatifs, on peut convenir que le mot « anneau » signifie toujours « anneau commutatif »). De telles conventions sont explicitement mentionnées à la tête du chapitre ou du paragraphe dans lequel elles s'appliquent.

7. Certains passages sont destinés à prémunir le lecteur contre des erreurs graves, où il risquerait de tomber ; ces passages sont signalés en marge par le signe ☡ (« tournant dangereux »).

8. Les exercices sont destinés, d'une part, à permettre au lecteur de vérifier qu'il a bien assimilé le texte ; d'autre part à lui faire connaître des résultats qui n'avaient pas leur place dans le texte ; les plus difficiles sont marqués du signe ¶.

9. La terminologie suivie dans ce traité a fait l'objet d'une attention particulière. *On s'est efforcé de ne jamais s'écarter de la terminologie reçue sans de très sérieuses raisons.*

10. On a cherché à utiliser, sans sacrifier la simplicité de l'exposé, un langage rigoureusement correct. Autant qu'il a été possible, les *abus de langage ou de notation*, sans lesquels tout texte mathématique risque de devenir pédantesque et même illisible, ont été signalés au passage.

11. Le texte étant consacré à l'exposé dogmatique d'une théorie, on n'y trouvera qu'exceptionnellement des références bibliographiques ; celles-ci sont parfois groupées dans des *Notes historiques*. La bibliographie qui suit chacune de ces Notes ne comporte le plus souvent que les livres et mémoires originaux qui ont eu le plus d'importance dans l'évolution de la théorie considérée ; elle ne vise nullement à être complète.

Quant aux exercices, il n'a pas été jugé utile en général d'indiquer leur provenance, qui est très diverse (mémoires originaux, ouvrages didactiques, recueils d'exercices).

12. Dans la nouvelle édition, les renvois à des théorèmes, axiomes, définitions, remarques, etc. sont donnés en principe en indiquant successivement le Livre (par l'abréviation qui lui correspond dans la liste donnée au n° 3), le chapitre et la page où ils se trouvent. À l'intérieur d'un même Livre, la mention de ce Livre est supprimée ; par exemple, dans le Livre d'Algèbre,

E, III, p. 32, cor. 3

renvoie au corollaire 3 se trouvant au Livre de Théorie des Ensembles, chapitre III, page 32 de ce chapitre ;

II, p. 24, prop. 17

renvoie à la proposition 17 du Livre d'Algèbre, chapitre II, page 24 de ce chapitre.

Les fascicules de résultats sont désignés par la lettre R ; par exemple : EVT, R signifie « fascicule de résultats du Livre sur les Espaces Vectoriels Topologiques ».

Comme certains Livres doivent être publiés plus tard dans la nouvelle édition, les renvois à ces Livres se font en indiquant successivement le Livre, le chapitre, le paragraphe et le numéro où devrait se trouver le résultat en question ; par exemple :

AC, III, § 4, n° 5, cor. de la prop. 6.

INTRODUCTION

Les *Théories spectrales* visent à étudier les propriétés de certaines algèbres normées, les exemples fondamentaux étant l'algèbre des fonctions continues à valeurs complexes sur un espace topologique, l'algèbre des endomorphismes d'un espace de Banach et l'algèbre de convolution des fonctions intégrables par rapport à une mesure de Haar sur un groupe localement compact. La portée de cette étude n'est pas nécessairement apparente par cette simple indication, mais il n'est besoin pour en saisir l'importance que de constater que deux mathématiciens contemporains, à moins qu'ils n'appartiennent à la même chapelle, n'auront bien souvent comme connaissances communes, outre l'algèbre linéaire et la partie élémentaire du calcul différentiel et intégral, que certains aspects de l'analyse de Fourier.

Dans les deux premiers chapitres de ce Livre, nous développons les idées les plus fondamentales des théories spectrales, et considérons plus en détail le troisième exemple mentionné ci-dessus, autrement dit, la *transformation de Fourier*, dans le cadre d'un groupe localement compact commutatif.

Les chapitres suivants poursuivront d'abord la théorie générale des applications linéaires compactes, puis celle des opérateurs sur les espaces hilbertiens, ce cas incluant les applications linéaires définies seulement sur un sous-espace (en général dense) d'un tel espace. Comme on le sait, cette théorie est la base du formalisme mathématique de la Mécanique Quantique. Finalement, nous présenterons la théorie élémentaire des représentations unitaires des groupes topologiques, notamment compacts, dont nous avons déjà eu à nous servir dans le chapitre IX du Livre *Groupes et algèbres de Lie*.

Les titres des deux premiers chapitres sont les mêmes que ceux de la première édition de ce Livre, parue en 1967. Ils sont revus, corrigés et augmentés.

Pour la facilité de la lecture, nous indiquons ci-dessous les changements les plus importants qui se trouvent dans cette édition, et tout particulièrement les ajouts.

Pour le chapitre I :

– Dans le n° 3 du §3, nous introduisons la notion d'application partielle propre, qui permet d'énoncer de manière fonctorielle la correspondance de Gelfand entre espaces localement compacts et algèbres stellaires commutatives.

– Dans le §4, nous avons ajouté les n°s 13 et 14, qui traitent du calcul fonctionnel holomorphe dans les algèbres normables réelles ou complexes, et dans les algèbres sans élément unité.

– Dans le §6, la présentation du calcul fonctionnel continu a été remaniée (n° 6). Les n°s 9 à 11 sont nouveaux ; ils considérent la notion d'élément positif dans une algèbre stellaire générale, les unités approchées de telles algèbres, et le quotient d'une algèbre stellaire par un idéal bilatère fermé.

– Le §7, concernant les propriétés spectrales les plus élémentaires des endomorphismes des espaces de Banch est essentiellement nouveau ; les numéros n°s 7 et 8 reprennent partiellement certains numéros de l'ancien paragraphe 6. C'est ce nouveau paragraphe qui servira de base à l'étude plus approfondies des endomorphismes des espaces hilbertiens dans le chapitre IV.

Pour le chapitre II :

– Le §1 concernant la transformation de Fourier a été revu en détail, par exemple le n° 6 qui traite de la fonctorialité de la dualité de Pontryagin. Dans le nouveau n° 9, nous rendons plus explicites les énoncés les plus importants pour les groupes $\mathbf{R}^n$ et $(\mathbf{R}/\mathbf{Z})^n$. La théorie de Fourier dans $\mathbf{R}^n$ trouvant son cadre le plus naturel dans la théorie des distributions tempérées, nous en énonçons les propriétés essentielles sans donner les démonstrations, qui apparaitront dans le chapitre IV.

– Nous avons finalement ajouté un formulaire de théorie de Fourier qui résume les définitions et propriétés des principaux espaces fonctionnels intervenant dans cette théorie, ainsi que les formules essentielles.

Beaucoup d'exercices sont nouveaux. On notera en particulier l'augmentation considérable du nombre d'exercices dans le §1 du chapitre II, qui reflète l'importance mathématique de la théorie de Fourier.

Dans les livres précédents, la référence suivante à TS, à paraître, doit être modifiée ainsi :

LIE, IX, p. 72, §7, n° 4. Au lieu de « d'après TS », lire « d'après TS, cor. du th. 1 de II, p. 215. »

CHAPITRE PREMIER

Algèbres normées

Sauf mention du contraire, les algèbres considérées dans ce chapitre sont supposées associatives.

§ 1. SPECTRES ET CARACTÈRES

Dans ce paragraphe, la lettre K *désigne un corps commutatif. Si* E *et* F *sont des* K*-espaces vectoriels, on note* $E \otimes F = E \otimes_K F$.

1. Algèbres unifères

On appelle *algèbre unifère* sur K un couple (A, e) où A est une algèbre sur K à élément unité et e l'élément unité de A. Comme e est déterminé de manière unique par A, il nous arrivera de dire, par abus de langage, que A est une algèbre unifère. Si (A, e) et (A', e') sont des algèbres unifères, on appelle *morphisme unifère* de (A, e) dans (A', e') un morphisme φ de A dans A′ tel que $\varphi(e) = e'$. Une sous-algèbre unifère de (A, e) est un couple (A', e), où A′ est une sous-algèbre de A contenant e.

On notera souvent 1 l'élément unité.

N. Bourbaki, *Théories spectrales*, https://doi.org/10.1007/978-3-030-14064-9_1

Lemme 1. — Soit A *une algèbre. Pour tout idempotent j de* A*, le sous-espace jAj de* A *est l'ensemble des $x \in A$ tels que $xj = jx = x$. C'est une sous-algèbre de* A *qui admet l'élément unité j.*

La preuve est élémentaire.

2. Spectre d'un élément dans une algèbre unifère

DÉFINITION 1. — *Soient* A *une algèbre unifère sur* K *et e son élément unité. Pour tout $x \in A$, on appelle* spectre de x relativement à A *l'ensemble des $\lambda \in K$ tels que $\lambda e - x$ ne soit pas inversible.*

Le spectre de x sera noté $\mathrm{Sp}_A(x)$, ou $\mathrm{Sp}(x)$ si aucune confusion n'en résulte. Le complémentaire de $\mathrm{Sp}_A(x)$ dans K est appelé l'*ensemble résolvant* de x.

Remarques. — 1) Si $A = \{0\}$, on a $\mathrm{Sp}(0) = \varnothing$.

2) Si $A \neq \{0\}$, on a $\mathrm{Sp}(\lambda e) = \{\lambda\}$ pour tout $\lambda \in K$.

3) Pour que $x \in A$ soit inversible, il faut et il suffit que $0 \notin \mathrm{Sp}(x)$.

4) Soit $R \in K(X)$ une fraction rationnelle et soit $x \in A$ un élément qui est substituable dans R, c'est-à-dire (A, IV, p. 20) qu'il existe P et $Q \in K[X]$ tels que $R = P/Q$ et $Q(x)$ est inversible ; on peut alors former l'élément $R(x) = P(x) \cdot Q(x)^{-1} = Q(x)^{-1} \cdot P(x)$ de A ; il ne dépend pas des choix de P et Q. On a $0 \notin Q(\mathrm{Sp}(x))$, de sorte que tout élément de $\mathrm{Sp}(x)$ est substituable dans R.

On a $R(\mathrm{Sp}(x)) \subset \mathrm{Sp}(R(x))$. Soit en effet $\lambda \in \mathrm{Sp}(x)$; il existe un polynôme P_1 tel que $R(\lambda) - R(X) = (\lambda - X)P_1(X)/Q(X)$; alors, $R(\lambda)e - R(x) = (\lambda e - x)(P_1(x)/Q(x))$, de sorte que $R(\lambda) - R(x)$ n'est pas inversible, donc $R(\lambda) \in \mathrm{Sp}(R(x))$.

Inversement, supposons que le corps K est algébriquement clos. Supposons d'abord que R n'est pas constante et démontrons que l'on a $\mathrm{Sp}(R(x)) = R(\mathrm{Sp}(x))$. Soit $\mu \in \mathrm{Sp}(R(x))$. Comme R n'est pas constante, $P - \mu Q$ n'est pas le polynôme nul ; soit $\mu Q - P = \alpha \prod(\lambda_i - X)$ une décomposition en facteurs de degré 1, de sorte que $\mu e - R(x) = \alpha \prod(\lambda_i e - x) Q(x)^{-1}$. Puisque $\mu e - R(x)$ n'est pas inversible, il existe i tel que $\lambda_i e - x$ n'est pas inversible, donc $\lambda_i \in \mathrm{Sp}(x)$, puis $R(\lambda_i) = \mu \in R(\mathrm{Sp}(x))$.

Lorsque R est constante, l'égalité $\mathrm{Sp}(R(x)) = R(\mathrm{Sp}(x))$ vaut aussi, à condition que $\mathrm{Sp}(x)$ soit non vide.

5) Supposons que l'algèbre A soit non nulle. Soit $x \in \mathrm{A}$ un élément nilpotent. Notons n un entier tel que $x^n = 0$. Le spectre de x^n est réduit à 0, donc il en est de même du spectre de x d'après la remarque 4.

6) Soient A et B des algèbres unifères sur K et $\varphi\colon \mathrm{A} \to \mathrm{B}$ un morphisme unifère. Pour tout $x \in \mathrm{A}$, on a $\mathrm{Sp_B}(\varphi(x)) \subset \mathrm{Sp_A}(x)$.

7) Soient A une algèbre unifère, R son radical (A, VIII, p. 150, déf. 2) et soit φ le morphisme canonique de A sur $\mathrm{B} = \mathrm{A}/\mathrm{R}$. Si $x \in \mathrm{A}$, on a $\mathrm{Sp_B}(\varphi(x)) = \mathrm{Sp_A}(x)$. En effet, il suffit de prouver que si $\varphi(x)$ est inversible dans B, alors x est inversible dans A. Or, si $y \in \mathrm{A}$ est tel que $\varphi(x)\varphi(y) = \varphi(y)\varphi(x) = \varphi(e)$, on a $xy \in e + \mathrm{R}$, $yx \in e + \mathrm{R}$, donc xy et yx sont inversibles (A, VIII, p. 151, th. 1) et par suite x est inversible. En particulier, si $x \in \mathrm{R}$, on a $\mathrm{Sp_A}(x) = \{0\}$ si $\mathrm{A} \neq \{0\}$.

8) Soit $(\mathrm{B}_i)_{i\in\mathrm{I}}$ une famille d'algèbres unifères, avec $\mathrm{B}_i = (\mathrm{A}_i, e_i)$ pour $i \in \mathrm{I}$. Posons $\mathrm{A} = \prod_i \mathrm{A}_i$, $e = (e_i)_{i\in\mathrm{I}}$. Alors (A, e) est une algèbre unifère appelée *produit des* B_i. Si $x = (x_i)_{i\in\mathrm{I}} \in \mathrm{A}$, on a $\mathrm{Sp_A}(x) = \bigcup_i \mathrm{Sp}_{\mathrm{A}_i}(x_i)$.

Exemples. — 1) Soit X un ensemble et soit $\mathrm{A} = \mathrm{K}^{\mathrm{X}}$ l'algèbre des fonctions à valeurs dans K définies sur X. Le spectre d'un élément f de A est l'ensemble des valeurs de f.

2) Soit A une algèbre unifère de rang fini sur K. Pour que $x \in \mathrm{A}$ soit inversible, il faut et il suffit que l'application linéaire $y \mapsto xy$ de A dans A soit de déterminant non nul. Il en résulte que le spectre de x est l'ensemble des racines du polynôme caractéristique de x (A, III, p. 110). Si A est l'algèbre des endomorphismes d'un espace vectoriel V de dimension finie sur K, le spectre de x est donc l'ensemble des valeurs propres de x. Il n'en est pas toujours ainsi quand V est de dimension infinie (*cf.* I, p. 153, exercice 2).

3. Résolvante

DÉFINITION 2. — *Soient* A *une algèbre unifère sur* K *et* $x \in \mathrm{A}$. *Pour tout* $\lambda \in \mathrm{K} - \mathrm{Sp}(x)$, *on pose*

$$\mathrm{R}(x, \lambda) = (\lambda e - x)^{-1}.$$

L'application de $\mathrm{K} - \mathrm{Sp}(x)$ *dans* A *donnée par* $\lambda \mapsto \mathrm{R}(x, \lambda)$ *s'appelle la* résolvante *de* x.

Pour x fixé, les valeurs de $\mathrm{R}(x, \lambda)$ sont deux à deux permutables. Si $\lambda, \mu \in \mathrm{K}$, on a :

$$(\lambda - \mu)e = (\lambda e - x) - (\mu e - x)$$

donc, si $\lambda, \mu \in \mathrm{K} - \mathrm{Sp}(x)$, on a la relation

$$(\lambda - \mu)\mathrm{R}(x, \lambda)\mathrm{R}(x, \mu) = \mathrm{R}(x, \mu) - \mathrm{R}(x, \lambda). \tag{1}$$

Si $x, y \in \mathrm{A}$ et $\lambda \in \mathrm{K}$, on a :

$$y - x = (\lambda e - x) - (\lambda e - y)$$

donc, si $\lambda \in \mathrm{K} - (\mathrm{Sp}(x) \cup \mathrm{Sp}(y))$, on a la relation

$$\mathrm{R}(y, \lambda)(y - x)\mathrm{R}(x, \lambda) = \mathrm{R}(y, \lambda) - \mathrm{R}(x, \lambda). \tag{2}$$

4. Spectre d'un élément dans une algèbre

Soit A une algèbre sur K. Rappelons (A, III, p. 4) qu'on définit sur l'espace vectoriel $\widetilde{\mathrm{A}} = \mathrm{K} \times \mathrm{A}$ une structure d'algèbre telle que :

$$(\lambda, a)(\mu, b) = (\lambda\mu, \lambda b + \mu a + ab).$$

Soit $e = (1, 0)$. Alors $(\widetilde{\mathrm{A}}, e)$ est une algèbre unifère dite *déduite de* A *par adjonction d'un élément unité*. L'algèbre A s'identifie à l'idéal bilatère $\{0\} \times \mathrm{A}$ de $\widetilde{\mathrm{A}}$; l'algèbre A est commutative si et seulement si $\widetilde{\mathrm{A}}$ l'est.

Si A' est une seconde algèbre sur K, $(\widetilde{\mathrm{A}}', e')$ l'algèbre unifère déduite de A' par adjonction d'un élément unité, et φ un morphisme de A dans A', il existe un morphisme unifère et un seul de $(\widetilde{\mathrm{A}}, e)$ dans $(\widetilde{\mathrm{A}}', e')$ qui prolonge φ.

Soient A une algèbre sur K et $x \in \mathrm{A}$. On appelle *spectre de* x *relativement à* A le spectre de x relativement à l'algèbre unifère $\widetilde{\mathrm{A}}$ déduite de A par adjonction d'un élément unité. Cet ensemble sera noté $\mathrm{Sp}'_{\mathrm{A}}(x)$, ou $\mathrm{Sp}'(x)$ si aucune confusion n'en résulte. On a $0 \in \mathrm{Sp}'_{\mathrm{A}}(x)$ quel que soit $x \in \mathrm{A}$.

Si φ est un morphisme de A dans une algèbre B, on a $\mathrm{Sp}'_{\mathrm{B}}(\varphi(x)) \subset \mathrm{Sp}'_{\mathrm{A}}(x)$.

Remarques. — 1) Soit (A, 1) une algèbre unifère. Si $x \in \mathrm{A}$, on a

$$\mathrm{Sp}'_{\mathrm{A}}(x) = \mathrm{Sp}_{\mathrm{A}}(x) \cup \{0\}.$$

On vérifie en effet que $(e-1)\cdot A = A\cdot(e-1) = 0$, donc que $\widetilde{A}$ est l'algèbre unifère produit de A et de $K(e-1)$. Notre assertion résulte donc de la remarque 8 de I, p. 3.

2) Il résulte de la remarque 1 que, si B est une algèbre sur K et si $x \in B$, on a :

$$\mathrm{Sp}'_B(x) = \mathrm{Sp}_{\widetilde{B}}(x) = \mathrm{Sp}_{\widetilde{B}}(x) \cup \{0\} = \mathrm{Sp}'_{\widetilde{B}}(x).$$

3) Si x appartient au radical de A (A, VIII, p. 430, déf. 3), on a $\mathrm{Sp}'_A(x) = \{0\}$. Ceci résulte de la remarque 7 de I, p. 3.

PROPOSITION 1. — *Soient* A *une algèbre et* $x, y \in A$. *On a* $\mathrm{Sp}'(xy) = \mathrm{Sp}'(yx)$.

En passant à $\widetilde{A}$, on se ramène au cas où A possède un élément unité e. Il suffit alors de prouver que, si $\lambda \neq 0$ est tel que $xy - \lambda e$ admette un inverse u, alors $yx - \lambda e$ est inversible. Posons $z = yux - e$. Puisque $xyu = \lambda u + e$, on a

$$\begin{aligned}(yx-\lambda e)z &= y(xyu)x - yx - \lambda yux + \lambda e\\ &= y(\lambda u + e)x - yx - \lambda yux + \lambda e = \lambda e\end{aligned}$$

et de même $z(yx - \lambda e) = \lambda e$. Comme $\lambda \neq 0$, on voit que $yx - \lambda e$ est inversible.

Si A est une algèbre unifère et si $x, y \in A$, la proposition précédente entraîne que $\mathrm{Sp}(xy) \cup \{0\} = \mathrm{Sp}(yx) \cup \{0\}$, mais on peut avoir $\mathrm{Sp}(xy) \neq \mathrm{Sp}(yx)$ (*cf.* I, p. 153, exerc. 3).

5. Sous-algèbres pleines

Soit A une algèbre unifère sur K.

DÉFINITION 3. — *On appelle* sous-algèbre pleine *de* A *une sous-algèbre unifère* B *telle que tout élément de* B *qui est inversible dans* A *soit inversible dans* B.

Autrement dit, B est une sous-algèbre pleine de A si et seulement si $\mathrm{Sp}_B(x) = \mathrm{Sp}_A(x)$ pour tout $x \in B$.

L'intersection d'une famille de sous-algèbres pleines de A est une sous-algèbre pleine de A.

Soit M une partie de A. L'intersection des sous-algèbres pleines de A contenant M est la plus petite sous-algèbre pleine de A contenant M ;

on l'appelle *la sous-algèbre pleine de* A *engendrée par* M. Le commutant M′ de M dans A est une sous-algèbre pleine de A (car, si x est inversible dans A et commute avec M, alors x^{-1} commute avec M). Donc le bicommutant M″ de M est une sous-algèbre pleine de A qui contient la sous-algèbre pleine de A engendrée par M.

Si les éléments de M sont deux à deux permutables, on a $\mathrm{M} \subset \mathrm{M}'$ et $\mathrm{M}'' \subset \mathrm{M}'''$; l'algèbre M″ est donc commutative et il en est alors de même de l'algèbre pleine engendrée par M.

Une sous-algèbre commutative maximale de A est une sous-algèbre pleine, car elle est égale à son commutant.

Lemme 2. — *Soit* $(x_\lambda)_{\lambda\in\Lambda}$ *une famille d'éléments deux à deux permutables de* A*. La sous-algèbre pleine engendrée par* (x_λ) *est l'ensemble des éléments de la forme* $\mathrm{R}((x_\lambda))$*, où* $\mathrm{R} \in \mathrm{K}((\mathrm{X}_\lambda))$ *parcourt l'ensemble des fractions rationnelles dans lesquelles la famille* (x_λ) *est substituable.*

Soit B la sous-algèbre pleine de A engendrée par la famille (x_λ), et notons B_1 l'ensemble des éléments de la forme $\mathrm{R}((x_\lambda))$, où $\mathrm{R}((\mathrm{X}_\lambda))$ est une fraction rationnelle dans laquelle (x_λ) est substituable. Explicitement, B_1 est l'ensemble des éléments de A de la forme $\mathrm{P}((x_\lambda))\mathrm{Q}((x_\lambda))^{-1}$, où $\mathrm{P}, \mathrm{Q} \in \mathrm{K}[(\mathrm{X}_\lambda)]$ et $\mathrm{Q}((x_\lambda))$ est inversible dans A. L'ensemble B_1 est une sous-algèbre unifère de A contenant la famille (x_λ). C'est une sous-algèbre pleine : si $\mathrm{P}((x_\lambda))\mathrm{Q}((x_\lambda))^{-1}$ est inversible dans A, alors $\mathrm{P}((x_\lambda))$ est inversible dans A et l'inverse $\mathrm{Q}((x_\lambda))\mathrm{P}((x_\lambda))^{-1}$ de $\mathrm{P}((x_\lambda))\mathrm{Q}((x_\lambda))^{-1}$ appartient à B_1. On a donc $\mathrm{B} \subset \mathrm{B}_1$. D'autre part, si $\mathrm{P}, \mathrm{Q} \in \mathrm{K}[(\mathrm{X}_\lambda)]$, et si $\mathrm{Q}((x_\lambda))$ est inversible dans A, alors $\mathrm{P}((x_\lambda)) \in \mathrm{B}$ et $\mathrm{Q}((x_\lambda)) \in \mathrm{B}$, donc $\mathrm{Q}((x_\lambda))^{-1} \in \mathrm{B}$ et $\mathrm{P}((x_\lambda))\mathrm{Q}((x_\lambda))^{-1} \in \mathrm{B}$, donc $\mathrm{B}_1 \subset \mathrm{B}$.

6. Caractères d'une algèbre unifère commutative

DÉFINITION 4. — *Soit* A *une algèbre unifère commutative sur* K. *On appelle* caractère unifère *un morphisme unifère de* A *dans* K.

Lorsqu'aucune confusion ne peut en résulter, on dira simplement *caractère* au lieu de caractère unifère. L'ensemble des caractères unifères de A est noté $\mathsf{X}(\mathrm{A})$. Si A est l'algèbre nulle, alors $\mathsf{X}(\mathrm{A})$ est vide.

Soient A et B des algèbres unifères commutatives sur K et h un morphisme unifère de A dans B. L'application $\chi \mapsto \chi \circ h$ de $\mathsf{X}(\mathrm{B})$ dans $\mathsf{X}(\mathrm{A})$ se note $\mathsf{X}(h)$. Si k est un morphisme de B dans une algèbre unifère commutative, on a $\mathsf{X}(k \circ h) = \mathsf{X}(h) \circ \mathsf{X}(k)$. L'application $\mathsf{X}(\mathrm{Id}_{\mathrm{A}})$ est l'application identique de $\mathsf{X}(\mathrm{A})$.

Si h est surjectif, $\mathsf{X}(h)$ est une bijection de $\mathsf{X}(\mathrm{B})$ sur l'ensemble des caractères de A qui s'annulent sur le noyau de h.

Soient $(\mathrm{A}_1, e_1), \ldots, (\mathrm{A}_n, e_n)$ des algèbres unifères commutatives sur K et soit A l'algèbre unifère $\mathrm{A}_1 \times \cdots \times \mathrm{A}_n$, d'élément unité $(e_1, \ldots, e_n)$. Pour tout i, identifions A_i à un idéal de A et soit π_i l'application canonique de A sur A_i. Alors $\mathsf{X}(\pi_i)$ est une bijection de $\mathsf{X}(\mathrm{A}_i)$ sur l'ensemble X_i des caractères de A nuls sur $\prod_{j \neq i} \mathrm{A}_j$. Les ensembles X_i sont deux à deux disjoints. D'autre part, soit $\chi \in \mathsf{X}(\mathrm{A})$. Puisque $1 = \sum \chi(e_i)$, il existe i tel que $\chi(e_i) \neq 0$. Pour tout $j \neq i$ et tout $y \in \mathrm{A}_j$, on a $\chi(e_i)\chi(y) = \chi(e_i y) = \chi(0) = 0$, donc $\chi(\mathrm{A}_j) = 0$. Ainsi, χ s'annule sur $\prod_{j \neq i} \mathrm{A}_j$, de sorte que $\mathsf{X}(\mathrm{A})$ est réunion des X_i.

Soit B l'algèbre unifère $\mathrm{A}_1 \otimes \cdots \otimes \mathrm{A}_n$. Notons h_i le morphisme canonique $\mathrm{A}_i \to \mathrm{B}$. Alors

$$\chi \mapsto (\chi \circ h_1, \ldots, \chi \circ h_n)$$

est une application de $\mathsf{X}(\mathrm{B})$ dans $\mathsf{X}(\mathrm{A}_1) \times \cdots \times \mathsf{X}(\mathrm{A}_n)$, et

$$(\chi_1, \ldots, \chi_n) \mapsto \chi_1 \otimes \cdots \otimes \chi_n$$

est une application de $\mathsf{X}(\mathrm{A}_1) \times \cdots \times \mathsf{X}(\mathrm{A}_n)$ dans $\mathsf{X}(\mathrm{B})$. On vérifie que ces applications sont des bijections réciproques l'une de l'autre, par lesquelles on identifiera $\mathsf{X}(\mathrm{B})$ à $\mathsf{X}(\mathrm{A}_1) \times \cdots \times \mathsf{X}(\mathrm{A}_n)$.

Soit A une algèbre unifère commutative sur K. Soit Y l'ensemble des idéaux de codimension 1 de A. Pour tout $\chi \in \mathsf{X}(\mathrm{A})$, on a $\mathrm{Ker}(\chi) \in \mathrm{Y}$. L'application $\chi \mapsto \mathrm{Ker}(\chi)$ est une bijection de $\mathsf{X}(\mathrm{A})$ sur Y. En effet, si $\mathrm{I} \in \mathrm{Y}$, il existe un unique isomorphisme de la K-algèbre unifère A/I sur K et le morphisme composé

$$\mathrm{A} \longrightarrow \mathrm{A}/\mathrm{I} \longrightarrow \mathrm{K}$$

est l'unique caractère de A de noyau I.

DÉFINITION 5. — *Soit* A *une algèbre unifère commutative sur* K. *Pour tout* $x \in \mathrm{A}$, *on note* $\mathscr{G}_{\mathrm{A}}(x)$, *ou simplement* $\mathscr{G}(x)$, *l'application* $\chi \mapsto \chi(x)$ *de* $\mathsf{X}(\mathrm{A})$ *dans* K. *On l'appelle la* transformée de Gelfand *de* x.

L'application $\mathscr{G}$ *est un morphisme unifère de* A *dans l'algèbre unifère* $K^{\mathsf{X}(A)}$ *des applications de* $\mathsf{X}(A)$ *dans* K. *On l'appelle la* transformation de Gelfand *de* A.

Si $x \in A$, l'image de la transformée de Gelfand $\mathscr{G}_A(x)$ de x est contenue dans $\mathrm{Sp}_A(x)$. En effet, soit $\chi \in \mathsf{X}(A)$; puisque $\chi(x - \chi(x)e) = 0$, l'élément $x - \chi(x)e$ n'est pas inversible.

Soient B une algèbre unifère commutative sur K et h un morphisme unifère de A dans B ; alors $\mathsf{X}(h) \colon \mathsf{X}(B) \to \mathsf{X}(A)$ définit un morphisme unifère $h_* \colon K^{\mathsf{X}(A)} \to K^{\mathsf{X}(B)}$, et le diagramme :

$$\begin{array}{ccc} A & \xrightarrow{\mathscr{G}_A} & K^{\mathsf{X}(A)} \\ \Big\downarrow h & & \Big\downarrow h_* \\ B & \xrightarrow{\mathscr{G}_B} & K^{\mathsf{X}(B)} \end{array} \tag{3}$$

est commutatif. En effet, pour tout $x \in A$ et tout $\chi \in \mathsf{X}(B)$, on a :

$$\begin{aligned} \mathscr{G}_B(h(x))(\chi) &= \chi(h(x)) = (\chi \circ h)(x) \\ &= (\mathsf{X}(h)(\chi))(x) \\ &= \mathscr{G}_A(x)(\mathsf{X}(h)(\chi)) \\ &= h_*(\mathscr{G}_A(x))(\chi). \end{aligned} \tag{4}$$

Supposons maintenant que K soit un corps topologique. On munit alors $\mathsf{X}(A)$ de la topologie de la convergence simple sur A (*cf.* EVT, III, p. 14, exemple 1), et l'espace topologique $\mathsf{X}(A)$ s'appelle *l'espace des caractères* de A. La topologie de $\mathsf{X}(A)$ est donc la moins fine pour laquelle les fonctions $\mathscr{G}_A(x)$ pour $x \in A$ soient continues, et l'application $\chi \mapsto (\chi(a))_{a \in A}$ identifie l'espace $\mathsf{X}(A)$ avec une partie de K^A.

Lorsque $K = \mathbf{R}$ ou $\mathbf{C}$, cette topologie est la topologie induite sur $\mathsf{X}(A) \subset A^*$ par la topologie faible $\sigma(A^*, A)$ sur A^* (EVT, II, p. 45, déf. 2) ; à ce titre, nous dirons aussi que c'est la *topologie faible* sur $\mathsf{X}(A)$.

Si h est un morphisme unifère de A dans B, l'application $\mathsf{X}(h) \colon \mathsf{X}(B) \to \mathsf{X}(A)$ est continue. Si h est surjectif, l'image de $\mathsf{X}(h)$, à savoir l'ensemble des caractères de A nuls sur le noyau de h, est fermée dans $\mathsf{X}(A)$; d'autre part, la topologie sur $\mathsf{X}(h)(\mathsf{X}(B))$ déduite de celle de $\mathsf{X}(B)$ par la bijection $\mathsf{X}(h)$ est la topologie de la convergence simple dans A, c'est-à-dire la topologie induite par celle de $\mathsf{X}(\mathrm{A})$; autrement dit, $\mathsf{X}(h)$ est un homéomorphisme de $\mathsf{X}(\mathrm{B})$ sur une partie fermée de $\mathsf{X}(\mathrm{A})$.

Si $\mathrm{A}_1, \ldots, \mathrm{A}_n$ sont des algèbres unifères commutatives sur K, l'espace $\mathsf{X}(\mathrm{A}_1 \times \cdots \times \mathrm{A}_n)$ s'identifie ainsi à l'espace topologique somme de $\mathsf{X}(\mathrm{A}_1), \ldots, \mathsf{X}(\mathrm{A}_n)$. De même, $\mathsf{X}(\mathrm{A}_1 \otimes \cdots \otimes \mathrm{A}_n)$ s'identifie à l'espace topologique produit $\mathsf{X}(\mathrm{A}_1) \times \cdots \times \mathsf{X}(\mathrm{A}_n)$.

7. Cas des algèbres sans élément unité

DÉFINITION 6. — *Soit* A *une algèbre commutative sur* K. *On appelle* caractère *de* A *un morphisme d'algèbres de* A *dans* K.

L'ensemble des caractères de A sera noté $\mathsf{X}'(\mathrm{A})$.

L'application nulle est un morphisme d'algèbres. Si A possède un élément unité e, un morphisme d'algèbres non nul de A dans K est unifère, c'est-à-dire est un caractère unifère de K au sens de la définition 4 : en effet, pour que $\chi \in \mathsf{X}'(\mathrm{A})$ soit non nul, il faut et il suffit que $\chi(e) = 1$.

On posera $\mathsf{X}(\mathrm{A}) = \mathsf{X}'(\mathrm{A}) - \{0\}$; d'après ce qui précède, la notation est compatible avec celle introduite lorsque A est unifère.

Si $h \colon \mathrm{A} \to \mathrm{B}$ est un morphisme d'algèbres commutatives, l'application $\chi \mapsto \chi \circ h$ est une application $\mathsf{X}'(h) \colon \mathsf{X}'(\mathrm{B}) \to \mathsf{X}'(\mathrm{A})$. Elle transforme 0 en 0. Si $k \colon \mathrm{B} \to \mathrm{C}$ est un morphisme d'algèbres commutatives, alors on a $\mathsf{X}'(k \circ h) = \mathsf{X}'(h) \circ \mathsf{X}'(k)$. Si h est surjectif, $\mathsf{X}'(h)$ est une bijection de $\mathsf{X}'(\mathrm{B})$ sur l'ensemble des caractères de A nuls sur le noyau de h. Soient $\mathrm{A}_1, \ldots, \mathrm{A}_n$ des algèbres commutatives, $\mathrm{A} = \mathrm{A}_1 \times \cdots \times \mathrm{A}_n$ et $\pi \colon \mathrm{A} \to \mathrm{A}_i$ le morphisme canonique ; alors $\mathsf{X}'(\pi_i)$ est une bijection de $\mathsf{X}'(\mathrm{A}_i)$ sur une partie X'_i de $\mathsf{X}'(\mathrm{A})$, à savoir l'ensemble des caractères de A nuls sur $\prod_{j \neq i} \mathrm{A}_j$; on voit comme au n° 6 que $\mathsf{X}'(\mathrm{A})$ est réunion des X'_i ; d'autre part, $\mathsf{X}'_i \cap \mathsf{X}'_j = \{0\}$ pour $i \neq j$; en particulier les $\mathsf{X}'_i - \{0\}$ forment une partition de $\mathsf{X}'(\mathrm{A}) - \{0\} = \mathsf{X}(\mathrm{A})$.

Pour tout $x \in \mathrm{A}$, soit $\mathscr{G}'_{\mathrm{A}}(x)$, ou simplement $\mathscr{G}'(x)$, l'application $\chi \mapsto \chi(x)$ de $\mathsf{X}'(\mathrm{A})$ dans K. L'application $\mathscr{G}'$ est un morphisme de A dans l'algèbre A_1 des applications $\mathsf{X}'(\mathrm{A}) \to \mathrm{K}$ nulles en 0. Soient B une algèbre commutative, B_1 l'algèbre des applications $\mathsf{X}'(\mathrm{B}) \to \mathrm{K}$ nulles en 0, et h un morphisme de A dans B ; alors $\mathsf{X}'(h)$ définit un morphisme $h_1 \colon \mathrm{A}_1 \to \mathrm{B}_1$, et l'on a $h_1 \circ \mathscr{G}'_{\mathrm{A}} = \mathscr{G}'_{\mathrm{B}} \circ h$. On note $\mathscr{G}_{\mathrm{A}}(x)$, ou simplement $\mathscr{G}(x)$, la restriction de $\mathscr{G}'_{\mathrm{A}}(x)$ à $\mathsf{X}(\mathrm{A})$ et on l'appelle *transformée de Gelfand* de x.

Soit $\widetilde{\mathrm{A}}$ l'algèbre unifère déduite de A par adjonction d'un élément unité. Par restriction, tout caractère de $\widetilde{\mathrm{A}}$ définit un caractère de A ; inversement, tout caractère de A se prolonge de manière unique en un caractère de $\widetilde{\mathrm{A}}$. Cela définit une bijection canonique de $\mathsf{X}'(\mathrm{A})$ sur $\mathsf{X}(\widetilde{\mathrm{A}})$, par laquelle on identifie ces deux ensembles. Le caractère 0 de A s'identifie à l'unique caractère de $\widetilde{\mathrm{A}}$ de noyau A.

Si $x \in \mathrm{A}$ et $\chi \in \mathsf{X}'(\mathrm{A})$, on a $\chi(x) \in \mathrm{Sp}_{\widetilde{\mathrm{A}}}(x)$, donc $\chi(x) \in \mathrm{Sp}'_{\mathrm{A}}(x)$.

Lemme 3. — *L'application* $\chi \mapsto \mathrm{Ker}(\chi)$ *est une bijection de* $\mathsf{X}(\mathrm{A})$ *sur l'ensemble des idéaux réguliers de codimension* 1 *de* A.

Rappelons (A, VIII, p. 426, déf. 1) qu'un idéal I de A est dit *régulier* si l'algèbre quotient A/I admet un élément unité.

Démontrons le lemme. D'une part $\mathsf{X}(\mathrm{A})$ s'identifie à l'ensemble des caractères de $\widetilde{\mathrm{A}}$ non nuls sur A. D'autre part, d'après A, VIII, p. 428, prop. 4, l'application $\mathrm{I} \mapsto \mathrm{A} \cap \mathrm{I}$ est une bijection de l'ensemble des idéaux maximaux de $\widetilde{\mathrm{A}}$ distincts de A sur l'ensemble des idéaux maximaux réguliers de A. Le lemme découle alors des résultats du n° 6.

Supposons maintenant que K soit un corps topologique. On munit alors $\mathsf{X}'(\mathrm{A})$ de la topologie de la convergence simple sur A ; la notation $\mathsf{X}'(\mathrm{A})$ désignera désormais l'espace topologique ainsi obtenu. Lorsque $\mathrm{K} = \mathbf{R}$ ou $\mathbf{C}$, nous l'appelerons également *topologie faible.* Pour tout $x \in \mathrm{A}$, la fonction $\mathscr{G}'_{\mathrm{A}}(x)$ sur $\mathsf{X}'(\mathrm{A})$ est continue.

Si h est un morphisme de A dans B, l'application $\mathsf{X}'(h) \colon \mathsf{X}'(\mathrm{B}) \to \mathsf{X}'(\mathrm{A})$ est continue. Si h est surjectif, $\mathsf{X}'(h)$ est un homéomorphisme de $\mathsf{X}'(\mathrm{B})$ sur son image et cette image est fermée dans $\mathsf{X}'(\mathrm{A})$.

Soit $\mathrm{A} = \mathrm{A}_1 \times \cdots \times \mathrm{A}_n$; avec les mêmes notations que plus haut, $\mathsf{X}'(\pi_i)$ est un homéomorphisme de $\mathsf{X}'(\mathrm{A}_i)$ sur X'_i et X'_i est fermé dans $\mathsf{X}'(\mathrm{A})$. Donc $\mathsf{X}'_i - \{0\}$ est ouvert dans $\mathsf{X}'(\mathrm{A})$; les $\mathsf{X}'(\pi_i)$ définissent une application continue de l'espace somme S des $\mathsf{X}'(\mathrm{A}_i)$ sur $\mathsf{X}'(\mathrm{A})$, et on vérifie immédiatement qu'une réunion de voisinages des points $0 \in \mathsf{X}'(\mathrm{A}_1), \ldots, 0 \in \mathsf{X}'(\mathrm{A}_n)$ a pour image un voisinage de $0 \in \mathsf{X}'(\mathrm{A})$; de tout ceci résulte que $\mathsf{X}'(\mathrm{A})$ s'identifie canoniquement à un espace quotient de S. En particulier, l'espace $\mathsf{X}(\mathrm{A})$ s'identifie à l'espace somme des $\mathsf{X}(\mathrm{A}_i)$.

La bijection canonique de $\mathsf{X}'(\mathrm{A})$ sur $\mathsf{X}(\widetilde{\mathrm{A}})$ est un homéomorphisme. Soient B une algèbre unifère sur K et B′ l'algèbre sous-jacente ; alors l'espace $\mathsf{X}(\mathrm{B})$ s'identifie au sous-espace $\mathsf{X}(\mathrm{B}')$ de $\mathsf{X}'(\mathrm{B}')$.

8. Idéaux primitifs

Soient A une algèbre sur K et E un espace vectoriel sur K. On appelle *représentation* de A dans E un morphisme de A dans l'algèbre $\mathscr{L}(\mathrm{E})$ des endomorphismes de E. Une représentation injective est dite *fidèle.* Soient π_1 et π_2 des représentations de A dans des espaces E_1, E_2. Un *morphisme* de π_1 dans π_2 est une application K-linéaire $u\colon \mathrm{E}_1 \to \mathrm{E}_2$ telle que $u(\pi_1(a)x) = \pi_2(a)u(x)$ pour tous $a \in \mathrm{A}$ et $x \in \mathrm{E}_1$. Les représentations sont dites *équivalentes* s'il existe un morphisme de π_1 dans π_2 qui est un isomorphisme d'espaces vectoriels. Son inverse est alors un morphisme de π_2 dans π_1. Une représentation π de A dans E est dite *irréductible* si $\mathrm{E} \neq \{0\}$ et si les seuls sous-espaces vectoriels de E stables pour $\pi(\mathrm{A})$ sont $\{0\}$ et E.

Exemple. — L'application nulle de A dans $\mathscr{L}(\mathrm{E})$ est une représentation, dite *triviale,* de A. Elle est irréductible si seulement si E est de dimension 1.

Lemme 4. — Soit π une représentation irréductible, non triviale, de A *dans* E. *Pour tout élément ξ non nul de* E, *on a $\pi(\mathrm{A})\xi = \mathrm{E}$.*

Le sous-espace $\pi(\mathrm{A})\xi$ de E est stable pour $\pi(\mathrm{A})$. Supposons qu'il soit nul. Le sous-espace non nul $\mathrm{K}\xi$ de E serait alors stable par $\pi(\mathrm{A})$, et donc égal à E ; mais cela impliquerait que π est la représentation nulle. On a donc $\pi(\mathrm{A})\xi = \mathrm{E}$.

Soit π une représentation irréductible, non triviale, de A dans E. D'après ce lemme, l'annulateur R de ξ dans A est un idéal à gauche régulier (A, VIII, p. 425, n° 1) de A, et la représentation π est équivalente à la représentation définie par le A-pseudomodule A/R. Comme π est irréductible, l'idéal R est un idéal à gauche maximal régulier.

DÉFINITION 7. — *Soit* A *une algèbre sur* K. *On appelle* idéal primitif de A *le noyau d'une représentation irréductible non triviale de* A.

Si A est commutative, les idéaux primitifs de A sont les idéaux maximaux réguliers de A. En effet, les représentations irréductibles non triviales de A sont, à une équivalence près, les représentations π_R définies par les A-pseudomodules A/R, où R est un idéal maximal régulier de A. Le noyau de π_R contient R. Il lui est même égal puisque, d'après A, VIII, p. 426, prop. 2, la commutativité de A entraîne que A/R est un corps. Donc $\mathrm{Ker}(\pi_R)$ est maximal régulier.

Lemme 5. — *Soit* π *une représentation irréductible de* A *dans un espace vectoriel* E *sur* K.

a) *Soit* I *un idéal bilatère de* A. *Si* $\pi(\mathrm{I}) \neq \{0\}$, *alors* $\pi|\mathrm{I}$ *est irréductible* ;

b) *Soient* I_1 *et* I_2 *des idéaux bilatères de* A *tels que* $\pi(\mathrm{I}_1) \neq 0$ *et* $\pi(\mathrm{I}_2) \neq 0$. *Alors* $\pi(\mathrm{I}_1\mathrm{I}_2) \neq 0$.

L'ensemble des éléments de E annulés par $\pi(\mathrm{I})$ est stable pour $\pi(\mathrm{A})$ et distinct de E, donc égal à 0. Donc, si ξ est un élément non nul de E, on a $\pi(\mathrm{I})\xi \neq 0$; comme $\pi(\mathrm{I})\xi$ est stable pour $\pi(\mathrm{A})$, on a $\pi(\mathrm{I})\xi = \mathrm{E}$, ce qui prouve *a*). D'autre part, ce qui précède prouve que $\pi(\mathrm{I}_2)\mathrm{E} = \mathrm{E}$, $\pi(\mathrm{I}_1)\pi(\mathrm{I}_2)\mathrm{E} = \mathrm{E}$, donc $\pi(\mathrm{I}_1\mathrm{I}_2) \neq 0$, d'où *b*).

Lemme 6. — *Soient* I_1 *et* I_2 *des idéaux bilatères de* A, I *un idéal primitif de* A. *Si* I *contient* $\mathrm{I}_1\mathrm{I}_2$ (*en particulier, si* I *contient* $\mathrm{I}_1 \cap \mathrm{I}_2$), *alors* I *contient* I_1 *ou* I_2.

Soit π une représentation irréductible de noyau I. Si $\mathrm{I} \not\supset \mathrm{I}_1$ et $\mathrm{I} \not\supset \mathrm{I}_2$, le lemme 5, *b*) prouve que $\pi(\mathrm{I}_1\mathrm{I}_2) \neq 0$, d'où $\mathrm{I} \not\supset \mathrm{I}_1\mathrm{I}_2$.

Lemme 7. — *Supposons que* A *admette un élément unité. Soit* I *un idéal bilatère maximal de* A. *Alors* I *est un idéal primitif.*

Il existe un idéal à gauche maximal R de A contenant I (A, I, p. 99, th. 1). Soit π la représentation canonique de A dans A/R, qui est irréductible et non nulle. Comme $\mathrm{IA} \subset \mathrm{R}$, le noyau I' de π contient I, donc $\mathrm{I}' = \mathrm{I}$ et I est primitif.

Soit J(A) l'ensemble des idéaux primitifs de A. Pour toute partie M de A, nous noterons V(M) l'ensemble des idéaux primitifs de A contenant M ; si I est l'idéal bilatère de A engendré par M, on a $\mathrm{V(M)} = \mathrm{V(I)}$. Si M est réduit à un seul élément x, on écrira $\mathrm{V}(x)$ au lieu de $\mathrm{V}(\{x\})$.

L'application $M \mapsto V(M)$ est décroissante pour les relations d'inclusion. On a :

$$(5) \qquad V(\varnothing) = J(A), \qquad V(A) = \varnothing$$

$$(6) \qquad V\Big(\bigcup_{i \in I} M_i\Big) = V\Big(\sum_{i \in I} M_i\Big) = \bigcap_{i \in I} V(M_i)$$

pour toute famille $(M_i)_{i \in I}$ de parties de A. D'autre part, d'après le lemme 6,

$$(7) \qquad V(I_1 \cap I_2) = V(I_1 I_2) = V(I_1) \cup V(I_2)$$

pour tous idéaux bilatères I_1, I_2 de A. Les formules (5) à (7) démontrent que les parties V(M) de J(A) sont les parties fermées d'une topologie appellée la *topologie de Jacobson* sur J(A).

Soit T une partie de J(A) et soit $\Upsilon(T)$ l'intersection des éléments de T, de sorte que $\Upsilon(T)$ est un idéal bilatère de A. Alors l'adhérence de T dans J(A) est la plus petite partie fermée de J(A) contenant T, c'est-à-dire $V(\Upsilon(T))$. En particulier, T est fermée si et seulement si $T = V(\Upsilon(T))$.

PROPOSITION 2. — *Soient* I_1 *et* I_2 *des points distincts de* J(A). *Alors l'un de ces deux points est non adhérent à l'autre.*

En effet, on a par exemple $I_1 \not\subset I_2$. L'ensemble $V(I_1)$ des $I \in J(A)$ tels que $I_1 \subset I$ est fermé dans J(A), et il contient I_1 mais pas I_2.

PROPOSITION 3. — *Soit* $I \in J(A)$. *Pour que* $\{I\}$ *soit fermé dans* J(A), *il faut et il suffit que* I *soit un idéal primitif maximal.*

En effet, l'adhérence de $\{I\}$ se compose des idéaux primitifs de A contenant I.

La relation

« π_1, π_2 sont des représentations de A, qui sont isomorphes »

est une relation d'équivalence par rapport à π_1 et π_2. Pour toute représentation π de A, on notera $\mathrm{cl}(\pi)$ la classe d'équivalence de π, qui est donc une représentation de A isomorphe à π, telle que deux représentations π_1 et π_2 sont isomorphes si et seulement si $\mathrm{cl}(\pi_1) = \mathrm{cl}(\pi_2)$. On dit que $\mathrm{cl}(\pi)$ est la *classe de* π.

Soit $\mathfrak{c}$ le cardinal de A. Soit π une représentation irréductible non nulle de A dans un K-espace vectoriel E. Soit ξ un élément non nul de E. Puisque $\pi(A)\xi = E$ (lemme 4), la dimension de E est $\leqslant \mathfrak{c}$ (A, II, p. 97, corollaire). La relation

« λ est une classe de représentations irréductibles de A dans un K-espace vectoriel de dimension $\leqslant \mathfrak{c}$ »

est collectivisante en λ (E, II, p. 3). En effet, tout espace vectoriel de dimension $\leqslant \mathfrak{c}$ est isomorphe à un espace K^B où B est une partie de A (A, II, p. 25, déf. 10), et l'assertion résulte alors de E, II, p. 47.

On note $\widehat{A}$ l'ensemble des classes de représentations irréductibles, non triviales, de A. D'après ce qui précède, pour toute représentation irréductible non triviale π de A, il existe une unique représentation $\widehat{\pi} \in \widehat{A}$ qui est isomorphe à π.

L'application de $\widehat{A}$ dans J(A) qui associe à π son noyau est surjective. Si A est commutative, il résulte du fait que les idéaux primitifs sont les idéaux maximaux réguliers que cette application est une bijection.

On munit $\widehat{A}$ de la topologie image réciproque de celle de J(A) par l'application $\widehat{A} \to J(A)$.

Proposition 4. — *Si* A *possède un élément unité, les espaces* J(A) *et* $\widehat{A}$ *sont quasi-compacts.*

Il suffit de faire la démonstration pour J(A). Soit (T_j) une famille de parties fermées de J(A) dont l''intersection est vide. Si la somme $\sum_j \Upsilon(T_j)$ était différente de A, alors cette somme serait contenue dans un idéal bilatère maximal I. L'idéal I serait primitif (lemme 7) ; comme la partie T_j est fermée, donc égale à $V(\Upsilon(T_j))$, on aurait $I \in T_j$ pour tout j, ce qui contredit l'hypothèse. Ainsi on a $\sum_j \Upsilon(T_j) = A$, et donc on peut écrire $1 = x_1 + \cdots + x_n$ avec $n \geqslant 1$ et $x_i \in \Upsilon(T_{j_i})$ pour tout i. Ceci entraîne que $\Upsilon(T_{j_1}) + \cdots + \Upsilon(T_{j_n}) = A$, d'où $T_{j_1} \cap \cdots \cap T_{j_n} = \varnothing$.

Supposons l'algèbre A *commutative* et unifère. La topologie de Jacobson sur J(A) est la topologie induite sur J(A) par la topologie de Zariski du spectre premier de A (AC, II, déf. 4, p. 125).

Supposons que A est commutative et que K est un corps topologique. L'isomorphisme canonique de K sur $\mathscr{L}(K)$ permet d'identifier un élément de $\mathsf{X}(A)$ à une représentation de A dans l'espace vectoriel K, ce qui définit une application injective de $\mathsf{X}(A)$ dans $\widehat{A}$. On peut donc identifier $\mathsf{X}(A)$ à une partie de $\widehat{A}$.

PROPOSITION 5. — *La topologie induite sur* $\mathsf{X}(\mathrm{A})$ *par celle de* $\widehat{\mathrm{A}}$ *est moins fine que la topologie de* $\mathsf{X}(\mathrm{A})$.

En effet, soit T une partie fermée de $\widehat{\mathrm{A}}$. Alors T est l'ensemble des $\pi \in \widehat{\mathrm{A}}$ dont le noyau contient une partie M de A. Donc $\mathrm{T} \cap \mathsf{X}(\mathrm{A})$ est l'ensemble des $\chi \in \mathsf{X}(\mathrm{A})$ qui s'annulent sur M, c'est-à-dire une partie fermée de $\mathsf{X}(\mathrm{A})$. D'où la proposition.

En général, la topologie de $\mathsf{X}(\mathrm{A})$ ne coïncide pas avec la topologie induite par la topologie de $\widehat{\mathrm{A}}$ (*cf.* I, p. 193, exercice 6, *c*)).

§ 2. ALGÈBRES NORMÉES

Dans cette section, K désigne l'un des corps **R** ou **C**.

1. Généralités

Rappelons (*cf.* TG, IX, p. 37, déf. 9) que l'on appelle *algèbre normée* une algèbre A sur K munie d'une norme $x \mapsto \|x\|$ telle que :

(1) $$\|xy\| \leqslant \|x\|\,\|y\|$$

quels que soient $x, y \in \mathrm{A}$. Si A est complète, on dit que A est une *algèbre de Banach.*

Soit A une algèbre normable complète sur K. La topologie de A peut être définie par une norme vérifiant (1) (*cf.* TG, IX, p. 38). Lorsque A est munie de la structure d'algèbre normée définie par une telle norme, on dira aussi que l'algèbre A est une algèbre de Banach.

Rappelons également les faits suivants (*cf.* TG, IX, p. 38–39) :

(1) Si A est une algèbre normée non nulle et possède un élément unité e, alors $\|e\| \geqslant 1$.

(2) Soit A une K-algèbre normée. L'algèbre opposée à A, munie de la même norme, est une algèbre normée. L'algèbre complétée de A, munie de la norme obtenue par prolongement par continuité de la norme de A, est une K-algèbre de Banach. Toute sous-algèbre de A, munie de la norme induite, est une algèbre normée. Si I est un idéal bilatère fermé de A, l'algèbre A/I, munie de la norme définie par $\|\dot{x}\| = \inf_{x \in \dot{x}} \|x\|$ pour tout $\dot{x} \in \mathrm{A/I}$, est une algèbre normée.

(3) Soient $(A_i)_{\in I}$ une famille d'algèbres normées et B l'algèbre produit des algèbres A_i. La sous-algèbre des éléments $(x_i)_{i\in I}$ de B tels que $\|(x_i)\| = \sup_{i\in I}\|x_i\| < +\infty$, est une algèbre normée, dite *algèbre normée produit* des algèbres $(A_i)_{i\in I}$. Si A_i est une algèbre de Banach pour tout i, alors A est une algèbre de Banach.

Soit A une algèbre normée. Soit $(y_i)_{i\in I}$ une famille d'éléments de A ; la plus petite sous-algèbre fermée B de A contenant les éléments y_i s'appelle *la sous-algèbre fermée de* A *engendrée par les* y_i ; si B = A, on dit que les y_i *engendrent topologiquement* l'algèbre normée A, ou que la famille $(y_i)_{i\in I}$ est un *système générateur topologique* de l'algèbre normée A.

Similairement, si A est une algèbre normée unifère, la plus petite sous-algèbre unifère fermée contenant les éléments y_i s'appelle *la sous-algèbre unifère fermée de* A *engendrée par les* y_i. Si elle est égale à A, on dit que les y_i engendrent topologiquement l'algèbre normée unifère A.

Soit A une K-algèbre normée. Notons $\widetilde{A}$ l'algèbre obtenue à partir de A par adjonction d'un élément unité. Sur $\widetilde{A}$, on définit une norme en posant $\|(\lambda, x)\| = |\lambda| + \|x\|$ pour tout $\lambda \in K$ et tout $x \in A$. On a

$$\begin{aligned}\|(\lambda, x)(\mu, y)\| &= |\lambda\mu| + \|xy + \mu x + \lambda y\| \\ &\leqslant |\lambda|\ |\mu| + \|x\|\ \|y\| + |\mu|\ \|x\| + |\lambda|\ \|y\| \\ &= \|(\lambda, x)\|\ \|(\mu, y)\|.\end{aligned}$$

Donc $\widetilde{A}$ devient une algèbre normée, appelée *algèbre unifère normée déduite de* A *par adjonction d'un élément unité.* L'algèbre A s'identifie à l'idéal bilatère fermé $\{0\} \times A$ de $\widetilde{A}$.

DÉFINITION 1. — *Soit* A *une algèbre normée. Pour* $a \in A$, *notons* $\boldsymbol{\gamma}_a$ *et* $\boldsymbol{\delta}_a$ *les applications* $x \mapsto ax$, *et* $x \mapsto xa$ *de* A *dans* A. *L'application* $\boldsymbol{\gamma}\colon a \mapsto \boldsymbol{\gamma}_a$ *est une représentation de* A *dans* A, *dite* représentation régulière gauche *de* A. *L'application* $\boldsymbol{\delta}\colon a \mapsto \boldsymbol{\delta}_a$ *est une représentation de l'algèbre opposée de* A *dans* A, *dite* représentation régulière droite *de* A.

Lemme 1. — *Soit* A *une algèbre normée. La représentation régulière gauche de* A *et la représentation régulière droite de* A *sont continues de norme* $\leqslant 1$.

Si l'algèbre A *est unifère, les applications* $x \mapsto \|\boldsymbol{\gamma}_x\|$ *et* $x \mapsto \|\boldsymbol{\delta}_x\|$ *sont des normes sur* A, *définissant la topologie de* A. *Elles vérifient l'inégalité* (1).

Si l'algèbre normée unifère A *est non nulle, c'est-à-dire si* $e \neq 0$, *on a aussi* $\|\boldsymbol{\gamma}_e\| = \|\boldsymbol{\delta}_e\| = 1$.

Il est immédiat que $\|\boldsymbol{\gamma}_x\| \leqslant \|x\|$ et que $\|\boldsymbol{\delta}_x\| \leqslant \|x\|$.

Si A possède un élément unité e, alors on a $x = \boldsymbol{\gamma}_x e = \boldsymbol{\delta}_x e$, donc :

$$(2) \qquad \|x\| \leqslant \|\boldsymbol{\gamma}_x\| \cdot \|e\| \qquad \|x\| \leqslant \|\boldsymbol{\delta}_x\| \cdot \|e\|.$$

Dans ce cas, $x \mapsto \|\boldsymbol{\gamma}_x\|$ et $x \mapsto \|\boldsymbol{\delta}_x\|$ sont donc des normes équivalentes à la norme de A. Elles vérifient (1) car $\boldsymbol{\gamma}$ et $\boldsymbol{\delta}$ sont des représentations.

La dernière assertion provient du fait que $\boldsymbol{\gamma}_e = \boldsymbol{\delta}_e = \mathrm{Id}_{\mathrm{A}}$.

2. Exemples

1) Soit E un espace normé. Munissons E du produit défini par $ab = 0$ pour tous a et b dans E ; cela définit sur E une structure d'algèbre normée.

2) Soit X un ensemble. On note $\mathscr{B}(\mathrm{X};\mathrm{K})$ l'algèbre normée des fonctions bornées sur X à valeurs dans K, munie de la norme

$$\|f\| = \sup_{x\in\mathrm{X}} |f(x)|$$

(TG, X, p. 22). C'est une algèbre de Banach unifère sur K (TG, X, p. 21, cor. 1). Elle est commutative. Soit f un élément de $\mathscr{B}(\mathrm{X};\mathrm{K})$. Alors f est inversible dans $\mathscr{B}(\mathrm{X};\mathrm{K})$ si et seulement si on a

$$\inf_{x\in\mathrm{X}} |f(x)| > 0.$$

Le spectre de f est donc l'ensemble des $\lambda \in \mathrm{K}$ tels que

$$\inf_{x\in\mathrm{X}} |f(x) - \lambda| = 0,$$

c'est-à-dire l'adhérence dans K de l'ensemble $f(\mathrm{X})$ des valeurs de f.

3) Soit X un espace topologique. On note $\mathscr{C}_b(\mathrm{X};\mathrm{K})$ la sous-algèbre unifère de $\mathscr{B}(\mathrm{X};\mathrm{K})$ des fonctions continues et bornées sur X à valeurs dans K, $\mathscr{C}_0(\mathrm{X};\mathrm{K})$ la sous-algèbre de $\mathscr{C}_b(\mathrm{X};\mathrm{K})$ constituée des fonctions qui tendent vers 0 à l'infini (*cf.* INT, III, §1, n° 2 et TG, X, p. 40, cor. 2). On rappelle que $\mathscr{K}(\mathrm{X};\mathrm{K})$ désigne la sous-algèbre de $\mathscr{C}_b(\mathrm{X};\mathrm{K})$ des fonctions continues à support compact.

Les algèbres $\mathscr{C}_b(\mathrm{X};\mathrm{K})$ et $\mathscr{C}_0(\mathrm{X};\mathrm{K})$ sont des algèbres de Banach commutatives sur K ; en effet, ce sont des sous-espaces fermés de $\mathscr{B}(\mathrm{X};\mathrm{K})$ (TG, X, p. 21, cor. 2 et INT, III, §1, n° 2).

L'inverse d'une fonction continue partout non nulle étant continue, la sous-algèbre $\mathscr{C}_b(\mathrm{X};\mathrm{K})$ est une sous-algèbre pleine de $\mathscr{B}(\mathrm{X};\mathrm{K})$. En particulier, le spectre d'un élément f de $\mathscr{C}_b(\mathrm{X};\mathrm{K})$ est égal à $\overline{f(\mathrm{X})}$.

Si X est discret, on a $\mathscr{C}_b(\mathrm{X};\mathrm{K}) = \mathscr{B}(\mathrm{X};\mathrm{K})$.

Si X est compact, on $\mathscr{C}_b(\mathrm{X};\mathrm{K}) = \mathscr{K}(\mathrm{X};\mathrm{K}) = \mathscr{C}(\mathrm{X};\mathrm{K})$, l'algèbre unifère normée $\mathscr{C}(\mathrm{X};\mathrm{K})$ des fonctions continues sur X à valeurs dans K. Dans ce cas, un élément $f \in \mathscr{C}(\mathrm{X};\mathrm{K})$ est inversible si et seulement si f ne prend pas la valeur 0, et le spectre de f est égal à l'ensemble $f(\mathrm{X})$ des valeurs de f.

Supposons désormais que X n'est pas compact. L'algèbre $\mathscr{C}_0(\mathrm{X};\mathrm{K})$ n'est alors pas unifère ; l'algèbre qui s'en déduit par adjonction d'un élément unité s'identifie à la sous-algèbre $\mathrm{K}\cdot 1 \oplus \mathscr{C}_0(\mathrm{X};\mathrm{K})$ de $\mathscr{C}(\mathrm{X};\mathrm{K})$ formée des fonctions qui ont une limite à l'infini. Pour qu'un élément de cette sous-algèbre soit inversible, il faut et il suffit qu'elle ne s'annule pas et que sa limite à l'infini ne soit pas nulle. Il en résulte que pour tout $f \in \mathscr{C}_0(\mathrm{X};\mathrm{K})$, le spectre de f est égal à $f(\mathrm{X}) \cup \{0\}$.

Le spectre de $f \in \mathscr{K}(\mathrm{X};\mathrm{K})$ est égal à $f(\mathrm{X})$ (en effet, si X n'est pas compact, 0 appartient à $f(\mathrm{X})$).

4) Soit $n \geqslant 0$ un entier. Soit A_n l'algèbre des fonctions $f\colon [0,1] \to \mathrm{K}$ admettant des dérivées continues dans $[0,1]$ jusqu'à l'ordre n, munie de la norme

$$\|f\| = \sum_{k=0}^{n} \frac{1}{k!} \sup_{0\leqslant t\leqslant 1} |f^{(k)}(t)|.$$

Si $f, g \in \mathrm{A}_n$, on a

$$\begin{aligned}\|fg\| = \sum_{k=0}^{n} \frac{1}{k!} \sup|(fg)^{(k)}(t)| &= \sum_{k=0}^{n} \frac{1}{k!} \sup\Big|\sum_{s=0}^{k} \binom{k}{s} f^{(s)}(t) g^{(k-s)}(t)\Big| \\ &\leqslant \sum_{k=0}^{n}\sum_{s=0}^{k} \frac{1}{s!(k-s)!} \sup_{0\leqslant t\leqslant 1} |f^{(s)}(t)| \sup_{0\leqslant t\leqslant 1} |g^{(k-s)}(t)| = \|f\|\,\|g\|,\end{aligned}$$

d'après la formule de Leibniz (FVR, I, p. 28, prop. 2), donc A_n est une algèbre de Banach unifère commutative.

5) Soit E un espace de Banach dont on note p la norme. L'algèbre $\mathscr{L}(\mathrm{E})$ des endomorphismes continus de E, munie de la norme

$$\|u\| = \sup_{p(x)\leqslant 1} p(u(x))$$

est une algèbre de Banach unifère (EVT, III, p. 14 et p. 24, cor. 2 ; TG, X, p. 23, formule (3)).

6) Soit G un groupe localement compact. Notons e son élément unité. Soit $\mathscr{M}^1(\mathrm{G})$ l'espace de Banach des mesures complexes bornées sur G (INT, III, p. 57). Le produit de convolution (INT, VIII, p. 120, déf. 1) munit $\mathscr{M}^1(\mathrm{G})$ d'une structure d'algèbre de Banach complexe (INT, VIII, §3, n° 1, prop. 2) admettant pour élément unité la mesure ε_e définie par la masse unité placée au point e. Si G est commutatif, cette algèbre de Banach est commutative. L'espace $\mathscr{C}'(\mathrm{G})$ des mesures à support compact est une sous-algèbre de $\mathscr{M}^1(\mathrm{G})$ (*loc. cit.*).

7) Soit G un groupe localement compact muni d'une mesure de Haar μ. Alors $\mathrm{L}^1_{\mathrm{K}}(\mathrm{G},\mu)$ est une algèbre de Banach pour le produit de convolution (INT, VIII, prop. 12, p. 166). Si $\mathrm{K} = \mathbf{C}$, l'application définie par $f \mapsto f\ \mu$ permet d'identifier $\mathrm{L}^1_{\mathbf{C}}(\mathrm{G},\mu)$ à une sous-algèbre de l'algèbre de Banach $\mathscr{M}^1(\mathrm{G})$.

Si G est commutatif, l'algèbre de Banach $\mathrm{L}^1_{\mathrm{K}}(\mathrm{G},\mu)$ est commutative.

8) Prenons $\mathrm{G} = \mathbf{Z}$ et $\mathrm{K} = \mathbf{C}$ dans l'exemple 7. Alors $\mathrm{L}^1_{\mathbf{C}}(\mathbf{Z})$ est l'algèbre de Banach commutative complexe des suites $(x_n)_{n\in\mathbf{Z}}$ telles que $\sum_n |x_n| < +\infty$, le produit des éléments (x_n) et (y_n) étant (z_n), où

$$z_n = \sum_{k\in\mathbf{Z}} x_k y_{n-k}$$

et la norme $\|(x_n)\| = \sum_n |x_n|$. Cette algèbre admet pour élément unité la suite $\varepsilon = (\varepsilon_n)$ telle que $\varepsilon_0 = 1$ et $\varepsilon_n = 0$ pour $n \neq 0$.

Notons $\mathbf{U}$ le cercle unité dans $\mathbf{C}$. Si $x = (c_n)$ est un élément de A, soit $\varphi(x)$ la fonction continue sur $\mathbf{U}$ dont la valeur en e^{it} est

$$\varphi(x)(e^{it}) = \sum_{n\in\mathbf{Z}} c_n e^{int}.$$

On vérifie que φ est un morphisme de $\mathrm{L}^1_{\mathbf{C}}(\mathbf{Z})$ sur une algèbre A de fonctions continues sur $\mathbf{U}$, la multiplication dans A étant la multiplication usuelle. En intégrant terme à terme l'égalité

$$\Big(\sum_{m\in\mathbf{Z}} c_m e^{imt}\Big) \cdot e^{-int} = \varphi(x)(e^{it}) \cdot e^{-int},$$

il vient

$$c_n = \frac{1}{2\pi} \int_0^1 \varphi(x)(e^{it}) e^{-int}\, dt.$$

En particulier, il en découle que le morphisme φ est injectif. L'algèbre A, munie de la norme déduite de celle de $\mathrm{L}^1_{\mathbf{C}}(\mathbf{Z})$ par φ, s'appelle *l'algèbre de Banach des séries de Fourier absolument convergentes.* Elle admet pour élément unité la fonction $1 = \varphi(\varepsilon)$.

9) Soit Δ le disque des nombres complexes z vérifiant $|z| \leqslant 1$. L'algèbre A des fonctions continues sur Δ analytiques dans l'intérieur de Δ (VAR, R1, p. 26, 3.2.1) est munie de la norme $\|f\| = \sup_{z\in\Delta}|f(z)|$. Alors A est une algèbre de Banach unifère commutative.

3. Rayon spectral

Lemme 2 (Lemme de Fekete). — *Soit* $(a_n)_{n\geqslant 1}$ *une suite de nombres réels. Supposons que*

$$a_{n+m} \leqslant a_n + a_m$$

pour tout $n \geqslant 1$ *et tout* $m \geqslant 1$. *Alors la suite* $(a_n/n)_{n\geqslant 1}$ *converge et vérifie*

$$\lim_{n\to+\infty} \frac{a_n}{n} = \inf_{n\geqslant 1} \frac{a_n}{n}.$$

Posons $a_0 = 0$; l'inégalité $a_{n+m} \leqslant a_n + a_m$ reste valide pour tout $n \geqslant 0$ et tout $m \geqslant 0$. Fixons un entier $m \geqslant 1$. Pour tout entier $n \geqslant 1$, soient $q(n)$ et $r(n)$ les entiers tels que $n = q(n)m + r(n)$ et $0 \leqslant r(n) < m$ (E, III, p. 39, th. 1). L'hypothèse implique alors

$$\frac{a_n}{n} \leqslant \frac{a_{q(n)m}}{n} + \frac{a_{r(n)}}{n} \leqslant \frac{q(n)a_m}{n} + \frac{a_{r(n)}}{n} \leqslant \frac{q(n)}{n}a_m + \frac{m}{n}.$$

Faisant tendre n vers $+\infty$, on en déduit que $\limsup_n(a_n/n) \leqslant a_m/m$ puisque $q(n)/n \to 1/m$. Puisque cela vaut pour tout $m \geqslant 1$, on a donc

$$\limsup_{n\to+\infty} \frac{a_n}{n} \leqslant \inf_{m\geqslant 1} \frac{a_m}{m} \leqslant \liminf_{n\to+\infty} \frac{a_n}{n}.$$

Ces inégalités démontrent la convergence de la suite $(a_n/n)_{n\geqslant 1}$ ainsi que la formule $\lim a_n/n = \inf_{n\geqslant 1} a_n/n$.

Proposition 1. — *Soit* A *une algèbre normée. Pour tout* $x \in$ A, *la suite* $(\|x^n\|^{1/n})_{n\geqslant 1}$ *est convergente et sa limite* $\varrho(x)$ *est égale à* $\inf_{n\geqslant 1}\|x^n\|^{1/n}$. *De plus, pour toute norme* $x \mapsto \|x\|_1$ *définissant la topologie de* A, *on a également*

$$\varrho(x) = \lim_{n\to+\infty} \|x^n\|_1^{1/n} = \inf_{n\geqslant 1} \|x^n\|_1^{1/n}.$$

Si x est nilpotent, on a $\|x^n\|_1^{1/n} = 0$ pour tout entier n suffisamment grand et toute norme $x \mapsto \|x\|_1$ définissant la topologie de A.

Supposons maintenant que x n'est pas nilpotent, et posons $\alpha_n = \|x^n\|$. On a $\alpha_n > 0$ pour tout entier $n \geqslant 1$, et $\alpha_{n+m} \leqslant \alpha_n\alpha_m$ pour tous

$n, m \in \mathbf{N}$ d'après (1). Le lemme 2, appliqué à la suite $a_n = \log(\alpha_n)$, montre l'existence de la limite $\varrho(x)$ et la formule $\varrho(x) = \inf_{n>0} \alpha_n^{1/n}$.

Soit $x \mapsto \|x\|_1$ une norme définissant la topologie de A. Il existe des nombres réels $a > 0$ et $b > 0$ tels que

$$a\|x\| \leqslant \|x\|_1 \leqslant b\|x\|$$

pour tout $x \in$ A (EVT, II, p. 7, cor. 2). Par conséquent,

$$a^{1/n}\|x^n\|^{1/n} \leqslant \|x^n\|_1^{1/n} \leqslant b^{1/n}\|x^n\|^{1/n},$$

pour tout $n \geqslant 1$, d'où en passant à la limite, ou en prenant la borne inférieure, l'égalité

$$\varrho(x) = \lim_{n \to +\infty} \|x^n\|_1^{1/n} = \inf_{n>0} \|x^n\|_1^{1/n}.$$

DÉFINITION 2. — *Pour tout élément x d'une algèbre normée* A, *le nombre réel*

$$\varrho(x) = \lim_{n \to \infty} \|x^n\|^{1/n} = \inf_{n>0} \|x^n\|^{1/n}$$

est appelé le rayon spectral *de x.*

Pour tout élément x de A, on a

(3) $$\varrho(x) \leqslant \|x\|$$

(4) $$\varrho(x^n) = \varrho(x)^n, \text{ pour tout entier } n \geqslant 1.$$

DÉFINITION 3. — *Un élément x de* A *est* quasi-nilpotent *si $\varrho(x) = 0$.*

Ceci revient à dire que, quel que soit $\lambda \in$ K, les nombres $\|(\lambda x)^n\|$ sont bornés pour $n \geqslant 1$; ou encore que, quel que soit $\lambda \in$ K, la suite $(\lambda x)^n$ tend vers 0 quand $n \to +\infty$.

Remarque 1. — Soit A une algèbre normée. Si un élément $x \in$ A vérifie $\varrho(x) = \|x\|$, on a $\|x^n\| = \|x\|^n$ pour tout $n \in \mathbf{N}$, d'après (3) et (4).

Inversement, supposons que $\|x^2\| = \|x\|^2$ pour tout $x \in$ A. Alors on a, pour tout entier $n \geqslant 0$, l'égalité $\|x^{2^n}\| = \|x\|^{2^n}$, donc $\|x\| = \|x^{2^n}\|^{2^{-n}}$; quand n tend vers $+\infty$, on obtient $\|x\| = \varrho(x)$.

Remarque 2. — La fonction $x \mapsto \varrho(x)$ sur A, étant l'enveloppe inférieure des fonctions continues $x \mapsto \|x^n\|^{1/n}$ pour $n \geqslant 1$, est semi-continue supérieurement (TG, IV, p. 31, cor.), mais en général elle n'est pas continue. Il peut même arriver (*cf.* exerc. 12 de I, p. 157) qu'une suite d'éléments nilpotents de A tende vers un élément qui n'est pas quasi-nilpotent.

4. Inverses

Soit A une algèbre de Banach unifère, dont on note 1 l'élément unité. Rappelons (TG, IX, prop. 14, p. 40) que le groupe G des éléments inversibles de A est une partie ouverte de A, que la topologie induite sur G par celle de A est compatible avec la structure de groupe et que le groupe topologique G est complet.

PROPOSITION 2. — *Soient* A *une algèbre de Banach et* x *un élément de* A. *La série* $\sum_{n=1}^{\infty} \lambda^n x^n$, *considérée comme série entière en* λ, *a pour rayon de convergence* $\varrho(x)^{-1}$. *Si* A *est unifère et si* $\varrho(x) < 1$, *alors* $1 - x$ *est inversible et a pour inverse* $\sum_{n=0}^{\infty} x^n$.

La série $\sum_{n=1}^{\infty} \lambda^n x^n$ a pour rayon de convergence

$$(\limsup_{n\to+\infty} \|x^n\|^{1/n})^{-1} = \varrho(x)^{-1}$$

(*cf.* VAR, R1, p. 23, 3.1.4). Supposons que A admette un élément unité. Si $\varrho(x) < 1$, la série $\sum_{n=0}^{\infty} x^n$ est donc absolument convergente. Comme

$$(1-x)\Big(\sum_{n=0}^{k} x^n\Big) = \Big(\sum_{n=0}^{k} x^n\Big)(1-x) = 1 - x^{k+1}$$

pour tout entier $k \geqslant 0$, l'élément $1 - x$ est inversible et son inverse est égal à $\sum_{n=0}^{\infty} x^n$.

COROLLAIRE 1. — *Si* A *est une algèbre de Banach unifère, alors le groupe des éléments inversibles de* A *contient la boule ouverte de centre* 1 *et de rayon* 1.

C'est immédiat puisque $\|x\| < 1$ implique $\varrho(x) < 1$.

COROLLAIRE 2. — *Soient* A *une algèbre de Banach et* I *un idéal à gauche (resp. à droite) maximal régulier de* A. *Alors* I *est fermé.*

Soit $(\widetilde{A}, e)$ l'algèbre de Banach unifère déduite de A par adjonction d'un élément unité. Il existe un idéal à gauche (resp. à droite) maximal J de $\widetilde{A}$ tel que $J \cap A = I$ (A, VIII, p. 428, prop. 4). Alors J est disjoint de la boule ouverte de centre e et de rayon 1 (cor. 1), et donc

$\overline{\mathrm{J}} \neq \widetilde{\mathrm{A}}$. Comme J est un idéal maximal, cela implique que $\overline{\mathrm{J}} = \mathrm{J}$, et par suite que $\mathrm{I} = \mathrm{J} \cap \mathrm{A} = \overline{\mathrm{J}} \cap \mathrm{A}$ est fermé dans A.

COROLLAIRE 3. — *Le radical d'une algèbre de Banach est fermé.*

En effet le radical est l'intersection des idéaux à gauche maximaux réguliers (A, VIII, p. 430, déf. 3).

PROPOSITION 3. — *Soit* A *une algèbre de Banach unifère.*

a) *Si* $x \in \mathrm{A}$ *admet un inverse à gauche (resp. à droite)* y*, tout élément* $x' \in \mathrm{A}$ *tel que* $\|x' - x\| < \|y\|^{-1}$ *admet un inverse à gauche (resp. à droite).*

b) *L'ensemble des éléments de* A *qui sont inversibles (resp. à gauche, resp. à droite) est ouvert dans* A.

c) *Soit* (x_n) *une suite d'éléments de* A *admettant des inverses à gauche (resp. à droite)* y_n*, et convergeant vers un élément* $x \in \mathrm{A}$*. Si la suite* (y_n) *est bornée, alors* x *est inversible à gauche (resp. à droite).*

Il suffit de traiter le cas des inverses à gauche ; celui des inverses à droite en découle en considérant l'algèbre opposée.

Soient $x, y, x' \in \mathrm{A}$ tels que $yx = 1$ et $\|x' - x\| < \|y\|^{-1}$. On a

$$\|1 - yx'\| = \|yx - yx'\| \leqslant \|y\| \cdot \|x - x'\| < 1,$$

donc yx' est inversible : il existe $z \in \mathrm{A}$ tel que $z(yx') = 1$. Ainsi l'élément x' est inversible à gauche d'inverse zy. Cela démontre l'assertion *a*) et l'assertion *b*) en résulte immédiatement.

Soit (x_n) une suite d'éléments de A admettant des inverses à gauche y_n, qui converge vers un élément $x \in \mathrm{A}$, et telle que la suite (y_n) est bornée. Si $\mathrm{M} \geqslant 1$ est un nombre réel tel que $\|y_n\| \leqslant \mathrm{M}$ pour tout $n \geqslant 1$, alors on a $\|x_n - x\| < \mathrm{M}^{-1} \leqslant \|y_n\|^{-1}$ pour n assez grand, et donc x admet un inverse à gauche d'après *a*).

DÉFINITION 4. — *Soit* A *une algèbre normée, soit* x *un élément de* A. *Notons* $\boldsymbol{\gamma}_x$ *et* $\boldsymbol{\delta}_x$ *les applications* $y \mapsto xy$ *et* $y \mapsto yx$ *de* A *dans* A. *On dit que* x *est un* diviseur de zéro topologique à gauche *(resp. à droite) si* $\boldsymbol{\gamma}_x$ *(resp.* $\boldsymbol{\delta}_x$*) n'est pas un homéomorphisme de* A *sur* $\boldsymbol{\gamma}_x(\mathrm{A})$ *(resp. sur* $\boldsymbol{\delta}_x(\mathrm{A})$*).*

Remarque. — D'après TG, IX, p. 36, cor. 2, x est un diviseur de zéro topologique à gauche (resp. à droite) si et seulement si il existe une suite (z_n) dans A telle que $\|z_n\| = 1$ et telle que xz_n tende vers 0 (resp. que z_nx tende vers 0) quand $n \to +\infty$.

Un diviseur de zéro à gauche (resp. à droite) est un diviseur de zéro topologique à gauche (resp. à droite). Supposons que A est non nulle et unifère. Un diviseur de zéro topologique à gauche (resp. à droite) x n'est pas inversible à gauche (resp. à droite). En effet, si par exemple $yx = 1$ et si xz_n tend vers 0, alors $z_n = y(xz_n)$ tend vers 0 et on ne peut avoir $\|z_n\| = 1$ pour tout n.

PROPOSITION 4. — *Soit* A *une algèbre de Banach unifère. Soit x un élément de* A *qui n'est pas inversible à gauche. S'il existe une suite (x_n) d'éléments inversibles à gauche de* A *qui converge vers x, alors x est un diviseur de zéro topologique à droite.*

Soit y_n un inverse à gauche de x_n. D'après la prop. 3 (ii), $\|y_n\|$ tend vers $+\infty$. Soit $z_n = \|y_n\|^{-1}y_n$. On a $\|z_n\| = 1$, et $z_nx_n = \|y_n\|^{-1}$ tend vers 0, donc $z_nx = z_nx_n + z_n(x - x_n)$ tend vers 0. On conclut alors à l'aide de la remarque suivant la définition 4.

PROPOSITION 5. — *Soit* A *une algèbre de Banach unifère et soit* B *une sous-algèbre pleine de* A. *Alors* $\overline{\mathrm{B}}$ *est une sous-algèbre pleine de* A.

En effet, soient x un élément de $\overline{\mathrm{B}}$ inversible dans A, et (x_n) une suite d'éléments de B tendant vers x. Alors, pour n assez grand, x_n est inversible dans A et x_n^{-1} tend vers x^{-1}. Puisque la sous-algèbre B est pleine, on a $x_n^{-1} \in \mathrm{B}$, d'où $x^{-1} \in \overline{\mathrm{B}}$.

Soit A est une algèbre de Banach unifère et soit $(y_i)_{i\in \mathrm{I}}$ une famille d'éléments de A. Soit B la sous-algèbre pleine de A engendrée par les éléments y_i. Alors $\overline{\mathrm{B}}$ est la plus petite sous-algèbre pleine fermée de A contenant les y_i. On l'appelle *la sous-algèbre pleine fermée engendrée par les éléments y_i*.

5. Spectre d'un élément dans une algèbre normée

Dans ce numéro, on suppose que $\mathrm{K} = \mathbf{C}$.

THÉORÈME 1. — *Soient* A *une algèbre de Banach unifère et* $x \in \mathrm{A}$.

a) *L'ensemble* $\mathrm{Sp}_{\mathrm{A}}(x)$ *est une partie compacte de* $\mathbf{C}$;

b) *Le rayon spectral $\varrho(x)$ est le rayon du plus petit disque fermé de centre* 0 *dans* $\mathbf{C}$ *qui contient* $\mathrm{Sp}_{\mathrm{A}}(x)$;

c) *La résolvante* $\lambda \mapsto \mathrm{R}(x,\lambda) = (\lambda - x)^{-1}$ *de x est holomorphe dans* $\mathbf{C} - \mathrm{Sp}_{\mathrm{A}}(x)$ *et nulle à l'infini. De plus, pour tout entier $k \geqslant 0$, on a la* *formule*

$$\frac{\partial^k}{\partial\lambda^k}\mathrm{R}(x,\lambda) = (-1)^k k!\,\mathrm{R}(x,\lambda)^{k+1}\,;$$

d) *Pour tout nombre complexe* λ *tel que* $|\lambda| > 1/\varrho(x)$, *on a*

$$\mathrm{R}(x,\lambda) = \sum_{n=0}^{+\infty} \lambda^{-n-1}x^n.$$

Le complémentaire du spectre $\mathrm{Sp}_\mathrm{A}(x)$ est l'image réciproque du groupe G des éléments inversibles de A par l'application continue $\lambda \mapsto x - \lambda$ de $\mathbf{C}$ dans A ; d'après la proposition 3, *b*) de I, p. 23, le spectre $\mathrm{Sp}_\mathrm{A}(x)$ est une partie fermée de $\mathbf{C}$. Par ailleurs, soit $\lambda \in \mathbf{C}$ tel que $|\lambda| > \varrho(x)$. On a $\lambda - x = \lambda(1-\lambda^{-1}x)$. Puisque $\varrho(\lambda^{-1}x) = |\lambda|^{-1}\varrho(x) < 1$, l'élément $1 - \lambda^{-1}x$, donc également l'élément $\lambda - x$, est inversible et

(5) $$\mathrm{R}(x,\lambda) = (\lambda - x)^{-1} = \sum_{n=0}^{\infty} \lambda^{-n-1}x^n$$

(I, p. 22, prop. 2). En particulier, $\lambda \notin \mathrm{Sp}_\mathrm{A}(x)$. Cela démontre que $\mathrm{Sp}_\mathrm{A}(x)$ est contenu dans le disque de centre 0 et de rayon $\varrho(x)$. Par suite, $\mathrm{Sp}_\mathrm{A}(x)$ est compact. Cette formule (5) prouve aussi que la résolvante de x est définie et holomorphe dans le complémentaire du disque fermé $\Delta_{\varrho(x)}$ de centre 0 et de rayon $\varrho(x)$, et tend vers 0 à l'infini.

Soit $\lambda_0 \in \mathbf{C} - \mathrm{Sp}_\mathrm{A}(x)$. Posons $y = \lambda_0 - x$. Soit $\mu \in \mathbf{C}$ tel que $|\lambda_0 - \mu| < \|y^{-1}\|^{-1}$. On a

$$\mu - x = y - (\lambda_0 - \mu) = y(1 - (\lambda_0 - \mu)y^{-1}),$$

donc $\mu - x$ est inversible et a pour inverse

(6) $$(\mu - x)^{-1} = y^{-1}\sum_{n=0}^{\infty}(\lambda_0 - \mu)^n y^{-n}$$

d'après la prop. 2 de I, p. 22. Donc la résolvante de x est définie et holomorphe dans le disque ouvert de centre λ_0 et de rayon $\|y^{-1}\|^{-1}$. Par suite, la résolvante de x est une application holomorphe de $\mathbf{C} - \mathrm{Sp}_\mathrm{A}(x)$ dans A.

La formule (1) de I, p. 4 implique $\frac{\partial}{\partial\lambda}\mathrm{R}(x,\lambda) = -\mathrm{R}(x,\lambda)^2$, d'où, par récurrence sur k,

$$\frac{\partial^k}{\partial\lambda^k}\mathrm{R}(x,\lambda) = (-1)^k k!\,\mathrm{R}(x,\lambda)^{k+1}.$$

Soit $a > 0$ un nombre réel tel que $\mathrm{Sp}_\mathrm{A}(x)$ soit contenu dans le disque fermé Δ_a de centre 0 et de rayon a. La fonction $\lambda \mapsto (\lambda^{-1} - x)^{-1}$

est alors définie et holomorphe pour $0 < |\lambda| < a^{-1}$ et tend vers 0 quand λ tend vers 0. L'unique fonction continue sur le disque ouvert de centre 0 et de rayon a^{-1} qui prolonge cette fonction holomorphe est alors holomorphe (VAR, R1, 3.3.9), donc le rayon de convergence de la série (5) qui la définit est $\geqslant a^{-1}$ (VAR, R1, 3.2.9). D'après la prop. 2 de I, p. 22, on a donc $a \geqslant \varrho(x)$.

Remarques. — 1) Le spectre d'un élément dans une algèbre de Banach unifère peut être une partie compacte non vide F quelconque de $\mathbf{C}$ (*cf.* exemple 3 de I, p. 17 ; pour $\mathrm{A} = \mathscr{C}(\mathrm{F}; \mathbf{C})$ et $f \in \mathrm{A}$ l'inclusion canonique de F dans $\mathbf{C}$, on a $\mathrm{Sp}_{\mathrm{A}}(f) = \mathrm{F}$).

2) Soit A une algèbre de Banach unifère et soit $x \in \mathrm{A}$. D'après le théorème 1 de I, p. 24, $\mathbf{C} - \mathrm{Sp}_{\mathrm{A}}(x)$ est une partie ouverte de $\mathbf{C}$, donc est localement connexe. Donc les composantes connexes de $\mathbf{C} - \mathrm{Sp}_{\mathrm{A}}(x)$ sont ouvertes. D'après le th. 1, l'une de ces composantes connexes contient l'ensemble des $\lambda \in \mathbf{C}$ tels que $|\lambda| > \varrho(x)$; toutes les autres composantes connexes sont donc bornées.

Corollaire 1. — *Soit* A *une algèbre normée unifère non nulle. Pour tout* $x \in \mathrm{A}$, *le spectre* $\mathrm{Sp}_{\mathrm{A}}(x)$ *est non vide.*

Supposons d'abord A complète. Si l'on avait $\mathrm{Sp}(x) = \varnothing$, la résolvante de x serait holomorphe dans $\mathbf{C}$ et nulle à l'infini, donc identiquement nulle (VAR, R., 3.3.6, p. 29). Comme $\mathrm{R}(x, \lambda) = (\lambda - x)^{-1}$ est inversible, il en résulterait que $1 = 0$ et donc que $\mathrm{A} = \{0\}$.

Dans le cas général, soit $\widehat{\mathrm{A}}$ l'algèbre compétée de A ; la relation $\mathrm{Sp}_{\mathrm{A}}(x) = \varnothing$ entraînerait $\mathrm{Sp}_{\widehat{\mathrm{A}}}(x) = \varnothing$, d'où $\widehat{\mathrm{A}} = \{0\}$ et $\mathrm{A} = \{0\}$.

Corollaire 2 (Théorème de Gelfand-Mazur). — *Soit* A *une algèbre normée sur* $\mathbf{C}$. *Si* A *est un corps, alors* $\mathrm{A} = \mathbf{C} \cdot 1$.

Si $x \in \mathrm{A}$, il existe $\lambda \in \mathbf{C}$ tel que $x - \lambda$ soit non inversible (cor. 1), d'où $x - \lambda = 0$ et $x \in \mathbf{C} \cdot 1$.

Corollaire 3. — *Soient* A *une algèbre de Banach unifère et* x *un élément inversible de* A *tel que* $\|x\| = \|x^{-1}\| = 1$. *Alors* $\mathrm{Sp}(x) \subset \mathbf{U}$.

Soit Δ le disque de centre 0 et de rayon 1 dans $\mathbf{C}$. D'après le th. 1 b) et le fait que $\varrho(x) \leqslant \|x\|$, on a $\mathrm{Sp}(x) \subset \Delta$. De même, $\mathrm{Sp}(x)^{-1} = \mathrm{Sp}(x^{-1}) \subset \Delta$, d'où le corollaire (*cf.* I, p. 2, remarque 4).

COROLLAIRE 4. — *Soient* E *un espace de Banach complexe,* $\mathscr{L}(\mathrm{E})$ *l'algèbre de Banach des endomorphismes continus de* E *et* A *une sous-algèbre non nulle de* $\mathscr{L}(\mathrm{E})$ *telle que* E *soit un* A*-pseudomodule* (A, II, p. 176, Appendice) *simple.*

a) *Soit* u *un endomorphisme de* E*, non nécessairement continu, qui commute avec* A*. Alors* u *est une homothétie;*

b) *Soit* u *un endomorphisme de* E*, non nécessairement continu. Pour tout entier* $n \geqslant 1$ *et pour tout* $(\xi_1, \ldots, \xi_n) \in \mathrm{E}^n$*, il existe* $v \in \mathrm{A}$ *tel que*

$$(v(\xi_1), \ldots, v(\xi_n)) = (u(\xi_1), \ldots, u(\xi_n)).$$

Montrons *a*). Soit $\widetilde{\mathrm{A}}$ l'algèbre obtenue à partie de A par adjonction d'un élément unité. Puisque E est un A-pseudomodule simple, c'est un $\widetilde{\mathrm{A}}$-module simple.

Soit B le commutant de $\widetilde{\mathrm{A}}$ dans l'anneau des endomorphismes du $\mathbf{C}$-espace vectoriel E. L'algèbre B contient 1 et est l'algèbre des endomorphismes du $\widetilde{\mathrm{A}}$-module E. Comme E est un $\widetilde{\mathrm{A}}$-module simple, le lemme de Schur (A, VIII, p. 43, corollaire), montre que B est un corps.

Soit $\xi_0 \in \mathrm{E}$ tel que $\mathrm{A}\xi_0 \neq \{0\}$. On a donc $\mathrm{A}\xi_0 = \mathrm{E}$. Pour tout $u \in \mathrm{B}$, soit A_u l'ensemble des $v \in \mathrm{A}$ tels que $v(\xi_0) = u(\xi_0)$. Cet ensemble est non vide, puisque $\mathrm{A}\xi_0 = \mathrm{E}$. On pose alors

$$\|u\|_{\mathrm{B}} = \inf_{v \in \mathrm{A}_u} \|v\|.$$

L'application $u \mapsto \|u\|_{\mathrm{B}}$ est une seminorme sur B.

Montrons que cette application est une norme. Soit u un élément non nul de B. Pour tout $v \in \mathrm{A}_u$, on a $\|v\| \geqslant \|v(\xi_0)\|/\|\xi_0\| = \|u(\xi_0)\|/\|\xi_0\|$, de sorte que $\|u\|_{\mathrm{B}} \geqslant \|u(\xi_0)\|/\|\xi_0\|$. Il suffit donc de démontrer que $u(\xi_0) \neq 0$. Soit $\xi_1 \in \mathrm{E}$ tel que $u(\xi_1) \neq 0$. Comme $\mathrm{A}\xi_0 = \mathrm{E}$, il existe $w \in \mathrm{A}$ tel que $\xi_1 = w(\xi_0)$. Alors, $wu(\xi_0) = uw(\xi_0) = u(\xi_1) \neq 0$, donc $u(\xi_0) \neq 0$.

D'autre part, soient u et u' des éléments de B. Pour tout $\varepsilon > 0$, il existe $v, v' \in \mathrm{A}$ tels que $v(\xi_0) = u(\xi_0)$, $v'(\xi_0) = u'(\xi_0)$ et $\|v\| \leqslant \|u\|_{\mathrm{B}} + \varepsilon$, $\|v'\| \leqslant \|u'\|_{\mathrm{B}} + \varepsilon$. Alors on a $vv'(\xi_0) = vu'(\xi_0) = u'v(\xi_0) = u'u(\xi_0)$, d'où

$$\|u'u\|_{\mathrm{B}} \leqslant \|v'v\| \leqslant \|v\|\|v'\| \leqslant (\|u\|_{\mathrm{B}} + \varepsilon)(\|u'\|_{\mathrm{B}} + \varepsilon),$$

et finalement $\|u'u\|_{\mathrm{B}} \leqslant \|u\|_{\mathrm{B}}\ \|u'\|_{\mathrm{B}}$. Cela montre que B, muni de la norme $u \mapsto \|u\|_{\mathrm{B}}$, est une algèbre normée. Comme c'est un corps, le corollaire 2 implique que $\mathrm{B} = \mathbf{C} \cdot 1$, ce qui est la conclusion désirée.

Démontrons *b*). D'après *a*), le commutant de A dans $\mathrm{End}_{\mathbf{C}}(\mathrm{E})$ est réduit aux homothéties de E. Son bicommutant est donc $\mathrm{End}_{\mathbf{C}}(\mathrm{E})$. L'assertion *b*) résulte donc du théorème de densité de Jacobson (théorème 1 de A, VIII, p. 434).

COROLLAIRE 5. — *Soient* A *une algèbre de Banach et* $x \in \mathrm{A}$.

a) $\mathrm{Sp}'(x)$ *est une partie compacte de* $\mathbf{C}$;

b) *Le rayon spectral* $\varrho(x)$ *est le rayon du plus petit disque fermé de centre* 0 *de* $\mathbf{C}$ *qui contient* $\mathrm{Sp}'(x)$;

c) *Pour que* x *soit quasi-nilpotent, il faut et il suffit que l'on ait* $\mathrm{Sp}'(x) = \{0\}$.

Les assertions *a*) et *b*) résultent du th. 1 en considérant l'algèbre de Banach déduite de A par adjonction d'un élément unité. L'assertion *c*) résulte de *b*).

6. Spectre relatif à une sous-algèbre

Dans ce numéro, on suppose que $\mathrm{K} = \mathbf{C}$.

Lemme 3. — *Soient* X_1 *et* X_2 *des sous-ensembles compacts de* $\mathbf{C}$. *Si* X_2 *est contenu dans* X_1 *et si la frontière de* X_1 *dans* $\mathbf{C}$ *est contenue dans* X_2, *alors* X_1 *est la réunion de* X_2 *et de certaines composantes connexes bornées du complémentaire de* X_2 *dans* $\mathbf{C}$.

Soit U une composante connexe de $\mathbf{C} - \mathrm{X}_2$. Tout point frontière de $\mathrm{X}_1 \cap \mathrm{U}$ dans l'ouvert U est aussi point frontière de X_1 dans $\mathbf{C}$, donc appartient à X_2 par hypothèse ; comme $\mathrm{U} \cap \mathrm{X}_2 = \varnothing$, on voit que $\mathrm{X}_1 \cap \mathrm{U}$ n'a aucun point frontière dans l'espace U. Comme U est connexe, l'intersection $\mathrm{X}_1 \cap \mathrm{U}$ est soit vide, soit égale à U (TG, I, p. 82, cor.), et le lemme en résulte.

PROPOSITION 6. — *Soient* A *une algèbre de Banach unifère et* B *une sous-algèbre unifère fermée de* A. *Pour tout* $x \in \mathrm{B}$, *on a* $\mathrm{Sp}_{\mathrm{B}}(x) \supset \mathrm{Sp}_{\mathrm{A}}(x)$, *et la frontière de* $\mathrm{Sp}_{\mathrm{A}}(x)$ *dans* $\mathbf{C}$ *contient la frontière de* $\mathrm{Sp}_{\mathrm{B}}(x)$ *dans* $\mathbf{C}$. *En particulier, si* $\mathrm{Sp}_{\mathrm{B}}(x) \subset \mathbf{R}$, *alors on a* $\mathrm{Sp}_{\mathrm{B}}(x) = \mathrm{Sp}_{\mathrm{A}}(x)$.

On a $\mathrm{Sp}_{\mathrm{B}}(x) \supset \mathrm{Sp}_{\mathrm{A}}(x)$ (remarque 6 de I, p. 3). Si λ est un point de la frontière de $\mathrm{Sp}_{\mathrm{B}}(x)$ dans $\mathbf{C}$, il existe une suite (λ_n) de points extérieurs à $\mathrm{Sp}_{\mathrm{B}}(x)$ tendant vers λ. Alors $x - \lambda_n$ est inversible dans B et tend vers $x - \lambda$, qui n'est pas inversible dans B ; donc $x - \lambda$ est diviseur de zéro topologique à gauche ou à droite dans B (prop. 4 de I, p. 24), donc dans A. Ainsi, $\lambda \in \mathrm{Sp}_{\mathrm{A}}(x)$. Mais puisque $\mathrm{Sp}_{\mathrm{A}}(x) \subset \mathrm{Sp}_{\mathrm{B}}(x)$, le nombre complexe $\lambda \in \mathrm{Fr}_{\mathbf{C}}(\mathrm{Sp}_{\mathrm{B}}(x))$ ne peut être intérieur à $\mathrm{Sp}_{\mathrm{A}}(x)$, donc appartient à sa frontière.

COROLLAIRE. — *L'ensemble* $\mathrm{Sp}_{\mathrm{B}}(x)$ *est la réunion de* $\mathrm{Sp}_{\mathrm{A}}(x)$ *et de certaines composantes connexes bornées de* $\mathbf{C} - \mathrm{Sp}_{\mathrm{A}}(x)$.

Cela découle de la prop. 6 et du lemme 3.

Ce corollaire sera complété par les propositions 13 de I, p. 46 et 14 de I, p. 46.

§ 3. ALGÈBRES DE BANACH COMMUTATIVES

Dans cette section, le corps de base est **C**.

1. Caractères d'une algèbre de Banach commutative

THÉORÈME 1. — *Soit* A *une algèbre de Banach et soit* $\chi\colon \mathrm{A} \to \mathbf{C}$ *un morphisme d'algèbres* (*cf.* I, p. 9). *Alors* χ *est continu, de norme au plus* 1. *Si* A *est unifère et si* χ *est un morphisme unifère, alors* χ *est de norme* 1.

Démontrons que $|\chi(x)| \leqslant \|x\|$ pour tout $x \in \mathrm{A}$. Quitte à remplacer A par l'algèbre de Banach engendrée par x, on peut supposer que A est commutative ; alors, $\chi \in \mathsf{X}'(\mathrm{A})$. Pour tout $x \in \mathrm{A}$, on a $\chi(x) \in \mathrm{Sp}'_{\mathrm{A}}(x)$ (I, p. 9, n° 7), donc $|\chi(x)| \leqslant \varrho(x) \leqslant \|x\|$ (I, p. 28, cor. 5), d'où la première assertion.

Si, de plus, A est unifère, l'égalité $\chi(1) = 1$ entraîne que $\|\chi\| \geqslant 1$, d'où l'égalité voulue.

Remarque. — Soit A une algèbre de Banach commutative. Il découle de ce théorème que la topologie de la convergence simple sur $\mathsf{X}'(\mathrm{A})$ coïncide avec la restriction à $\mathsf{X}'(\mathrm{A})$ de la topologie faible $\sigma(\mathrm{A}', \mathrm{A})$ du dual A′ de A.

COROLLAIRE. — *Soit* A *une algèbre de Banach commutative. L'espace* $\mathsf{X}'(\mathrm{A})$ *est compact. L'espace* $\mathsf{X}(\mathrm{A})$ *est localement compact, et est compact si* A *admet un élément unité.*

Soit A′ le dual de l'espace de Banach A. Sa boule unité A'_1 est faiblement compacte (EVT, III, p. 17, cor. 2). D'après le th. 1, on a $\mathsf{X}'(A) \subset A'_1$. De plus, $\mathsf{X}'(A)$ est fermé dans A′ pour la topologie faible, car il est l'intersection des ensembles faiblement fermés

$$X_{x,y} = \{f \in A' \mid f(xy) - f(x)f(y) = 0\} \quad (\text{pour } x,\, y \in A).$$

Il en résulte que $\mathsf{X}'(A)$ est compact et que $\mathsf{X}(A) = \mathsf{X}'(A) - \{0\}$ est localement compact.

Si A admet un élément unité 1, alors $\mathsf{X}(A)$ est l'ensemble des $\chi \in \mathsf{X}'(A)$ tels que $\chi(1) = 1$, et est donc une partie fermée, et par suite compacte, de $\mathsf{X}'(A)$.

Tout espace compact est homéomorphe à $\mathsf{X}(A)$ pour une algèbre de Banach unifère commutative A convenable (*cf.* I, p. 32, cor. 2).

THÉORÈME 2. — *Soit* A *une algèbre de Banach commutative. L'application* $\chi \mapsto \mathrm{Ker}(\chi)$ *est une bijection de* $\mathsf{X}(A)$ *sur l'ensemble* J(A) *des idéaux maximaux réguliers de* A.

Soit I un idéal maximal régulier de A. Il est fermé (I, p. 22, cor. 2), donc A/I est une algèbre de Banach. Comme c'est un corps (A, VIII, p. 426, prop. 2), le théorème de Gelfand–Mazur (I, p. 26, cor. 2), implique que A/I est de dimension 1 sur **C**. Donc I est de codimension 1 dans A. Le théorème résulte alors du lemme 3 de I, p. 10.

Il peut arriver qu'une algèbre de Banach commutative non nulle A, sans élément unité, n'ait aucun idéal maximal ; alors $\mathsf{X}'(A)$ est réduit à {0} (*cf.* I, p. 186, exercice 31).

Ce théorème montre que les ensembles J(A) et $\widehat{A}$ de I, p. 11, qui s'identifient puisque A est commutative, peuvent aussi s'identifier à l'ensemble $\mathsf{X}(A)$. Il y a donc lieu de considérer sur $\mathsf{X}(A)$ la topologie faible, et la topologie de Jacobson qui est moins fine (I, p. 15, prop. 5). Les ensembles fermés V(M) de la topologie de Jacobson, pour $M \subset A$, sont les ensembles

$$\{\chi \in \mathsf{X}(A) \mid \chi(M) = 0\}$$

de $\mathsf{X}(A)$, qu'on notera parfois encore V(M). Similairement, pour toute partie M de $\mathsf{X}(A)$, on notera $\Upsilon(M)$ l'idéal intersection des noyaux des $\chi \in M$; il est égal à l'ensemble $\Upsilon(M')$ défini dans I, p. 13 pour la partie $M' \subset J(A)$ correspondant à M lorsqu'on identifie J(A) et $\mathsf{X}(A)$.

Quand on utilisera une notion topologique dans $\mathsf{X}(A)$ *sans préciser de quelle topologie il s'agit, il s'agira toujours de la topologie faible.*

2. Fonctions continues nulles à l'infini sur un espace localement compact

Dans ce numéro, X est un espace localement compact. On note $\mathscr{C}_0(\mathrm{X})$ l'algèbre de Banach commutative des fonctions complexes continues tendant vers 0 à l'infini sur X, munie de la norme $\|f\| = \sup_{x\in\mathrm{X}}|f(x)|$ (exemple 3 de I, p. 17).

PROPOSITION 1. — *Pour toute partie fermée* Φ *de* X, *soit* I_Φ *l'ensemble des* $f \in \mathscr{C}_0(\mathrm{X})$ *nulles sur* Φ. *Alors* $\Phi \mapsto \mathrm{I}_\Phi$ *est une bijection de l'ensemble des parties fermées de* X *sur l'ensemble des idéaux fermés de* $\mathscr{C}_0(\mathrm{X})$.

L'ensemble I_Φ est un idéal fermé de $\mathscr{C}_0(\mathrm{X})$.

Soient $\Phi \neq \Phi'$ des parties fermées de X. Quitte à échanger Φ et Φ', on peut supposer qu'il existe $x \in \Phi'$ tel que $x \notin \Phi$, et il existe alors une fonction $f \in \mathscr{C}_0(\mathrm{X})$ nulle sur Φ et non nulle en x (TG, IX, p. 43, prop. 1). On a $f \in \mathrm{I}_\Phi$ et $f \notin \mathrm{I}_{\Phi'}$, de sorte que l'application $\Phi \mapsto \mathrm{I}_\Phi$ est injective.

Soit I un idéal fermé de $\mathscr{C}_0(\mathrm{X})$. Soit Φ l'ensemble des $x \in \mathrm{X}$ tels que $f(x) = 0$ pour tout $f \in \mathrm{I}$; c'est une partie fermée de X, et on a $\mathrm{I} \subset \mathrm{I}_\Phi$. Démontrons que $\mathrm{I}_\Phi \subset \mathrm{I}$, ce qui impliquera que $\mathrm{I} = \mathrm{I}_\Phi$ et terminera la preuve de la proposition.

Soit $f \in \mathrm{I}_\Phi$. Pour tout nombre réel $\varepsilon > 0$, notons C_ε l'ensemble des $x \in \mathrm{X}$ tels que $|f(x)| \geqslant \varepsilon$. Puisque f tend vers 0 à l'infini, l'ensemble C_ε est compact. Soit $x \in \mathrm{C}_\varepsilon$; comme $f(x) \neq 0$ et $f \in \mathrm{I}_\Phi$, on a $x \notin \Phi$; par définition de Φ, il existe alors une fonction $\varphi_x \in \mathrm{I}$ telle que $|\varphi_x(x)| > 1$, donc telle que $|\varphi_x(y)| > 1$ pour tout y appartenant à un voisinage V_x de x. Les ouverts $\mathrm{V}_x \cap \mathrm{C}_\varepsilon$ recouvrent C_ε. Puisque l'ensemble C_ε est compact, il existe un sous-ensemble fini $\mathrm{T}_\varepsilon \subset \mathrm{X}$ tel que

$$\mathrm{C}_\varepsilon \subset \bigcup_{x\in\mathrm{T}_\varepsilon} \mathrm{V}_x.$$

Alors l'élément

$$g_\varepsilon = \frac{1}{\varepsilon} \sum_{x\in\mathrm{T}_\varepsilon} \varphi_x\overline{\varphi_x} \geqslant 0$$

de $\mathscr{C}_0(\mathrm{X})$ appartient à I, et on a $g_\varepsilon \geqslant \varepsilon^{-1}$ sur C_ε. La fonction

$$f_\varepsilon = \frac{fg_\varepsilon}{1 + g_\varepsilon}$$

appartient à I. Pour $x \notin \mathrm{C}_\varepsilon$, on a

$$|f(x) - f_\varepsilon(x)| \leqslant 2\varepsilon,$$

et pour $x \in \mathrm{C}_\varepsilon$, on a

$$|f(x) - f_\varepsilon(x)| = \frac{|f(x)|}{1 + g_\varepsilon(x)} \leqslant \varepsilon|f(x)|.$$

Ainsi f_ε converge uniformément vers f sur X quand ε tend vers 0. On a donc $f \in \bar{\mathrm{I}}$, d'où $f \in \mathrm{I}$ puisque I est fermé.

COROLLAIRE 1. — *Pour tout $x \in \mathrm{X}$, soit I_x l'ensemble des $f \in \mathscr{C}_0(\mathrm{X})$ nulles en x. Alors $x \mapsto \mathrm{I}_x$ est une bijection de* X *sur l'ensemble des idéaux fermés maximaux de $\mathscr{C}_0(\mathrm{X})$. Ces idéaux sont réguliers.*

Ceci résulte aussitôt de la prop. 1.

Notons X′ le compactifié d'Alexandroff de X, c'est-à-dire l'espace compact déduit de X par adjonction d'un point à l'infini ω_X (TG, I, p. 67 et 68). L'algèbre $\mathscr{C}_0(\mathrm{X})$ s'identifie à l'algèbre de Banach des fonctions complexes continues sur X′ nulles en ω_X.

Pour tout $x \in \mathrm{X}'$, on note ev_x le caractère de $\mathscr{C}_0(\mathrm{X})$ défini par $\mathrm{ev}_x(f) = f(x)$ pour tout $f \in \mathscr{C}_0(\mathrm{X})$.

COROLLAIRE 2. — *L'application $x \mapsto \mathrm{ev}_x$ est un homéomorphisme de* X′ *sur $\mathsf{X}'(\mathscr{C}_0(\mathrm{X}))$, et sa restriction à* X *est un homémorphisme de* X *sur $\mathsf{X}(\mathscr{C}_0(\mathrm{X}))$. De plus, la topologie faible et la topologie de Jacobson coïncident sur $\mathsf{X}(\mathscr{C}_0(\mathrm{X}))$.*

L'application $\mathrm{ev}\colon x \mapsto \mathrm{ev}_x$ de X′ dans $\mathsf{X}'(\mathscr{C}_0(\mathrm{X}))$ est injective. Elle est surjective d'après le cor. 1 et le th. 2 de I, p. 30. Elle est continue, car pour toute fonction $f \in \mathscr{C}_0(\mathrm{X})$ et tout ouvert U de **R**, on a

$$\mathrm{ev}^{-1}(\{\chi \in \mathsf{X}'(\mathscr{C}_0(\mathrm{X})) \mid \chi(f) \in \mathrm{U}\}) = \overset{-1}{f}(\mathrm{U})$$

qui est ouvert dans X. L'application ev est donc un homéomorphisme puisque X′ est compact. La restriction de ev à X est alors un homéomorphisme sur $\mathsf{X}(\mathscr{C}_0(\mathrm{X}))$.

Si F est une partie faiblement fermée de $\mathsf{X}(\mathscr{C}_0(\mathrm{X}))$, elle correspond par l'homéomorphisme ev à une partie fermée Φ de X ; précisément, d'après la prop. 1, on a $\mathrm{F} = \{\chi \in \mathsf{X}(\mathscr{C}_0(\mathrm{X})) \mid \mathrm{I}_\Phi \subset \mathrm{Ker}\,\chi\}$ qui est fermé pour la topologie de Jacobson.

Corollaire 3. — *Supposons* X *compact. Alors l'application* $x \mapsto \mathrm{ev}_x$ *est un homéomorphisme de* X *sur* $\mathsf{X}(\mathscr{C}(\mathrm{X}))$. *La topologie faible et la topologie de Jacobson coïncident sur* $\mathsf{X}(\mathscr{C}(\mathrm{X}))$.

3. Applications partielles propres

Dans ce numéro, X et Y sont des espaces topologiques localement compacts. On note X′ (resp. Y′) l'espace compact obtenu à partir de X (resp. Y) par adjonction d'un point à l'infini ω_{X} (resp. ω_{Y}) (TG, I, p. 67–68). On identifie X′ et Y′ à $\mathsf{X}'(\mathscr{C}_0(\mathrm{X}))$ et $\mathsf{X}'(\mathscr{C}_0(\mathrm{Y}))$, respectivement (corollaire 2 de I, p. 32).

Définition 1. — *Une* application partielle propre *de* X *dans* Y *est une correspondance* $f = (\Gamma, \mathrm{X}, \mathrm{Y})$ (E, II, p. 10, déf. 2) *entre* X *et* Y *telle que*

(i) *Le graphe* Γ *est fonctionnel*;

(ii) *Le domaine de définition de* f *est un ouvert* U *de* X ;

(iii) *L'application* $x \mapsto f(x)$ *de* U *dans* Y *est propre.*

L'application identique de X est une application partielle propre de X dans X. Soient Z un espace topologique localement compact et f (resp. g) une application partielle propre de X dans Y (resp. de Y dans Z). Alors la correspondance composée $g \circ f$ (E, II, p. 11, déf. 6) est une application partielle propre de X dans Z (TG, I, p. 72, prop. 3, et p. 73, prop. 5).

Lemme 1. — *Pour toute application partielle propre* f *de* X *dans* Y, *de domaine de définition* U, *notons* $\widetilde{f}$ *l'application de* X′ *dans* Y′ *définie par* $\widetilde{f}(x) = f(x)$ *si* $x \in \mathrm{U}$ *et* $\widetilde{f}(x) = \omega_{\mathrm{Y}}$ *si* $x \notin \mathrm{U}$; *elle est continue.*

L'application $f \mapsto \widetilde{f}$ *est une bijection entre l'ensemble des applications partielles propres* f *de* X *dans* Y *et l'ensemble des applications continues* g *de* X′ *dans* Y′ *telles que* $g(\omega_{\mathrm{X}}) = \omega_{\mathrm{Y}}$.

Soit f une application partielle propre de X dans Y et soit U son domaine. Démontrons que l'application $\widetilde{f}$ est continue. Elle est continue en tout point de U, car U est ouvert dans X′. Démontrons qu'elle est également continue en tout point x de $\mathrm{X}' - \mathrm{U}$; on a alors $\widetilde{f}(x) = \omega_{\mathrm{Y}}$. Soit V un voisinage ouvert de ω_{Y} dans Y′ ; démontrons que $\widetilde{f}^{-1}(\mathrm{V})$ est un voisinage de x. Par définition de l'espace topologique Y′, on peut supposer que V est de la forme $Y' - K$, où K est une partie compacte de Y. Puisque f définit une application propre de U dans Y, l'ensemble $f^{-1}(K)$ est compact dans U (TG, I, p. 77, prop. 6), donc dans X'. C'est en particulier une partie fermée de X' et $\tilde{f}^{-1}(V) = X' - f^{-1}(K)$ est une partie ouverte de X', et est donc un voisinage de x.

Inversement, soient $g\colon X' \to Y'$ une application continue telle que $g(\omega_X) = \omega_Y$ et $\Gamma_g \subset X' \times Y'$ son graphe. L'ensemble $U = X - \overset{-1}{g}(\omega_Y)$ est ouvert dans X. La correspondance $f = (\Gamma_g \cap (U \times Y), X, Y)$ est une application partielle propre de X dans Y (TG, I, p. 77, prop. 7) telle que $\tilde{f} = g$, et c'est la seule.

Nous identifierons les applications partielles propres de X dans Y aux applications continues de X' dans Y' qui appliquent ω_X sur ω_Y. En particulier, les applications propres de X dans Y sont les applications partielles propres de domaine X ; elles s'identifient aux applications continues f de X' dans Y' telles que que $\overset{-1}{f}(\omega_Y) = \{\omega_X\}$. Si X est compact, ce sont tout simplement les applications continues de X dans Y.

Soit A une algèbre de Banach complexe commutative. Rappelons que $\mathsf{X}'(A)$ s'identifie à l'espace compact obtenu à partir de $\mathsf{X}(A)$ par adjonction d'un point à l'infini (I, p. 29, corollaire).

PROPOSITION 2. — *Soient* A *et* B *des algèbres de Banach complexes commutatives. Pour tout morphisme d'algèbres* $\pi\colon A \to B$, *l'application* $\mathsf{X}'(\pi)$ *est une application partielle propre de* $\mathsf{X}(B)$ *dans* $\mathsf{X}(A)$.

En effet, $\mathsf{X}'(\pi)$ est une application continue de $\mathsf{X}'(B)$ dans $\mathsf{X}'(A)$ (I, p. 10). Le point à l'infini de $\mathsf{X}'(B)$ (resp. de $\mathsf{X}'(A)$) est le caractère nul, et on a $\mathsf{X}'(\pi)(0) = 0$.

PROPOSITION 3. — a) *Pour toute application partielle propre* φ *de* X *dans* Y, *l'application* $f \mapsto f \circ \varphi$ *de* $\mathscr{C}(Y')$ *dans* $\mathscr{C}(X')$ *induit un morphisme d'algèbres* φ^* *de* $\mathscr{C}_0(Y)$ *dans* $\mathscr{C}_0(X)$;

b) *L'application* $\varphi \mapsto \varphi^*$ *est une bijection de l'ensemble des applications partielles propres de* X *dans* Y *sur l'ensemble des morphismes d'algèbres de* $\mathscr{C}_0(Y)$ *dans* $\mathscr{C}_0(X)$. *Sa bijection réciproque est l'application* $\pi \mapsto \mathsf{X}'(\pi)$.

Démontrons *a*). Soit φ une application partielle propre de X dans Y, identifiée à une application continue de X' dans Y' telle que

$\varphi(\omega_X) = \omega_Y$. Pour $f \in \mathscr{C}_0(Y)$, on a $(f \circ \varphi)(\omega_X) = f(\omega_Y) = 0$, donc l'application φ^* est bien définie. C'est un morphisme d'algèbres.

Démontrons que $\mathsf{X}'(\varphi^*)$ s'identifie à φ. Soit $x \in X$. Pour toute fonction $f \in \mathscr{C}_0(Y)$, le caractère $\mathsf{X}'(\varphi^*)(\mathrm{ev}_x)$ associe à f le nombre complexe

$$(\mathrm{ev}_x \circ \varphi^*)(f) = \mathrm{ev}_x(f \circ \varphi) = f(\varphi(x)),$$

donc $\mathsf{X}'(\varphi^*)(\mathrm{ev}_x) = \mathrm{ev}_{\varphi(x)}$. Cela démontre l'assertion.

Inversement, soit $\pi \colon \mathscr{C}_0(Y) \to \mathscr{C}_0(X)$ un morphisme d'algèbres. Démontrons que $\mathsf{X}'(\pi)^* = \pi$. Soit $f \in \mathscr{C}_0(Y)$, et notons $g = \mathsf{X}'(\pi)^*(f) \in \mathscr{C}_0(X)$. Pour tout $x \in X$, on a

$$g(x) = (f \circ \mathsf{X}'(\pi))(x) = \mathrm{ev}_{\mathsf{X}'(\pi)(x)}(f) = (\mathrm{ev}_x \circ \pi)(f) = \pi(f)(x),$$

puisque $\mathsf{X}'(\pi)$ vérifie $\mathrm{ev}_{\mathsf{X}'(\pi)(x)} = \mathrm{ev}_x \circ \pi$. On a donc $g = \pi(f)$, ce qui permet de conclure que $\mathsf{X}'(\pi)^* = \pi$.

De manière tout à fait similaire, on a :

PROPOSITION 4. — *Supposons que* X *et* Y *sont compacts. Identifions l'espace* X (*resp. l'espace* Y) *à* $\mathsf{X}(\mathscr{C}(X))$ (*resp.* $\mathsf{X}(\mathscr{C}(Y))$) (corollaire 3 de I, p. 33).

a) *Pour toute application continue* $\varphi \colon X \to Y$, *l'application* $\varphi^* \colon f \mapsto f \circ \varphi$ *est un morphisme d'algèbres de* $\mathscr{C}(Y)$ *dans* $\mathscr{C}(X)$;

b) *Les applications* $\varphi \mapsto \varphi^*$ *et* $\pi \mapsto \mathsf{X}(\pi)$ *sont des bijections réciproques entre l'ensemble des applications continues de* X *dans* Y *et l'ensemble des morphismes d'algèbres de* $\mathscr{C}(Y)$ *dans* $\mathscr{C}(X)$.

Remarque. — *Dans le langage de la théorie des catégories, les résultats qui précèdent s'interprètent de la manière suivante. Soit **G** la catégorie dont les objets sont les espaces topologiques localement compacts et les morphismes les applications partielles propres. Le foncteur $X \mapsto \mathscr{C}_0(X)$ est un foncteur contravariant, pleinement fidèle, de la catégorie **G** dans la catégorie des algèbres de Banach commutatives complexes. De plus, $A \mapsto \mathsf{X}(A)$ est un foncteur contravariant de la catégorie des algèbres de Banach commutatives complexes dans la catégorie **G**. Si l'on associe à un espace topologique localement compact X l'homéomorphisme

$$\mathrm{ev} \colon X \to \mathsf{X}(\mathscr{C}_0(X)),$$

on obtient un isomorphisme du foncteur identique de la catégorie **G** vers le foncteur composé $X \mapsto \mathsf{X}(\mathscr{C}_0(X))$.

Il n'est pas vrai que le foncteur composé $A \mapsto \mathscr{C}_0(\mathsf{X}(A))$ soit isomorphe au foncteur identique de la catégorie des algèbres de Banach commutatives complexes (*cf.* exemple 2 de I, p. 36 et exercice 2 de I, p. 155). On verra cependant un énoncé de ce type pour les algèbres stellaires commutatives (numéro 5 de I, p. 107).$_*$

4. Transformation de Gelfand

Soit A une algèbre de Banach commutative. Rappelons que, pour tout $x \in A$, on note $\mathscr{G}_A(x)$, ou $\mathscr{G}(x)$, la fonction $\chi \mapsto \chi(x)$ sur $\mathsf{X}(A)$, que $\mathscr{G}(x)$ s'appelle la *transformée de Gelfand* de x, et que l'application $x \mapsto \mathscr{G}(x)$ s'appelle *transformation de Gelfand* (*cf.* déf. 5 de I, p. 7). On a donc par définition :

$$\mathscr{G}(x)(\chi) = \chi(x).$$

Exemples. — 1) Soit X un espace topologique localement compact et considérons l'algèbre de Banach commutative $\mathscr{C}_0(X)$ (exemple 3 de I, p. 17 et numéro 2 de I, p. 31). D'après le cor. 1 de I, p. 32, l'espace des caractères $\mathsf{X}(\mathscr{C}_0(X))$ s'identifie à X par le biais de l'application associant à un élément $x \in X$ le caractère $f \mapsto f(x)$ de $\mathscr{C}_0(X)$, et la transformation de Gelfand de $\mathscr{C}_0(X)$ s'identifie alors à l'application identique.

2) Soit $n \geqslant 0$ un entier. Soit A_n l'algèbre des fonctions $f\colon [0,1] \to K$ admettant des dérivées continues dans $[0,1]$ jusqu'à l'ordre n. Munie de la norme

$$\|f\| = \sum_{k=0}^{n} \frac{1}{k!} \sup_{0 \leqslant t \leqslant 1} |f^{(k)}(t)|,$$

c'est une algèbre de Banach (exemple 4 de I, p. 18). Pour tout n, l'espace des caractères $\mathsf{X}(A_n)$ s'identifie à $[0,1]$ et $\mathscr{G}$ à l'inclusion de A_n dans $\mathscr{C}([0,1])$ (*cf.* exemple 1 de I, p. 144).

3) Soit Δ le disque des nombres complexes z vérifiant $|z| \leqslant 1$ et soit A l'algèbre de Banach complexe des fonctions continues sur Δ analytiques dans l'intérieur de Δ, munie de la norme $\|f\| = \sup_{z \in \Delta} |f(z)|$ (exemple 9 de I, p. 20). Alors $\mathsf{X}(A)$ s'identifie à Δ et $\mathscr{G}$ à l'inclusion de A dans $\mathscr{C}(\Delta)$ (*cf.* exerc. 6 de I, p. 193).

4) Considérons l'algèbre de Banach complexe A des séries de Fourier absolument convergentes (exemple 8 de I, p. 19). Pour tout élément u

du cercle unité $\mathbf{U}$, l'application $f \mapsto f(u)$ est un caractère ev_u de A. Si $f_0 \in \mathrm{A}$ est l'application identique de $\mathbf{U}$, on a $\mathrm{ev}_u(f_0) = u$, donc l'application $\mathrm{ev}\colon u \mapsto \mathrm{ev}_u$ de $\mathbf{U}$ dans $\mathsf{X}(\mathrm{A})$ est injective ; elle est continue.

Soit $\chi \in \mathsf{X}(\mathrm{A})$. On a $\|f_0\| = \|f_0^{-1}\| = 1$, donc $|\chi(f_0)| \leqslant 1$ et $|\chi(f_0)^{-1}| \leqslant 1$. Cela montre que $\chi(f_0) \in \mathbf{U}$ et il existe $u \in \mathbf{U}$ tel que $\chi(f_0) = \mathrm{ev}_u(f_0)$. Comme $\{f_0, f_0^{-1}\}$ engendre topologiquement l'algèbre unifère A, on a $\chi = \mathrm{ev}_u$. Ainsi, l'application ev est un homéomorphisme de $\mathbf{U}$ sur $\mathsf{X}(\mathrm{A})$, par lequel on identifie ces espaces. La transformation de Gelfand de A s'identifie alors à l'inclusion de A dans $\mathscr{C}(\mathbf{U})$.

Puisque A est isomorphe à l'algèbre de Banach $\mathrm{L}^1(\mathbf{Z})$ (exemple 8 de I, p. 19), l'espace $\mathsf{X}(\mathrm{L}^1(\mathbf{Z}))$ s'identifie à $\mathbf{U}$ et, pour tout élément $(c_n) \in \mathrm{L}^1(\mathbf{Z})$, la transformée de Gelfand $\mathscr{G}_{\mathrm{L}^1(\mathbf{Z})}((c_n))$ s'identifie à la fonction $u \mapsto \sum_{n\in\mathbf{Z}} c_n u^n$ sur $\mathbf{U}$.

5) Soit Δ le disque unité des nombres complexes z tels que $|z| \leqslant 1$. Sa frontière dans $\mathbf{C}$ est $\mathbf{U}$. Soit A l'algèbre de Banach des fonctions complexes f sur $\mathbf{U}$ telles qu'il existe une fonction continue $\widetilde{f} \in \mathscr{C}(\Delta)$ prolongeant f qui est analytique dans $\mathring{\Delta}$, munie de la norme $\|f\| = \sup_{z\in\mathbf{U}}|f(z)|$. En vertu du principe du maximum (VAR, R1, p. 30, 3.3.7), on a alors $\|f\| = \sup_{z\in\Delta}|\widetilde{f}(z)|$, et donc A coïncide avec l'algèbre de l'exemple 9 de I, p. 20. L'ensemble $\mathsf{X}(\mathrm{A})$ s'identifie à Δ et, si $f \in \mathrm{A}$, l'application $\mathscr{G}(f)$ s'identifie avec le prolongement continu de f dans Δ qui est analytique dans $\mathring{\Delta}$ (*cf.* exerc. 6 de I, p. 193).

PROPOSITION 5. — *Soit* A *une algèbre de Banach commutative. Pour tout* $x \in \mathrm{A}$, *la fonction* $\mathscr{G}(x)$ *appartient à l'algèbre de Banach commutative* $\mathscr{C}_0(\mathsf{X}(\mathrm{A}))$ *des fonctions continues sur* $\mathsf{X}(\mathrm{A})$ *tendant vers* 0 *à l'infini.*

Par définition (*cf.* n° 7 de I, p. 9), la fonction $\mathscr{G}'_{\mathrm{A}}(x)\colon \chi \mapsto \chi(x)$ est continue sur $\mathsf{X}'(\mathrm{A})$ et nulle en 0. Comme $\mathsf{X}'(\mathrm{A})$ s'identifie au compactifié d'Alexandroff de $\mathsf{X}(\mathrm{A})$ d'après le cor. 1 de I, p. 29, la proposition en résulte.

PROPOSITION 6. — *Soit* A *une algèbre de Banach commutative et soit* $x \in \mathrm{A}$.

a) *La réunion de l'ensemble des valeurs de* $\mathscr{G}(x)$ *et de* $\{0\}$ *est égale à* $\mathrm{Sp}'_{\mathrm{A}}(x)$;

b) *Si* A *admet un élément unité, l'ensemble des valeurs de* $\mathscr{G}(x)$ *est* $\mathrm{Sp}_{\mathrm{A}}(x)$. *En particulier, pour que* x *soit inversible, il faut et il suffit que* $\mathscr{G}(x)$ *ne s'annule pas.*

Supposons que A admette un élément unité. On sait que, pour tout $\chi \in \mathsf{X}(\mathrm{A})$, on a $\chi(x) \in \mathrm{Sp}_{\mathrm{A}}(x)$. Réciproquement, soit $\lambda \in \mathrm{Sp}_{\mathrm{A}}(x)$. Alors $x - \lambda$ n'est pas inversible, donc appartient à un idéal maximal de A. Il existe alors $\chi \in \mathsf{X}(\mathrm{A})$ tel que $\chi(x - \lambda) = 0$ (th. 2 de I, p. 30), d'où *b*).

Passons au cas général. Soit $\widetilde{\mathrm{A}}$ l'algèbre de Banach obtenue à partir de A par adjonction d'un élément unité ; elle est commutative. L'ensemble $\mathrm{Sp}'_{\mathrm{A}}(x)$ est égal à $\mathrm{Sp}_{\widetilde{\mathrm{A}}}(x)$, c'est-à-dire à l'ensemble des valeurs de $\mathscr{G}_{\widetilde{\mathrm{A}}}(x)$ sur $\mathsf{X}(\widetilde{\mathrm{A}}) = \mathsf{X}'(\mathrm{A})$. D'où *a*).

Exemple. — Considérons l'algèbre de Banach A des séries de Fourier absolument convergentes (exemple 4). La prop. 6, *b*) implique que si φ est une fonction sur le cercle unité **U** admettant une série de Fourier absolument convergente, et si φ ne s'annule pas, la fonction $1/\varphi$ admet également une série de Fourier absolument convergente (« théorème de Wiener »).

PROPOSITION 7. — *Soit* A *une algèbre de Banach commutative.*

a) *La transformation de Gelfand* $\mathscr{G}$ *définit un morphisme de* A *dans* $\mathscr{C}_0(\mathsf{X}(\mathrm{A}))$ *tel que* $\|\mathscr{G}(x)\| = \varrho(x) \leqslant \|x\|$ *pour tout* $x \in \mathrm{A}$;

b) *Pour que la transformation de Gelfand* $\mathscr{G}$ *soit isométrique, il faut et il suffit que* $\|x^2\| = \|x\|^2$ *pour tout* $x \in \mathrm{A}$.

L'application $\mathscr{G}$ est un morphisme de A dans $\mathscr{C}_0(\mathsf{X}(\mathrm{A}))$ d'après le n° 7 de I, p. 9 et la prop. 5 de I, p. 37, et vérifie $\|\mathscr{G}(x)\| = \varrho(x)$ d'après la prop. 6 et le cor. 5 de I, p. 28. L'assertion *b*) résulte de *a*) et de la remarque 1 de I, p. 21.

COROLLAIRE. — *Soient* A *une algèbre de Banach,* x *et* y *des éléments permutables de* A.

a) *On a* $\varrho(xy) \leqslant \varrho(x)\varrho(y)$ *et* $\varrho(x+y) \leqslant \varrho(x) + \varrho(y)$;

b) *Si* y *est quasi-nilpotent, alors* $\mathrm{Sp}'_{\mathrm{A}}(x) = \mathrm{Sp}'_{\mathrm{A}}(x+y)$; *si de plus* A *est unifère, alors* $\mathrm{Sp}_{\mathrm{A}}(x) = \mathrm{Sp}_{\mathrm{A}}(x+y)$.

En considérant l'algèbre de Banach déduite de A par adjonction d'un élément unité, on se ramène d'abord au cas où l'algèbre A est unifère. Puis en considérant la sous-algèbre pleine fermée de A engendrée par x et y, on se ramène au cas où A est commutative et unifère. L'assertion *a*) est alors une conséquence de la prop. 7, *a*), et l'assertion *b*) découle de la prop. 6 de I, p. 37 et du cor. 5 de I, p. 28.

Proposition 8. — *Soit* A *une algèbre de Banach commutative. Les quatre ensembles suivants sont égaux*:

(i) *Le noyau de la transformation de Gelfand*;

(ii) *L'ensemble des éléments x de* A *tels que* $\mathrm{Sp}'_{\mathrm{A}}(x) = \{0\}$;

(iii) *L'ensemble des éléments quasi-nilpotents de* A ;

(iv) *Le radical de* A.

Notons N_1, N_2, N_3, N_4, respectivement, ces ensembles. On a $N_1 = N_2$ (prop. 6, *a*)), et $N_2 = N_3$ (I, p. 28, cor. 5). Par définition, l'ensemble N_4 est l'intersection des idéaux maximaux réguliers de A ; c'est donc l'intersection des noyaux des caractères de A (th. 2 de I, p. 30), qui est égal à N_1.

Remarques. — 1) En général, l'image de la transformation de Gelfand n'est ni fermée dans $\mathscr{C}_0(\mathsf{X}(\mathrm{A}))$, ni dense dans $\mathscr{C}_0(\mathsf{X}(\mathrm{A}))$ (exerc. 7 de I, p. 193).

2) L'image de la transformation de Gelfand sépare les points de $\mathsf{X}(\mathrm{A})$, puisque si $\chi_1 \neq \chi_2$ sont des éléments de $\mathsf{X}(\mathrm{A})$, il existe $x \in \mathrm{A}$ tel que $\chi_1(x) \neq \chi_2(x)$.

3) Si $\chi \in \mathsf{X}(\mathrm{A})$, il existe un élément de l'image de la transformation de Gelfand qui ne s'annule pas en χ.

4) Si A possède un élément unité, l'image de la transformation de Gelfand est une sous-algèbre *pleine* de l'algèbre des fonctions continues sur $\mathsf{X}(\mathrm{A})$ (prop. 6, *b*)).

Lemme 2. — *Soit* A *une algèbre de Banach commutative. Soit* M *une partie de* $\mathsf{X}(\mathrm{A})$. *Alors* M *est fermée pour la topologie de Jacobson si et seulement si, pour tout caractère* $\chi \in \mathsf{X}(\mathrm{A}) - \mathrm{M}$, *il existe un élément x de* A *tel que* $\mathscr{G}(x)$ *soit nul sur* M *et non nul en* χ.

Soit $\Upsilon(\mathrm{M})$ l'intersection des noyaux des éléments de M. L'ensemble M est fermé pour la topologie de Jacobson si et seulement si $\mathrm{M} = \mathrm{V}(\Upsilon(\mathrm{M}))$ (*cf.* I, p. 13 et I, p. 30). Cette condition équivaut à dire que les éléments χ de M sont précisément les caractères qui s'annulent sur $\Upsilon(\mathrm{M})$. Par conséquent M est fermé si et seulement si pour tout caractère $\chi \notin \mathrm{M}$, il existe $x \in \Upsilon(\mathrm{M})$ tel que $\chi(x) \neq 0$. Cela se traduit en $\mathscr{G}(x)(\chi) \neq 0$ et $\mathscr{G}(x)|\mathrm{M} = 0$.

5. Morphismes d'algèbres de Banach commutatives

PROPOSITION 9. — *Soit* A *une algèbre de Banach, soit* B *une algèbre de Banach commutative et sans radical, Tout morphisme de l'algèbre sous-jacente à* A *dans l'algèbre sous-jacente à* B *est continu.*

Soit $h\colon \mathrm{A} \to \mathrm{B}$ un morphisme d'algèbres et soit $(a, b) \in \mathrm{A} \times \mathrm{B}$ un point adhérent au graphe Γ de h. Soit $\chi \in \mathsf{X}'(\mathrm{B})$. La fonction $x \mapsto \chi(h(x))$ de A dans $\mathbf{C}$ est un homomorphisme d'algèbres, donc est continu (I, p. 29, th. 1). L'application de $\mathrm{A} \times \mathrm{B}$ dans $\mathbf{C}$ donnée par $(x, y) \mapsto \chi(h(x)) - \chi(y)$ est alors continue, elle est nulle sur Γ, donc nulle en (a, b). On a ainsi $\chi(h(a)) = \chi(b)$ pour tout $\chi \in \mathsf{X}'(\mathrm{B})$. Comme B est sans radical, on a $h(a) = b$. Ainsi le graphe de h est fermé et donc h est continu (EVT, I, p. 19, cor. 5).

COROLLAIRE. — *Sur une algèbre complexe commutative sans radical, deux normes définissant des structures d'algèbre de Banach sont équivalentes.*

Il suffit d'appliquer la prop. 9 à l'application identique de l'algèbre.

Soient A et B des algèbres de Banach commutatives. D'après le n° 7 de I, p. 9, si $h\colon \mathrm{A} \to \mathrm{B}$ est un morphisme surjectif, $\mathsf{X}'(h)$ est un homéomorphisme de $\mathsf{X}'(\mathrm{B})$ sur un sous-espace fermé de $\mathsf{X}'(\mathrm{A})$ qui transforme 0 en 0. (Dans le cas où h est l'injection d'une sous-algèbre dans $\mathscr{C}(\mathrm{X})$, l'application $\mathsf{X}'(h)$ est injective sous des hypothèses beaucoup plus faibles, *cf.* I, p. 142, prop. 1, *d*).)

Soit maintenant $h\colon \mathrm{A} \to \mathrm{B}$ un morphisme injectif. En général, $\mathsf{X}'(h)$ n'est pas surjectif, mais la proposition suivante fournit une condition nécessaire pour que ce soit le cas.

PROPOSITION 10. — *Soient* A *et* B *des algèbres de Banach unifères commutatives,* $h\colon \mathrm{A} \to \mathrm{B}$ *un morphisme d'algèbres unifère, non nécessairement continu. Si* $\mathsf{X}(h)$ *est surjectif, alors* $h(\mathrm{A})$ *est une sous-algèbre pleine de* B.

Soit $x \in \mathrm{A}$ tel que $h(x)$ soit inversible dans B. Pour tout $\chi \in \mathsf{X}(\mathrm{A})$, il existe $\xi \in \mathsf{X}(\mathrm{B})$ tel que $\chi = \mathsf{X}(h)(\xi)$, donc $\chi(x) = \xi(h(x)) \neq 0$. La prop. 6 de I, p. 37 montre alors que x est inversible dans A, et donc que $h(x)$ est inversible dans $h(\mathrm{A})$.

La condition nécessaire de la proposition n'est pas suffisante, même si h est isométrique (I, p. 168, exerc. 14). On a toutefois le résultat suivant :

PROPOSITION 11. — *Soient* A *et* B *des algèbres de Banach unifères commutatives, soit a un élément de* A *et soit* $h\colon \mathrm{A} \to \mathrm{B}$ *un morphisme injectif unifère (non nécessairement continu). On suppose que la sous-algèbre fermée pleine de* A *engendrée par a est égale à* A. *Les conditions suivantes sont équivalentes* :

(i) $\mathsf{X}(h)$ *est surjectif* ;

(ii) $h(\mathrm{A})$ *est une sous-algèbre pleine de* B ;

(iii) $\mathrm{Sp}_{\mathrm{A}}(a) = \mathrm{Sp}_{\mathrm{B}}(h(a))$.

(i) $\Longrightarrow$ (ii) résulte de la prop. 10.

(ii) $\Longrightarrow$ (iii) résulte de la formule $\mathrm{Sp}_{\mathrm{A}}(a) = \mathrm{Sp}_{h(\mathrm{A})}(h(a)) = \mathrm{Sp}_{\mathrm{B}}(h(a))$, valide puisque $h(\mathrm{A})$ est une sous-algèbre pleine de B.

(iii) $\Longrightarrow$ (i) d'après la formule (4) du n° 6 de I, p. 6, on a le diagramme commutatif

$$\begin{array}{ccc} \mathsf{X}(\mathrm{B}) & \xrightarrow{\ \mathsf{X}(h)\ } & \mathsf{X}(\mathrm{A}) \\ \Big\downarrow{\scriptstyle \mathscr{G}_{\mathrm{B}}(h(a))} & & \Big\downarrow{\scriptstyle \mathscr{G}_{\mathrm{A}}(a)} \\ \mathrm{Sp}_{\mathrm{B}}(h(a)) & \xrightarrow{\ \ i\ \ } & \mathrm{Sp}_{\mathrm{A}}(a) \end{array}$$

où les flèches verticales désignent des applications surjectives (I, p. 37, prop. 6) et i est l'inclusion canonique. L'hypothèse (iii) signifie que i est bijective. De plus l'application surjective $\mathscr{G}_{\mathrm{A}}(a)\colon \mathsf{X}(\mathrm{A}) \to \mathrm{Sp}_{\mathrm{A}}(a)$ est bijective : en effet, pour tout caractères χ_1 et χ_2 de A, l'ensemble $\mathrm{A}_{\chi_1,\chi_2} = \{x \in \mathrm{A} \mid \chi_1(x) = \chi_2(x)\}$ est une sous-algèbre fermée pleine de A. Par hypothèse, on a donc $\mathrm{A}_{\chi_1,\chi_2} = \mathrm{A}$ si $a \in \mathrm{A}_{\chi_1,\chi_2}$, c'est-à-dire $\chi_1 = \chi_2$ si $\mathscr{G}_{\mathrm{A}}(a)\chi_1 = \mathscr{G}_{\mathrm{A}}(a)\chi_2$. Le diagramme implique alors que l'application $\mathsf{X}(h)$ est surjective.

6. Spectre simultané

Soit Λ un ensemble. Soit $\mathrm{C}_\Lambda = \mathbf{C}[(\mathrm{X}_\lambda)_{\lambda\in\Lambda}]$ l'algèbre unifère des polynômes complexes par rapport à une famille d'indéterminées $(\mathrm{X}_\lambda)_{\lambda\in\Lambda}$. Pour tout $\chi \in \mathsf{X}(\mathrm{C}_\Lambda)$, on a $(\chi(\mathrm{X}_\lambda))_{\lambda\in\Lambda} \in \mathbf{C}^\Lambda$; l'application $\chi \mapsto (\chi(\mathrm{X}_\lambda))_{\lambda\in\Lambda}$ est un homéomorphisme de $\mathsf{X}(\mathrm{C}_\Lambda)$ sur l'espace produit $\mathbf{C}^\Lambda$, par lequel on identifie ces espaces.

Soient d'autre part A une algèbre de Banach commutative unifère et $x = (x_\lambda)_{\lambda\in\Lambda}$ une famille d'éléments de A. Il existe un morphisme unifère h et un seul de C_Λ dans A tel que $h(X_\lambda) = x_\lambda$ pour tout λ. L'application continue $\mathsf{X}(h)$ de $\mathsf{X}(A)$ dans $\mathbf{C}^\Lambda$ est l'application qui à χ associe la famille $(\chi(x_\lambda))_{\lambda\in\Lambda}$. On l'appelle *l'application de* $\mathsf{X}(A)$ *dans* $\mathbf{C}^\Lambda$ *définie par* x.

DÉFINITION 2. — *L'image de l'application* $\mathsf{X}(h)$ *est appelée le* spectre simultané de x, *et notée* $\mathrm{Sp}_A^\Lambda(x)$ *ou* $\mathrm{Sp}^\Lambda(x)$.

Le spectre simultané de x est une partie compacte de $\mathbf{C}^\Lambda$. Un élément $c = (c_\lambda) \in \mathbf{C}^\Lambda$ appartient à $\mathrm{Sp}_A^\Lambda(x)$ si et seulement si les éléments $x_\lambda - c_\lambda$ appartiennent à un même idéal maximal de A, autrement dit si la famille $(x_\lambda - c_\lambda)_{\lambda\in\Lambda}$ n'engendre pas l'algèbre A.

Si Λ contient un seul élément, de sorte que la famille x se réduit à un seul élément $x \in A$, on a $\mathrm{Sp}_A^\Lambda(x) = \mathrm{Sp}_A(x)$ (I, p. 37, prop. 6, *b*)). Si $\Lambda' \subset \Lambda$, alors $\mathrm{Sp}_A^{\Lambda'}((x_\lambda)_{\lambda\in\Lambda'})$ est l'image de $\mathrm{Sp}_A^\Lambda((x_\lambda)_{\lambda\in\Lambda})$ par l'application canonique de projection de $\mathbf{C}^\Lambda$ sur $\mathbf{C}^{\Lambda'}$. En particulier, on a

$$\mathrm{Sp}_A^\Lambda(x) \subset \prod_{\lambda\in\Lambda} \mathrm{Sp}_A(x_\lambda).$$

Notons z_λ, pour $\lambda \in \Lambda$, les fonctions coordonnées sur $\mathbf{C}^\Lambda$. Si $\chi \in \mathsf{X}(A)$, la valeur en χ de $z_\lambda \circ \mathsf{X}(h)$ est $\chi(x_\lambda)$, donc $z_\lambda \circ \mathsf{X}(h) = \mathscr{G}(x_\lambda)$.

Soient A et B des algèbres de Banach commutatives unifères, φ un morphisme unifère de A dans B, et $x = (x_\lambda)_{\lambda\in\Lambda}$ une famille d'éléments de A. Notons $\varphi(x)$ la famille $(\varphi(x_\lambda))_{\lambda\in\Lambda}$ d'éléments de B. On a, pour tout $\chi \in \mathsf{X}(B)$, et tout $\lambda \in \Lambda$

$$\chi(\varphi(x_\lambda)) = (\mathsf{X}(\varphi)(\chi))(x_\lambda),$$

donc $\mathrm{Sp}_B^\Lambda(\varphi(x)) \subset \mathrm{Sp}_A^\Lambda(x)$. Le diagramme

$$(1) \qquad \begin{array}{ccc} \mathsf{X}(B) & \xrightarrow{\mathsf{X}(\varphi)} & \mathsf{X}(A) \\ \downarrow & & \downarrow \\ \mathrm{Sp}_B^\Lambda(\varphi(x)) & \xrightarrow{i} & \mathrm{Sp}_A^\Lambda(x) \end{array}$$

où i désigne l'inclusion, et où les flèches verticales désignent les applications définies par les familles $\varphi(x)$ et x, est donc commutatif.

Exemple. — Soit $K \subset \mathbf{C}^\Lambda$ une partie compacte. Soit $z = (z_\lambda)_{\lambda\in\Lambda}$ la famille dans $\mathscr{C}(K)$ des restrictions à K des fonctions coordonnées de $\mathbf{C}^\Lambda$. Alors le spectre simultané $\mathrm{Sp}^\Lambda_{\mathscr{C}(\mathrm{K})}(z)$ est égal à K. En effet, d'après le cor. 2 de I, p. 32, tout caractère χ de $\mathscr{C}(\mathrm{K})$ est de la forme $f \mapsto f(x)$ pour un élément $x \in \mathrm{K}$, et on a alors $(\chi(z_\lambda))_{\lambda\in\Lambda} = x$.

Proposition 12. — *Soient* Λ *un ensemble et* A *une algèbre de Banach unifère commutative. Soit* $x = (x_\lambda)_{\lambda\in\Lambda}$ *une famille d'éléments de* A.

a) *On suppose que la sous-algèbre pleine de* A *engendrée par la famille* x *est dense dans* A. *L'application de* $\mathsf{X}(\mathrm{A})$ *dans* $\mathbf{C}^\Lambda$ *définie par* x *est un homéomorphisme de* $\mathsf{X}(\mathrm{A})$ *sur le spectre simultané* $\mathrm{Sp}^\Lambda_\mathrm{A}(x)$;

b) *On suppose que la sous-algèbre unifère de* A *engendrée par la famille* x *est dense dans* A. *Pour tout* $c \in \mathbf{C}^\Lambda$, *les conditions suivantes sont équivalentes :*

(i) $c \in \mathrm{Sp}^\Lambda_\mathrm{A}(x)$;

(ii) $|\mathrm{P}(c)| \leqslant \varrho(\mathrm{P}(x))$ *pour tout polynôme* $\mathrm{P} \in \mathbf{C}[(\mathrm{X}_\lambda)_{\lambda\in\Lambda}]$;

(iii) $|\mathrm{P}(c)| \leqslant \|\mathrm{P}(x)\|$ *pour tout polynôme* $\mathrm{P} \in \mathbf{C}[(\mathrm{X}_\lambda)_{\lambda\in\Lambda}]$.

a) L'application de $\mathsf{X}(\mathrm{A})$ dans $\mathrm{Sp}^\Lambda_\mathrm{A}(x)$ définie par la famille x est continue et surjective. Soient χ, $\chi' \in \mathsf{X}(\mathrm{A})$ des caractères ayant la même image, c'est-à-dire tels que $\chi(x_\lambda) = \chi'(x_\lambda)$ pour tout $\lambda \in \Lambda$. Les caractères χ et χ' coïncident sur les éléments de la forme $\mathrm{P}(x)\mathrm{Q}(x)^{-1}$, où $\mathrm{P} \in \mathbf{C}[(\mathrm{X}_\lambda)]$, $\mathrm{Q} \in \mathbf{C}[(\mathrm{X}_\lambda)]$ et $\mathrm{Q}(x)$ est inversible dans A, c'est-à-dire sur la sous-algèbre pleine de A engendrée par les éléments x_λ (lemme 2 de I, p. 6). Puisque χ et χ' sont continus (th. 1 de I, p. 29), ils sont donc égaux sur A. Cela démontre que $\mathsf{X}(h)$ est une bijection continue de $\mathsf{X}(\mathrm{A})$ sur $\mathrm{Sp}^\Lambda_\mathrm{A}(x)$, et par suite c'est un homéomorphisme puisque $\mathsf{X}(\mathrm{A})$ est compact.

b) Montrons que (i) implique (ii) : si $c = (c_\lambda)_{\lambda\in\Lambda} \in \mathrm{Sp}^\Lambda_\mathrm{A}(x)$, il existe $\chi \in \mathsf{X}(\mathrm{A})$ tel que $c_\lambda = \chi(x_\lambda)$ pour tout λ. Pour tout $\mathrm{P} \in \mathbf{C}[(\mathrm{X}_\lambda)]$, on a donc $|\mathrm{P}(c)| = |\mathrm{P}((\chi(x_\lambda))_{\lambda\in\Lambda})| = |\chi(\mathrm{P}(x))| \leqslant \varrho(\mathrm{P}(x))$.

L'assertion (ii) implique (iii) en raison de l'inégalité $\varrho(x) \leqslant \|x\|$, valide pour tout $x \in \mathrm{A}$ par définition du rayon spectral.

Montrons finalement que (iii) implique (i). Soit $c = (c_\lambda)_{\lambda\in\Lambda} \in \mathbf{C}^\Lambda$ tel que

$$|\mathrm{P}(c)| \leqslant \|\mathrm{P}(x)\| \tag{2}$$

pour tout $\mathrm{P} \in \mathbf{C}[(\mathrm{X}_\lambda)]$. Soit A′ la sous-algèbre unifère de A engendrée par la famille x ; ses éléments sont de la forme $\mathrm{P}(x)$ pour $\mathrm{P} \in \mathbf{C}[(\mathrm{X}_\lambda)]$. La majoration (2) implique que la condition $\mathrm{P}(x) = 0$

entraîne $P(c) = 0$. Il existe donc un morphisme d'algèbres unifères ξ de A' dans $\mathbf{C}$ tel que $\xi(x_\lambda) = c_\lambda$ pour tout $\lambda \in \Lambda$. D'après (2), le morphisme ξ est continu. Il se prolonge donc par continuité en un caractère χ de $\overline{A'} = A$, qui vérifie $c = (\chi(x_\lambda))_{\lambda\in\Lambda} \in \mathrm{Sp}_A^\Lambda(x)$. Cela termine la démonstration.

7. Ensembles polynomialement convexes

DÉFINITION 3. — *Soient* Λ *un ensemble et* V *une partie de* $\mathbf{C}^\Lambda$. *On dit que* V *est* polynomialement convexe *si* V *est l'ensemble des points* $(c_\lambda)_{\lambda\in\Lambda}$ *de* $\mathbf{C}^\Lambda$ *tel que*

$$|P((c_\lambda))| \leqslant \sup_{c\in V} |P(c)|$$

pour tout $P \in \mathbf{C}[(X_\lambda)]$.

Lemme 3. — *Soit* Λ *un ensemble. Une partie* V *de* $\mathbf{C}^\Lambda$ *est polynomialement convexe si et seulement s'il existe une famille* $(P_i)_{i\in I}$ *d'éléments de* $\mathbf{C}[(X_\lambda)_{\lambda\in\Lambda}]$ *et une famille* $(M_i)_{i\in I}$ *d'éléments de* $[0, +\infty]$ *tels que* V *soit l'ensemble des* $c \in \mathbf{C}^\Lambda$ *vérifiant*

$$|P_i(c)| \leqslant M_i$$

pour tout $i \in I$.

Si la partie V de $\mathbf{C}^\Lambda$ est polynomialement convexe, elle vérifie la condition ci-dessus pour la famille formée des éléments P de $\mathbf{C}[(X_\lambda)_{\lambda\in\Lambda}]$ en posant $M_P = \sup_{c\in V}|P(c)|$.

Réciproquement, soient $(P_i)_{i\in I}$ une famille d'éléments de $\mathbf{C}[(X_\lambda)_{\lambda\in\Lambda}]$ et $(M_i)_{i\in I}$ une famille d'éléments de $[0, +\infty]$. Soit V l'ensemble des c dans $\mathbf{C}^\Lambda$ tels que $|P_i(c)| \leqslant M_i$ pour tout $i \in I$. On a alors $\sup_{c\in V}|P_i(c)| \leqslant M_i$ pour $i \in I$. Supposons que $x \in \mathbf{C}^\Lambda$ vérifie

$$|P(x)| \leqslant \sup_{c\in V} |P(c)|$$

pour tout $P \in \mathbf{C}[(X_\lambda)]$. Pour $i \in I$, on a en particulier $|P_i(x)| \leqslant M_i$, donc $x \in V$. Inversement, pour tout élément $x \in V$ et tout polynôme $P \in \mathbf{C}[(X_\lambda)]$, on a $|P(x)| \leqslant \sup_{c\in V}|P(c)|$. Par conséquent, l'ensemble V est polynomialement convexe.

Lemme 4. — *Soit* A *une algèbre de Banach commutative unifère. Soient* Λ *un ensemble et* $x = (x_\lambda)_{\lambda\in\Lambda}$ *une famille d'éléments de* A. *Si la sous-algèbre unifère engendrée par la famille* x *est dense dans* A, *alors le spectre simultané* $\mathrm{Sp}_{\mathrm{A}}^{\Lambda}(x)$ *est polynomialement convexe.*

Cela résulte de l'assertion *b*) de la prop. 12 de I, p. 43 et de la définition 3.

Toute intersection de parties polynomialement convexes de $\mathbf{C}^{\Lambda}$ est polynomialement convexe (lemme 3). Cela justifie la définition suivante :

DÉFINITION 4. — *Soient* Λ *un ensemble et* V *une partie de* $\mathbf{C}^{\Lambda}$. L'enveloppe polynomialement convexe *de* V *est le plus petit sous-ensemble polynomialement convexe de* $\mathbf{C}^{\Lambda}$ *contenant* V.

L'enveloppe polynomialement convexe de V est l'ensemble des c appartenant à $\mathbf{C}^{\Lambda}$ tels que $|\mathrm{P}(c)| \leqslant \sup_{\mathrm{W}} |\mathrm{P}|$ pour tout $\mathrm{P} \in \mathbf{C}[(\mathrm{X}_{\lambda})]$. En effet, cet ensemble est polynomialement convexe par le lemme 3, et est contenu dans tout ensemble polynomialement convexe contenant V par définition.

Exemple. — Soient Λ un ensemble fini et $\mathrm{V} \subset \mathbf{C}^{\Lambda}$ une partie convexe compacte. Alors V est polynomialement convexe. En effet, soit W l'enveloppe polynomialement convexe de V. Démontrons que $\mathrm{W} \subset \mathrm{V}$, ce qui entraînera l'assertion. Soit $x \in \mathbf{C}^{\Lambda} - \mathrm{V}$. Il existe un hyperplan réel H dans $\mathbf{C}^{\Lambda}$ qui sépare strictement x et V (EVT, II, p. 41, prop. 4). Soient $f_{\mathbf{R}}$ une forme $\mathbf{R}$-linéaire sur $\mathbf{C}^{\Lambda}$ et $\alpha \in \mathbf{R}$ tels que H est l'ensemble des $y \in \mathbf{C}^{\Lambda}$ vérifiant $f_{\mathbf{R}}(y) = \alpha$. Soit f une forme linéaire sur $\mathbf{C}^{\Lambda}$ telle que $f_{\mathbf{R}} = \mathscr{R}(f)$. On a donc

$$\mathscr{R}(f(x)) > \sup_{y \in \mathrm{V}} \mathscr{R}(f(y)).$$

Pour tout $t \in \mathbf{R}$ et $y \in \mathrm{V}$, posons $f_t(y) = t + f(y)$. On a $|f_t| - \mathscr{R}(f_t) \to 0$ dans $\mathscr{C}(\mathbf{C}^{\Lambda}, \mathbf{R})$ muni de la topologie de la convergence compacte quand $t \to +\infty$. Pour t suffisamment grand, il vient $|f_t(x)| > \sup_{y \in \mathrm{V}} |f_t(y)|$ puisque V est compacte. Ainsi $x \in \mathbf{C}^{\Lambda} - \mathrm{W}$ puisque f_t est une fonction polynomiale.

Lemme 5. — *Soit* K *une partie compacte de* $\mathbf{C}$. *On note* $\widehat{\mathrm{K}}$ *la réunion de* K *et des composantes connexes de* $\mathbf{C} - \mathrm{K}$ *qui sont relativement compactes. Alors l'ensemble* $\widehat{\mathrm{K}}$ *est compact.*

Comme K est compact, il existe un nombre réel $r > 0$ tel que K est contenu dans le disque ouvert D de centre 0 et de rayon r. Alors $\mathbf{C} - \mathrm{K}$ contient $\mathbf{C} - \mathrm{D}$. Comme l'espace $\mathbf{C} - \mathrm{D}$ est connexe (étant homéomorphe à $[r, +\infty[\times \mathbf{S}^1)$, il est contenu dans une composante connexe U de $\mathbf{C} - \mathrm{K}$. Toute autre composante connexe de $\mathbf{C} - \mathrm{K}$ est contenue dans D, donc est bornée. La composante connexe U est alors l'unique composante connexe non bornée de $\mathbf{C} - \mathrm{K}$, c'est-à-dire $\mathrm{U} = \mathbf{C} - \widehat{\mathrm{K}}$. Puisque U est ouvert et contient le complémentaire du disque D, l'ensemble $\widehat{\mathrm{K}}$ est compact.

PROPOSITION 13. — *Soit $n \geqslant 1$ un entier. Soit $\mathrm{K} \subset \mathbf{C}^n$ une partie fermée et* V *son enveloppe polynomialement convexe.*

a) *Toute composante connexe bornée de $\mathbf{C}^n - \mathrm{K}$ est contenue dans* V ;

b) *Si $n = 1$, et si* K *est compact, alors* V *est la réunion* $\widehat{\mathrm{K}}$ *de* K *et des composantes connexes bornées de* $\mathbf{C} - \mathrm{K}$.

Comme $\mathrm{K} \subset \mathbf{C}^n$ est fermé, son complémentaire $\mathbf{C}^n - \mathrm{K}$ est ouvert, donc localement connexe, de sorte que chaque composante connexe de $\mathbf{C}^n - \mathrm{K}$ est ouverte. Le principe du maximum (VAR, R1, p. 29, 3.3.7) montre alors que toute composante connexe bornée de $\mathbf{C}^n - \mathrm{K}$ est contenue dans V, ce qui montre l'assertion *a*).

Supposons maintenant $n = 1$ et K compact. Notons $\widehat{\mathrm{K}}$ la réunion de K et des composantes connexes bornées de $\mathbf{C} - \mathrm{K}$, de sorte que $\widehat{\mathrm{K}} \subset \mathrm{V}$ par ce qui précède. L'ensemble $\widehat{\mathrm{K}}$ est compact (lemme 5). Soit A l'algèbre de Banach unifère commutative $\mathscr{C}(\widehat{\mathrm{K}})$. Soient $x \in \mathrm{A}$ la fonction identique de $\widehat{\mathrm{K}}$ et B la sous-algèbre unifère fermée de A engendrée par x. On a $\mathrm{Sp}_{\mathrm{A}}(x) = \widehat{\mathrm{K}}$ (exemple 3 de I, p. 17), donc $\mathbf{C} - \mathrm{Sp}_{\mathrm{A}}(x)$ est connexe. Par suite on a $\mathrm{Sp}_{\mathrm{B}}(x) = \mathrm{Sp}_{\mathrm{A}}(x)$ (cor. de la prop. 6 de I, p. 28). Comme $\mathrm{Sp}_{\mathrm{B}}(x)$ est polynomialement convexe d'après le lemme 4, cela montre que $\widehat{\mathrm{K}}$ est polynomialement convexe et donc que $\mathrm{V} \subset \widehat{\mathrm{K}}$.

La seconde partie de la proposition ne s'étend pas au cas $n \geqslant 2$ (*cf.* exerc. 23 de I, p. 170).

PROPOSITION 14. — *Soit* Λ *un ensemble. Soient* A *une algèbre de Banach unifère commutative, $x = (x_\lambda)_{\lambda \in \Lambda}$ une famille d'éléments de* A *et* A′ *la sous-algèbre de Banach unifère engendrée par x. Alors le spectre simultané $\mathrm{Sp}^{\Lambda}_{\mathrm{A}'}(x)$ est l'enveloppe polynomialement convexe de $\mathrm{Sp}^{\Lambda}_{\mathrm{A}}(x)$.*

En effet, la prop. 12 de I, p. 43, *b*) démontre que $\mathrm{Sp}^{\Lambda}_{\mathrm{A}'}(x)$ est l'ensemble des $c \in \mathbf{C}^{\Lambda}$ tels que $|\mathrm{P}(c)| \leqslant \varrho(\mathrm{P}(x))$ pour tout $\mathrm{P} \in \mathbf{C}[(\mathrm{X}_\lambda)]$.

Or on a

$$\varrho(\mathrm{P}(x)) = \sup_{\chi\in\mathsf{X}(\mathrm{A})} |\chi(\mathrm{P}(x))| = \sup_{\chi\in\mathsf{X}(\mathrm{A})} |\mathrm{P}((\chi(x_\lambda))_{\lambda\in\Lambda})| = \sup_{c\in\mathrm{Sp}^\Lambda_\mathrm{A}(x)} |\mathrm{P}(c)|,$$

d'après la prop. 7 de I, p. 38, *a*) et la prop. 12 de I, p. 43, *a*). Le résultat découle alors du lemme 3.

PROPOSITION 15. — *Soit* Λ *un ensemble. Soit* K *une partie compacte polynomialement convexe de* $\mathbf{C}^\Lambda$. *Soit* A_0 *l'ensemble des restrictions à* K *des fonctions polynômes sur* $\mathbf{C}^\Lambda$, *et soit* A *l'adhérence de* A_0 *dans l'algèbre* $\mathscr{C}(\mathrm{K})$.

Soit $\mathrm{ev}\colon \mathrm{K} \to \mathsf{X}(\mathrm{A})$ *l'application définie par* $x \mapsto \mathrm{ev}_x$, *où* ev_x *est le caractère* $f \mapsto f(x)$ *de* A. *Soit* $z = (z_\lambda)_{\lambda\in\Lambda}$ *la famille dans* A *des restrictions à* K *des fonctions coordonnées sur* $\mathbf{C}^\Lambda$, *et soit* φ *l'application surjective de* $\mathsf{X}(\mathrm{A})$ *dans* $\mathrm{Sp}^\Lambda_\mathrm{A}(z)$ *définie par la famille* z.

Alors on a $\mathrm{K} = \mathrm{Sp}^\Lambda_\mathrm{A}(z)$, *et les applications* $\mathrm{ev}\colon \mathrm{K} \to \mathsf{X}(\mathrm{A})$ *et* $\varphi\colon \mathsf{X}(\mathrm{A}) \to \mathrm{K}$ *sont des homéomorphismes réciproques.*

L'application $\varphi\circ\mathrm{ev}$ est l'application identique de K. En particulier, K est contenu dans l'image $\mathrm{Sp}^\Lambda_\mathrm{A}(z)$ de φ.

La prop. 14 implique que $\mathrm{Sp}^\Lambda_\mathrm{A}(z)$ est l'enveloppe polynomialement convexe de $\mathrm{Sp}^\Lambda_{\mathscr{C}(\mathrm{K})}(z)$. Puisque, d'autre part, on a $\mathrm{Sp}^\Lambda_{\mathscr{C}(\mathrm{K})}(z) = \mathrm{K}$ (I, p. 42, exemple), qui est polynomialement convexe par hypothèse, on en déduit que $\mathrm{Sp}^\Lambda_\mathrm{A}(z) = \mathrm{K}$.

Puisque la sous-algèbre unifère engendrée par la famille des éléments z_λ est dense dans A, l'application φ est un homéomorphisme de $\mathsf{X}(\mathrm{A})$ sur $\mathrm{Sp}^\Lambda_\mathrm{A}(z) = \mathrm{K}$ (prop. 12 de I, p. 43, *a*)). L'identité $\varphi\circ\mathrm{ev} = \mathrm{Id}_\mathrm{K}$ démontre alors que ev est l'homéomorphisme réciproque de φ.

Pour toute partie Λ' de Λ, on note $\mathrm{pr}_{\Lambda'}$ la projection canonique $\mathbf{C}^\Lambda \to \mathbf{C}^{\Lambda'}$. Soient W une partie de $\mathbf{C}^\Lambda$ et V son enveloppe polynomialement convexe. Posons $\mathrm{W}' = \mathrm{pr}_{\Lambda'}\mathrm{W}$. Comme tout élément de $\mathbf{C}[(\mathrm{X}_\lambda)_{\lambda\in\Lambda'}]$ s'identifie à un élément de $\mathbf{C}[(\mathrm{X}_\lambda)_{\lambda\in\Lambda}]$, l'enveloppe polynomialement convexe de W' est contenue dans $\mathrm{pr}_{\Lambda'}\mathrm{V}$.

Lemme 6. — *Soient* $\mathrm{K} \subset \mathbf{C}^\Lambda$ *une partie compacte polynomialement convexe et* U *un voisinage de* K. *Il existe une partie finie* Λ_0 *de* Λ *telle que, pour toute partie* Λ' *de* Λ *contenant* Λ_0, *l'ensemble* $\mathrm{pr}_{\Lambda'}(\mathrm{U})$ *contienne l'enveloppe polynomialement convexe de* $\mathrm{pr}_{\Lambda'}(\mathrm{K})$.

Puisque K est compact, il existe une famille de disques compacts D_λ dans $\mathbf{C}$ de centre 0 et de rayons R_λ tels que K est contenu dans le produit $D = \prod_{\lambda} D_\lambda$. Pour tout $P \in \mathbf{C}[(X_\lambda)]$, soit K_P l'ensemble des $x \in \mathbf{C}^\Lambda$ tels que

$$|P(x)| \leqslant \sup_{c \in K} |P(c)|.$$

On a

$$D \cap \bigcap_{P} K_P = K \tag{3}$$

qui est contenu dans U. Ainsi, l'espace D est la réunion de l'ensemble ouvert $D \cap U$ et de la famille des ensembles ouverts $D - K_P$ pour $P \in \mathbf{C}[(X_\lambda)]$. Comme D est compact, il existe un entier $q \geqslant 1$ et des polynômes $P_1, \ldots, P_q \in \mathbf{C}[(X_\lambda)]$ tels que :

$$D \cap K_{P_1} \cap \cdots \cap K_{P_q} \subset U. \tag{4}$$

Il existe un ensemble fini $\Lambda_0 \subset \Lambda$ tel que $P_i \in \mathbf{C}[(X_\lambda)_{\lambda \in \Lambda_0}]$ pour $1 \leqslant i \leqslant q$. Démontrons que Λ_0 vérifie l'assertion du lemme.

Soit Λ' une partie de Λ contenant Λ_0. Soit E la partie de $\mathbf{C}^{\Lambda'}$ formée des éléments $c = (c_\lambda)_{\lambda \in \Lambda'}$ définie par les inégalités $|c_\lambda| \leqslant R_\lambda$ pour $\lambda \in \Lambda'$, et

$$|P_i(c)| \leqslant \sup_{c \in K} |P_i(c)|$$

pour $i = 1, \ldots, q$. La partie E est polynomialement convexe (lemme 3) et la formule (3) démontre que $\mathrm{pr}_{\Lambda'}(K) \subset E$.

D'autre part, soit $c = (c_\lambda)_{\lambda \in \Lambda'} \in E$; soit $d = (d_\lambda)_{\lambda \in \Lambda}$ l'élément de $\mathbf{C}^\Lambda$ défini par $d_\lambda = c_\lambda$ pour $\lambda \in \Lambda'$ et $d_\lambda = 0$ pour $\lambda \in \Lambda - \Lambda'$. Alors (4) implique que $d \in U$, et donc que $c \in \mathrm{pr}_{\Lambda'}(U)$. Ainsi, $E \subset \mathrm{pr}_{\Lambda'}(U)$, ce qui achève la démonstration.

Lemme 7. — Soient $n \geqslant 1$ un entier et K une partie compacte polynomialement convexe de $\mathbf{C}^n$. Alors K admet un système fondamental de voisinages compacts polynomialement convexes.

Il existe un polydisque (*cf.* VAR, R1, p. 24) compact Δ de $\mathbf{C}^n$ qui est un voisinage de K. Puisque K est polynomialement convexe, il existe une famille $(P_i)_{i \in I}$ d'éléments de $\mathbf{C}[X_1, \ldots, X_n]$, et une famille $(M_i)_{i \in I}$ de nombres réels positifs tels que K est l'ensemble des $z \in \Delta$ vérifiant $|P_i(z)| \leqslant M_i$ pour tout i (lemme 3). Pour toute partie finie J de I et tout $\varepsilon > 0$, soit $K_{J,\varepsilon}$ l'ensemble des $z \in \Delta$ tels que $|P_i(z)| \leqslant M_i + \varepsilon$ pour $i \in J$. Alors chaque ensemble $K_{J,\varepsilon}$ est un voisinage compact polynomialement convexe de K (*loc. cit.*), et l'intersection des ensembles $K_{J,\varepsilon}$ est K. Les ensembles $K_{J,\varepsilon}$ forment donc un système fondamental de voisinages polynomialement convexes de K (TG, I, p. 60, th. 1).

§ 4. CALCUL FONCTIONNEL HOLOMORPHE

1. Germes de fonctions holomorphes

Soient E et F des espaces de Banach complexes. On rappelle (*cf.* VAR, R1, p. 26, 3.2.1, p. 22, 3.1 et p. 88, App.) qu'une application holomorphe définie sur un ouvert U de E et à valeurs dans F est une application $f\colon \mathrm{U} \to \mathrm{F}$ telle que, pour tout $x \in \mathrm{U}$, il existe une série convergente

$$f_x = \sum_{k \geqslant 0} f_{x,k}$$

vérifiant $f(x+y) = f_x(y)$ pour tout $y \in \mathrm{E}$ assez proche de 0, où $f_{x,k}\colon \mathrm{E} \to \mathbf{C}$ est un polynôme homogène continu de degré k sur E à valeurs dans F, c'est-à-dire une application de la forme

$$f_{x,k}(y) = \widetilde{f}_{x,k}(y, \ldots, y)$$

où $\widetilde{f}_{x,k}\colon \mathrm{E}^k \to \mathrm{F}$ est une application k-multilinéaire continue. On note $\mathscr{O}(\mathrm{U};\mathrm{F})$ l'espace vectoriel complexe des fonctions holomorphes sur U à valeurs dans F muni de la topologie de la convergence compacte. C'est un espace vectoriel topologique localement convexe, dont la topologie est définie par les semi-normes $f \mapsto \sup_{z\in \mathrm{K}} \|f(z)\|$, où K parcourt l'ensemble des parties compactes de U.

Soient G un espace de Banach complexe et V une partie ouverte de G. Pour toute application holomorphe $\varphi\colon \mathrm{V} \to \mathrm{U}$, l'application $\varphi^*\colon f \mapsto f \circ \varphi$ est une application linéaire continue de $\mathscr{O}(\mathrm{U};\mathrm{F})$ dans $\mathscr{O}(\mathrm{V};\mathrm{F})$.

Si H est un espace de Banach complexe et $\varphi\colon \mathrm{F} \to \mathrm{H}$ une application linéaire continue, alors l'application $f \mapsto \varphi \circ f$ est une application linéaire continue de $\mathscr{O}(\mathrm{U};\mathrm{F})$ dans $\mathscr{O}(\mathrm{U};\mathrm{H})$, notée φ_*.

Soit n un entier naturel et posons $\mathrm{E} = \mathbf{C}^n$. Soient K une partie compacte de $\mathbf{C}^n$ et $\mathscr{U}$ l'ensemble filtrant décroissant des voisinages ouverts de K. Si $\mathrm{U}, \mathrm{U}' \in \mathscr{U}$ et $\mathrm{U}' \subset \mathrm{U}$, l'application de restriction des fonctions de $\mathscr{O}(\mathrm{U};\mathrm{F})$ dans $\mathscr{O}(\mathrm{U}';\mathrm{F})$ est continue. La limite inductive des espaces $\mathscr{O}(\mathrm{U};\mathrm{F})$ pour ces applications est notée $\mathscr{O}(\mathrm{K};\mathrm{F})$. Les éléments de $\mathscr{O}(\mathrm{K};\mathrm{F})$ s'appellent les *germes de fonctions holomorphes au voisinage de* K *et à valeurs dans* F.

L'espace $\mathscr{O}(\mathrm{K};\mathrm{F})$ est muni de la topologie limite inductive des topologies localement convexes des $\mathscr{O}(\mathrm{U};\mathrm{F})$ (EVT, II, p. 31, exemple II). Soient X un espace vectoriel topologique localement convexe et $\varphi\colon \mathscr{O}(\mathrm{K};\mathrm{F}) \to \mathrm{X}$ une application. Pour tout voisinage ouvert U de K, l'application $\mathscr{O}(\mathrm{U};\mathrm{F}) \to \mathrm{X}$ déduite de φ par composition avec l'application canonique $\mathscr{O}(\mathrm{U};\mathrm{F}) \to \mathscr{O}(\mathrm{K};\mathrm{F})$ est notée φ^{U}. L'application φ est continue si et seulement si φ^{U} est continue pour tout U (EVT, II, p. 29, prop. 5, (iii)).

Soit m un entier naturel. Soient L une partie compacte de $\mathbf{C}^m$ et V un voisinage ouvert de L. Soit $\varphi\colon \mathrm{V} \to \mathbf{C}^n$ une application holomorphe telle que $\varphi(\mathrm{L}) \subset \mathrm{K}$. Les applications linéaires continues

$$\mathscr{O}(\mathrm{U};\mathrm{F}) \xrightarrow{\varphi^*} \mathscr{O}(\overset{-1}{\varphi}(\mathrm{U});\mathrm{F}) \xrightarrow{\varphi^{\overset{-1}{\varphi}(\mathrm{U})}} \mathscr{O}(\mathrm{L};\mathrm{F})$$

pour U voisinage ouvert de K, induisent une application linéaire continue $\varphi^*\colon \mathscr{O}(\mathrm{K};\mathrm{F}) \to \mathscr{O}(\mathrm{L};\mathrm{F})$ (*loc. cit.*).

Soient H un espace de Banach complexe et $\varphi\colon \mathrm{F} \to \mathrm{H}$ une application linéaire continue. Les applications linéaires continues

$$\mathscr{O}(\mathrm{U};\mathrm{F}) \xrightarrow{\varphi_*} \mathscr{O}(\mathrm{U};\mathrm{H}) \xrightarrow{\varphi^{\mathrm{U}}} \mathscr{O}(\mathrm{K};\mathrm{F})$$

où U parcourt l'ensemble des voisinages ouverts de K dans $\mathbf{C}^n$, induisent une application linéaire continue φ_* de $\mathscr{O}(\mathrm{K};\mathrm{F})$ dans $\mathscr{O}(\mathrm{K};\mathrm{H})$ (*loc. cit.*). On notera parfois $\varphi \circ f = \varphi_*(f)$.

Pour tout voisinage ouvert U de K, la restriction à K est une application linéaire continue $\mathscr{O}(\mathrm{U};\mathrm{F}) \to \mathscr{C}(\mathrm{K};\mathrm{F})$; ces applications induisent une application linéaire continue $\mathscr{O}(\mathrm{K};\mathrm{F}) \to \mathscr{C}(\mathrm{K};\mathrm{F})$, appelée *évaluation* des germes de fonctions holomorphes sur K.

Soit A une algèbre de Banach unifère complexe. Les espaces $\mathscr{O}(\mathrm{U};\mathrm{A})$ et $\mathscr{O}(\mathrm{K};\mathrm{A})$ sont des algèbres unifères. Si $\mathrm{A} \neq \{0\}$, on peut identifier canoniquement $\mathscr{O}(\mathrm{U};\mathbf{C})$ (resp. $\mathscr{O}(\mathrm{K};\mathbf{C})$) à la sous-algèbre $\mathscr{O}(\mathrm{U};\mathbf{C})\cdot 1$ de $\mathscr{O}(\mathrm{U};\mathrm{A})$ (resp. à la sous-algèbre $\mathscr{O}(\mathrm{K};\mathbf{C})\cdot 1$ de $\mathscr{O}(\mathrm{K};\mathrm{A})$). On posera $\mathscr{O}(\mathrm{U}) = \mathscr{O}(\mathrm{U};\mathbf{C})$ et $\mathscr{O}(\mathrm{K}) = \mathscr{O}(\mathrm{K};\mathbf{C})$.

2. Énoncé du théorème principal

Soit X un ensemble. Si $m \leqslant n$, on notera $\pi_{m,n}$ l'application de X^n dans X^m telle que $\pi_{m,n}(\boldsymbol{x}) = (x_1, \ldots, x_m)$ pour tout $\boldsymbol{x} = (x_1, \ldots, x_n) \in X^n$.

Soit A une algèbre de Banach unifère sur **C**. Pour tout entier $n \geqslant 1$ et tout $\boldsymbol{a} \in A^n$, on note $\mathrm{Sp}^n(\boldsymbol{a})$ le spectre simultané $\mathrm{Sp}_A^{\{1,\ldots,n\}}(\boldsymbol{a})$ (déf. 2 de I, p. 42). C'est une partie compacte de $\mathbf{C}^n$. Pour tout entier m tel que $1 \leqslant m \leqslant n$, on a $\pi_{m,n}(\mathrm{Sp}^n(\boldsymbol{a})) = \mathrm{Sp}^m(\pi_{m,n}(\boldsymbol{a}))$ (I, p. 41, n° 6). L'application linéaire continue

$$\pi_{m,n}^* \colon \mathscr{O}(\mathrm{Sp}^m(\pi_{m,n}(\boldsymbol{a})); A) \longrightarrow \mathscr{O}(\mathrm{Sp}^n(\boldsymbol{a}); A)$$

est un morphisme d'algèbres unifères.

Soit A une algèbre de Banach unifère commutative sur **C**. Soit $n \geqslant 1$ un entier. On appelle *calcul fonctionnel holomorphe en n variables sur* A la donnée, pour tout $\boldsymbol{a} \in A^n$, d'une application

$$\Theta_{\boldsymbol{a}} \colon \mathscr{O}(\mathrm{Sp}^n(\boldsymbol{a}); A) \longrightarrow A$$

vérifiant les conditions :

(CF1) Pour tout $\boldsymbol{a} \in A^n$, l'application $\Theta_{\boldsymbol{a}}$ est un morphisme continu d'algèbres unifères.

(CF2) Si $\boldsymbol{a} = (a_1, \ldots, a_n)$, et si $z_1, \ldots, z_n$ désignent les germes au voisinage de $\mathrm{Sp}^n(\boldsymbol{a})$ des fonctions coordonnées sur $\mathbf{C}^n$, on a

$$\Theta_{\boldsymbol{a}}(z_1) = a_1, \ \ldots, \ \Theta_{\boldsymbol{a}}(z_n) = a_n.$$

Remarque. — Si le radical de l'algèbre A est nul, on peut omettre la condition de continuité dans (CF1) (*cf.* prop. 9 de I, p. 40).

On appelle *calcul fonctionnel holomorphe sur* A la donnée, pour tout entier $n \geqslant 1$, d'un calcul fonctionnel holomorphe en n variables sur A, vérifiant :

(CF3) Quels que soient les entiers m et n tels que $1 \leqslant m \leqslant n$, et quels que soient $\boldsymbol{a} \in A^n$ et $f \in \mathscr{O}(\mathrm{Sp}^m(\pi_{m,n}(\boldsymbol{a}); A)$, on a

$$\Theta_{\boldsymbol{a}}(\pi_{m,n}^*(f)) = \Theta_{\pi_{m,n}(\boldsymbol{a})}(f).$$

L'objet de ce paragraphe est de démontrer le théorème suivant :

THÉORÈME 1. — *Soit* A *une algèbre de Banach unifère commutative complexe. Il existe un unique calcul fonctionnel holomorphe sur* A.

La démonstration de ce théorème occupera les n°s 3 à 7.

3. Suites adaptées et formes différentielles associées

Dans ce numéro, et jusqu'au numéro 5, *on note* A *une algèbre de Banach unifère* commutative *complexe et* n *un entier* $\geqslant 1$.

Quand nous parlerons de fonctions indéfiniment dérivables sur une partie ouverte de $\mathbf{C}^n$, il s'agira de fonctions indéfiniment dérivables pour la structure sous-jacente de variété réelle. Les notions de calcul différentiel utilisées seront relatives à cette structure.

DÉFINITION 1. — *Soit* $\boldsymbol{a} = (a_1, \ldots, a_n) \in \mathrm{A}^n$, *soit* $h \colon \mathbf{C}^n \to \mathbf{C}$ *une application et soient* $u_1, \ldots, u_n$ *des applications de* $\mathbf{C}^n$ *dans* A. *On dit que la suite* $(h, u_1, \ldots, u_n)$ *est* adaptée *à* $\boldsymbol{a}$ *si*

(i) *L'application* h *est indéfiniment dérivable, de support compact, et égale à* 1 *au voisinage de* $\mathrm{Sp}^n(\boldsymbol{a})$;

(ii) *Les applications* $u_1, \ldots, u_n$ *sont indéfiniment dérivables* ;

(iii) *Pour tout* $\boldsymbol{z} = (z_1, \ldots, z_n) \in \mathbf{C}^n$, *on a*

$$h(\boldsymbol{z}) + (z_1 - a_1)u_1(\boldsymbol{z}) + \cdots + (z_n - a_n)u_n(\boldsymbol{z}) = 1. \tag{1}$$

La forme différentielle de degré $2n$ *sur* $\mathbf{C}^n$, *à coefficients dans* A, *définie par*

$$\omega = \bigwedge_{i=1}^{n} (du_i \wedge dz_i)$$

est appelée la forme différentielle associée *à* $(h, u_1, \ldots, u_n)$.

Si $(h, u_1, \ldots, u_n)$ est adaptée à $\boldsymbol{a}$, alors on obtient en différentiant (1) l'égalité

$$dh = -\sum_{i=1}^{n} u_i\, dz_i - \sum_{i=1}^{n} (z_i - a_i)\, du_i \tag{2}$$

d'où, pour tout i tel que $1 \leqslant i \leqslant n$, la relation

$$dh \wedge dz_i \wedge \bigwedge_{j \neq i} (du_j \wedge dz_j) = -(z_i - a_i)\omega. \tag{3}$$

Lemme 1. — *Soient* U *un ouvert de* $\mathbf{C}^n$ *et* K *un sous-ensemble compact de* U. *Il existe une application indéfiniment dérivable* h *de* $\mathbf{C}^n$ *dans* $\mathbf{C}$, *égale à* 1 *sur* K *et à support compact inclus dans* U.

Soit V un voisinage ouvert relativement compact de K tel que $\overline{V}$ est inclus dans U (TG, I, p. 65, prop. 10). Il existe une fonction indéfiniment dérivable h de $\mathbf{C}^n$ dans $\mathbf{C}$ dont le support est inclus dans V et qui est égale à 1 sur K (VAR, R1, p. 40, 5.3.6). Cette fonction a les propriétés demandées.

Exemple. — On suppose que $n = 1$. Soit $a \in A$. Pour tout voisinage ouvert U de $\mathrm{Sp}(a)$, il existe une application indéfiniment dérivable h de $\mathbf{C}$ dans $\mathbf{C}$ à support compact contenu dans U, égale à 1 au voisinage de $\mathrm{Sp}(a)$ (VAR, R1, p. 40, 5.3.6). Posons

$$u(z) = (1 - h(z))(z - a)^{-1}$$

pour $z \in \mathbf{C} - \mathrm{Sp}(a)$ et $u(z) = 0$ si $z \in \mathrm{Sp}(a)$. Le couple (h, u) est adapté à a et la forme différentielle associée est $\omega = du \wedge dz$.

Lemme 2. — *Soit* $\boldsymbol{a} = (a_1, \ldots, a_n) \in A^n$. *Il existe des applications indéfiniment dérivables* $v_1, \ldots, v_n$ *de* $\mathbf{C}^n - \mathrm{Sp}^n(\boldsymbol{a})$ *dans* A *telles que*

$$(z_1 - a_1)v_1(\boldsymbol{z}) + \cdots + (z_n - a_n)v_n(\boldsymbol{z}) = 1$$

pour tout $\boldsymbol{z} = (z_1, \ldots, z_n) \in \mathbf{C}^n - \mathrm{Sp}^n(\boldsymbol{a})$.

Soit $\boldsymbol{w} = (w_1, \ldots, w_n) \in \mathbf{C}^n - \mathrm{Sp}^n(\boldsymbol{a})$. Par définition du spectre simultané, il existe $b_1, \ldots, b_n$ dans A tels que

$$(w_1 - a_1)b_1 + \cdots + (w_n - a_n)b_n = 1$$

(I, p. 41, n° 6). Il existe un voisinage ouvert $W_{\boldsymbol{w}}$ de $\boldsymbol{w}$ tel que l'élément $(z_1 - a_1)b_1 + \cdots + (z_n - a_n)b_n$ de A est inversible si $\boldsymbol{z} = (z_1, \ldots, z_n)$ appartient à $W_{\boldsymbol{w}}$. Pour tout entier j tel que $1 \leqslant j \leqslant n$ et tout $\boldsymbol{z}$ dans $W_{\boldsymbol{w}}$, soit alors

$$u_j(\boldsymbol{z}) = b_j \left(\sum_{i=1}^{n} (z_i - a_i) b_i \right)^{-1}.$$

Les fonctions $u_1, u_2, \ldots, u_n$ de $W_{\boldsymbol{w}}$ dans A ainsi définies sont indéfiniment dérivables dans $W_{\boldsymbol{w}}$, et on a

$$(z_1 - a_1)u_1(\boldsymbol{z}) + \cdots + (z_n - a_n)u_n(\boldsymbol{z}) = 1$$

pour tout $\boldsymbol{z}$ dans $W_{\boldsymbol{w}}$.

Puisque la famille $(W_{\boldsymbol{w}})_{\boldsymbol{w} \in \mathbf{C}^n - \mathrm{Sp}^n(\boldsymbol{a})}$ est un recouvrement ouvert de $\mathbf{C}^n - \mathrm{Sp}^n(\boldsymbol{a})$, il existe un recouvrement ouvert localement fini $\mathscr{W} = (W_\lambda)_{\lambda \in L}$ (TG, I, p. 70, th. 5) et, pour tout $\lambda \in L$, des fonctions $u_{1\lambda}, \ldots, u_{n\lambda}$, à valeurs dans A, définies et indéfiniment dérivables dans W_λ, telles que $(z_1 - a_1)u_{1\lambda}(\boldsymbol{z}) + \cdots + (z_n - a_n)u_{n\lambda}(\boldsymbol{z}) = 1$ pour tout $\boldsymbol{z}$ dans W_λ. Soit $(f_\lambda)_{\lambda\in L}$ une partition de l'unité subordonnée au recouvrement $\mathscr{W}$ formée de fonctions indéfiniment dérivables (VAR, R1, p. 40, 5.3.6). Soit i un entier tel que $1 \leqslant i \leqslant n$. Pour tout $\lambda \in L$, soit $u'_{i\lambda}$ l'application de $\mathbf{C}^n - \mathrm{Sp}^n(\boldsymbol{a})$ dans A obtenue en prolongeant par 0 la fonction $f_\lambda u_{i\lambda}$ dans $(\mathbf{C}^n - \mathrm{Sp}^n(\boldsymbol{a})) - W_\lambda$. Les fonctions $u'_{i\lambda}$ sont indéfiniment dérivables. La famille $(\mathrm{Supp}(u'_{i\lambda}))_{\lambda\in L}$ étant localement finie, la fonction $v_i = \sum_{\lambda\in L} u'_{i\lambda}$ est définie et indéfiniment dérivable dans $\mathbf{C}^n - \mathrm{Sp}^n(\boldsymbol{a})$.

Soit $\boldsymbol{z} \in \mathbf{C}^n - \mathrm{Sp}^n(\boldsymbol{a})$. Notons L′ l'ensemble fini des $\lambda \in L$ tels que $\boldsymbol{z} \in W_\lambda$. Alors

$$\begin{aligned}\sum_{i=1}^{n}(z_i - a_i)v_i(\boldsymbol{z}) &= \sum_{\lambda\in L'}\sum_{i=1}^{n}(z_i - a_i)u'_{i\lambda}(\boldsymbol{z})\\ &= \sum_{\lambda\in L'} f_\lambda(\boldsymbol{z})\sum_{i=1}^{n}(z_i - a_i)u_{i\lambda}(\boldsymbol{z}) = \Big(\sum_{\lambda\in L'} f_\lambda(\boldsymbol{z})\Big)\cdot 1 = 1.\end{aligned}$$

Lemme 3. — *Soit* $\boldsymbol{a} = (a_1, \dots, a_n) \in \mathrm{A}^n$. *Soit h une application de* $\mathbf{C}^n$ *dans* $\mathbf{C}$, *indéfiniment dérivable, égale à* 1 *au voisinage de* $\mathrm{Sp}^n(\boldsymbol{a})$ *et à support compact. Il existe des applications indéfiniment dérivables* $u_1, \dots, u_n$ *de* $\mathbf{C}^n$ *dans* A *telles que la suite* $(h, u_1, \dots, u_n)$ *soit adaptée à* $\boldsymbol{a}$.

Soient $v_1, \dots, v_n$ des applications de $\mathbf{C}^n - \mathrm{Sp}^n(\boldsymbol{a})$ dans A, indéfiniment dérivables, telles que

$$\sum_{j=1}^{n}(z_j - a_j)v_j(\boldsymbol{z}) = 1$$

pour $\boldsymbol{z}$ dans $\mathbf{C}^n - \mathrm{Sp}^n(\boldsymbol{a})$ (lemme 2). Soit i un entier tel que $1 \leqslant i \leqslant n$. Posons $u_i(\boldsymbol{z}) = (1 - h(\boldsymbol{z}))v_i(\boldsymbol{z})$ si $\boldsymbol{z} \in \mathbf{C}^n - \mathrm{Sp}^n(\boldsymbol{a})$ et $u_i(\boldsymbol{z}) = 0$ si $\boldsymbol{z} \in \mathrm{Sp}^n(\boldsymbol{a})$. Les applications u_i sont indéfiniment dérivables dans $\mathbf{C}^n - \mathrm{Sp}^n(\boldsymbol{a})$ et nulles dans un voisinage de $\mathrm{Sp}^n(\boldsymbol{a})$, donc indéfiniment dérivables dans $\mathbf{C}^n$. L'égalité (1) est vraie dans $\mathrm{Sp}^n(\boldsymbol{a})$ car les fonctions u_i sont nulles sur $\mathrm{Sp}^n(\boldsymbol{a})$ et h est égale à 1 au voisinage de $\mathrm{Sp}^n(\boldsymbol{a})$. Elle est aussi vraie sur $\mathbf{C}^n - \mathrm{Sp}^n(\boldsymbol{a})$ par construction.

Lemme 4. — Soit $\boldsymbol{a} \in \mathrm{A}^n$. *Soient* $(h, u_1, \ldots, u_n)$ *une suite adaptée à* $\boldsymbol{a}$ *et* ω *la forme différentielle associée.*

a) *Pour* $i = 1, 2, \ldots, n$, *il existe une forme différentielle* β_i *sur* $\mathbf{C}^n$, *de degré* $n-1$, *à coefficients dans* A, *telle que*

$$(z_i - a_i)\omega = d(h\beta_i \wedge dz_1 \wedge \cdots \wedge dz_n)\,;$$

b) *La forme différentielle* ω *est à support compact inclus dans le support de* h ;

c) *Il existe une forme différentielle* β *sur* $\mathbf{C}^n$, *de degré* $n-1$, *à coefficients dans* A, *telle que*

$$(n+1)h\omega - \omega = d(h\beta \wedge dz_1 \wedge \cdots \wedge dz_n).$$

Soit i un entier tel que $1 \leqslant i \leqslant n$. Il existe $\varepsilon_i \in \{-1, 1\}$ tel que

$$\varepsilon_i \bigwedge_{j \neq i} du_j \wedge dz_1 \wedge \cdots \wedge dz_n = dz_i \wedge \bigwedge_{j \neq i} (du_j \wedge dz_j).$$

Posons $\beta_i = \varepsilon_i \bigwedge_{j \neq i} du_j$, de sorte que le terme de gauche dans cette formule est $\beta_i \wedge dz_1 \wedge \cdots \wedge dz_n$ et que $d\beta_i = 0$. Ainsi

$$d(h\beta_i \wedge dz_1 \wedge \cdots \wedge dz_n) = dh \wedge \beta_i \wedge dz_1 \wedge \cdots \wedge dz_n = \\ dh \wedge dz_i \wedge \bigwedge_{j \neq i} (du_j \wedge dz_j) = (z_i - a_i)\omega,$$

d'après la formule (3), d'où l'assertion *a*).

On déduit de l'assertion *a*) et de la formule (1) la relation

$$\omega = h\omega + (1-h)\omega = h\omega + \sum_{i=1}^{n} (z_i - a_i)u_i\omega \\ = h\omega + \sum_{i=1}^{n} u_i\, d(h\beta_i \wedge dz_1 \wedge \cdots \wedge dz_n),$$

d'où $\mathrm{Supp}(\omega) \subset \mathrm{Supp}(h)$, ce qui prouve *b*).

Enfin, posons

$$\beta = \sum_{i=1}^{n} \varepsilon_i u_i \bigwedge_{j \neq i} du_j = \sum_{i=1}^{n} u_i \beta_i, \text{ et } \tau = h\beta dz_1 \wedge \cdots \wedge dz_n.$$

On a $d\beta = \sum_i du_i \wedge \beta_i$ et donc

$$d\beta \wedge dz_1 \wedge \cdots \wedge dz_n = \sum_i du_i \wedge dz_i \wedge \bigwedge_{j \neq i} (du_j \wedge dz_j) = n\omega.$$

Ainsi

$$\begin{aligned} d\tau &= dh \wedge \beta \wedge dz_1 \wedge \cdots \wedge dz_n + h d\beta \wedge dz_1 \wedge \cdots \wedge dz_n \\ &= \sum_{i=1}^{n} u_i dh \wedge dz_i \wedge \bigwedge_{j \neq i} (du_j \wedge dz_j) + nh\omega \\ &= -\sum_{i=1}^{n} u_i (z_i - a_i)\omega + nh\omega = (h-1)\omega + nh\omega = (n+1)h\omega - \omega, \end{aligned}$$

compte tenu des formules (3) et (1), d'où c).

Nous nous proposons maintenant d'étudier comment la forme différentielle ω associée à une suite adaptée à $\boldsymbol{a}$ varie en fonction de cette suite. Nous dirons que des suites $(h, u_1, \ldots, u_n)$ et $(h', u'_1, \ldots, u'_n)$ adaptées à $\boldsymbol{a}$ sont *liées* s'il existe une forme différentielle ψ de degré $n-1$ sur $\mathbf{C}^n$, à coefficients dans A et à support contenu dans la réunion des supports de h et de h', telle que les formes différentielles associées ω et ω' vérifient

$$\omega - \omega' = d(\psi \wedge dz_1 \wedge dz_2 \wedge \cdots \wedge dz_n).$$

Commençons par une modification élémentaire :

Lemme 5. — *Soit* $\boldsymbol{a} \in \mathrm{A}^n$, *soit* $(h, u_1, \ldots, u_n)$ *une suite adaptée à* $\boldsymbol{a}$, *et soit* ω *la forme différentielle associée.*

Soit w *une application indéfiniment dérivable de* $\mathbf{C}^n$ *dans* A *et soient* i *et* j *des entiers distincts compris entre* 1 *et* n. *Définissons* $u'_1, \ldots, u'_n$ *par*

$$u'_i = u_i + (z_j - a_j)w, \quad u'_j = u_j - (z_i - a_i)w,$$
$$u'_k = u_k \text{ pour } k \neq i, j.$$

Alors la suite $(h, u'_1, \ldots, u'_n)$ *est adaptée à* $\boldsymbol{a}$ *et est liée à la suite* $(h, u_1, \ldots, u_n)$.

Notons $d\boldsymbol{z} = dz_1 \wedge \cdots \wedge dz_n$. Comme

$$\sum_{k=1}^{n} (z_k - a_k) u'_k(\boldsymbol{z}) = \sum_{k=1}^{n} (z_k - a_k) u_k(\boldsymbol{z}) + w(\boldsymbol{z})(z_j - a_j)(z_i - a_i) - w(\boldsymbol{z})(z_i - a_i)(z_j - a_j) = 1 - h(\boldsymbol{z})$$

pour tout $z \in \mathbf{C}^n$, la suite $(h, u'_1, \ldots, u'_n)$ est adaptée à $\boldsymbol{a}$. De plus, on a

$$du'_i \wedge du'_j \wedge dz_1 \wedge \cdots \wedge dz_n =$$
$$\Big(du_i + w\,dz_j + (z_j - a_j)dw\Big) \wedge \Big(du_j - w\,dz_i - (z_i - a_i)dw\Big) \wedge d\boldsymbol{z}$$
$$= \Big(du_i \wedge du_j - (z_i - a_i)\,du_i \wedge dw - (z_j - a_j)\,du_j \wedge dw\Big) \wedge d\boldsymbol{z}$$

Il existe donc $\varepsilon \in \{-1, 1\}$ tel que $\varepsilon(\omega - \omega')$ est égal à

$$du'_i \wedge du'_j \wedge \bigwedge_{k \neq i,j} du'_k \wedge d\boldsymbol{z} - du_i \wedge du_j \wedge \bigwedge_{k \neq i,j} du_k \wedge d\boldsymbol{z}$$
$$= -\Big((z_i - a_i)du_i \wedge dw + (z_j - a_j)du_j \wedge dw\Big) \wedge \bigwedge_{k \neq i,j} du_k \wedge d\boldsymbol{z}$$
$$= -\Big(\sum_{k=1}^{n}(z_k - a_k)\,du_k\Big) \wedge dw \wedge \bigwedge_{k \neq i,j} du_k \wedge d\boldsymbol{z}$$

et, compte tenu de (2), ceci est égal à

$$dh \wedge dw \wedge \bigwedge_{k \neq i,j} du_k \wedge d\boldsymbol{z} = d\Big(h\,dw \wedge \bigwedge_{k \neq i,j} du_k \wedge d\boldsymbol{z}\Big),$$

d'où le résultat.

Lemme 6. — *Soit* $\boldsymbol{a} \in \mathrm{A}^n$. *Toutes les suites adaptées à* $\boldsymbol{a}$ *sont liées.*

Soient $(h, u_1, \ldots, u_n)$ et $(h', u'_1, \ldots, u'_n)$ des suites adaptées à $\boldsymbol{a}$, et notons ω et ω' les formes différentielles associées.

Définissons les applications indéfiniment dérivables

$$w_{ij} = u'_i u_j - u_i u'_j, \qquad 1 \leqslant i \leqslant n,\ 1 \leqslant j \leqslant n,$$
$$s_i = u'_i h - u_i h', \qquad 1 \leqslant i \leqslant n,$$

de sorte que $w_{ji} = -w_{ij}$, et $\mathrm{Supp}(s_i) \subset \mathrm{Supp}(h) \cup \mathrm{Supp}(h')$.

Posons $u''_i = u'_i - s_i$, $\boldsymbol{u} = (u_1, \ldots, u_n)$ et $\boldsymbol{u}'' = (u''_1, \ldots, u''_n)$. Notons aussi $\boldsymbol{v}_{ij}$ l'application de $\mathbf{C}^n$ dans A^n dont la i-ème composante est $(z_j - a_j)\,w_{ij}$, dont la j-ème composante est $(z_i - a_i)\,w_{ji} = -(z_i - a_i)\,w_{ij}$, et dont les autres composantes sont nulles. Alors on a

$$\boldsymbol{u}'' = \boldsymbol{u} + \sum_{i<j} \boldsymbol{v}_{ij}.$$

En effet, pour tout entier k tel que $1 \leqslant k \leqslant n$, la k-ème composante du membre de droite est

$$\begin{aligned} u_k + \sum_{i=1}^{k-1}(z_i - a_i)w_{ki} + \sum_{j=k+1}^{n}(z_j - a_j)w_{kj} &= u_k + \sum_{i=1}^{n}(z_i - a_i)w_{ki} \\ &= u_k + u'_k \sum_{i=1}^{n}(z_i - a_i)u_i - u_k \sum_{i=1}^{n}(z_i - a_i)u'_i \\ &= u_k + (1-h)u'_k - (1-h')u_k = u'_k - s_k. \end{aligned}$$

Par récurrence, on déduit du lemme 5, appliqué aux entiers i et j et aux applications w_{ij}, que la suite $(h, u''_1, \ldots, u''_n)$ est adaptée à $\boldsymbol{a}$ et est liée à $(h, u_1, \ldots, u_n)$. Soit ω'' la forme différentielle associée à $(h, u''_1, \ldots, u''_n)$. Comme $u''_i = u'_i - s_i$, on a

$$\omega'' - \omega' = d(u'_1 - s_1) \wedge dz_1 \wedge \cdots \wedge d(u'_n - s_n) \wedge dz_n - du'_1 \wedge dz_1 \wedge \cdots \wedge du'_n \wedge dz_n,$$

qui s'exprime comme une combinaison linéaire, avec coefficients 1 ou -1, de formes différentielles de la forme

$$\xi_{\mathrm{I}_1,\mathrm{I}_2} = \bigwedge_{i\in \mathrm{I}_1} ds_i \wedge \bigwedge_{i\in \mathrm{I}_2} du'_i \wedge dz_1 \wedge \cdots \wedge dz_n,$$

où I_1 (resp. I_2) est une partie non vide (resp. une partie) de $\{1, \ldots, n\}$. Chaque forme différentielle $\xi_{\mathrm{I}_1,\mathrm{I}_2}$ s'écrit aussi sous la forme

$$d(\widetilde{\psi} \wedge dz_1 \wedge \cdots \wedge dz_n),$$

où le support de la forme différentielle $\widetilde{\psi}$ est contenu dans le support de s_i pour tout $i \in \mathrm{I}_1$. Comme I_1 est non-vide, ce support est contenu dans $\mathrm{Supp}(h) \cup \mathrm{Supp}(h')$. Par conséquent, $(h, u''_1, \ldots, u''_n)$ est liée à $(h', u'_1, \ldots, u'_n)$, et le lemme en résulte en écrivant

$$\omega - \omega' = (\omega - \omega'') + (\omega'' - \omega').$$

4. Construction des applications $\Theta_{\boldsymbol{a}}$

Soit $\boldsymbol{a} = (a_1, \ldots, a_n) \in \mathrm{A}^n$ et soit U un voisinage ouvert de $\mathrm{Sp}^n(\boldsymbol{a})$. Soit h une application indéfiniment dérivable, égale à 1 au voisinage de $\mathrm{Sp}^n(\boldsymbol{a})$ et telle que le support de h soit compact et contenu dans U (lemme 1 de I, p. 52). D'après le lemme 3 de I, p. 54, il existe des applications indéfiniment dérivables $(u_1, \ldots, u_n)$ de $\mathbf{C}^n$ dans A telles que la suite $(h, u_1, \ldots, u_n)$ soit adaptée à $\boldsymbol{a}$. Soit ω la forme différentielle associée ; elle est à support compact contenu dans U (lemme 4 de I, p. 54). Il existe une fonction indéfiniment dérivable ψ à support compact dans U et à valeurs dans A telle que

$$\omega = \psi\, dx_1 \wedge dy_1 \wedge \cdots \wedge dx_n \wedge dy_n$$

où $x_j + iy_j$ sont les fonctions coordonnées sur $\mathbf{C}^n$, identifié avec $\mathbf{R}^{2n}$. Soit μ la mesure de Lebesgue sur $\mathbf{R}^{2n}$.

Soit $f \in \mathscr{C}(\mathrm{U}; \mathrm{A})$. La forme différentielle $f\omega|\mathrm{U}$ sur U est continue et à support compact. La mesure vectorielle associée à cette forme différentielle (VAR, R2, 10.4.3 et 10.4.4) est la mesure vectorielle $f\psi\cdot\mu$; c'est une mesure de base μ (INT, VI, §2, n° 4, déf. 4), son support est compact et contenu dans le support de ω. Cette mesure est majorable relativement à la norme de A (INT, VI, §2, n° 4, prop. 8) ; on note $\|f\omega\|$ la mesure positive sur $\mathbf{C}^n$ qui lui est associée (INT, VI, §2, n° 3, déf. 3).

D'après INT, VI, §2, n° 4, prop. 8, *b*), on a

$$\|f\omega\| = \|f\psi\cdot\mu\| = \|f\psi\|\cdot\mu = \|f\|\,\|\omega\|.$$

En particulier, l'intégrale de la forme différentielle $f\omega$ sur U vérifie

$$\Big\|\int_{\mathrm{U}} f\omega\Big\| \leqslant \int_{\mathrm{U}} \|f\|\,\|\omega\|$$

(INT, VI, §2, n° 3, prop. 5).

Lemme 7. — Pour toute fonction $f \in \mathscr{O}(\mathrm{U}; \mathrm{A})$, *l'intégrale* $\int_{\mathrm{U}} f\omega$ *est un élément de* A *qui ne dépend que de* $\boldsymbol{a}$ *et du germe de* f *au voisinage de* $\mathrm{Sp}^n(\boldsymbol{a})$. *Il vérifie l'inégalité*

$$(4) \qquad \Big\|\int_{\mathrm{U}} f\omega\Big\| \leqslant \Big(\int_{\mathrm{U}} \|\omega\|\Big) \sup_{z\in\mathrm{Supp}(h)} \|f(z)\|,$$

et

$$\int_{\mathrm{U}} (af)\omega = a\int_{\mathrm{U}} f\omega$$

pour tout $a \in \mathrm{A}$.

On a vu ci-dessus que l'intégrale est définie pour $f \in \mathscr{C}(\mathrm{U}; \mathrm{A})$ et vérifie

$$\Big\|\int_{\mathrm{U}} f\omega\Big\| \leqslant \int_{\mathrm{U}} \|f\|\,\|\omega\| \leqslant \Big(\int_{\mathrm{U}} \|\omega\|\Big) \sup_{z\in\mathrm{Supp}(h)} \|f(z)\|.$$

De plus, pour tout $a \in \mathrm{A}$ et tout $f \in \mathscr{C}(\mathrm{U};\mathrm{A})$, on a

$$\int_{\mathrm{U}} (af)\omega = a \int_{\mathrm{U}} f\omega$$

(INT, VI, §2, n° 2, prop. 2 appliqué à la multiplication par a).

Soit $(h', u'_1, \ldots, u'_n)$ une suite adaptée à $\boldsymbol{a}$ telle que $\mathrm{Supp}(h') \subset \mathrm{U}$. Soit ω' la forme différentielle associée. D'après le lemme 6 de I, p. 57, il existe une forme différentielle ψ sur $\mathbf{C}^n$ de degré $n-1$, à coefficients dans A et à support contenu dans $\mathrm{Supp}(h) \cup \mathrm{Supp}(h') \subset \mathrm{U}$, telle que

$$\omega - \omega' = d(\psi \wedge dz_1 \wedge \cdots \wedge dz_n).$$

Soit $f \in \mathscr{O}(\mathrm{U};\mathrm{A})$. L'application f étant holomorphe, on a

$$df = \sum_{i=1}^{n} \frac{\partial f}{\partial z_i} dz_i,$$

(VAR, R2, p. 24, 8.8.9) et donc

$$f(\omega - \omega') = fd(\psi \wedge dz_1 \wedge \cdots \wedge dz_n) = d(f\psi \wedge dz_1 \wedge \cdots \wedge dz_n).$$

D'après la formule de Stokes (VAR, R2, p. 48, 11.2.3), on a alors

$$\int_{\mathrm{U}} f(\omega - \omega') = 0.$$

Ainsi l'élément $\int_{\mathrm{U}} f\omega$ ne dépend pas du choix de la suite $(h, u_1, \ldots, u_n)$.

Démontrons pour conclure que $\int_{\mathrm{U}} f\omega$ ne dépend que du germe de f au voisinage de $\mathrm{Sp}^n(\boldsymbol{a})$. Soient U et U′ des voisinages ouverts de $\mathrm{Sp}^n(\boldsymbol{a})$. Soient $f \in \mathscr{O}(\mathrm{U};\mathrm{A})$ et $f' \in \mathscr{O}(\mathrm{U}';\mathrm{A})$ telles que f et f' coïncident sur un voisinage ouvert U″ de $\mathrm{Sp}^n(\boldsymbol{a})$. Il existe une application h de $\mathbf{C}^n$ dans $\mathbf{C}$, indéfiniment dérivable, égale à 1 au voisinage de $\mathrm{Sp}^n(\boldsymbol{a})$, et à support compact inclus dans U″ (lemme 1 de I, p. 52), et il existe $(u_1, \ldots, u_n)$ telle que la suite $(h, u_1, \ldots, u_n)$ est adaptée à $\boldsymbol{a}$ (lemme 3 de I, p. 54). Soit ω la forme différentielle associée. Comme $\mathrm{Supp}(\omega) \subset \mathrm{Supp}(h) \subset \mathrm{U}''$ (lemme 4, *b*) de I, p. 54), on a

$$\int_{\mathrm{U}} f\omega = \int_{\mathrm{U}''} f\omega = \int_{\mathrm{U}''} f'\omega = \int_{\mathrm{U}'} f'\omega,$$

ce qui achève la démonstration.

Ce lemme démontre qu'il existe une unique application A-linéaire $\Theta_{\boldsymbol{a}}$ de $\mathscr{O}(\mathrm{Sp}^n(\boldsymbol{a});\mathrm{A})$ dans A telle que

$$\Theta_{\boldsymbol{a}}(f) = \frac{n!}{(2i\pi)^n} \int_{\mathrm{U}} \widetilde{f}\omega \tag{5}$$

pour tout ouvert U et tout représentant $\widetilde{f} \in \mathscr{O}(\mathrm{U};\mathrm{A})$ d'un germe $f \in \mathscr{O}(\mathrm{Sp}^n(\boldsymbol{a});\mathrm{A})$. L'application linéaire $\Theta_{\boldsymbol{a}}$ est continue d'après l'inégalité (4) et EVT, II, p. 29, prop. 5.

5. Propriétés des applications Θ_a

On rappelle (VAR, R2, p. 46 et p. 47, 11.1.3, *d*)) que si K est une partie compacte de **C**, il existe un système fondamental de voisinages compacts V de K qui sont des pièces de **C** (c'est-à-dire, pour tout $x \in \mathrm{V}$, il existe une carte $(\mathrm{U}, \varphi, \mathbf{C})$ de **C** en x tel que $\varphi(\mathrm{U} \cap \mathrm{K})$ est un ouvert d'un demi-espace fermé de **C**). On note alors $\partial\mathrm{V}$ le bord de la pièce V muni de l'orientation déduite de l'orientation de **C** (VAR, R2, p. 47) et dz la différentielle de l'injection $\partial\mathrm{V} \to \mathbf{C}$.

PROPOSITION 1. — *Soit a un élément de* A, *soit* U *un voisinage ouvert de* $\mathrm{Sp}(a)$, *et soit* $f \in \mathscr{O}(\mathrm{U};\mathrm{A})$. *Soit* V *un voisinage compact de* $\mathrm{Sp}(a)$ *contenu dans* U *et tel que* V *soit une pièce de* **C**.

Alors $z \mapsto f(z)(z-a)^{-1}$ *est continue sur* $\partial\mathrm{V}$, *la forme différentielle* $f(z)(z-a)^{-1}dz$ *est intégrable sur* $\partial\mathrm{V}$ *et on a*

$$\Theta_a(f) = \frac{1}{2i\pi}\int_{\partial\mathrm{V}} f(z)(z-a)^{-1}\,dz.$$

Soit h une application de **C** dans **C**, indéfiniment dérivable, égale à 1 au voisinage de $\mathrm{Sp}(a)$ et à support compact contenu dans l'intérieur de V (lemme 1 de I, p. 52). Soit u une application de **C** dans A telle que (h, u) est adaptée à a (*cf.* exemple 3 de I, p. 53). La forme différentielle associée est $\omega = du \wedge dz$. Il vient $f\omega = f\,du \wedge dz = d(fu\,dz)$ puisque f est holomorphe. De plus, $u(z) = (z-a)^{-1}$ sur le bord de V. Par ailleurs, la forme différentielle $fu\,dz$ est de classe C^1 sur U. Donc

$$2i\pi\Theta_a(f) = \int_{\mathrm{V}} d(fu\,dz) = \int_{\partial\mathrm{V}} fu\,dz = \int_{\partial\mathrm{V}} f(z)(z-a)^{-1}\,dz$$

d'après la formule (5) et la formule de Stokes pour la pièce V (VAR, R2, p. 47, 11.2.3).

COROLLAIRE. — *Soit* $a \in \mathrm{A}$. *On a* $\Theta_a(1) = 1$.

Soit $\mathrm{R} > \varrho(a)$ un nombre réel. Soit V le disque fermé de centre 0 et de rayon R, de sorte que $\mathrm{Sp}(a) \subset \mathring{\mathrm{V}}$. C'est une pièce de **C** dont le bord $\partial\mathrm{V}$ est le cercle de centre 0 et de rayon R. Pour $z \in \mathbf{C} - \mathring{\mathrm{V}}$, on a la formule $(z-a)^{-1} = z^{-1}(1-z^{-1}a)^{-1} = \sum_{j=1}^{+\infty} z^{-j}a^{j-1}$. La série converge uniformément pour $z \in \partial\mathrm{V}$. On a donc

$$\Theta_a(1) = \frac{1}{2i\pi}\sum_{j=1}^{+\infty} a^{j-1}\int_{\partial\mathrm{V}} z^{-j}\,dz = 1$$

puisque

$$\int_{\partial\mathrm{V}} z^j\,dz = 0$$

pour tout entier $j \neq -1$ et

$$\int_{\partial\mathrm{V}} z^{-1}\,dz = 2i\pi$$

(VAR, R2, p. 44, 10.4.5, et p. 47, 11.2.1, exemple).

Lemme 8. — *Soit* U *un ouvert de* $\mathbf{C}^n$. *Soit* ω_1 *une forme différentielle continue de degré* n *dans* U *à support compact et à valeurs dans* A (*resp.* ω_2 *une forme différentielle continue de degré* 2 *dans* $\mathbf{C}$ *à support compact et à valeurs dans* $\mathbf{C}$). *Notons* π_1 *et* π_2 *les projections canoniques de* $\mathrm{U}\times\mathbf{C}$ *sur* U *et* $\mathbf{C}$. *La forme différentielle* $\pi_1^*\omega_1 \wedge \pi_2^*\omega_2$ *sur* $\mathrm{U}\times\mathbf{C}$ *est continue à support compact et à valeurs dans* A. *On a*

$$\int_{\mathrm{U}\times\mathbf{C}} \pi_1^*\omega_1 \wedge \pi_2^*\omega_2 = \Big(\int_{\mathbf{C}} \omega_2\Big)\Big(\int_{\mathrm{U}} \omega_1\Big).$$

Soient μ_n la mesure de Lebesgue sur $\mathbf{C}^n$ et μ_1 la mesure de Lebesgue sur $\mathbf{C}$. Il existe $\psi_1 \in \mathscr{K}(\mathrm{U};\mathrm{A})$ et $\psi_2 \in \mathscr{K}(\mathbf{C})$ tels que la mesure vectorielle associée à ω_1 est égale à $\psi_1 \cdot \mu_n$, et la mesure vectorielle associée à ω_2 est égale à $\psi_2 \cdot \mu_1$. La mesure vectorielle associée à la forme différentielle $\pi_1^*\omega_1 \wedge \pi_2^*\omega_2$ est $(\psi_1 \otimes \psi_2)\cdot \mu_n \otimes \mu_1$.

Soit ℓ une forme linéaire continue sur A. D'après INT, VI, §2, nº 2, déf. 2 et la définition de la mesure produit (INT, III, §4, nº 1, déf. 1), il vient

$$\begin{aligned}
\ell\Big(\int_{\mathrm{U}\times\mathbf{C}} \pi_1^*\omega_1 \wedge \pi_2^*\omega_2\Big) &= \int_{\mathrm{U}\times\mathbf{C}} \ell\circ(\psi_1\otimes\psi_2)\ \mu_n\otimes\mu_1 \\
&= \int_{\mathrm{U}\times\mathbf{C}} \psi_2(z)\ell(\psi_1(x))d\mu_n(x)d\mu_1(z) \\
&= \Big(\int_{\mathbf{C}} \psi_2(z)d\mu_1(z)\Big)\Big(\int_{\mathrm{U}} \ell(\psi_1(x))d\mu_n(x)\Big) \\
&= \Big(\int_{\mathbf{C}} \psi_2\ \mu_1\Big)\ell\Big(\int_{\mathrm{U}} \psi_1\ \mu_n\Big),
\end{aligned}$$

d'où le résultat (INT VI, *loc. cit.*).

Lemme 9. — Soit $\boldsymbol{a} = (a_1, \ldots, a_n) \in \mathrm{A}^n$. *Soient* $p \in \mathbf{N}$ *et* $\boldsymbol{a}' = (a_{n+1}, \ldots, a_{n+p}) \in \mathrm{A}^p$. *Alors on a* $\Theta_{(\boldsymbol{a},\boldsymbol{a}')} \circ \pi^*_{n,n+p} = \Theta_{\boldsymbol{a}}$. *En particulier, on a* $\Theta_{\boldsymbol{a}}(1) = 1$.

Comme on a $\pi_{n,n+p} = \pi_{n,n+1} \circ \cdots \circ \pi_{n+p-1,n+p}$, il suffit de démontrer la première assertion lorsque $p = 1$, ce qu'on suppose désormais. On note simplement $\pi = \pi_{n,n+1}$. Il suffit alors de démontrer que, pour tout voisinage ouvert U de $\mathrm{Sp}^n(\boldsymbol{a})$, et toute fonction $f \in \mathscr{O}(\mathrm{U}; \mathrm{A})$, on a $\Theta_{(\boldsymbol{a},a_{n+1})}(f \circ \pi) = \Theta_{\boldsymbol{a}}(f)$. Notons $g = f \circ \pi$. Soit h (resp. h') une application de $\mathbf{C}^n$ dans $\mathbf{C}$ (resp. de $\mathbf{C}$ dans $\mathbf{C}$), indéfiniment dérivable, égale à 1 au voisinage de $\mathrm{Sp}^n(\boldsymbol{a})$ (resp. de $\mathrm{Sp}(\boldsymbol{a}')$), à support compact contenu dans U (resp. dans $\mathbf{C}$). Il existe des applications $(u_1, \ldots, u_n)$ de $\mathbf{C}^n$ dans A, indéfiniment dérivables, telles que la suite $(h, u_1, \ldots, u_n)$ est adaptée à $\boldsymbol{a}$ (lemme 3 de I, p. 54), et une application indéfiniment dérivable u_{n+1} de $\mathbf{C}$ dans A telle que le couple (h', u_{n+1}) est adapté à a_{n+1} (*loc. cit.*)

Pour $\boldsymbol{z} \in \mathbf{C}^n$ et $z_{n+1} \in \mathbf{C}$, notons $h''(\boldsymbol{z}, z_{n+1}) = h(\boldsymbol{z})h'(z_{n+1})$ et $u''_{n+1}(\boldsymbol{z}, z_{n+1}) = h(\boldsymbol{z})u_{n+1}(z_{n+1})$. Les fonctions h'' et u''_{n+1} sont indéfiniment dérivables dans $\mathbf{C}^{n+1}$. La fonction h'' est égale à 1 au voisinage de $\mathrm{Sp}^{n+1}(\boldsymbol{a}, a_{n+1})$, et a support compact contenu dans $\mathrm{U} \times \mathbf{C}$. Pour tout $\boldsymbol{w} = (\boldsymbol{z}, z_{n+1}) \in \mathbf{C}^{n+1}$, on a

$$\begin{aligned}(z_1 - a_1)(u_1 \circ \pi)(\boldsymbol{w}) + \cdots + (z_n - a_n)(u_n \circ \pi)(\boldsymbol{w})\\ + (z_{n+1} - a_{n+1})u''_{n+1}(\boldsymbol{w}) = 1 - h(\boldsymbol{z}) + h(\boldsymbol{z})(1 - h'(z_{n+1}))\\ = 1 - h''(\boldsymbol{w}),\end{aligned}$$

ce qui démontre que la suite $(h'', u_1 \circ \pi, \ldots, u_n \circ \pi, u''_{n+1})$ est adaptée à $(\boldsymbol{a}, a_{n+1})$. Soit ω la forme différentielle associée.

La forme différentielle $du_1 \wedge dz_1 \wedge \cdots \wedge du_n \wedge dz_n \wedge dh$ sur $\mathbf{C}^n$ est de degré $2n + 1$, donc est nulle. Par suite

$$\begin{aligned}\omega &= d(u_1 \circ \pi) \wedge dz_1 \wedge \cdots \wedge d(u_n \circ \pi) \wedge dz_n \wedge du''_{n+1} \wedge dz_{n+1}\\ &= (h \circ \pi) d(u_1 \circ \pi) \wedge dz_1 \wedge \cdots \wedge d(u_n \circ \pi) \wedge dz_n \wedge du_{n+1} \wedge dz_{n+1}.\end{aligned}$$

Comme $g = f \circ \pi$, la formule (5) et le lemme 8 impliquent

$$\Theta_{\boldsymbol{a},\boldsymbol{a}'}(g) = \frac{(n+1)!}{(2i\pi)^{n+1}} \int_{\mathrm{U}\times\mathbf{C}} g\omega = \frac{(n+1)!}{(2i\pi)^{n+1}} \Big(\int_{\mathbf{C}} du_{n+1} \wedge dz_{n+1}\Big)$$
$$\times \Big(\int_{\mathrm{U}} fh\, du_1 \wedge dz_1 \wedge \cdots \wedge du_n \wedge dz_n\Big).$$

D'une part, on a

$$\int_{\mathbf{C}} du_{n+1} \wedge dz_{n+1} = 2i\pi\Theta^{\mathbf{C}}_{a_{n+1}}(1) = 2i\pi \cdot 1$$

d'après le corollaire 5. D'autre part, la partie *c*) du lemme 4 de I, p. 54 et le fait que l'intégrale d'une forme fermée est nulle (VAR, R2, p. 48, 11.2.4) entraînent

$$(n+1)\int_{\mathrm{U}} fhdu_1 \wedge dz_1 \wedge \cdots \wedge du_n \wedge dz_n =$$
$$\int_{\mathrm{U}} f\, du_1 \wedge dz_1 \wedge \cdots \wedge du_n \wedge dz_n = \frac{(2i\pi)^n}{n!}\Theta_{\boldsymbol{a}}(f).$$

Ainsi on obtient

$$\Theta_{\boldsymbol{a},\boldsymbol{a}'}(g) = \frac{(n+1)!}{(2i\pi)^{n+1}} \times \frac{(2i\pi)^n}{(n+1)!}\Theta_{\boldsymbol{a}}(f) \times 2i\pi = \Theta_{\boldsymbol{a}}(f).$$

Finalement, la formule $\Theta_{\boldsymbol{a}}(1) = 1$ résulte de ce qui précède et du corollaire de la prop. 1.

Lemme 10. — *Soit* $\boldsymbol{a} \in \mathrm{A}^n$. *Soient* g *une fonction polynomiale sur* $\mathbf{C}^n$ *à coefficients dans* A *et* $f \in \mathscr{O}(\mathrm{Sp}^n(\boldsymbol{a}); \mathrm{A})$. *On a* $\Theta_{\boldsymbol{a}}(gf) = g(\boldsymbol{a})\Theta_{\boldsymbol{a}}(f)$. *En particulier, on a* $\Theta_{\boldsymbol{a}}(g) = g(\boldsymbol{a})$.

D'après le lemme 9, il suffit de démontrer la première assertion.

Notons $z_1, \ldots, z_n$ les fonctions coordonnées sur $\mathbf{C}^n$. Puisque l'application $\Theta_{\boldsymbol{a}}$ est A-linéaire, il suffit de prouver l'assertion du lemme lorsque $g = z_1^{e_1} \cdots z_n^{e_n}$, où $(e_1, \ldots, e_n) \in \mathbf{N}^n$. Procédant par récurrence sur $e_1 + \cdots + e_n$, on se ramène au cas où il existe un entier i tel que $1 \leqslant i \leqslant n$ et $g = z_i$.

Soit U un voisinage ouvert de $\mathrm{Sp}^n(\boldsymbol{a})$. Soit $(h, u_1, \ldots, u_n)$ une suite adaptée à $\boldsymbol{a}$ telle que le support de h est contenu dans U (lemme 1 de I, p. 52 et lemme 3 de I, p. 54), et soit ω la forme différentielle associée. D'après le lemme 4, *a*) de I, p. 54, il existe une forme différentielle β telle que

$$(z_i - a_i)\omega = d(h\beta \wedge dz_1 \wedge \cdots \wedge dz_n).$$

Par conséquent, pour toute fonction $f \in \mathscr{O}(\mathrm{U}; \mathrm{A})$, on a

$$(z_i - a_i)f\omega = fd(h\beta \wedge dz_1 \wedge \cdots \wedge dz_n) = d(fh\beta \wedge dz_1 \wedge \cdots \wedge dz_n)$$

puisque f est holomorphe, de sorte que $df \wedge dz_1 \wedge \cdots \wedge dz_n = 0$. Appliquant la formule de Stokes (VAR, R2, p. 48, 11.2.4), on obtient $\int_{\mathrm{U}} (z_i - a_i)f\omega = 0$, d'où

$$\Theta_{\boldsymbol{a}}(z_i f) = \frac{n!}{(2i\pi)^n} \int_{\mathrm{U}} z_i\, f\omega = \frac{n!}{(2i\pi)^n} \int_{\mathrm{U}} a_i\, f\omega = a_i \Theta_{\boldsymbol{a}}(f)$$

d'après la formule (5). Le résultat en découle.

PROPOSITION 2. — *Soient $\varrho_1, \ldots, \varrho_n$ des réels > 0 et soit $\mathrm{U} \subset \mathbf{C}^n$ le polydisque produit des disques ouverts de centre 0 et de rayon ϱ_i. Soit*

$$\sum_{(k_1,\ldots,k_n) \in \mathbf{N}^n} c(k_1, \ldots, k_n) \mathrm{X}_1^{k_1} \cdots \mathrm{X}_n^{k_n} \in \mathrm{A}[[\mathrm{X}_1, \ldots, \mathrm{X}_n]]$$

une série formelle à coefficients dans A. Supposons que cette série converge dans U, et notons f la fonction holomorphe dans U qui en est la somme.

Soit $\boldsymbol{a} = (a_1, \ldots, a_n) \in \mathrm{A}^n$ tel que $\varrho(a_i) < \varrho_i$ pour $1 \leqslant i \leqslant n$. Alors $\mathrm{Sp}^n(\boldsymbol{a}) \subset \mathrm{U}$, la famille $(c(k_1, \ldots, k_n) a_1^{k_1} \cdots a_n^{k_n})$ d'éléments de A est absolument sommable, et

$$\Theta_{\boldsymbol{a}}(f) = \sum_{(k_1,\ldots,k_n) \in \mathbf{N}^n} c(k_1, \ldots, k_n) a_1^{k_1} \cdots a_n^{k_n}.$$

Pour tout caractère χ de A et tout entier i tel que $1 \leqslant i \leqslant n$, on a $|\chi(a_i)| \leqslant \varrho(a_i) < \varrho_i$, donc $\mathrm{Sp}^n(\boldsymbol{a}) \subset \mathrm{U}$ par définition du spectre simultané. Soient $z_1, \ldots, z_n$ les restrictions à U des fonctions coordonnées sur $\mathbf{C}^n$. Alors la famille $(c(k_1, \ldots, k_n) z_1^{k_1} \cdots z_n^{k_n})$ est sommable dans $\mathscr{O}(\mathrm{U}; \mathrm{A})$ et de somme f. Compte tenu du lemme 10 et de la continuité de l'application $\Theta_{\boldsymbol{a}}^{\mathrm{U}}$, la famille $(c(k_1, \ldots, k_n) a_1^{k_1} \ldots a_n^{k_n})$ est donc sommable dans A et de somme $\Theta_{\boldsymbol{a}}(f)$. Pour $1 \leqslant i \leqslant n$, soit λ_i un nombre réel tel que $\varrho(a_i) < \lambda_i < \varrho_i$. Il existe $\mathrm{M}_i < +\infty$ tel que $\|a_i^k\| \leqslant \mathrm{M}_i \lambda_i^k$ pour tout entier $k \geqslant 0$. On a alors

$$\sum_{(k_1,\ldots,k_n) \in \mathbf{N}^n} \|c(k_1, \ldots, k_n)\| \, \|a_1^{k_1} \cdots a_n^{k_n}\| \leqslant$$

$$\mathrm{M}_1 \cdots \mathrm{M}_n \sum_{(k_1,\ldots,k_n) \in \mathbf{N}^n} \|c(k_1, \ldots, k_n)\| \, \lambda_1^{k_1} \cdots \lambda_n^{k_n}$$

qui est fini par hypothèse, donc la famille $(c(k_1,\ldots,k_n)a_1^{k_1}\cdots a_n^{k_n})$ est absolument sommable.

COROLLAIRE. — *Supposons* A *non nulle. Soit* $\boldsymbol{a}\in\mathbf{C}^n\subset \mathrm{A}^n$. *On a* $\mathrm{Sp}^n_{\mathrm{A}}(\boldsymbol{a})=\{\boldsymbol{a}\}$. *Pour tout germe* $f\in\mathscr{O}(\{\boldsymbol{a}\};\mathrm{A})$, *on a* $\Theta_{\boldsymbol{a}}(f)=f(\boldsymbol{a})$.

PROPOSITION 3. — *Soient* B *une algèbre de Banach unifère commutative et* φ *un morphisme unifère continu de* A *dans* B. *Soit* $\boldsymbol{a}=(a_1,\ldots,a_n)\in\mathrm{A}^n$. *Posons* $\boldsymbol{b}=(\varphi(a_1),\ldots,\varphi(a_n))$, *de sorte que* $\mathrm{Sp}^n_{\mathrm{B}}(\boldsymbol{b})\subset\mathrm{Sp}^n_{\mathrm{A}}(\boldsymbol{a})$. *Pour tout* $f\in\mathscr{O}(\mathrm{Sp}^n_{\mathrm{A}}(\boldsymbol{a});\mathrm{A})$, *on a*

$$\varphi(\Theta_{\boldsymbol{a}}(f))=\Theta_{\boldsymbol{b}}(\varphi_*(f)),$$

où $\varphi_*(f)$ *désigne le germe de* $\varphi\circ f$ *au voisinage de* $\mathrm{Sp}^n_{\mathrm{B}}(\boldsymbol{b})$.

Il suffit de démontrer que pour tout voisinage ouvert U de $\mathrm{Sp}^n_{\mathrm{A}}(\boldsymbol{a})$ et tout $f\in\mathscr{O}(\mathrm{U};\mathrm{A})$, on a $\varphi(\Theta_{\boldsymbol{a}}(f))=\Theta_{\boldsymbol{b}}(\varphi\circ f)$, où $\varphi\circ f\in\mathscr{O}(\mathrm{U};\mathrm{B})$. Soit $(h,u_1,\ldots,u_n)$ une suite adaptée à $\boldsymbol{a}$, où le support de h est contenu dans U (lemme 1 de I, p. 52 et lemme 3 de I, p. 54). Notons ω la forme différentielle associée. Pour tout $\boldsymbol{z}\in\mathbf{C}^n$, on a

$$\sum_{j=1}^n(z_j-b_j)\varphi(u_i(\boldsymbol{z}))=\varphi\Big(\sum_{j=1}^n(z_j-a_j)u_j(\boldsymbol{z})\Big)=1-h(\boldsymbol{z}),$$

de sorte que la suite $(h,\varphi\circ u_1,\ldots,\varphi\circ u_n)$ est adaptée à $\boldsymbol{b}$. Soit ω' la forme différentielle associée. Notons μ la mesure de Lebesgue sur $\mathbf{C}^n$. Soit $f\in\mathscr{O}(\mathrm{U};\mathrm{A})$. Écrivons $\psi\cdot\mu$ la mesure vectorielle associée à la forme différentielle $f\,\omega$. La mesure vectorielle associée à la forme différentielle

$$(\varphi\circ f)\,\omega'=(\varphi\circ f)\,d(\varphi\circ u_1)\wedge dz_1\wedge\cdots\wedge d(\varphi\circ u_n)\wedge dz_n$$

est égale à $(\varphi\circ\psi)\cdot\mu$. Donc, d'après la formule (5), et INT, VI, §2, n° 2, prop. 2, on a

$$\Theta_{\boldsymbol{b}}(\varphi\circ f)=\frac{n!}{(2i\pi)^n}\int_{\mathrm{U}}(\varphi\circ f)\;\mu=\frac{n!}{(2i\pi)^n}\varphi\Big(\int_{\mathrm{U}}\psi\;\mu\Big)=\varphi(\Theta_{\boldsymbol{a}}(f)),$$

comme il était demandé.

COROLLAIRE 1. — *Soient* $\chi\in\mathsf{X}(\mathrm{A})$ *et* $\boldsymbol{a}\in\mathrm{A}^n$. *Pour tout germe* $f\in\mathscr{O}(\mathrm{Sp}^n(\boldsymbol{a}))$, *on a* $\chi(\Theta_{\boldsymbol{a}}(f))=f(\chi(a_1),\ldots,\chi(a_n))$.

C'est une conséquence de la proposition 3, appliquée au morphisme unifère continu $\chi\colon\mathrm{A}\to\mathbf{C}$ (th. 1 de I, p. 29), et du corollaire de la prop. 2, appliqué à l'algèbre de Banach $\mathbf{C}$.

Remarque. — Supposons que l'algèbre A soit sans radical. Soit $\boldsymbol{a} = (a_1, \ldots, a_n) \in \mathrm{A}^n$. D'après la prop. 8 de I, p. 38, l'application $\Theta_{\boldsymbol{a}}^{\mathrm{U}}$ est l'unique application φ de $\mathscr{O}(\mathrm{U})$ dans A telle que $\chi(\varphi(f)) = f(\chi(a_1), \ldots, \chi(a_n))$ pour tout $\chi \in \mathsf{X}(\mathrm{A})$ et toute fonction $f \in \mathscr{O}(\mathrm{U})$.

COROLLAIRE 2. — *Soit p un entier $\geqslant 1$. Pour toute famille $(f_1, \ldots, f_p)$ d'éléments de $\mathscr{O}(\mathrm{Sp}^n(\boldsymbol{a}))$, on a*

$$\mathrm{Sp}^p((\Theta_{\boldsymbol{a}}(f_1), \ldots, \Theta_{\boldsymbol{a}}(f_p))) = (f_1, \ldots, f_p)(\mathrm{Sp}^n(\boldsymbol{a})).$$

En particulier, pour tout $f \in \mathscr{O}(\mathrm{Sp}^n(\boldsymbol{a}))$, on a $\mathrm{Sp}(\Theta_{\boldsymbol{a}}(f)) = f(\mathrm{Sp}^n(\boldsymbol{a}))$.

Ceci résulte du cor. 1 et de la définition du spectre simultané.

Exemple. — Soit A l'algèbre de Banach complexe des fonctions sur le cercle unité à série de Fourier absolument convergente (I, p. 19, exemple 8). Soit $\varphi \in \mathrm{A}$. Soit f un germe de fonction holomorphe au voisinage de l'ensemble des valeurs de φ. Alors $\psi = \Theta_\varphi(f)$ est une série de Fourier absolument convergente qui pour tout $u \in \mathbf{U}$ vérifie $\psi(u) = f(\varphi(u))$ (cor. 1, appliqué aux caractères $\varphi \mapsto \varphi(u)$). Autrement dit, la fonction $f \circ \varphi$ sur le cercle unité a également une série de Fourier absolument convergente (« théorème de P. Lévy »). Ce résultat généralise le théorème de Wiener (I, p. 38, exemple 4), qui concerne le cas de la fonction $f(z) = 1/z$ sur $\mathbf{C} - \{0\}$ lorsque φ ne s'annule pas.

6. Théorèmes d'approximation

Dans ce numéro, A est une algèbre de Banach unifère commutative complexe.

PROPOSITION 4. — *Soit L une partie compacte polynomialement convexe de $\mathbf{C}^n$ et soit U un voisinage ouvert de L. Pour toute fonction $f \in \mathscr{O}(\mathrm{U}; \mathrm{A})$, il existe une suite de fonctions polynomiales sur $\mathbf{C}^n$ à coefficients dans A qui converge vers $f|\mathrm{L}$ dans $\mathscr{C}(\mathrm{L}; \mathrm{A})$.*

On peut supposer que L n'est pas vide et que A n'est pas nulle. Soit P (resp. P_0) l'ensemble des restrictions à L des fonctions polynomiales sur $\mathbf{C}^n$ à coefficients dans A (resp. à coefficients dans $\mathbf{C}$). Soit B (resp. B_0) l'algèbre de Banach adhérence de P (resp. de P_0)

dans $\mathscr{C}(\mathrm{L};\mathrm{A})$. Désignons par ι l'injection de A sur la sous-algèbre normée de B formée des fonctions constantes.

Soient $z_1, \ldots, z_n$ les restrictions à L des fonctions coordonnées sur $\mathbf{C}^n$; ce sont des éléments de B_0, et, en posant $\boldsymbol{z} = (z_1, \ldots, z_n)$, il vient $\mathrm{Sp}^n_{\mathrm{B}_0}(\boldsymbol{z}) = \mathrm{L}$ d'après la prop. 15 de I, p. 47.

Soit $f \in \mathscr{O}(\mathrm{U};\mathrm{A})$. Par composition avec ι, la fonction f définit un élément $f_{\mathrm{B}} = \iota \circ f$ de $\mathscr{O}(\mathrm{U};\mathrm{B})$. Comme $\mathrm{Sp}^n_{\mathrm{B}}(\boldsymbol{z}) \subset \mathrm{Sp}^n_{\mathrm{B}_0}(\boldsymbol{z}) \subset \mathrm{U}$, on peut former l'élément $b = \Theta_{\boldsymbol{z}}(f_{\mathrm{B}})$ de B. Soit $\boldsymbol{w} = (w_1, \ldots, w_n) \in \mathrm{L}$, et soit φ le morphisme unifère continu $g \mapsto g(\boldsymbol{w})$ de B dans A. On a $\varphi \circ \iota = \mathrm{Id}_{\mathrm{A}}$, de sorte que $\varphi \circ f_{\mathrm{B}} = f$. Comme $\varphi(z_i) = w_i$, la prop. 3 de I, p. 66 implique $\varphi(\Theta_{\boldsymbol{z}}(f_{\mathrm{B}})) = \Theta_{\boldsymbol{w}}(\varphi \circ f_{\mathrm{B}})$. On a donc

$$b(\boldsymbol{w}) = \varphi(b) = \varphi(\Theta_{\boldsymbol{z}}(f_{\mathrm{B}})) = \Theta_{\boldsymbol{w}}(\varphi \circ f_{\mathrm{B}}) = \Theta_{\boldsymbol{w}}(f) = f(\boldsymbol{w}),$$

d'après le corollaire de la prop. 2 de I, p. 65. Ainsi, on a $f|\mathrm{L} = b$; en particulier, $f|\mathrm{L}$ appartient à B. Cela démontre la proposition.

THÉORÈME 2 (Oka–Weil). — *Soient* K *une partie compacte polynomialement convexe de* $\mathbf{C}^n$ *et* P *l'ensemble des germes au voisinage de* K *de fonctions polynomiales sur* $\mathbf{C}^n$ *à coefficients dans* A. *Alors* P *est dense dans* $\mathscr{O}(\mathrm{K};\mathrm{A})$. *Plus précisément, tout élément de* $\mathscr{O}(\mathrm{K};\mathrm{A})$ *est limite d'une suite d'éléments de* P.

Considérons un élément de $\mathscr{O}(\mathrm{K};\mathrm{A})$, germe d'une fonction $f \in \mathscr{O}(\mathrm{U};\mathrm{A})$, où U est un voisinage ouvert de K. D'après le lemme 7 de I, p. 48, il existe un voisinage compact L de K contenu dans U qui est polynomialement convexe. Soit V l'intérieur de L ; c'est un voisinage de K.

D'après la proposition précédente, il existe une suite (P_k) de fonctions polynomiales sur $\mathbf{C}^n$ à coefficients dans A qui converge vers $f|\mathrm{L}$ dans $\mathscr{C}(\mathrm{L};\mathrm{A})$. En particulier, la suite (P_k) converge vers $f|\mathrm{V}$ dans $\mathscr{O}(\mathrm{V};\mathrm{A})$.

Par définition de la topologie sur $\mathscr{O}(\mathrm{K};\mathrm{A})$ (*cf.* EVT, II, p. 29, prop. 5), l'application canonique de $\mathscr{O}(\mathrm{V};\mathrm{A})$ dans $\mathscr{O}(\mathrm{K};\mathrm{A})$ est continue. Par conséquent, la suite des germes au voisinage de K des fonctions P_k converge vers le germe de f au voisinage de K dans l'espace $\mathscr{O}(\mathrm{K};\mathrm{A})$, ce qu'il fallait démontrer.

COROLLAIRE 1. — *Soit* U *un voisinage ouvert de* K. *Soient* u_1 *et* u_2 *des applications continues de* $\mathscr{O}(\mathrm{U};\mathrm{A})$ *dans un espace topologique* X *se factorisant par* $\mathscr{O}(\mathrm{K};\mathrm{A})$. *Alors* $u_1 = u_2$ *si et seulement si* u_1 *et* u_2 *coïncident sur l'ensemble des restrictions à* K *des fonctions polynomiales sur* $\mathbf{C}^n$ *à coefficients dans* A.

COROLLAIRE 2. — *Soit* E *un espace de Banach. Soit* K *une partie compacte polynomialement convexe de* $\mathbf{C}^n$. *Soit* P *l'ensemble des germes au voisinage de* K *de fonctions polynomiales sur* $\mathbf{C}^n$ *à valeurs dans* E. *Alors tout élément de* $\mathscr{O}(\mathrm{K};\mathrm{E})$ *est limite d'une suite d'éléments de* P.

Munissons E de la multiplication définie par $ab = 0$ pour tous a et b dans E (exemple 1 de I, p. 17). C'est une algèbre de Banach commutative. Soit A l'algèbre de Banach commutative unifère obtenue à partir de E par adjonction d'un élément unité. Puisque l'application canonique $\mathscr{O}(\mathrm{K};\mathrm{A}) \to \mathscr{O}(\mathrm{K};\mathrm{E})$ est continue, l'assertion résulte du théorème de Oka-Weil appliqué à l'algèbre A.

Pour $n = 1$ et $\mathrm{A} = \mathbf{C}$, on a aussi le résultat suivant, qui sera précisé par le corollaire 2 de I, p. 150.

THÉORÈME 3 (Runge). — *Soient* K *une partie compacte de* $\mathbf{C}$, *et* Q *l'ensemble des germes de fonctions rationnelles holomorphes au voisinage de* K. *Alors* Q *est dense dans* $\mathscr{O}(\mathrm{K})$.

D'après la définition de la topologie sur $\mathscr{O}(\mathrm{K})$, il suffit de démontrer que pour tout voisinage ouvert U de K, et tout sous-ensemble compact L de U, toute fonction $f \in \mathscr{O}(\mathrm{U})$ est limite de fonctions rationnelles continues sur L. On peut supposer que L est un voisinage compact de K.

Soit Q′ l'ensemble des restrictions à L des fonctions rationnelles sur $\mathbf{C}$ qui sont continues sur L, et soit C l'adhérence de Q′ dans $\mathscr{C}(\mathrm{L})$. C'est une algèbre sans radical.

Soit $z \in \mathrm{C}$ l'application identique de L. Alors C est la sous-algèbre fermée pleine de $\mathscr{C}(\mathrm{L})$ engendrée par z (lemme 2 de I, p. 6). On a donc $\mathrm{Sp}_{\mathrm{C}}(z) = \mathrm{Sp}_{\mathscr{C}(\mathrm{L})}(z) = \mathrm{L}$. On peut alors former l'élément $c = \Theta_z(f)$ de C. Puisque C est sans radical, l'application du cor. 1 de I, p. 66 aux caractères $g \mapsto g(w)$ de C, pour tout $w \in \mathrm{L}$, montre que c coïncide avec la restriction de f à L. Par définition de C, cela démontre que $f|\mathrm{L}$ est limite uniforme sur L d'éléments de Q′, et cela termine la preuve du théorème.

7. Existence et unicité du calcul fonctionnel holomorphe

On suppose que A est une algèbre de Banach unifère complexe commutative.

DÉFINITION 2. — *Soient $n \geqslant 1$ un entier et $\boldsymbol{a} \in \mathrm{A}^n$. Soit* U *un voisinage ouvert de* $\mathrm{Sp}^n(\boldsymbol{a})$. *On dit qu'une famille $\boldsymbol{a}'$ est un* enveloppement *de* $(\boldsymbol{a}, \mathrm{U})$ *si $\boldsymbol{a}' \in \mathbf{C}^{n+p}$ prolonge $\boldsymbol{a}$ et si* $\mathrm{U} \times \mathbf{C}^p$ *contient l'enveloppe polynomialement convexe de* $\mathrm{Sp}^{n+p}(\boldsymbol{a}')$.

Lemme 11. — *Soit $n \geqslant 1$ un entier. Soit $\boldsymbol{a} \in \mathrm{A}^n$. Pour tout voisinage ouvert* U *de* $\mathrm{Sp}^n(\boldsymbol{a})$, *il existe un enveloppement de* $(\boldsymbol{a}, \mathrm{U})$.

Soit $(a_\lambda)_{\lambda \in \Lambda}$ une famille d'éléments de A prolongeant la famille $\boldsymbol{a}$ et engendrant topologiquement l'algèbre de Banach unifère A. Soit π la projection canonique de $\mathbf{C}^\Lambda$ sur $\mathbf{C}^n$ et soit $\mathrm{U}' = \pi^{-1}(\mathrm{U})$. Alors U' est un voisinage de $\mathrm{Sp}^\Lambda((a_\lambda))$, et $\mathrm{Sp}^\Lambda((a_\lambda))$ est polynomialement convexe (I, p. 44, lemme 4). D'après le lemme 6 de I, p. 47, il existe une partie finie Λ_0 de Λ contenant $\{1, 2, \ldots, n\}$ telle que $\mathrm{pr}_{\Lambda_0}(\mathrm{U}')$ contienne l'enveloppe polynomialement convexe S de $\mathrm{pr}_{\Lambda_0}(\mathrm{Sp}^\Lambda((a_\lambda)_{\lambda \in \Lambda})) = \mathrm{Sp}^{\Lambda_0}((a_\lambda)_{\lambda \in \Lambda_0})$. Soit $p \geqslant 0$ l'entier tel que Λ_0 est de cardinal $n + p$, et soit j une bijection de $\{1, \ldots, n+p\}$ dans Λ_0 qui coïncide avec l'application identique sur $\{1, \ldots, n\}$. La projection de S étant contenue dans U, la famille $(a_{j(k)})_{1 \leqslant k \leqslant n+p}$ est un enveloppement de $(\boldsymbol{a}, \mathrm{U})$.

PROPOSITION 5. — *La donnée des applications $\Theta_{\boldsymbol{a}}$, pour $n \geqslant 1$ et $\boldsymbol{a} \in \mathrm{A}^n$, est un calcul fonctionnel holomorphe sur* A, *c'est-à-dire que les conditions* (CF1), (CF2) *et* (CF3) *de* I, p. 51 *sont vérifiées.*

Soient $n \geqslant 1$ un entier et $\boldsymbol{a} = (a_1, \ldots, a_n) \in \mathrm{A}^n$. L'application $\Theta_{\boldsymbol{a}}$ vérifie $\Theta_{\boldsymbol{a}}(z_i) = a_i$ pour tout i tel que $1 \leqslant i \leqslant n$ d'après le lemme 10 de I, p. 64, ce qui démontre la propriété (CF2). Le lemme 9 de I, p. 63 implique la propriété (CF3) des applications $\Theta_{\boldsymbol{a}}$.

L'application $\Theta_{\boldsymbol{a}}$ est A-linéaire et continue (I, p. 61, nº 5). Elle vérifie $\Theta_{\boldsymbol{a}}(1) = 1$ (lemme 9 de I, p. 63). Pour vérifier la condition (CF1), il reste à établir que $\Theta_{\boldsymbol{a}}$ est un morphisme d'algèbres. Pour cela, on va démontrer que $\Theta_{\boldsymbol{a}}^{\mathrm{U}}$ est un morphisme d'algèbres pour tout voisinage ouvert U de $\mathrm{Sp}^n(\boldsymbol{a})$.

Supposons d'abord que U contient l'enveloppe polynomialement convexe K de $\mathrm{Sp}^n(\boldsymbol{a})$. Soient f_1 et f_2 des éléments de $\mathscr{O}(\mathrm{U}; \mathrm{A})$. Il existe une suite $(f_{1,k})$ (resp. $(f_{2,k})$) de fonctions polynomiales qui converge vers f_1 (resp. vers f_2) dans $\mathscr{O}(\mathrm{K};\mathrm{A})$ (théorème 2 de I, p. 68), donc dans $\mathscr{O}(\mathrm{Sp}^n(\boldsymbol{a});\mathrm{A})$. Pour tout entier k, on a

$$\Theta_{\boldsymbol{a}}^{\mathrm{U}}(f_{1,k})\Theta_{\boldsymbol{a}}^{\mathrm{U}}(f_{2,k}) = \Theta_{\boldsymbol{a}}^{\mathrm{U}}(f_{1,k}f_{2,k})$$

d'après le lemme 10 de I, p. 64, d'où $\Theta_{\boldsymbol{a}}^{\mathrm{U}}(f_1)\Theta_{\boldsymbol{a}}^{\mathrm{U}}(f_2) = \Theta_{\boldsymbol{a}}^{\mathrm{U}}(f_1f_2)$ en passant à la limite.

Considérons le cas général. Soient $\boldsymbol{a}' \in \mathbf{C}^{n+p}$ un enveloppement de $(\boldsymbol{a},\mathrm{U})$ (lemme 11) et $\pi\colon \mathrm{U}\times\mathbf{C}^p \to \mathrm{U}$ la projection canonique. Puisque $\mathrm{U}\times\mathbf{C}^p$ contient l'enveloppe polynomialement convexe de $\mathrm{Sp}^{n+p}(\boldsymbol{a}')$, on a

$$\Theta_{\boldsymbol{a}'}^{\mathrm{U}\times\mathbf{C}^p}(f_1\circ\pi)\Theta_{\boldsymbol{a}'}^{\mathrm{U}\times\mathbf{C}^p}(f_2\circ\pi) = \Theta_{\boldsymbol{a}'}^{\mathrm{U}\times\mathbf{C}^p}(f_1f_2\circ\pi)$$

pour f_1 et f_2 dans $\mathscr{O}(\mathrm{U};\mathrm{A})$ d'après le premier cas. Comme, pour toute fonction $f \in \mathscr{O}(\mathrm{U};\mathrm{A})$, on a $\Theta_{\boldsymbol{a}'}^{\mathrm{U}\times\mathbf{C}^p}(f\circ\pi) = \Theta_{\boldsymbol{a}}^{\mathrm{U}}(f)$ (condition (CF3) précédemment démontrée), la conclusion en découle, et donc la condition (CF1).

Nous pouvons maintenant démontrer le théorème 1 de I, p. 51. La prop. 5 montre que la famille des applications $(\Theta_{\boldsymbol{a}})_{\boldsymbol{a}}$ est un calcul fonctionnel holomorphe sur A. Il ne reste donc qu'à établir l'unicité du calcul fonctionnel holomorphe sur A.

Soit $(\Psi_{\boldsymbol{a}})_{\boldsymbol{a}}$ une famille d'applications définies pour tout entier $n \geqslant 1$ et tout $\boldsymbol{a} \in \mathrm{A}^n$ et vérifiant les conditions (CF1), (CF2), (CF3) du calcul fonctionnel holomorphe sur A (I, p. 51). Il suffit de prouver que pour tout entier $n \geqslant 1$, pour tout $\boldsymbol{a} \in \mathrm{A}^n$ et pour tout voisinage ouvert U de $\boldsymbol{a}$, on a $\Theta_{\boldsymbol{a}}^{\mathrm{U}} = \Psi_{\boldsymbol{a}}^{\mathrm{U}}$.

Soient $n \geqslant 1$ et $\boldsymbol{a} = (a_1,\ldots,a_n) \in \mathrm{A}^n$. Soit U un voisinage ouvert de $\mathrm{Sp}^n(\boldsymbol{a})$. Supposons d'abord que U contient l'enveloppe polynomialement convexe K de $\mathrm{Sp}^n(\boldsymbol{a})$. Les morphismes $\Theta_{\boldsymbol{a}}^{\mathrm{U}}$ et $\Psi_{\boldsymbol{a}}^{\mathrm{U}}$ coïncident sur les fonctions polynomiales d'après les propriétés (CF1) et (CF2). D'après le corollaire du théorème 2 de I, p. 68 et la propriété de continuité (CF1), ces morphismes sont donc égaux.

Démontrons le cas général. Soient $\boldsymbol{a}' \in \mathbf{C}^{n+p}$ un enveloppement de $(\boldsymbol{a},\mathrm{U})$ et $\pi\colon \mathrm{U}\times\mathbf{C}^p \to \mathrm{U}$ la projection canonique. On a

$$\Theta_{\boldsymbol{a}}^{\mathrm{U}} = \Theta_{\boldsymbol{a}'}^{\mathrm{U}\times\mathbf{C}^p}\circ\pi^* = \Psi_{\boldsymbol{a}'}^{\mathrm{U}\times\mathbf{C}^p}\circ\pi^* = \Psi_{\boldsymbol{a}}^{\mathrm{U}}$$

d'après la propriété (CF3) et le cas précédent. Cela conclut la démonstration du théorème 1 de I, p. 51.

Remarquons que le th. 2 de I, p. 68 entraîne aussi le résultat d'unicité suivant :

PROPOSITION 6. — *Soit* $\boldsymbol{a} \in \mathrm{A}^n$. *On suppose* $\mathrm{Sp}^n(\boldsymbol{a})$ *polynomialement convexe. Soient* $z_1, \ldots, z_n$ *les germes au voisinage de* $\mathrm{Sp}^n(\boldsymbol{a})$ *des fonctions coordonnées sur* $\mathbf{C}^n$. *Alors l'application* $\Theta_{\boldsymbol{a}}$ *est l'unique morphisme continu d'algèbres unifères* φ *de* $\mathscr{O}(\mathrm{Sp}^n(\boldsymbol{a}); \mathrm{A})$ *dans* A *tel que* $\varphi(z_1) = a_1, \ldots, \varphi(z_n) = a_n$.

Le lemme 10 de I, p. 64 et le corollaire de la proposition 2 de I, p. 65 justifient les notations suivantes pour le calcul fonctionnel holomorphe. Soient $n \geqslant 1$ et $\boldsymbol{a} \in \mathrm{A}^n$. Pour tout germe $f \in \mathscr{O}(\mathrm{K}; \mathrm{A})$ (resp. pour toute fonction holomorphe $f \in \mathscr{O}(\mathrm{U}; \mathrm{A})$ sur un voisinage ouvert U de $\mathrm{Sp}^n(\boldsymbol{a})$), on pose

$$f(\boldsymbol{a}) = \Theta_{\boldsymbol{a}}(f). \tag{6}$$

Cette notation est cohérente avec la notation introduite dans A, IV, p. 4, n° 3, si f est un polynôme, d'après les propriétés (CF1) et (CF2).

Les propriétés (CF2) et (CF3) de I, p. 51 peuvent alors s'écrire

$$z_i(\boldsymbol{a}) = a_i, \quad 1 \leqslant i \leqslant n, \qquad (f \circ \pi_{m,n})(\boldsymbol{a}) = f(\pi_{m,n}(\boldsymbol{a})).$$

8. Substitution dans le calcul fonctionnel

Avec les notations introduites ci-dessus, les énoncés du cor. 1 de I, p. 66 et du cor. 2 de I, p. 67 deviennent respectivement

$$\chi(g(\boldsymbol{a})) = g(\chi(a_1), \ldots, \chi(a_n)), \quad \mathrm{Sp}(g(\boldsymbol{a})) = g(\mathrm{Sp}^n(\boldsymbol{a}))$$

pour $f \in \mathscr{O}(\mathrm{Sp}^n(\boldsymbol{a}); \mathrm{A})$, $\chi \in \mathsf{X}(\mathrm{A})$ et $g \in \mathscr{O}(\mathrm{Sp}^n(\boldsymbol{a}))$.

Nous allons maintenant démontrer une propriété de substitution plus générale.

THÉORÈME 4. — *Soit* A *une algèbre de Banach unifère commutative complexe, soient* $n \geqslant 1$ *un entier et* $\boldsymbol{a} = (a_1, \ldots, a_n) \in \mathrm{A}^n$. *Soit* $\boldsymbol{f} = (f_1, \ldots, f_p)$ *où* $f_1, \ldots, f_p$ *sont des éléments de* $\mathscr{O}(\mathrm{Sp}^n(\boldsymbol{a}))$. *L'image de* $\mathrm{Sp}^n(\boldsymbol{a})$ *par l'application* $\boldsymbol{z} \mapsto \boldsymbol{f}(\boldsymbol{z}) = (f_1(\boldsymbol{z}), \ldots, f_p(\boldsymbol{z}))$ *est égale à* $\mathrm{Sp}^p(\boldsymbol{f}(\boldsymbol{a}))$.

Pour tout $g \in \mathscr{O}(\mathrm{Sp}^p(\boldsymbol{f}(\boldsymbol{a})); \mathrm{A})$, *le germe composé* $g \circ \boldsymbol{f}$ *est un élément de* $\mathscr{O}(\mathrm{Sp}^n(\boldsymbol{a}); \mathrm{A})$ *et on a* $g(\boldsymbol{f}(\boldsymbol{a})) = (g \circ \boldsymbol{f})(\boldsymbol{a})$.

La première assertion concernant l'image de $\mathrm{Sp}^n(\boldsymbol{a})$ résulte du cor. 2 de I, p. 67. Pour démontrer la seconde, nous utiliserons le lemme suivant.

Lemme 12. — *Soit* K *l'enveloppe polynomialement convexe de* $\mathrm{Sp}^p(\boldsymbol{f}(\boldsymbol{a}))$. *On a* $g(\boldsymbol{f}(\boldsymbol{a})) = (g \circ \boldsymbol{f})(\boldsymbol{a})$ *pour tout germe* $g \in \mathscr{O}(\mathrm{K}; \mathrm{A})$.

Soit Ψ l'application de $\mathscr{O}(\mathrm{K}; \mathrm{A})$ dans A telle que $\Psi(g) = (g \circ \boldsymbol{f})(\boldsymbol{a})$. C'est un morphisme unifère continu, tel que $\Psi(z_j) = f_j(\boldsymbol{a})$, où z_j est le germe de la j-ème fonction coordonnée sur $\mathbf{C}^p$. Lorsque g est le germe d'une fonction polynomiale, on a donc $\Psi(g) = g(\boldsymbol{f}(\boldsymbol{a}))$. D'après le th. 2 de I, p. 68, cette formule reste valide pour tout $g \in \mathscr{O}(\mathrm{K}; \mathrm{A})$.

Démontrons maintenant le théorème. Soient V un voisinage ouvert de $\mathrm{Sp}^p(\boldsymbol{f}(\boldsymbol{a}))$ et $\widetilde{g} \in \mathscr{O}(\mathrm{V}; \mathrm{A})$ une fonction holomorphe dont le germe au voisinage de $\mathrm{Sp}^p(\boldsymbol{f}(\boldsymbol{a}))$ est égal à g. Soient $\boldsymbol{b} \in \mathbf{C}^{p+q}$ un enveloppement de $(\boldsymbol{f}(\boldsymbol{a}), \mathrm{V})$ (lemme 11 de I, p. 70) et $\pi \colon \mathrm{V} \times \mathbf{C}^q \to \mathrm{V}$ la projection canonique.

Soient $\widetilde{f}_1, \ldots, \widetilde{f}_p$ des fonctions holomorphes dont les germes sont $f_1, \ldots, f_p$ et soit U un voisinage ouvert de $\mathrm{Sp}^n(\boldsymbol{a})$ tel que $(\widetilde{f}_1, \ldots, \widetilde{f}_p)(\mathrm{U}) \subset \mathrm{V}$. Soit π' la projection canonique de $\mathrm{U} \times \mathbf{C}^q$ sur U. Notons $z_{n+1}, \ldots, z_{n+q}$ les q dernières fonctions coordonnées sur $\mathbf{C}^{n+q}$. Notons $h = \widetilde{g} \circ (\widetilde{f}_1, \ldots, \widetilde{f}_p)$ et

$$\boldsymbol{c} = (a_1, \ldots, a_n, b_{p+1}, \ldots, b_{p+q}) \in \mathrm{A}^{n+q}.$$

L'application $\widetilde{g} \circ \pi$ est holomorphe dans le voisinage ouvert $\mathrm{V} \times \mathbf{C}^q$ de l'enveloppe polynomialement convexe L de $\mathrm{Sp}^{p+q}(\boldsymbol{b})$. D'après le lemme 12, appliqué à $\boldsymbol{c}$, aux germes au voisinage de L des fonctions

$$(\widetilde{f}_1 \circ \pi', \ldots, \widetilde{f}_p \circ \pi', z_{n+1}, \ldots, z_{n+q}),$$

et au germe de $\widetilde{g} \circ \pi$, on a

$$(g \circ \pi)\Big((f_1 \circ \pi')(\boldsymbol{c}), \ldots, (f_p \circ \pi')(\boldsymbol{c}), z_{n+1}(\boldsymbol{c}), \ldots, z_{n+q}(\boldsymbol{c})\Big) = (h \circ \pi')(\boldsymbol{c}).$$

Comme $\pi'(\boldsymbol{c}) = \boldsymbol{a}$, on a $(h \circ \pi')(\boldsymbol{c}) = h(\boldsymbol{a})$ et $(f_i \circ \pi')(\boldsymbol{c}) = f_i(\boldsymbol{a})$ pour $1 \leqslant i \leqslant p$ (propriété (CF3) du calcul fonctionnel holomorphe). Comme, de plus, $z_{n+j}(\boldsymbol{c}) = b_{p+j}$ pour $1 \leqslant j \leqslant q$ (propriété (CF2)), on a

$$(g \circ \pi)(f_1(\boldsymbol{a}), \ldots, f_p(\boldsymbol{a}), b_{p+1}, \ldots, b_{p+q}) = h(\boldsymbol{a}),$$

dont on déduit $g(f_1(\boldsymbol{a}), \ldots, f_p(\boldsymbol{a})) = h(\boldsymbol{a})$ en appliquant de nouveau la propriété (CF3).

9. Calcul fonctionnel holomorphe en une variable

THÉORÈME 5. — *Soit* A *une algèbre de Banach unifère, non nécessairement commutative. Soient a un élément de* A *et z le germe de la fonction identique de* **C** *au voisinage de* $\mathrm{Sp}_{\mathrm{A}}(a)$. *Il existe un unique morphisme unifère continu φ_a de $\mathscr{O}(\mathrm{Sp}_{\mathrm{A}}(a))$ dans* A *tel que $\varphi_a(z) = a$.*

L'image de φ_a est contenue dans la sous-algèbre fermée pleine de A *engendrée par a. En particulier, elle est contenue dans le bicommutant de a.*

Démontrons l'existence du morphisme φ_a. Soit B la sous-algèbre fermée pleine de A engendrée par a. Elle est commutative, et on a $\mathrm{Sp}_{\mathrm{B}}(a) = \mathrm{Sp}_{\mathrm{A}}(a)$ (I, p. 5, nº 5). L'application Θ_a du calcul fonctionnel holomorphe sur B est un morphisme unifère continu de $\mathscr{O}(\mathrm{Sp}_{\mathrm{B}}(a))$ dans B tel que $\Theta_a(z) = a$ (théorème 1 de I, p. 51). Le morphisme composé de Θ_a et de l'injection canonique de B dans A est un morphisme unifère continu φ_a de $\mathscr{O}(\mathrm{Sp}_{\mathrm{A}}(a))$ dans A tel que l'image de z est a.

Démontrons l'unicité. Soit φ'_a un morphisme unifère continu de $\mathscr{O}(\mathrm{Sp}_{\mathrm{A}}(a))$ dans A tel que $\varphi'_a(z) = a$. Alors φ_a et φ'_a coïncident sur l'ensemble des germes de polynômes au voisinage de $\mathrm{Sp}_{\mathrm{A}}(a)$, donc sur l'ensemble des germes de fractions rationnelles holomorphes au voisinage de $\mathrm{Sp}_{\mathrm{A}}(a)$. Or ces germes sont denses dans $\mathscr{O}(\mathrm{Sp}_{\mathrm{A}}(a))$ (I, p. 69, th. 3). Cela implique que $\varphi_a = \varphi'_a$.

La construction de φ_a démontre que son image est contenue dans la sous-algèbre commutative B, qui est contenue dans le bicommutant de a (I, p. 6).

Si le radical de l'algèbre A est nul, l'unicité du morphisme φ_a est valide sans requérir qu'il soit continu (*cf.* prop. 9 de I, p. 40). Ce n'est pas le cas en général, *cf.* G. R. ALLAN, *Embedding the algebra of formal power series in a Banach algebra*, Proc. London Math. Soc. (3) 25 (1972), 329–340.

Pour toute algèbre de Banach A, tout élément a de A et tout germe $f \in \mathscr{O}(\mathrm{Sp}_{\mathrm{A}}(a))$, on note $f(a)$ l'élément $\varphi_a(f)$ du théorème 5. Si A est une algèbre de Banach commutative, cet élément $f(a)$ coïncide avec l'élément $f(a)$ fourni par le calcul fonctionnel holomorphe sur une algèbre de Banach commutative (théorème 1 de I, p. 51).

Soit B la sous-algèbre fermée pleine de A engendrée par a, de sorte que $\mathrm{Sp}_{\mathrm{A}}(a) = \mathrm{Sp}_{\mathrm{B}}(a)$. L'élément $f(a)$ de A appartient à B, et coïncide avec l'élément $f(a)$ calculé relativement à l'algèbre B.

PROPOSITION 7. — *Soient* A *et* B *des algèbres de Banach unifères et* φ *un morphisme unifère continu de* A *dans* B. *Soit* $a \in \mathrm{A}$. *Alors* $\mathrm{Sp}_{\mathrm{B}}(\varphi(a)) \subset \mathrm{Sp}_{\mathrm{A}}(a)$ *et on a* $\varphi(f(a)) = f(\varphi(a))$ *pour tout* $f \in \mathscr{O}(\mathrm{Sp}_{\mathrm{A}}(a))$. *En particulier, pour tout* $\chi \in \mathsf{X}(\mathrm{A})$, *on a* $\chi(f(a)) = f(\chi(a))$.

Ceci résulte de la prop. 3 de I, p. 66.

PROPOSITION 8. — *Soient* A *une algèbre de Banach unifère et* $a \in \mathrm{A}$. *Soit* $f \in \mathscr{O}(\mathrm{Sp}(a))$. *On a* $f(\mathrm{Sp}_{\mathrm{A}}(a)) = \mathrm{Sp}_{\mathrm{A}}(f(a))$. *De plus, pour tout* $g \in \mathscr{O}(\mathrm{Sp}_{\mathrm{A}}(f(a)))$, *on a* $g \circ f \in \mathscr{O}(\mathrm{Sp}_{\mathrm{A}}(a))$ *et* $g(f(a)) = (g \circ f)(a)$.

Ceci résulte du th. 4.

PROPOSITION 9. — *Soient* A *une algèbre de Banach unifère et* $a \in \mathrm{A}$. *Soient* U *un voisinage ouvert de* $\mathrm{Sp}_{\mathrm{A}}(a)$ *et* $f \in \mathscr{O}(\mathrm{U})$. *Soit de plus* V *un voisinage compact de* $\mathrm{Sp}_{\mathrm{A}}(a)$ *contenu dans* U *tel que* V *est une pièce de* U *de bord orienté* $\partial\mathrm{V}$.

Pour tout entier $n \geqslant 0$, *l'application* $z \mapsto f(z)(z-a)^{-n-1}$ *est continue sur* $\partial\mathrm{V}$, *la forme différentielle* $z \mapsto f(z)(z-a)^{-n-1}dz$ *est intégrable sur* $\partial\mathrm{V}$ *et on a*

$$f^{(n)}(a) = \frac{n!}{2i\pi}\int_{\partial\mathrm{V}} f(z)(z-a)^{-n-1}dz \tag{7}$$

où $f^{(n)} \in \mathscr{O}(\mathrm{U})$ *est la* n*-ème dérivée de* f.

Procédons par récurrence sur n. Lorsque $n = 0$, le résultat résulte de la prop. 1 de I, p. 61. Supposons maintenant que l'assertion de la proposition est vraie pour l'entier $n \geqslant 0$. Soit $g \in \mathscr{O}(\mathbf{C} - \mathrm{Sp}_{\mathrm{A}}(a); \mathrm{A})$ la fonction holomorphe définie par $g(z) = (z-a)^{-n-1}f(z)$. La forme différentielle $g'(z)dz = dg$ est de classe C^1 ; comme la pièce V est compacte, la formule de Stokes (VAR, R2, p. 47, 11.2.3) implique

$$\int_{\partial\mathrm{V}} g'(z)dz = \int_{\partial\mathrm{V}} dg = 0.$$

Comme $g'(z) = (z-a)^{-n-1}f'(z) - (n+1)(z-a)^{-n-2}f(z)$, en on déduit

$$\int_{\partial\mathrm{V}} f'(z)(z-a)^{-n-1}\,dz = (n+1)\int_{\partial\mathrm{V}} f(z)(z-a)^{-n-2}\,dz.$$

En appliquant l'hypothèse de récurrence à f', on obtient donc

$$\frac{2i\pi}{n!}f^{(n+1)}(a) = (n+1)\int_{\partial\mathrm{V}} f(z)(z-a)^{-n-2}\,dz,$$

ce qui est l'assertion de la proposition pour l'entier $n+1$. Cela conclut la preuve.

PROPOSITION 10. — *Soient* A *une algèbre de Banach unifère et* U *une partie ouverte de* **C**.

a) *L'ensemble* Ω *des* $a \in \mathrm{A}$ *tels que* $\mathrm{Sp}_{\mathrm{A}}(a) \subset \mathrm{U}$ *est ouvert dans* A ;

b) *Soit* $f \in \mathscr{O}(\mathrm{U})$. *L'application* $a \mapsto f(a)$ *de* Ω *dans* A *est holomorphe, et en particulier continue.*

Soit $a \in \Omega$. Il existe un voisinage compact V de $\mathrm{Sp}_{\mathrm{A}}(a)$ contenu dans U qui est une pièce de U (VAR, R2, p. 46 et p. 47, 11.1.3, *d*)).

Puisque la résolvante de a tend vers 0 à l'infini (th. 1, *c*) de I, p. 24), l'application $z \mapsto \|(z-a)^{-1}\|$ est bornée sur $\mathbf{C} - \mathring{\mathrm{V}}$. Notons M sa borne supérieure. Si $h \in \mathrm{A}$ est tel que $\|h\| \leqslant (2\mathrm{M})^{-1}$ et si $z \in \mathbf{C} - \mathring{\mathrm{V}}$, on a

$$z - (a+h) = (1 - h(z-a)^{-1})(z-a)$$

et $\|h(z-a)^{-1}\| \leqslant \frac{1}{2}$, donc $z - (a+h)$ est inversible et son inverse vérifie

$$(z - (a+h))^{-1} = (z-a)^{-1} \sum_{n=0}^{\infty} (h(z-a)^{-1})^n \tag{8}$$

avec $\|(h(z-a)^{-1})^n\| \leqslant 2^{-n}$ (prop. 2 de I, p. 22). Ainsi, $\mathrm{Sp}_{\mathrm{A}}(a+h)$ est contenu dans V, donc dans U, ce qui prouve que Ω est ouvert dans A.

Soit $f \in \mathscr{O}(\mathrm{U})$. Notons m la borne supérieure de $|f(z)|$ pour $z \in \partial \mathrm{V}$. Soit $a \in \mathrm{A}$. Pour tout $h \in \mathrm{A}$ tel que $\|h\| \leqslant (2\mathrm{M})^{-1}$, on a

$$f(a+h) = \frac{1}{2i\pi} \int_{\partial \mathrm{V}} f(z)(z-(a+h))^{-1} dz$$

(prop. 9). La série (8) converge uniformément sur le bord de V, donc

$$f(a+h) = \sum_{n=0}^{+\infty} f_{a,n}(h)$$

où l'application $f_{a,n}$ de A dans A est définie par

$$f_{a,n}(h) = \frac{1}{2i\pi} \int_{\partial \mathrm{V}} f(z)(z-a)^{-1}(h(z-a)^{-1})^n \, dz.$$

Pour tout $n \in \mathbf{N}$, la fonction $f_{a,n}$ est une fonction polynomiale homogène continue de degré n. De plus, il vient

$$\|f_{a,n}(h)\| \leqslant \frac{m\mathrm{M}}{\pi} \Big(\int_{\partial \mathrm{V}} \|dz\| \Big) 2^{-(n+1)}$$

(INT, VI, §2, n° 3, prop. 5). La série $\sum_n f_{a,n}(h)$ est donc absolument convergente pour $\|h\| \leqslant (2\mathrm{M})^{-1}$. Cela démontre que l'application qui à a associe $f(a)$ est holomorphe sur Ω (VAR, R1, p. 26, 3.2.1).

PROPOSITION 11. — *Soient* A *une algèbre de Banach unifère,* $a \in \mathrm{A}$ *et* U *un voisinage ouvert de* $\mathrm{Sp}_{\mathrm{A}}(a)$*. Notons* δ *la distance de* $\mathrm{Sp}_{\mathrm{A}}(a)$ *à* $\mathbf{C} - \mathrm{U}$*. Soit* $f \in \mathscr{O}(\mathrm{U})$.

a) *Pour tout nombre réel* η *tel que* $0 < \eta < \delta$*, il existe un nombre réel* $\mathrm{C} \geqslant 0$ *tel que* $\|f^{(n)}(a)\| \leqslant \mathrm{C} n! \eta^{-n}$ *pour tout entier* $n \in \mathbf{N}$;

b) *Si* $b \in \mathrm{A}$ *est permutable à* a *et si* $\varrho(b) < \delta$*, on a* $\mathrm{Sp}_{\mathrm{A}}(a+b) \subset \mathrm{U}$*, et*

$$f(a+b) = \sum_{n=0}^{\infty} \frac{f^{(n)}(a)}{n!} b^n,$$

où la série converge absolument.

Soit η un nombre réel tel que $0 < \eta < \delta$. Notons $\varepsilon = \delta - \eta > 0$. Soit K le voisinage compact de $\mathrm{Sp}_{\mathrm{A}}(a)$ formé des points de $\mathbf{C}$ dont la distance à $\mathrm{Sp}_{\mathrm{A}}(a)$ est $\leqslant \varepsilon/2$. Comme f est holomorphe dans tout disque ouvert de rayon $\eta + \varepsilon/2$ dont le centre appartient à K, il existe, d'après les inégalités de Cauchy (VAR, R1, p. 29, 3.3.4), un nombre réel $\mathrm{C} \geqslant 0$ tel que

$$\sup_{z \in \mathrm{K}} \frac{|f^{(n)}(z)|}{n!} \leqslant \frac{\mathrm{C}}{\eta^n}$$

pour tout entier $n \geqslant 0$. Alors l'assertion a) résulte de la prop. 1 de I, p. 61 appliquée à $f^{(n)}$ et à une pièce V contenue dans K.

Soit b un élément de A permutable à a tel que $\varrho(b) < \delta$. En remplaçant A par la sous-algèbre fermée pleine B engendrée par a et b, qui vérifie $\mathrm{Sp}_{\mathrm{A}}(a) = \mathrm{Sp}_{\mathrm{B}}(a)$ et $\mathrm{Sp}_{\mathrm{A}}(a+b) = \mathrm{Sp}_{\mathrm{B}}(a+b)$, on se ramène pour démontrer b) au cas où A est commutative.

Puisque $\varrho(b) < \delta$, on peut choisir η tel que $\varrho(b) < \eta < \delta$. Soient V_1 l'ensemble des points de $\mathbf{C}$ dont la distance à $\mathrm{Sp}_{\mathrm{A}}(a)$ est $< \delta - \eta$, et V_2 le disque ouvert de centre 0 et de rayon η dans $\mathbf{C}$. Soit g l'application $(z_1, z_2) \mapsto z_1 + z_2$ de $\mathrm{V}_1 \times \mathrm{V}_2$ dans U. Alors $h = f \circ g$ est l'application $(z_1, z_2) \mapsto f(z_1 + z_2)$ de $\mathrm{V}_1 \times \mathrm{V}_2$ dans $\mathbf{C}$. On a $\mathrm{Sp}_{\mathrm{A}}^2(a, b) \subset \mathrm{V}_1 \times \mathrm{V}_2$, donc $\mathrm{Sp}_{\mathrm{A}}(a+b) \subset \mathrm{U}$ (*cf.* cor. 2 de I, p. 67), et de plus $f(a+b) = h(a, b)$ d'après le th. 4 de I, p. 72. Or, dans l'espace $\mathscr{O}(\mathrm{V}_1 \times \mathrm{V}_2)$, on a

$$h(z_1, z_2) = \sum_{n \geqslant 0} \frac{f^{(n)}(z_1)}{n!} z_2^n,$$

(VAR, R1, p. 29, 3.3.4) donc la série

$$\sum_{n \geqslant 0} \frac{f^{(n)}(a)}{n!} b^n$$

converge dans A et sa somme est $h(a,b) = f(a+b)$. En outre, cette série est absolument convergente d'après l'assertion a).

10. Exponentielle et logarithme

On note exp la fonction exponentielle complexe de **C** dans **C** (FVR, III, p. 8, déf. 2). Elle est dérivable et vérifie $\exp' = \exp$ (FVR, III, p. 9, (26)) donc est holomorphe dans **C**. Soient A une algèbre de Banach unifère et a un élément de A. D'après la prop. 2 de I, p. 65 et la formule (9) de FVR, III, p. 16, on a

$$\exp(a) = \sum_{n=0}^{\infty} \frac{a^n}{n!}. \tag{9}$$

Comme $\|a^n\| \leqslant \|a\|^n$, on voit que $\|\exp(a)\| \leqslant \exp(\|a\|)$ et que la série (9) converge uniformément dans toute boule de A. L'application $a \mapsto \exp(a)$ de A dans A est holomorphe (prop. 10 de I, p. 76). On note également parfois e^a l'exponentielle de $a \in \mathrm{A}$.

Lorsque a est un endomorphisme d'un espace de Banach E, l'exponentielle $\exp(a)$ ainsi définie dans l'algèbre de Banach $\mathscr{L}(\mathrm{E})$ coïncide avec celle définie dans FVR, IV, p. 27, déf. 1, d'après loc. cit. prop. 7 (3).

Pour tout élément b de A qui est permutable à a, on a aussi

$$\exp(a+b) = \sum_{n=0}^{\infty} \frac{b^n}{n!} \exp(a),$$

(prop. 11 de I, p. 77), d'où

$$\exp(a+b) = \exp(a) \cdot \exp(b). \tag{10}$$

En particulier, $\exp(a)$ est inversible et

$$\exp(a)^{-1} = \exp(-a). \tag{11}$$

Soit B l'ensemble des $z \in \mathbf{C}$ tels que $-\pi < \mathscr{I} z < \pi$. Soit F le complémentaire dans **C** de l'intervalle $\mathbf{R}_-$. La restriction de l'exponentielle à B induit par passage aux sous-espaces une bijection de B sur F (FVR, III, p. 10, n° 7), dont la bijection réciproque sera notée log.

Si $a \in \mathrm{A}$ est tel que $\mathrm{Sp}_{\mathrm{A}}(a) \subset \mathrm{F}$, on peut former l'élément $\log(a)$ de A. On a $\mathrm{Sp}_{\mathrm{A}}(\log(a)) \subset \mathrm{B}$, et

$$\exp(\log(a)) = a \tag{12}$$

d'après la prop. 8 de I, p. 75. Inversement, soit b un élément de A tel que $\mathrm{Sp}_{\mathrm{A}}(b) \subset \mathrm{B}$. On a $\mathrm{Sp}_{\mathrm{A}}(\exp(b)) \subset \mathrm{F}$ et

$$\log(\exp(b)) = b \tag{13}$$

(*loc. cit.*).

En particulier, si $a \in \mathrm{A}$ est tel que $\varrho(a) < 1$, on a $\mathrm{Sp}_{\mathrm{A}}(1-a) \subset \mathrm{F}$ et on peut former $\log(1-a)$. Pour $n \geqslant 1$, la n-ème dérivée de $z \mapsto \log(1-z)$ est $z \mapsto -(n-1)!(1-z)^{-n}$ Le développement en série entière de $z \mapsto \log(1-z)$ au point 0 est donc

$$\log(1-z) = -\sum_{n=1}^{\infty} \frac{z^n}{n},$$

valide pour $|z| < 1$ (VAR, R1, p. 30, 3.3.9). D'après la prop. 2 de I, p. 65, il vient

$$\log(1-a) = -\sum_{n=1}^{\infty} \frac{a^n}{n}. \tag{14}$$

PROPOSITION 12. — *Soit* A *une algèbre de Banach unifère commutative. L'image de l'application exponentielle est la composante neutre du groupe* G *des éléments inversibles de* A.

Les formules (10) et (11) prouvent que exp(A) est un sous-groupe de G. D'après ce qui précède (voir la formule (12)), ce sous-groupe contient la boule ouverte de centre 1 et de rayon 1. C'est donc un sous-groupe ouvert, et par suite fermé, de G. Par ailleurs, A est connexe et l'application $a \mapsto \exp(a)$ est continue, de sorte que exp(A) est connexe. Donc exp(A) est la composante neutre de G.

11. Partitions de l'espace des caractères

PROPOSITION 13. — *Soit* A *une algèbre de Banach unifère commutative. Soient* U_1 *et* U_2 *des ouverts de* $\mathsf{X}(\mathrm{A})$ *formant une partition de* $\mathsf{X}(\mathrm{A})$. *Alors il existe un unique idempotent* j *de* A *tel que la transformée de Gelfand* $\mathscr{G}(j)$ *soit égale à* 1 *sur* U_1 *et à* 0 *sur* U_2.

Identifions l'espace $\mathsf{X}(\mathrm{A})$ à une partie compacte de $\mathbf{C}^{\mathrm{A}}$ par l'application $\chi \mapsto (\chi(a))_{a\in\mathrm{A}}$ (*cf.* n° 6 de I, p. 6 et cor. du th. 1 de I, p. 29). Les parties U_1 et U_2 de l'espace uniforme $\mathbf{C}^{\mathrm{A}}$ sont compactes et disjointes.

D'après TG, II, p. 31, prop. 4, il existe une partie finie M de A et des parties ouvertes disjointes V_1 et V_2 de $\mathbf{C}^M$ telles que

$$p(U_1) \subset V_1, \qquad p(U_2) \subset V_2,$$

où p est la projection canonique de $\mathbf{C}^A$ sur $\mathbf{C}^M$.

Soient $a_1, \ldots, a_n$ les éléments distincts de M, et identifions $\mathbf{C}^M$ à $\mathbf{C}^n$. On a $\mathrm{Sp}^n_A(a_1, \ldots, a_n) \subset p(\mathsf{X}(A)) \subset V_1 \cup V_2$ puisque $U_1 \cup U_2 = \mathsf{X}(A)$. Soit f la fonction sur $V_1 \cup V_2$ égale à 1 sur V_1 et à 0 sur V_2. On a $f \in \mathscr{O}(V_1 \cup V_2)$. Posons $j = f(a_1, \ldots, a_n)$. Comme $f^2 = f$, on a $j^2 = j$. D'après le cor. 1 de I, p. 66, on a $\chi(j) = 1$ si $\chi \in U_1$ et $\chi(j) = 0$ si $\chi \in U_2$, ce qui démontre l'existence de l'idempotent demandé.

D'autre part, si j_1 est un idempotent de A, les relations $j^2 = j$ et $j_1^2 = j_1$ impliquent $(j - j_1)(j + j_1 - 1) = 0$. Si $\mathscr{G}(j_1) = \mathscr{G}(j)$, la transformée de Gelfand de $j + j_1 - 1$ est à valeurs dans $\{-1, 1\}$, donc $j + j_1 - 1$ est inversible (prop. 6 de I, p. 37), d'où $j = j_1$.

COROLLAIRE. — *Soit* A *une algèbre de Banach unifère commutative. Les assertions suivantes sont équivalentes :*

a) *L'espace des caractères* $\mathsf{X}(A)$ *n'est pas connexe ;*

b) *Il existe un élément idempotent de* A *différent de* 0 *et* 1 ;

c) *L'algèbre* A *est isomorphe au produit de deux algèbres de Banach non nulles.*

La proposition démontre que *a*) implique *b*). Si j est un idempotent de A, soient $I_1 = jA$ et $I_2 = (1 - j)A$. Alors I_1 et I_2 sont des idéaux fermés de A, et $I_1 + I_2 = A$. Si $j \notin \{0, 1\}$, les idéaux I_1 et I_2 sont distincts de A. D'autre part, l'idéal I_1 (resp. I_2) est l'ensemble des éléments x de A tels que $jx = x$ (resp. $(1-j)x = x$), donc $I_1 \cap I_2 = \{0\}$. L'algèbre A s'identifie alors au produit $A/I_1 \times A/I_2$. Ainsi, l'assertion *b*) implique *c*). Finalement, si A est isomorphe à $A_1 \times A_2$, l'espace $\mathsf{X}(A)$ s'identifie à l'espace somme de $\mathsf{X}(A_1)$ et de $\mathsf{X}(A_2)$ (I, p. 6, n° 6), donc *c*) implique *a*).

PROPOSITION 14. — *Soit* A *une algèbre de Banach commutative sans radical. Pour que* A *admette un élément unité, il faut et il suffit que* $\mathsf{X}(A)$ *soit compact.*

La condition est nécessaire (I, p. 29, corollaire). Supposons $\mathsf{X}(A)$ compact. Soit $\widetilde{A}$ l'algèbre de Banach déduite de A par adjonction d'un élément unité, et identifions $\mathsf{X}'(A)$ à $\mathsf{X}(\widetilde{A})$. Le complémentaire de $\mathsf{X}(A)$ dans $\mathsf{X}(\widetilde{A})$ est réduit au caractère χ_0 de $\widetilde{A}$ dont le noyau est A. Les parties $\mathsf{X}(\mathrm{A})$ et $\{\chi_0\}$ sont ouvertes dans $\mathsf{X}(\widetilde{\mathrm{A}})$. D'après la prop. 13, il existe un élément $j \in \widetilde{\mathrm{A}}$ tel que $\chi(j) = 1$ pour $\chi \in \mathsf{X}(\mathrm{A})$, et $\chi_0(j) = 0$. On a donc $j \in \mathrm{A}$.

Soit alors x dans A. On a $\chi(jx) = \chi(x)$ pour tout $\chi \in \mathsf{X}(\mathrm{A})$, donc $jx = x$ puisque A est sans radical. Ainsi, j est un élément unité de A.

PROPOSITION 15. — *Soit* A *une algèbre de Banach commutative, soient* I_1 *un idéal de* A *et* F_1 *l'ensemble des* $\chi \in \mathsf{X}(\mathrm{A})$ *qui sont nuls sur* I_1. *Soit* F_2 *une partie de* $\mathsf{X}(\mathrm{A})$ *disjointe de* F_1, *fermée pour la topologie de Jacobson, et compacte pour la topologie faible. Alors il existe* $u \in \mathrm{I}_1$ *tel que* $\mathscr{G}(u) = 1$ *sur* F_2.

Soit I_2 l'intersection des noyaux des caractères appartenant à F_2. L'algèbre de Banach A/I_2 est sans radical (prop. 8 de I, p. 38). Puisque F_2 est fermé pour la topologie de Jacobson, les seuls éléments de $\mathsf{X}(\mathrm{A})$ nuls sur I_2 sont ceux de F_2 (*cf.* I, p. 13). Donc F_2, muni de la topologie induite par la topologie faible de $\mathsf{X}(\mathrm{A})$, s'identifie à $\mathsf{X}(\mathrm{A}/\mathrm{I}_2)$ muni de la topologie faible (I, p. 9, n° 7). Comme F_2 est faiblement compact, l'algèbre A/I_2 possède un élément unité (prop. 14).

On a alors $\mathrm{I}_1 + \mathrm{I}_2 = \mathrm{A}$. En effet, dans le cas contraire, $(\mathrm{I}_1 + \mathrm{I}_2)/\mathrm{I}_2$ serait un idéal strict, donc contenu dans le noyau d'un caractère non nul de A/I_2 (I, p. 30, th. 2). Celui-ci définirait, par composition avec la projection canonique $\mathrm{A} \to \mathrm{A}/\mathrm{I}_2$, un caractère non nul χ de A qui s'annulerait sur I_1 et I_2, et appartiendrait donc à $\mathrm{F}_1 \cap \mathrm{F}_2$, contrairement à l'hypothèse.

Puisque $\mathrm{I}_1 + \mathrm{I}_2 = \mathrm{A}$, il existe $u \in \mathrm{I}_1$ dont la classe dans A/I_2 est un élément unité de A/I_2. Alors $\chi(u) = 1$ pour tout $\chi \in \mathrm{F}_2$, ce qui conclut la démonstration.

COROLLAIRE. — *Soit* A *une algèbre de Banach commutative. Soient* F_1 *et* F_2 *deux parties disjointes de* $\mathsf{X}(\mathrm{A})$, *fermées pour la topologie de Jacobson. On suppose* F_2 *faiblement compacte. Alors il existe* $u \in \mathrm{A}$ *tel que* $\mathscr{G}(u) = 1$ *sur* F_2 *et* $\mathscr{G}(u) = 0$ *sur* F_1.

12. Partitions du spectre d'un élément

Soient A une algèbre de Banach unifère, $x \in \mathrm{A}$, et $\mathrm{K} = \mathrm{Sp}_{\mathrm{A}}(x)$. On note Π l'ensemble des parties de K qui sont ouvertes et fermées dans K. Soit B la sous-algèbre fermée pleine de A engendrée par x ; elle est commutative.

Pour tout $H \in \Pi$, il existe un unique élément f_H de $\mathscr{O}(K)$ égal à 1 au voisinage de H et à 0 au voisinage de $K - H$. On pose $j_H = f_H(x)$. L'élément j_H est un idempotent de A, dit *associé* à x et H, et on a les formules suivantes :

$$j_{H \cap H'} = j_H j_{H'} = j_{H'} j_H \qquad (H, H' \in \Pi) \tag{15}$$

$$j_{H \cup H'} = j_H + j_{H'} - j_{H'} j_H \qquad (H, H' \in \Pi) \tag{16}$$

$$j_\varnothing = 0, \qquad j_K = 1.$$

Soit $H \in \Pi$. On définit $A_H = j_H A j_H$. C'est une sous-algèbre fermée de A, admettant l'élément unité j_H (*cf.* lemme 1 de I, p. 2). On pose également $B_H = j_H B j_H$ et $x_H = x j_H = j_H x = j_H x j_H \in B_H$.

Soit g_H l'élément de $\mathscr{O}(K)$ défini par $g_H(z) = z$ au voisinage de H et $g_H(z) = 0$ au voisinage de $K - H$. On a $g_H(z) = f_H(z) z$ sur K, et donc $x_H = g_H(x)$. Il en résulte que, si $H \neq K$, on a

$$\mathrm{Sp}_A(x_H) = g_H(K) = H \cup \{0\}.$$

Soit $\lambda \in \mathbf{C} - H$. Notons $h_{H,\lambda}$ l'élément de $\mathscr{O}(K)$ égal à $(\lambda - z)^{-1}$ au voisinage de H et à 0 au voisinage de $K - H$. On a $h_{H,\lambda} = f_H h_{H,\lambda}$ et $(\lambda f_H - g_H) h_{H,\lambda} = f_H$. Si l'on note $R_H(x, \lambda) = h_{H,\lambda}(x)$, on a donc $R_H(x, \lambda) \in B_H$ et

$$R_H(x,\lambda)(\lambda j_H - x_H) = (\lambda j_H - x_H) R_H(x,\lambda) = j_H, \tag{17}$$

$$R_H(x,\lambda) j_{K-H} = j_{K-H} R_H(x,\lambda) = 0.$$

En particulier, $\lambda \in \mathbf{C} - \mathrm{Sp}_{A_H}(x_H)$.

Soit maintenant $\lambda \in H$. Supposons que $\lambda j_H - x_H$ admette un inverse y dans A_H. En utilisant les formules $j_H y = y$ (car $y \in A_H$) et $j_{K-H} R_{K-H}(x, \lambda) = R_{K-H}(x, \lambda)$ (car $R_{K-H}(x, \lambda) \in A_{K-H}$), on trouve

$$(\lambda - x)(y + R_{K-H}(x,\lambda)) = (\lambda - x)(j_H y + j_{K-H} R_{K-H}(x,\lambda)) =$$

$$(\lambda j_H - x j_H) y + (\lambda j_{K-H} - x j_{K-H}) R_{K-H}(x,\lambda) = j_H + j_{K-H} = 1,$$

(grâce à la formule (17) appliquée à $K - H$). On vérifie de même que

$$(y + R_{K-H}(x,\lambda))(\lambda - x) = 1.$$

Cela démontre que $\lambda - x$ admet dans A l'inverse $y + R_{K-H}(x, \lambda)$, ce qui est absurde. Ainsi on a $\lambda \in \mathrm{Sp}_{A_H}(x_H)$. On conclut donc que

$$\mathrm{Sp}_{A_H}(x_H) = H. \tag{18}$$

En particulier, si H est non vide, l'idempotent j_{H} est non nul.

Les formules (17) et (18) prouvent que la fonction $\lambda \mapsto \mathrm{R_H}(x, \lambda)$, définie dans $\mathbf{C} - \mathrm{H}$, est la résolvante de x_{H} relativement à $\mathrm{A_H}$.

PROPOSITION 16. — *On conserve les notations précédentes. Soit* $(\mathrm{H}_i)_{1 \leqslant i \leqslant n}$ *une partition de* $\mathrm{Sp_A}(x)$ *en éléments de* Π.

a) *L'algèbre* B *s'identifie canoniquement à l'algèbre* $\mathrm{B}_{\mathrm{H}_1} \times \cdots \times \mathrm{B}_{\mathrm{H}_n}$;

b) *On a* $x_{\mathrm{H}_i} x_{\mathrm{H}_j} = 0$ *pour* $i \neq j$, *et*

$$x = x_{\mathrm{H}_1} + x_{\mathrm{H}_2} + \cdots + x_{\mathrm{H}_n} \ ;$$

c) *On a*

$$\mathrm{R}(x, \lambda) = \mathrm{R}_{\mathrm{H}_1}(x, \lambda) + \cdots + \mathrm{R}_{\mathrm{H}_n}(x, \lambda) \tag{19}$$

pour tout $\lambda \in \mathbf{C} - \mathrm{Sp_A}(x)$. *En particulier, si* $\mathrm{H} \in \Pi$, *la résolvante* $\lambda \mapsto \mathrm{R}(x, \lambda)$ *est égale au voisinage de* H *à la somme de* $\mathrm{R_H}(x, \lambda)$ *et d'une fonction holomorphe.*

La relation $1 = j_{\mathrm{H}_1} + \cdots + j_{\mathrm{H}_n}$ est une décomposition de 1 en idempotents de B deux à deux orthogonaux, donc l'algèbre B s'identifie canoniquement à l'algèbre produit $\mathrm{B}_{\mathrm{H}_1} \times \cdots \times \mathrm{B}_{\mathrm{H}_n}$ (A, I, p. 105, prop. 10).

L'assertion *b*) résulte des relations correspondantes pour les fonctions g_{H_i} ; l'assertion *c*) est une conséquence de *a*) et de l'égalité $\mathrm{R}(x_{\mathrm{H}}, \lambda) = \mathrm{R_H}(x, \lambda)$.

PROPOSITION 17. — *Soit* μ *un point isolé de* $\mathrm{Sp_A}(x)$. *Alors*

a) *Pour tout* $\lambda \in \mathbf{C} - \mathrm{Sp_A}(x)$, *on a*

$$\mathrm{R}(x, \lambda) = \mathrm{R}_{\{\mu\}}(x, \lambda) + \mathrm{R}_{\mathrm{Sp_A}(x) - \{\mu\}}(x, \lambda) \ ;$$

b) *La fonction qui à* λ *associe* $\mathrm{R}_{\mathrm{Sp_A}(x)-\{\mu\}}(x, \lambda)$ *est holomorphe dans* $\mathbf{C} - \mathrm{Sp_A}(x)$ *et au voisinage de* μ ; *de plus, la fonction qui à* λ *associe* $\mathrm{R}_{\{\mu\}}(x, \lambda)$ *est holomorphe dans* $\mathbf{C} - \{\mu\}$;

c) *On a*

$$\lim_{n \to +\infty} \|(x - \mu)^n j_{\{\mu\}}\|^{1/n} = 0$$

et, pour $\lambda \in \mathbf{C} - \{\mu\}$, *la formule*

$$\mathrm{R}_{\{\mu\}}(x, \lambda) = \sum_{n=0}^{\infty} (\lambda - \mu)^{-n-1} (x - \mu)^n j_{\{\mu\}}. \tag{20}$$

Ce qui précède entraîne les assertions *a*) et *b*). Prouvons *c*). En remplaçant x par $x-\mu$, on se ramène au cas où $\mu = 0$. Posons $\mathrm{H} = \{0\}$; c'est une partie ouverte et fermée de $\mathrm{Sp}_{\mathrm{A}}(x)$. D'après la formule (18), le spectre de x_{H} dans A_{H} est $\{0\}$, donc x_{H} est quasi-nilpotent, c'est-à-dire que $\|x^n j_{\mathrm{H}}\|^{1/n} = \|(xj_{\mathrm{H}})^n\|^{1/n}$ tend vers 0 quand n tend vers $+\infty$. En outre, pour $\lambda \neq 0$, on a dans A_{H}

$$(\lambda j_{\mathrm{H}} - x_{\mathrm{H}})^{-1} = \sum_{n=0}^{\infty} \lambda^{-n-1}\, x_{\mathrm{H}}^n$$

(théorème 1 de I, p. 24, *d*)), d'où (20).

Corollaire 1. — *Soient* μ *un point isolé de* $\mathrm{Sp}_{\mathrm{A}}(x)$ *et* p *un entier strictement positif. Pour que* μ *soit un pôle d'ordre* p *de la résolvante de* x (*cf.* VAR, R1, p. 30, 3.3.9), *il faut et il suffit que* $(x-\mu)^{p-1}\, j_{\{\mu\}} \neq 0$ *et* $(x-\mu)^p\, j_{\{\mu\}} = 0$.

Corollaire 2. — *Soit* μ *un point isolé de* $\mathrm{Sp}_{\mathrm{A}}(x)$. *Soit* Γ *le bord orienté d'un disque ouvert* Δ *de centre* μ *tel que*

$$\mathrm{Sp}_{\mathrm{A}}(x) \cap (\Gamma \cup \Delta) = \{\mu\}.$$

Alors l'idempotent $j_{\{\mu\}}$ *associé à* x *et* $\{\mu\}$ *est donné par*

$$j_{\{\mu\}} = \frac{1}{2i\pi} \int_{\Gamma} (z-x)^{-1}\, dz.$$

*En d'autres termes, l'idempotent $j_{\{\mu\}}$ est le *résidu* en μ de la résolvante de x.$_*$

Pour $z \in \mathbf{C} - \mathrm{Sp}_{\mathrm{A}}(x)$, on a

$$(z-u)^{-1} = \mathrm{R}(x,z) = \mathrm{R}_{\{\mu\}}(x,z) + \mathrm{R}_{\mathrm{H}}(x,z),$$

où $\mathrm{H} = \mathrm{Sp}_{\mathrm{A}}(x) - \{\mu\}$ (formule (19)). La fonction $z \mapsto \mathrm{R}_{\mathrm{H}}(x,z)$ est holomorphe dans $\mathbf{C} - \mathrm{H}$ et au voisinage de $\{\mu\}$ (prop. 17, *b*)), donc

$$\frac{1}{2i\pi} \int_{\Gamma} \mathrm{R}_{\mathrm{H}}(x,z) dz = 0$$

(VAR, R2, p. 48, 11.2.5). La fonction $z \mapsto \mathrm{R}_{\{\lambda\}}(x,z)$ est la résolvante de l'élément $j_{\{\mu\}} x j_{\{\mu\}}$ de l'algèbre unifère $\mathrm{A}_{\{\mu\}}$. On a alors

$$j_{\{\mu\}} = \frac{1}{2i\pi} \int_{\Gamma} \mathrm{R}_{\{\mu\}}(x,z)\, dz$$

d'après la prop. 9 de I, p. 75 appliquée à $\mathrm{A}_{\{\mu\}}$ et à la fonction constante 1 au voisinage de $\Delta \cup \Gamma$. Le corollaire en résulte.

13. Calcul fonctionnel holomorphe dans une algèbre normable complète réelle ou complexe

Soit E un espace vectoriel topologique réel. L'espace vectoriel topologique $\mathbf{C} \otimes \mathrm{E}$ complexifié de E (EVT, II, p. 65) est noté $\mathrm{E}_{(\mathbf{C})}$ et E est identifié à un sous-espace vectoriel topologique réel de $\mathrm{E}_{(\mathbf{C})}$ par l'application $x \mapsto 1 \otimes x$.

PROPOSITION 18. — *L'espace vectoriel topologique complexe* $\mathrm{E}_{(\mathbf{C})}$ *est normable* (*resp. complet*) *si et seulement si* E *est normable* (*resp. complet*).

L'espace vectoriel topologique réel sous-jacent à $\mathrm{E}_{(\mathbf{C})}$ est isomorphe à $\mathrm{E} \times \mathrm{E}$. Ainsi $\mathrm{E}_{(\mathbf{C})}$ est complet si et seulement si E est complet, et E est normable si $\mathrm{E}_{(\mathbf{C})}$ l'est.

Supposons inversement que E est normable. Soient p une norme qui définit la topologie de E et B la boule unité de p. Il existe un voisinage fermé équilibré V de 0 dans $\mathrm{E}_{(\mathbf{C})}$ contenu dans $\mathrm{B} + i\mathrm{B}$ (EVT, II, p. 66). Les ensembles $\lambda\mathrm{V}$, où λ décrit $\mathbf{R}_+^*$, forment donc un système fondamental de voisinages de 0 dans $\mathrm{E}_{(\mathbf{C})}$. La jauge de V est une norme sur $\mathrm{E}_{(\mathbf{C})}$ qui définit la topologie de $\mathrm{E}_{(\mathbf{C})}$, donc $\mathrm{E}_{(\mathbf{C})}$ est normable.

Remarque. — Soient E et F des espaces vectoriels topologiques normables sur K. L'espace vectoriel $\mathscr{L}(\mathrm{E};\mathrm{F})$ des applications linéaires continues de E dans F, muni de la topologie de la convergence bornée, est un espace vectoriel topologique normable (EVT, III, p. 14).

Soient E et F des espaces vectoriels topologiques normables sur $\mathbf{R}$. L'application $\mathbf{C}$-linéaire $\varphi\colon \mathscr{L}(\mathrm{E};\mathrm{F})_{(\mathbf{C})} \to \mathscr{L}(\mathrm{E}_{(\mathbf{C})};\mathrm{F}_{(\mathbf{C})})$ définie par $\varphi(\lambda \otimes u) = \lambda u_{(\mathbf{C})}$ est un isomorphisme d'espaces vectoriels topologiques complexes. En particulier, le dual de $\mathrm{E}_{(\mathbf{C})}$ s'identifie au complexifié du dual de E et l'algèbre normable $\mathscr{L}(\mathrm{E}_{(\mathbf{C})})$ à la complexifiée de l'algèbre normable $\mathscr{L}(\mathrm{E})$.

Soit S une partie compacte de $\mathbf{C}$ stable par la conjugaison complexe. Considérons la $\mathbf{C}$-algèbre $\mathscr{O}(\mathrm{S})$ des germes de fonctions holomorphes à valeurs complexes au voisinage de S, munie de la structure d'espace localement convexe complexe définie au n° 1 de I, p. 49. Si U est un voisinage ouvert de S dans $\mathbf{C}$, et $h\colon \mathrm{U} \to \mathbf{C}$ une fonction holomorphe, l'image V de U par la conjugaison complexe est un voisinage ouvert de S dans $\mathbf{C}$ et $h^*\colon w \mapsto \overline{h(\overline{w})}$ est une fonction holomorphe sur V. On en déduit par passage à la limite inductive une involution continue

$f \mapsto f^*$ dans l'algèbre $\mathscr{O}(\mathrm{S})$. On a en particulier :

$$(f+g)^* = f^* + g^* \qquad (fg)^* = f^* g^* \qquad (\lambda f)^* = \overline{\lambda} f^*$$

pour f, g dans $\mathscr{O}(\mathrm{S})$ et λ dans $\mathbf{C}$.

On note $\mathscr{O}_{\mathbf{R}}(\mathrm{S})$ l'ensemble des germes $f \in \mathscr{O}(\mathrm{S})$ tels que $f = f^*$. C'est une sous-$\mathbf{R}$-algèbre fermée pleine de $\mathscr{O}(\mathrm{S})$.

PROPOSITION 19. — *Notons z le germe dans $\mathscr{O}(\mathrm{S})$ de l'application identique de $\mathbf{C}$. Alors $\mathscr{O}_{\mathbf{R}}(\mathrm{S})$ est la plus petite sous-$\mathbf{R}$-algèbre fermée pleine de $\mathscr{O}(\mathrm{S})$ contenant z.*

On a $z^* = z$, donc z appartient à $\mathscr{O}_{\mathbf{R}}(\mathrm{S})$. Soit B une sous-$\mathbf{R}$-algèbre fermée pleine de $\mathscr{O}(\mathrm{S})$ contenant z. L'application $f \mapsto f + f^*$ de $\mathscr{O}(\mathrm{S})$ dans $\mathscr{O}_{\mathbf{R}}(\mathrm{S})$ est continue et surjective, et l'ensemble des germes de fonctions rationnelles holomorphes au voisinage de S est dense dans $\mathscr{O}(\mathrm{S})$ (th. 3 de I, p. 69). Pour démontrer que B contient $\mathscr{O}_{\mathbf{R}}(\mathrm{S})$, il suffit donc de démontrer que si f est le germe d'une telle fonction rationnelle, on a $f + f^* \in \mathrm{B}$.

Il existe des polynômes P et Q dans $\mathbf{C}[\mathrm{X}]$ tels que Q ne s'annule en aucun point de S et que l'on ait $f = \frac{\mathrm{P}(z)}{\mathrm{Q}(z)}$. Notons P^* et Q^* les polynômes obtenus en remplaçant les coefficients de P et Q par leurs conjugués. On a alors $\mathrm{P}(z)^* = \mathrm{P}^*(z)$ et $\mathrm{Q}(z)^* = \mathrm{Q}^*(z)$. Comme S est stable par la conjugaison complexe, le polynôme Q^* ne s'annule en aucun point de S. Les germes $\mathrm{Q}^*(z)$ et $(\mathrm{Q}\mathrm{Q}^*)(z)$ sont donc inversibles dans $\mathscr{O}(\mathrm{S})$, et

$$f + f^* = \frac{\mathrm{P}(z)}{\mathrm{Q}(z)} + \frac{\mathrm{P}^*(z)}{\mathrm{Q}^*(z)} = \frac{(\mathrm{P}\mathrm{Q}^* + \mathrm{P}^*\mathrm{Q})(z)}{(\mathrm{Q}\mathrm{Q}^*)(z)}.$$

Comme les polynômes $\mathrm{P}\mathrm{Q}^* + \mathrm{P}^*\mathrm{Q}$ et $\mathrm{Q}\mathrm{Q}^*$ sont à coefficients réels et que B est une sous-$\mathbf{R}$-algèbre pleine de $\mathscr{O}(\mathrm{S})$ contenant z, l'élément $f + f^*$ appartient à B. Cela conclut la preuve de la proposition.

Soit A une algèbre unifère normable complète sur $\mathbf{R}$. Soit x un élément de A. Le spectre de l'élément $1 \otimes x$ de l'algèbre $\mathrm{A}_{(\mathbf{C})}$ est appelé le *spectre complexe* de x, et il est noté $\mathrm{Sp}_{\mathrm{A}_{(\mathbf{C})}}(x)$. Son intersection avec l'ensemble $\mathbf{R}$ n'est autre que le spectre $\mathrm{Sp}_{\mathrm{A}}(x)$ de x relativement à A, que l'on appelle parfois le *spectre réel* de x. Le spectre complexe $\mathrm{Sp}_{\mathrm{A}_{(\mathbf{C})}}(x)$ est une partie compacte de $\mathbf{C}$, stable par la conjugaison complexe. Il n'est pas vide lorsque l'algèbre A n'est pas réduite à 0.

Soit x un élément de A. Le rayon spectral de $1 \otimes x \in \mathrm{A}_{(\mathbf{C})}$ est égal au rayon spectral $\varrho(x)$ de x. C'est le plus petit nombre réel $r \geqslant 0$ tel que $|\lambda| \leqslant r$ pour tout $\lambda \in \mathrm{Sp}_{\mathrm{A}_{(\mathbf{C})}}(x)$. On a

$$\varrho(x) = \lim_{n \to +\infty} \|x^n\|^{1/n} = \inf_{n>0} \|x^n\|^{1/n}$$

pour toute norme sur A qui définit la topologie de A. En effet, on peut supposer que la norme sur A est la restriction d'une norme sur $\mathrm{A}_{(\mathbf{C})}$ qui définit la topologie de $\mathrm{A}_{(\mathbf{C})}$ et appliquer la prop. 1 de I, p. 20.

Notons $u \mapsto \overline{u}$ l'endomorphisme de la **R**-algèbre $\mathrm{A}_{(\mathbf{C})}$ qui applique $\lambda \otimes a$ sur $\overline{\lambda} \otimes a$. Il est continu.

Lemme. — *Pour tout* $f \in \mathscr{O}(\mathrm{Sp}_{\mathrm{A}_{(\mathbf{C})}}(x))$, *on a* $f^*(1 \otimes x) = \overline{f(1 \otimes x)}$.

Les applications $f \mapsto f(1 \otimes x)$ et $f \mapsto \overline{f^*(1 \otimes x)}$ sont des homomorphismes unifères continus de **C**-algèbres de $\mathscr{O}(\mathrm{Sp}(x))$ dans $\mathrm{A}_{(\mathbf{C})}$ qui appliquent z sur $1 \otimes x$; elles sont donc égales (I, p. 74, th. 5).

PROPOSITION 20. — *Pour tout* $f \in \mathscr{O}_{\mathbf{R}}(\mathrm{Sp}_{\mathrm{A}_{(\mathbf{C})}}(x))$, *il existe un unique élément* $f(x)$ *de* A *tel que* $f(1 \otimes x) = 1 \otimes f(x)$ *dans* $\mathrm{A}_{(\mathbf{C})}$. *L'application* $f \mapsto f(x)$ *de* $\mathscr{O}_{\mathbf{R}}(\mathrm{Sp}_{\mathrm{A}_{(\mathbf{C})}}(x))$ *dans* A *est l'unique homomorphisme unifère continu de* **R**-*algèbres qui applique sur* x *le germe dans* $\mathscr{O}_{\mathbf{R}}(\mathrm{Sp}_{\mathrm{A}_{(\mathbf{C})}}(x))$ *de l'application identique de* **C**.

Notons $\mathrm{S} = \mathrm{Sp}_{\mathrm{A}_{(\mathbf{C})}}(x)$. D'après le lemme ci-dessus, pour tout germe $f \in \mathscr{O}_{\mathbf{R}}(\mathrm{Sp}(x))$, on a $f(1 \otimes x) = \overline{f(1 \otimes x)}$. La première assertion en résulte. Notons z le germe dans $\mathscr{O}_{\mathbf{R}}(\mathrm{S})$ de l'application identique de **C**. L'application $f \mapsto f(x)$ est un homomorphisme continu unifère de la **R**-algèbre $\mathscr{O}_{\mathbf{R}}(\mathrm{Sp}(x))$ dans A, qui applique z sur x. C'est le seul d'après la prop. 19, puisque tout morphisme ayant ces propriétés est déterminé de manière unique sur toute sous-**R**-algèbre fermée pleine de $\mathscr{O}(\mathrm{S})$ contenant z.

Soit $f \in \mathscr{O}_{\mathbf{R}}(\mathrm{Sp}_{\mathrm{A}_{(\mathbf{C})}}(x))$. L'élément $f(x)$ appartient à toute sous-algèbre fermée pleine de A contenant x (prop. 19), donc appartient au bicommutant de x dans A. Le spectre complexe de $f(x)$ est égal à $f(\mathrm{Sp}(x))$ (I, p. 75, prop. 8). Pour tout $g \in \mathscr{O}_{\mathbf{R}}(f(\mathrm{Sp}_{\mathrm{A}_{(\mathbf{C})}}(x)))$, on a $g \circ f \in \mathscr{O}_{\mathbf{R}}(\mathrm{Sp}_{\mathrm{A}_{(\mathbf{C})}}(x))$ et (*loc. cit.*) $(g \circ f)(x) = g(f(x))$.

Soit U une partie ouverte de **C**, stable par la conjugaison complexe. L'ensemble Ω des éléments x de A dont le spectre complexe est contenu dans U est ouvert dans A (I, p. 76, prop. 10). Soit f une fonction holomorphe sur U telle que $f^* = f$. L'application $x \mapsto f(x)$ de Ω dans A est analytique (*loc. cit.*).

Soient A, B des algèbres associatives unifères normables complètes sur $\mathbf{R}$ et $\varphi\colon \mathrm{A} \to \mathrm{B}$ un morphisme d'algèbres unifère continu. Soit $x \in \mathrm{A}$. Le spectre complexe de $\varphi(x)$ est contenu dans celui de x et, pour tout $f \in \mathscr{O}_{\mathbf{R}}(\mathrm{Sp}_{\mathrm{A}_{(\mathbf{C})}}(x))$, on a $f(\varphi(x)) = \varphi(f(x))$. Cela résulte aussitôt de l'énoncé analogue dans le cas complexe (I, p. 75, prop. 8).

14. Cas d'une algèbre sans élément unité

Soit A une algèbre normable complète non nécessairement unifère sur $\mathrm{K} = \mathbf{R}$ ou $\mathbf{C}$. Notons $(\widetilde{\mathrm{A}}, e)$ l'algèbre unifère déduite de A par adjonction d'un élément unité. Elle est normable et complète.

Soit x un élément de A. Si $\mathrm{K} = \mathbf{C}$, notons $\mathrm{Sp}'(x) = \mathrm{Sp}_{\widetilde{\mathrm{A}}}(x)$ le spectre de x relativement à $\widetilde{\mathrm{A}}$, et considérons un germe $f \in \mathscr{O}(\mathrm{Sp}'(x))$. Si $\mathrm{K} = \mathbf{R}$, notons $\mathrm{Sp}'(x)$ le spectre complexe de l'élément x de $\widetilde{\mathrm{A}}$, et considérons un germe $f \in \mathscr{O}_{\mathbf{R}}(\mathrm{Sp}'(x))$. Dans ces deux cas, 0 appartient à $\mathrm{Sp}'(x)$, et l'élément $f(x)$ de $\widetilde{\mathrm{A}}$ appartient à A si et seulement si f vérifie $f(0) = 0$. En effet, la projection $\pi\colon \widetilde{\mathrm{A}} \to \mathrm{K}e$ est un morphisme continu dont le noyau est A, et l'on a $\pi(f(x)) = f(\pi(x)) = f(0)$.

§ 5. ALGÈBRES DE BANACH COMMUTATIVES RÉGULIÈRES

Dans cette section, le corps de base est $\mathbf{C}$.

1. Définition

PROPOSITION 1. — *Soit* A *une algèbre de Banach commutative. Les conditions suivantes sont équivalentes :*

(i) *La topologie faible et la topologie de Jacobson sur* $\mathsf{X}(\mathrm{A})$ *coïncident ;*

(ii) *Pour tout* $\chi \in \mathsf{X}(\mathrm{A})$ *et toute partie faiblement fermée* F *de* $\mathsf{X}(\mathrm{A})$ *telle que* $\chi \notin \mathrm{F}$, *il existe un* $x \in \mathrm{A}$ *tel que* $\mathscr{G}(x)$ *soit égale à* 1 *en* χ *et à* 0 *sur* F ;

(iii) *Pour toute partie faiblement compacte* K *et toute partie faiblement fermée* F *de* $\mathsf{X}(\mathrm{A})$ *telles que* $\mathrm{K} \cap \mathrm{F} = \varnothing$, *il existe un élément* $x \in \mathrm{A}$ *tel que* $\mathscr{G}(x)$ *soit égale à* 1 *sur* K *et à* 0 *sur* F.

Soit $\mathrm{M} \subset \mathsf{X}(\mathrm{A})$. Dire que M est fermé pour la topologie de Jacobson signifie que, pour tout $\chi \in \mathsf{X}(\mathrm{A}) - \mathrm{M}$, il existe un $x \in \mathrm{A}$ tel que $\mathscr{G}(x)$ s'annule sur M mais pas en χ (lemme 2 de I, p. 39). La condition (ii) signifie donc que toute partie de $\mathsf{X}(\mathrm{A})$ faiblement fermée est fermée pour la topologie de Jacobson, ce qui montre que (ii) $\Longrightarrow$ (i). Par ailleurs (iii) $\Longrightarrow$ (ii) puisque la partie $\{\chi\}$ est faiblement compacte dans $\mathsf{X}(\mathrm{A})$. Enfin (i) $\Longrightarrow$ (iii) d'après le cor. de la prop. 15 de I, p. 81.

DÉFINITION 1. — *Soit* A *une algèbre de Banach commutative. Elle est dite* régulière *si elle vérifie les conditions équivalentes de la proposition* 1.

Remarque. — Soit $\widetilde{\mathrm{A}}$ l'algèbre de Banach déduite de A par adjonction d'un élément unité e. La condition (ii) de la prop. 1 montre que si $\widetilde{\mathrm{A}}$ est régulière, alors A est régulière. Supposons A régulière et montrons que $\widetilde{\mathrm{A}}$ est régulière. Considérons des parties F et F′ de $\mathsf{X}(\widetilde{\mathrm{A}})$ qui sont disjointes et faiblement fermées (donc faiblement compactes) et construisons un $x \in \widetilde{\mathrm{A}}$ tel que $\mathscr{G}(x)$ s'annule sur F, et soit égale à 1 sur F′. Soit $\chi_0 \in \mathsf{X}(\widetilde{\mathrm{A}})$ le caractère nul sur A. Si $\chi_0 \notin \mathrm{F}'$, il existe, d'après la condition (iii) de la prop. 1 et l'hypothèse sur A, un élément $x \in \mathrm{A}$ tel que $\mathscr{G}(x)$ s'annule sur F et soit égale à 1 sur F′. Si $\chi_0 \in \mathrm{F}'$, on a $\chi_0 \notin \mathrm{F}$; il existe donc un élément $y \in \mathrm{A}$ tel que $\mathscr{G}(y)$ s'annule sur F′ et soit égale à 1 sur F. L'élément $x = e - y$ de $\widetilde{\mathrm{A}}$ a alors la propriété demandée.

Exemples. — Reprenons les exemples du n° 2 de I, p. 17.

L'algèbre des fonctions continues à valeurs complexes tendant vers 0 à l'infini sur un espace localement compact X (exemple 3 de I, p. 17) est régulière (*cf.* I, p. 36, exemple 1).

L'algèbre des fonctions n fois dérivables sur $[0, 1]$ (exemple 4 de I, p. 18) est régulière (*cf.* I, p. 36, exemple 2).

Si G est un groupe localement compact commutatif et μ une mesure de Haar sur G, alors l'algèbre $\mathrm{L}^1(\mathrm{G}, \mu)$ (exemple 7 de I, p. 19) est régulière (*cf.* II, p. 219, cor. 2).

L'algèbre des fonctions qui sont continues dans le disque $|z| \leqslant 1$ et analytiques à l'intérieur (exemple 9 de I, p. 20) n'est pas régulière (*cf.* I, p. 193, exerc. 6).

PROPOSITION 2. — *Soit* A *une algèbre de Banach unifère commutative régulière. Soient* $n \geqslant 1$ *un entier et* $(\mathrm{U}_1, \ldots, \mathrm{U}_n)$ *un recouvrement ouvert de* $\mathsf{X}(\mathrm{A})$. *Il existe des éléments* $x_1, \ldots, x_n$ *de* A *de somme* 1 *tels que* $\mathrm{Supp}(\mathscr{G}(x_i)) \subset \mathrm{U}_i$ *pour* $i = 1, \ldots, n$.

Démontrons la proposition par récurrence sur n. L'assertion est valide si $n = 1$. Supposons que $n \geqslant 2$ et que l'assertion est établie pour $n-1$.

Il existe un recouvrement ouvert $(\mathrm{V}_1, \ldots, \mathrm{V}_n)$ de $\mathsf{X}(\mathrm{A})$ tel que $\overline{\mathrm{V}}_i \subset \mathrm{U}_i$ pour tout i. D'après l'hypothèse de récurrence, il existe des éléments $x, x_3, \ldots, x_n \in \mathrm{A}$ tels que $x+x_3+\cdots+x_n = 1$ et $\mathrm{Supp}(\mathscr{G}(x)) \subset \mathrm{V}_1 \cup \mathrm{V}_2$, $\mathrm{Supp}(\mathscr{G}(x_i)) \subset \mathrm{V}_i$ pour $i \geqslant 3$. Notons $\mathrm{K} = \mathrm{Supp}(\mathscr{G}(x)) \subset \mathrm{V}_1 \cup \mathrm{V}_2$. Soit K_1 (resp. K_2) l'ensemble des éléments de K qui n'appartiennent pas à V_1 (resp. V_2). Alors K_1 et K_2 sont des parties compactes disjointes de K. Puisque l'algèbre de Banach A est régulière, il existe donc $y \in \mathrm{A}$ tel que $\mathscr{G}(y) = 1$ sur K_1 et $\mathscr{G}(y) = 0$ sur K_2. Alors $\mathscr{G}(xy)$ est nulle sur $\mathsf{X}(\mathrm{A}) - \mathrm{K}$ et sur K_2, donc $\mathrm{Supp}\,\mathscr{G}(xy) \subset \overline{\mathrm{V}}_2 \subset \mathrm{U}_2$. De même, $\mathscr{G}(x(1-y))$ est nulle sur $\mathsf{X}(\mathrm{A}) - \mathrm{K}$ et sur K_1, donc $\mathrm{Supp}\,\mathscr{G}(x(1-y)) \subset \overline{\mathrm{V}}_1 \subset \mathrm{U}_1$. Les éléments $x_1 = x(1-y)$, $x_2 = xy$, et $x_3, \ldots, x_n$ vérifient alors les propriétés de la proposition.

COROLLAIRE 1. — *Soit* A *une algèbre de Banach unifère commutative régulière, soit* I *un idéal de* A *et soit* $f \colon \mathsf{X}(\mathrm{A}) \to \mathbf{C}$ *une fonction continue. On suppose que, pour tout* $\chi \in \mathsf{X}(\mathrm{A})$, *il existe un élément* $y_\chi \in \mathrm{I}$ *tel que* $f = \mathscr{G}(y_\chi)$ *au voisinage de* χ. *Alors il existe un élément* $y \in \mathrm{I}$ *tel que* $f = \mathscr{G}(y)$.

Comme $\mathsf{X}(\mathrm{A})$ est compact, il existe un recouvrement ouvert fini $(\mathrm{U}_1, \ldots, \mathrm{U}_n)$ de $\mathsf{X}(\mathrm{A})$, et des éléments $y_1, \ldots, y_n$ de I tels que $f = \mathscr{G}(y_i)$ sur U_i. D'après la prop. 2, il existe des éléments $x_1, \ldots, x_n$ de A de somme 1 tels que $\mathrm{Supp}(\mathscr{G}(x_i)) \subset \mathrm{U}_i$ pour tout i. Soit $y = x_1y_1 + \cdots + x_ny_n$. C'est un élément de I qui a la propriété demandée. En effet, soit $\chi \in \mathsf{X}(\mathrm{A})$. Pour $1 \leqslant i \leqslant n$, on a $\mathscr{G}(x_i)(\chi)\mathscr{G}(y_i)(\chi) = \mathscr{G}(x_i)(\chi)f(\chi)$ puisque $\mathscr{G}(y_i)(\chi) = f(\chi)$ si $\chi \in \mathrm{U}_i$, et $\mathscr{G}(x_i)(\chi) = 0$ si $\chi \notin \mathrm{U}_i$. Il vient donc

$$\mathscr{G}(y)(\chi) = \sum_{i=1}^{n} \mathscr{G}(x_i)(\chi)\mathscr{G}(y_i)(\chi) = f(\chi) \sum_{i=1}^{n} \mathscr{G}(x_i)(\chi) = f(\chi).$$

COROLLAIRE 2. — *Soient* A *une algèbre de Banach commutative régulière,* I *un idéal de* A *et* $f\colon \mathsf{X}'(\mathrm{A}) \to \mathbf{C}$ *une fonction continue. On suppose que, pour tout* $\chi \in \mathsf{X}'(\mathrm{A})$, *il existe un élément* $y_\chi \in \mathrm{I}$ *tel que* $f = \mathscr{G}'(y_\chi)$ *au voisinage de* χ. *Alors il existe un élément* $y \in \mathrm{I}$ *tel que* $f = \mathscr{G}'(y)$.

Soit $\widetilde{\mathrm{A}}$ l'algèbre de Banach déduite de A par adjonction d'un élément unité. Alors $\widetilde{\mathrm{A}}$ est régulière (remarque 1), et $\mathsf{X}'(\mathrm{A}) = \mathsf{X}(\widetilde{\mathrm{A}})$; il suffit donc d'appliquer le cor. 1 à $\widetilde{\mathrm{A}}$ et à l'idéal I.

Si I est un idéal d'une algèbre de Banach commutative, rappelons (*cf.* I, p. 30) que nous notons V(I) l'ensemble des $\chi \in \mathsf{X}(\mathrm{A})$ dont le noyau contient I, autrement dit l'ensemble des $\chi \in \mathsf{X}(\mathrm{A})$ où s'annulent toutes les fonctions $\mathscr{G}(x)$ pour $x \in \mathrm{I}$. C'est une partie de $\mathsf{X}(\mathrm{A})$ fermée pour la topologie de Jacobson.

PROPOSITION 3. — *Soient* A *une algèbre de Banach commutative régulière,* I *un idéal de* A *et* K *une partie de* $\mathsf{X}(\mathrm{A})$ *compacte et disjointe de* V(I). *Il existe un élément* $x \in \mathrm{I}$ *tel que* $\mathscr{G}(x) = 1$ *pour tout* x *dans* K.

C'est un cas particulier de la prop. 15 de I, p. 81 compte tenu du fait que la topologie de Jacobson coïncide avec la topologie faible sur $\mathsf{X}(\mathrm{A})$.

2. Synthèse harmonique

Soit A une algèbre de Banach commutative. Rappelons que si M est une partie de $\mathsf{X}(\mathrm{A})$, nous notons $\Upsilon(\mathrm{M})$ l'intersection des noyaux des éléments de M (*cf.* I, p. 30) ; c'est un idéal de A.

PROPOSITION 4. — *Soit* A *une algèbre de Banach commutative régulière sans radical. Soit* F *une partie fermée de* $\mathsf{X}(\mathrm{A})$. *L'ensemble des idéaux* I *de* A *tels que* $\mathrm{V}(\mathrm{I}) = \mathrm{F}$, *ordonné par l'inclusion, admet un plus grand élément, à savoir* $\Upsilon(\mathrm{F})$, *et un plus petit élément, à savoir l'ensemble* J *des* $x \in \mathrm{A}$ *tels que* $\mathscr{G}(x)$ *soit à support compact disjoint de* F.

Par construction, $\Upsilon(\mathrm{F})$ est un idéal de A tel que $\mathrm{V}(\Upsilon(\mathrm{F}))$ contient F, et c'est le plus grand idéal de A ayant cette propriété. Puisque F est fermé, il existe un idéal I de A tel que $\mathrm{V}(\mathrm{I}) = \mathrm{F}$; on a donc $\mathrm{I} \subset \Upsilon(\mathrm{F})$, d'où $\mathrm{V}(\Upsilon(\mathrm{F})) \subset \mathrm{V}(\mathrm{I}) = \mathrm{F}$, si bien que $\mathrm{V}(\Upsilon(\mathrm{F})) = \mathrm{F}$. Cela prouve la première assertion.

L'ensemble J est un idéal de A et V(J) contient F. Montrons que V(J) = F. Soit $\chi \in \mathsf{X}(A)$ n'appartenant pas à F. Soit U un voisinage compact de χ ne rencontrant pas F (TG, I, p. 65, cor. de la prop. 9). D'après l'assertion (ii) de la prop. 1 de I, p. 88, il existe $x \in A$ tel que $\mathscr{G}(x)$ soit égale à 1 en χ et à 0 hors de U. On a alors $x \in J$ et donc $\chi \notin V(J)$. Cela montre que $V(J) \subset F$ et donc $V(J) = F$.

Enfin, soit I un idéal de A tel que V(I) = F. Montrons que $J \subset I$. Soit $x \in J$ et soit C le support de $\mathscr{G}(x)$; la partie C est une partie compacte de $\mathsf{X}(A)$ disjointe de F. D'après la prop. 3, il existe un élément $u \in I$ tel que $\mathscr{G}(u) = 1$ sur C. On a alors $\mathscr{G}(x) = \mathscr{G}(ux)$, et donc $x = ux$ puisque A est sans radical (prop. 8 de I, p. 38). Par conséquent, on a $x \in I$, ce qui montre que $J \subset I$.

Corollaire 1. — *Soit* A *une algèbre de Banach commutative régulière sans radical. Soit* J *l'ensemble des* $x \in A$ *tels que* $\mathscr{G}(x)$ *soit à support compact. On suppose que* $\overline{J} = A$. *Alors tout idéal fermé de* A *et distinct de* A *est contenu dans un idéal maximal régulier.*

Si I est un idéal fermé de A qui n'est contenu dans aucun idéal maximal régulier, alors $V(I) = \varnothing$, donc $I \supset J$ (prop. 4 appliquée à $F = \varnothing$), d'où $I \supset \overline{J} = A$.

Corollaire 2. — *Soit* A *une algèbre de Banach commutative régulière sans radical. Soient* $x, y \in A$. *Si le support de* $\mathscr{G}(x)$ *est compact et contenu dans l'ensemble des caractères* χ *tels que* $\mathscr{G}(y)(\chi) \neq 0$, *alors* x *est un multiple de* y *dans* A.

Soit I l'idéal Ay de A. Alors V(I) est l'ensemble des zéros de $\mathscr{G}(y)$. Puisque le support F de $\mathscr{G}(x)$ est compact et disjoint de V(I), on a $x \in I$ (prop. 4 appliquée à F).

Définition 2. — *Soit* A *une algèbre de Banach commutative.*

Soient I *un idéal de* A, $x \in A$, *et* $\chi \in \mathsf{X}'(A)$. *On dit que* x appartient à I au voisinage de χ *s'il existe un élément* $y \in I$ *tel que* $\mathscr{G}'(y)$ *et* $\mathscr{G}'(x)$ *coïncident au voisinage de* χ.

On dit que A *vérifie la* condition de Ditkin *si, pour tout* $\chi \in \mathsf{X}'(A)$ *et tout* $x \in A$ *tel que* $\mathscr{G}'(x)$ *s'annule en* χ, *il existe une suite* (x_n) *dans* A *telle que* $x = \lim_{n\to\infty} x_n x$ *et telle que chaque* $\mathscr{G}'(x_n)$ *s'annule dans un voisinage* V_n *de* χ.

Remarques. — Soit A une algèbre de Banach commutative.

1) Si χ est tel que $\mathscr{G}'(x)$ s'annule au voisinage de χ, alors x appartient à I au voisinage de χ.

2) Si x appartient à I au voisinage de χ et $y \in \mathrm{A}$ est un élément quelconque, alors xy appartient à I au voisinage de χ.

3) L'ensemble des χ tels que x appartient à I au voisinage de χ est ouvert dans $\mathsf{X}'(\mathrm{A})$.

4) Supposons que A est régulière et sans radical. Si x appartient à I au voisinage de χ pour tout $\chi \in \mathsf{X}'(\mathrm{A})$, alors x appartient à I (cor. 2 de I, p. 91 appliqué à la fonction $f = \mathscr{G}'(x)$ et prop. 8 de I, p. 38).

5) Supposons que A est régulière. Soient I un idéal de A et χ un élément de $\mathsf{X}(\mathrm{A})$ tel que $\chi \notin \mathrm{V}(\mathrm{I})$. Alors tout élément x de A appartient à I au voisinage de χ. En effet, d'après la déf. 1 de I, p. 89, il existe un $z \in \mathrm{A}$ tel que $\mathscr{G}'(z)$ soit égale à 1 au voisinage de χ, et égale à 0 au voisinage de V(I). Le support de $\mathscr{G}(z)$ est compact et donc on a $z \in \mathrm{I}$ (prop. 4 appliquée à V(I)), donc $xz \in \mathrm{I}$, et $\mathscr{G}'(xz) = \mathscr{G}'(x)$ au voisinage de χ.

Rappelons qu'un sous-espace K d'un espace topologique X est dit parfait s'il est fermé sans point isolé (TG, I, p. 8).

Lemme 1. — *Soit* A *une algèbre de Banach commutative régulière sans radical, vérifiant la condition de Ditkin. Soient* I *un idéal fermé de* A *et x un élément de* $\Upsilon(\mathrm{V}(\mathrm{I}))$. *Soit* K *l'ensemble des* $\chi \in \mathsf{X}'(\mathrm{A})$ *tels que x n'appartienne pas à* I *au voisinage de χ. Alors l'ensemble* K *est une partie parfaite de* $\mathsf{X}'(\mathrm{A})$.

Notons G le complémentaire de K dans $\mathsf{X}'(\mathrm{A})$. L'ensemble G est ouvert dans $\mathsf{X}'(\mathrm{A})$ (remarque 3) donc K est fermé.

Procédons par contradiction, et supposons que K admette un point isolé χ_0. Notons U un voisinage de χ_0 tel que $\mathrm{U} - \{\chi_0\} \subset \mathrm{G}$. Comme x n'appartient pas à I au voisinage de χ_0, la remarque 5 démontre que $\chi_0 \in \mathrm{V}(\mathrm{I})$. En particulier, on a $\chi_0(x) = 0$ puisque $x \in \Upsilon(\mathrm{V}(\mathrm{I}))$.

Nous allons montrer qu'il existe un élément y de A qui appartient à I au voisinage de tout point de $\mathsf{X}'(\mathrm{A}) - \{\chi_0\}$, qui n'appartient pas à I au voisinage de χ_0, et tel que $\chi_0(y) = 0$.

Supposons tout d'abord démontrée l'existence d'un tel élément y. Puisque A vérifie la condition de Ditkin, il existe alors une suite (x_n) dans A telle que $x_n y$ tende vers y et telle que chaque $\mathscr{G}'(x_n)$ s'annule dans un voisinage de χ_0. Pour tout n, l'élément $x_n y$ appartient alors à I au voisinage de tout point de $\mathsf{X}'(\mathrm{A})$ (remarques 1 et 2) et donc $x_n y \in \mathrm{I}$ (remarque 4). Puisque I est fermé, on en déduit que $y \in \mathrm{I}$, ce qui contredit le fait que y n'appartient pas à I au voisinage de χ_0.

Il reste à démontrer l'existence de y. Si $\chi_0 \neq 0$, d'après l'assertion (iii) de la prop. 1 de I, p. 88, il existe un $u \in \mathrm{A}$ tel que $\mathscr{G}'(u)$ soit égale à 1 au voisinage de χ_0 et égale à 0 au voisinage de $\mathsf{X}'(\mathrm{A}) - \mathrm{U}$. Soit $y = ux$. Puisque x appartient à I au voisinage de χ pour tout $\chi \in \mathrm{U} - \{\chi_0\}$, il en est de même de y. De plus, si $\chi \in \mathsf{X}'(\mathrm{A}) - \mathrm{U}$, alors $\mathscr{G}'(y)$ s'annule au voisinage de χ. Donc (remarque 5) l'élément $y = ux$ appartient à I au voisinage de tout $\chi \neq \chi_0$. Comme $\mathscr{G}'(y)$ coïncide avec $\mathscr{G}'(x)$ au voisinage de χ_0, le fait que χ_0 appartienne à K implique que y n'appartient pas à I au voisinage de χ_0. Finalement, on a $\chi_0(y) = \chi_0(u)\chi_0(x) = 0$.

Si $\chi_0 = 0$, il existe similairement un élément $v \in \mathrm{A}$ tel que $\mathscr{G}'(v)$ soit nulle au voisinage de χ_0 et égale à 1 au voisinage de $\mathsf{X}'(\mathrm{A}) - \mathrm{U}$; comme précédemment, on en déduit que l'élément $y = x - vx$ appartient à I au voisinage de tout $\chi \neq \chi_0$, qu'il n'appartient pas à I au voisinage de χ_0, et que $\chi_0(y) = 0$.

Lemme 2. — *Soit* X *un espace topologique. Soient* F *et* D *des sous-espaces de* X *disjoints tels que* F *soit fermé et* D *discret. Si* F *ne contient pas de sous-espace parfait non vide, il en est de même de* $\mathrm{F} \cup \mathrm{D}$.

Supposons en effet que K est un sous-espace parfait non vide de $\mathrm{F} \cup \mathrm{D}$. Soit x un point de K. Si x appartient à D, il est isolé dans D, donc également dans $\mathrm{F} \cup \mathrm{D}$ puisque F est fermé. Donc x est isolé dans K, ce qui contredit les hypothèses.

Proposition 5. — *Soit* A *une algèbre de Banach commutative régulière sans radical, vérifiant la condition de Ditkin. Soit* I *un idéal fermé de* A *tel que la frontière* F *de* V(I) *ne contienne aucun ensemble parfait non vide. Alors* $\mathrm{I} = \Upsilon(\mathrm{V}(\mathrm{I}))$, *c'est-à-dire que* I *est l'ensemble des* $x \in \mathrm{A}$ *tels que* $\mathscr{G}(x)$ *s'annule sur* V(I). *En particulier, si* V(I) *se réduit à un point* χ, *on a* $\mathrm{I} = \mathrm{Ker}(\chi)$.

On a $\mathrm{I} \subset \Upsilon(\mathrm{V}(\mathrm{I}))$. Soit maintenant $x \in \Upsilon(\mathrm{V}(\mathrm{I}))$. Soit G l'ensemble des caractères $\chi \in \mathsf{X}'(\mathrm{A})$ tels que x appartienne à I au voisinage de χ. Il est ouvert et son complémentaire K est parfait (lemme 1). Comme $\mathscr{G}'(x)$ est nulle sur V(I), l'ensemble G contient l'intérieur de $\mathrm{V}(\mathrm{I}) \cup \{0\}$ (remarque 1). Il contient également $\mathsf{X}(\mathrm{A}) - \mathrm{V}(\mathrm{I})$ d'après la remarque 5. Donc $\mathrm{K} = \mathsf{X}'(\mathrm{A}) - \mathrm{G}$ est contenu dans la frontière F_0 de $\mathrm{V}(\mathrm{I}) \cup \{0\}$.

On a $F_0 \subset F \cup \{0\}$. L'hypothèse implique donc que F_0 ne contient pas d'ensemble parfait non vide (lemme 2). Il découle donc du lemme 1 que l'ensemble parfait K est vide. Donc x appartient à I au voisinage de tout $\chi \in X'(A)$, ce qui signifie que $x \in I$ (remarque 4). Ainsi $\Upsilon(V(I)) \subset I$, ce qui conclut la preuve.

§ 6. ALGÈBRES STELLAIRES

Dans ce paragraphe, le corps de base est **C**.

1. Involutions semi-linéaires

Soit E un espace vectoriel complexe. Une *involution semi-linéaire* sur E est une application **R**-linéaire de E dans E telle que $u \circ u = \mathrm{Id}_E$ et $u(\lambda x) = \bar{\lambda} u(x)$ pour tout $\lambda \in \mathbf{C}$ et tout $x \in E$. On note alors E^u le sous-espace vectoriel réel de E formé des éléments $x \in E$ tels que $u(x) = x$.

Lemme 1. — *Soient* E *un espace vectoriel complexe et* u *une involution semi-linéaire sur* E. *Soit* $x \in E$; *posons*

$$x_1 = \frac{1}{2}(x + u(x)), \qquad x_2 = \frac{1}{2i}(x - u(x)).$$

Le couple (x_1, x_2) *est l'unique élément de* $E^u \times E^u$ *tel que* $x = x_1 + ix_2$.

Les éléments x_1 et x_2 vérifient $x_1 + ix_2 = x$ et appartiennent à E^u puisque $u(u(x)) = x$. Inversement, si y_1 et y_2 dans E^u vérifient $x = y_1 + iy_2$, il vient $u(x) = u(y_1) + u(iy_2) = y_1 - iy_2$, donc

$$y_1 = \frac{1}{2}(x + u(x)) = x_1, \qquad iy_2 = \frac{1}{2}(x - u(x)) = ix_2.$$

PROPOSITION 1. — *Soient* E_1 *et* E_2 *des espaces vectoriels complexes, et soient* u_1 *et* u_2 *des involutions semi-linéaires sur* E_1 *et* E_2 *respectivement. Soit* f *une application linéaire de* E_1 *dans* E_2. *Alors* $f \circ u_1 = u_2 \circ f$ *si et seulement si* $f(E_1^{u_1}) \subset E_2^{u_2}$.

Si $f \circ u_1 = u_2 \circ f$, on obtient aussitôt $f(\mathrm{E}_1^{u_1}) \subset \mathrm{E}_2^{u_2}$. Inversement, supposons que cette condition est satisfaite. Soit $x \in \mathrm{E}$. Écrivons $x = x_1 + ix_2$ avec $(x_1, x_2) \in \mathrm{E}_1^{u_1} \times \mathrm{E}_1^{u_1}$ (lemme ci-dessus). On a alors $f(u_1(x)) = f(x_1) - if(x_2)$ et $u_2(f(x)) = u_2(f(x_1)) - iu_2(f(x_2)) = f(x_1) - if(x_2) = f(u_1(x))$.

2. Algèbres involutives

DÉFINITION 1. — *Soit* A *une algèbre sur* **C**. *On appelle* involution dans A *une application* $x \mapsto x^*$ *de* A *dans* A *telle que :*

$$(x^*)^* = x, \quad (x+y)^* = x^* + y^*, \quad (\lambda x)^* = \overline{\lambda} x^*$$
$$(xy)^* = y^* x^*$$

quels que soient $x, y \in \mathrm{A}$ *et* $\lambda \in \mathbf{C}$. *Une algèbre sur* **C** *munie d'une involution est appelée une* algèbre involutive.

Une involution sur A est en particulier un isomorphisme de l'anneau A sur l'anneau opposé A°.

Soit A une algèbre involutive. On dit que x^* est l'*adjoint* de x. Une partie de A stable pour l'involution est dite *auto-adjointe*. Si A possède un élément unité e, on a $e^* = e$; on dit que (A, e) est une algèbre unifère involutive. Un élément u d'une algèbre unifère involutive est dit *unitaire* si $uu^* = u^*u = e$, autrement dit si u est inversible et si son inverse est u^*.

Un élément $x \in \mathrm{A}$ est dit *hermitien* si $x = x^*$ et *normal* si $xx^* = x^*x$. Cette terminologie généralise celle de A, IX, § 7, nº 3. Tout élément hermitien est normal, tout élément unitaire est normal. L'ensemble A_h des éléments hermitiens de A est un sous-espace vectoriel réel de A. Si x et y sont hermitiens et permutables, on a $(xy)^* = y^*x^* = yx = xy$, donc xy est hermitien. Pour tout $x \in \mathrm{A}$, les éléments xx^* et x^*x de A sont hermitiens.

Si $\mathrm{A} = \mathbf{C}$ muni de l'involution $z \mapsto \overline{z}$, on a $\mathrm{A}_h = \mathbf{R}$.

Lemme 2. — *Soient* A *une algèbre involutive et* $x \in \mathrm{A}$. *Les éléments*

$$x_1 = \frac{1}{2}(x + x^*), \quad x_2 = \frac{1}{2i}(x - x^*)$$

sont hermitiens et vérifient $x = x_1 + ix_2$. *Si* $x = y_1 + iy_2$ *avec* y_1 *et* y_2 *hermitiens, alors* $x_1 = y_1$ *et* $x_2 = y_2$. *De plus, l'élément* x *est normal si et seulement si* x_1 *et* x_2 *sont permutables.*

Les deux premières assertions résultent du lemme 1 de I, p. 95. On calcule que $xx^* - x^*x = 2i(x_2x_1 - x_1x_2)$, donc x est normal si et seulement si x_1 et x_2 sont permutables.

Soit A une algèbre unifère involutive. Pour que $x \in \mathrm{A}$ soit inversible, il faut et il suffit que x^* le soit, et on a alors $(x^*)^{-1} = (x^{-1})^*$. Comme $(x - \lambda e)^* = x^* - \overline{\lambda} e$ pour tout $\lambda \in \mathbf{C}$, on en déduit que $\mathrm{Sp}_{\mathrm{A}}(x^*) = \overline{\mathrm{Sp}_{\mathrm{A}}(x)}$.

Soient A une algèbre involutive et $\widetilde{\mathrm{A}}$ l'algèbre déduite de A par adjonction d'un élément unité. Il existe dans $\widetilde{\mathrm{A}}$ une unique involution prolongeant celle de A, donnée par $(\lambda, x)^* = (\overline{\lambda}, x^*)$ pour $\lambda \in \mathbf{C}$ et $x \in \mathrm{A}$. Si $x \in \mathrm{A}$, on a $\mathrm{Sp}'_{\mathrm{A}}(x^*) = \overline{\mathrm{Sp}'_{\mathrm{A}}(x)}$.

Soient A et B des algèbres involutives. On appelle *morphisme* de A dans B un morphisme d'algèbres φ de A dans B tel que $\varphi(x^*) = \varphi(x)^*$ quels que soient x et y dans A. L'application identique de A est un morphisme d'algèbres involutives. Si C est une algèbre involutive et $\pi\colon \mathrm{B} \to \mathrm{C}$ un morphisme d'algèbres involutives, alors $\pi \circ \varphi$ est un morphisme d'algèbres involutives. Si φ est un isomorphisme d'algèbres, alors φ^{-1} est un morphisme d'algèbres involutives, et on dit que φ est un isomorphisme d'algèbres involutives.

D'après la prop. 1 de I, p. 95, si A et B sont des algèbres involutives, un morphisme d'algèbres φ de A dans B est un morphisme d'algèbres involutives si et seulement si $\varphi(\mathrm{A}_h) \subset \mathrm{B}_h$. On appelle *sous-algèbre involutive* de A une sous-algèbre auto-adjointe. Le centre de A est une sous-algèbre involutive. Si A_1 est un idéal bilatère auto-adjoint de A, l'involution de A définit par passage au quotient une involution dans l'algèbre A/A_1, et l'application canonique de A sur A/A_1 est un morphisme d'algèbres involutives.

Soit A une algèbre involutive. Le radical de A est égal au radical de l'algèbre opposée (A, VIII, p. 431, prop. 7), et est donc auto-adjoint.

Soit A une algèbre involutive. Si $\mathrm{M} \subset \mathrm{A}$ est auto-adjoint, son commutant M' est une sous-algèbre involutive de A. Si $x \in \mathrm{A}$, le bicommutant de $\{x, x^*\}$ est une sous-algèbre involutive contenant x et x^*, et cette sous-algèbre est commutative si et seulement si x est normal (n° 5 de I, p. 5).

Remarque. — Soient A une algèbre involutive et B une sous-algèbre involutive commutative maximale de A. Alors B est une sous-algèbre commutative maximale. En particulier, si A est unifère, alors l'algèbre B est pleine.

En effet, soit $x \in \mathrm{A}$ un élément permutable à B. Alors x^* est permutable à B. Écrivons $x = x_1 + ix_2$ avec x_1 et x_2 hermitiens ; les éléments x_1 et x_2 sont permutables à B (lemme 2). La sous-algèbre de A engendrée par B et x_1 est donc commutative et involutive. Par conséquent, elle est égale à B, de sorte que $x_1 \in \mathrm{B}$. De même, on a $x_2 \in \mathrm{B}$, et donc finalement $x \in \mathrm{B}$.

Soit A une algèbre involutive. Si f est une forme linéaire sur A, l'application $x \mapsto \overline{f(x^*)}$ sur A est une forme linéaire sur A, que l'on note f^*. L'application $f \mapsto f^*$ est une involution semi-linéaire sur A′. On dit que f est *hermitienne* si $f = f^*$. D'après le lemme 1 de I, p. 95, toute forme linéaire f sur A a une unique représentation $f = f_1 + if_2$ où f_1 et f_2 sont hermitiennes, à savoir $f_1 = \frac{1}{2}(f+f^*)$ et $f_2 = \frac{1}{2i}(f-f^*)$.

Pour qu'une forme linéaire f soit hermitienne, il faut et il suffit que la restriction de f à A_h soit à valeurs réelles (proposition 1 de I, p. 95). L'application $f \mapsto f|\mathrm{A}_h$ est un isomorphisme de l'espace vectoriel réel des formes hermitiennes sur l'espace vectoriel dual de l'espace vectoriel réel A_h.

En particulier, on notera $\mathsf{X}'(\mathrm{A})_h$ (resp. $\mathsf{X}(\mathrm{A})_h$) l'ensemble des caractères hermitiens de A (resp. l'ensemble des caractères hermitiens non nuls de A). Un caractère est donc hermitien si sa restriction à A_h est à valeurs réelles.

Si A est commutative et si χ est un caractère de A, alors χ^* est un caractère de A, et l'application $\chi \mapsto \chi^*$ est un homéomorphisme de $\mathsf{X}'(\mathrm{A})$ sur $\mathsf{X}'(\mathrm{A})$.

Lemme 3. — *Soit* A *une algèbre involutive commutative. La transformation de Gelfand de* A *dans* $\mathscr{C}_0(\mathsf{X}(\mathrm{A}))$ *est un morphisme d'algèbres involutives si et seulement si tout caractère de* A *est hermitien.*

En effet, dire que $\mathscr{G}_\mathrm{A}$ est un morphisme d'algèbres involutives revient à dire que, pour tous $x \in \mathrm{A}$ et $\chi \in \mathsf{X}(\mathrm{A})$, on a

$$\chi(x^*) = \mathscr{G}_\mathrm{A}(x^*)(\chi) = \overline{\mathscr{G}_\mathrm{A}(x)(\chi)} = \overline{\chi(x)},$$

c'est-à-dire que tout χ est hermitien.

Exemples. — 1) Soit A l'algèbre des fonctions à valeurs complexes sur un ensemble X. L'application $f \mapsto \overline{f}$ est une involution dans A. La sous-algèbre des fonctions bornées dans X est une sous-algèbre involutive de A. Si X est un espace topologique localement compact, les sous-algèbres $\mathscr{C}(\mathrm{X})$, $\mathscr{C}_b(\mathrm{X})$, $\mathscr{C}_0(\mathrm{X})$ et $\mathscr{K}(\mathrm{X})$ sont des sous-algèbres involutives de A.

2) Soient X un espace topologique localement compact et μ une mesure positive sur X. L'application $f \mapsto \overline{f}$ est une involution sur l'algèbre $\mathscr{L}^\infty(\mathrm{X}, \mu)$; elle induit par passage au quotient une involution sur l'algèbre unifère $\mathrm{L}^\infty(\mathrm{X}, \mu)$.

3) Soit E un espace hilbertien complexe. Sur l'algèbre de Banach $\mathscr{L}(\mathrm{E})$, l'application $x \mapsto x^*$ (EVT, V, p. 37, prop. 1) est une involution.

4) Soit G un groupe localement compact. Soit $\mathscr{M}^1(\mathrm{G})$ l'algèbre de Banach des mesures bornées complexes sur G (exemple 6 de I, p. 19).

L'application $x \mapsto x^{-1}$ de G sur G transforme toute mesure $\mu \in \mathscr{M}^1(\mathrm{G})$ en une mesure $\check{\mu} \in \mathscr{M}^1(\mathrm{G})$ (INT, VII, p. 12, formule (13)). On note μ^* la mesure complexe conjuguée de $\check{\mu}$. L'application $\mu \mapsto \check{\mu}$ est un isomorphisme isométrique de l'algèbre de Banach $\mathscr{M}^1(\mathrm{G})$ sur l'algèbre de Banach $\mathscr{M}^1(\mathrm{G}^\circ)$ (INT, VIII, §3, n° 1, cor. de la prop. 7) donc $\mu \mapsto \mu^*$ est une involution isométrique de l'algèbre de Banach $\mathscr{M}^1(\mathrm{G})$.

L'ensemble A des mesures bornées admettant une densité par rapport à une mesure de Haar est une sous-algèbre fermée de $\mathscr{M}^1(\mathrm{G})$ stable par l'involution (*cf.* INT, VIII, §4, n° 5) ; elle ne dépend pas du choix d'une mesure de Haar.

Soit ν une mesure de Haar à gauche sur G et notons Δ le module de G. On munit $\mathrm{L}^1(\mathrm{G}, \nu)$ du produit $(f, g) \mapsto f *^\nu g$ et de l'involution $f \mapsto f^* = \widetilde{f} \cdot \Delta^{-1}$, où $\widetilde{f}(x) = \overline{f(x^{-1})}$ pour tout $x \in \mathrm{G}$. Alors l'application $f \mapsto f \cdot \nu$ est un isomorphisme de l'algèbre involutive $\mathrm{L}^1(\mathrm{G}, \nu)$ sur A. Cet isomorphisme est isométrique. En particulier, $\mathrm{L}^1(\mathrm{G}, \nu)$ s'identifie à une sous-algèbre involutive de $\mathscr{M}^1(\mathrm{G})$.

5) Soit U une partie ouverte de $\mathbf{C}$ stable par la conjugaison complexe. Considérons l'algèbre $\mathscr{O}(\mathrm{U})$ des fonctions holomorphes à valeurs complexes sur U. Pour toute fonction $f \in \mathscr{O}(\mathrm{U})$, l'application $f^* \colon z \mapsto \overline{f(\overline{z})}$ est une fonction holomorphe sur U. L'application $f \mapsto f^*$ est une involution sur $\mathscr{O}(\mathrm{U})$.

Similairement, soit S une partie compacte de **C** stable par la conjugaison complexe. Considérons l'algèbre $\mathscr{O}(\mathrm{S})$ des germes de fonctions holomorphes à valeurs complexes au voisinage de S. L'application $f \mapsto f^*$ est une involution sur $\mathscr{O}(\mathrm{S})$.

La sous-algèbre $\mathscr{O}_{\mathbf{R}}(\mathrm{U})$ (resp. la sous-algèbre $\mathscr{O}_{\mathbf{R}}(\mathrm{S})$) définie dans le n° 13 de I, p. 85 est l'ensemble des éléments hermitiens de $\mathscr{O}(\mathrm{U})$ (resp. de $\mathscr{O}(\mathrm{S})$).

3. Algèbres normées involutives

DÉFINITION 2. — *On appelle* algèbre normée involutive *une algèbre normée* A *munie d'une involution* $x \mapsto x^*$ *telle que* $\|x^*\| = \|x\|$ *pour tout* x. *Si* A *est une algèbre de Banach, on dit que* A *est une* algèbre de Banach involutive.

Exemples. — 1) Soit X un espace topologique localement compact. L'algèbre de Banach $\mathscr{C}_b(\mathrm{X})$ des fonctions complexes continues et bornées sur X, munie de la norme $\|f\| = \sup_{x \in \mathrm{X}} |f(x)|$ et de l'involution $f \mapsto \overline{f}$, est une algèbre de Banach involutive. La sous-algèbre $\mathscr{C}_0(\mathrm{X})$ des fonctions continues tendant vers 0 à l'infini est une sous-algèbre involutive fermée de $\mathscr{C}_b(\mathrm{X})$.

2) Soient X un espace topologique localement compact et μ une mesure positive sur X. L'algèbre involutive $\mathrm{L}^\infty(\mathrm{X}, \mu)$ (exemple 2 de I, p. 99) est une algèbre de Banach involutive, puisque $|f| = |\overline{f}|$ pour tout élément $f \in \mathrm{L}^\infty(\mathrm{X}, \mu)$.

3) L'algèbre involutive $\mathscr{L}(\mathrm{E})$ des endomorphismes continus d'un espace hilbertien complexe E (I, p. 99, exemple 3), munie de la norme

$$\|u\| = \sup_{\substack{x \in \mathrm{E} \\ \|x\| \leqslant 1}} \|u(x)\|$$

(EVT, III, p. 14) est une algèbre de Banach involutive (EVT, V, p. 37, prop. 1).

4) L'algèbre involutive $\mathscr{M}^1(\mathrm{G})$ des mesures bornées sur un groupe localement compact (I, p. 99, exemple 4), munie de la norme usuelle (exemple 6 de I, p. 19), est une algèbre de Banach involutive. Soit ν une mesure de Haar à gauche sur G. L'algèbre de Banach involutive $\mathrm{L}^1(\mathrm{G}, \nu)$ s'identifie à une sous-algèbre fermée de $\mathscr{M}^1(\mathrm{G})$.

5) Soit (A_i) une famille d'algèbres normées involutives. Soit A l'algèbre normée produit des A_i (n° 1 de I, p. 15). L'algèbre A, munie de l'involution $(x_i)^* = (x_i^*)$, est une algèbre normée involutive. Si chacune des algèbres A_i est une algèbre de Banach involutive, alors A est une algèbre de Banach involutive. On dit que A est *l'algèbre normée involutive* (resp. *l'algèbre de Banach involutive*) *produit* des A_i.

6) Soit A une algèbre normée involutive et soit $\widetilde{A}$ l'algèbre normée déduite de A par adjonction d'un élément unité. Munie de l'involution définie au n° 2, l'algèbre $\widetilde{A}$ est une algèbre normée involutive. Si A est une algèbre de Banach involutive, alors $\widetilde{A}$ est également une algèbre de Banach involutive.

Si A est une algèbre normée involutive, l'adhérence d'une sous-algèbre involutive est une sous-algèbre involutive. Si $M \subset A$, la plus petite sous-algèbre fermée involutive contenant M est appelée la *sous-algèbre fermée involutive engendrée par* M ; c'est l'adhérence de la sous-algèbre engendrée par $M \cup M^*$. Si M se réduit à un élément normal, l'algèbre fermée involutive engendrée par M est commutative, et tous ses éléments sont normaux.

De même, si A est une algèbre normée involutive unifère et M un sous-ensemble de A, la plus petite sous-algèbre unifère fermée involutive contenant M est appelée la *sous-algèbre unifère fermée involutive engendrée par* M ; c'est l'adhérence de la sous-algèbre unifère engendrée par $M \cup M^*$. Si M se réduit à un élément normal, l'algèbre unifère fermée involutive engendrée par M est commutative, et tous ses éléments sont normaux.

Le quotient d'une algèbre normée involutive par un idéal bilatère fermé auto-adjoint, la complétée et l'opposée d'une algèbre normée involutive sont de façon naturelle des algèbres normées involutives.

Si A est une algèbre normée involutive, l'ensemble A_h des éléments hermitiens de A est un espace vectoriel réel normé.

Lemme 4. — *Soit* A *une algèbre normée involutive. Pour toute forme linéaire f continue sur* A, *on a* $\|f^*\| = \|f\|$. *Si de plus f est hermitienne, alors* $\|f\| = \|f|A_h\|$.

La première assertion découle des définitions. Pour la seconde, notons g la restriction de f à A_h. On a $\|f\| \geqslant \|g\|$. Montrons l'inégalité réciproque. Pour tout $\varepsilon > 0$, il existe $x \in A$ tel que $\|x\| \leqslant 1$ et

$|f(x)| \geqslant \|f\| - \varepsilon$. En multipliant x par un nombre complexe de module 1, on peut supposer $f(x) \geqslant 0$. Alors l'élément $\frac{1}{2}(x+x^*)$ appartient à A_h et est de norme $\leqslant 1$. On a

$$\left|g\left(\frac{1}{2}(x + x^*)\right)\right| = \frac{1}{2}|f(x) + f(x^*)| = f(x) \geqslant \|f\| - \varepsilon$$

donc $\|g\| \geqslant \|f\| - \varepsilon$. On en déduit que $\|g\| \geqslant \|f\|$.

On identifiera dans la suite les formes linéaires continues hermitiennes sur A et les formes linéaires continues réelles sur A_h.

Lemme 5. — *Soit* A *une algèbre de Banach involutive.*

a) *Pour tout* $x \in A$, *on a* $\exp(x)^* = \exp(x^*)$;

b) *Soit* $x \in A_h$ *un élément hermitien. Alors* $\exp(ix)$ *est unitaire.*

En effet, puisque l'involution sur A est continue, on a

$$\exp(x)^* = \Big(\sum_{n=0}^{\infty} \frac{x^n}{n!}\Big)^* = \sum_{n=0}^{\infty} \frac{(x^*)^n}{n!} = \exp(x^*)$$

pour tout $x \in A$ (formule (9) de I, p. 78). Si $x \in A_h$, il vient alors

$$\exp(ix)^* = \exp((ix)^*) = \exp(-ix) = \exp(ix)^{-1}$$

(formule (11) de I, p. 78).

4. Algèbres stellaires

DÉFINITION 3. — *On appelle* algèbre stellaire *une algèbre de Banach involutive* A *telle que* $\|x\|^2 = \|x^*x\|$ *pour tout* $x \in A$.

Si A *et* B *sont des algèbres stellaires, un* morphisme, *ou* morphisme d'algèbres stellaires, *de* A *dans* B *est un morphisme d'algèbres involutives de* A *dans* B. *Un* isomorphisme *de* A *dans* B *est un isomorphisme d'algèbres involutives de* A *dans* B.

Certains auteurs parlent de « C*-algèbre ».

Soit A une algèbre stellaire. Une sous-algèbre stellaire de A est une sous-algèbre involutive fermée de A.

Exemples. — 1) L'algèbre de Banach involutive des endomorphismes continus d'un espace hilbertien complexe (exemple 3 de I, p. 100) est une algèbre stellaire (EVT, V, p. 39, prop. 2).

2) Soit X un espace topologique localement compact. L'algèbre de Banach involutive $\mathscr{C}_b(X)$ des fonctions continues et bornées à valeurs

complexes sur X (exemple 1 de I, p. 100) est une algèbre stellaire. En effet, pour toute fonction $f \in \mathscr{C}_b(\mathrm{X})$, on a $f^*f = |f|^2$, et donc $\|f^*f\| = \||f|^2\| = \|f\|^2$.

Soit $\mathrm{A} = \mathscr{C}_0(\mathrm{X})$ la sous-algèbre de Banach involutive des fonctions tendant vers 0 à l'infini. C'est une sous-algèbre stellaire de $\mathscr{C}_b(\mathrm{X})$. Pour toute fonction $f \in \mathrm{A}$, on a $\|f\| = \varrho(f)$, puisque $\mathrm{Sp}'_{\mathrm{A}}(f) = f(\mathrm{X}) \cup \{0\}$.

Soient X et Y des espaces topologiques localement compacts. Pour toute application partielle propre φ de X dans Y (déf. 1 de I, p. 33), le morphisme d'algèbres φ^* de $\mathscr{C}_0(\mathrm{Y})$ dans $\mathscr{C}_0(\mathrm{X})$ (prop. 3 de I, p. 34) est un morphisme d'algèbres involutives. Réciproquement, tout morphisme d'algèbres stellaires $\pi \colon \mathscr{C}_0(\mathrm{Y}) \to \mathscr{C}_0(\mathrm{X})$ est de cette forme (*loc. cit.*).

3) Soient X un espace topologique compact et $x_0 \in \mathrm{X}$ un élément fixé de X. La sous-algèbre $\mathscr{C}'(\mathrm{X})$ de $\mathscr{C}(\mathrm{X})$ des fonctions continues $f \colon \mathrm{X} \to \mathbf{C}$ telles que $f(x_0) = 0$ est une algèbre stellaire.

4) Soient X un espace topologique séparé et μ une mesure positive sur X. L'algèbre de Banach involutive $\mathrm{L}^\infty(\mathrm{X}, \mu)$ est une algèbre stellaire commutative unifère.

5) Soit (A_i) une famille d'algèbres stellaires. L'algèbre de Banach involutive A produit des A_i (exemple 5 de I, p. 101) est une algèbre stellaire, appelée *algèbre stellaire produit* des A_i.

6) Soit A une algèbre stellaire. Si B est une sous-algèbre involutive fermée de A, alors B est une algèbre stellaire. On verra (V, à paraître) que toute algèbre stellaire est isomorphe à une sous-algèbre involutive fermée de l'algèbre stellaire des endomorphismes d'un espace hilbertien (exemple 1).

7) Soit A une algèbre stellaire. Si $\mathrm{M} \subset \mathrm{A}$ est une partie quelconque, alors la sous-algèbre fermée involutive de A engendrée par M est une algèbre stellaire, appelée *sous-algèbre stellaire de* A *engendrée par* M. Si A est de plus unifère, alors la sous-algèbre unifère fermée involutive engendrée par M est une algèbre stellaire unifère, appelée *sous-algèbre stellaire unifère de* A *engendrée par* M.

8) En général, l'algèbre de Banach involutive $\mathscr{M}^1(\mathrm{G})$ (exemple 4 de I, p. 100) n'est pas une algèbre stellaire (I, p. 181, exerc. 8).

Lemme 6. — Soit A *une algèbre de Banach munie d'une involution vérifiant*

$$(1) \qquad \|x\|^2 \leqslant \|x^*x\|$$

pour tout $x \in \mathrm{A}$. *Alors* A *est une algèbre stellaire.*

Soit $x \in \mathrm{A}$. On a alors $\|x\|^2 \leqslant \|x^*\| \cdot \|x\|$, d'où $\|x\| \leqslant \|x^*\|$. En échangeant le rôle de x et x^*, on voit que $\|x\| = \|x^*\|$. Ainsi $\|x^*x\| \leqslant \|x^*\|\|x\| \leqslant \|x\|^2$ et l'hypothèse implique l'égalité $\|x\|^2 = \|x^*x\|$.

Lemme 7. — Soit A *une algèbre stellaire.*

a) *La représentation regulière* γ *de* A (déf. 1 de I, p. 16) *est isométrique, c'est-à-dire*

$$\|x\| = \sup_{\|y\| \leqslant 1} \|xy\|,$$

pour tout $x \in \mathrm{A}$;

b) *Pour tout* $x \in \mathrm{A}_h$, *on a*

$$(2) \qquad \varrho(x) = \|x\|.$$

Soit $x \in \mathrm{A}$. On a $\sup_{\|y\| \leqslant 1} \|xy\| \leqslant \|x\|$. Pour prouver que $\|x\| \leqslant \sup_{\|y\| \leqslant 1} \|xy\|$, on peut supposer $\|x\| = 1$. Alors, l'élément $y = x^*$ vérifie $\|y\| = \|x^*\| = 1$, et $\|xy\| = \|x\|^2 = 1$, d'où l'assertion *a*).

Supposons que x est hermitien. Il vient $\|x^2\| = \|x^*x\| = \|x\|^2$, d'où par récurrence $\|x^{2^n}\|^{2^{-n}} = \|x\|$ pour tout entier $n \geqslant 1$, d'où l'assertion *b*) d'après la prop. 1 de I, p. 20.

Remarques. — 1) Soit A une algèbre stellaire unifère. On a

$$\|1\|^2 = \|1^*1\| = \|1\|,$$

donc la norme $\|1\|$ est nulle ou égale à 1. Si $\mathrm{A} \neq \{0\}$, on en déduit $\|1\| = 1$. Par suite, pour tout élément unitaire u de A, on a $\|u\| = \|u^*u\|^{1/2} = 1$.

2) Soit A une algèbre normée involutive. Si $\|x\|^2 = \|x^*x\|$ pour tout $x \in \mathrm{A}$, la complétée $\widehat{\mathrm{A}}$ de A est une algèbre stellaire.

PROPOSITION 2. — *Soit* A *une algèbre de Banach involutive, soit* B *une algèbre stellaire et soit* π *un morphisme d'algèbres involutives de* A *dans* B. *On a* $\|\pi(x)\| \leqslant \|x\|$ *pour tout* $x \in \mathrm{A}$, *et en particulier* π *est continu.*

Pour tout $x \in \mathrm{A}$, on a $\mathrm{Sp}'_{\mathrm{B}}(\pi(x)) \subset \mathrm{Sp}'_{\mathrm{A}}(x)$, donc $\varrho(\pi(x)) \leqslant \varrho(x) \leqslant \|x\|$. Comme $\pi(x^*x) \in \mathrm{B}_h$, on a $\|\pi(x^*x)\| = \varrho(\pi(x^*x))$ (formule (2)), donc

$$\|\pi(x)\|^2 = \|\pi(x^*x)\| = \varrho(\pi(x^*x)) \leqslant \|x^*x\| = \|x\|^2.$$

PROPOSITION 3. — *Soit* A *une algèbre stellaire et soit* $\widetilde{\mathrm{A}}$ *l'algèbre involutive déduite de* A *par adjonction d'un élément unité. Il existe une unique norme sur* $\widetilde{\mathrm{A}}$ *prolongeant celle de* A *et faisant de* $\widetilde{\mathrm{A}}$ *une algèbre stellaire.*

L'unicité d'une telle norme résulte de la prop. 2. Montrons maintenant son existence. Notons $\widetilde{e}$ l'élément unité de $\widetilde{\mathrm{A}}$.

Supposons d'abord que A possède un élément unité e. Le produit des algèbres normées involutives A et $\mathbf{C}(\widetilde{e} - e)$ s'identifie à $\widetilde{\mathrm{A}}$ et est une algèbre stellaire (exemple 5). La norme sur $\widetilde{\mathrm{A}}$ prolonge celle de A, d'où l'assertion.

Supposons désormais que A ne possède pas d'élément unité. Pour tout $x \in \widetilde{\mathrm{A}}$, soit $\boldsymbol{\gamma}_x$ l'opérateur de multiplication $y \mapsto xy$ de A dans A, et posons $\|x\|_{\widetilde{\mathrm{A}}} = \|\boldsymbol{\gamma}_x\|$. L'application $x \mapsto \|x\|_{\widetilde{\mathrm{A}}}$ est une semi-norme sur $\widetilde{\mathrm{A}}$. Pour tous x et x' de $\widetilde{\mathrm{A}}$, on a $\|xx'\|_{\widetilde{\mathrm{A}}} \leqslant \|x\|_{\widetilde{\mathrm{A}}}\|x'\|_{\widetilde{\mathrm{A}}}$. De plus, d'après le lemme 7, on a $\|x\|_{\widetilde{\mathrm{A}}} = \|x\|$ pour tout $x \in \mathrm{A}$.

Montrons que l'application $x \mapsto \|x\|_{\widetilde{\mathrm{A}}}$ est une norme sur $\widetilde{\mathrm{A}}$. Soient $\lambda \in \mathbf{C}$ et $x \in \mathrm{A}$ tels que $\|\lambda\widetilde{e} + x\|_{\widetilde{\mathrm{A}}} = 0$. Si $\lambda \neq 0$, la condition $(\lambda\widetilde{e} + x)y = 0$ pour tout $y \in \mathrm{A}$ implique que $-\lambda^{-1}x$ est un élément unité à gauche dans A. De même, l'élément $-\overline{\lambda}^{-1}x^*$ est un élément unité à droite. Ainsi, l'algèbre A possèderait alors un élément unité, contrairement à l'hypothèse. On a donc $\lambda = 0$. Mais alors $0 = \|x\|_{\widetilde{\mathrm{A}}} = \|x\|$, et donc $x = 0$.

Comme A est complet et de codimension 1 dans $\widetilde{\mathrm{A}}$, l'espace $\widetilde{\mathrm{A}}$ muni de la norme $x \mapsto \|x\|_{\widetilde{\mathrm{A}}}$ est complet. Pour conclure, il est donc suffisant de montrer que l'on a $\|x\|^2_{\widetilde{\mathrm{A}}} \leqslant \|x^*x\|_{\widetilde{\mathrm{A}}}$ pour tout $x \in \widetilde{\mathrm{A}}$ (lemme 6). On peut supposer que $\|x\|_{\widetilde{\mathrm{A}}} = 1$. Pour tout nombre réel $r < 1$, il existe donc $y \in \mathrm{A}$ tel que $\|y\| = \|y^*\| \leqslant 1$ et $\|xy\|^2 \geqslant r$. Comme $xy \in \mathrm{A}$, on a

$$\|x^*x\|_{\widetilde{\mathrm{A}}} \geqslant \|x^*xy\| \geqslant \|y^*(x^*x)y\| = \|(xy)^*(xy)\| = \|xy\|^2 \geqslant r.$$

On en déduit que $\|x^*x\|_{\widetilde{\mathrm{A}}} \geqslant 1$, et donc l'algèbre involutive $\widetilde{\mathrm{A}}$ munie de la norme $x \mapsto \|x\|_{\widetilde{\mathrm{A}}}$ est une algèbre stellaire.

DÉFINITION 4. — *On dit que* $\widetilde{A}$, *munie de la norme de la prop.* 3, *est l'algèbre stellaire* déduite de A par adjonction d'un élément unité.

Lorsque $A \neq \{0\}$, la norme d'algèbre stellaire sur l'algèbre normée involutive $\widetilde{A}$ n'est pas celle considérée dans l'exemple 6 de I, p. 101 (*cf.* exercice 10 de I, p. 181).

PROPOSITION 4. — *Soit* A *une algèbre stellaire.*

a) *Si* A *possède un élément unité et si* u *est un élément unitaire de* A, *alors* $\mathrm{Sp}(u) \subset \mathbf{U}$;

b) *Si* h *est un élément hermitien de* A, *alors* $\mathrm{Sp}'(h) \subset \mathbf{R}$.

On peut supposer que A est non nulle. Démontrons l'assertion *a*). Soit u un élément unitaire de A. On a $\|u\| = \|u^{-1}\| = 1$ (remarque 1), donc $\mathrm{Sp}(u) \subset \mathbf{U}$ (I, p. 26, cor. 3). Pour démontrer *b*), on peut supposer que A est unifère (prop. 3). Soit h un élément hermitien de A. Alors $\exp(ih)$ est unitaire (lemme 5 de I, p. 102). Ainsi, d'après le cor. 2 de I, p. 67 et *a*), on a $\exp(i\,\mathrm{Sp}(h)) = \mathrm{Sp}(\exp(ih)) \subset \mathbf{U}$, ce qui signifie que $\mathrm{Sp}(h) \subset \mathbf{R}$.

PROPOSITION 5. — *Soient* A *une algèbre stellaire unifère et* B *une sous-algèbre stellaire de* A *contenant l'élément unité de* A. *Alors* B *est une sous-algèbre pleine de* A. *En particulier, on a* $\mathrm{Sp}_B(x) = \mathrm{Sp}_A(x)$ *pour tout* x *dans* B.

Soit x un élément hermitien de B. Comme $\mathrm{Sp}_B(x) \subset \mathbf{R}$ (prop. 4), la prop. 6 de I, p. 28 montre que $\mathrm{Sp}_B(x) = \mathrm{Sp}_A(x)$. En particulier, x est inversible dans B si et seulement si il est inversible dans A.

Soit maintenant x un élément quelconque dans B inversible dans A. Alors x^* est inversible dans A, et xx^* est inversible dans A. Comme xx^* est hermitien, ce qui précède montre que xx^* est inversible dans B. Cela implique que x est inversible à droite dans B. De même, on vérifie que x est inversible à gauche dans B, et par suite que x est inversible dans B. Ainsi, B est une sous-algèbre pleine de A.

COROLLAIRE. — *Soit* A *une algèbre stellaire et soit* B *une sous-algèbre stellaire de* A. *Alors on a* $\mathrm{Sp}'_B(x) = \mathrm{Sp}'_A(x)$ *pour tout* x *dans* B.

Par adjonction d'un élément unité (prop. 3), cela résulte de la prop. 5.

PROPOSITION 6 (Théorème de Fuglede–Putnam)

Soit A *une algèbre stellaire unifère. Soient* a *et* b *des éléments normaux de* A. *Si* $c \in A$ *vérifie* $ac = cb$, *alors* $a^*c = cb^*$.

L'hypothèse implique $(wa)^k c = c(wb)^k$ pour tout entier $k \geqslant 0$ et tout $w \in \mathbf{C}$, donc $e^{wa}c = ce^{wb}$ (formule (9) de I, p. 78). Considérons la fonction f de $\mathbf{C}$ dans A définie par $z \mapsto e^{-za^*}ce^{zb^*}$. C'est une fonction holomorphe sur $\mathbf{C}$, dont la dérivée vérifie

$$f'(z) = -a^*e^{-za^*}ce^{zb^*} + e^{-za^*}cb^*e^{zb^*}$$

pour tout $z \in \mathbf{C}$. Puisque $c = e^{-\overline{z}a}ce^{\overline{z}b}$, on peut écrire

$$f(z) = e^{-za^*}e^{\overline{z}a}\,c\,e^{-\overline{z}b}e^{zb^*}.$$

Puisque a et b sont normaux, les éléments $e^{-za^*}e^{\overline{z}a} = e^{-za^*+\overline{z}a}$ et $e^{-\overline{z}b}e^{zb^*} = e^{-\overline{z}b+zb^*}$ de A sont unitaires pour tout $z \in \mathbf{C}$ (lemme 5 de I, p. 102), donc de norme 1. Par conséquent, on a $\|f(z)\| \leqslant \|c\|$ pour tout $z \in \mathbf{C}$. La fonction f est donc constante (VAR, R1, 3.3.6, p. 29), c'est-à-dire que $f(z) = f(0) = c$ pour tout $z \in \mathbf{C}$. Mais alors $-a^*c + cb^* = f'(0) = 0$.

COROLLAIRE. — *Soit* A *une algèbre stellaire et* a *un élément normal de* A. *Le commutant* (*resp. le bicommutant*) *de* $\{a, a^*\}$ *coïncide avec le commutant* (*resp. le bicommutant*) *de* a.

Il suffit de prendre $b = a$ dans la proposition.

5. Algèbres stellaires commutatives

Lemme 8. — *Soient* X *et* Y *des espaces métriques, l'espace* X *étant complet. Soit* f *une application de* X *dans* Y *telle que*

$$d(f(x), f(y)) \geqslant d(x, y)$$

pour tous x *et* y *dans* X *et telle que le graphe de* f *est fermé dans* X × Y. *Alors* f *est une application fermée.*

Soit F une partie fermée de X et soit $(y_n)_{n\in\mathbf{N}}$ une suite dans $f(\mathrm{F})$ qui converge vers $y \in \mathrm{Y}$. Pour tout $n \in \mathbf{N}$, soit $x_n \in \mathrm{F}$ tel que $f(x_n) = y_n$. L'hypothèse implique que la suite $(x_n)_{n\in\mathbf{N}}$ est une suite de Cauchy ; soit $x \in \mathrm{X}$ sa limite ; c'est un élément de F, car F est fermé. On a de plus $(x_n, f(x_n)) \to (x, y)$ dans X × Y. Comme le graphe de f est fermé, il en découle que $y = f(x)$ appartient à $f(\mathrm{F})$.

Lemme 9. — *Soit* A *une algèbre stellaire commutative. Tout caractère de* A *est hermitien et la transformation de Gelfand est un morphisme d'algèbres stellaires de* A *dans* $\mathscr{C}_0(\mathsf{X}(\mathrm{A}))$.

Il suffit de démontrer la première assertion (proposition 7 de I, p. 38 et lemme 3 de I, p. 98). Soit χ un caractère de A. Pour tout élément hermitien y de A, on a $\chi(y) = \mathscr{G}_{\mathrm{A}}(y)(\chi) \in \mathrm{Sp}'(y) \subset \mathbf{R}$ (prop. 4 de I, p. 106). Par conséquent, le caractère χ est hermitien (prop. 1 de I, p. 95).

THÉORÈME 1. — *Soit* A *une algèbre stellaire commutative. La transformation de Gelfand est un isomorphisme isométrique de l'algèbre stellaire* A *sur l'algèbre stellaire* $\mathscr{C}_0(\mathsf{X}(\mathrm{A}))$ *des fonctions continues sur* $\mathsf{X}(\mathrm{A})$ *tendant vers* 0 *à l'infini.*

La transformation de Gelfand est un morphisme d'algèbres involutives de A dans $\mathscr{C}_0(\mathsf{X}(\mathrm{A}))$ (lemme 9). Soit B son image. C'est une sous-algèbre involutive de $\mathscr{C}_0(\mathsf{X}(\mathrm{A}))$. Les éléments de B séparent les points de $\mathsf{X}(\mathrm{A})$ par définition. Soit $\chi \in \mathsf{X}(\mathrm{A})$. Il existe $x \in \mathrm{A}$ tel que $\chi(x) \neq 0$, donc $f = \mathscr{G}(x)$ est un élément de B tel que $f(\chi) \neq 0$. D'après TG, X, p. 40, cor. 2, la sous-algèbre B est donc dense dans $\mathscr{C}_0(\mathsf{X}(\mathrm{A}))$.

Pour tout élément hermitien y de A, on a $\|\mathscr{G}(y)\| = \varrho(y) = \|y\|$ (prop. 7 de I, p. 38 et formule (2) de I, p. 104), d'où, pour tout $x \in \mathrm{A}$, les égalités

$$\|x\|^2 = \|x^*x\| = \|\mathscr{G}(x^*x)\| = \|\overline{\mathscr{G}(x)} \cdot \mathscr{G}(x)\| = \|\mathscr{G}(x)\|^2.$$

Ainsi $\mathscr{G}$ est isométrique, et son image B est donc fermée (lemme 8). On conclut que $\mathrm{B} = \mathscr{C}_0(\mathsf{X}(\mathrm{A}))$.

COROLLAIRE 1. — *Soient* A *une algèbre stellaire et* x *un élément normal de* A. *Alors* $\|x\| = \varrho(x)$.

Comme la sous-algèbre stellaire de A engendrée par x et x^* est commutative, on peut supposer que A est commutative. Dans ce cas, le cor. résulte du th. 1, de l'exemple 2 de I, p. 102 et du th. 1 de I, p. 24.

COROLLAIRE 2. — *Soit* A *une algèbre stellaire commutative.*

a) *Il existe un espace topologique localement compact* X *tel que* A *est isomorphe à l'algèbre stellaire* $\mathscr{C}_0(\mathrm{X})$;

b) *Soit* B *une algèbre stellaire commutative. L'application* $\pi \mapsto \mathsf{X}'(\pi)$ *est une bijection de l'ensemble des morphismes d'algèbres stellaires de* A *dans* B *sur l'ensemble des applications partielles propres de* $\mathsf{X}(\mathrm{B})$ *dans* $\mathsf{X}(\mathrm{A})$ (déf. 1 de I, p. 33).

Le théorème 1 établit la première assertion, et la seconde assertion découle de la prop. 3 de I, p. 34 et de l'exemple 2 de I, p. 102.

COROLLAIRE 3. — *Soit* A *une algèbre stellaire commutative unifère.*

a) *Il existe un espace topologique compact* X *tel que* A *est isomorphe à l'algèbre stellaire* $\mathscr{C}(X)$;

b) *Soit* B *une algèbre stellaire commutative unifère. L'application* $\pi \mapsto \mathsf{X}(\pi)$ *est une bijection de l'ensemble des morphismes unifères d'algèbres stellaires* $A \to B$ *dans l'ensemble des applications continues de* $\mathsf{X}(B)$ *dans* $\mathsf{X}(A)$.

Cela découle de ce qui précède et de la prop. 4 de I, p. 35.

Remarque. — *Soit **G** la catégorie dont les objets sont les espaces localement compacts et dont les morphismes sont les applications partielles propres (déf. 1 de I, p. 33), et soit **S** la catégorie des algèbres stellaires commutatives, dont les morphismes sont les morphismes d'algèbres involutives. Considérons le foncteur de **S** dans la catégorie opposée $\mathbf{G}^{\circ}$ qui associe à une algèbre stellaire commutative A l'espace localement compact $\mathsf{X}(A)$ des caractères non nuls de A, et à un morphisme $\varphi\colon A \to B$ d'algèbres stellaires commutatives l'application continue $\mathsf{X}'(\varphi)$. Le th. 1 et le cor. 2 signifient que ce foncteur est une équivalence de catégories, et qu'un quasi-inverse de ce foncteur est le foncteur qui associe à un espace topologique localement compact X l'algèbre stellaire commutative $\mathscr{C}_0(X)$.

De même, le corollaire 3 signifie que la catégorie opposée de la catégorie des espaces compacts est équivalente à la catégorie des algèbres stellaires commutatives unifères.*

6. Calcul fonctionnel dans les algèbres stellaires unifères

Dans ce numéro, A est une algèbre stellaire unifère et x est un élément *normal* de A.

Soit B la sous-algèbre stellaire unifère de A engendrée par x ; elle est commutative et contenue dans le bicommutant de $\{x, x^*\}$, donc dans le bicommutant de x (cor. de la prop. 6 de I, p. 106). La transformation de Gelfand $\mathscr{G}_B\colon B \to \mathscr{C}(\mathsf{X}(B))$ est un isomorphisme d'algèbres stellaires (th. 1 de I, p. 108). On a $\mathrm{Sp}_B(x) = \mathrm{Sp}_A(x)$ (prop. 5 de I, p. 106).

Lemme 10. — *L'application* $\mathrm{ev}_x\colon \chi \mapsto \chi(x)$ *induit un homéomorphisme de* $\mathsf{X}(B)$ *sur* $\mathrm{Sp}_A(x)$.

L'application $x \mapsto \chi(x)$ de $\mathsf{X}(\mathrm{B})$ dans $\mathbf{C}$ est continue, et son image est égale à $\mathrm{Sp}_{\mathrm{B}}(x)$ d'après la prop. 6 de I, p. 37, donc à $\mathrm{Sp}_{\mathrm{A}}(x)$. Comme les caractères de B sont hermitiens (lemme 9 de I, p. 107), des caractères de B qui coïncident en x sont également égaux en x^*, donc sont égaux sur la sous-algèbre stellaire unifère B engendrée par x. Cela prouve que l'application ev_x est injective. Comme $\mathsf{X}(\mathrm{B})$ est compact et $\mathbf{C}$ est séparé, elle induit un homéomorphisme de $\mathsf{X}(\mathrm{B})$ sur son image, d'où le lemme.

On déduit du lemme un isomorphisme d'algèbres stellaires $\varphi_x : \mathscr{C}(\mathrm{Sp}_{\mathrm{A}}(x)) \to \mathscr{C}(\mathsf{X}(\mathrm{B}))$. Il applique une fonction $f \in \mathscr{C}(\mathrm{Sp}_{\mathrm{A}}(x))$ sur la fonction $\chi \mapsto f(\chi(x))$. L'application $\mathscr{G}_{\mathrm{B}}^{-1} \circ \varphi_x$ est un isomorphisme de l'algèbre stellaire $\mathscr{C}(\mathrm{Sp}_{\mathrm{A}}(x))$ sur B.

DÉFINITION 5. — *Le morphisme involutif* $f \mapsto (\mathscr{G}_{\mathrm{B}}^{-1} \circ \varphi_x)(f)$ *de* $\mathscr{C}(\mathrm{Sp}_{\mathrm{A}}(x))$ *dans* A *est appelé* application de calcul fonctionnel continu *de* x *dans* A. *On le note* $f \mapsto f(x)$.

Remarque. — L'application $f \mapsto f(x)$ est isométrique ; son image est la sous-algèbre stellaire unifère B engendrée par x, qui est contenue dans le bicommutant de x.

Si f est la restriction à $\mathrm{Sp}_{\mathrm{A}}(x)$ d'une fonction de la forme $z \mapsto \mathrm{P}(z, \overline{z})$, où $\mathrm{P} \in \mathbf{C}[\mathrm{X}, \mathrm{Y}]$ est un polynôme, alors on a $f(x) = \mathrm{P}(x, x^*)$ au sens algébrique usuel.

Exemples. — 1) Supposons qu'il existe $\lambda \in \mathbf{C}$ tel que $\mathrm{Sp}_{\mathrm{A}}(x)$ est réduit à λ. On a alors $x = \lambda \cdot 1$. En effet, la fonction identique de $\mathrm{Sp}_{\mathrm{A}}(x)$ est égale à λ, donc son image par l'application de calcul fonctionnel, c'est-à-dire x, est égale à $\lambda \cdot 1$.

2) Pour que x soit hermitien, il faut et il suffit que $\mathrm{Sp}_{\mathrm{A}}(x)$ soit contenu dans $\mathbf{R}$. En effet, soit f l'application continue sur $\mathrm{Sp}_{\mathrm{A}}(x)$ donnée par $f(z) = z - \overline{z}$. Alors x est hermitien si et seulement si $f(x) = 0$, c'est-à-dire si f est nulle, c'est-à-dire si $\mathrm{Sp}_{\mathrm{A}}(x)$ est contenu dans $\mathbf{R}$.

3) Pour que x soit unitaire, il faut et il suffit que son spectre soit contenu dans le cercle unité de $\mathbf{C}$. En effet, soit $f \in \mathscr{C}(\mathrm{Sp}_{\mathrm{A}}(x))$ la fonction définie par $f(z) = z\overline{z} - 1$; l'élément x est unitaire si et seulement si $f(x) = 0$, c'est-à-dire si f est nulle.

Proposition 7. — *L'application $f \mapsto f(x)$ est l'unique morphisme unifère d'algèbres involutives de $\mathscr{C}(\mathrm{Sp}_{\mathrm{A}}(x))$ dans A tel que l'application identique z de $\mathrm{Sp}_{\mathrm{A}}(x)$ ait pour image x.*

En effet, la sous-algèbre unifère de $\mathscr{C}(\mathrm{Sp}_{\mathrm{A}}(x))$ engendrée par les éléments z et $\overline{z}$ de $\mathscr{C}(\mathrm{Sp}_{\mathrm{A}}(x))$ est dense dans $\mathscr{C}(\mathrm{Sp}_{\mathrm{A}}(x))$ (TG, X, p. 40, cor. 1). Puisque tout morphisme d'algèbres involutives de $\mathscr{C}(\mathrm{Sp}_{\mathrm{A}}(x))$ dans A est continu (I, p. 104, prop. 2), il existe au plus un morphisme d'algèbres involutives de $\mathscr{C}(\mathrm{Sp}_{\mathrm{A}}(x))$ dans A qui applique z sur x.

Le corollaire suivant montre que lorsque f est la restriction d'une fonction holomorphe au voisinage de $\mathrm{Sp}_{\mathrm{A}}(x)$, la définition de $f(x)$ coïncide avec celle du calcul fonctionnel holomorphe en une variable du numéro 9 de I, p. 74.

Corollaire 1. — *Soit $f \in \mathscr{O}(\mathrm{Sp}_{\mathrm{A}}(x))$ un germe de fonction holomorphe au voisinage de $\mathrm{Sp}_{\mathrm{A}}(x)$ et soit $\widetilde{f} \in \mathscr{C}(\mathrm{Sp}_{\mathrm{A}}(x))$ la fonction continue sur $\mathrm{Sp}_{\mathrm{A}}(x)$ associée à f. On a $\widetilde{f}(x) = f(x)$, où $f(x)$ est l'élément de A donné par le calcul fonctionnel holomorphe.*

En effet, l'application $f \mapsto \widetilde{f}(x)$ est un morphisme unifère continu de $\mathscr{O}(\mathrm{Sp}_{\mathrm{A}}(x))$ dans A qui applique le germe de la fonction identique au voisinage de $\mathrm{Sp}_{\mathrm{A}}(x)$ sur x. Le résultat est alors conséquence du th. 5 de I, p. 74.

Corollaire 2. — *Soit $f \in \mathscr{C}(\mathrm{Sp}_{\mathrm{A}}(x))$.*

a) *On a*

$$\mathrm{Sp}_{\mathrm{A}}(f(x)) = f(\mathrm{Sp}_{\mathrm{A}}(x))\,;$$

b) *Pour tout $g \in \mathscr{C}(\mathrm{Sp}_{\mathrm{A}}(f(x)))$, on a $(g \circ f)(x) = g(f(x))$.*

Comme $f(x)$ appartient à la sous-algèbre pleine B de A, on a $\mathrm{Sp}_{\mathrm{A}}(f(x)) = \mathrm{Sp}_{\mathrm{B}}(f(x))$ (prop. 5 de I, p. 106). L'isomorphisme $f \mapsto f(x)$ de $\mathscr{C}(\mathrm{Sp}_{\mathrm{A}}(x))$ dans B préserve le spectre ; on a donc $\mathrm{Sp}_{\mathrm{B}}(f(x)) = \mathrm{Sp}_{\mathscr{C}(\mathrm{Sp}_{\mathrm{A}}(x))}(f) = f(\mathrm{Sp}_{\mathrm{A}}(x))$ (exemple 3 de I, p. 17). Cela démontre l'assertion a).

L'application $g \mapsto (g \circ f)(x)$ est un morphisme unifère d'algèbres involutives de $\mathscr{C}(\mathrm{Sp}_{\mathrm{A}}(f(x)))$ dans A qui transforme la fonction identique de $\mathrm{Sp}_{\mathrm{A}}(f(x))$ en $f(x)$. D'après la prop. 7, on a donc $(g \circ f)(x) = g(f(x))$ pour tout $g \in \mathscr{C}(\mathrm{Sp}_{\mathrm{A}}(f(x)))$.

Exemple 4. — Soit X un espace localement compact et soit $\mathrm{A} = \mathscr{C}_b(\mathrm{X})$ l'algèbre stellaire unifère commutative des fonctions continues et bornées sur X (exemple 2 de I, p. 102). Soit $g \in \mathrm{A}$; son spectre S est l'adhérence dans $\mathbf{C}$ de l'ensemble $g(\mathrm{X})$ des valeurs de g (exemple 3 de I, p. 17). L'application de calcul fonctionnel de g est alors l'application $f \mapsto f \circ g$, pour $f \in \mathscr{C}(\mathrm{S})$. En effet, cette application est un morphisme unifère d'algèbres stellaires tel que l'application identique de S a pour image g.

Dans le cas où X est compact, on a $\mathrm{A} = \mathscr{C}(\mathrm{X})$ et $\mathrm{S} = g(\mathrm{X})$.

Soit $\pi \colon \mathrm{A} \to \mathrm{A}'$ un morphisme unifère d'algèbres stellaires unifères. L'élément $\pi(x)$ de A′ est normal et son spectre relativement à A′ est contenu dans $\mathrm{Sp}_{\mathrm{A}}(x)$. On a alors :

PROPOSITION 8. — *Soit $f \in \mathscr{C}(\mathrm{Sp}_{\mathrm{A}}(x))$. Notant encore f la restriction de f à $\mathrm{Sp}_{\mathrm{A}'}(\pi(x))$, on a l'égalité $\pi(f(x)) = f(\pi(x))$. En particulier, pour tout $\chi \in \mathsf{X}(\mathrm{A})$, on a $\chi(f(x)) = f(\chi(x))$.*

Soit z l'application identique de $\mathrm{Sp}_{\mathrm{A}}(x)$. Les applications définies par $f \mapsto \pi(f(x))$ et $f \mapsto f(\pi(x))$ sont des morphismes unifères continus d'algèbres involutives de $\mathscr{C}(\mathrm{Sp}_{\mathrm{A}}(x))$ dans B qui appliquent z sur $\pi(x)$. Ces morphismes coïncident donc sur la sous-algèbre involutive unifère de $\mathscr{C}(\mathrm{Sp}_{\mathrm{A}}(x))$ engendrée par z. Comme celle-ci est dense dans $\mathscr{C}(\mathrm{Sp}_{\mathrm{A}}(x))$ (TG, X, p. 40, cor. 1), ces morphismes sont égaux.

COROLLAIRE. — *Supposons que* A *est commutative. Pour tout $f \in \mathscr{C}(\mathrm{Sp}_{\mathrm{A}}(x))$, on a $\mathscr{G}_{\mathrm{A}}(f(x)) = f \circ \mathscr{G}_{\mathrm{A}}(x)$.*

Il suffit d'appliquer la prop. 8 à la transformation de Gelfand $\mathscr{G}_{\mathrm{A}}$ de A dans $\mathscr{C}(\mathsf{X}(\mathrm{A}))$ et de remarquer (exemple ci-dessus) que $f(\mathscr{G}_{\mathrm{A}}(x)) = f \circ \mathscr{G}_{\mathrm{A}}(x)$.

7. Applications du calcul fonctionnel

PROPOSITION 9. — *Tout morphisme* injectif *d'algèbres stellaires est isométrique et, en particulier, d'image fermée.*

Soient A et A′ des algèbres stellaires et soit $\pi \colon \mathrm{A} \to \mathrm{A}'$ un morphisme d'algèbres involutives de A dans A′.

Supposons d'abord que A et A′ sont unifères et que π est unifère. On a $\|\pi\| \leqslant 1$ (prop. 2). Supposons qu'il existe x dans A tel que $\|\pi(x)\| < \|x\|$. Soit $y = x^*x$; c'est un élément hermitien de A. Puisque A et A′ sont des algèbres stellaires, on a $\|\pi(y)\| = \|\pi(x)\|^2 < \|x\|^2 = \|y\|$, c'est-à-dire $\varrho(\pi(y)) < \varrho(y)$ (lemme 7 de I, p. 104). En particulier, $\mathrm{Sp}_{\mathrm{A}'}(\pi(y))$ est un sous-ensemble fermé de $\mathrm{Sp}_{\mathrm{A}}(y)$, distinct de $\mathrm{Sp}_{\mathrm{A}}(y)$

(remarque 6 de I, p. 3 et th. 1 de I, p. 24). Il existe alors une fonction non nulle $f \in \mathscr{C}(\mathrm{Sp}_{\mathrm{A}}(y))$ telle que $f|\,\mathrm{Sp}_{\mathrm{A}'}(\pi(y)) = 0$ (TG, IX, p. 13, prop. 3). Soit $w = f(y) \in \mathrm{A}$. On a $w \neq 0$ puisque $f \neq 0$, mais $\pi(w) = \pi(f(y)) = f(\pi(y)) = 0$ puisque f est nulle sur $\mathrm{Sp}_{\mathrm{A}'}(\pi(y))$ (prop. 8). Donc π n'est pas injective.

Traitons maintenant le cas général. Soient $\widetilde{\mathrm{A}}$ et $\widetilde{\mathrm{A}}'$ les algèbres stellaires déduites de A et de A′ respectivement par adjonction d'un élément unité (déf. 4 de I, p. 106). Il existe un unique morphisme unifère d'algèbres involutives $\widetilde{\pi}\colon \widetilde{\mathrm{A}} \to \widetilde{\mathrm{A}}'$ prolongeant π. Ce morphisme est injectif, donc est isométrique d'après ce qui précède. Pour tout $x \in \mathrm{A}$, on a alors $\|\pi(x)\| = \|\widetilde{\pi}(x)\| = \|x\|$.

Lemme 11. — *Soit* X *un espace topologique complètement régulier, c'est-à-dire uniformisable et séparé* (TG, IX, p. 8, déf. 4), *contenant au moins deux points. Il existe des fonctions continues non nulles f et g dans $\mathscr{C}(\mathrm{X})$ telles que $fg = 0$.*

Soient $x \neq y$ des points distincts de X. Soient U et V des voisinages ouverts de x et y, respectivement, tels que U et V sont disjoints. Puisque X est uniformisable, d'après TG, IX, p. 7, th. 2, il existe une fonction $f \in \mathscr{C}(\mathrm{X})$ telle que $f(x) = 1$ et $f|\mathrm{X} - \mathrm{U} = 0$. De même, il existe $g \in \mathscr{C}(\mathrm{X})$ telle que $g(y) = 1$ et $g|\mathrm{X} - \mathrm{V} = 0$. On a alors $fg = 0$.

Proposition 10. — *Soit* A *une algèbre stellaire unifère. On suppose que pour tout couple (x, y) d'éléments permutables de* A, *la condition $xy = 0$ implique que $x = 0$ ou $y = 0$. Alors* $\mathrm{A} = \mathbf{C} \cdot 1$.

Si A n'est pas égale à $\mathbf{C} \cdot 1$, il existe un élément hermitien x dans A qui n'appartient pas à $\mathbf{C} \cdot 1$ (lemme 2 de I, p. 96). Soit B la sous-algèbre stellaire unifère de A engendrée par x. Elle est commutative, et isomorphe à $\mathscr{C}(\mathrm{Sp}_{\mathrm{A}}(x))$ (I, p. 110, remarque). Comme x n'est pas scalaire, son spectre dans B n'est pas réduit à un seul élément (exemple 1 de I, p. 110). Il existe donc des fonctions continues et non nulles f et g sur $\mathrm{Sp}_{\mathrm{A}}(x)$ telles que $fg = 0$ (lemme 11). Les éléments $f(x)$ et $g(x)$ de A sont non nuls, permutables, et vérifient $f(x)g(x) = 0$ dans A.

Proposition 11. — *Soient* A *une algèbre stellaire unifère, a, x et y des éléments de* A. *On suppose que x et y sont normaux. Si $xa = ay$, alors on a $f(x)a = af(y)$ pour toute fonction f continue dans la réunion du spectre de x et du spectre de y. En particulier, on a $f(aa^*)a = af(a^*a)$ pour toute fonction $f \in \mathscr{C}(\mathrm{Sp}'(a^*a))$.*

Soit $S = \mathrm{Sp}(x) \cup \mathrm{Sp}(y)$. La proposition 6 de I, p. 106 implique que $x^*a = ay^*$. Par conséquent, il vient $f(x)a = af(y)$ pour toute fonction f qui est de la forme $z \mapsto P(z, \overline{z})$, où $P \in \mathbf{C}[X, Y]$ est un polynôme. Puisque l'ensemble des fonctions $f \in \mathscr{C}(S)$ vérifiant $f(x)a = af(y)$ est une sous-algèbre fermée de $\mathscr{C}(S)$, elle coïncide avec $\mathscr{C}(S)$ d'après TG, X, p. 40, cor. 1.

La seconde assertion est une conséquence de la première, appliquée aux éléments hermitiens $x = aa^*$ et $y = a^*a$, compte tenu du fait que $\mathrm{Sp}'(a^*a) = \mathrm{Sp}'(aa^*)$ (prop. 1 de I, p. 5).

8. Calcul fonctionnel dans une algèbre non unifère

Soit A une algèbre stellaire et soit $\widetilde{A}$ l'algèbre stellaire unifère déduite de A par adjonction d'un élément unité e. Notons π le caractère hermitien $x + \lambda e \mapsto \lambda$ de $\widetilde{A}$ dans $\mathbf{C}$; on a $\mathrm{Ker}(\pi) = A$.

Soit $x \in A$ un élément normal. Il est normal dans $\widetilde{A}$ et $\mathrm{Sp}_{\widetilde{A}}(x) = \mathrm{Sp}'_A(x)$. Notons $\mathscr{C}'(\mathrm{Sp}'_A(x))$ l'algèbre stellaire des fonctions continues f sur $\mathrm{Sp}'_A(x)$ telles que $f(0) = 0$.

Soit $f \in \mathscr{C}(\mathrm{Sp}'_A(x))$. Comme $\pi(f(x)) = f(\pi(x))$ (prop. 8 de I, p. 112), on a $f(x) \in A$ si et seulement si $f(0) = 0$. L'application $f \mapsto f(x)$ définit un morphisme d'algèbres involutives de l'algèbre stellaire $\mathscr{C}'(\mathrm{Sp}'_A(x))$ dans A pour lequel l'image de l'application identique z de $\mathrm{Sp}'_A(x)$ est x. Ce morphisme est isométrique et son image est la sous-algèbre stellaire de A engendrée par x.

PROPOSITION 12. — *L'application $f \mapsto f(x)$ est l'unique morphisme d'algèbres involutives de l'algèbre stellaire $\mathscr{C}'(\mathrm{Sp}'_A(x))$ dans A tel que l'application identique z de $\mathrm{Sp}'_A(x)$ ait pour image x.*

Les éléments z et $\overline{z}$ de $\mathscr{C}'(\mathrm{Sp}'_A(x))$ engendrent une sous-algèbre dense de $\mathscr{C}'(\mathrm{Sp}'_A(x))$ (*cf.* TG, X, p. 40, cor. 2). Puisque tout morphisme d'algèbres involutives de l'algèbre stellaire $\mathscr{C}'(\mathrm{Sp}'_A(x))$ dans l'algèbre stellaire A est continu (I, p. 104, prop. 2), le résultat en découle.

Les résultats du numéro précédent concernant le calcul fonctionnel s'étendent au cas général. Nous les énoncerons simplement et laisserons aux lecteurs le soin de compléter les démonstrations, *mutatis mutandis.*

PROPOSITION 13. — *On a les propriétés suivantes* :

a) *Pour tout $f \in \mathscr{C}'(\mathrm{Sp}'_A(x))$, on a* $\mathrm{Sp}'_A(f(x)) = f(\mathrm{Sp}'_A(x))$;

b) *Pour tout* $f \in \mathscr{C}'(\mathrm{Sp}'_{\mathrm{A}}(x))$ *et pour tout* $g \in \mathscr{C}'(\mathrm{Sp}'_{\mathrm{A}}(f(x)))$, *on a* $(g \circ f)(x) = g(f(x))$;

c) *Soit* A′ *une algèbre stellaire et soit* π *un morphisme de* A *dans* A′ ; *alors* $\pi(x)$ *est normal dans* A′, *on a* $\mathrm{Sp}'_{\mathrm{A}'}(\pi(x)) \subset \mathrm{Sp}'_{\mathrm{A}}(x)$ *et* $\pi(f(x)) = f(\pi(x))$ *pour tout* $f \in \mathscr{C}'(\mathrm{Sp}'_{\mathrm{A}}(x))$;

d) *Si* A *est commutative, et si* $f \in \mathscr{C}'(\mathrm{Sp}'_{\mathrm{A}}(x))$, *alors* $\mathscr{G}'_{\mathrm{A}}(f(x)) = f \circ \mathscr{G}'_{\mathrm{A}}(x)$.

Remarque. — Soit A une algèbre stellaire unifère et soit $\widetilde{\mathrm{A}}$ l'algèbre stellaire unifère déduite de A par adjonction d'un élément unité e. Pour tout $x \in \mathrm{A}$, on a $\mathrm{Sp}'_{\mathrm{A}}(x) = \mathrm{Sp}_{\mathrm{A}}(x) \cup \{0\}$. Soit x un élément normal de A. C'est alors un élément normal de $\widetilde{\mathrm{A}}$ et l'on dispose donc de deux applications de calcul fonctionnel dans A, la première définie sur $\mathscr{C}(\mathrm{Sp}_{\mathrm{A}}(x))$ et la seconde sur $\mathscr{C}'(\mathrm{Sp}'_{\mathrm{A}}(x))$. Soit $f' \in \mathscr{C}'(\mathrm{Sp}'_{\mathrm{A}}(x))$; si l'on note f sa restriction à $\mathrm{Sp}_{\mathrm{A}}(x)$, on a alors $f'(x) = f(x)$.

9. Éléments positifs dans les algèbres stellaires

DÉFINITION 6. — *Soit* A *une algèbre stellaire. Un élément* x *de* A *est dit* positif *s'il est hermitien et si* $\mathrm{Sp}'_{\mathrm{A}}(x) \subset \mathbf{R}_+$. *On note* A_+ *l'ensemble des éléments positifs de* A. *C'est un sous-ensemble de* A_h.

On note $x \geqslant y$ *si* $x - y \in \mathrm{A}_+$.

Si l'algèbre stellaire A est unifère, son élément unité est positif.

Si B est une sous-algèbre stellaire de A, on a $\mathrm{B}_+ = \mathrm{B} \cap \mathrm{A}_+$ (cor. de la prop. 5 de I, p. 106).

Si $\pi \colon \mathrm{A} \to \mathrm{B}$ est un morphisme d'algèbres stellaires, alors $\pi(\mathrm{A}_+) \subset \mathrm{B}_+$.

Exemples. — 1) Soit X un espace localement compact. Dans l'algèbre stellaire $\mathscr{C}_0(\mathrm{X})$ des fonctions continues sur X et tendant vers 0 à l'infini, resp. dans l'algèbre stellaire $\mathscr{C}_b(\mathrm{X})$ des fonctions continues bornées sur X, une fonction f est un élément positif si et seulement si elle est à valeurs réelles et si $f(x) \geqslant 0$ pour tout $x \in \mathrm{X}$ (*cf.* exemple 3 de I, p. 17).

2) Soit A une algèbre stellaire commutative. Soit a dans A. Puisque $\mathrm{Sp}'_{\mathrm{A}}(x)$ est la réunion de $\{0\}$ et de l'image de la transformée de Gelfand $\mathscr{G}(a)$ (prop. 6 de I, p. 37), l'élément a est positif si, et seulement si, la transformée de Gelfand $\mathscr{G}(a)$ est une fonction positive.

3) Soit E un espace hilbertien complexe. Un élément x de l'algèbre stellaire $\mathscr{L}(E)$ (exemple 1 de I, p. 102) est positif si et seulement si c'est un endomorphisme positif de E au sens de EVT, V, p. 45, déf. 6 (prop. 8 de I, p. 138).

Lemme 12. — *Soit* A *une algèbre stellaire unifère et soit* $x \in A$ *un élément hermitien.*

a) *L'élément* x *est positif si et seulement si* $\| \|x\| \cdot 1 - x\| \leqslant \|x\|$;

b) *Si* $\|x\| \leqslant 1$, *alors* x *est positif si et seulement si* $\|1 - x\| \leqslant 1$;

c) *Si* x *est positif, alors* $1 - x$ *est positif si et seulement si* $\|x\| \leqslant 1$;

d) *Si* x *est positif et si* $y \in A_+$ *est permutable à* x, *alors* xy *est positif.*

L'élément x est hermitien, donc normal. En considérant la sous-algèbre stellaire engendrée par x, qui est commutative, on se ramène au cas où l'algèbre A est commutative, c'est-à-dire au cas où $A = \mathscr{C}_0(X)$ pour un espace topologique localement compact X (th. 1 de I, p. 108). Les trois premières assertions découlent alors immédiatement de l'exemple 1 ci-dessus. De même, pour montrer l'assertion *d*), on peut considérer la sous-algèbre stellaire engendrée par x et y, qui est commutative.

PROPOSITION 14. — *Soit* A *une algèbre stellaire. L'ensemble* A_+ *est un cône convexe fermé pointé saillant dans l'espace de Banach réel* A_h (EVT, II, p. 11).

Soit $\widetilde{A}$ l'algèbre stellaire déduite de A par adjonction d'un élément unité. Puisque $A_+ = A \cap \widetilde{A}_+$, il suffit de démontrer la proposition pour $\widetilde{A}$. On peut donc supposer que A possède un élément unité.

On a $0 \in A_+$. Pour tout $\lambda \in \mathbf{R}_+^*$ et tout $x \in A$, on a $\mathrm{Sp}'_A(\lambda x) = \lambda \, \mathrm{Sp}'_A(x)$, ce qui implique que A_+ est un cône dans l'espace de Banach réel A_h.

Pour montrer que A_+ est convexe, il suffit de montrer que si x et y sont positifs, alors $x+y \geqslant 0$ (EVT, II, p. 11, prop. 10). Par homothétie, il suffit de démontrer que si $x \geqslant 0$ et $y \geqslant 0$ vérifient de plus $\|x\| \leqslant 1$, $\|y\| \leqslant 1$, alors l'élément $\frac{1}{2}(x+y)$ est positif. Or on a

$$\left\|1 - \frac{1}{2}(x+y)\right\| \leqslant \frac{1}{2}\|1-x\| + \frac{1}{2}\|1-y\| \leqslant 1$$

d'après l'assertion *b*) du lemme 12, et cette même assertion montre alors que $\frac{1}{2}(x+y)$ est positif.

Enfin, l'assertion a) du lemme 12 implique également que A_+ est fermé.

Puisque A_+ est un cône pointé dans A_h, il est saillant si et seulement si $A_+ \cap (-A_+)$ est réduit à 0. Mais si $x \in A_+ \cap (-A_+)$, on a $\mathrm{Sp}'_A(x) = \{0\}$, donc $\varrho(x) = 0$, et $\|x\| = 0$ comme x est hermitien (lemme 7, (2) de I, p. 104), d'où $x = 0$.

La proposition 14 signifie que la relation « $x \geqslant y$ » est une relation d'ordre sur A_h (EVT, II, p. 13, prop. 13).

PROPOSITION 15. — *Soit* A *une algèbre stellaire. Soit* x *un élément normal de* A.

a) *Supposons que* A *soit unifère et soit* f *une fonction continue de* $\mathrm{Sp}_A(x)$ *dans* $\mathbf{C}$. *Pour que* $f(x)$ *soit positif, il faut et il suffit que l'image de* f *soit contenue dans* $\mathbf{R}_+$;

b) *Soit* f *une fonction continue de* $\mathrm{Sp}'_A(x)$ *dans* $\mathbf{C}$ *telle que* $f(0) = 0$. *Pour que* $f(x)$ *soit un élément positif de* A, *il faut et il suffit que l'image de* f *soit contenue dans* $\mathbf{R}_+$.

L'assertion a) découle de l'assertion a) du cor. 2 de I, p. 111, et l'assertion b) découle de la prop. 13 de I, p. 114.

Soit x un élément hermitien de l'algèbre stellaire A. Son spectre est contenu dans $\mathbf{R}$ (prop. 4 de I, p. 106). Considérons les fonctions continues de $\mathrm{Sp}'_A(x)$ dans $\mathbf{R}$ définies par

$$f_1 \colon t \mapsto \sup(t, 0), \quad f_2 \colon t \mapsto \sup(-t, 0), \quad f_3 \colon t \mapsto |t|.$$

On note

$$x^+ = f_1(x), \quad x^- = f_2(x), \quad |x| = f_3(x). \tag{3}$$

Comme les fonctions f_1, f_2, f_3 sont à valeurs réelles positives et s'annulent en 0, les éléments x^+, x^- et $|x|$ sont des éléments positifs de A (prop. 15, a)) qui appartiennent à la sous-algèbre stellaire de A engendrée par x.

On a $f_1(t) - f_2(t) = t$ pour tout $t \in \mathbf{R}$, ainsi que les relations $f_1 + f_2 = f_3$ et $f_1 f_2 = 0$. Il en découle les relations :

$$x = x^+ - x^-, \quad |x| = x^+ + x^-, \quad x^+ x^- = x^- x^+ = 0. \tag{4}$$

Comme l'application de calcul fonctionnel est isométrique, on a

$$\||x|\| = \|x\|, \quad \|x^+\| \leqslant \|x\|, \quad \|x^-\| \leqslant \|x\|.$$

Soit x un élément positif de A. Il est hermitien, donc normal. Soit $\alpha \in \mathbf{R}_+^*$, et soit g la restriction à $\mathrm{Sp}'_{\mathrm{A}}(x)$ de la fonction $t \mapsto t^\alpha$; on note $x^\alpha = g(x)$. C'est un élément positif de la sous-algèbre stellaire de A engendrée par x. Soient α et β dans $\mathbf{R}_+^*$. Comme l'application de calcul fonctionnel est un morphisme d'algèbres, et d'après la prop. 13 de I, p. 114, on a

$$x^\alpha x^\beta = x^{\alpha+\beta} \qquad (x^\alpha)^\beta = x^{\alpha\beta}. \tag{5}$$

On écrira aussi $\sqrt{x} = x^{1/2}$.

PROPOSITION 16. — *Soit x un élément positif de* A. *Soit $\alpha \in \mathbf{R}_+^*$. Alors $x^{1/\alpha}$ est l'unique élément positif y de* A *tel que $y^\alpha = x$.*

On a vu ci-dessus que $x^{1/\alpha}$ vérifie les propriétés demandées. Inversement, soit y un élément positif de A tel que $y^\alpha = x$. D'après la formule (5), on a $y = (y^\alpha)^{1/\alpha} = x^{1/\alpha}$, ce qu'il fallait démontrer.

Lemme 13. — *Soit* A *une algèbre stellaire unifère. Tout élément de* A *est somme d'éléments unitaires.*

Soit x un élément hermitien de A. Supposons d'abord que $\|x\| \leqslant 2$. D'après le lemme 12, *c*), on a $1 - \frac{1}{4}x^2 \in \mathrm{A}_+$. Soit $y = \frac{1}{2}x + i\sqrt{1 - \frac{1}{4}x^2}$. On a $y^* = \frac{1}{2}x - i\sqrt{1 - \frac{1}{4}x^2}$, donc $yy^* = 1$ et $x = y + y^*$ est somme de deux éléments unitaires. Dans le cas général, soit k un entier tel que $\|\frac{1}{k}x\| \leqslant 2$; l'élément x est alors somme de $2k$ éléments unitaires. D'après le lemme 2 de I, p. 96, le lemme en résulte.

THÉORÈME 2. — *Soit* A *une algèbre stellaire. Un élément x de* A *est positif si et seulement s'il existe $y \in$* A *tel que $x = y^*y$.*

Supposons que x soit positif. Soit $y = x^{1/2}$; c'est un élément hermitien de A et on a $y^*y = y^2 = x$.

Réciproquement, soit y un élément de A et posons $x = y^*y$. C'est un élément hermitien de A. Montrons que x est positif. Notons pour cela $z = x^-$ et posons $w = yz$. On a alors

$$w^*w = z^*y^*yz = zxz = z(x^+ - z)z = -z^3.$$

Comme $z \geqslant 0$, on a $z^3 \geqslant 0$, et on en déduit que $\mathrm{Sp}'_{\mathrm{A}}(w^*w) \subset \mathbf{R}_-$. Écrivons par ailleurs $w = w_1 + iw_2$ où w_1 et w_2 sont hermitiens (lemme 2 de I, p. 96). Les éléments w_1^2 et w_2^2 sont positifs. On a $ww^* + w^*w = 2w_1^2 + 2w_2^2$, et la prop. 14 montre donc que $ww^* = 2w_1^2 + 2w_2^2 + (-w^*w)$ est positif. Comme $\mathrm{Sp}'_{\mathrm{A}}(ww^*) = \mathrm{Sp}'_{\mathrm{A}}(w^*w)$ (I, p. 5, prop. 1), qui est contenu dans $\mathbf{R}_-$, on conclut que $\mathrm{Sp}'_{\mathrm{A}}(w^*w) = \{0\}$. Puisque w^*w est hermitien, cela implique (cor. 1 de I, p. 108) que $\|w^*w\| = \varrho(w^*w) = 0$, donc que $z^3 = 0$. Puisque z est hermitien, on a $z = 0$. Ainsi, $x = x^+$ est positif.

Remarque. — Soit A une algèbre stellaire et soit $x \in$ A. L'élément x^*x de A est positif; on pose alors $|x| = (x^*x)^{1/2}$. On a $\|x\|^2 = \|x^*x\| = \||x|^2\| = \||x|\|^2$, donc $\|x\| = \||x|\|$.

Lorsque x est normal, on a également $|x| = f(x)$, où f est l'application de **C** dans **C**, nulle en 0, donnée par $f(z) = |z|$. En particulier, lorsque x est hermitien, $|x|$ coïncide avec l'élément défini par la formule (3).

Supposons de plus que A soit unifère et que x soit inversible. Alors $|x|$ est également inversible, l'élément $u = x|x|^{-1}$ est unitaire et l'on a $x = u|x|$ (« décomposition polaire » ; voir aussi I, p. 139, n° 8 pour le cas des endomorphismes des espaces hilbertiens).

Lemme 14. — *Soit* A *une algèbre stellaire, et soient x et y des éléments hermitiens de* A.

a) *Si $x \leqslant y$, alors pour tout élément w de* A, *on a $w^*xw \leqslant w^*yw$. En particulier, si $y \geqslant 0$, on a $w^*yw \geqslant 0$;*

b) *Supposons que* A *est unifère. Si $0 \leqslant x \leqslant y$ et si x est inversible, alors y est inversible et $y^{-1} \leqslant x^{-1}$;*

c) *Si $0 \leqslant x \leqslant y$ alors $\|x\| \leqslant \|y\|$.*

Soit $u = (y - x)^{1/2}$. On a $w^*yw - w^*xw = w^*u^2w = (uw)^*(uw)$, et l'assertion *a*) résulte du th. 2.

Démontrons l'assertion *b*). Supposons d'abord que $x = 1$. Soit B la sous-algèbre stellaire unifère engendrée par y. Par l'isomorphisme de Gelfand, y correspond à une fonction continue $\geqslant 1$ sur l'espace compact X(B). Cette fonction est donc inversible et son inverse est $\leqslant 1$. Ceci implique que y est inversible et $y^{-1} \leqslant 1 = x^{-1}$. Dans le cas général, on observe que $0 \leqslant 1 \leqslant x^{-1/2}yx^{-1/2}$ d'après *a*), donc le cas précédent implique que $z = x^{-1/2}yx^{-1/2}$ est inversible et $z^{-1} \leqslant 1$. Ainsi, y est inversible et $y^{-1} \leqslant x^{-1}$ d'après *a*) encore.

Pour démontrer l'assertion *c*), on peut supposer que A est unifère (prop. 3 de I, p. 105). Supposons d'abord que y est inversible. Notons $b = \sqrt{y}$. D'après *a*), les conditions $0 \leqslant x \leqslant y$ impliquent $0 \leqslant b^{-1}xb^{-1} \leqslant b^{-1}yb^{-1} = 1$, donc $\|b^{-1}xb^{-1}\| \leqslant 1$ par le lemme 12, *c*) de I, p. 116. On a alors

$$\|x\| = \|b(b^{-1}xb^{-1})b\| \leqslant \|b\|\|b^{-1}xb^{-1}\|\|b\| \leqslant \|b\|^2 = \|b^2\| = \|y\|.$$

Dans le cas général, pour tout réel $\varepsilon > 0$, l'élément $y + \varepsilon$ est inversible et $0 \leqslant x \leqslant y + \varepsilon$. D'après ce qui précède, on a donc $\|x\| \leqslant \|y + \varepsilon\|$ pour tout nombre réel $\varepsilon > 0$, d'où le résultat.

Remarque. — En général, si x et y sont des éléments positifs d'une algèbre stellaire A, la condition $0 \leqslant x \leqslant y$ n'implique pas $x^2 \leqslant y^2$ (*cf.* exercice 15 de I, p. 182).

10. Unités approchées dans les algèbres stellaires

DÉFINITION 7. — *Soit* A *une algèbre normée. Une* unité approchée *de* A *est une base de filtre* $\mathfrak{F}$ *sur la boule unité de* A *telle que, pour tout* x *dans* A, *les bases de filtre* $x\mathfrak{F}$ *et* $\mathfrak{F}x$ *sur* A *convergent vers* x, *autrement dit :*

$$\lim_{f,\mathfrak{F}} fx = \lim_{f,\mathfrak{F}} xf = x.$$

Si A *est une algèbre stellaire, une unité approchée* $\mathfrak{F}$ *est dite* croissante *si* $\mathfrak{F}$ *est une base de filtre sur* A_+.

Soit A une algèbre stellaire. On note $A_+^{\leqslant 1}$ (resp. $A_+^{<1}$) l'ensemble des éléments positifs de A de norme $\leqslant 1$ (resp. de norme < 1) ; ce sont les éléments hermitiens de A dont le spectre est contenu dans $[0, 1]$ (resp. dans $[0, 1[$).

PROPOSITION 17. — *Soit* A *une algèbre stellaire, soit* $\mathfrak{F}$ *une base de filtre sur* $A_+^{\leqslant 1}$. *Pour que* $\mathfrak{F}$ *soit une unité approchée croissante de* A, *il faut et il suffit que l'on ait*

$$\lim_{f,\mathfrak{F}} fx = x$$

pour tout élément positif x *de* A.

La condition est évidemment nécessaire ; démontrons qu'elle est suffisante. Soit $\widetilde{A}$ l'algèbre stellaire déduite de A par adjonction d'un élément unité. Soit x un élément de A et soit $f \in A_+^{\leqslant 1}$. On a

$$\begin{aligned}\|fx - x\|^2 = \|(fx - x)(fx - x)^*\| &= \|(f - 1)xx^*(f - 1)\| \\ &\leqslant \|(f - 1)xx^*\|\end{aligned}$$

car $\|f - 1\| \leqslant 1$ (lemme 12, c) de I, p. 116). On a donc

$$\limsup_{f,\mathfrak{F}} \|fx - x\|^2 \leqslant \limsup_{f,\mathfrak{F}} \|fxx^* - xx^*\|.$$

Comme xx^* est positif (th. 2 de I, p. 118), l'hypothèse implique que

$$\limsup_{f,\mathfrak{F}} \|fx - x\|^2 \leqslant \|xx^* - xx^*\| = 0,$$

de sorte que

$$\lim_{f,\mathfrak{F}} fx = x.$$

Comme l'involution de A est continue et comme $\mathfrak{F}$ est une base de filtre sur A_h, il vient

$$\lim_{f,\mathfrak{F}} xf = \lim_{f,\mathfrak{F}} (f^*x^*)^* = \lim_{f,\mathfrak{F}} (fx^*)^* = (x^*)^* = x.$$

La proposition en résulte.

PROPOSITION 18. — *Soit* A *une algèbre stellaire. L'ensemble ordonné* $A_+^{<1}$ *est filtrant à droite* (E, III, p. 12, déf. 7) *et le filtre de ses sections* (TG, I, p. 38, exemple 2) *est une unité approchée croissante de* A.

Soit $\widetilde{A}$ l'algèbre stellaire déduite de A par adjonction d'un élément unité noté 1 (déf. 4 de I, p. 106).

Soit g la fonction de $[0,1[$ dans $\mathbf{R}_+$ définie par $g(t) = t(1-t)^{-1}$. C'est une bijection continue croissante, sa bijection réciproque étant donnée par $t \mapsto 1-(1+t)^{-1}$.

Démontrons que l'ensemble ordonné $A_+^{<1}$ est filtrant à droite. Soient x et y des éléments de $A_+^{<1}$. Puisque $g(0) = 0$ et puisque $\mathrm{Sp}'_A(x)$ et $\mathrm{Sp}'_A(y)$ sont contenus dans $[0,1[$, les éléments $g(x)$ et $g(y)$ sont définis ; ils sont positifs, de sorte que $g(x) + g(y) \geqslant 0$. On peut donc former l'élément $z = g^{-1}(g(x) + g(y))$ de A. On a $\mathrm{Sp}'_A(z) \subset [0,1[$, et donc $z \in A_+^{<1}$.

On a $0 \leqslant g(x) \leqslant g(z)$, d'où $1 \leqslant 1+g(x) \leqslant 1+g(z)$. L'assertion *b)* du lemme 14 de I, p. 119 implique que $1+g(x)$ et $1+g(z)$ sont inversibles et que $(1+g(z))^{-1} \leqslant (1+g(x))^{-1}$. Par suite, $z = 1-(1+g(z))^{-1} \geqslant 1-(1+g(x))^{-1} = x$. De même, on a $z \geqslant y$. En conséquence, z majore x et y dans $A_+^{<1}$. L'ensemble ordonné $A_+^{<1}$ est donc filtrant à droite. Notons $\mathfrak{F}$ le filtre de ses sections

Soit x un élément positif de A. Pour tout entier $n \geqslant 1$, soit $e_n = g^{-1}(nx)$; on a $e_n \in A_+^{<1}$. Soit h_n la fonction continue sur $\mathbf{R}_+$ définie pour tout $t \in \mathbf{R}_+$ par $h_n(t) = t^2(1-g^{-1}(nt)) = t^2/(1+nt)$. On a $|h_n(t)| \leqslant t/n$ pour tout $t \geqslant 0$, et donc $\|x(1-e_n)x\| = \|h_n(x)\| \leqslant \|x\|/n$. En particulier, $x(1-e_n)x$ tend vers 0 quand n tend vers l'infini.

Soit $\varepsilon > 0$ un nombre réel. Soit n un entier tel que $\|x(1-e_n)x\| < \varepsilon$. Pour tout $f \in A_+^{\leqslant 1}$ tel que $f \geqslant e_n$, on a alors

$$\|x - fx\|^2 = \|(1-f)x\|^2 = \|((1-f)x)^*(1-f)x\| = \|x^*(1-f)^2x\| \\ = \|x(1-f)^2x\|.$$

Par ailleurs, puisque $0 \leqslant f \leqslant 1$, il vient $(1-f)-(1-f)^2 = (1-f)f \geqslant 0$ (lemme 12, *d*) de I, p. 116), donc $(1-f)^2 \leqslant 1-f$. Comme $1-f \leqslant 1-e_n$, il vient $0 \leqslant (1-f)^2 \leqslant 1-e_n$. D'après le lemme 14, *a*) et *c*) de I, p. 119, il s'ensuit

$$\|x - fx\|^2 = \|x(1-f)^2x\| \leqslant \|x(1-e_n)x\| < \varepsilon.$$

On a donc $\lim_{f,\mathfrak{F}} fx = x$ pour tout $x \in A_+$. Le filtre $\mathfrak{F}$ est donc une unité approchée de A d'après la proposition 17.

11. Quotient par un idéal bilatère fermé

Lemme 15. — *Soit* A *une algèbre stellaire et soit* I *un idéal bilatère fermé de* A. *Alors* I *est auto-adjoint.*

Soit $J = I \cap I^*$. L'ensemble J est un idéal bilatère auto-adjoint de A, qui contient I^*I. En particulier, J est une algèbre stellaire. Soit $\mathfrak{F}$ une unité approchée croissante de J (prop. 18 de I, p. 121). Pour tout $x \in I$ et tout $f \in J_+^{\leqslant 1}$, on a

$$\|xf - x\|^2 = \|(xf-x)^*(xf-x)\| = \|f(x^*xf - x^*x) - (x^*xf - x^*x)\| \\ \leqslant 2\|x^*xf - x^*x\|.$$

Comme $x^*x \in J$, on a donc

$$\lim_{f,\mathfrak{F}} \|xf - x\|^2 = 0.$$

Comme $xf \in J$ pour tout $f \in J_+^{\leqslant 1}$ et comme J est fermé, cela implique que $x \in J$. Donc $I = J$, et l'idéal I est auto-adjoint.

PROPOSITION 19. — *Soit* A *une algèbre stellaire et soit* I *un idéal bilatère fermé de* A. *Alors l'algèbre de Banach involutive quotient* A/I *est une algèbre stellaire.*

L'idéal I est auto-adjoint (lemme 15). On considère l'algèbre stellaire $\widetilde{A}$ déduite de A par adjonction d'un élément unité (déf. 4 de I,

p. 106). Dans cette algèbre, l'ensemble I est un idéal bilatère auto-adjoint fermé, et A/I s'identifie à une sous-algèbre involutive fermée de $\widetilde{A}/I$. On peut donc supposer que A est unifère.

L'algèbre de Banach A/I est involutive. Soit $\pi\colon A \to A/I$ la projection canonique. L'idéal bilatère auto-adjoint I est une sous-algèbre stellaire de A. Soit $\mathfrak{F}$ une unité approchée croissante de I (prop. 18 de I, p. 121). Montrons d'abord que pour tout $x \in A$, on a

$$\|\pi(x)\|_{A/I} = \lim_{f,\mathfrak{F}} \|x - xf\|. \tag{6}$$

D'une part, comme $xf \in I$ pour tout $f \in I_+^{\leqslant 1}$, on a

$$\|\pi(x)\|_{A/I} = \inf_{a \in I} \|x - a\| \leqslant \liminf_{f,\mathfrak{F}} \|x - xf\|.$$

D'autre part, pour tout $a \in I$, on a

$$\begin{aligned}\|x - xf\| &\leqslant \|(x-a) - (x-a)f\| + \|a - af\| \\ &= \|(x-a)(1-f)\| + \|a - af\|\end{aligned}$$

et donc, puisque $\|1 - f\| \leqslant 1$ (lemme 12 de I, p. 116) et $a \in I$, on en déduit

$$\limsup_{f,\mathfrak{F}} \|x - xf\| \leqslant \|x - a\|.$$

Ainsi, il vient $\limsup_{f,\mathfrak{F}} \|x - xf\| \leqslant \|\pi(x)\|_{A/I}$ puisque a est arbitraire dans I. La formule (6) est donc démontrée.

Soit maintenant x un élément de A. D'après la formule (6), on a

$$\begin{aligned}\|\pi(x)\|_{A/I}^2 &= \lim_{f,\mathfrak{F}} \|x - xf\|^2 = \lim_{f,\mathfrak{F}} \|x(1-f)\|^2 \\ &= \lim_{f,\mathfrak{F}} \|(1-f)x^*x(1-f)\| \leqslant \lim_{f,\mathfrak{F}} \|x^*x(1-f)\| = \|\pi(x^*x)\|_{A/I}.\end{aligned}$$

Le lemme 6 de I, p. 103 entraîne alors que l'algèbre de Banach involutive A/I est une algèbre stellaire.

12. Algèbre stellaire enveloppante d'une algèbre de Banach involutive

Lemme 16. — *Soit* A *une algèbre involutive et soit* p *une semi-norme sur* A. *Les conditions suivantes sont équivalentes* :

(i) *On a* $p(xy) \leqslant p(x)p(y)$, $p(x^*) = p(x)$ *et* $p(x)^2 = p(x^*x)$ *quels que soient* $x, y \in A$;

(ii) *L'ensemble* R *des éléments* x *de* A *tels que* $p(x) = 0$ *est un idéal bilatère auto-adjoint de* A*, et la semi-norme sur* A/R *déduite de* p *fait de* A/R *une algèbre normée involutive dont la complétée est une algèbre stellaire* ;

(iii) *Il existe une algèbre stellaire* B *et un morphisme d'algèbres involutives* φ *de* A *dans* B *tel que* $p(x) = \|\varphi(x)\|$ *pour tout* $x \in$ A.

Les implications (i)$\Longrightarrow$(ii)$\Longrightarrow$(iii)$\Longrightarrow$(i) sont toutes élémentaires.

Une semi-norme satisfaisant aux conditions du lemme 16 sera appelée une *semi-norme stellaire* sur l'algèbre involutive A.

Soit A une algèbre normée involutive et soit S l'ensemble des semi-normes stellaires sur A. On a $p(x) \leqslant \|x\|$ pour tout $x \in$ A et tout $p \in$ S (I, p. 104, prop. 2). L'application $x \mapsto \|x\|_* = \sup_{p \in \mathrm{S}} p(x)$ est une semi-norme stellaire sur A. C'est la plus grande semi-norme stellaire sur A.

Soit R l'ensemble des $x \in$ A tels que $\|x\|_* = 0$. C'est un idéal bilatère fermé de A. On note Stell(A) l'algèbre stellaire complétée de A/R pour la norme déduite de $x \mapsto \|x\|_*$ (lemme 16, (ii)). L'application canonique de A dans Stell(A) est continue, son image est dense dans Stell(A) et son noyau est égal à R.

DÉFINITION 8. — *L'algèbre stellaire* Stell(A) *est appelée l'*algèbre stellaire enveloppante de l'algèbre normée involutive A.

Si A est commutative, alors Stell(A) est commutative ; si A est unifère, alors Stell(A) est unifère.

PROPOSITION 20. — *Soit* A *une algèbre normée involutive et soit* j *le morphisme canonique de* A *dans* Stell(A)*. Pour toute algèbre stellaire* B *et pour tout morphisme* φ *d'algèbres involutives de* A *dans* B*, il existe un unique morphisme* φ' *d'algèbres stellaires de* Stell(A) *dans* B *tel que* $\varphi = \varphi' \circ j$.

Notons $x \mapsto \|x\|_*$ la norme sur Stell(A). Soit R le noyau de j. L'application $x \mapsto \|\varphi(x)\|$ est une semi-norme stellaire sur A. On a donc $\|\varphi(x)\| \leqslant \|x\|_*$ pour tout $x \in$ A. Le morphisme φ définit donc par passage au quotient un morphisme continu de A/R dans B, qui se prolonge par continuité en un morphisme φ' de Stell(A) dans B vérifiant $\varphi = \varphi' \circ j$. L'unicité de φ' résulte de ce que l'image de j est dense dans Stell(A).

COROLLAIRE. — *Soient* A *une algèbre de Banach involutive commutative et* j *le morphisme canonique de* A *dans* Stell(A). *L'application* $\mathsf{X}(j)$ *est un homéomorphisme de* $\mathsf{X}(\mathrm{Stell}(\mathrm{A}))$ *sur le sous-espace* $\mathsf{X}(\mathrm{A})_h$ *de* $\mathsf{X}(\mathrm{A})$ *formé des caractères hermitiens de* A.

Les caractères hermitiens de A sont les morphismes d'algèbres involutives de A dans l'algèbre stellaire **C**. La prop. 20 entraîne donc que $\mathsf{X}(j)$ est une bijection de $\mathsf{X}(\mathrm{Stell}(\mathrm{A}))$ sur $\mathsf{X}(\mathrm{A})_h$. Comme $\mathsf{X}(j)$ est un homéomorphisme sur son image (*cf.* I, p. 10), le corollaire en résulte.

On identifie $\mathsf{X}(\mathrm{Stell}(\mathrm{A}))$ à $\mathsf{X}(\mathrm{A})_h$ par l'application $\mathsf{X}(j)$. Pour tout $x \in \mathrm{A}$, l'application $\mathscr{G}_{\mathrm{Stell}(\mathrm{A})}(j(x))$ n'est autre que la restriction à $\mathsf{X}(\mathrm{A})_h$ de $\mathscr{G}_{\mathrm{A}}(x)$.

PROPOSITION 21. — *Soient* A *une algèbre de Banach involutive et* j *le morphisme canonique de* A *dans* Stell(A). *Le radical de* A *est contenu dans le noyau de* j.

Soit x un élément du radical de A. Alors x^*x appartient au radical de A, et donc $\mathrm{Sp}'_{\mathrm{A}}(x^*x) = \{0\}$ (I, p. 5, remarque 3). Puisque $\mathrm{Sp}'_{\mathrm{Stell}(\mathrm{A})}(j(x^*x)) \subset \mathrm{Sp}'_{\mathrm{A}}(x^*x)$, on a donc $\mathrm{Sp}'_{\mathrm{Stell}(\mathrm{A})}(j(x)^*j(x)) = \{0\}$, d'où $\|j(x)\|^2 = \|j(x)^*j(x)\| = \varrho(j(x)^*j(x)) = 0$ (formule (2) de I, p. 104), et donc $j(x) = 0$.

13. Algèbre stellaire d'un groupe localement compact

DÉFINITION 9. — *Soit* G *un groupe localement compact et soit* A *l'algèbre de Banach involutive des mesures bornées sur* G *admettant une densité par rapport à une mesure de Haar sur* G (exemple 4 de I, p. 99). *On appelle* algèbre stellaire de G *l'algèbre stellaire enveloppante de l'algèbre de Banach involutive* A. *On la note* Stell(G).

Remarque. — Soit ν une mesure de Haar à gauche sur G et soit Δ son module. L'application $f \mapsto f \cdot \nu$ est un isomorphisme isométrique de l'algèbre $\mathrm{L}^1(\mathrm{G}, \nu)$ sur A (*loc. cit.*). On peut donc aussi définir Stell(G) comme l'algèbre stellaire enveloppante de l'algèbre normée involutive $\mathrm{L}^1(\mathrm{G}, \nu)$.

Soit G un groupe localement compact et soit ν une mesure de Haar à gauche sur G. Pour $\mu \in \mathscr{M}^1(\mathrm{G})$ et $f \in \mathrm{L}^2(\mathrm{G}, \nu)$, on a $\mu * f \in \mathrm{L}^2(\mathrm{G}, \nu)$ (INT, VIII, §4, prop. 6). Notons alors $\gamma(\mu)$ l'endomorphisme $f \mapsto \mu * f$ de $\mathrm{L}^2(\mathrm{G}, \nu)$. L'application $\mu \mapsto \gamma(\mu)$ est une représentation de l'algèbre

$\mathscr{M}^1(G)$ dans l'algèbre de Banach $\mathscr{L}(L^2(G,\nu))$ des endomorphismes continus de $L^2(G,\nu)$ (INT, VIII, §4, cor. de la prop. 6). D'autre part, $\gamma(\check{\mu})$ est la transposée de l'endomorphisme $\gamma(\mu)$ (INT, VIII, §4, n° 3, prop. 8). Il en résulte que $\gamma(\mu^*)$ est l'endomorphisme adjoint de $\gamma(\mu)$, et donc que l'application $\gamma\colon \mu \mapsto \gamma(\mu)$ est un morphisme d'algèbres involutives de $\mathscr{M}^1(G)$ dans l'algèbre stellaire $\mathscr{L}(L^2(G,\nu))$, appelé la *représentation régulière gauche de* $\mathscr{M}^1(G)$ dans $L^2(G,\nu)$. D'après INT, VIII, §4, n° 7, prop. 19, cette représentation est fidèle.

Soit j l'application canonique de $L^1(G,\nu)$ dans Stell(G). Par restriction à $L^1(G,\nu)$, la représentation régulière γ définit un morphisme injectif d'algèbres involutives de $L^1(G,\nu)$ dans $\mathscr{L}(L^2(G,\nu))$, appelé représentation régulière gauche de $L^1(G)$ dans $L^2(G)$. D'après la prop. 20, il existe un unique morphisme $\gamma'\colon \mathrm{Stell}(G) \to \mathscr{L}(L^2(G,\nu))$ tel que $\gamma = \gamma' \circ j$. On dit que γ' est la *représentation régulière gauche* de Stell(G) dans $L^2(G,\nu)$. Par abus de notation, nous noterons encore

$$\gamma'(\varphi)(f) = \varphi * f \tag{7}$$

pour $f \in L^2(G,\nu)$ et $\varphi \in \mathrm{Stell}(G)$. On a

$$\|\varphi * f\|_2 \leqslant \|\varphi\|_* \|f\|_2. \tag{8}$$

Remarque. — En général, la représentation régulière gauche γ' de Stell(G) dans $L^2(G,\nu)$ n'est pas fidèle. On peut démontrer qu'elle l'est si et seulement si il existe sur $L^\infty_{\mathbf{R}}(G)$ une forme linéaire positive f telle que $f(1) = 1$ et $f(\gamma(g)x) = f(x)$ pour tout $(g,x) \in G \times G$ (on dit alors que le groupe G est moyennable, *cf.* EVT, IV, p. 73, exercice 4).

PROPOSITION 22. — *L'application canonique* j *de* $L^1(G,\nu)$ *dans* Stell(G) *est injective et d'image dense.*

L'image de j est dense par définition de l'algèbre stellaire enveloppante d'une algèbre normée involutive. Puisque la représentation régulière gauche γ est fidèle, l'injectivité de j résulte de l'égalité $\gamma = \gamma' \circ j$.

COROLLAIRE. — *L'algèbre* $L^1(G,\nu)$ *est sans radical.*

Ceci résulte de la prop. 21 de I, p. 125 et de la prop. 22.

On peut donc identifier $L^1(G,\nu)$ à une sous-algèbre involutive dense de Stell(G), et l'injection canonique de $L^1(G,\nu)$ dans Stell(G) est alors continue.

Supposons maintenant que le groupe G soit unimodulaire (INT, VII, §1, n° 3, déf. 3). On peut alors répéter les mêmes arguments à partir de la représentation régulière droite $(f,\mu) \mapsto \boldsymbol{\delta}(\mu)(f) = f * \check{\mu}$ de $\mathrm{L}^2(\mathrm{G},\nu) \times \mathscr{M}^1(\mathrm{G})$ dans $\mathrm{L}^2(\mathrm{G},\nu)$. On définit alors un morphisme $\boldsymbol{\delta}'$ de Stell(G) dans $\mathscr{L}(\mathrm{L}^2(\mathrm{G},\nu))$ tel que $\boldsymbol{\delta} = \boldsymbol{\delta}' \circ j$, et on note $\boldsymbol{\delta}'(\varphi)(f) = f * \varphi$ pour $f \in \mathrm{L}^2(\mathrm{G},\nu)$ et $\varphi \in \mathrm{Stell(G)}$.

Pour $\varphi, \psi \in \mathrm{Stell(G)}$, on a $\boldsymbol{\delta}'(\psi) \circ \boldsymbol{\gamma}'(\varphi) = \boldsymbol{\gamma}'(\psi) \circ \boldsymbol{\delta}'(\varphi)$, c'est-à-dire

$$(\varphi * f) * \psi = \varphi * (f * \psi) \tag{9}$$

pour tout $f \in \mathrm{L}^2(\mathrm{G},\nu)$. En effet, cette formule est vraie pour $\varphi, \psi \in \mathrm{L}^1(\mathrm{G},\nu)$, et les applications $(\varphi,\psi) \mapsto (\varphi * f) * \psi$ et $(\varphi,\psi) \mapsto \varphi * (f * \psi)$ sont des applications bilinéaires continues de $\mathrm{Stell(G)} \times \mathrm{Stell(G)}$ dans $\mathrm{L}^2(\mathrm{G},\nu)$.

§ 7. SPECTRE DES ENDOMORPHISMES DES ESPACES DE BANACH

Sauf mention du contraire, les espaces vectoriels considérés dans ce paragraphe sont des espaces vectoriels sur **C**. On note 1_{E} l'application identique d'un espace vectoriel E. Un *endomorphisme* d'un espace vectoriel topologique E est une application linéaire continue de E dans E.

Soient E un espace vectoriel topologique et u un endomorphisme de E. Si F est un sous-espace de E stable par u, on dira que l'endomorphisme de F déduit de u par passage aux sous-espaces est l'endomorphisme de F déduit de u. On le notera $u|\mathrm{F}$.

1. Spectre d'un endomorphisme

DÉFINITION 1. — *Soit* E *un espace vectoriel topologique et soit* u *un endomorphisme de* E. *On appelle* spectre *de* u, *et on note* $\mathrm{Sp}(u)$, *le spectre de* u *relativement à l'algèbre unifère* $\mathscr{L}(\mathrm{E})$.

Soit E un espace vectoriel topologique et soit $u \in \mathscr{L}(\mathrm{E})$. Le spectre de u est l'ensemble des nombres complexes λ tels que $u - \lambda 1_{\mathrm{E}}$ n'est pas un automorphisme de E. Si E est métrisable complet, c'est aussi l'ensemble des nombres complexes λ tels que $u - \lambda 1_{\mathrm{E}}$ n'est pas bijectif (EVT, I, p. 19, cor. 1).

Toute valeur propre de u appartient au spectre de u, mais la réciproque est fausse en général.

Dans la suite de ce paragraphe, nous nous bornerons à étudier la notion de spectre dans le cas où E est un espace de Banach.

Lemme 1. — *Soit* E *un espace de Banach et soit* u *un endomorphisme de* E. *Soit* $(E_i)_{i\in I}$ *une famille finie de sous-espaces fermés de* E, *stables par* u, *tels que* $E = \bigoplus_{i\in I} E_i$. *Pour tout* $i \in I$, *notons* u_i *l'endomorphisme de* E_i *déduit de* u. *On a* $\mathrm{Sp}(u) = \bigcup_{i\in I} \mathrm{Sp}(u_i)$, *et pour tout* $f \in \mathscr{O}(\mathrm{Sp}(u))$, *l'endomorphisme* $f(u)$ *stabilise les espaces* E_i, *et* $f(u)$ *coïncide avec* $f(u_i)$ *sur* E_i.

L'endomorphisme u est un isomorphisme si et seulement si u_i est un isomorphisme pour tout $i \in I$. En appliquant cette propriété à $u - \lambda 1_E$, on en déduit que $\mathrm{Sp}(u)$ est la réunion des ensembles $\mathrm{Sp}(u_i)$ pour $i \in I$.

Soit $f \in \mathscr{O}(\mathrm{Sp}(u))$. L'endomorphisme $f(u)$ de E appartient au bicommutant de u dans $\mathscr{L}(E)$ (th. 5 de I, p. 74), donc commute avec les projecteurs p_i. Il stabilise alors les espaces E_i. Considérons le morphisme unifère continu ϖ de l'algèbre produit $\prod_{i\in I} \mathscr{L}(E_i)$ dans $\mathscr{L}(E)$ défini par $(v_i)_{i\in I} \mapsto \bigoplus_i v_i$. Il applique la famille (u_i) sur u. La prop. 7 de I, p. 75 implique alors que $\mathrm{Sp}(u) \subset \bigcup_{i\in I} \mathrm{Sp}(u_i)$ et

$$f(u) = f(\varpi((u_i)_{i\in I})) = \varpi((f(u_i))_{i\in I}) = \bigoplus_{i\in I} f(u_i),$$

ce qui conclut la preuve du lemme.

PROPOSITION 1. — *Soient* E *un espace de Banach complexe et* u *un endomorphisme de* E. *Soient* $\lambda \in \mathbf{C}$ *et* $f \in \mathscr{O}(\mathrm{Sp}(u))$. *On a*

$$\mathrm{Ker}(u - \lambda 1_E) \subset \mathrm{Ker}(f(u) - f(\lambda) 1_E).$$

Soit $x \in E$ non nul. L'ensemble A des $v \in \mathscr{L}(E)$ tels que x soit vecteur propre de v est une sous-algèbre unifère de $\mathscr{L}(E)$.

L'algèbre A est pleine : si $v \in A$ est inversible dans $\mathscr{L}(E)$ et si x est vecteur propre de v pour la valeur propre λ, alors $\lambda \neq 0$ et $v^{-1}(x) = \lambda^{-1}x$, ce qui prouve que $v^{-1} \in A$.

L'algèbre A est fermée dans $\mathscr{L}(E)$. En effet, si $(v_n)_{n\in\mathbf{N}}$ est une suite dans A telle que v_n converge vers $v \in \mathscr{L}(E)$, la suite $(\lambda_n)_{n\in\mathbf{N}}$ telle que $v_n(x) = \lambda_n x$ est bornée, donc admet une sous-suite convergeant vers un nombre complexe μ, de sorte que $v(x) = \mu x$.

Supposons que x soit vecteur propre de u et que $u(x) = \lambda x$. L'algèbre A contient u, donc contient la sous-algèbre unifère fermée pleine B engendrée par u, qui est commutative. L'application $\chi\colon \mathrm{B} \to \mathbf{C}$ qui, à v, associe la valeur propre de v relative à x est un caractère de B tel que $\chi(u) = \lambda$. Pour tout $f \in \mathscr{O}(\mathrm{Sp}(u))$, on a $f(u) \in \mathrm{B}$ et $\chi(f(u)) = f(\chi(u)) = f(\lambda)$ d'après la prop. 7 de I, p. 75, d'où la proposition.

2. Projecteurs spectraux

Soit E un espace de Banach. On note A l'algèbre de Banach unifère $\mathscr{L}(\mathrm{E})$ des endomorphismes de E. Soit $u \in \mathrm{A}$.

Soit H une partie de $\mathrm{Sp}(u)$ qui est ouverte et fermée dans $\mathrm{Sp}(u)$; notons K son complémentaire dans $\mathrm{Sp}(u)$.

L'élément idempotent associé à u et H (n° 12 de I, p. 81) est un projecteur continu de E, appelé le *projecteur spectral* associé à u et H ; on le note $e_{\mathrm{H}}(u)$, ou simplement e_{H}. Son image est appelée le *sous-espace spectral de* E associé à u et à H, et notée $\mathrm{E}_{\mathrm{H}}(u)$, ou simplement E_{H}. Son noyau est $\mathrm{E}_{\mathrm{K}}(u)$, et est également noté $\widetilde{\mathrm{E}}_{\mathrm{H}}(u)$, ou simplement $\widetilde{\mathrm{E}}_{\mathrm{H}}$. L'espace E est somme directe topologique des sous-espaces fermés E_{H} et E_{K}. Pour que l'on ait $\mathrm{E}_{\mathrm{H}} = 0$, il faut et il suffit que l'on ait $e_{\mathrm{H}} = 0$, c'est-à-dire que la fonction indicatrice f_{H} de H sur $\mathrm{Sp}(u)$ soit la fonction nulle, c'est-à-dire que $\mathrm{H} = \varnothing$.

Tout endomorphisme v de E qui commute à u commute aussi à $e_{\mathrm{H}}(u)$ (th. 5 de I, p. 74), donc stabilise E_{H} et E_{K}. En particulier, l'endomorphisme u laisse stables les sous-espaces E_{H} et E_{K}. L'espace E_{K} est le seul supplémentaire topologique de E_{H} dans E qui soit stable par u.

L'algèbre unifère $\mathrm{A}_{\mathrm{H}} = e_{\mathrm{H}}\mathrm{A}e_{\mathrm{H}}$ (*loc. cit.*) est la sous-algèbre de A formée des endomorphismes de E qui laissent stable E_{H} et qui sont nuls sur E_{K}. Pour tout $v \in \mathrm{A}_{\mathrm{H}}$, on note $v|\mathrm{E}_{\mathrm{H}}$ l'endomorphisme de E_{H} déduit de v. L'application $v \mapsto v|\mathrm{E}_{\mathrm{H}}$ est un isomorphisme de A_{H} dans $\mathscr{L}(\mathrm{E}_{\mathrm{H}})$. En particulier, on a $\mathrm{Sp}(u|\mathrm{E}_{\mathrm{H}}) = \mathrm{Sp}_{\mathrm{A}_{\mathrm{H}}}(u|\mathrm{E}_{\mathrm{H}}) = \mathrm{H}$ et $\mathrm{Sp}_{\mathrm{A}_{\mathrm{K}}}(u|\mathrm{E}_{\mathrm{K}}) = \mathrm{K}$ d'après la formule (18) de I, p. 82.

PROPOSITION 2. — *Soient* E *un espace de Banach et* u *un endomorphisme de* E. *Soient* E_1 *et* E_2 *des sous-espaces fermés de* E *stables par* u *tels que* $\mathrm{E} = \mathrm{E}_1 \oplus \mathrm{E}_2$. *On suppose que les endomorphismes* u_1 *et* u_2 *de* E_1 *et* E_2 *déduits de* u *ont des spectres disjoints* $\mathrm{H}_1 = \mathrm{Sp}(u_1)$

et $H_2 = Sp(u_2)$. *Alors* $Sp(u) = H_1 \cup H_2$ *et* $e_{H_1}(u)$ *est le projecteur d'image* E_1 *et de noyau* E_2. *En particulier, on a* $E_{H_1} = E_1$ *et* $E_{H_2} = E_2$.

On a $Sp(u) = H_1 \cup H_2$ (I, p. 128, lemme 1). Comme les ensembles H_1 et H_2 sont compacts, ils sont ouverts et fermés dans $Sp(u)$. Pour toute fonction holomorphe f au voisinage de $Sp(u)$, l'endomorphisme $f(u)$ stabilise E_1 et E_2 et coïncide dans E_1 avec $f(u_1)$ et dans E_2 avec $f(u_2)$ (*loc. cit.*). Prenons en particulier pour f le germe de fonction holomorphe f_{H_1} qui vaut 1 au voisinage de H_1 et 0 au voisinage de H_2 (*cf.* numéro 12 de I, p. 81) ; alors $f_{H_1}(u_1)$ est l'application identique de E_1 puisque $f_{H_1} = 1$ au voisinage de $H_1 = Sp(u_1)$, et $f_{H_1}(u_2)$ est nulle puisque $f_{H_1} = 0$ au voisinage de H_2. Donc $e_{H_1}(u) = f_{H_1}(u)$ est le projecteur d'image E_1 et de noyau E_2, et l'on a donc $E_1 = E_{H_1}$ et $E_2 = E_{H_2}$.

Soient E un espace de Banach et u un endomorphisme de E. Soit $(H_i)_{i \in I}$ une famille finie de parties ouvertes et fermées de $Sp(u)$, deux à deux disjointes, et soit H sa réunion. Les relations (15) et (16) de I, p. 81 entraînent les assertions suivantes :

a) La famille de projecteurs $(e_{H_i}(u))_{i \in I}$ est orthogonale (c'est-à-dire, que $e_{H_i}(u) e_{H_j}(u) = 0$ pour tous (i, j) dans I^2 tels que $i \neq j$, *cf.* A, II, p. 18, déf. 7) et sa somme est $e_H(u)$;

b) L'espace vectoriel E_H est somme directe topologique de la famille $(E_{H_i})_{i \in I}$;

c) Pour tout $j \in I$, on a $E_{Sp(u)-H_j} = E_{Sp(u)-H} \oplus \bigoplus_{i \neq j} E_{H_i}$;

d) L'espace vectoriel $E_{Sp(u)-H}$ est l'intersection de la famille $(E_{Sp(u)-H_i})_{i \in I}$.

Lorsque $H = Sp(u)$, la décomposition en somme directe topologique $\bigoplus_{i \in I} E_{H_i}$ de E est appelée la *décomposition spectrale de* E *associée à* u *et à la partition finie* $(H_i)_{i \in I}$ *de* $Sp(u)$.

Soit f un élément de $\mathscr{O}(Sp(u))$. Le spectre de l'endomorphisme $f(u)$ de E est l'image par f du spectre de u (I, p. 75, prop. 8). Soit L une partie ouverte et fermée de $Sp(f(u))$. L'ensemble H des éléments $\lambda \in Sp(u)$ tels que $f(\lambda)$ appartienne à L est ouvert et fermé dans $Sp(u)$, et on a $e_L(f(u)) = e_H(u)$ puisque $f_L \circ f = f_H$ dans $\mathscr{O}(Sp(u))$ (*loc. cit.*).

3. Points isolés du spectre

Soit E un espace de Banach et soit u un endomorphisme de E. Soit $\lambda \in \mathbf{C}$ un point isolé de $\mathrm{Sp}(u)$. On note alors $\mathrm{E}_\lambda(u) = \mathrm{E}_{\{\lambda\}}(u)$ et $e_\lambda(u)$ le projecteur spectral d'image $\mathrm{E}_\lambda(u)$ associé à u et à $\{\lambda\}$.

On note aussi $\widetilde{\mathrm{E}}_\lambda(u) = \mathrm{E}_{\mathrm{Sp}(u)-\{\lambda\}}(u)$. Le spectre de l'endomorphisme de $\widetilde{\mathrm{E}}_\lambda(u)$ déduit de u est $\mathrm{Sp}(u) - \{\lambda\}$; en particulier, $u - \lambda 1_\mathrm{E}$ induit un automorphisme de $\widetilde{\mathrm{E}}_\lambda(u)$.

L'espace $\mathrm{E}_\lambda(u)$ n'est pas nul. Le spectre de l'endomorphisme de $\mathrm{E}_\lambda(u)$ déduit de u est réduit à λ, donc $u - \lambda 1_\mathrm{E}$ induit un endomorphisme quasi-nilpotent de $\mathrm{E}_\lambda(u)$. L'endomorphisme $u - \lambda 1_\mathrm{E}$ induit un automorphisme de $\widetilde{\mathrm{E}}_\lambda(u)$, donc $\mathrm{Ker}(u - \lambda 1_\mathrm{E})^n \subset \mathrm{E}_\lambda(u)$ pour tout $n \in \mathbf{N}$. En particulier, on a $\mathrm{Ker}(u - \lambda 1_\mathrm{E}) \subset \mathrm{E}_\lambda(u)$.

Pour que λ soit pôle d'ordre $p > 0$ de la résolvante de u, il faut et il suffit que $(u-\lambda 1_\mathrm{E})^{p-1} e_\lambda(u) \neq 0$ et $(u-\lambda 1_\mathrm{E})^p e_\lambda(u) = 0$ (corollaire de la proposition 17 de I, p. 83). Dans ce cas, on a $\mathrm{E}_\lambda(u) = \mathrm{Ker}((u-\lambda 1_\mathrm{E})^p)$ et $\widetilde{\mathrm{E}}_\lambda(u) = \mathrm{Im}((u - \lambda 1_\mathrm{E})^p)$, puisque $(u - \lambda 1_\mathrm{E})^p$ induit un automorphisme de $\widetilde{\mathrm{E}}_\lambda(u)$. On a aussi

$$(u - \lambda 1_\mathrm{E})^{p-1} e_\lambda(u) = \lim_{z \to \lambda} (z - \lambda 1_\mathrm{E})^p \mathrm{R}(u, z)$$

d'après la proposition 17 de I, p. 83.

On prendra garde qu'en général $\mathrm{E}_\lambda(u)$ n'est pas la réunion de la famille $(\mathrm{Ker}((u - \lambda 1_\mathrm{E})^n))_{n \in \mathbf{N}}$, ni même l'adhérence de cette réunion ; en particulier, un point isolé de $\mathrm{Sp}(u)$ n'est pas nécessairement une valeur propre de u (I, p. 187, exerc. 1). De même, il peut exister des valeurs propres de u qui ne sont pas des points isolés de $\mathrm{Sp}(u)$ (I, p. 188, exerc. 2).

4. Spectre de la transposée d'un endomorphisme

PROPOSITION 3. — *Soit* E *un espace de Banach et soit* E′ *son dual. Soit u un endomorphisme de* E.

a) *On a* $\mathrm{Sp}(u) = \mathrm{Sp}({}^t u)$;

b) *Pour tout* $f \in \mathscr{O}(\mathrm{Sp}(u))$, *on a* $f({}^t u) = {}^t f(u)$;

c) *On a* $e_\mathrm{H}({}^t u) = {}^t e_\mathrm{H}(u)$ *pour toute partie* H *de* $\mathrm{Sp}(u)$ *qui est ouverte et fermée.*

Pour qu'un endomorphisme de E soit un automorphisme, il faut et il suffit que sa transposée soit un automorphisme de E′ (EVT, IV, p. 30, cor. 5), d'où l'assertion *a*).

L'application $v \mapsto {}^t v$ est un homomorphisme unifère et continu de l'algèbre de Banach $\mathscr{L}(\mathrm{E})$ dans l'algèbre de Banach opposée de $\mathscr{L}(\mathrm{E}')$ (EVT, IV, p. 7, prop. 8). Comme l'algèbre $\mathscr{O}(\mathrm{Sp}({}^t u))$ est commutative, l'application $f \mapsto {}^t f(u)$ est un homomorphisme unifère et continu de l'algèbre $\mathscr{O}(\mathrm{Sp}({}^t u))$ dans l'algèbre $\mathscr{L}(\mathrm{E}')$. Cet homomorphisme applique le germe de l'application identique de $\mathbf{C}$ sur ${}^t u$, donc coïncide avec l'homomorphisme $f \mapsto f({}^t u)$ (th. 5 de I, p. 74). Cela prouve *b*).

L'assertion *c*) résulte de *b*), appliquée à la fonction f_{H} égale à 1 au voisinage de H et à 0 au voisinage de son complémentaire dans $\mathrm{Sp}(u)$.

Remarque. — Soit H une partie ouverte et fermée de $\mathrm{Sp}(u)$, dont la décomposition spectrale associée est $\mathrm{E} = \mathrm{E}_{\mathrm{H}}(u) \oplus \widetilde{\mathrm{E}}_{\mathrm{H}}(u)$. Il découle de l'assertion *c*) que si l'on identifie E′ à $\mathrm{E}_{\mathrm{H}}(u)' \oplus \widetilde{\mathrm{E}}_{\mathrm{H}}(u)'$, alors on a $\mathrm{E}'_{\mathrm{H}}({}^t u) = \mathrm{E}_{\mathrm{H}}(u)'$ et $\widetilde{\mathrm{E}}'_{\mathrm{H}}({}^t u) = \widetilde{\mathrm{E}}_{\mathrm{H}}(u)'$.

5. Cas des espaces hilbertiens

Dans ce numéro, on considère des espaces hilbertiens sur $\mathrm{K} = \mathbf{R}$ ou $\mathbf{C}$. On notera $\langle x_1 | x_2 \rangle$ le produit scalaire de deux vecteurs x_1 et x_2 dans un espace hilbertien E.

Si E est un espace hilbertien complexe, l'algèbre de Banach $\mathscr{L}(\mathrm{E})$ munie de l'involution $u \mapsto u^*$ est une algèbre stellaire (exemple 1 de I, p. 102). En particulier, si $u \in \mathscr{L}(\mathrm{E})$, on a $\varrho(u^*) = \varrho(u)$ et $\mathrm{Sp}(u^*) = \overline{\mathrm{Sp}(u)}$.

Soit $u \in \mathscr{L}(\mathrm{E})$ un endomorphisme normal et soit $\lambda \in \mathbf{C}$. L'espace propre de u relatif à λ coïncide avec l'espace propre de l'adjoint u^* relatif à $\overline{\lambda}$ (EVT, V, p. 43, cor. de la prop. 8). Cependant, ces espaces ne coïncident pas en général si u n'est pas normal (exercice 3 de I, p. 188).

Soient λ et μ des nombres complexes tels que $\lambda \neq \mu$. Soit x un vecteur propre de u relatif à λ et soit y un vecteur propre de u relatif à μ. Alors, $u^*(x) = \overline{\lambda} x$, donc

$$\mu \langle x | y \rangle = \langle x | u(y) \rangle = \langle u^*(x) | y \rangle = \langle \overline{\lambda} x | y \rangle = \lambda \langle x | y \rangle.$$

Par suite, $\langle x|y\rangle = 0$: les espaces propres de u sont deux à deux orthogonaux. De plus, pour tout $\lambda \in \mathbf{C}$, l'espace propre de u relatif à λ coïncide avec le sous-espace primaire de u relatif à λ, c'est-à-dire (LIE, VII, §1, n° 1) la réunion pour $k \in \mathbf{N}$ des noyaux de $(u - \lambda 1_{\mathrm{E}})^k$ (EVT, V, p. 43, cor. de la prop. 8).

Lemme 2. — Soit E *un espace hilbertien complexe et soit* u *un endomorphisme normal de* E. *Soit* $(\mathrm{E}_i)_{i\in \mathrm{I}}$ *une famille finie de sous-espaces fermés de* E, *stables par* u *et deux à deux orthogonaux, tels que* $\mathrm{E} = \bigoplus_{i\in\mathrm{I}} \mathrm{E}_i$. *Pour tout* $i \in \mathrm{I}$, *notons* u_i *l'endomorphisme de* E_i *déduit de* u. *On a* $\mathrm{Sp}(u) = \bigcup_{i\in\mathrm{I}} \mathrm{Sp}(u_i)$, *et pour tout* $f \in \mathscr{C}(\mathrm{Sp}(u))$, *l'endomorphisme* $f(u)$ *stabilise les espaces* E_i, *et* $f(u)$ *coïncide avec* $f(u_i)$ *sur* E_i.

La preuve suit celle du lemme 1 de I, p. 128 en utilisant la remarque de 6 de I, p. 110 et la prop. 8 de I, p. 112.

PROPOSITION 4. — *Soit* E *un espace hilbertien complexe et soit* u *un endomorphisme normal de* E. *Pour toute fonction* $f \in \mathscr{C}(\mathrm{Sp}(u))$ *et tout* $\lambda \in \mathbf{C}$, *on a*

$$\mathrm{Ker}(u - \lambda 1_{\mathrm{E}}) \subset \mathrm{Ker}(f(u) - f(\lambda)1_{\mathrm{E}}).$$

La preuve est analogue à celle de la proposition 1 de I, p. 128; reprenons-en les arguments. L'algèbre A introduite dans *loc. cit.* est ici une sous-algèbre unifère stellaire de $\mathscr{L}(\mathrm{E})$ (EVT, V, p. 43, cor.). Elle contient donc la sous-algèbre unifère stellaire B engendrée par u, qui est commutative. L'application $\chi\colon \mathrm{B} \to \mathbf{C}$ qui, à v, associe la valeur propre de v relative à x est un caractère de B tel que $\chi(u) = \lambda$. Pour tout $f \in \mathscr{C}(\mathrm{Sp}(u)))$, on a $f(u) \in \mathrm{B}$ et $\chi(f(u)) = f(\chi(u)) = f(\lambda)$ d'après la prop. 8 de I, p. 112, d'où l'assertion.

Lemme 3. — Soient E *un espace hilbertien et* $p \in \mathscr{L}(\mathrm{E})$ *un projecteur. Les assertions suivantes sont équivalentes :*

(i) *Le projecteur* p *est un orthoprojecteur, c'est-à-dire que* $\mathrm{Ker}(p) = \mathrm{Im}(p)^{\circ}$ (EVT, V, p. 13) ;

(ii) *Le projecteur* p *est hermitien*;

(iii) *Le projecteur* p *est normal*;

(iv) *On a* $\mathrm{Ker}(p) \subset \mathrm{Ker}(p^*)$;

(v) *On a* $\mathrm{Im}(p) \subset \mathrm{Im}(p^*)$;

(vi) *Le projecteur* p *est positif*;

(vii) *On a* $\|p\| \leqslant 1$.

Rappelons d'abord que $\mathrm{Ker}(p^*) = \mathrm{Im}(p)^\circ$ et $\mathrm{Ker}(p) = \mathrm{Im}(p^*)^\circ$ (EVT, V, p. 41, prop. 4). De plus, l'image de p (resp. p^*) est fermée, puisqu'elle coïncide avec le noyau de $1 - p$ (resp. $1 - p^*$). Donc on a

$$(1) \qquad \mathrm{Im}(p) = \mathrm{Ker}(p^*)^\circ, \qquad \mathrm{Im}(p^*) = \mathrm{Ker}(p)^\circ.$$

(i) $\Longrightarrow$ (ii) : p^* est un projecteur de noyau $\mathrm{Im}(p)^\circ = \mathrm{Ker}(p)$ et dont l'image est $\mathrm{Im}(p^*)^\circ = \mathrm{Ker}(p) = \mathrm{Im}(p)^\circ$; donc $p^* = p$.

(ii) $\Longrightarrow$ (iii) puisque tout endomorphisme hermitien est normal.

(iii) $\Longrightarrow$ (iv) : comme p est normal, on a $\|p(x)\|^2 = \|p^*(x)\|^2$ pour tout x dans E (EVT, V, p. 43, prop. 7), d'où l'inclusion demandée.

(iv) $\Longrightarrow$ (v) suit des égalités (1) ci-dessus.

(v) $\Longrightarrow$ (vi) : pour tout $x \in \mathrm{E}$, on a $p(x) \in \mathrm{Im}(p^*)$, et par conséquent $\langle p(x)|x\rangle = \langle p^*(p(x))|x\rangle = \|p(x)\|^2 \geqslant 0$.

(vi) $\Longrightarrow$ (vii) : soient $x \in \mathrm{E}$ et $y = x - p(x) \in \mathrm{Ker}(p)$. Pour tout $t \in \mathbf{R}$, on a par hypothèse

$$\langle x + ty|p(x)\rangle = \langle x + ty|p(x + ty)\rangle \geqslant 0,$$

ce qui n'est possible que si $\langle y|p(x)\rangle = 0$. Mais alors

$$\|p(x)\|^2 = \langle x|p(x)\rangle \leqslant \|x\|\|p(x)\|,$$

et donc $\|p\| \leqslant 1$.

(vii) $\Longrightarrow$ (i) : soit $y \in \mathrm{Im}(p)$; notons z la projection orthogonale de y sur $\mathrm{Ker}(p)^\circ$ et posons $x = y - z \in \mathrm{Ker}(p)$. On a $p(z) = p(y) = y$, donc $\|y\| \leqslant \|z\|$ par hypothèse. Mais, comme x et z sont orthogonaux, on a $\|y\|^2 = \|x\|^2 + \|z\|^2$, d'où $\|x\| = 0$, c'est-à-dire $y = z$. Ainsi, $\mathrm{Im}(p) \subset \mathrm{Ker}(p)^\circ$. Comme de plus $\|p^*\| = \|p\| \leqslant 1$, on a de même $\mathrm{Im}(p^*) \subset \mathrm{Ker}(p^*)^\circ$, ce qui fournit l'inclusion réciproque par (1).

PROPOSITION 5. — *Soient* E *un espace hilbertien complexe et* u *un endomorphisme normal de* E.

a) *Pour toute partie ouverte et fermée* H *du spectre de* u*, le projecteur spectral* $e_{\mathrm{H}}(u)$ *est un orthoprojecteur dont le noyau est l'image du projecteur spectral* $e_{\mathrm{Sp}(u)-\mathrm{H}}(u)$;

b) *Si* H_1 *et* H_2 *sont des parties disjointes, ouvertes et fermées du spectre de* u*, alors les sous-espaces spectraux* $\mathrm{E}_{\mathrm{H}_1}$ *et* $\mathrm{E}_{\mathrm{H}_2}$ *sont orthogonaux ;*

c) *Si* $\lambda \in \mathbf{C}$ *est un point isolé du spectre de* u, *alors* λ *est une valeur propre de* u *et l'image du projecteur spectral* $e_\lambda(u)$ *est l'espace propre de* u *relatif à* λ.

Démontrons *a*). Comme le calcul fonctionnel holomorphe est compatible avec le calcul fonctionnel continu (I, p. 111, cor. 1), on a $e_{\mathrm{H}}(u) = \varphi_{\mathrm{H}}(u)$, où $\varphi_{\mathrm{H}} \in \mathscr{C}(\mathrm{Sp}(u))$ est la fonction caractéristique de H. Cela implique $e_{\mathrm{H}}(u)^* = \overline{\varphi}_{\mathrm{H}}(u) = \varphi_{\mathrm{H}}(u) = e_{\mathrm{H}}(u)$, donc $e_{\mathrm{H}}(u)$ est un orthoprojecteur (lemme 3, (ii)). Son noyau est l'image du projecteur $1 - e_{\mathrm{H}}(u) = e_{\mathrm{Sp}(u)-\mathrm{H}}(u)$.

Démontrons *b*). Les fonctions caractéristiques φ_{H_1} et φ_{H_2} de H_1 et H_2 dans $\mathrm{Sp}(u)$ sont continues et leur produit est nul, ce qui implique $e_{\mathrm{H}_1}(u) \circ e_{\mathrm{H}_2}(u) = e_{\mathrm{H}_2}(u) \circ e_{\mathrm{H}_1}(u) = 0$. Les inclusions $\mathrm{E}_{\mathrm{H}_2}(u) \subset \mathrm{E}_{\mathrm{H}_1}(u)^\circ$ et $\mathrm{E}_{\mathrm{H}_1}(u) \subset \mathrm{E}_{\mathrm{H}_2}(u)^\circ$ en résultent.

Démontrons enfin l'assertion *c*). La fonction caractéristique φ_λ de $\{\lambda\}$ est continue et non nulle sur $\mathrm{Sp}(u)$; elle vérifie $(z-\lambda)\varphi_\lambda(z) = 0$ pour tout $z \in \mathrm{Sp}(u)$. On a donc $(u - \lambda 1_{\mathrm{E}})\varphi_\lambda(u) = 0$. L'image de $\varphi_\lambda(u)$, qui est non nulle, est donc contenue dans le sous-espace propre de u relatif à λ. Comme on a $e_\lambda(u) = \varphi_\lambda(u)$ et que l'image de $e_\lambda(u)$ contient le sous-espace propre de u relatif à λ, l'assertion en résulte.

Lemme 4. — *Soit* E *un espace hilbertien et soit* u *un endomorphisme normal de* E. *Soit* F *un sous-espace fermé de* E *contenant un ensemble total de vecteurs propres de* u. *Alors* F° *est stable par* u *et l'endomorphisme* $\tilde{u}$ *de* F° *déduit de* u *est normal.*

Puisque u est normal, tout vecteur propre de u est également vecteur propre de u^* (EVT, V, p. 43, cor.). L'hypothèse implique donc que F est stable par u et par u^*. D'après EVT, V, p. 41, prop. 4 (ii), on a donc $u(\mathrm{F}^\circ) \subset \mathrm{F}^\circ$ et $u^*(\mathrm{F}^\circ) \subset \mathrm{F}^\circ$. Il en découle que l'adjoint de $\tilde{u}$ est l'endomorphisme de F° déduit de u^*. Puisque u est normal, l'endomorphisme $\tilde{u}$ est normal.

6. Image numérique

DÉFINITION 2. — *Soit* E *un espace hilbertien complexe et soit* u *un endomorphisme de* E. *On appelle* image numérique *de* u *l'ensemble des nombres complexes de la forme* $\langle x | u(x) \rangle$, *où* x *parcourt la sphère unité de* E. *On note* $\iota(u)$ *l'image numérique de* u.

L'image numérique de u^* est l'image de $\iota(u)$ par la conjugaison complexe. Pour tous nombres complexes λ et μ, l'image numérique de $\lambda u + \mu 1_E$ est égale à $\lambda\iota(u) + \mu$.

PROPOSITION 6. — *Soit* E *un espace hilbertien complexe et soit* u *un endomorphisme de* E.

a) *L'ensemble des valeurs propres de* u *est contenu dans* $\iota(u)$;

b) *Le spectre de* u *est contenu dans l'adhérence de* $\iota(u)$ *dans* **C**.

Soit λ une valeur propre de u et soit $x \in E$ un vecteur non nul tel que $u(x) = \lambda x$. Quitte à remplacer x par $x/\|x\|$, on peut supposer que $\|x\| = 1$. Alors, $\langle x|u(x)\rangle = \lambda$, donc $\lambda \in \iota(u)$.

Démontrons *b*). En considérant $u - \lambda 1_E$, on se ramène à démontrer que si 0 appartient au spectre de u, alors 0 est adhérent à $\iota(u)$.

Supposons d'abord qu'il existe un nombre réel $c > 0$ tel que $\|u(x)\| \geqslant c$ pour tout x de norme 1 dans E. L'endomorphisme u est alors injectif et fermé (lemme 8 de I, p. 107). Comme il n'est pas inversible par hypothèse, il n'est pas surjectif. Par conséquent, l'orthogonal du noyau de u^* n'est pas égal à E (EVT, V, p. 41, prop. 4), ce qui démontre que le noyau de u^* n'est pas réduit à 0. Ainsi 0 appartient à $\iota(u^*)$, donc à $\iota(u)$.

Si l'hypothèse précédente n'est pas valide, alors pour tout entier $n \geqslant 1$, il existe un vecteur x_n de norme 1 dans E tel que $\|u(x_n)\| \leqslant 1/n$. On a alors $|\langle x_n|u(x_n)\rangle| \leqslant 1/n$, ce qui implique que 0 appartient à l'adhérence de $\iota(u)$.

PROPOSITION 7 (Théorème de Hausdorff–Toeplitz)

Soit E *un espace hilbertien complexe et soit* $u \in \mathscr{L}(E)$. *L'image numérique* $\iota(u)$ *est une partie convexe de* **C**.

Nous aurons besoin de deux lemmes pour démontrer cette proposition.

Lemme 5. — *Soit* E *un espace hilbertien complexe de dimension* 2. *Munissons l'espace vectoriel réel* $\mathscr{L}(E)_h$ *des endomorphismes hermitiens de* E *de la norme préhilbertienne* $u \mapsto \mathrm{Tr}(u^*u)^{1/2}$. *L'ensemble des orthoprojecteurs de rang* 1 *de* E *est la sphère* S *de rayon* $1/\sqrt{2}$ *centrée en* $\frac{1}{2}1_E$ *dans le sous-espace affine de dimension* 3 *des endomorphismes de trace* 1 *dans* $\mathscr{L}(E)_h$.

Soit F le sous-espace affine réel de $\mathscr{L}(\mathrm{E})_h$ formé des éléments de trace 1. Les orthoprojecteurs de rang 1 de E appartiennent à F (lemme 3, (ii)).

Soit $u \in \mathrm{F}$. On a $\|u - \frac{1}{2}1_{\mathrm{E}}\|^2 = \mathrm{Tr}(u^2 - u + \frac{1}{4}) = \mathrm{Tr}(u^2) - \frac{1}{2}$. Par conséquent, $u \in \mathrm{S}$ si et seulement si $\mathrm{Tr}(u^2) = 1$. Puisque $2\det(u) = \mathrm{Tr}(u)^2 - \mathrm{Tr}(u^2) = 1 - \mathrm{Tr}(u^2)$, cette condition équivaut à $\det(u) = 0$. D'après le théorème de Hamilton–Cayley (A, III, p. 107, prop. 20), on a donc $u \in \mathrm{S}$ si et seulement si $u^2 - u = 0$, ce qui signifie que u est un projecteur hermitien de rang 1 (loc. cit.), d'où le résultat.

Lemme 6. — *Soit* E *un espace vectoriel normé réel, soit* F *un espace vectoriel réel et soit* $u \colon \mathrm{E} \to \mathrm{F}$ *une application affine non injective. Soient* B *une boule de* E *et* S *la sphère correspondante. On a* $u(\mathrm{S}) = u(\mathrm{B})$, *et en particulier,* $u(\mathrm{S})$ *est convexe.*

On se ramène au cas où u est linéaire et où B est la boule unité de E. On a $u(\mathrm{S}) \subset u(\mathrm{B})$. Inversement, soit $x \in \mathrm{B}$ et soit y un élément non nul de $\mathrm{Ker}(u)$. L'image de l'application continue $t \mapsto \|x + ty\|$ de $\mathbf{R}$ dans $\mathbf{R}_+$ est un intervalle non borné contenant le nombre réel $\|x\| \leqslant 1$. Il existe donc $t \in \mathbf{R}$ tel que $\|x + ty\| = 1$. On a alors $x + ty \in \mathrm{S}$ et $u(x + ty) = u(x)$, donc $u(x) \in u(\mathrm{S})$.

Démontrons la prop. 7. Soient x et y des éléments de la sphère unité de E ; démontrons que le segment d'extrémités $\langle x|u(x)\rangle$ et $\langle y|u(y)\rangle$ est contenu dans l'image numérique de u.

Soit F le sous-espace de E engendré par x et y. Si $\dim(\mathrm{F}) = 1$, on a $\langle x|u(x)\rangle = \langle y|u(y)\rangle$, d'où l'assertion. Sinon, on a $\dim(\mathrm{F}) = 2$; soit alors p l'orthoprojecteur de E d'image F et notons u_{F} l'endomorphisme de F donné par $x \mapsto p(u(x))$. Puisque p est hermitien (lemme 3 de I, p. 133), on a $\langle z|u_{\mathrm{F}}(z)\rangle = \langle z|u(z)\rangle$ pour tout $z \in \mathrm{F}$, de sorte que $\iota(u_{\mathrm{F}}) \subset \iota(u)$. On peut donc supposer que $\mathrm{E} = \mathrm{F}$.

Pour tout élément z de E, soit v_z l'endomorphisme hermitien de E défini par $t \mapsto \langle z|t\rangle z$; on a $\langle z|u(z)\rangle = \mathrm{Tr}(u \circ v_z)$. Lorsque z parcourt la sphère unité de E, v_z décrit l'ensemble des orthoprojecteurs de rang 1 de E, qui est une sphère S dans le sous-espace affine réel V de $\mathscr{L}(\mathrm{E})$ formé des endomorphismes hermitiens de E de trace 1 (lemme 5). L'image numérique de E est donc l'ensemble des $\mathrm{Tr}(u \circ v)$, pour $v \in \mathrm{S}$. L'application $v \mapsto \mathrm{Tr}(u \circ v)$ de V dans $\mathbf{C}$ est linéaire. Comme $\dim_{\mathbf{R}}(\mathrm{V}) = 3 > \dim_{\mathbf{R}}(\mathbf{C})$, elle n'est pas injective ; il résulte alors du lemme 6 que $\iota(u)$ est convexe.

7. Éléments positifs

Soit E un espace hilbertien complexe. Soit u un endomorphisme de E. Rappelons (EVT, V, p. 45, déf. 6) que u est dit *positif* si l'on a $\langle x|u(x)\rangle \geqslant 0$ pour tout $x \in \mathrm{E}$. L'endomorphisme u est alors hermitien (*loc. cit.*). De plus, si F est un espace hilbertien complexe et si $v \in \mathscr{L}(\mathrm{F};\mathrm{E})$, alors l'endomorphisme v^*uv de F est positif (EVT, V, p. 45, prop. 12).

PROPOSITION 8. — *Soit* E *un espace hilbertien complexe. Soit* u *un endomorphisme de* E*. Les conditions suivantes sont équivalentes :*

(i) *L'endomorphisme* u *est positif ;*

(ii) *L'image numérique de* u *est contenue dans* $\mathbf{R}_+$;

(iii) *L'endomorphisme* u *est un élément positif de l'algèbre stellaire* $\mathscr{L}(\mathrm{E})$;

(iv) *Il existe un élément hermitien* v *de* $\mathscr{L}(\mathrm{E})$ *tel que* $u = v^2$;

(v) *Il existe une application linéaire continue* v *de* E *dans un espace hilbertien complexe* F *telle que* $u = v^*v$.

D'après EVT, V, p. 45, déf. 6, u est positif si et seulement s'il est hermitien et si $\langle x|u(x)\rangle \geqslant 0$ pour tout $x \in \mathrm{E}$. L'implication (i) $\Longrightarrow$ (ii) résulte donc de la définition de l'image numérique.

(ii) $\Longrightarrow$ (iii) : l'hypothèse implique que u est hermitien (EVT, V, p. 45, et remarque, p. 2) et son spectre est contenu dans $\mathbf{R}_+$ (prop. 6) ; par suite, u est un élément positif de l'algèbre stellaire $\mathscr{L}(\mathrm{E})$.

(iii) $\Longrightarrow$ (iv) : c'est un cas particulier de la prop. 16 de I, p. 118.

(iv) $\Longrightarrow$ (v) est immédiat.

(v) $\Longrightarrow$ (i) : soit F un espace hilbertien complexe et soit $v \in \mathscr{L}(\mathrm{E};\mathrm{F})$ tel que $u = v^*v$. Soit $x \in \mathrm{E}$. On a $\langle x|u(x)\rangle = \langle x|(v^*v)(x)\rangle = \|v(x)\|^2$, ce qui prouve que u est positif.

Rappelons (EVT, V, p. 45, remarque 1) que, pour tout élément hermitien u de $\mathscr{L}(\mathrm{E})$, on pose

$$m(u) = \inf_{\substack{x\in \mathrm{E}\\ \|x\|=1}} \langle x|u(x)\rangle = \inf \iota(u) = \inf_{x\in \mathrm{E}-\{0\}} \frac{\langle x|u(x)\rangle}{\|x\|^2},$$

$$\mathrm{M}(u) = \sup_{\substack{x\in \mathrm{E}\\ \|x\|=1}} \langle x|u(x)\rangle = \sup \iota(u) = \sup_{x\in \mathrm{E}-\{0\}} \frac{\langle x|u(x)\rangle}{\|x\|^2}.$$

Si $\mathrm{E} = \{0\}$, on a $\mathrm{M}(u) = -\infty$, $m(u) = +\infty$ et $\iota(u) = \varnothing$.

Supposons E non nul ; on a alors $m(u) \leqslant \mathrm{M}(u)$ et l'image numérique de u est un intervalle d'extrémités $m(u)$ et $\mathrm{M}(u)$. D'après la prop. 6, $\mathrm{Sp}(u)$ est contenu dans l'intervalle $[m(u), \mathrm{M}(u)]$. Plus précisément :

PROPOSITION 9. — *Soit* E *un espace hilbertien complexe et soit* u *un élément hermitien de* $\mathscr{L}(\mathrm{E})$.

a) *On a* $m(u) = \inf \mathrm{Sp}(u)$ *et* $\mathrm{M}(u) = \sup \mathrm{Sp}(u)$;

b) *Si* E *n'est pas nul, on a* $\|u\| = \sup(|m(u)|, |\mathrm{M}(u)|)$.

Soit $\lambda \in \mathbf{R}$. Pour que λ soit un minorant du spectre de u, il faut et il suffit que $u - \lambda \geqslant 0$. Cela équivaut (prop. 8, (ii)) à la condition $\langle x|u(x)\rangle \geqslant \lambda\|x\|^2$ pour tout $x \in \mathrm{E}$, c'est-à-dire, à $m(u) \geqslant \lambda$. Ceci démontre que $m(u)$ est la borne inférieure de $\mathrm{Sp}(u)$. Similairement, on vérifie que $\mathrm{M}(u)$ est la borne supérieure de $\mathrm{Sp}(u)$.

Comme u est normal, on a $\varrho(u) = \|u\|$ (cor. 1 de I, p. 108). Comme $\mathrm{E} \neq \{0\}$, le spectre de u n'est pas vide (cor. 1 de I, p. 26) et $\varrho(u)$ est le rayon du plus petit disque de centre 0 qui contient $\mathrm{Sp}(u)$ (th. 1 de I, p. 24), donc *b*) résulte de *a*).

8. Décomposition polaire

Dans ce numéro, on considère des espaces hilbertiens complexes.

Soient E_1 et E_2 des espaces hilbertiens et $u \in \mathscr{L}(\mathrm{E}_1; \mathrm{E}_2)$. L'endomorphisme u^*u de E_1 est positif (prop. 8), donc on peut former l'élément positif $(u^*u)^{1/2}$ de $\mathscr{L}(\mathrm{E}_1)$.

DÉFINITION 3. — *On dit que* $(u^*u)^{1/2}$ *est la* valeur absolue *de* u, *et on la note* $|u|$.

Dans le cas où $\mathrm{E}_1 = \mathrm{E}_2$, cette définition coïncide avec celle donnée dans la remarque 9 de I, p. 119.

Pour un élément u de $\mathscr{L}(\mathrm{E}_1; \mathrm{E}_2)$, rappelons (EVT, V, p. 41, déf. 2) que le sous-espace initial de u est le sous-espace fermé $\mathrm{Ker}(u)^\circ$ de E_1 et le sous-espace final de u est le sous-espace fermé $\overline{\mathrm{Im}(u)}$ de E_2.

PROPOSITION 10. — *Soient* E_1 *et* E_2 *des espaces hilbertiens complexes et* $u \in \mathscr{L}(\mathrm{E}_1; \mathrm{E}_2)$.

a) *Le sous-espace initial et le sous-espace final de* $|u|$ *sont tous deux égaux au sous-espace initial de* u *et on a* $\||u|\| = \|u\|$;

b) *Il existe une unique application partiellement isométrique* j *de* E_1 *dans* E_2 *telle que* $\mathrm{Ker}(j) = \mathrm{Ker}(u)$ *et* $u = j|u|$;

c) *Le sous-espace initial (resp. final) de j est égal à celui de u;*

d) *Soient u_1 un élément positif de $\mathscr{L}(\mathrm{E}_1)$ et j_1 un élément partiellement isométrique de $\mathscr{L}(\mathrm{E}_1;\mathrm{E}_2)$ tels que $u = j_1 u_1$ et $\mathrm{Ker}(j_1) = \mathrm{Ker}(u_1)$. Alors $u_1 = |u|$ et $j_1 = j$.*

Pour tout $x \in \mathrm{E}_1$, on a

$$\|u(x)\|^2 = \langle x|(u^*u)(x)\rangle = \langle x||u|^2(x)\rangle = \||u|(x)\|^2. \tag{2}$$

Cela démontre que $\mathrm{Ker}(u) = \mathrm{Ker}(|u|)$ et $\||u|\| = \|u\|$. Comme $|u|$ est hermitien, l'adhérence de l'image de $|u|$ est le supplémentaire orthogonal de son noyau (EVT, V, p. 41, prop. 4), c'est-à-dire l'espace initial de u, d'où *a*).

La formule (2) implique qu'il existe une application isométrique v de $\mathrm{Im}(|u|)$ sur $\mathrm{Im}(u)$ telle que $v(|u|(x)) = u(x)$ pour tout $x \in \mathrm{E}_1$. Soit j l'unique élément de $\mathscr{L}(\mathrm{E}_1;\mathrm{E}_2)$ qui prolonge v et s'annule dans $\mathrm{Im}(|u|)^\circ = \mathrm{Ker}(|u|) = \mathrm{Ker}(u)$. Alors j possède les propriétés de *b*). L'unicité de j découle de la décomposition $\mathrm{E} = \mathrm{Ker}(u) \oplus \overline{\mathrm{Im}(|u|)}$.

Le sous-espace initial de j est $\mathrm{Ker}(j)^\circ = \mathrm{Ker}(u)^\circ$, l'espace initial de u. Son sous-espace final est $\overline{j(\mathrm{Ker}(u)^\circ)} = \overline{j(\mathrm{Im}(|u|))} = \overline{\mathrm{Im}(u)}$, le sous-espace final de u. Cela démontre *c*).

Soient maintenant u_1 et j_1 comme dans *d*). On a $u^*u = u_1 j_1^* j_1 u_1$. L'application $j_1^* j_1$ est l'orthoprojecteur de noyau $\mathrm{Ker}(j_1) = \mathrm{Ker}(u_1)$ (EVT, V, p. 41, prop. 5 (ii)) et donc d'image $\overline{\mathrm{Im}(u_1)}$. Donc $u^*u = u_1^2$ et par suite $u_1 = (u^*u)^{1/2} = |u|$ (I, p. 118, prop. 16). L'assertion d'unicité de *b*) implique finalement que $j_1 = j$.

Définition 4. — *Soient E_1 et E_2 des espaces hilbertiens complexes et $u \in \mathscr{L}(\mathrm{E}_1;\mathrm{E}_2)$. Le couple $(j, |u|)$, où j est l'unique application partiellement isométrique de E_1 dans E_2 telle que $u = j|u|$ et $\mathrm{Ker}(j) = \mathrm{Ker}(u)$, est appelé la* décomposition polaire *de u.*

Proposition 11. — *Soient E_1 et E_2 des espaces hilbertiens complexes et $u \in \mathscr{L}(\mathrm{E}_1;\mathrm{E}_2)$. Soit $(j, |u|)$ la décomposition polaire de u.*

a) *On a $|u| = j^*u = u^*j$;*

b) *On a $|u^*| = ju^* = uj^*$;*

c) *La décomposition polaire de u^* est $(j^*, |u^*|)$.*

Notons $\mathrm{I} = \mathrm{Ker}(u)^\circ$ et $\mathrm{F} = \overline{\mathrm{Im}(u)}$ le sous-espace initial et le sous-espace final de u; on a de plus $\mathrm{I} = \mathrm{Ker}(|u|)^\circ = \overline{\mathrm{Im}(|u|)}$ (prop. 10, *a*)). L'application j^*j est l'orthoprojecteur de E_1 sur I (*loc. cit.* et

EVT, V, p. 41, prop. 5 (ii)). On a donc $j^*u = j^*j|u| = |u|$, puis $u^*j = (j^*u)^* = |u|^* = |u|$, d'où *a*).

Similairement, on calcule $u^* = |u|j^* = (j^*j|u|)j^* = j^*(j|u|j^*)$. L'endomorphisme $j|u|j^*$ de E_2 est positif. L'application linéaire j^* est partiellement isométrique d'espace initial F et d'espace final I (EVT, V, p. 41, prop. 5) et les applications linéaires de I dans F (resp. de F dans I) déduites de j et j^* par passages aux sous-espaces sont des isomorphismes réciproques l'un de l'autre (*loc. cit.*). On a donc $\mathrm{Ker}(j|u|j^*) = \mathrm{Ker}(|u|j^*) = \mathrm{Ker}(j^*)$, puisque l'image de j^* est contenue dans $\mathrm{Ker}(u)^\circ = \mathrm{Ker}(|u|)^\circ$. D'après la prop. 10, *d*), le couple $(j^*, j|u|j^*)$ est la décomposition polaire de u^*. Cela prouve *c*) et l'assertion *b*) se déduit alors de l'assertion *a*) appliquée à u^*.

COROLLAIRE. — *Soient* E_1 *et* E_2 *des espaces hilbertiens complexes et soit* $u \in \mathscr{L}(E_1; E_2)$. *On a* $\mathrm{Im}(u) = \mathrm{Im}(|u^*|)$.

Soit $(j, |u|)$ la décomposition polaire de u. On a $|u^*| = j|u|j^* = uj^*$ d'après la proposition précédente. D'après EVT, V, p. 41, prop. 5, l'application j^* est partiellement isométrique. Son espace final est $\mathrm{Ker}(j)^\circ = \mathrm{Ker}(u)^\circ$ (prop. 10, *c*)). L'assertion en résulte.

PROPOSITION 12. — *Soient* E_1 *et* E_2 *des espaces hilbertiens complexes et* $u \in \mathscr{L}(E_1; E_2)$. *Soit* $(j, |u|)$ *la décomposition polaire de* u. *Pour que* u *soit bijectif, il faut et il suffit que* $|u|$ *soit inversible dans* $\mathscr{L}(E_1)$ *et que* j *soit un isomorphisme de* E_1 *sur* E_2.

La condition est suffisante. Réciproquement, si u est bijectif, alors u^*u est inversible dans $\mathscr{L}(E_1)$, et $|u| = (u^*u)^{1/2}$ l'est également puisque son spectre est contenu dans $\mathbf{R}_+^*$. En outre, $\mathrm{Ker}(j) = \mathrm{Ker}(u) = \{0\}$ et $\mathrm{Im}(j) = \mathrm{Im}(u) = F$, donc j applique isométriquement E_1 sur E_2.

PROPOSITION 13. — *Soient* E *un espace hilbertien complexe et* u *un endomorphisme de* E. *Les conditions suivantes sont équivalentes* :

(i) *L'endomorphisme* u *est normal* ;

(ii) *Il existe un élément unitaire* v *de* $\mathscr{L}(E)$, *permutable à* $|u|$, *tel que* $u = v|u|$.

Soit $(j, |u|)$ la décomposition polaire de u. Supposons que u est normal. On a alors $|u^*| = (uu^*)^{1/2} = (u^*u)^{1/2} = |u|$. La prop. 11 implique alors $|u|j = |u^*|j = ju^*j = j|u|$. De plus, j laisse stables les sous-espaces orthogonaux supplémentaires $\mathrm{Ker}(|u|) = \mathrm{Ker}(j)$ et $\overline{\mathrm{Im}(|u|)} = \overline{\mathrm{Im}(j)}$ (prop. 10). Soit v l'élément de $\mathscr{L}(E)$ qui coïncide avec j sur $\mathrm{Ker}(u)^\circ$ et avec l'application identique sur $\mathrm{Ker}(u)$. Comme j induit une isométrie de $\mathrm{Ker}(u)^\circ$ sur $\overline{\mathrm{Im}(u)} = \mathrm{Ker}(u^*)^\circ = \mathrm{Ker}(u)^\circ$ (puisque u est normal), l'endomorphisme v est unitaire ; il est de plus permutable à $|u|$, puisque $j|u| = |u|j$, et l'on a $u = v|u|$.

Inversement, soit v un élément unitaire de $\mathscr{L}(\mathrm{E})$, permutable à $|u|$, tel que $u = v|u|$. On a $uu^* = v|u|^2v^* = |u|^2vv^* = |u|^2 = u^*u$, donc u est normal.

Soit E un espace hilbertien complexe et $u \in \mathscr{L}(\mathrm{E})$. Soit $(j, |u|)$ la décomposition polaire de u. Il est possible que j soit permutable à $|u|$ sans que u soit normal (exercice 11 de I, p. 189).

§ 8. ALGÈBRES DE FONCTIONS CONTINUES SUR UN ESPACE COMPACT

Dans ce paragraphe, le corps de base est $\mathbf{C}$.

1. Sous-algèbres de l'algèbre des fonctions continues sur un espace compact

Soient X un espace topologique compact et B une sous-algèbre unifère de $\mathscr{C}(\mathrm{X})$. On note ev l'application $x \mapsto \mathrm{ev}_x$ de X dans $\mathsf{X}(\mathrm{B})$ telle que $\mathrm{ev}_x(f) = f(x)$ pour tout $f \in \mathrm{B}$. On désigne par j l'injection de B dans $\mathscr{C}(\mathrm{X})$, ainsi $\mathsf{X}(j) = \mathrm{ev}$.

PROPOSITION 1. — *Soit* $f \mapsto \|f\|_{\mathrm{B}}$ *une norme munissant* B *d'une structure d'algèbre de Banach.*

a) *L'application* j *est de norme* $\leqslant 1$ *dans* $\mathscr{L}(\mathrm{B}; \mathscr{C}(\mathrm{X}))$;

b) *Le radical de l'algèbre* B *est nul* ;

c) *L'application* ev *est continue de* X *dans* $\mathsf{X}(\mathrm{B})$;

d) *Si* B *sépare les points de* X, *alors l'application* ev *est un homéomorphisme de* X *sur une partie fermée de* $\mathsf{X}(\mathrm{B})$.

On peut identifier X à $\mathsf{X}(\mathscr{C}(\mathrm{X}))$ et $\mathscr{G}_{\mathscr{C}(\mathrm{X})}$ à l'application identique (exemple 1 de I, p. 36). L'application ev s'identifie alors à $\mathsf{X}(j)$, ce qui démontre *c*).

Pour toute fonction $f \in \mathrm{B}$ et tout $x \in \mathrm{X}$, on a $\mathscr{G}_{\mathrm{B}}(f)(\mathrm{ev}_x) = f(x)$, d'où

$$\|f\|_{\mathscr{C}(\mathrm{X})} = \sup_{x \in \mathrm{X}} |\mathscr{G}_{\mathrm{B}}(f)(\mathrm{ev}_x)| \leqslant \varrho_{\mathrm{B}}(f) \leqslant \|f\|_{\mathrm{B}},$$

(*cf.* prop. 7 de I, p. 38, *a*)) ce qui entraîne *a*). De plus, ceci montre que la transformation de Gelfand de B est injective, d'où *b*) (prop. 8 de I, p. 38). Si B sépare les points de X, alors l'application ev est injective, d'où *d*) puisque X est compact.

On s'intéresse maintenant à la surjectivité de l'application ev.

PROPOSITION 2. — *Soit* $f \mapsto \|f\|_{\mathrm{B}}$ *une norme telle que* $(\mathrm{B}, \|\cdot\|_{\mathrm{B}})$ *est une algèbre de Banach.*

a) *Si l'application* ev *est surjective, alors l'algèbre* B *est une sous-algèbre pleine de* $\mathscr{C}(\mathrm{X})$;

b) *Supposons que* B *est une sous-algèbre pleine de* $\mathscr{C}(\mathrm{X})$, *et qu'il existe un élément* $a \in \mathrm{B}$ *tel que l'ensemble des éléments* $f(a)$, *où* f *parcourt l'ensemble des fonctions rationnelles sur* **C** *sans pôle sur* $\mathrm{Sp}_{\mathrm{B}}(a)$, *est dense dans* B. *Alors l'application* ev *est surjective*;

c) *Si* B *est une sous-algèbre involutive pleine de* $\mathscr{C}(\mathrm{X})$, *alors l'application* ev *est surjective.*

L'assertion *a*) résulte de la prop. 10 de I, p. 40, et l'assertion *b*) de la prop. 11 de I, p. 41, puisque la sous-algèbre pleine de B engendrée par a est l'ensemble des éléments $f(a)$, où f parcourt l'ensemble des fonctions rationnelles sur **C** sans pôle sur $\mathrm{Sp}_{\mathrm{B}}(a)$ (lemme I, p. 6 et prop. 6 de I, p. 37, *b*)).

Démontrons *c*). Supposons donc que B est une sous-algèbre involutive pleine de $\mathscr{C}(\mathrm{X})$. Pour démontrer que ev est surjective, il suffit de démontrer que pour tout $\chi \in \mathsf{X}(\mathrm{B})$, il existe $y \in \mathrm{X}$ tel que $\mathrm{Ker}(\chi) = \mathrm{Ker}(\mathrm{ev}_y)$ (th. 2 de I, p. 30). Soit $\mathrm{I} = \mathrm{Ker}(\chi)$. C'est un idéal maximal de B. Soit Φ l'ensemble des $x \in \mathrm{X}$ tels que $f(x) = 0$ pour tout $f \in \mathrm{I}$. Montrons que Φ n'est pas vide. Dans le cas contraire, puisque X est compact, il existerait un entier $n \geqslant 1$, un recouvrement ouvert $(\mathrm{V}_1, \ldots, \mathrm{V}_n)$ de X et, pour tout entier i tel que $1 \leqslant i \leqslant n$, une fonction $f_i \in \mathrm{I}$ telle que $f_i(x) \neq 0$ pour tout $x \in \mathrm{V}_i$. Comme l'algèbre B est une sous-algèbre involutive de $\mathscr{C}(\mathrm{X})$, la fonction

$$f = \sum_{i=1}^{n} f_i \overline{f}_i$$

appartiendrait à I. Or $f(x) > 0$ pour tout $x \in X$, et donc f serait inversible dans $\mathscr{C}(X)$. Puisque B est supposée être une sous-algèbre pleine de $\mathscr{C}(X)$, la fonction $f \in I$ serait inversible dans B, ce qui ne peut être. Par conséquent, l'ensemble Φ n'est pas vide. Soit y un élément de Φ ; le noyau du caractère ev_y contient I, et est donc égal à I.

Exemple. — Soient $X = [0, 1]$ et $n \geqslant 0$ un entier. Soit B l'algèbre des fonctions $f : X \to \mathbf{C}$ admettant des dérivées continues sur $[0, 1]$ jusqu'à l'ordre n, munie de la norme considérée dans l'exemple 4 de I, p. 18. Alors B est une sous-algèbre involutive pleine de $\mathscr{C}(X)$ séparant les points de X, donc $\mathsf{X}(B)$ s'identifie à X.

On considère la fonction logarithme comme définie sur $\mathbf{R}_+$ et à valeurs dans $\mathbf{R} \cup \{-\infty\}$ en posant $\log(0) = -\infty$.

PROPOSITION 3. — *Soit* X *un espace compact. Soit* B *une sous-algèbre de Banach unifère de* $\mathscr{C}(X)$, *munie de la norme induite, séparant les points de* X. *On identifie* X *à une partie fermée de* $\mathsf{X}(B)$ (prop. 1, *d*)).

a) *Pour tout* $f \in B$, *la transformée de Gelfand* $\mathscr{G}_B(f)$ *est une fonction continue dans* $\mathsf{X}(B)$ *qui prolonge* f *et vérifie* $\|f\| = \sup|\mathscr{G}_B(f)|$. *En particulier,* $\mathscr{G}_B$ *est un isomorphisme isométrique de* B *sur une sous-algèbre de Banach de* $\mathscr{C}(\mathsf{X}(B))$;

b) *Soit* B^* *l'ensemble des éléments inversibles de* B. *Pour tout caractère* $\chi \in \mathsf{X}(B)$, *il existe une mesure positive* μ *de masse* 1 *sur* X *telle que, pour tout* $f \in B^*$, *on ait*

$$\log(|\chi(f)|) = \int_X \log(|f|)\, d\mu.$$

De plus, pour tout $f \in B$, *on a*

$$\chi(f) = \int_X f\, d\mu\, ;$$

c) *On suppose que tout élément de* $\mathscr{C}_{\mathbf{R}}(X)$ *est limite uniforme de parties réelles de fonctions appartenant à* B. *Alors, pour tout* $\chi \in \mathsf{X}(B)$, *il existe une unique mesure* $\mu_\chi \geqslant 0$ *sur* X *telle que, pour toute fonction* $f \in B$, *on ait*

$$\chi(f) = \int_X f\, d\mu_\chi.$$

En outre, pour toute fonction $f \in B$, *on a*

$$\log(|\chi(f)|) \leqslant \int_X \log(|f|)\, d\mu_\chi\, ;$$

la fonction $\log|f|$ *étant bornée supérieurement, l'intégrale existe dans* $\mathbf{R}\cup\{-\infty\}$.

L'assertion *a*) résulte de l'identification de X avec un sous-espace fermé de $\mathsf{X}(\mathrm{B})$ et des inégalités

$$\|f\| = \sup_{x\in\mathrm{X}}|f(x)| \leqslant \sup_{\chi\in\mathsf{X}(\mathrm{B})}|\chi(f)| = \sup|\mathscr{G}_{\mathrm{B}}(f)| = \varrho_{\mathrm{B}}(f) \leqslant \|f\|$$

pour tout $f\in\mathrm{B}$.

Soient $\chi\in\mathsf{X}(\mathrm{B})$ et n un entier positif. Soient $\lambda_1,\ldots,\lambda_n\in\mathbf{R}$ et $f_1,\ldots,f_n\in\mathrm{B}^*$. On a alors

$$(1)\qquad \sum_{i=1}^{n}\lambda_i\,\log(|\chi(f_i)|) \leqslant \sup_{x\in\mathrm{X}}\Big(\sum_{i=1}^{n}\lambda_i\,\log(|f_i(x)|)\Big).$$

En effet, par continuité, il suffit de prouver cette inégalité quand les nombres réels λ_i sont rationnels. Par réduction au même dénominateur, on se ramène au cas où $\lambda_i\in\mathbf{Z}$ pour tout i. L'inégalité s'écrit alors

$$\log(|\chi(f_1^{\lambda_1}\cdots f_n^{\lambda_n})|) \leqslant \sup_{x\in\mathrm{X}}\,\log(|(f_1^{\lambda_1}\cdots f_n^{\lambda_n})(x)|),$$

et résulte du fait que $\|\chi\|=1$ (th. 1 de I, p. 29).

Soit B′ le sous-espace vectoriel de $\mathscr{C}_{\mathbf{R}}(\mathrm{X})$ engendré par les fonctions $\log(|f|)$ pour $f\in\mathrm{B}^*$. La majoration (1) prouve qu'il existe une forme linéaire h de norme $\leqslant 1$ sur B′ telle que $\log(|\chi(f)|) = h(\log(|f|))$ pour tout $f\in\mathrm{B}^*$. D'après le théorème de Hahn–Banach (EVT, II, p. 24, cor. 2), la forme linéaire h se prolonge en une forme linéaire μ de norme $\leqslant 1$ sur $\mathscr{C}_{\mathbf{R}}(\mathrm{X})$, c'est-à-dire en une mesure réelle μ sur X telle que $\|\mu\|\leqslant 1$ (INT, III, §1, n° 5). En prenant pour élément f de B* la constante $e=\exp(1)$, on voit que $1=\mu(1)$. Donc, en écrivant $\mu=\mu^+-\mu^-$ comme la différence de deux mesures positives étrangères (INT, III, §1, n° 6, th. 3), il vient

$$1 = \mu^+(1)-\mu^-(1) \leqslant \mu^+(1)+\mu^-(1) = \|\mu\| \leqslant 1,$$

d'où $\mu=\mu^+\geqslant 0$ et $\|\mu\|=1$.

Pour tout $f\in\mathrm{B}$, on a $\exp(f)\in\mathrm{B}^*$, donc

$$\int_{\mathrm{X}}\mathscr{R}(f)\,d\mu = \int_{\mathrm{X}}\log(|\exp(f)|)\,d\mu = \log(|\chi(\exp(f))|)$$
$$= \log(|\exp(\chi(f))|) = \mathscr{R}(\chi(f)),$$

où on a utilisé le cor. 1 de I, p. 66. En appliquant cette égalité à if, on en conclut que $\int_{\mathrm{X}} f\,d\mu = \chi(f)$. Ceci établit *b*).

Plaçons-nous dans les hypothèses de *c*). L'existence de μ_χ résulte de *b*). D'autre part, on a $\mu_\chi(\mathscr{R}(f)) = \mathscr{R}(\chi(f))$ pour tout $f \in \mathrm{B}$. Puisque les parties réelles de fonctions $f \in \mathrm{B}$ sont denses dans $\mathscr{C}_{\mathbf{R}}(\mathrm{X})$ par hypothèse, la mesure μ_χ est déterminée de manière unique par χ.

Soit $f \in \mathrm{B}$. Soit $\varepsilon > 0$ un nombre réel. Il existe, par hypothèse, une fonction $g \in \mathrm{B}$ telle que

$$\mathscr{R}(g) - \varepsilon \leqslant \log(|f| + \varepsilon) \leqslant \mathscr{R}(g) + \varepsilon. \tag{2}$$

Soit $h = \exp(g) \in \mathrm{B}^*$. D'après (2), on a

$$|h|e^{-\varepsilon} \leqslant |f| + \varepsilon \leqslant |h|e^{\varepsilon}. \tag{3}$$

La majoration implique $|fh^{-1}| \leqslant e^{\varepsilon}$, d'où $|\chi(fh^{-1})| \leqslant e^{\varepsilon}$, et par suite

$$\log(|\chi(f)|) \leqslant \log(|\chi(h)|) + \varepsilon = \int_{\mathrm{X}} \log(|h|)\, d\mu_\chi + \varepsilon. \tag{4}$$

La minoration dans (3) implique alors

$$\log(|\chi(f)|) \leqslant \int_{\mathrm{X}} \log\left(|f| + \varepsilon\right) d\mu_\chi + 2\varepsilon.$$

En faisant tendre ε vers 0, on en déduit que

$$\log(|\chi(f)|) \leqslant \int_{\mathrm{X}} \log(|f|)\, d\mu_\chi.$$

Ceci finit la démonstration.

2. Fonctions continues sur un sous-ensemble compact de $\mathbf{C}^\Lambda$

Soient Λ un ensemble et X une partie compacte de $\mathbf{C}^\Lambda$. On note P(X) la sous-algèbre de Banach unifère de $\mathscr{C}(\mathrm{X})$ formée des fonctions sur X qui sont limites uniformes sur X de fonctions polynômes sur $\mathbf{C}^\Lambda$. Les fonctions coordonnées $z_\lambda|\mathrm{X}$ engendrent topologiquement P(X), et P(X) sépare les points de X. Soit Y l'enveloppe polynomialement convexe de X (déf. 4 de I, p. 45). Comme

$$\sup_{z\in\mathrm{Y}} |p(z)| = \sup_{z\in\mathrm{X}} |p(z)|$$

(*cf.* n° 7 de I, p. 44) pour tout $p \in \mathbf{C}[(\mathrm{X}_\lambda)_{\lambda\in\Lambda}]$, les suites de polynômes uniformément convergentes dans X se prolongent de manière unique en suites de polynômes uniformément convergentes dans Y. Il existe donc un unique isomorphisme isométrique de P(X) sur P(Y) qui, pour toute fonction coordonnée z_λ sur $\mathbf{C}^\Lambda$, transforme $z_\lambda|\mathrm{X}$ en $z_\lambda|\mathrm{Y}$. Cet isomorphisme sera dit canonique.

PROPOSITION 4. — *Soit* X *un espace compact. Soit* B *une sous-algèbre de Banach unifère de* $\mathscr{C}(\mathrm{X})$, *munie de la norme induite, séparant les points de* X. *On identifie* X *à une partie fermée de* $\mathsf{X}(\mathrm{B})$ (prop. 1 de I, p. 142, *d*)). *Soit* $(x_\lambda)_{\lambda\in\Lambda}$ *une famille d'éléments de* B *engendrant topologiquement l'algèbre unifère* B. *On considère le diagramme commutatif*

$$\begin{array}{ccc} \mathrm{X} & \xrightarrow{\quad i \quad} & \mathsf{X}(\mathrm{B}) \\ \Big\downarrow{\scriptstyle\varphi} & & \Big\downarrow{\scriptstyle\varphi'} \\ \mathrm{Sp}^\Lambda_{\mathscr{C}(\mathrm{X})}((x_\lambda)) & \xrightarrow{\quad j \quad} & \mathrm{Sp}^\Lambda_{\mathrm{B}}((x_\lambda)) \end{array}$$

où φ *et* φ' *sont les applications définies par la famille* $(x_\lambda)_{\lambda\in\Lambda}$ (*cf.* n° 6 de I, p. 41), *et* i *et* j *sont les injections canoniques. Alors :*

a) *Les applications* φ *et* φ' *sont des homéomorphismes*;

b) *Le spectre simultané* $\mathrm{Sp}^\Lambda_{\mathrm{B}}((x_\lambda))$ *est l'enveloppe polynomialement convexe de* $\mathrm{Sp}^\Lambda_{\mathscr{C}(\mathrm{X})}((x_\lambda))$;

c) *L'application* φ *transforme* $\mathscr{C}(\mathrm{X})$ *en* $\mathscr{C}(\mathrm{Sp}^\Lambda_{\mathscr{C}(\mathrm{X})}((x_\lambda)))$ *et* B *en* $\mathrm{P}(\mathrm{Sp}^\Lambda_{\mathscr{C}(\mathrm{X})}((x_\lambda)))$;

d) *L'application* φ' *transforme* $\mathscr{G}_{\mathrm{B}}(\mathrm{B})$ *en* $\mathrm{P}(\mathrm{Sp}^\Lambda_{\mathrm{B}}((x_\lambda)))$;

e) *Les applications* φ *et* φ' *transforment* $\mathscr{G}_{\mathrm{B}}$ *en l'isomorphisme canonique de* $\mathrm{P}(\mathrm{Sp}^\Lambda_{\mathscr{C}(\mathrm{X})}((x_\lambda)))$ *sur* $\mathrm{P}(\mathrm{Sp}^\Lambda_{\mathrm{B}}((x_\lambda)))$.

Les applications φ et φ' sont continues et surjectives (n° 6 de I, p. 41). L'application φ' est un homéomorphisme d'après l'assertion *a*) de la prop. 12 de I, p. 43, et i est injective, donc φ est injective. Donc φ et φ' sont des homéomorphismes.

Soit $\mathrm{X}_1 = \mathrm{Sp}^\Lambda_{\mathscr{C}(\mathrm{X})}((x_\lambda))$. L'enveloppe polynomialement convexe de X_1 est $\mathrm{Y}_1 = \mathrm{Sp}^\Lambda_{\mathrm{B}}((x_\lambda))$ d'après la prop. 14 de I, p. 46.

Pour tout $\lambda \in \Lambda$, notons z_λ la fonction coordonnée correspondante sur $\mathbf{C}^\Lambda$. L'application φ transforme x_λ en $z_\lambda|\mathrm{X}_1$, et φ' transforme $\mathscr{G}_{\mathrm{B}}(x_\lambda)$ en $z_\lambda|\mathrm{Y}_1$. Donc φ transforme B en $\mathrm{P}(\mathrm{X}_1)$, et φ' transforme $\mathscr{G}_{\mathrm{B}}(\mathrm{B})$ en $\mathrm{P}(\mathrm{Y}_1)$. Finalement, φ et φ' transforment $\mathscr{G}_{\mathrm{B}}$ en l'isomorphisme canonique de $\mathrm{P}(\mathrm{X}_1)$ sur $\mathrm{P}(\mathrm{Y}_1)$.

COROLLAIRE 1. — *Soient* Λ *un ensemble et* X *une partie compacte de* $\mathbf{C}^\Lambda$. *On identifie* X *à une partie de* $\mathsf{X}(\mathrm{P(X)})$ (prop. 1 de I, p. 142, *d*)). *Soit* $(z_\lambda)_{\lambda\in\Lambda}$ *la famille des fonctions coordonnées sur* $\mathbf{C}^\Lambda$.

a) *L'application* θ *de* $\mathsf{X}(\mathrm{P(X)})$ *sur* $\mathrm{Sp}^\Lambda_{\mathrm{P(X)}}((z_\lambda))$ *définie par la famille* (z_λ) *est un homéomorphisme de* $\mathsf{X}(\mathrm{P(X)})$ *sur l'enveloppe polynomialement convexe* Y *de* X. *Sa restriction à* X *est l'application identique de* X ;

b) *Pour toute fonction* $f \in \mathrm{P(X)}$, *l'homéomorphisme* θ *transforme le prolongement* $\mathscr{G}_{\mathrm{P(X)}}(f)$ *de* f *à* $\mathsf{X}(\mathrm{P(X)})$ *en un prolongement* $\widetilde{f}$ *de* f *à* Y. *L'application* $f \mapsto \widetilde{f}$ *est l'isomorphisme canonique de* P(X) *sur* P(Y).

Dans la prop. 4, prenons $\mathrm{B} = \mathrm{P(X)}$ et $x_\lambda = z_\lambda$. Alors φ devient l'application identique et φ' devient l'application θ. Les assertions du corollaire se réduisent alors à celles de *loc. cit.*

COROLLAIRE 2. — *Soit* Λ *un ensemble et soit* $\mathrm{X} \subset \mathbf{C}^\Lambda$ *un ensemble compact. Si* X *est connexe, alors son enveloppe polynomialement convexe est connexe.*

Si X est connexe, les seuls idempotents de $\mathscr{C}(\mathrm{X})$, donc de P(X), sont 0 et 1 (cor. de la prop. I, p. 79). Par conséquent, l'espace $\mathsf{X}(\mathrm{P(X)})$ est connexe (*loc. cit.*) ; or cet ensemble est homémorphe à l'enveloppe polynomialement convexe de X (cor. 1, *a*)).

3. Fonctions continues sur un sous-ensemble compact de C

Lemme 1. — *Soit* X *un sous-ensemble compact du plan et soit* O *une composante connexe bornée de* $\mathbf{C} - \mathrm{X}$. *La frontière de* O *est contenue dans* X.

L'adhérence de l'ensemble O dans $\mathbf{C} - \mathrm{X}$ est égale à $\overline{\mathrm{O}} \cap (\mathbf{C} - \mathrm{X})$ où $\overline{\mathrm{O}}$ est son adhérence dans **C**. Comme O est une composante connexe de $\mathbf{C} - \mathrm{X}$, on a donc $\overline{\mathrm{O}} \cap (\mathbf{C} - \mathrm{X}) = \mathrm{O}$, ce qui démontre bien que $\overline{\mathrm{O}} - \mathrm{O} \subset \mathrm{X}$.

Soit X une partie compacte de **C**. Soit O_∞ la composante connexe non bornée de $\mathbf{C} - \mathrm{X}$, et soit $(\mathrm{O}_i)_{i\in\mathrm{I}}$ la famille des composantes connexes bornées de $\mathbf{C} - \mathrm{X}$, les parties O_i étant deux à deux distinctes.

Soit E une partie de $\mathbf{C} - \mathrm{X}$. On note $\mathrm{R_E(X)}$ l'adhérence dans $\mathscr{C}(\mathrm{X})$ de l'ensemble des fonctions $f|\mathrm{X}$, où f est une fonction rationnelle sur **C** dont tous les pôles appartiennent à E. L'algèbre $R_E(X)$ est une sous-algèbre de Banach unifère de $\mathscr{C}(X)$ qui sépare les points de X. Soit z la fonction identique sur X. La sous-algèbre fermée pleine de $R_E(X)$ engendrée par z est égale à $R_E(X)$ (lemme 2 de I, p. 6). Les éléments de $R_E(X)$ sont holomorphes dans l'intérieur de X.

On a en particulier $R_\varnothing(X) = P(X)$. On note $R(X) = R_{\mathbf{C}-X}(X)$. On note I(E) l'ensemble des éléments $i \in I$ tels que $E \cap O_i = \varnothing$, et

$$X_E = X \cup \Big(\bigcup_{i \in I(E)} O_i\Big).$$

L'ensemble X_E est compact, car borné et fermé, son complémentaire dans **C** étant la réunion de l'ouvert O_∞ et des ouverts O_i qui rencontrent E.

PROPOSITION 5. — *Avec les notations ci-dessus :*

a) *L'application de restriction h de $R_E(X_E)$ dans $R_E(X)$ est un isomorphisme isométrique*;

b) *L'algèbre $R_E(X_E)$ est une sous-algèbre pleine de $\mathscr{C}(X_E)$* ;

c) *Tout caractère de $R_E(X_E)$ est de la forme $f \mapsto f(w)$, où w est un élément de X_E* ;

d) *L'application $\chi \mapsto \chi(z)$ est un homéomorphisme de $\mathsf{X}(R_E(X))$ sur X_E* ;

e) *Si E′ est une partie de $\mathbf{C} - X$, on a $R_E(X) = R_{E'}(X)$ si et seulement si $X_E = X_{E'}$, ce qui équivaut aussi à $I(E) = I(E')$.*

L'application de restriction h de $R_E(X_E)$ dans $R_E(X)$ est un morphisme d'algèbres de Banach tel que $\|h(f)\| \leqslant \|f\|$ pour toute fonction $f \in R_E(X_E)$. Soit $f \in R_E(X_E)$. Soit $i \in I(E)$. Puisque f est holomorphe au voisinage de l'ouvert borné O_i, le principe du maximum (VAR, I, p. 29) implique qu'il existe un élément z_0 dans la frontière de O_i tel que $|f(z_0)| = \sup_{z \in O_i} |f(z)|$. Comme la frontière de O_i est contenue dans X (lemme 1), on en déduit que $\sup_{z \in O_i} |f(z)| \leqslant \|h(f)\|$. Puisque cette inégalité vaut pour tout $i \in I(E)$, il en résulte que $\|f\| \leqslant \|h(f)\|$. Le morphisme h est donc isométrique, et en particulier injectif. Démontrons maintenant qu'il est surjectif. Soit $g \in R_E(X)$. Il existe une suite (f_n) de fonctions rationnelles dont les pôles appartiennent à E qui converge uniformément vers g sur X. Les $f_n | X_E$ sont des éléments de $R_E(X_E)$. Puisque h est isométrique, la suite $(f_n | X_E)$ converge dans $\mathscr{C}(X_E)$. Si f est sa limite, on a $f \in R_E(X_E)$ et $g = f | X = h(f)$. D'où *a*).

Prouvons l'assertion *d*). Appliquons la prop. 3 de I, p. 144 à l'algèbre $B = R_E(X)$. L'assertion *b*) de *loc. cit.* implique que l'application qui à χ associe $\chi(z)$ est un homéomorphisme de $\mathsf{X}(R_E(X))$ dans $Sp_{R_E(X)}(z)$. Soit z_E l'application identique de X_E. D'après *loc. cit.*, *a*), on a $Sp_{R_E(X)}(z) = Sp_{R_E(X_E)}(z_E)$. Il suffit donc de montrer que $Sp_{R_E(X_E)}(z_E) = X_E$. Le cor. de la prop. 6 de I, p. 28 démontre que $Sp_{R_E(X_E)}(z_E)$ est la réunion de $Sp_{\mathscr{C}(X_E)}(z_E) = X_E$ et de certaines composantes connexes bornées du complémentaire de X_E. Soit O_i l'une des composantes connexes bornées du complémentaire de X_E. L'intersection $E \cap O_i$ est donc non vide. Soit $\lambda \in E \cap O_i$; puisque $(\lambda - z_E)^{-1} \in R_E(X_E)$, on a $\lambda \notin Sp_{R_E(X_E)}(z_E)$. Ainsi, O_i n'est pas contenu dans $Sp_{R_E(X_E)}(z_E)$. Cela montre que $Sp_{R_E(X_E)}(z_E) = X_E$.

Cette égalité implique par ailleurs que $Sp_{R_E(X_E)}(z_E) = Sp_{\mathscr{C}(X_E)}(z_E)$. Cela établit la condition (iii) de la prop. 11 de I, p. 41, appliquée à l'injection canonique de $R_E(X_E)$ dans $\mathscr{C}(X_E)$ et à l'élément z_E. Les assertions *b*) et *c*) sont les conditions équivalentes (i) et (ii) de *loc. cit.*

L'assertion *d*) démontre que $X_E = X_{E'}$ si $R_E(X) = R_{E'}(X)$. Réciproquement, supposons que $X_E = X_{E'}$. En remplaçant E' par $E \cup E'$, on peut supposer que $E \subset E'$. D'après *b*), l'algèbre $R_E(X_E)$ est une sous-algèbre fermée pleine de $\mathscr{C}(X_E)$, et donc aussi de $R_{E'}(X_E)$. Elle contient z_E, et donc $R_E(X_E) = R_{E'}(X_E)$. Appliquant *a*), on en déduit que $R_E(X) = R_{E'}(X)$. Finalement l'équivalence de $X_E = X_{E'}$ et $I(E) = I(E')$ est une conséquence des définitions.

Corollaire 1. — *Les conditions suivantes sont équivalentes :*

(i) *L'ensemble* E *rencontre toutes les composantes connexes bornées de* $\mathbf{C} - X$;

(ii) *L'application* $\chi \mapsto \chi(z)$ *est un homéomorphisme de* $\mathsf{X}(R_E(X))$ *sur* X ;

(iii) *On a* $R_E(X) = R(X)$.

Soit $E' = \mathbf{C} - X$. Les conditions (i), (ii) et (iii) sont respectivement équivalentes à $I(E) = I(E')$, à $X_E = X_{E'}$ (d'après la prop. 5, *d*)) et à $R_E(X) = R_{E'}(X)$. Elles sont donc équivalentes entre elles d'après la prop. 5, *e*).

Le corollaire suivant précise le théorème de Runge (th. 3 de I, p. 69).

Corollaire 2 (Théorème de Runge). — *Pour tout* $i \in I$, *soit* λ_i *un point de* O_i. *Soit* f *une fonction complexe holomorphe dans un voisinage ouvert de* X. *Alors* $f|X$ *est limite uniforme de restrictions à* X *de fractions rationnelles dont les pôles sont certains des* λ_i.

Avec $E = \{\lambda_i\}_{i \in I}$, l'hypothèse est la condition (i) du cor. 1. On a donc $R_E(X) = R(X)$, et le th. 3 de I, p. 69 montre que $R(X) = \mathscr{O}(X)$.

Exercices

§ 1

1) Soient (e_1, e_2) la base canonique de $\mathbf{R}^2$ et u l'élément de $A = \mathscr{L}(\mathbf{R}^2)$ défini par $u(e_1) = e_2$, $u(e_2) = -e_1$. Démontrer que $\mathrm{Sp}_A(u) = \varnothing$ et $\mathrm{Sp}_A(u^2) = \{-1\}$.

2) Soient μ la mesure de Lebesgue sur $[0, 1]$, H l'espace hilbertien $L^2_{\mathbf{C}}([0, 1], \mu)$, $A = \mathscr{L}(H)$, et $x \in A$ l'opérateur qui transforme la fonction $f(t)$ en la fonction $tf(t)$. Démontrer que $\mathrm{Sp}_A(x) = [0, 1]$, mais que x n'admet aucune valeur propre.

3) *a*) Soient H un espace hilbertien admettant une base orthonormale dénombrable $(e_0, e_1, e_2, \ldots)$, et $A = \mathscr{L}(H)$. Soit $u \in \mathscr{L}(H)$ tel que $u(e_i) = e_{i+1}$ pour tout i. Soit $u' \in \mathscr{L}(H)$ tel que $u'(e_i) = e_{i-1}$ pour $i \geqslant 1$ et $u'(e_0) = 0$. On a $u'u = 1$, mais $uu'(e_0) = 0$, de sorte que $\mathrm{Sp}_A(u'u) \neq \mathrm{Sp}_A(uu')$.

b) Soit A une algèbre unifère noethérienne sur un corps commutatif. Si $x, y \in A$, on a $\mathrm{Sp}_A(xy) = \mathrm{Sp}_A(yx)$ (utiliser l'exerc. 6 de A, VIII, p. 37).

4) Soient A une algèbre commutative sur $\mathbf{C}$, I un idéal de A, h l'injection canonique de I dans A, et S l'ensemble des $\chi \in \mathsf{X}'(A)$ qui s'annulent sur I.

a) $\mathsf{X}'(h)$ est surjectif.

b) $\mathsf{X}'(h)|(\mathsf{X}'(A) - S)$ est un homéomorphisme de $\mathsf{X}'(A) - S$ sur $\mathsf{X}(I)$. (Soit $\chi_0 \in \mathsf{X}'(A) - S$. Soient $x_1, \ldots, x_n \in A$, $\varepsilon > 0$, et V le voisinage de χ_0 dans $\mathsf{X}'(A)$ défini par $|(\chi - \chi_0)(x_i)| \leqslant \varepsilon$, $(i = 1, \ldots, n)$. Soit $u_0 \in I$ tel que

$\chi_0(u_0) = 1$. On a $u_i = u_0 x_i \in \mathrm{I}$. Alors si $|(\chi - \chi_0)(u_i)| \leqslant \delta$ $(i = 0, 1, \ldots, n)$ avec δ assez petit, on a $\chi \in \mathrm{V}$.)

5) Dans l'exerc. 4, on prend $\mathrm{A} = \mathbf{C}[\mathrm{X}, \mathrm{Y}]$ et $\mathrm{I} = \mathrm{AX}$. L'espace $\mathsf{X}(\mathrm{A})$ s'identifie à $\mathbf{C}^2$, $\mathrm{S} - \{0\}$ s'identifie à $\{0\} \times \mathbf{C}$. Soit U l'ensemble des $(\xi, \eta) \in \mathbf{C}^2$ tels que $|\xi| < e^{-|\eta|}$. Démontrer que $\mathsf{X}'(h)(\mathrm{U})$ n'est pas un voisinage de 0 dans $\mathsf{X}'(\mathrm{I})$. En déduire que $\mathsf{X}'(\mathrm{I})$ ne s'identifie pas à l'espace quotient de $\mathsf{X}'(\mathrm{A})$ par la relation d'équivalence que définit $\mathsf{X}'(h)$. (À ce sujet, *cf.* I, p. 169, exerc. 17.)

6) Soient A une algèbre commutative sur un corps commutatif et I un idéal maximal de A. Démontrer qu'on a $\mathrm{A}^2 \subset \mathrm{I}$ avec $\dim(\mathrm{A}/\mathrm{I}) = 1$, ou bien que A/I est un corps. (Appliquer à A/I l'exerc. 3 de A, I, p. 153.) En particulier, si $\mathrm{A}^2 = \mathrm{A}$, tout idéal maximal de A est régulier.

7) Soient A une algèbre commutative sur un corps commutatif K, $x \in \mathrm{A}$ et $\alpha \in \mathrm{K}$. L'ensemble des $\chi \in \mathsf{X}(\mathrm{A})$ tels que $(\mathscr{G}x)(\chi) = \alpha$ est fermé pour la topologie de Jacobson. (Se ramener au cas où A possède un élément unité, puis au cas où $\alpha = 0$.)

¶ 8) Soient A une algèbre, I un idéal bilatère de A, $\mathrm{J}^{\mathrm{I}}(\mathrm{A})$ l'ensemble des idéaux primitifs de A qui ne contiennent pas I, et $\widehat{\mathrm{A}}^{\mathrm{I}}$ l'ensemble des représentations irréductibles $\pi \in \widehat{\mathrm{A}}$ telles que $\pi(\mathrm{I}) \neq 0$.

a) Si $\pi \in \widehat{\mathrm{A}}^{\mathrm{I}}$, on a $\pi|\mathrm{I} \in \widehat{\mathrm{I}}$ (lemme 5, *a*) de I, p. 12). Si des représentations π et $\pi' \in \widehat{\mathrm{A}}$ sont telles que $\pi|\mathrm{I}$ et $\pi'|\mathrm{I}$ sont équivalentes, alors π et π' sont équivalentes. (On peut supposer que $\pi(x) = \pi'(x)$ pour tout $x \in \mathrm{I}$. Alors, pour tout $y \in \mathrm{A}$, $\pi(y)$ et $\pi'(y)$ coïncident sur $\sum_{x \in \mathrm{I}} \mathrm{Im}\, \pi(x)$, et ce sous-espace est égal à l'espace de π.)

b) Si $\pi \in \widehat{\mathrm{I}}$, π se prolonge en un élément de $\widehat{\mathrm{A}}^{\mathrm{I}}$. (Soit R un idéal à gauche maximal régulier de I. Soit g une unité à droite de I modulo R. Supposant que A admet un élément unité, montrer que la relation $\mathrm{AR} + \mathrm{A}(1 - g) = \mathrm{A}$ entraînerait $g^2 \in \mathrm{R}$. Donc $\mathrm{AR} + \mathrm{A}(1 - g)$ est contenu dans un idéal à gauche maximal M de A. Démontrer que $\mathrm{M} \cap \mathrm{I} = \mathrm{R}$ et $\mathrm{M} + \mathrm{I} = \mathrm{A}$.)

c) Déduire de *a*) et *b*) que l'application $\mathrm{I}' \mapsto \mathrm{I}' \cap \mathrm{I}$ est un homéomorphisme de $\mathrm{J}^{\mathrm{I}}(\mathrm{A})$ sur $\mathrm{J}(\mathrm{I})$, et que l'application $\pi \mapsto \pi|\mathrm{I}$ est un homéomorphisme de $\widehat{\mathrm{A}}^{\mathrm{I}}$ sur $\widehat{\mathrm{I}}$.

§ 2

1) Soit (A, e) une algèbre unifère complexe.

a) Pour une forme linéaire $\lambda \in A^*$ telle que $\lambda(e) = 1$, les conditions suivantes sont équivalentes :

(i) Pour tout $x \in \mathrm{Ker}(\lambda)$, on a $x^2 \in \mathrm{Ker}(\lambda)$;

(ii) Pour tout $x \in A$, on a $\lambda(x^2) = \lambda(x)^2$;

(iii) Le noyau de λ est un idéal à droite de A ;

(iv) La forme linéaire λ est un morphisme unifère de A dans $\mathbf{C}$.

(Observer que $\lambda(x - \lambda(x)e) = 0$ pour tout $x \in A$.)

b) Soit $\lambda \in A^*$ une forme linéaire telle que $\lambda(1) = 1$ et telle que pour tout $x \in A$, on a $\lambda(x) \in \mathrm{Sp}_A(x)$. Soit $x \in \mathrm{Ker}(\lambda)$ tel que $\lambda(x^2) \neq 0$. Le spectre de x n'est pas borné dans $\mathbf{C}$. (Pour $n \geqslant 2$ entier, considérer le polynôme $p \in \mathbf{C}[X]$ tel que $p(z) = \lambda((ze - x)^n)$ pour tout $z \in \mathbf{C}$; observer que ses racines appartiennent au spectre de x et minorer leur norme euclidienne en fonction de $|\lambda(x^2)|$.)

c) On suppose que A est une algèbre de Banach. Pour qu'une forme linéaire λ sur A soit un morphisme unifère de A dans $\mathbf{C}$, il faut et il suffit que $\lambda(e) = 1$ et que $\lambda(x) \in \mathrm{Sp}_A(x)$ pour tout $x \in A$.

2) Soit $n \geqslant 0$ un entier. Soit A_n l'algèbre de Banach commutative complexe des fonctions $f\colon [0,1] \to \mathbf{C}$ admettant des dérivées continues dans $[0,1]$ jusqu'à l'ordre n, munie de la norme

$$\|f\| = \sum_{k=0}^{n} \frac{1}{k!} \sup_{0 \leqslant t \leqslant 1} |f^{(k)}(t)|$$

(exemple 4 de I, p. 18). Montrer que A_n est isomorphe à A_m si, et seulement si, $n = m$. (Cependant, d'après l'exemple 1 de I, p. 144, ces algèbres de Banach ont toutes le même espace de caractères).

3) Soit G un groupe égal à son groupe dérivé (A, I, p. 67). Pour tout $g \in G$, on note $\ell(g)$ le plus petit entier $k \geqslant 0$ tel qu'il existe des couples $(a_1, b_1), \ldots, (a_k, b_k)$ dans $G \times G$ vérifiant $g = [a_1, b_1] \cdots [a_k, b_k]$.

a) L'application ℓ est une distance sur G.

b) Pour tout $g \in G$, la limite

$$\mathrm{lsc}(g) = \lim_{n \to +\infty} \frac{\ell(g^n)}{n}$$

existe. On l'appelle *longueur stable des commutateurs* de g.

c) Soient S un ensemble et $G = D(F(S))$ le groupe dérivé du groupe libre engendré par S. Le groupe G est égal à son groupe dérivé, et pour tout $g \in G$, $g \neq e$, on a $\mathrm{lsc}(g) \geqslant 1/2$. Il existe $g \in G$ tel que $\mathrm{lsc}(g) = 1/2$.

4) Soit $n \geqslant 1$ un entier. On note $S(n)$ le plus grand entier $k \geqslant 0$ tel que, pour tout ensemble X de n nombres réels, il existe un sous-ensemble $Y \subset X$ de cardinal k tel que l'équation $x + y = z$ n'admette aucune solution dans Y. On a donc $S(n) \leqslant n$.

a) Montrer que la limite

$$\sigma = \lim_{n \to +\infty} \frac{S(n)}{n}$$

existe.

b) Montrer que $\sigma \leqslant 2/5$.

c) Montrer que $\sigma \geqslant 1/3$.

(On peut montrer que $\sigma = 1/3$, *cf.* S. EBERHARD, B. GREEN, F. MANNERS, *Sets of integers with no large sum-free subset*, Annals of Mathematics 180 (2014), 621–652.)

5) Soient A un anneau commutatif et $n \geqslant 1$ un entier. Pour une matrice $M = (m_{i,j})$ de type (n, n) à coefficients dans A, on appelle *permanent de* M l'élément

$$\mathrm{per}(M) = \sum_{\sigma \in S_n} m_{1,\sigma(1)} \cdots m_{n,\sigma(n)}$$

de A.

Soit $k \geqslant 1$ un entier. On note $X_{n,k}$ l'ensemble des matrices M de type (n, n) à coefficients réels telles que chaque colonne de M contient k coefficients égaux à 1, tous les autres étant nuls.

Montrer que la limite

$$\lim_{n \to +\infty} \Big(\inf_{M \in X_{n,k}} \mathrm{per}(M) \Big)^{1/n}$$

existe.

6) Soit $k \geqslant 1$ un entier. Pour tout entier $N \geqslant 1$, on note $S_k(N)$ le plus grand cardinal d'un ensemble $A \subset \{1, \ldots, N\}$ qui ne contient pas k éléments en progression arithmétique, c'est-à-dire que, quels que soient $n_0 \geqslant 0$, $h \geqslant 1$, $\ell \geqslant 1$, si $\{n_0 + h, n_0 + 2h, \ldots, n_0 + \ell h\} \subset A$, alors $\ell < k$.

a) Montrer que la limite

$$s_k = \lim_{N \to +\infty} \frac{S_k(N)}{N}$$

existe.

b) Montrer que $s_1 = s_2 = 0$. On peut montrer (« théorème de Szemerédi », *cf.* E. Szemerédi, *On sets of integers containing no k elements in arithmetic progression*, Acta Arithmetica XXVII, 1975, 199–245) que $s_k = 0$ pour tout $k \geqslant 1$; pour le cas $k = 3$, *cf.* exercice 23 de II, p. 270.

7) Soit A une algèbre normée.

a) Soit S une partie bornée non vide de A. Montrer que la limite

$$\varrho(\mathrm{S}) = \lim_{n \to +\infty} \sup_{x \in \mathrm{S}^n} \|x\|^{1/n}$$

existe et que $\varrho(\mathrm{S}) = \varrho(x)$ si S est réduite à un seul élément x. On dit que $\varrho(\mathrm{S})$ est le *rayon spectral de la partie* S.

b) Soit N l'ensemble des normes p sur A, équivalentes à la norme de A, et telles que A, muni de p, est une algèbre normée. Soit X un sous-ensemble de A. Pour qu'il existe $p \in \mathrm{N}$ tel que $p(x) \leqslant 1$ pour tout $x \in \mathrm{X}$, il faut et il suffit qu'il existe un nombre réel $c \geqslant 0$ tel que

$$\sup_{n \geqslant 1} \sup_{x \in \mathrm{X}^n} \|x\| \leqslant c.$$

c) Montrer que

$$\varrho(\mathrm{S}) = \inf_{p \in \mathrm{N}} \sup_{x \in \mathrm{S}} p(x).$$

8) Soit A l'algèbre des fonctions complexes continues sur $\mathbf{R}$ tendant vers 0 à l'infini, munie de la norme $\|f\| = \sup_{t \in \mathbf{R}} |f(t)|$. Alors $\widetilde{\mathrm{A}}$ s'identifie à l'algèbre des fonctions complexes continues sur $\mathbf{R}$ tendant vers une limite finie à l'infini. Sur $\widetilde{\mathrm{A}}$, la norme $\|g\| = \sup_{t \in \mathbf{R}} |g(t)|$ diffère de la norme définie au n° 1 de I, p. 15.

9) Soient A une algèbre normée et $b = \inf_{x \neq 0} \|x^2\|/\|x\|^2$. Alors

$$b \leqslant \inf_{x \neq 0} \frac{\varrho(x)}{\|x\|} \leqslant \sqrt{b}.$$

10) Soient A une algèbre normée et $x, y \in \mathrm{A}$. On a $\varrho(xy) = \varrho(yx)$.

11) Soient H un espace hilbertien de type dénombrable et $(f_n)_{n \geqslant 1}$ une base orthonormale de H. Soit A l'algèbre normée $\mathscr{L}(\mathrm{H})$. Soit $x \in \mathrm{A}$ l'élément défini par $x(f_i) = 2^{-i} f_{i+1}$. Démontrer que x est quasi–nilpotent, mais non nilpotent.

¶ 12) Soient H un espace hilbertien de type dénombrable et $(f_n)_{n \geqslant 1}$ une base orthonormale de H. On définit les nombres $(\alpha_m)_{m \geqslant 1}$ par $\alpha_m = e^{-k}$ si m est le produit de 2^k par un nombre impair.

a) Soit $x \in \mathscr{L}(\mathrm{H})$ défini par $x(f_m) = \alpha_m f_{m+1}$ pour $m \geqslant 1$. Démontrer que x n'est pas quasi-nilpotent. (Observer que

$$\|x^n\| = \sup_m (\alpha_m \alpha_{m+1} \ldots \alpha_{m+n-1}),$$

et évaluer $\alpha_1 \alpha_2 \ldots \alpha_{2^t-1}$.)

b) Soit $x_k \in \mathscr{L}(\mathrm{H})$ défini par $x_k(f_m) = 0$ si m est le produit de 2^k par un nombre impair, et $x_k(f_m) = \alpha_m f_{m+1}$ sinon. Démontrer que x_k est nilpotent et que (x_k) converge vers x quand k tend vers $+\infty$.

13) Soit A une algèbre de Banach unifère. Soit $x \in \mathrm{A}$ tel que $\|x - 1\| < 1$. Il existe $y \in \mathrm{A}$ tel que $y^2 = x$.

14) Soit A une algèbre normée unifère complexe. Si $\|x^{-1}\| = \|x\|^{-1}$ pour tout élément inversible x de A, on a $\mathrm{A} = \mathbf{C} \cdot 1$. (Se ramener au cas où A est complète. Soit $x \in \mathrm{A}$, à une distance $\alpha > 0$ de $\mathbf{C} \cdot 1$. Si $\lambda_0 \in \mathbf{C}$ est tel que $x - \lambda_0$ soit inversible, alors $x - \lambda$ est inversible pour $|\lambda - \lambda_0| < \alpha$. En déduire que le spectre de x serait vide.)

15) Soit A une algèbre normée unifère complexe dans laquelle le seul diviseur de zéro topologique à gauche est 0 et le seul diviseur de zéro topologique à droite est 0. Alors $\mathrm{A} = \mathbf{C} \cdot 1$. (Si $x \in \mathrm{A}$, et si λ appartient à la frontière de $\mathrm{Sp}_{\widehat{\mathrm{A}}}(x)$, alors $x - \lambda$ est diviseur de zéro topologique dans $\widehat{\mathrm{A}}$, donc dans A, donc $x = \lambda$.)

16) Soit A une algèbre de Banach unifère complexe. Soit a un élément de A. On appelle *spectre singulier* de A l'ensemble des $\lambda \in \mathbf{C}$ tels que $a - \lambda e$ est un diviseur de zéro topologique à gauche et à droite dans A.

a) Montrer que le spectre singulier de A est contenu dans le spectre de A, et contient la frontière du spectre de A.

b) Soit $f \in \mathbf{C}[\mathrm{X}]$ un polynôme. L'image par f du spectre singulier de a est le spectre singulier de $f(a)$.

17) Soit A une algèbre normée. Pour tout $x \in \mathrm{A}$, on pose :

$$\lambda(x) = \inf_{y \neq 0} \frac{\|xy\|}{\|y\|} \qquad \lambda'(x) = \inf_{y \neq 0} \frac{\|yx\|}{\|y\|}.$$

a) On a

$$|\lambda(x) - \lambda(y)| \leqslant \|x - y\|, \qquad |\lambda'(x) - \lambda'(y)| \leqslant \|x - y\|,$$

$$\lambda(x)\lambda(y) \leqslant \lambda(xy) \leqslant \|x\|\lambda(y), \qquad \lambda'(x)\lambda'(y) \leqslant \lambda'(xy) \leqslant \lambda'(x)\|y\|.$$

b) L'ensemble des diviseurs de zéro topologiques à gauche (resp. à droite) dans A est fermé.

18) Soit A une algèbre de Banach unifère. L'ensemble des x qui ne sont ni inversibles, ni diviseurs de zéro topologiques, est ouvert dans A.

19) Soient X un espace de Banach complexe et $x \in \mathrm{A} = \mathscr{L}(\mathrm{X})$.

a) Si x n'est pas inversible, alors x est diviseur de zéro topologique à gauche ou à droite. (Envisager successivement les cas suivants :
 1°) x est non injectif ;
 2°) $\overline{x(\mathrm{X})} \neq \mathrm{X}$;
 3°) x est injectif, $x(\mathrm{X})$ est dense dans X et distinct de X.)

b) Si x applique bicontinûment X sur un sous-espace vectoriel fermé de X distinct de X, ou si x est non injectif et d'image X, alors x est intérieur à l'ensemble des éléments non inversibles de A.

20) Dans l'algèbre A de l'exemple 9 de I, p. 20, la fonction identique z n'est ni inversible, ni diviseur de zéro topologique.

21) Soit A une algèbre normée unifère. Soit B l'algèbre normée $\mathscr{L}(\mathrm{A})$. Alors l'image de A par le morphisme $x \mapsto \gamma_x$ est une sous-algèbre pleine de B. Donc, si $x \in \mathrm{A}$, on a $\mathrm{Sp}_{\mathrm{A}}(x) = \mathrm{Sp}_{\mathrm{B}}(\gamma_x)$.

¶ 22) Soit A une algèbre de Banach.

a) Soit S l'ensemble des suites bornées d'éléments de A, avec la norme $\|(x_n)\| = \sup \|x_n\|$. Soit R l'ensemble des $(x_n) \in \mathrm{S}$ tels que $\|x_n\|$ tende vers 0. Alors S est une algèbre de Banach et R est un idéal bilatère fermé de S.

Soient $\mathrm{S}' = \mathrm{S}/\mathrm{R}$ et $\varphi \colon \mathrm{S} \to \mathrm{S}'$ le morphisme canonique.

b) L'application θ de A dans S′ définie par $\theta(x) = \varphi(x, x, x, \ldots)$ est un isomorphisme isométrique de A sur une sous-algèbre de S′. Tout diviseur de zéro topologique à gauche dans S′ est diviseur de zéro à gauche. Pour que $x \in \mathrm{A}$ soit diviseur de zéro topologique à gauche, il faut et il suffit que $\theta(x)$ soit diviseur de zéro à gauche dans S′.

c) On suppose que A possède un élément unité. Démontrer qu'il existe une algèbre de Banach B et un isomorphisme isométrique de A sur une sous-algèbre de B telle qu'un élément de A soit non inversible si, et seulement si, son image dans B est un diviseur de zéro à gauche ou à droite. (Utiliser *a*) et les exerc. 19 et 21.)

23) Soient A une algèbre normée et R son radical.

a) Si $x \in \mathrm{R}$, alors x est quasi-nilpotent. (On a $\mathrm{Sp}'_{\mathrm{A}}(x) = \{0\}$ et *a fortiori* $\mathrm{Sp}'_{\widehat{\mathrm{A}}}(x) = \{0\}$.)

b) Supposons que A est une algèbre de Banach. Soit I un idéal à gauche de A dont tous les éléments sont quasi-nilpotents. Alors $\mathrm{I} \subset \mathrm{R}$. (On peut supposer que A admet un élément unité. Si $x \in \mathrm{R}$ et $a \in \mathrm{A}$, on a $\mathrm{Sp}_{\mathrm{A}}(ax) = \{0\}$, donc $1 - ax$ est inversible ; donc $x \in \mathrm{R}$.)

24) Soient A une algèbre de Banach complexe, B une algèbre complexe sans radical et φ un morphisme de A sur B. Le noyau de φ est fermé.

25) Soient A une algèbre de Banach complexe et π une représentation irréductible non nulle de A dans un espace vectoriel complexe X. Soit ξ_0 un élément non nul de X.

a) L'annulateur I de ξ_0 est un idéal à gauche maximal régulier de A ; il est fermé.

b) L'application $x \mapsto x\xi_0$ définit par passage au quotient un isomorphisme φ du A-module A/I sur le A-module X.

c) Si on transporte par φ la norme de l'espace de Banach A/I, alors X devient un espace de Banach, et $\|\pi(x)\| \leqslant \|x\|$ pour tout $x \in \mathrm{A}$.

d) Si A est primitive (c'est-dire que $\{0\}$ est un idéal primitif, *cf.* définition I, p. 11, *cf.* aussi A, VIII, p. 433, exerc. 6), alors $\mathrm{A} = \{0\}$ ou $\mathbf{C} \cdot 1$ suivant que A possède ou non un élément unité. (Utiliser ce qui précède et le cor. 4 de I, p. 26).

¶ 26) Soient A une algèbre de Banach et R son radical.

a) Démontrer que, si $r \in \mathrm{R}$, la série

$$-\frac{1}{2}\sum_{k=1}^{\infty}\binom{1/2}{k}(-4r)^k$$

converge vers un élément $x \in \mathrm{R}$ tel que $x^2 - x + r = 0$.

b) Soit u un élément de A dont la classe dans A/R est idempotente. Il existe un idempotent de A congru à u modulo R. (On peut supposer que A admet un élément unité. Soient $q = u - u^2 \in \mathrm{R}$ et $x \in \mathrm{R}$ une solution, construite à l'aide de a), de $x^2 - x - q(1-4q)^{-1} = 0$. Alors $u - (2u-1)x$ répond à la question.)

27) Soient A une algèbre de Banach unifère complexe, $x \in \mathrm{A}$ et ζ un point frontière de $\mathrm{Sp}_{\mathrm{A}}(x)$. La résolvante de x ne peut se prolonger en une fonction continue en ζ.

28) Soient A une algèbre de Banach unifère complexe, Δ une partie ouverte de $\mathbf{C}$ et $\lambda \mapsto \mathrm{R}(\lambda)$ une application de Δ dans A telle que

$$\mathrm{R}(\lambda) - \mathrm{R}(\mu) = -(\lambda - \mu)\mathrm{R}(\lambda)\mathrm{R}(\mu) \tag{5}$$

quels que soient $\lambda, \mu \in \Delta$.

a) Soit $\lambda_0 \in \Delta$. Pour tout $\lambda \in \Delta$ tel que $|\lambda - \lambda_0| \cdot \|\mathrm{R}(\lambda)\| < 1$, on a :

$$\mathrm{R}(\lambda) = \sum_{n=0}^{\infty} (\lambda_0 - \lambda)^n \, \mathrm{R}(\lambda_0)^{n+1}.$$

b) Pour tout $\lambda \in \Delta$ et tout entier $n \geqslant 0$, on a

$$\frac{\partial^n}{\partial \lambda^n} \mathrm{R}(\lambda) = (-1)^n \, n! \mathrm{R}(\lambda)^{n+1}.$$

c) Si R est holomorphe à l'infini, alors il existe $z, j, x \in \mathrm{A}$ tels que $z^2 = 0$, $j^2 = j$, $zj = jz = 0$, $x \in j\mathrm{A}j$, et $\mathrm{R}(\lambda) = z + j\mathrm{R}(\lambda, x)$ pour $|\lambda|$ assez grand. (Écrire $\mathrm{R}(\lambda) = \sum_{n=0}^{\infty} c_n \lambda^{-n}$ pour $|\lambda| > \lambda_0$, et exprimer que R satisfait à (5). On peut poser $c_0 = z$, $c_1 = j$, $c_2 = x$.)

d) Pour qu'il existe $a \in \mathrm{A}$ tel que R est la restriction à Δ de la résolvante $\lambda \mapsto \mathrm{R}(a, \lambda)$ de a, il faut et il suffit qu'il existe $\lambda_0 \in \Delta$ tel que $\mathrm{R}(\lambda_0)$ soit inversible.

e) Pour tout $x \in \mathrm{A}$, la fonction $\lambda \mapsto \sum_{n=0}^{\infty} (\lambda_0 - \lambda)^n \, x^{n+1}$ satisfait à (5) pour $|\lambda - \lambda_0| \cdot \|x\| < 1$.

29) *a*) Soient E un espace de Banach complexe, $f : \mathbf{C} \to \mathrm{E}$ une fonction entière et $\theta \mapsto \mathrm{P}(\theta) = \sum_{\mu=k}^{m} c_\mu \, e^{\mu i \theta}$ un polynôme trigonométrique ($c_k \neq 0$). On suppose que $|\mathrm{P}(\theta)| \cdot \|f(re^{i\theta})\| \leqslant \mathrm{M}r^\alpha$ pour $r \geqslant r_0$ (M, r_0, α étant des constantes $\geqslant 0$). Alors f est un polynôme de degré $\leqslant \alpha$. (Soient $f(\zeta) = \sum_{\nu=0}^{\infty} a_\nu \zeta^\nu$, et

$$\mathrm{J}(r, p) = r^{-p} \int_0^{2\pi} \mathrm{P}(\theta) f(re^{i\theta}) e^{-(k+p)i\theta} \, d\theta.$$

Calculer la limite de $\mathrm{J}(r, p)$ quand $r \to +\infty$ de deux manières différentes pour $p > \alpha$.)

b) Avec les notations de *a*), si α est entier et si, pour tout $\theta \in \mathbf{R}$, on a

$$\lim_{r \to +\infty} r^{-\alpha} |\mathrm{P}(\theta)| \, \|f(re^{i\theta}) = 0,$$

alors f est un polynôme de degré $< \alpha$.

c) Soient A une algèbre de Banach unifère complexe et x un élément quasinilpotent de A. On suppose que, pour un certain entier $n > 0$, et pour tout $\theta \in \mathbf{R}$, on a

$$\lim_{r \to +\infty} r^{-n} |\cos^n \theta| \cdot \|(1 - re^{i\theta} x)^{-1}\| = 0.$$

Alors $x^n = 0$. (Utiliser *b*).)

¶ 30) *a*) Soient E un espace de Banach complexe et $x : \mathbf{C} - \{1\} \to \mathrm{E}$ une fonction entière de $1/(\zeta - 1)$. On note $x(\zeta) = \sum_{n=0}^{\infty} a_n \zeta^n$, $x(\zeta) = \sum_{n=0}^{\infty} b_n \zeta^{-n}$ les développements de x pour $|\zeta| < 1$, $|\zeta| > 1$ respectivement. On suppose qu'il existe $\alpha > 0$ tel que $\|a_n\| = o(n^\alpha)$, $\|b_n\| = o(n^\alpha)$. Alors $x(\zeta)$ est un polynôme en $1/(\zeta-1)$ de degré $< \alpha+1$. (Soit $\varepsilon > 0$. On a $\|x(\zeta)\| \leqslant \varepsilon(1-r)^{-1-\alpha}$ pour $r_\varepsilon \leqslant r = |\zeta| < 1$, $\|x(\zeta)\| \leqslant \varepsilon(1-r^{-1})^{-1-\alpha}$ pour $1 < r \leqslant r'_\varepsilon$. Posant $1-\zeta = (\omega+\frac{1}{2})^{-1}$, $\omega = \mathrm{R}e^{i\theta}$, montrer que, pour $0 \leqslant r < 1$ et $\mathrm{R} \geqslant 1$, on a

$$(1-r)^{-1} \leqslant \frac{9}{4}\frac{\mathrm{R}}{\cos\theta}$$

et que, pour $1 < r$ et $\mathrm{R} \geqslant 1$,

$$(1-r^{-1})^{-1} \leqslant \frac{9}{4}\frac{\mathrm{R}}{\cos\theta}.$$

Poser $y(\omega) = x(\zeta)$ et montrer que $\mathrm{R}^{-\alpha-1}|\cos\theta|^{\alpha+1}\|y(\mathrm{R}e^{i\theta})\|$ tend vers 0 quand R tend vers $+\infty$, uniformément en θ. Appliquer alors l'exerc. 29, *b*).)

Soient A une algèbre de Banach unifère complexe, $q \in \mathrm{A}$ un élément quasi-nilpotent et $x = 1+q$.

b) Pour que $q^{\mathrm{N}} = 0$, il faut et il suffit que $\|x^{\pm n}\| = o(n^{\mathrm{N}})$ quand n tend vers $+\infty$. (Pour voir que la condition est suffisante, montrer, en appliquant *a*), que $\mathrm{R}(\lambda, x)$ est un polynôme en $1/(\lambda-1)$ de degré $\leqslant \mathrm{N}$. D'autre part, $\mathrm{R}(\lambda, x) = \sum_{n=0}^{\infty} q^n(\lambda-1)^{-n-1}$.)

c) Soient R le radical de A et G un sous-groupe du groupe des éléments inversibles de A. Si, pour tout $x \in \mathrm{G}$, on a $\|x^n\| = o(n)$, $\|x^{-n}\| = o(n)$ pour $n \to +\infty$, alors la restriction à G de l'application canonique $\mathrm{A} \to \mathrm{A}/\mathrm{R}$ est injective.

31) *a*) Soient A une algèbre normée, et x, y deux éléments de A tels que $xy - yx = y$. Démontrer que $y^n = 0$ pour $n > 2\|x\|$. (Utiliser la formule $xy^n - y^n x = ny^n$).

b) Soit $\mathfrak{L}$ une algèbre de Lie de dimension finie sur **C**. Démontrer que, si $\mathfrak{L}$ n'est pas nilpotente, elle contient deux éléments x, y non nuls tels que $[x, y] = y$. (Utiliser le fait qu'il existe un $x \in \mathfrak{L}$ tel que $\mathrm{ad}(x)$ soit non nilpotent.)

c) Soit $\mathfrak{L}$ une algèbre de Lie réelle ou complexe de dimension finie telle que l'algèbre enveloppante de $\mathfrak{L}$ possède une norme compatible avec sa structure d'algèbre. Démontrer que $\mathfrak{L}$ est nilpotente. (Utiliser *a*) et *b*).)

d) Soient V un espace vectoriel réel ou complexe de dimension finie, $\mathfrak{L}$ une sous-algèbre de Lie de $\mathfrak{gl}(\mathrm{V})$ formée d'endomorphismes nilpotents, et $x_1, \ldots, x_n$ des éléments de $\mathfrak{L}$. Soit $\alpha > 0$. Démontrer qu'il existe une structure d'espace hilbertien sur V telle que $\|x_i\| \leqslant \alpha$ pour $1 \leqslant i \leqslant n$.

e) Soient $\mathfrak{L}$ une algèbre de Lie réelle ou complexe, de dimension finie, nilpotente, et U son algèbre enveloppante. Démontrer qu'il existe sur U une norme compatible avec sa structure d'algèbre. (En utilisant la méthode de LIE, I, §3, exerc. 5 et §7, exerc. 3, montrer qu'il existe une famille (π_λ) de représentations de $\mathfrak{L}$ dans des espaces V_λ de dimension finie, ayant la propriété suivante :

pour tout $u \in \mathrm{U}$, il existe un λ tel que $\pi_\lambda(u) \neq 0$, et $\pi_\lambda(\mathfrak{L})$ est formé pour tout λ d'endomorphismes nilpotents. En munissant chaque V_λ d'une structure hilbertienne fournie par d)), on obtient dans l'espace hilbertien V somme hilbertienne des V_λ une représentation π de $\mathfrak{L}$ par des endomorphismes continus, d'où un morphisme injectif φ de U dans $\mathscr{L}(\mathrm{V})$. Poser $\|u\|_{\mathrm{U}} = \|\varphi(u)\|$ pour tout $u \in \mathrm{U}$).

f) Soient A une algèbre normée unifère complexe x et y des éléments de A. Si $\mathrm{A} \neq \{0\}$, on a $xy - yx \neq 1$. (Première démonstration : on a $\mathrm{Sp}'_{\mathrm{A}}(xy) = \mathrm{Sp}'_{\mathrm{A}}(yx)$; si $xy = yx + 1$, alors $\mathrm{Sp}_{\mathrm{A}}(xy)$ se déduit de $\mathrm{Sp}_{\mathrm{A}}(yx)$ par la translation $z \mapsto z + 1$; en déduire que $\mathrm{Sp}_{\mathrm{A}}(xy)$ est non borné, ce qui est absurde. Deuxième démonstration : si $[x, y] = 1$, on a $[xy, y] = y$, d'où $y^n = 0$ pour n assez grand d'après *a*) ; comme $[x, y^p] = py^{p-1}$ en déduire que $y = 0$).

32) Soient A une algèbre normée et $x \in \mathrm{A}$. On dit que x est *topologiquement nilpotent* si x^n tend vers 0 quand n tend vers $+\infty$. Montrer que x est topologiquement nilpotent si, et seulement si, $\varrho(x) < 1$.

33) Soit A une algèbre de Banach unifère commutative sur **C**. On suppose que tout idéal fermé I de A est de type fini (c'est-à-dire qu'il existe $n \in \mathbf{N}$ et $x_1, \ldots, x_n \in \mathrm{A}$ tels que $\mathrm{I} = \mathrm{A}x_1 + \cdots + \mathrm{A}x_n$).

a) Tout idéal I de A est fermé. (Écrivons $\bar{\mathrm{I}} = \mathrm{A}x_1 + \cdots + \mathrm{A}x_n$ avec $x_1, \ldots, x_n$ dans A. Soit $(x_{ip})_{p \geqslant 1}$ une suite d'éléments de I tendant vers x_i. Pour tout $(y_1, \ldots, y_n) \in \mathrm{A}^n$ et tout $p \geqslant 1$, on pose

$$\varphi(y_1, \ldots, y_n) = x_1 y_1 + \cdots + x_n y_n \in \bar{\mathrm{I}}$$
$$\varphi_p(y_1, \ldots, y_n) = x_{ip} y_1 + \cdots + x_{np} y_n \in \mathrm{I}.$$

On a $\varphi \in \mathscr{L}(\mathrm{A}^n, \bar{\mathrm{I}})$, $\varphi_p \in \mathscr{L}(\mathrm{A}^n, \bar{\mathrm{I}})$, $\|\varphi - \varphi_p\|$ tend vers 0 quand p tend vers $+\infty$, et φ est surjectif. En déduire que φ_p est surjectif pour p assez grand, en considérant les transposés de φ et φ_p. Donc $\mathrm{I} = \bar{\mathrm{I}}$.)

b) Si A est intègre, $\mathrm{A} = \mathbf{C} \cdot 1$. (Utiliser *a*) et l'exerc. 15.)

c) Si le seul élément nilpotent de A est 0, il existe un entier $n \geqslant 0$ tel que A soit isomorphe à $\mathbf{C}^n$. (Puisque A est nœthérien, $\{0\}$ est intersection d'idéaux premiers $\mathfrak{p}_1, \ldots, \mathfrak{p}_m$; ceux-ci sont fermés d'après *a*), et les algèbres $\mathrm{A}/\mathfrak{p}_i$ sont isomorphes à **C** d'après *b*).)

d) On a $\dim_{\mathbf{C}} \mathrm{A} < +\infty$. (Soit N l'ensemble des éléments nilpotents de A, qui est un idéal (fermé) de A. Alors $\dim(\mathrm{A}/\mathrm{N}) < +\infty$ d'après *c*). Comme N est un idéal de type fini, $\mathrm{N}^n = 0$ pour n assez grand. Enfin, chaque $\mathrm{N}^i/\mathrm{N}^{i+1}$ est un module de type fini sur A/N, donc $\dim(\mathrm{N}^i/\mathrm{N}^{i+1}) < +\infty$.)

34) Soit A une algèbre unifère sur **C**, munie d'une topologie localement convexe séparée telle que la multiplication dans A soit séparément continue.

Un élément $a \in \mathrm{A}$ est dit *régulier* s'il existe $r \geqslant 0$ tel que $a - \lambda$ soit inversible pour $|\lambda| \geqslant r$, et tel que l'ensemble des $(a-\lambda)^{-1}$, pour $|\lambda| \geqslant r$, soit borné.

a) Si a est régulier, $\lambda(a-\lambda)^{-1}$ reste borné pour $|\lambda| \geqslant r$.

b) Si l'application $x \mapsto x^{-1}$ est définie dans un voisinage de 1 et continue au point 1, tout élément de A est régulier.

c) Pour tout $a \in \mathrm{A}$, soit U_a l'ensemble des $\lambda \in \mathbf{C}$ tels que $(a-\mu)^{-1}$ existe et soit borné pour tous les μ d'un voisinage de λ. Soit $\mathrm{S}_a = \mathbf{C} - \mathrm{U}_a$. Alors S_a est fermé ; et, si a est régulier, S_a est compact non vide (pourvu que $\mathrm{A} \neq \{0\}$).

d) Soit $a \in \mathrm{A}$. La fonction $\lambda \mapsto (a-\lambda)^{-1}$ est holomorphe dans U_a.

e) Soit $a \in \mathrm{A}$. Pour que $\lambda \in \mathrm{U}_a$, il faut et il suffit que $a - \lambda$ possède un inverse régulier.

f) Si tout élément de A est régulier, et si A est un corps, on a $\mathrm{A} = \mathbf{C} \cdot 1$.

35) Soit A une algèbre sur **R** qui soit un corps, munie d'une topologie localement convexe séparée telle que la multiplication dans A soit continue, et telle que l'application $x \mapsto x^{-1}$ soit continue en 1. Alors A est **R**-isomorphe soit à **R**, soit à **C**, soit au corps des quaternions **H**. (Si A est commutative et qu'il existe $u \in \mathrm{A}$ avec $u^2 = -1$, munir A d'une structure d'algèbre sur **C**, et appliquer l'exerc. 34, *f*).) Si A est commutative et qu'il n'existe pas d'élément $u \in \mathrm{A}$ tel que $u^2 = -1$, appliquer l'exerc. 34, *f*) au corps $\mathrm{A} \otimes_{\mathbf{R}} \mathbf{C}$. Si A est non commutative, raisonner comme dans AC, VI, §6, n° 4, th. 1, troisième cas.)

¶ 36) Soit A l'algèbre sur **C** formée des restrictions à $[0,1]$ des fonctions rationnelles en une variable à coefficients complexes. Cette algèbre est un corps.

a) On munit A de la topologie de la convergence en mesure (INT, IV, §5, n° 11). Alors les applications $(x,y) \mapsto x+y$ et $(x,y) \mapsto xy$ de $\mathrm{A} \times \mathrm{A}$ dans A sont continues, et l'application $x \mapsto x^{-1}$ de A^* dans A est continue. La topologie de A n'est pas localement convexe.

b) Pour $n \in \mathbf{N}^*$, on définit la suite $(w_{r,n})_{r \in \mathbf{Z}}$ par $w_{r,n} = (-r+1)^{n(-r+1)}$ si $r < 0$, $w_{0,n} = 1$ et $w_{r,n} = (r+1)^{-(r+1)/n}$ si $r > 0$. Si $f \in \mathrm{A}$, on pose $p_n(f) = \sum_r w_{r,n}|a_r| < +\infty$, où $\sum a_r t^r$ est le développement de Laurent de $f(t)$ en 0. Alors les p_n sont des semi-normes qui définissent sur A une topologie localement convexe métrisable. L'application $(x,y) \mapsto xy$ de $\mathrm{A} \times \mathrm{A}$ dans A est continue. L'application $x \mapsto x^{-1}$ de A^* dans A n'est pas continue. L'algèbre A n'est pas complète pour cette topologie.

37) *a*) Soit A une algèbre sur **C** munie d'une topologie localement convexe. Les conditions suivantes sont équivalentes :

(i) il existe un système fondamental (U_i) de voisinages convexes équilibrés de 0 tels que $U_iU_i \subset U_i$ pour tout i ;

(ii) A est isomorphe à une sous-algèbre d'un produit d'algèbres normées ;

(iii) la topologie de A peut être définie par une famille de semi-normes p_i vérifiant $p_i(xy) \leqslant p_i(x)p_i(y)$ quels que soient $x, y \in A$.

Si A vérifie ces conditions, on dit que A *est localement m-convexe.*

b) Soit A une algèbre localement m-convexe. L'application $(x, y) \mapsto xy$ de $A \times A$ dans A est continue. Si A est unifère, et si G désigne l'ensemble des éléments inversibles de A, alors l'application $x \mapsto x^{-1}$ de G dans A est continue.

c) Soit A une algèbre unifère localement m-convexe. Le spectre de tout élément de A est non vide. Si A est un corps, alors $A = \mathbf{C} \cdot 1$.

d) Soit A une algèbre localement m-convexe complète. Il existe un ensemble ordonné filtrant croissant I, une famille $(A_i)_{i \in I}$ d'algèbres de Banach, des morphismes continus $\pi_{ij} \colon A_j \mapsto A_i$ pour $i \leqslant j$, avec $\pi_{ij} \circ \pi_{jk} = \pi_{ik}$, tels que A soit isomorphe à la sous-algèbre de $\prod_i A_i$ formée des (x_i) tels que $\pi_{ij}(x_j) = x_i$ pour $i \leqslant j$.

e) L'algèbre $\mathscr{C}_{\mathbf{C}}(\mathbf{R})$, munie de la topologie de la convergence compacte, est localement m-convexe. L'ensemble des éléments inversibles de $\mathscr{C}_{\mathbf{C}}(\mathbf{R})$ est dense dans $\mathscr{C}_{\mathbf{C}}(\mathbf{R})$; il n'est pas ouvert.

f) Soient D une partie ouverte de **C** et A l'algèbre des fonctions complexes holomorphes dans D, munie de la topologie de la convergence compacte. Alors A est localement m-convexe. L'ensemble des éléments inversibles de A est fermé.

g) L'algèbre des fonctions complexes indéfiniment dérivables sur $[0, 1]$, munie de la topologie de la convergence uniforme de chaque dérivée, est localement m-convexe.

h) Soit A l'algèbre des (classes de) fonctions complexes f sur $[0, 1]$ telles que $f \in L^p([0, 1])$ pour tout $p > 1$. Munie de la topologie définie par la famille de semi-normes $f \mapsto \|f\|_p$ $(p > 1)$, A n'est pas localement m-convexe. L'application $(x, y) \mapsto xy$ de $A \times A$ dans A est continue.

§ 3

Dans les exercices ci-dessous, toutes les algèbres considérées sont sur $\mathbf{C}$, sauf mention explicite du contraire.

1) Soient A une algèbre de Banach commutative et I un idéal maximal de A. Montrer qu'il n'y a que deux cas possibles : soit I est le noyau d'un caractère de A, soit I est un hyperplan contenant A^2. (Utiliser l'exerc. 6 de I, p. 154). En particulier, si I est non fermé, I est un hyperplan dense de A contenant A^2. (Pour obtenir un exemple de cette dernière situation, considérer l'exerc. 3.)

2) Soit A l'algèbre de Banach des suites $x = (x_n)_{n \geqslant 1}$ de nombres complexes tendant vers 0, avec $\|x\| = \sup_i |x_i|$. Soit I l'ensemble des éléments de A de support fini. Alors I est un idéal dense de A, et n'est contenu dans aucun idéal maximal. (Observer que $A^2 = A$, et utiliser l'exerc. 1.)

3) Soient Λ un ensemble, $p \in [1, +\infty[$, et $A = \ell^p(\Lambda)$ l'ensemble des familles $x = (x_\lambda)_{\lambda \in \Lambda}$, où $x_\lambda \in \mathbf{C}$ et

$$\|x\|_p = \Big(\sum_\lambda |x_\lambda|^p\Big)^{1/p} < +\infty.$$

a) Pour l'addition et la multiplication composante par composante, et la norme $x \mapsto \|x\|_p$, l'espace A est une algèbre de Banach.

b) On a $A^2 \neq A$ et A^2 est dense dans A.

c) L'espace $\mathsf{X}(A)$ des caractères non nuls de A s'identifie naturellement à Λ muni de la topologie discrète. (Utiliser le fait que le dual de $\ell^p(\Lambda)$ est $\ell^q(\Lambda)$, où q est l'exposant conjugué de p.) La transformation de Gelfand devient alors l'application identique et son image dans l'espace des fonctions continues tendant vers 0 à l'infini sur Λ est dense et non fermée.

4) Soit $(\alpha_n)_{n \geqslant 0}$ une suite dans $\mathbf{R}_+^*$ telle que $\alpha_0 = 1$, $\alpha_{m+n} \leqslant \alpha_m \alpha_n$ pour tous entiers m et n, et telle que $\alpha_n^{1/n} \to 0$. Soit A l'ensemble des séries formelles $x = \sum_{n=0}^{\infty} x_n z^n \in \mathbf{C}[[z]]$ telles que

$$\|x\| = \sum_{n=0}^{\infty} |x_n| \alpha_n < +\infty.$$

Montrer que A est une algèbre de Banach commutative unifère engendrée topologiquement par z, et que l'unique idéal maximal de A est l'ensemble des $x \in A$ sans terme constant. (Observer que z est quasi-nilpotent.)

5) Dans l'algèbre $\mathbf{C}(X)$ des fractions rationnelles sur $\mathbf{C}$, l'idéal $\{0\}$ est maximal, mais n'est pas de codimension 1.

6) Soit Δ le disque unité fermé dans $\mathbf{C}$. Montrer que le groupe des éléments inversibles dans $\mathscr{C}(\Delta)$ n'est pas dense dans $\mathscr{C}(\Delta)$.

7) Soient A une algèbre de Banach unifère commutative et $\chi \in \mathrm{X}(\mathrm{A})$. Pour tout $x \in \mathrm{A}$, on pose $\|x\|_\chi = |\chi(x)| + \|x - \chi(x)\|$. Montrer que $x \mapsto \|x\|_\chi$ est une norme, que $\|xy\|_\chi \leqslant \|x\|_\chi \|y\|_\chi$, $\|e\|_\chi = 1$, et que si $\|e\| = 1$, alors $\|x\| \leqslant \|x\|_\chi \leqslant 3\|x\|$.

8) Soit A une algèbre de Banach unifère commutative telle que $\|1\| = 1$. Soit N l'ensemble des normes équivalentes à la norme donnée, pour lesquelles A est encore une algèbre de Banach, et pour lesquelles 1 est de norme 1.

a) Soit $x_0 \in \mathrm{A}$ tel que $\varrho(x_0) < 1$. Pour tout $x \in \mathrm{A}$, on pose :

$$\|x\|' = \inf \sum_n \|a_n\|$$

pour toutes les représentations de x sous la forme $a_0 + a_1 x_0 + \cdots + a_n x_0^n$ (avec $a_0, a_1, \ldots, a_n \in \mathrm{A}$). Montrer que $x \mapsto \|x\|'$ est un élément de N. (Comme $\varrho(x_0) < 1$, il existe k tel que $\|x_0^n\| \leqslant k$ pour tout n, d'où $\|x\| \leqslant k\|x\|'$.)

b) Montrer que $\|x_0\|' \leqslant 1$.

c) Déduire de *a*) et *b*) que, pour tout $x \in \mathrm{A}$, on a

$$\varrho(x) = \inf_{n \in \mathrm{N}} n(x).$$

d) Si le seul élément de N est la norme donnée, on a $\mathrm{A} = \mathbf{C} \cdot 1$. (Utiliser *c*) et l'exerc. 7.)

9) Soient X un espace localement compact et A l'algèbre de Banach $\mathscr{C}_0(\mathrm{X})$. Soit I un idéal de A tel que, pour tout $x \in \mathrm{X}$, il existe $f \in \mathrm{I}$ telle que $f(x) \neq 0$. Montrer que I contient l'idéal des fonctions à support compact dans X.

10) Soient A une algèbre de Banach commutative et D une dérivation continue de A dans A, c'est-à dire une application linéaire continue de A dans A telle que $\mathrm{D}(ab) = (\mathrm{D}a)b + a(\mathrm{D}b)$ pour $a, b \in \mathrm{A}$.

a) Pour tout $\chi \in \mathrm{X}'(\mathrm{A})$ et tout $\lambda \in \mathbf{C}$, la série

$$\varphi_\lambda(a) = \sum_{n=0}^{\infty} \frac{\lambda^n}{n!} \chi(\mathrm{D}^n(a))$$

converge ; $\lambda \mapsto \varphi_\lambda(a)$ est une fonction entière, et $a \mapsto \varphi_\lambda(a)$ est un caractère de A.

b) Le nombre $\varphi_\lambda(a)$ est indépendant de λ. (Observer que $|\varphi_\lambda(a)| \leqslant \|a\|$ d'après *a*).) Donc $\chi(\mathrm{D}(a)) = 0$.

c) L'image de D est contenue dans le radical de A. En déduire une nouvelle démonstration de l'assertion *f*) de l'exerc. 31 de I, p. 162.

11) Soit B l'algèbre sur $\mathbf{C}$ des fonctions indéfiniment dérivables de $[0,1]$ dans $\mathbf{C}$.

a) Soit A une sous-algèbre de B, munie d'une norme faisant de A une algèbre de Banach. Montrer qu'il existe une suite $(m_n)_{n\geqslant 0}$ dans $\mathbf{R}_+$ telle que, pour tout $x \in \mathrm{A}$, on ait

$$\sup_{0\leqslant t\leqslant 1} |x^{(n)}(t)| = \mathrm{O}(m_n).$$

(Soit B_n l'algèbre de Banach des fonctions n fois continûment dérivables sur $[0,1]$. D'après la prop. 9 de I, p. 40, l'injection canonique $\mathrm{A} \to \mathrm{B}_n$ est continue ; soit M_n sa norme ; si $x \in \mathrm{A}$, on a $\sup\limits_{0\leqslant t\leqslant 1} |x^{(n)}(t)| \leqslant n!\mathrm{M}_n\|x\|$.)

b) Il n'existe sur B aucune norme qui en fasse une algèbre de Banach.

12) Soient A une algèbre de Banach unifère et (x_n) une suite d'éléments inversibles de A tendant vers un élément $x \in \mathrm{A}$. Si la suite $(\varrho(x_n^{-1}))$ est bornée, et si $x_n x = x x_n$ pour tout n, alors x est inversible. (D'après le cor. de la prop. 8 de I, p. 38, $\varrho(1 - x_n^{-1}x) \leqslant \varrho(x_n^{-1})\varrho(x_n - x)$, donc $x_n^{-1}x$ est inversible pour n assez grand.)

¶ 13) Soit A l'algèbre de Banach $\ell^2(\mathbf{N})$ (exerc. 3). Soit A_0 la sous-algèbre formée par les suites de support fini. Soit B la somme directe de A_0 et de $\mathbf{C}$, munie de la multiplication $(f,\alpha)(g,\beta) = (fg, 0)$ pour $f, g \in \mathrm{A}_0$, $\alpha, \beta \in \mathbf{C}$, et de la norme

$$\|(f,\alpha)\| = \sup\Big(\|f\|, \Big|\alpha - \sum_n f(n)\Big|\Big).$$

a) L'algèbre complétée $\widehat{\mathrm{B}}$ est une algèbre de Banach commutative dont le radical R est $\mathbf{C}\cdot(0,1)$, et $\widehat{\mathrm{B}}/\mathrm{R}$ est isométriquement isomorphe à A.

b) Soit $\pi\colon \widehat{\mathrm{B}} \to \widehat{\mathrm{B}}/\mathrm{R}$ le morphisme canonique. Il n'existe aucune sous-algèbre B_1 de $\widehat{\mathrm{B}}$ supplémentaire de R telle que $\pi|\mathrm{B}_1\colon \mathrm{B}_1 \to \widehat{\mathrm{B}}/\mathrm{R} = \mathrm{A}$ soit un homéomorphisme. (Soit B_1 une telle sous-algèbre. Soit $u_n \in \mathrm{A}$ tel que $u_n(n) = 1$, $u_n(m) = 0$ pour $m \neq n$. Soit $e_n \in \mathrm{B}_1$ tel que $\pi(e_n) = u_n$. Montrer que $e_n \in \mathrm{A}_0$, que $\sum\limits_{n=1}^{\infty} \frac{1}{n} u_n$ converge dans A mais que $\sum\limits_{n=1}^{\infty} \frac{1}{n} e_n$ ne converge pas dans $\widehat{\mathrm{B}}$.)

14) Dans $\mathbf{C}^2$, soit Ω l'ensemble compact défini par

$$\frac{1}{2} \leqslant |z_1|^2 + |z_2|^2 \leqslant 1,$$

et soit A la sous-algèbre de $\mathscr{C}(\Omega)$ formée des fonctions qui sont holomorphes dans $\mathring{\Omega}$. Soit U l'ensemble ouvert défini par $|z_1|^2 + |z_2|^2 < 1$. En vertu d'un théorème de Hartogs (*cf.* J.-P. Demailly, *Complex analytic and differential geometry*, Ch. I, th. 3.28) pour toute $f \in \mathrm{A}$, il existe une fonction $\widetilde{f} \in \mathscr{C}(\overline{\mathrm{U}})$

et une seule qui est holomorphe dans U et coïncide avec f sur Ω. Montrer que l'injection canonique de A dans $\mathscr{C}(\Omega)$ est un morphisme isométrique h dont l'image est une sous-algèbre pleine de $\mathscr{C}(\Omega)$, mais $\mathsf{X}(h)$ n'est pas surjectif.

15) Soient A et B des algèbres de Banach commutatives unifères, φ un morphisme unifère de A dans B et $(x_\lambda)_{\lambda\in\Lambda}$ une famille d'éléments de A telle que la sous-algèbre pleine fermée de A engendrée par les x_λ est égale à A. Pour que $\mathsf{X}(\varphi)$ soit surjectif, il faut et il suffit que $\mathrm{Sp}_{\mathrm{A}}^{\Lambda}((x_\lambda)) = \mathrm{Sp}_{\mathrm{B}}^{\Lambda}((\varphi(x_\lambda)))$. (Utiliser le diagramme (1) du n° 6 de I, p. 41, où la flèche de droite est bijective d'après la prop. 12 de I, p. 43.)

16) Soit A une algèbre de Banach commutative. Les conditions suivantes sont équivalentes :

(i) A est sans radical et $\mathscr{G}(\mathrm{A})$ est fermé dans $\mathscr{C}_0(\mathsf{X}(\mathrm{A}))$;

(ii) $\mathscr{G}$ est un homéomorphisme de A sur $\mathscr{G}(\mathrm{A})$;

(iii) il existe une constante $c > 0$ telle que $\|x\|^2 \leqslant c\|x^2\|$ pour tout $x \in \mathrm{A}$.

17) Soient A une algèbre de Banach commutative et I un idéal fermé de A. Notons h l'injection canonique de I dans A. L'espace $\mathsf{X}'(\mathrm{I})$ s'identifie à l'espace quotient de $\mathsf{X}'(\mathrm{A})$ par la relation d'équivalence que définit $\mathsf{X}'(h)$. (Utiliser la partie a) de l'exercice 4 de I, p. 153).

18) Soient A une algèbre de Banach commutative unifère et x un élément de A. On suppose que la sous-algèbre fermée pleine de A engendrée par x est égale à A, de sorte que l'application $\chi \mapsto \chi(x)$ permet d'identifier $\mathsf{X}(\mathrm{A})$ et $\mathrm{Sp}_{\mathrm{A}}(x)$. Soit $\mathscr{H}$ l'ensemble des fonctions $\mathscr{G}y$ sur $\mathrm{Sp}_{\mathrm{A}}(x)$, pour y parcourant A. Alors $\check{\mathrm{S}}_{\mathscr{H}}(\mathrm{Sp}_{\mathrm{A}}(x))$ (INT, IV, §7, n° 4) est la frontière de $\mathrm{Sp}_{\mathrm{A}}(x)$ relativement à $\mathbf{C}$. (Pour montrer que $\check{\mathrm{S}}_{\mathscr{H}}(\mathrm{Sp}_{\mathrm{A}}(x))$ est contenu dans cette frontière, utiliser le principe du maximum. Réciproquement, soit z_0 un point de cette frontière ; pour montrer que $z_0 \in \check{\mathrm{S}}_{\mathscr{H}}(\mathrm{Sp}_{\mathrm{A}}(x))$, considérer $(x-z_1)^{-1}$ pour z_1 assez voisin de z_0 dans $\mathbf{C} - \mathrm{Sp}_{\mathrm{A}}(x)$.)

19) Soient A une algèbre de Banach commutative unifère, B une sous-algèbre unifère fermée de A, T l'application $\chi \mapsto \chi|\mathrm{B}$ de $\mathsf{X}(\mathrm{A})$ dans $\mathsf{X}(\mathrm{B})$ et R la relation d'équivalence dans $\mathsf{X}(\mathrm{A})$ définie par T. Alors T définit par passage au quotient un homéomorphisme de $\mathsf{X}(\mathrm{A})/\mathrm{R}$ sur $\mathrm{T}(\mathsf{X}(\mathrm{A}))$, et pour tout $x \in \mathrm{B}$, la fonction $f = \mathscr{G}_{\mathrm{B}}(x)$ est telle que $|f|$ atteint sa borne supérieure sur $\mathrm{T}(\mathsf{X}(\mathrm{A}))$.

20) Soient Δ le disque $|z| \leqslant 1$ dans $\mathbf{C}$, A l'ensemble des $f \in \mathscr{C}(\Delta)$ qui sont holomorphes dans l'intérieur de Δ et A_1 la sous-algèbre de Banach de $\mathscr{C}(\Delta)$ engendrée par A et par la fonction $z \mapsto |z|$. Montrer que $\mathsf{X}(\mathrm{A}_1)$ est

homéomorphe à l'ensemble des $(x_1, x_2, x_3) \in \mathbf{R}^3$ tels que $x_1^2 + x_2^2 \leqslant x_3^2$ et $0 \leqslant x_3 \leqslant 1$.

21) *a*) Soit $(\mathrm{X}_\lambda)_{\lambda\in\Lambda}$ une famille d'indéterminées. Pour toute série formelle $f \in \mathbf{C}[[(\mathrm{X}_\lambda)]]_{\lambda\in\Lambda}$, soit $\|f\|$ la somme des valeurs absolues de ses coefficients. Soit A l'ensemble des $f \in \mathbf{C}[[(\mathrm{X}_\lambda)]]_{\lambda\in\Lambda}$ telles que $\|f\| < +\infty$. Munie de l'addition et de la multiplication usuelle, A est une algèbre de Banach unifère commutative sans radical.

b) Pour toute algèbre de Banach unifère commutative B, il existe une algèbre A du type de *a*) et un morphisme unifère continu de A sur B.

22) Soit Ω une partie compacte de $\mathbf{C}^n$. L'application

$$(z_1, \dots, z_n) \longmapsto (z_1, \dots, z_n, \overline{z}_1, \dots, \overline{z}_n)$$

est un homéomorphisme de Ω sur une partie compacte polynomialement convexe de $\mathbf{C}^{2n}$. (Soient $\mathrm{A} = \mathscr{C}(\Omega)$, z_i les fonctions coordonnées sur $\mathbf{C}^n$. Alors $(z_i|\Omega, \overline{z}_i|\Omega)_{1\leqslant i\leqslant n}$ est un système générateur topologique de A, et l'application considérée est l'application de $\mathsf{X}(\mathrm{A}) = \Omega$ dans $\mathbf{C}^{2n}$ définie par ce système générateur topologique.)

23) Notons Ω l'ensemble des $(z_1, z_2) \in \mathbf{C}^2$ tels que $|z_1| \leqslant 1$, $|z_2| \leqslant 1$. Soient $\alpha \in [0, 1]$ et Ω_α l'ensemble des $(z_1, z_2) \in \mathbf{C}^2$ tels que

$$|z_1| \leqslant 1, \qquad |z_2| \leqslant (1-\alpha)|z_1| + \alpha.$$

a) Les complémentaires de Ω et Ω_α dans $\mathbf{C}^2$ sont connexes.

b) Ω est l'enveloppe polynomialement convexe de Ω_α. (Si $(z_1^0, z_2^0) \in \Omega$ et si $\mathrm{P} \in \mathbf{C}[z_1, z_2]$, il existe $z \in \mathbf{C}$ tel que $|z| = 1$ et $|\mathrm{P}(z_1^0, z_2^0)| \leqslant |\mathrm{P}(z, z_2^0)|$; or $|\mathrm{P}(z, z_2^0)| \leqslant \sup\limits_{(z_1,z_2)\in\Omega_\alpha} |\mathrm{P}(z_1, z_2)|$.)

24) Soit $n \geqslant 1$. Il existe une partie fermée convexe de $\mathbf{C}^n$ qui n'est pas polynomialement convexe.

25) Soit A une algèbre localement m-convexe complète commutative unifère (*cf.* I, p. 165, exerc. 37).

a) Un élément x de A est inversible si et seulement si $\chi(x) \neq 0$ pour tout caractère continu χ de A. Le radical de A est l'intersection des noyaux des caractères continus de A, donc est fermé.

b) Dans l'exemple *e*) de l'exercice 37 de I, p. 165, soit I l'idéal formé des f telles que $f(n) = 0$ pour tout entier $n > 0$ assez grand. Alors tout idéal maximal contenant I est dense et de codimension infinie.

26) Soient X un espace topologique compact et E un espace de Banach complexe, dont on note $\|\cdot\|_E$ la norme. On note $\mathscr{C}(X, E)$ l'espace vectoriel complexe des fonctions continues de X dans E.

a) Muni de la norme

$$\|f\| = \sup_{x \in X} \|f(x)\|_E,$$

l'espace $\mathscr{C}(X, E)$ est un espace de Banach.

b) Soit B le sous-espace vectoriel de $\mathscr{C}(X, E)$ engendré par les fonctions $x \mapsto f(x)y$, où $f \in \mathscr{C}(X)$ et $y \in E$. Montrer que B est dense dans $\mathscr{C}(X, E)$.

Dans la suite, on considère une algèbre de Banach commutative A.

c) Muni de la multiplication $(fg)(x) = f(x)g(x)$ pour tout $x \in X$, l'espace de Banach $\mathscr{C}(X, A)$ est une algèbre de Banach commutative.

d) Tout caractère $\chi \in \mathsf{X}(\mathscr{C}(X, A))$ est de la forme $f \mapsto \widetilde{\chi}(f(x))$, où $\widetilde{\chi} \in \mathsf{X}(A)$ et $x \in X$. (Traiter d'abord le cas où A est unifère et $\|1\| = 1$; considérer la restriction de χ à $\mathscr{C}(X) \cdot 1$ et à l'image de l'homomorphisme $A \to \mathscr{C}(X, A)$ qui envoie a sur la fonction constante $x \mapsto a$).

e) L'application de $\mathsf{X}(A) \times X$ dans $\mathsf{X}(\mathscr{C}(X, A))$ qui à $(\widetilde{\chi}, x)$ associe le caractère $f \mapsto \widetilde{\chi}(f(x))$ est un homéomorphisme.

27) Soit A une algèbre de Banach commutative unifère sur **C**. Un sous-ensemble fermé F de $\mathsf{X}(A)$ est appelé un *bord* de A si on a

$$\sup_{\chi \in \mathsf{X}(A)} |\chi(x)| = \sup_{\chi \in F} |\chi(x)|$$

pour tout $x \in A$.

a) Ordonnons l'ensemble des bords de A par l'inclusion. Il existe un bord minimal.

b) Soit S un bord minimal de A. Tout bord de A contient S, donc S est l'intersection de tous les bords de A. (Soit F un bord de A ; montrer que pour tout $x \in S$, tout voisinage U de x rencontre F ; utiliser pour cela le fait que $S - U$ n'est pas un bord de A.)

On dit que S est le *bord de Shilov* de A, et on le note ∂A.

c) Si l'image de la transformation de Gelfand de A est dense dans $\mathscr{C}(\mathsf{X}(A))$, le bord de Shilov de A est égal à $\mathsf{X}(A)$.

d) Soit A l'algèbre des fonctions continues sur le disque unité Δ des $z \in \mathbf{C}$ tels que $|z| \leqslant 1$ qui sont holomorphes à l'intérieur de Δ (exemple 9 de I, p. 20). Alors $\mathsf{X}(A)$ s'identifie à Δ (exercice 6 de I, p. 193) et le bord de Shilov de A s'identifie au cercle unité **U**.

28) Soient X un espace topologique compact et n un entier $\geqslant 1$. Soit I un idéal bilatère de l'algèbre de Banach $\mathscr{C}(X, M_n(\mathbf{C}))$. Montrer qu'il existe

un unique sous-ensemble fermé $S \subset X$ tel que I est l'ensemble des $f \in \mathscr{C}(X, M_n(\mathbf{C}))$ dont la restriction à S est nulle.

29) *Soit X une variété réelle compacte. On munit $\mathscr{C}^\infty(X)$ de la topologie de la convergence uniforme des fonctions et de toutes leurs dérivées ; c'est un espace de Fréchet. Soit A une sous-algèbre de $\mathscr{C}(X)$. On suppose que A est munie d'une norme $f \mapsto \|f\|_A$ qui en fait une algèbre de Banach, telle que l'injection canonique de A dans $\mathscr{C}(X)$ est continue. On suppose de plus que $\mathscr{C}^\infty(X)$ est contenu et dense dans A.

a) Il existe une constante $C \geqslant 0$ et un entier $k \in \mathbf{N}$ tels que pour tout $f \in \mathscr{C}^\infty(X)$, on a

$$\|f\|_A \leqslant C \sup_{x \in X} |f^{(k)}(x)|.$$

b) La sous-algèbre A est pleine dans $\mathscr{C}(X)$. (Soient $f \in A$ ne s'annulant pas sur X et $\delta = \inf_{x \in X} |f(x)|$; choisir $g \in \mathscr{C}^\infty(X)$ tel que $\|f - g\|_A < \delta/3$, puis noter que $f^{-1} = g^{-1} \sum_{n \in \mathbf{N}} ((g - f)/g)^n$ dans $\mathscr{C}(X)$, et vérifier que la série converge dans A.)

c) En déduire une nouvelle preuve du théorème de Wiener (I, p. 38, exemple).$_*$

§ 4

Dans les exercices ci-dessous, toutes les algèbres considérées sont sur $\mathbf{C}$, sauf mention explicite du contraire.

1) Soient $n \geqslant 1$ un entier et $A = \mathscr{L}(\mathbf{C}^n)$. Soient $\alpha \in \mathbf{C}$ et $x \in A$ un élément dont la matrice relative à la base canonique de $\mathbf{C}^n$ est une matrice de Jordan d'ordre n et de valeur propre α (A, VII, p. 34, déf. 3). Le spectre de x est réduit à α.

a) Pour $f \in \mathscr{O}(\{\alpha\})$, calculer la matrice relative à la base canonique de $\mathbf{C}^n$ qui représente $f(x)$.

Soit $m \geqslant 1$ un entier. Soit B_m l'algèbre de Banach unifère des jets de fonctions de classe C^m au voisinage de α munie de la topologie de la C^m-convergence uniforme (VAR, R2, §12).

b) Il existe un morphisme continu d'algèbres unifères de B_{m-1} dans A tel que $\varphi(z) = x$, où $z \in B_{m-1}$ est le jet d'ordre $m - 1$ en α de la fonction identique de $\mathbf{C}$.

c) Il n'existe pas de morphisme continu φ d'algèbres unifères de B_m dans A tel que $\varphi(z) = x$, où $z \in B_m$ est le jet de la fonction identique de $\mathbf{C}$.

2) Soient A une algèbre de Banach unifère et G le groupe des éléments inversibles de A.

a) Pour qu'un élément $x \in \mathrm{A}$ soit de la forme $\exp(y)$, où $y \in \mathrm{A}$, il faut et il suffit qu'il soit contenu dans un sous-groupe connexe commutatif de G.

b) Pour qu'un élément $x \in \mathrm{A}$ soit de la forme $\exp(y)$, où $y \in \mathrm{A}$, il suffit que 0 appartienne à la composante connexe non bornée de $\mathbf{C} - \mathrm{Sp}_{\mathrm{A}}(x)$.

3) Soient A une algèbre de Banach unifère, G le groupe des éléments inversibles de A et G_1 la composante neutre de G.

a) Soient $x \in \mathrm{A}$ et n un entier $\geqslant 0$ tel que $x^n = e$. Montrer que $x \in \mathrm{G}_1$. (Le spectre de x est fini. L'ensemble des $\lambda \in \mathbf{C}$ tels que $y(\lambda) = \lambda x + e - \lambda e$ soit inversible est de complémentaire fini, donc connexe. Or, $y(0) = e$, $y(1) = x$.)

b) On suppose A commutative. Tout élément de G/G_1 distinct de l'élément neutre est d'ordre infini. (Si $x \in \mathrm{G}$ et $x^n \in \mathrm{G}_1$, on a $x^n = \exp(y)$ avec un $y \in \mathrm{A}$ d'après le n° 10 de I, p. 78, d'où $(x \exp(-y/n))^n = e$. Appliquer *a*).)

4) Il existe une algèbre de Banach commutative non unifère et non nulle telle que $\mathsf{X}(\mathrm{A})$ est compact.

5) Soient A une algèbre de Banach unifère et $a \in \mathrm{A}$. Soient G le groupe des éléments inversibles de A et G_1 la composante neutre de G. Le *spectre exponentiel* de A est l'ensemble des $\lambda \in \mathbf{C}$ tels que $x - \lambda e$ n'appartienne pas à G_1 (*cf.* prop. 12 de I, p. 79).

a) Le spectre exponentiel de a est fermé ; il contient le spectre de a.

b) La frontière du spectre exponentiel de a est contenue dans le spectre singulier de a (exercice 16 de I, p. 158).

c) Le spectre exponentiel de a est la réunion du spectre de a et de certaines composantes connexes bornées de $\mathbf{C} - \mathrm{Sp}(a)$.

d) Soit $f \in \mathbf{C}[\mathrm{X}]$ un polynôme. L'image par f du spectre exponential de a contient le spectre exponentiel de $f(a)$. En général, l'inclusion est stricte (utiliser la théorie de Fredholm, *cf.* III, à paraître).

6) Soit A une algèbre de Banach commutative unifère.

a) Si j est un idempotent de A, on a $\exp(2i\pi j) = 1$ et $\exp(i\pi j) = 1 - 2j$.

b) Soit $p \in \mathrm{A}$ tel que $\exp(p) = 1$. Alors $\mathrm{Sp}_{\mathrm{A}}(p)$ se compose d'un nombre fini de points de la forme $2in\pi$, où $n \in \mathbf{Z}$.

c) Pour $\lambda \notin \mathrm{Sp}_{\mathrm{A}}(p)$, on a :

$$\int_0^1 \exp(t(p - \lambda 1))\,dt = (1 - \exp(-\lambda))(\lambda 1 - p)^{-1}.$$

d) En déduire que tout point de $\mathrm{Sp}_{\mathrm{A}}(p)$ est pôle simple de la résolvante $\mathrm{R}(p,\lambda)$, puis qu'il existe un entier $m \geqslant 0$, des entiers $n_k \in \mathbf{Z}$ et des idempotents deux à deux orthogonaux j_k, pour $1 \leqslant k \leqslant m$, tels que

$$p = 2i\pi \sum_k n_k j_k.$$

¶ 7) *a*) Soient B un espace de Banach complexe et j un point de B tel que $\|j\| = 1$. Pour tout $x \in \mathrm{B}$, la limite

$$\lim_{\substack{\alpha\to 0\\ \alpha>0}} \frac{1}{\alpha}(\|j+\alpha x\| - 1)$$

existe. Soit $\varphi(x)$ cette limite.

b) Soit

$$\psi(x) = \sup_{\substack{\varepsilon\in\mathbf{C}\\ |\varepsilon|=1}} \varphi(\varepsilon x).$$

La fonction ψ est une semi-norme majorée par la norme de B. On a

$$\psi(x) = \sup_f |f(x)|,$$

où f parcourt l'ensemble des éléments du dual de B tels que $\|f\| = f(j) = 1$.

c) On suppose désormais que B est une algèbre de Banach et que $j = 1$ est un élément unité de B. On a :

$$\varphi(x) = \lim_{\substack{\alpha\to 0\\ \alpha>0}} \frac{1}{\alpha}\log(\|\exp(\alpha x)\|) = \sup_{\alpha>0} \frac{1}{\alpha}\log(\|\exp(\alpha x)\|).$$

(Observer que $\log(\|\exp((\alpha+\alpha')x)\|) \leqslant \log(\|\exp(\alpha x)\|) + \log(\|\exp(\alpha' x)\|)$.)

d) En utilisant *c*), montrer que $\|\exp(\lambda x)\| \leqslant \exp(|\lambda|\psi(x))$. En intégrant $\lambda \mapsto \lambda^{-2}\exp(\lambda x)$ sur le cercle déterminé par $|\lambda| = \varrho$, en déduire que

$$\|x\| \leqslant \varrho^{-1}\exp(\varrho\psi(x)),$$

d'où, en posant $\varrho = \psi(x)^{-1}$, que $\|x\| \leqslant e\psi(x)$, où $e = \exp(1)$.

e) Pour tout x non nul de B, il existe une forme linéaire $f \in \mathrm{B}'$ telle que $f(1) = \|f\| = 1$ et $f(x) \neq 0$.

8) Soient A une algèbre de Banach unifère, $x \in \mathrm{A}$, et B la sous-algèbre de A engendrée par x. Pour que $\mathrm{Sp}_{\mathrm{A}}(x)$ soit un ensemble fini dont tous les éléments sont pôles de la résolvante de x, il faut et il suffit que B soit de dimension finie. (Pour montrer que la condition est nécessaire, si $\mathrm{R}(x,\lambda) = \sum_{i=1}^{p} \mathrm{F}_i(\lambda)a_i$, où $a_i \in \mathrm{A}$ et où F_i est une fonction rationnelle scalaire, le développement de $\mathrm{R}(x,\lambda)$ autour de $\lambda = \infty$ montre que les x^n sont combinaisons linéaires des a_i.)

9) Soient A une algèbre de Banach unifère, $x \in \mathrm{A}$, U un voisinage ouvert de $\mathrm{Sp}_{\mathrm{A}}(x)$ n'ayant qu'un nombre fini de composantes connexes U_i ($i \in \mathrm{I}$), et $f \in \mathscr{O}(\mathrm{U})$. Pour que $f(x) = 0$, il faut et il suffit que les conditions suivantes soient réalisées :

(i) pour tout i tel que $\mathrm{Sp}_{\mathrm{A}}(x) \cap \mathrm{U}_i$ soit infini ou contienne un point qui n'est pas un pôle de la résolvante, on a $f|\mathrm{U}_i = 0$;

(ii) tout pôle d'ordre p de la résolvante est un zéro d'ordre $\geqslant p$ de f. (Pour la nécessité de (ii), raisonner comme pour l'exerc. 8.)

10) Soit Δ le disque $|z| \leqslant 1$ dans $\mathbf{C}$. Soit A l'espace des fonctions f qui sont continues dans Δ et holomorphes dans l'intérieur de Δ, et telles qu'il existe une suite (c_n) sommable de nombres complexes vérifiant

$$f(z) = \sum_{n \geqslant 0} c_n z^n$$

pour tout $z \in \Delta$. On note alors $\|f\| = \sum_n |c_n|$.

a) Muni de la multiplication $(f, g) \mapsto fg$, l'espace A est une algèbre de Banach unifère et z est un générateur topologique de A.

b) L'espace $\mathsf{X}(\mathrm{A})$ s'identifie à Δ ; si $f \in \mathrm{A}$ et si g est holomorphe dans un voisinage ouvert de $f(\Delta)$, alors $g \circ f \in \mathrm{A}$.

11) Soient A une algèbre de Banach unifère commutative et $x \in \mathrm{A}$. Soient S une partie de $\mathsf{X}(\mathrm{A})$ fermée pour la topologie de Jacobson et f une fonction complexe holomorphe dans un voisinage de $(\mathscr{G}x)(\mathrm{S})$. Il existe $y \in \mathrm{A}$ tel que $\mathscr{G}y = f \circ \mathscr{G}x$ sur S. (Soit I l'intersection des noyaux des $\chi \in \mathrm{S}$. Utiliser le calcul fonctionnel dans A/I.)

12) Soit U un ouvert non vide dans $\mathbf{C}$. Montrer qu'il n'existe aucune norme sur $\mathscr{O}(\mathrm{U})$ pour laquelle $\mathscr{O}(\mathrm{U})$ soit une algèbre de Banach. (Utilisant le th. 1 de I, p. 29, montrer que les fonctions de $\mathscr{O}(\mathrm{U})$ seraient bornées.)

13) Soit $n \in \mathbf{N}$.

a) Une partie V de $\mathbf{C}^n$ est polynomialement convexe si et seulement si, pour tout $x \in \mathbf{C}^n - \mathrm{V}$, il existe une fonction entière $f \colon \mathbf{C}^n \to \mathbf{C}$ telle que

$$|f(x)| > \sup_{y \in \mathrm{V}} |f(y)|.$$

b) Soit $\mathrm{K} \subset \mathbf{R}^n$ une partie compacte. Alors K est polynomialement convexe dans $\mathbf{C}^n$.

c) Soient V une partie compacte polynomialement convexe de $\mathbf{C}^n$ et $f \in \mathscr{O}(\mathrm{V})$. Alors le graphe de f est polynomialement convexe dans $\mathbf{C}^{n+1}$. (Utiliser le théorème de Oka–Weil).

14) Soient K une partie compacte de $\mathbf{C}$ et P (resp. Q) l'adhérence dans $\mathscr{O}(\mathrm{K})$ de l'ensemble des germes de fonctions polynomiales (resp. rationnelles) holomorphes au voisinage de K. Montrer que P = Q si, et seulement si, l'ensemble $\mathbf{C} - \mathrm{K}$ est connexe.

15) Soit $\mathbf{U}$ l'ensemble des nombres complexes de module 1. Soient K_1, K_2 les sous-ensembles compacts de $\mathbf{C}^2$ donnés par

$$\mathrm{K}_1 = \mathbf{U} \times \{0\}, \qquad \mathrm{K}_2 = \{(z, \overline{z}) \mid z \in \mathbf{U}\}.$$

a) Montrer que l'ensemble des germes au voisinage de K_1 de fonctions polynômes sur $\mathbf{C}$ à coefficients complexes n'est pas dense dans $\mathscr{O}(\mathrm{K}_1)$.

b) Montrer que l'ensemble des germes au voisinage de K_2 de fonctions polynômes sur $\mathbf{C}$ à coefficients complexes est dense dans $\mathscr{O}(\mathrm{K}_2)$.

16) Soient A une algèbre de Banach unifère, $x \in \mathrm{A}$, et k un entier $\geqslant 0$. Soit $\mathbf{U}$ l'ensemble des nombres complexes de module 1.

a) On suppose que $\mathrm{Sp}_{\mathrm{A}}(x) \subset \mathbf{U}$ et que $\|\mathrm{R}(x, \lambda)\| = \mathrm{O}((1 - |\lambda|)^k)$ quand $|\lambda|$ tend vers 1. Montrer que $\|x^n\| = \mathrm{O}(|n|^k)$ quand n tend vers $\pm\infty$. (Pour tout $\delta > 1$, montrer que

$$2\pi \|x^n\| \leqslant \mathrm{M} \frac{\delta^n}{(\delta - 1)^k} + \mathrm{M} \frac{\delta^{-n}}{(1 - \delta^{-1})^k}$$

où M est indépendant de n et δ. Prendre $\delta = n/(n - k)$ quand n tend vers $+\infty$, $\delta = n/(n + k)$ quand n tend vers $-\infty$.)

b) On suppose que $\|x^n\| = \mathrm{O}(|n|^k)$ quand n tend vers $\pm\infty$. Montrer que $\mathrm{Sp}_{\mathrm{A}}(x) \subset \mathbf{U}$ et que $\|\mathrm{R}(\lambda, x)\| = \mathrm{O}((1 - |\lambda|)^{k+1})$ quand $|\lambda|$ tend vers 1. (On a $\varrho(x) = \varrho(x^{-1}) = 1$, donc $\mathrm{Sp}_{\mathrm{A}}(x) \subset \mathbf{U}$. Pour $|\lambda| < 1$,

$$\mathrm{R}(\lambda, x) = -x^{-1}(1 + \lambda x^{-1} + \lambda^2 x^{-2} + \lambda^3 x^{-3} + \ldots).$$

En déduire une majoration de $\|\mathrm{R}(\lambda, x)\|$, et raisonner de manière analogue si $|\lambda| > 1$.)

17) Soit X_1 (resp. X_2) l'ensemble des $(z_1, z_2) \in \mathbf{C}^2$ tels que

$$\frac{1}{2} \leqslant |z_1|^2 + |z_2|^2 \leqslant 1, \quad \text{resp.} \quad |z_1|^2 + |z_2|^2 \leqslant 1.$$

Soit $\mathrm{X} = \mathrm{X}_1 \cup \{(0,0)\} \subset \mathbf{C}^2$. Soient $\mathrm{A} = \mathscr{C}(\mathrm{X})$, et a_1, a_2 les restrictions à X des fonctions coordonnées sur $\mathbf{C}^2$.

a) Le spectre simultané $\mathrm{Sp}^2_{\mathrm{A}}(a_1, a_2)$ est égal à X.

b) Construire deux morphismes unifères continus distincts de $\mathscr{O}(\mathrm{X})$ dans A transformant z_1 en a_1 et z_2 en a_2. (Utiliser le théorème suivant : pour toute fonction f holomorphe dans un voisinage de X_1, il existe une fonction

g holomorphe dans un voisinage de X_2 qui coïncide avec f dans un voisinage de X_1 (*cf.* I, p. 168, exerc. 14).)

¶ 18) Soit A une algèbre de Banach unifère commutative.

a) Pour toute famille finie I d'éléments de A, soit $S(I) \subset \mathbf{C}^I$ le spectre simultané de I. Si I′ prolonge I, la surjection canonique $\mathrm{pr}_{I,I'}$ de $\mathbf{C}^{I'}$ sur $\mathbf{C}^I$ est telle que $\mathrm{pr}_{I,I'}(S(I')) = S(I)$, d'où un morphisme injectif $\varphi_{II'}$ de $\mathscr{O}(S(I))$ dans $\mathscr{O}(S(I'))$. Soit $\mathscr{O}(\mathsf{X}(A))$ la limite inductive des $\mathscr{O}(S(I))$ relativement aux $\varphi_{II'}$ (on indexe les familles finies d'éléments de A par les parties finies de $A \times \mathbf{N}$). Les applications canoniques

$$\varphi_I \colon \mathscr{O}(S(I)) \longrightarrow \mathscr{O}(\mathsf{X}(A))$$

sont injectives.

On munira $\mathscr{O}(\mathsf{X}(A))$ de la topologie limite inductive de celles des $\mathscr{O}(S(I))$. Pour tout $a \in A$, la fonction coordonnée au voisinage de $S(a) \subset \mathbf{C}$ définit un élément z_a de $\mathscr{O}(\mathsf{X}(A))$.

b) La surjection continue $\mathsf{X}(A) \to S(I)$ définit un morphisme continu $\mathscr{C}(S(I)) \to \mathscr{C}(\mathsf{X}(A))$. Les morphismes $\mathscr{O}(S(I)) \to \mathscr{C}(S(I)) \to \mathscr{C}(\mathsf{X}(A))$ définissent un morphisme continu :

$$\varphi \colon \mathscr{O}(\mathsf{X}(A)) \longrightarrow \mathscr{C}(\mathsf{X}(A)).$$

Ce morphisme est non injectif en général.

c) Il existe un unique morphisme unifère continu ψ de $\mathscr{O}(\mathsf{X}(A))$ dans A tel que $\psi(z_a) = a$ pour tout $a \in A$. (Utiliser le th. 1 de I, p. 51.) Son composé avec la transformation de Gelfand est φ.

d) Soient E un espace localement convexe séparé, U une partie faiblement ouverte de E et $f \colon U \to \mathbf{C}$ une fonction. On dit que f est *faiblement holomorphe* si, pour tout $u \in U$, il existe un voisinage faiblement ouvert V_u de u, un sous-espace vectoriel fermé F_u de codimension finie de E, et une fonction holomorphe g_u sur $p_u(V_u)$, où p_u désigne l'application canonique de E sur E/F_u, tels que $f|V_u = g_u \circ p_u$.

Montrer que si f est faiblement holomorphe, et si K est une partie faiblement compacte de U, il existe un voisinage faiblement ouvert V_K de K dans U, un sous-espace vectoriel fermé F_K de codimension finie de E, et une fonction holomorphe g_K sur $p_K(V_K)$ tels que $f|V_K = g_K \circ p_K$, où p_K est l'application canonique de E sur E/F_K.

e) Montrer que $\mathscr{O}(\mathsf{X}(A))$ est la limite inductive des $\mathscr{O}(S)$, où S parcourt l'ensemble des voisinages faiblement ouverts de $\mathsf{X}(A)$ dans le dual de A, et où $\mathscr{O}(S)$ désigne l'algèbre des fonctions faiblement holomorphes dans S, munie de la topologie de la convergence compacte.

§ 5

Dans les exercices ci-dessous, toutes les algèbres considérées sont sur $\mathbf{C}$.

1) Soient A une algèbre de Banach commutative régulière et I un idéal fermé de A. Alors I et A/I sont des algèbres de Banach commutatives régulières.

2) Soient A une algèbre de Banach commutative régulière sans radical, I un idéal de A, χ un élément de V(I) et J l'ensemble des $x \in \mathrm{A}$ tels que $\mathscr{G}x$ soit à support compact disjoint de $\{\chi\}$. Alors $\mathrm{I}+\mathrm{J}$ est le plus petit des idéaux R de A tels que $\mathrm{R} \supset \mathrm{I}$ et $\mathrm{V(R)} = \{\chi\}$.

3) Soient A une algèbre de Banach commutative, A′ l'espace de Banach dual de A. Pour tout $x \in \mathrm{A}$, soit $\kappa(x)$ l'opérateur linéaire dans A′ transposé de la multiplication par x dans A. Pour $x \in \mathrm{A}$ et $x' \in \mathrm{A}'$, on note $x \star x' = \kappa(x)(x') \in \mathrm{A}'$. Un sous-espace vectoriel de A′ est dit *invariant* s'il est stable par tous les $\kappa(x)$.

a) Pour qu'un élément x' de A′ soit proportionnel à un caractère non nul de A, il faut et il suffit que $\mathbf{C}x'$ soit invariant.

b) L'application $\mathrm{V} \mapsto \mathrm{V}^\circ$ est une bijection de l'ensemble des idéaux fermés de A sur l'ensemble des sous-espaces vectoriels invariants faiblement fermés de A′.

c) Si W est un sous-espace vectoriel invariant de A′, on note $\sigma(\mathrm{W})$ l'ensemble des caractères appartenant à W. Si W_1 et W_2 sont invariants faiblement fermés, et si W est le sous-espace vectoriel faiblement fermé engendré par W_1 et W_2, on a $\sigma(\mathrm{W}) = \sigma(\mathrm{W}_1) \cup \sigma(\mathrm{W}_2)$. (Utiliser *b*).)

d) Soit W un sous-espace vectoriel invariant faiblement fermé de A′. Alors $\sigma(\mathrm{W})$ est l'ensemble des $\chi \in \widehat{\mathrm{A}}$ tel que la condition $x * x' = 0$ pour tout $x' \in \mathrm{W}$ entraîne $\chi(x) = 0$.

e) Si A admet un élément unité, tout sous-espace vectoriel invariant faiblement fermé de A′ contient un caractère non nul.

f) Dans la suite de cet exercice, on suppose que A est une algèbre régulière sans radical et unifère. Si W est un sous-espace vectoriel invariant faiblement fermé de A′ et U un voisinage de $\sigma(\mathrm{W})$ dans $\mathsf{X}(\mathrm{A})$, alors W est contenu dans le sous-espace vectoriel faiblement fermé de A′ engendré par U.

g) Soit $x' \in \mathrm{A}'$ et W le sous-espace vectoriel invariant faiblement fermé de A′ engendré par x'. On pose $\sigma(x') = \sigma(\mathrm{W})$. Si $x \in \mathrm{A}$ est tel que $\mathscr{G}x = 1$ sur un voisinage de $\sigma(x')$, alors $x \star x' = x'$. (Utiliser *f*).)

h) Si $\sigma(x')$ est réunion de deux ensembles fermés disjoints σ_1 et σ_2, il existe $x'_1, x'_2 \in \mathrm{A}'$ tels que $\sigma(x'_1) = \sigma_1$, $\sigma(x'_2) = \sigma_2$ et $x' = x'_1 + x'_2$. (Poser $x'_1 = u_1 \star x'$,

$x'_2 = u_2 \star x'$, avec $\mathscr{G}u_1 = 1$ (resp. 0) au voisinage de σ_1 (resp. σ_2), et $\mathscr{G}u_2 = 1$ (resp. 0) au voisinage de σ_2 (resp. σ_1).)

4) Soient A une algèbre de Banach commutative régulière sans radical, vérifiant la condition de Ditkin, I un idéal fermé de A, $x \in \Upsilon(\mathrm{V(I)})$ et F la frontière de $\mathrm{V}(\mathrm{A}x)$. Si $\mathrm{F} \cap \mathrm{V(I)}$ ne contient aucun ensemble parfait non vide, on a $x \in \mathrm{I}$. (Imiter le raisonnement de la prop. 5 de I, p. 94.)

5) Soit A une algèbre de Banach commutative régulière sans radical. On suppose que tout idéal fermé de A est intersection d'idéaux maximaux réguliers. Soit $x \in \mathrm{A}$. Soit F l'ensemble des zéros de $\mathscr{G}'(x)$. Alors x est limite d'éléments $u_n x$, où $u_n \in \mathrm{A}$ et $\mathscr{G}(u_n)$ est nulle au voisinage de F. (Soit J l'ensemble des $y \in \mathrm{A}$ tels que $\mathscr{G}(y)$ soit à support compact disjoint de F. On a $x \in \overline{\mathrm{J}}$. Utiliser la prop. 4 de I, p. 91.) En particulier, A vérifie la condition de Ditkin.

6) Soit B l'algèbre des fonctions complexes continûment dérivables sur $[0,1]$, munie de la norme $\|f\| = \sup|f| + \sup|f'|$. Soit A la sous-algèbre fermée de B formée des fonctions $f \in \mathrm{B}$ telles que $f\left(\frac{1}{2}\right) = 0$. Soit I l'idéal fermé de A formé des $f \in \mathrm{A}$ tels que $f'\left(\frac{1}{2}\right) = 0$.

a) L'espace $\mathsf{X}(\mathrm{A})$ s'identifie à $[0,1] - \left\{\frac{1}{2}\right\}$, et A est régulière.

b) L'idéal I est un idéal maximal de A non régulier.

7) Soient R, T_1, T_2 les sous-ensembles formés de $\mathbf{C}^4$ formé des éléments $(z_1, z_2, z_3, z_4) \in \mathbf{C}^4$ tels que :

$$\begin{array}{llll} \mathrm{R}\colon z_1 z_2 = 2, & 1 \leqslant |z_1| \leqslant 2, & z_3 = z_4 = 0, & \\ \mathrm{T}_1\colon z_1 z_2 = 2, & |z_1| = 1, & |z_3| \leqslant 1, & z_4 = 0, \\ \mathrm{T}_2\colon z_1 z_2 = 2, & |z_1| = 2, & |z_3| \leqslant 1, & z_4 = z_3^2. \end{array}$$

a) L'ensemble $\mathrm{X} = \mathrm{R} \cup \mathrm{T}_1 \cup \mathrm{T}_2$ est polynomialement convexe. (Montrer que X est l'ensemble des (z_1, z_2, z_3, z_4) tels que

$$z_1 z_2 = 2, \quad |z_1| \leqslant 2, \quad |z_2| \leqslant 2, \quad |z_3| \leqslant 1, \quad z_4(z_4 - z_3^2) = 0,$$
$$|z_4 z_2^k| \leqslant 1 \quad \text{et} \quad |z_1^k(z_4 - z_3^2)| \leqslant 1 \quad \text{pour} \quad k = 1, 2, \ldots).$$

b) Soit A la sous-algèbre fermée de $\mathscr{C}(\mathrm{X})$ engendrée par les restrictions à X des fonctions polynômes sur $\mathbf{C}^4$. Alors X s'identifie à $\mathsf{X}(\mathrm{A})$.

c) Soient $\Gamma_1, \Gamma_2 \subset \mathbf{C}$ les cercles de centre 0 et de rayons 1, 2 orientés dans le sens positif. Soient μ_0, μ_1, ν les mesures sur $\Gamma_1, \Gamma_2, \Gamma_1$ définies par les formes différentielles $z^{-1}dz$, $-z^{-1}dz$, $z^{-2}dz$. Soit $\mu = \mu_0 + \mu_1$, de sorte que $\mu \otimes \nu$ est une mesure sur $(\Gamma_1 \cup \Gamma_2) \times \Gamma_1$. Soit B l'ensemble des $z = (z_1, z_2, z_3, z_4) \in \mathrm{X}$ tels que $(z_1, z_3) \in (\Gamma_1 \cup \Gamma_2) \times \Gamma_1$. L'application $\varphi\colon z \mapsto (z_1, z_3)$ de B dans

$(\Gamma_1 \cup \Gamma_2) \times \Gamma_1$ est un homéomorphisme. Soit ν la mesure $\varphi^{-1}(\mu \otimes \nu)$. Montrer que ν est orthogonale à A.

d) Soit g la fonction sur X qui est nulle sur $\mathrm{R} \cup \mathrm{T}_1$ et égale à z_3 sur T_2. Alors $g \notin \mathrm{A}$.

e) La fonction g coïncide avec un élément de A au voisinage de tout $z \in \mathrm{X}$.

§ 6

1) Trouver une algèbre de Banach involutive unifère A et un élément unitaire $u \in \mathrm{A}$ tel que $\|u\| \neq 1$.

2) Soient A une algèbre de Banach et $\mathrm{A}_1 \subset \mathrm{A}$ une sous-algèbre fermée. Si A_1 est une algèbre involutive, alors tout caractère de A_1 s'étend en un caractère de A.

3) Soit A une algèbre involutive unifère. On suppose que pour tout x dans A, le spectre de x ne contient pas -1.

a) Pour tout élément idempotent x de A, montrer qu'il existe un élément idempotent hermitien y de A tel que $x\mathrm{A} = y\mathrm{A}$. (Considérer l'inverse z de $1 + (x - x^*)(x^* - x)$; montrer que z commute avec x et poser $y = xx^*z$.)

b) Pour tout élément idempotent x de A, montrer qu'il existe un élément idempotent hermitien y de A et u inversible dans A tels que $x = uyu^{-1}$. (Si $x\mathrm{A} = y\mathrm{A}$, poser $u = (1 - (y - x))^{-1}$.)

4) Soit A une algèbre normée, munie d'une involution continue. Si on pose $\|x\|' = \sup(\|x\|, \|x^*\|)$ pour tout $x \in \mathrm{A}$, A devient une algèbre normée involutive, et la nouvelle norme est équivalente à l'ancienne.

5) Soit A une algèbre de Banach commutative sans radical. Toute involution de A est continue. (Utiliser la prop. 9 de I, p. 40.)

¶ 6) Soit A une algèbre de Banach unifère commutative involutive dont tout caractère est hermitien. Supposons que, pour tout élément $x \in \mathrm{A}$ hermitien non inversible, on a $\|(x - \lambda)^{-1}\| = o(\mathscr{I}(\lambda)^{-2})$ quand λ tend vers 0 avec $\mathscr{I}(\lambda) \neq 0$. Alors tout idéal fermé I de A est intersection d'idéaux maximaux. (Soit $\varphi\colon \mathrm{A} \longrightarrow \mathrm{A}/\mathrm{I}$ le morphisme canonique. Soit $x \in \mathrm{A}$ tel que $\varphi(x)$ soit dans le radical de A/I. Il faut prouver que $\varphi(x) = 0$. Se ramener au cas où x est hermitien. Utiliser alors l'exerc. 29 de I, p. 161).

7) Soit A une algèbre de Banach unifère commutative involutive. Pour que tout caractère de A soit hermitien, il faut et il suffit que $1+xx^*$ soit inversible pour tout $x \in \mathrm{A}$. (Si tout caractère de A est hermitien, $\mathscr{G}(1+xx^*)$ est partout > 0 sur $\mathsf{X}(\mathrm{A})$. Si un caractère χ de A est non hermitien, il existe un $x \in \mathrm{A}$ hermitien tel que $\chi(x) = i$, d'où $\chi(1+xx^*) = 0$ et $1+xx^*$ n'est pas inversible.)

8) Construire un exemple de groupe G tel que l'algèbre de Banach involutive $\mathscr{M}^1(\mathrm{G})$ (I, p. 100, exemple 4) ne soit pas une algèbre stellaire.

9) Soit A une algèbre de Banach unifère. Le groupe des éléments unitaires de A est un sous-groupe borné maximal de A^*.

10) Soient A une algèbre de Banach involutive et $\widetilde{\mathrm{A}}$ l'algèbre obtenue par adjonction d'un élément unité. Montrer que la norme définie dans le numéro I, p. 15 sur $\widetilde{\mathrm{A}}$ ne coïncide pas, en général, avec la norme définie par la prop. 3 de I, p. 105.

11) Soit A une algèbre de Banach involutive, dont l'involution vérifie $\|x^*x\| = \|x\| \cdot \|x^*\|$ pour tout $x \in \mathrm{A}$. Alors A est une algèbre stellaire. (On a $\|y^2\| = \|y\|^2$ pour y hermitien, d'où $\|y\| = \varrho(y)$; observant que $\mathrm{Sp}'_{\mathrm{A}}(x^*) = \overline{\mathrm{Sp}'_{\mathrm{A}}(x)}$ pour tout $x \in \mathrm{A}$, on a donc

$$\|x^*\| \cdot \|x\| = \|x^*x\| = \varrho(x^*x) \leqslant \varrho(x^*)\varrho(x) = \varrho(x^2) \leqslant \|x\|^2,$$

d'où $\|x^*\| \leqslant \|x\|$ et $\|x^*\| = \|x\|$.)

12) Soient A une algèbre stellaire, N l'ensemble des éléments normaux de A, $x \in \mathrm{N}$ et V un voisinage de 0 dans $\mathbf{C}$. Il existe un voisinage U de x dans N tel que, pour tout $y \in \mathrm{U}$, on ait $\mathrm{Sp}_{\mathrm{A}}(y) \subset \mathrm{Sp}_{\mathrm{A}}(x) + \mathrm{V}$ et $\mathrm{Sp}_{\mathrm{A}}(x) \subset \mathrm{Sp}_{\mathrm{A}}(y) + \mathrm{V}$. (Utiliser le cor. du 1 de I, p. 108, la prop. 3 de I, p. 23 et la prop. 10 de I, p. 76.)

13) Soient A une algèbre de Banach unifère sur $\mathbf{C}$, $x \in \mathrm{A}$, et $\mathrm{S} = \mathrm{Sp}_{\mathrm{A}}(x)$. On suppose qu'il existe un morphisme φ de $\mathscr{C}(\mathrm{S})$ dans A qui transforme 1 en 1 et z en x, en désignant par z l'application identique de S. Alors $\|\varphi(f)\| \geqslant \|f\|$ pour toute $f \in \mathscr{C}(\mathrm{S})$. En particulier, si le morphisme φ est continu, alors φ est un homéomorphisme sur son image. (On peut supposer A commutative. Soit $\lambda \in \mathrm{S}$. Il existe $\chi \in \mathsf{X}(\mathrm{A})$ tel que $\lambda = \chi(x) = \chi(\varphi(z)) = (\mathsf{X}(\varphi)(\chi))(z)$. Donc $\mathsf{X}(\varphi)(\chi)$ est le caractère $f \mapsto f(\lambda)$ de $\mathscr{C}(\mathrm{S})$. Soit $f \in \mathscr{C}(\mathrm{S})$. D'après ce qui précède, il existe $\chi \in \mathsf{X}(\mathrm{A})$ tel que $|f|$ atteigne son maximum en $\mathsf{X}(\varphi)(\chi)$. Alors $|\chi(\varphi(f))| = \|f\|$, donc $\|\varphi(f)\| \geqslant \|f\|$.)

14) Soit G un groupe localement compact. Si Stell(G) possède un élément unité, alors le groupe G est discret. (Utiliser le fait que, dans l'espace hilbertien $L^2(G)$, l'application identique est limite en norme d'endomorphismes γ_f, où γ est la représentation régulière gauche et où $f \in L^1(G)$.)

15) *a*) Soit A une algèbre stellaire commutative. Si x et y sont des éléments positifs de A tels que $x \leqslant y$, alors $x^2 \leqslant y^2$.

b) Il existe une algèbre stellaire A et des éléments x et y de A tels que $0 \leqslant x \leqslant y$, mais tels que x^2 n'est pas $\leqslant y^2$.

c) Il existe une algèbre stellaire A et des éléments x et y dans A tels que $|x+y|$ n'est pas $\leqslant |x| + |y|$.

16) Soit X un espace topologique. Soit $\mathscr{C}_b(X)$ l'algèbre stellaire commutative des fonctions continues bornées à valeurs complexes sur X.

a) Soit $\widehat{X} = \mathsf{X}(\mathscr{C}_b(X))$; l'espace $\widehat{X}$ est un espace compact tel que $\mathscr{C}(\widehat{X})$ s'identifie à $\mathscr{C}_b(X)$.

b) L'application $j \colon X \to \widehat{X}$ qui envoie x sur le caractère $f \mapsto f(x)$ est continue.

c) Si X est complètement régulier (TG, IX, p. 8, déf. 4), l'application j est un homéomorphisme de X sur un sous-espace dense de $\widehat{X}$. (Pour montrer que l'image de j est dense dans $\widehat{X}$, montrer qu'une fonction complexe continue sur $\widehat{X}$ nulle sur $j(X)$ est identiquement nulle.)

d) L'espace $\widehat{X}$ s'identifie au compactifié de Stone–Čech de X (TG, IX, p. 9).

17) Soient A une algèbre stellaire et $x \in A$. Si $x = a - b$ avec a, b positifs et $ab = ba = 0$, alors $a = x^+$ et $b = x^-$.

18) Soit A une algèbre stellaire de type dénombrable. Il existe une suite $(e_n)_{n \in \mathbf{N}}$ dans A_+ tel que le filtre élémentaire associé (TG, I, p. 42, déf. 7) est une unité approchée croissante de A.

19) Soit A une algèbre stellaire. Un élément x est dit *systématiquement positif* si $x \in A_+$ et si xAx est dense dans A.

a) Montrer qu'une algèbre stellaire commutative A contient un élément systématiquement positif si, et seulement si, il existe un espace topologique X localement compact et dénombrable à l'infini X tel que A soit isomorphe à $\mathscr{C}_0(X)$.

b) Si A est unifère, alors un élément x de A est systématiquement positif si, et seulement si, x est positif et inversible.

c) Soit $x \in A$ un élément systématiquement positif tel que $\|x\| \leqslant 1$. Démontrer que la suite $(x^{1/n})_{n \geqslant 1}$ est une unité approchée croissante dans A.

d) Une algèbre stellaire A contient un élément systématiquement positif si, et seulement si, il existe une suite $(x_n)_{n \geqslant 1}$ dans A qui forme une unité approchée de A.

20) Soient A une algèbre stellaire, I un idéal bilatère fermé de A et B une sous-algèbre involutive fermée de A. Alors B+I est une sous-algèbre involutive fermée de A, et il existe un isomorphisme isométrique $\mathrm{B} + \mathrm{I}/\mathrm{I} \to \mathrm{B}/\mathrm{B} \cap \mathrm{I}$.

21) Soit S le disque unité fermé dans **C**. Soit A l'algèbre de Banach involutive des fonctions continues de S dans **C** qui sont holomorphes dans le disque unité ouvert, où l'involution est donnée par $f^*(z) = \overline{f(\overline{z})}$. Il existe un élément hermitien de A dont le spectre n'est pas contenu dans **R**.

22) Soit $\mathrm{A} = \mathscr{C}([0,1])$. Montrer que l'idéal I de A engendré par la fonction identique de $[0,1]$ n'est pas fermé.

23) Soit A une algèbre stellaire unifère. On note A'_+ l'espace vectoriel des formes linéaires f sur A, non nécessairement continues, telles que

$$f(\mathrm{A}_+) \subset [0, +\infty[$$

(« formes linéaires positives »).

a) Soit $f \in \mathrm{A}'_+$. Pour toute suite $(x_n)_{n\in\mathbf{N}}$ dans $\mathrm{A}_+^{\leqslant 1}$, la famille $(f(x_n))$ est bornée. (Démontrer que la série $\sum_i f(x_i)y_i$ converge pour toute famille positive (y_i) dans $\ell^1(\mathbf{N})$.)

b) L'application linéaire f est continue.

c) Une forme linéaire f appartient à A'_+ si et seulement si f est continue et $\|f\| = f(1)$.

d) Soit $x \in \mathrm{A}_h$ un élément hermitien. Il existe une forme linéaire positive $f \in \mathrm{A}'_+$ telle que $|f(x)| = \|x\|$. (Utiliser l'exercice 7 de I, p. 174).

24) Soit A une algèbre de Banach unifère sur **C**. On suppose que $x \mapsto x^*$ et $x \mapsto x^\circ$ sont des involutions sur A telles que A, munie de chacune, est une algèbre stellaire. On note A_1 et A_2 ces deux algèbres stellaires.

a) Avec les notations de l'exercice 23, montrer que $\mathrm{A}'_{1,+} = \mathrm{A}'_{2,+}$. On note A'_+ cet ensemble.

b) Soit $x \in \mathrm{A}_{1,h}$ un élément tel que $x^* = x$. Montrer que pour toute $f \in \mathrm{A}'_+$, on a $f(i(x - x^\circ)) = 0$. En déduire que $x \in \mathrm{A}_{2,h}$. (Utiliser la question *b*) de l'exercice 23).

c) Conclure que $\mathrm{A}_1 = \mathrm{A}_2$, et qu'une algèbre de Banach complexe admet au plus une involution qui en fait une algèbre stellaire.

25) Soit G un groupe. On note $\mathbf{C}[\mathrm{G}]$ l'algèbre du groupe G sur **C**. C'est un sous-espace de l'espace hilbertien $\ell^2(\mathrm{G})$. Pour g dans G, on note $[g]$ l'élément

de $\mathbf{C}[G]$ correspondant à g. Les éléments $[g]$, pour $g \in G$, forment une base orthonormale de $\ell^2(G)$ et $\mathbf{C}[G]$ est dense dans $\ell^2(G)$.

a) L'application

$$\sum_g \alpha_g[g] \mapsto \sum_g \overline{\alpha}_g[g^{-1}]$$

est une involution sur $\mathbf{C}[G]$.

b) Pour $g \in G$, soit $\pi(g)$ l'application $x \mapsto gx$ de $\mathbf{C}[G]$. L'application qui à g associe $\pi(g)$ s'étend en un morphisme continu et injectif d'algèbres involutives de $\mathbf{C}[G]$ dans $\mathscr{L}(\ell^2(G))$.

On note $\mathrm{Stell}_r(G)$, et on appelle *algèbre stellaire réduite de* G, l'adhérence dans $\mathscr{L}(\ell^2(G))$ de l'image de l'application π. C'est une algèbre stellaire. On identifie $\mathbf{C}[G]$ à son image par π dans $\mathrm{Stell}_r(G)$.

c) L'application linéaire trace $\mathrm{Tr}\colon \mathbf{C}[G] \to \mathbf{C}$ telle que $\mathrm{Tr}(1) = 1$ et $\mathrm{Tr}(g) = 0$ pour $g \neq 1$ s'étend en une application linéaire continue $\mathrm{Stell}_r(G) \to \mathbf{C}$.

d) On a $\mathrm{Tr}(xy) = \mathrm{Tr}(yx)$ pour tous x et y dans $\mathrm{Stell}_r(G)$.

e) On a $\mathrm{Tr}(xx^*) \geqslant 0$ pour tout x dans $\mathrm{Stell}_r(G)$, et $\mathrm{Tr}(xx^*) = 0$ si, et seulement si, $x = 0$.

f) Soit e un élément idempotent de $\mathbf{C}[G]$ tel que $e \neq 0$ et $e \neq 1$. Montrer que $0 < \mathrm{Tr}(e) < 1$. (Utiliser l'exercice 3).

g) Soit e un élément idempotent de $\mathbf{Z}[G]$. Montrer que $e = 0$ ou $e = 1$. (« Théorème de Kaplansky »).

h) Soit x un élement de $\mathbf{C}[G]$. Alors x est inversible si et seulement s'il est inversible à gauche, si et seulement s'il est inversible à droite.

i) Soit n un entier strictement positif. Une matrice x de type (n, n) à coefficients dans $\mathbf{C}[G]$ est inversible si et seulement si elle est inversible à gauche, si et seulement si elle est inversible à droite.

26) Soit A une algèbre stellaire unifère. Soient a et b des éléments normaux de A et $x \in A^*$ tel que $b = xax^{-1}$. Il existe un élément unitaire u de A tel que $b = uau^*$. (Utiliser l'exercice précédent et la décomposition polaire de x, en notant que $|x|$ appartient au bicommutant de x).

27) Soient A une algèbre stellaire unifère, a, b et c des éléments de A. On suppose que b et c sont normaux. Si $ac = cb$, alors on a $f(a)c = cf(b)$ pour toute fonction f continue sur la réunion du spectre de a et du spectre de b.

28) Soit A une algèbre stellaire. Soient a et b des éléments positifs de A tels que $ab \neq 0$. Alors $\mathrm{Sp}_A(ab)$ n'est pas réduit à 0.

29) *a)* Soit G un groupe topologique localement compact. L'algèbre de Banach $L^1(G)$ a une identité approchée. (Utiliser INT, VIII, § 2, n° 7, lemme 4).

b) Soit A une algèbre de Banach admettant une identitée approchée. Pour tout caractère $\chi \in \mathsf{X}(\mathrm{A})$, on a $\|\chi\| = 1$.

c) La sous-algèbre de Banach de $\mathrm{L}^1(\mathbf{Z})$ formée des suites (x_n) telles que $x_n = 0$ si $n < 0$ n'a pas d'unité approchée. (Construire un caractère non nul de norme < 1.)

d) Soient G le groupe libre engendré par deux éléments a et b et μ une mesure de Haar sur G. Soit I l'idéal fermé de $\mathrm{L}^1(\mathrm{G})$ formé des $f \in \mathrm{L}^1(\mathrm{G})$ tels que $\mu(f) = 0$. Soit $\xi = e^{2i\pi/3}$. Soit $x = \varepsilon_e + \xi\varepsilon_a + \xi^{-1}\varepsilon_b \in \mathrm{L}^1(\mathrm{G})$. Pour tout $f \in \mathrm{L}^1(\mathrm{G})$, on a $\|x * f - x\| \geqslant 1$. L'algèbre de Banach I n'a pas d'unité approchée.

¶ 30) Soit A une algèbre de Banach ayant une unité approchée. Notons $\widetilde{\mathrm{A}}$ l'algèbre de Banach obtenue à partir de A par adjonction d'un élément unité, noté 1.

a) Soit $x \in \mathrm{A}$. Alors x appartient à l'idéal à gauche fermé engendré par x.

b) Pour tout $\varepsilon > 0$ et toute famille finie $(x_i)_{i \in \mathrm{I}}$ d'éléments de A, il existe $e \in \mathrm{A}$ tel que $\|e\| \leqslant 1$ et $\|ex_i - x_i\| < \varepsilon$ pour tout $i \in \mathrm{I}$.

c) Soient $x \in \mathrm{A}$, $\varepsilon > 0$ et $0 < \gamma \leqslant 1/8$. Il existe $\eta > 0$ tel que pour tout $e \in \mathrm{A}$ vérifiant $\|e\| \leqslant 1$ et $\|ex - x\| < \eta$, alors $\alpha = (1-\gamma)\cdot 1 + \gamma e$ est inversible dans $\widetilde{\mathrm{A}}$ et $\|x - \alpha^{-1}x\| < \varepsilon$.

d) Soient $x \in \mathrm{A}$, $\varepsilon > 0$, $\delta > 0$ et $0 < \gamma \leqslant 1/8$. Il existe une suite $(e_n)_{n \geqslant 1}$ dans A ayant les propriétés suivantes :

(i) On a $\|e_n\| < 2$ pour tout $n \geqslant 1$;

(ii) L'élément

$$y_n = \sum_{k=1}^{n} \gamma(1-\gamma)^{k-1} e_k + (1-\gamma)^n \cdot 1$$

est inversible dans $\widetilde{\mathrm{A}}$ pour tout $n \geqslant 1$ et

$$\|y_n^{-1}x - y_{n-1}^{-1}x\| < \delta 2^{-n} \quad (n \geqslant 2), \quad \|y_1^{-1}x - x\| < \delta/2.$$

(Supposant que $(e_1, \ldots, e_n)$ ont été définis, considérer un élément e_{n+1} quelconque de norme < 2 ; observer que

$$y_{n+1} = ((1-\gamma)\cdot 1 + e_{n+1})\Big(\sum_{k=1}^{n} \gamma(1-\gamma)^{k-1} e'_k + (1-\gamma)^n \cdot 1\Big),$$

où $e'_k = ((1-\gamma)\cdot 1 + e_{n+1})^{-1} e_k$, et déterminer e_{n+1} vérifiant les conditions demandées en exploitant le fait que l'ensemble des éléments inversibles de $\widetilde{\mathrm{A}}$ est ouvert, et que l'application $a \mapsto a^{-1}$ est continue.)

e) Pour tout $x \in \mathrm{A}$, il existe y et z dans A tels que $x = yz$ (« théorème de factorisation de Cohen »). Soit $\delta > 0$. On peut supposer que z appartient à l'idéal à gauche fermé engendré par x et que $\|y-z\| < \delta$. (Considérer une suite $(e_n)_{n\geqslant 1}$ comme ci-dessus et définir y_n comme précédemment ; la suite $z_n = y_n^{-1}x$ converge vers un élément $z \in \mathrm{A}$, et z_n appartient à l'idéal à gauche fermé engendré par x ; la suite (y_n) converge vers $y \in \mathrm{A}$ et $x = yz$.)

31) Soit A l'espace de Banach des fonctions complexes intégrables sur $[0,1]$ pour la mesure de Lebesgue. On pose

$$(f \cdot g)(t) = \int_0^t f(t-x)g(x)dx$$

pour $t \in [0,1]$.

a) La fonction $f \cdot g$ est définie presque partout et est un élément de A.

b) Muni de l'opération $(f,g) \mapsto f \cdot g$, l'espace A est une algèbre de Banach commutative.

c) Soit $x \in \mathrm{A}$ la fonction constante égale à 1. La fonction x^n est

$$t \mapsto \frac{t^{n-1}}{(n-1)!}.$$

d) L'algèbre A est topologiquement engendrée par x, l'élément x est quasi-nilpotent, et A est égale à son radical.

e) L'algèbre A admet une unité approchée.

f) L'algèbre A ne possède aucun idéal maximal, régulier ou non, fermé ou non (utiliser l'exercice précédent et l'exercice 1 de I, p. 166). En particulier, $\mathsf{X}(\mathrm{A})$ est vide, donc compact.

32) Soit G un groupe. On dit que G a la *propriété de Powers* si, pour tout $n \in \mathbf{N}$ et tout sous-ensemble fini F de $\mathrm{G} - \{e\}$, il existe une partition de G en deux sous-ensembles A et B et une famille $(g_i)_{1\leqslant i\leqslant n}$ d'éléments de G tels que

(i) pour tout $g \in \mathrm{F}$, les ensembles A et $g\mathrm{A}$ sont disjoints ;

(ii) pour tous entiers distincts j et k compris entre 1 et n, les ensembles $g_j\mathrm{B}$ et $g_k\mathrm{B}$ sont disjoints.

Soit G un groupe possédant la propriété de Powers. Soit I un idéal bilatère fermé non nul de l'algèbre stellaire réduite $\mathrm{Stell}_r(\mathrm{G})$ (exercice 25). Soit $\pi \colon \mathbf{C}[\mathrm{G}] \to \mathrm{Stell}_r(\mathrm{G})$ la représentation canonique.

a) Il existe une famille $(\lambda_g)_{g\in\mathrm{G}-\{e\}}$ dans $\mathbf{C}$ telle que

$$x = \sum_{g\in\mathrm{G}-\{e\}} \lambda_g \pi(g)$$

est un élément hermitien de $\mathrm{Stell}_r(\mathrm{G})$ tel que $y = 1 + x$ appartient à I.

b) Soit $\varepsilon > 0$ tel que $\varepsilon < 1$. Il existe un sous-ensemble fini F de $\mathrm{G} - \{e\}$ et un entier $n \geqslant 1$ tels que l'élément

$$x' = \sum_{g \in \mathrm{F}} \lambda_g \pi(g)$$

vérifie $\|x' - x\| < \varepsilon$ et $\|x'\| < \frac{\sqrt{n}}{2}(1 - \varepsilon)$.

c) Soient $\mathrm{G} = \mathrm{A} \cup \mathrm{B}$ et $(g_i)_{1 \leqslant i \leqslant n}$ vérifiant les conditions de la propriété de Powers pour le sous-ensemble fini F et l'entier n. Posons

$$y' = \frac{1}{n} \sum_{i=1}^{n} \pi(g_i) x' \pi(g_i^{-1}).$$

On a $\|y'\| < 1 - \varepsilon$. (Soit p_i la projection orthogonale de $\ell^2(\mathrm{G})$ sur $\ell^2(g_i\mathrm{B})$; vérifier que

$$(1 - p_i)\pi(g_i)x'\pi(g_i^{-1})(1 - p_i) = 0$$

pour $1 \leqslant i \leqslant n$, et en déduire que

$$1 + y' = 1 + \frac{1}{n} \sum_{i=1}^{n} p_i \pi(g_i) x' \pi(g_i^{-1}) + \Big(\frac{1}{n} \sum_{i=1}^{n} p_i \pi(g_i) x' \pi(g_i^{-1})(1 - p_i)\Big)^*,$$

puis noter que les endomorphismes $p_i \pi(g_i) x' \pi(g_i^{-1})$ ont des images deux à deux orthogonales pour estimer leurs normes.)

d) L'idéal I contient l'élément

$$1 + \frac{1}{n} \sum_{i=1}^{n} \pi(g_i) x \pi(g_i^{-1}),$$

et cet élément est inversible. Par conséquent, l'algèbre stellaire $\mathrm{Stell}_r(\mathrm{G})$ ne contient pas d'idéal bilatère fermé distinct de $\{0\}$ et de $\mathrm{Stell}_r(\mathrm{G})$.

e) Soit G un groupe libre non commutatif. Alors G a la propriété de Powers.

§ 7

Dans les exercices ci-dessous, tous les espaces de Banach sont sur **C**.

1) Soient $\mathrm{E} = \mathscr{C}([0,1])$ et u l'endomorphisme de E défini par

$$u(f)(t) = \int_0^t f(t)dt.$$

a) Le rayon spectral de u est nul. (Estimer la norme de u^n.)

b) Le spectre de u est réduit à 0, et pour tout $n \geqslant 1$, le noyau de u^n est réduit à 0.

(En particulier, le point 0 est un point isolé du spectre de u, mais l'adhérence de l'union des noyaux de u^n pour $n \geqslant 1$ n'est pas égale au sous-espace spectral $\mathrm{E}_0(x)$.)

2) Il existe un espace de Banach E et un endomorphisme u de E tel que 0 soit une valeur propre de u mais que 0 ne soit pas isolé dans $\mathrm{Sp}(u)$.

3) Donner un exemple d'espace hilbertien E et d'endomorphisme $u \in \mathscr{L}(\mathrm{E})$ tel que 0 soit valeur propre de u mais pas de u^*.

4) Soient $\mathrm{E} = \ell^2(\mathbf{Z})$ et u l'endomorphisme tel que $u((\lambda_n)) = (\lambda_{n+1})$.

a) Montrer que u est unitaire.

b) Calculer le spectre de u.

c) Le spectre fini de u est vide.

5) Soit s l'endomorphisme de $\ell^2(\mathbf{N})$ tel que

$$s(a_0, a_1, \ldots, a_n, \ldots) = (a_1, \ldots, a_n, \ldots).$$

Montrer que l'image numérique de s est le disque unité ouvert Δ dans $\mathbf{C}$, et que le spectre de s est le disque unité fermé dans $\mathbf{C}$. Déterminer les valeurs propres de s. Faire de même pour l'adjoint s^* de s.

6) Soit $u \in \mathscr{L}(\mathbf{C}^n)$ un endomorphisme de trace nulle. Il existe une base orthonormale B de $\mathbf{C}^n$ telle que tous les coefficients diagonaux de la matrice représentant u dans la base B sont nuls. (Démontrer que 0 appartient à l'image numérique de u.)

7) Soit u un endomorphisme d'un espace hilbertien complexe E tel que le spectre de u est contenu dans le disque unité ouvert de $\mathbf{C}$. Soient F l'espace hilbertien $\ell^2_{\mathrm{E}}(\mathbf{N})$ des suites de carré sommable d'éléments de E (EVT, V, p. 18, exemple) et s_{F} l'endomorphisme de F tel que

$$s_{\mathrm{F}}(a_0, a_1, \ldots, a_n, \ldots) = (a_1, \ldots, a_n \ldots).$$

Il existe un sous-espace fermé H de F et une application linéaire bijective continue $v \colon \mathrm{E} \to \mathrm{H}$ telle que $u = v^{-1} s_{\mathrm{F}} v$.

8) Soit u un endomorphisme d'un espace hilbertien complexe E. Soit S_u l'ensemble des endomorphismes de E de la forme wuw^{-1} où w parcourt l'ensemble des endomorphismes inversibles de E.

a) On a

$$\varrho(u) = \inf_{v \in \mathrm{S}_u} \|v\|.$$

(On peut supposer que $\varrho(u) \leqslant 1$; appliquer l'exercice précédent aux endomorphismes $u_\varepsilon = (1+\varepsilon)^{-1} u$ pour $\varepsilon > 0$.)

b) L'enveloppe convexe du spectre de u est égale à l'intersection des sous-ensembles $\iota(v)$ pour $v \in \mathrm{S}_u$ (« théorème de Hildebrandt »).

¶ 9) Soit E un espace de Banach complexe.

a) Soit $u \in \mathscr{L}(\mathrm{E})$. Considérons les endomorphismes $\boldsymbol{\gamma}_u$ et $\boldsymbol{\delta}_u$ de $\mathscr{L}(\mathrm{E})$ définis par $\boldsymbol{\gamma}_u(v) = u \circ v$ et $\boldsymbol{\delta}_u(v) = v \circ u$. On a $\mathrm{Sp}(u) = \mathrm{Sp}(\boldsymbol{\gamma}_u) = \mathrm{Sp}(\boldsymbol{\delta}_u)$, où les deux derniers spectres sont relatifs à l'algèbre $\mathscr{L}(\mathscr{L}(\mathrm{E}))$.

b) Pour toute fonction f holomorphe au voisinage du spectre de u, on a $\boldsymbol{\gamma}_{f(u)} = f(\boldsymbol{\gamma}_u)$ et $\boldsymbol{\delta}_{f(u)} = f(\boldsymbol{\delta}_u)$.

c) Soient u_1 et u_2 dans $\mathscr{L}(\mathrm{E})$. Soit ϱ l'endomorphisme $v \mapsto u_1 \circ v \circ u_2$ de $\mathscr{L}(\mathrm{E})$. Son spectre est égal à $\mathrm{Sp}(u_1)\,\mathrm{Sp}(u_2) \subset \mathbf{C}$.

d) Soient u_1 et u_2 dans $\mathscr{L}(\mathrm{E})$. Soit ϱ l'endomorphisme $v \mapsto u_1 \circ v \circ u_2$ de l'espace $\mathscr{L}_2(\mathrm{E})$ des applications de Hilbert–Schmidt de E dans E. Son spectre est égal à $\mathrm{Sp}(u_1)\,\mathrm{Sp}(u_2) \subset \mathbf{C}$. (Appliquer une méthode similaire.)

10) Soit E un espace hilbertien complexe. Soient x_1 et x_2 des endomorphismes de E. Montrer que le spectre de l'endomorphisme $x_1 \otimes x_2$ de $\mathrm{E} \mathbin{\widehat{\otimes}_2} \mathrm{E}$ est égal à $\mathrm{Sp}(x_1)\,\mathrm{Sp}(x_2)$. (Identifier $\overline{\mathrm{E}} \mathbin{\widehat{\otimes}_2} \mathrm{E}$ avec l'espace des opérateurs de Hilbert–Schmidt de E dans E, *cf.* EVT 5, p. 52, th. 1, *b*), et appliquer l'exercice précédent.)

11) Soit u un endomorphisme d'un espace hilbertien complexe E et soit $(j, |u|)$ sa décomposition polaire.

a) Pour que j commute à $|u|$, il faut et il suffit que u commute à u^*u.

b) Démontrer qu'on a alors $\|u^*(x)\| \leqslant \|u(x)\|$ pour tout $x \in \mathrm{E}$, et que $\varrho(u) = \|u\|$.

c) Soit $\mathrm{E} = \ell^2(\mathbf{N})$ et soit u l'endomorphisme de E donné par

$$u((a_0, a_1, \dots)) = (0, a_0, a_1, \dots).$$

Il n'est pas normal. Calculer la décomposition polaire $(j, |u|)$ de u ; j est permutable à $|u|$.

12) Soit u un endomorphisme d'un espace de Banach E. On note $\sigma_a(u)$ l'ensemble des $\lambda \in \mathbf{C}$ tel que, pour tout $\alpha \in \mathbf{R}_+^*$, il existe $x \in \mathrm{E}$ tel que $\|\lambda x - u(x)\| < \alpha\|x\|$.

a) Démontrer que $\sigma_a(u)$ est une partie fermée de $\sigma(u)$.

b) Démontrer que $\sigma_a(u)$ contient la frontière de $\sigma(u)$.

13) Soit E un espace hilbertien complexe. Soit N une application de $\mathscr{L}(\mathrm{E})$ dans $\mathfrak{P}(\mathbf{C})$ telle que

a) $\mathrm{N}(u)$ est compact pour tout $u \in \mathscr{L}(\mathrm{E})$;

b) $\mathrm{N}(\alpha u + \beta 1_{\mathrm{E}}) = \alpha \mathrm{N}(u) + \beta$ pour tout $u \in \mathscr{L}(\mathrm{E})$ et tout $(\alpha, \beta) \in \mathbf{C}^2$;

c) $N(u) \subset \{z \in \mathbf{C} \mid \mathscr{R}(z) \geqslant 0\}$ si et seulement si $u + u^*$ est positif.

Alors $N(u) = \overline{\iota(u)}$ pour tout $u \in \mathscr{L}(E)$. (Montrer que $u \mapsto \overline{\iota(u)}$ a les propriétés indiquées ; soient N_1 et N_2 des applications les vérifiant ; supposant que $N_1(u)$ n'est pas contenu dans $N_2(u)$, trouver α et β dans $\mathbf{C}$ tels que $N_2(\alpha u + \beta)$ est contenu dans le demi-plan $\mathscr{R}(z) \geqslant 0$, mais $N_1(\alpha u + \beta)$ ne l'est pas, et conclure à une contradiction en utilisant *c*).)

14) Donner un exemple d'espace hilbertien complexe et de $u \in \mathscr{L}(E)$ tel que $\iota(u)$ n'est pas fermé.

15) On munit l'ensemble X des parties compactes non-vides de $\mathbf{C}$ de la distance définie dans TG, IX, p. 91, exerc. 6. Soit E un espace hilbertien complexe.

a) L'application $u \mapsto \overline{\iota(u)}$ de $\mathscr{L}(E)$ dans X est continue. Si E est de dimension infinie, elle n'est pas continue lorsque $\mathscr{L}(E)$ est muni de la topologie de la convergence simple.

b) L'application $u \mapsto \mathrm{Sp}(u)$ de $\mathscr{L}(E)$ dans X n'est pas continue.

16) Soient X un espace localement compact, μ une mesure positive de masse totale 1 sur X et $f \colon X \to X$ une application telle que $f(\mu) = \mu$.

a) L'application $\varphi \mapsto \varphi \circ f$ induit un endomorphisme unitaire u_f de $L^2(X, \mu)$.

b) Le nombre réel 1 est une valeur propre de u_f de multiplicité 1 si et seulement si, pour toute partie mesurable A de X telle que $\overset{-1}{f}(A) = A$, on a $\mu(A) \in \{0, 1\}$. On dit alors que f est *μ-ergodique.*

c) Soit $E \subset L^2(X, \mu)$ le sous-espace propre de u_f pour la valeur propre 1. La suite $(v_N)_{N \in \mathbf{N}}$ définie par

$$v_N = \frac{1}{N} \sum_{n=0}^{N-1} u_f^n$$

converge vers la projection orthogonale sur E dans l'espace $\mathscr{L}(L^2(X, \mu))$ muni de la topologie de la convergence simple (« Théorème ergodique de von-Neumann »).(Noter que l'orthogonal de E est l'adhérence de l'image de $u_f - 1_E$; vérifier alors que $v_N(\varphi) \to 0$ quand $\varphi \in E^\circ$.)

d) On définit un endomorphisme $\widetilde{u}_f$ de $L^1(X, \mu)$ comme dans la question *a*), et on pose

$$\widetilde{v}_N = \frac{1}{N} \sum_{n=0}^{N-1} \widetilde{u}_f^n.$$

Pour tout $\varphi \in \mathrm{L}^1(\mathrm{X},\mu)$, la suite $(\widetilde{v}_{\mathrm{N}}(f))_{\mathrm{N}\in\mathbf{N}}$ converge dans $\mathrm{L}^1(\mathrm{X},\mu)$ vers un élément $\widetilde{\varphi}$ du sous-espace propre de $\widetilde{u}_f$ pour la valeur propre 1. (Considérer d'abord le cas où φ est bornée, et appliquer la question précédente.)

e) Soient I un ensemble fini et $\mathrm{X} = \mathrm{I}^{\mathbf{Z}}$ muni de la mesure produit des mesures μ_n sur I telles que $\mu_n(i) = 1/\mathrm{Card}(\mathrm{I})$ pour tout $i \in \mathrm{I}$. Posons $f((i_n)) = (i_{n+1})$ pour tout $(i_n) \in \mathrm{X}$. Alors $f(\mu) = \mu$ et f est μ-ergodique (« décalage de Bernoulli »).

f) Soient $\mathrm{X} = \mathbf{R}/\mathbf{Z}$ et μ la mesure de Haar normalisée sur X. Soit $a \in \mathrm{X}$ et posons $f(x) = x + a$. Alors $f(\mu) = \mu$ et f est μ-ergodique si et seulement si a est la classe d'un nombre irrationnel.

§ 8

Tous les espaces de Banach et toutes les algèbres de Banach ci-dessous sont complexes.

1) Soient X un espace topologique, $\mathscr{C}_b(\mathrm{X})$ l'algèbre stellaire des fonctions complexes continues bornées sur X et $\widehat{\mathrm{X}} = \mathsf{X}(\mathscr{C}_b(\mathrm{X}))$.

a) Soient A une sous-algèbre de Banach unifère de $\mathscr{C}_b(\mathrm{X})$ et R_A la relation d'équivalence dans X telle que x équivaut à x' si $f(x) = f(x')$ pour toute fonction $f \in \mathrm{A}$. Le saturé S pour R_A d'une partie compacte K de X est fermé. (Soit $x \in \overline{\mathrm{S}}$; pour tout $f \in \mathrm{A}$ et tout $\varepsilon > 0$, soit $\mathrm{V}_{f,\varepsilon}$ l'ensemble des $x' \in \mathrm{X}$ tels que $|f(x) - f(x')| \leqslant \varepsilon$; si $f_1, \ldots, f_n \in \mathrm{A}$ et $\varepsilon_1, \ldots, \varepsilon_n > 0$, on a

$$\mathrm{V}_{f_1,\varepsilon_1} \cap \cdots \cap \mathrm{V}_{f_n,\varepsilon_n} \cap \mathrm{K} \neq \varnothing,$$

donc

$$\bigcap_{\substack{f\in\mathrm{A}\\ \varepsilon>0}} \mathrm{V}_{f,\varepsilon} \cap \mathrm{K} \neq \varnothing$$

d'où $x \in \mathrm{S}$.)

b) On suppose X normal. Soient R une relation d'équivalence fermée dans X et $\mathrm{A} = \mathrm{A}_\mathrm{R}$ la sous-algèbre de $\mathscr{C}_b(\mathrm{X})$ formée des fonctions constantes sur les classes suivant R. Montrer que $\mathrm{R} = \mathrm{R}_\mathrm{A}$. (Utiliser TG, IX, p. 105, exerc. 19, *a)*.)

c) On suppose X compact. Alors $\mathrm{R} \mapsto \mathrm{A}_\mathrm{R}$ est une bijection de l'ensemble des relations d'équivalence séparées de X sur l'ensemble des sous-algèbres stellaires de $\mathscr{C}(\mathrm{X})$. (Soit A une sous-algèbre stellaire de $\mathscr{C}(\mathrm{X})$. Montrer que R_A est séparée, et appliquer le théorème de Weierstrass-Stone à l'algèbre de fonctions continues sur $\mathrm{X}/\mathrm{R}_\mathrm{A}$ déduite de A par passage au quotient.)

2) Soient X un espace topologique compact, R une relation d'équivalence séparée dans X et B une sous-algèbre fermée de $\mathscr{C}(X)$ contenant A_R (notation de l'exerc. 1). Si $f \in \mathscr{C}(X)$ coïncide sur chaque classe c suivant R avec un élément g_c de B, alors $f \in B$. (Soit $\varepsilon > 0$. Il existe un voisinage ouvert saturé V_c de c tel que $|f - g_c| \leqslant \varepsilon$ sur V_c. Soient $V_{c_1}, \dots, V_{c_n}$ recouvrant X. Soit $(u_1, \dots, u_n)$ une partition de l'unité subordonnée à $(V_{c_1}, \dots, V_{c_n})$ et formée de fonctions de A_R. Alors

$$g = u_1 g_{c_1} + \cdots + u_n g_{c_n} \in B,$$

et $|f - g| \leqslant \varepsilon$.)

3) Soit X un espace topologique compact et, pour tout $x \in X$, soit A_x une algèbre de Banach commutative unifère, dont on note e_x l'élément unité. On suppose $\|e_x\| = 1$. Soit B l'algèbre de Banach produit des A_x pour $x \in X$. Soit C une sous-algèbre de Banach de B possédant les propriétés suivantes :

(i) $e = (e_x)_{x \in X} \in C$;

(ii) Si $a = (a_x) \in C$ et $f \in \mathscr{C}(X)$, la fonction $fa \colon x \mapsto f(x)a_x$ est un élément de C ;

(iii) Pour tout $a = (a_x) \in C$, la fonction $x \mapsto \|a_x\|$ est semi-continue supérieurement.

Soit $\widehat{X}$ l'ensemble somme des $\mathsf{X}(A_x)$. Pour tout $x_0 \in X$ et $\chi \in \mathsf{X}(A_{x_0})$, soit $\varphi(\chi)$ le caractère de C défini par $\varphi(\chi)((a_x)_{x \in X}) = \chi(a_{x_0})$. Démontrer que φ définit une bijection de $\widehat{X}$ sur $\mathsf{X}(C)$. (Soit $\xi \in \mathsf{X}(C)$. Comme $\mathscr{C}(X)$ peut être identifié à une sous-algèbre fermée de C, ξ définit un caractère de $\mathscr{C}(X)$, donc un $x_0 \in X$. Soient $a = (a_x) \in C$ et $b = (b_x) \in C$, avec $a_{x_0} = b_{x_0}$; soit $\varepsilon > 0$; on a $\|a_x - b_x\| < \varepsilon$ dans un voisinage U de x_0 ; soit $f \in \mathscr{C}(X)$ telle que $0 \leqslant f \leqslant 1$, égale à 1 en x_0 et à 0 hors de U ; on a $\|fa - fb\| \leqslant \varepsilon$, d'où $|\xi(fa - fb)| \leqslant \varepsilon$, d'où $|\xi(a) - \xi(b)| \leqslant \varepsilon$, d'où $\xi(a) = \xi(b)$. En déduire qu'il existe un $\chi \in \mathsf{X}(A_{x_0})$ tel que $\xi = (\varphi(\chi))$.)

4) Soit X un espace topologique compact tel que l'algèbre de Banach $\mathscr{C}(X)$ soit engendrée par une suite (j_n) d'idempotents. La fonction

$$\omega \mapsto \sum_{n=1}^{\infty} \frac{1}{3^n}(2j_n(\omega) - 1)$$

sépare les points de X. Elle engendre l'algèbre de Banach $\mathscr{C}(X)$.

5) Soit A l'algèbre de Banach des fonctions de $[0, 1]$ dans $\mathbf{C}$ admettant des dérivées continues dans $[0, 1]$ jusqu'à l'ordre n (exemple 4 de I, p. 18). Soit $\omega \in [0, 1] = \mathsf{X}(A)$.

a) Le plus petit idéal fermé I de A tel que $V(I) = \{\omega\}$ est l'ensemble des $f \in A$ telles que $f, f', \dots, f^{(n)}$ s'annulent en ω. (Utiliser la prop. 5 de I, p. 94) *b*) Si $g \in \mathrm{A}$, la norme de son image canonique dans A/I est égale à

$$\sum_{k=0}^{n} \frac{|g^{(k)}(\omega)|}{k!}.$$

c) L'algèbre A/I est isomorphe à $\mathbf{C}[\mathrm{X}]/(\mathrm{X}^{n+1})$; le seul idéal maximal de A contenant I est l'ensemble des $f \in \mathrm{A}$ telles que $f(\omega) = 0$.

6) Soient Δ le disque $|\zeta| \leqslant 1$ dans $\mathbf{C}$ et A l'algèbre de Banach des fonctions continues à valeurs complexes sur Δ analytiques dans l'intérieur de Δ (exemple 9 de I, p. 20).

a) Si $x \in \mathrm{A}$, alors x est limite dans A des fonctions

$$\zeta \mapsto x_n(\zeta) = x\left(\frac{n\zeta}{n+1}\right).$$

L'application identique de Δ est un générateur de A.

b) L'espace $\mathsf{X}(\mathrm{A})$ s'identifie canoniquement à Δ. (Utiliser l'assertion *g*) de la prop. 1 de I, p. 142.)

c) Soit S une partie fermée de Δ, identifiée à une partie fermée de $\mathsf{X}(\mathrm{A})$. Si S possède un point non isolé ζ tel que $|\zeta| < 1$, l'adhérence de S pour la topologie de Jacobson est Δ.

d) Pour $x \in \mathrm{A}$, posons $x^*(\zeta) = \overline{x(\overline{\zeta})}$. Alors $x \mapsto x^*$ est une involution isométrique de A. Les caractères hermitiens de A sont définis par les éléments réels de Δ .

e) L'application $x \mapsto x|\mathbf{U}$ est un isomorphisme de A sur $\mathrm{P}(\mathbf{U})$. Toute fonction de $\mathscr{C}_{\mathbf{R}}(\mathbf{U})$ est limite uniforme de parties réelles de fonctions de $\mathrm{P}(\mathbf{U})$.

7) Soit A_1 (resp. A_2) l'algèbre de Banach unifère considérée dans l'exercice 5 (resp. 6). Soit $\mathrm{A} = \mathrm{A}_1 \times \mathrm{A}_2$. Montrer que A est sans radical, mais que l'image de la transformée de Gelfand de A n'est ni fermé ni dense dans $\mathscr{C}(\mathsf{X}(\mathrm{A}))$.

¶ 8) Soient X un espace topologique compact et B une sous-algèbre de Banach unifère de $\mathscr{C}(\mathrm{X})$ (pour la norme induite), séparant les points de X. On identifie X à une partie fermée de $\mathsf{X}(\mathrm{B}) = \mathrm{X}'$. Soit B^* l'ensemble des éléments inversibles de B. On dit que B est *logmodulaire* si l'ensemble des fonctions $\log(|f|)$, pour $f \in \mathrm{B}^*$, est dense dans $\mathscr{C}_{\mathbf{R}}(\mathrm{X})$. (C'est le cas, en particulier, si l'ensemble des fonctions $\mathscr{R}(f)$, pour $f \in \mathrm{B}$, est dense dans $\mathscr{C}_{\mathbf{R}}(\mathrm{X})$, car $\log(|e^f|) = \mathscr{R}(f)$.) Dans la suite, on suppose que B est logmodulaire.

a) Pour tout $\chi \in \mathrm{X}'$, il existe une unique mesure $\mu_\chi \geqslant 0$ sur X telle que

$$\log(|\chi(f)|) = \int_{\mathrm{X}} \log(|f(\omega)|)\, d\mu_\chi(\omega)$$

pour tout $f \in B^*$, donc telle que $\chi(f) = \int_X f(\omega) d\mu_\chi(\omega)$ pour tout $f \in B$.

b) On a

$$\log|\chi(f)| \leqslant \int_X \log|f(\omega)|\, d\mu_\chi(\omega)$$

pour tout $f \in B$ et la condition $\chi(f) = \int_X f(\omega)\, d\mu_\chi(\omega)$ pour tout $f \in B$ définit μ_χ de manière unique.

c) Soient $\chi \in X'$ et μ une mesure positive sur X. Écrivons $\mu = \mu_1 + \mu_2$ où μ_1 est de base μ_χ, et où μ_2 et μ_χ sont étrangères. Soit I le noyau de χ. Alors

$$\inf_{f \in I} \int_X |1 - f|^2\, d\mu = \inf_{f \in I} \int_X |1 - f|^2\, d\mu_1.$$

d) Soient $\chi \in X'$ et h une fonction $\geqslant 0$ de $\mathscr{L}^1(\mu_\chi)$. Soit I le noyau de χ. Alors

$$\inf_{f \in I} \int_X |1 - f|^2\, h\, d\mu_\chi = \exp\Big(\int_X \log(h)\, d\mu_\chi\Big).$$

e) Pour toute mesure positive μ sur X, et tout $p \in [1, +\infty[$, soit $H^p(\mu)$ l'adhérence de l'image canonique de B dans $L^p(\mu)$. Soient $\chi \in X'$ et I le noyau de χ. Alors $L^2(\mu_\chi)$ est somme hilbertienne de $H^2(\mu_\chi)$ et de l'adhérence dans $L^2(\mu_\chi)$ de l'image canonique de $\overline{I}$ (ensemble des conjuguées des fonctions appartenant à I).

f) L'espace $H^1(\mu_\chi)$ est l'ensemble des classes $\widetilde{h}$ des $h \in \mathscr{L}^1(\mu_\chi)$ telles que $\int_X f h\, d\mu_\chi = 0$ pour tout $f \in I$.

g) Soit h une fonction $\geqslant 0$ de $\mathscr{L}^1(\mu_\chi)$. Alors, on a $\widetilde{h} = |\widetilde{f}|$ avec $\widetilde{f} \in H^1(\mu_\chi)$ et $\int_X f\, d\mu_\chi \neq 0$ si et seulement si $\log(h) \in \mathscr{L}^1(\mu_\chi)$.

¶ 9) Soient X un espace topologique compact et B une sous-algèbre de Banach unifère de $\mathscr{C}(X)$ (pour la norme induite). Tout élément x de X définit un caractère χ_x de B. Si x, x' sont dans X, on écrit $x \sim x'$ lorsque $\|\chi_x - \chi_{x'}\| \neq 2$.

a) Soient x et x' dans X. S'il existe une suite (f_n) d'éléments de B tels que $\|f_n\| \leqslant 1$, que $|f_n(x)|$ tende vers 1 et que $\liminf_{n\to\infty} |f_n(x) - f_n(x')| > 0$, alors on n'a pas $x \sim x'$. (On peut supposer que $f_n(x)$ tend vers 1. Considérer $g_n = (f_n - \lambda_n)(1 - \lambda_n f_n)^{-1}$, où (λ_n) est une suite de nombres de $[0, 1[$ tendant vers 1. On a $\|g_n\| \leqslant 1$. Si la suite (λ_n) est bien choisie, $g_n(x)$ tend vers 1 et $g_n(x')$ tend vers -1.)

b) Soit R l'ensemble des parties réelles des éléments de B. Si $x \sim x'$, il existe $c \in]0, 1[$ tel que $f(x) \geqslant c f(x')$ et $f(x') \geqslant c f(x)$ pour tout $f \geqslant 0$ de R. (Il suffit d'obtenir la première condition ; si elle n'est pas vraie, il existe une suite (f_n) dans R avec $f_n \geqslant 0$, $f_n(x') = 1$, $f_n(x)$ tendant vers 0 ; soit $g_n \in B$

avec $\mathscr{R}(g_n) = f_n$. Alors $e^{-g_n} \in \mathrm{B}$, $\|e^{-g_n}\| \leqslant 1$, $|e^{-g_n(x')}| = 1/e$, $|e^{-g_n(x)}|$ tend vers 1, ce qui contredit *a*).)

c) Il existe des mesures positives α et β sur X telles que $f(x)-cf(x') = \alpha(f)$ et $f(x') - cf(x) = \beta(f)$ pour $f \in \mathrm{R}$. Posant $\mu_x = (1-c^2)^{-1}(c\beta + \alpha)$, $\mu_{x'} = (1-c^2)^{-1}(c\alpha + \beta)$, on a $\mu_x(f) = f(x)$ et $\mu_{x'}(f) = f(x')$ pour tout $f \in \mathrm{B}$, et $c\mu_x \leqslant \mu_{x'}$, $c\mu_{x'} \leqslant \mu_x$.

d) On suppose encore $x \sim x'$. Montrer que si μ est une mesure positive sur X telle que $\mu(f) = f(x)$ pour tout $f \in \mathrm{B}$, il existe une mesure positive μ' sur X telle que $\mu'(f) = f(x')$ pour tout $f \in \mathrm{B}$ et $c\mu \leqslant \mu'$ pour un $c \in]0,1[$. (Avec les notations de *c*), poser $\mu' = \mu_{x'} - c\mu_x + c\mu$.)

e) La relation $x \sim x'$ est une relation d'équivalence dans X. (Utiliser *d*).)

¶ 10) Soient X un espace topologique compact et A une sous-algèbre de Banach unifère de $\mathscr{C}(\mathrm{X})$ pour la norme induite.

a) Une partie K de X est dite *antisymétrique* (relativement à A) si toute fonction $f \in \mathrm{A}$ qui est réelle sur K est constante sur K. Toute partie antisymétrique est contenue dans une partie antisymétrique maximale. Une partie antisymétrique maximale est fermée. L'ensemble $\mathfrak{R}$ des parties antisymétriques maximales est une partition de X.

b) Soit $\mathrm{A}^{\perp}$ l'orthogonal de A dans l'espace de Banach des mesures complexes sur X. Soit μ un point extrémal de la boule unité de $\mathrm{A}^{\perp}$. Montrer que le support de μ est antisymétrique.

c) Soit $f \in \mathscr{C}(\mathrm{X})$. Si $f|\mathrm{K} \in \mathrm{A}|\mathrm{K}$ pour tout $\mathrm{K} \in \mathfrak{R}$, alors $f \in \mathrm{A}$. (Appliquer *b*) et le théorème de Krein–Milman.) Retrouver à partir de là le théorème de Weierstrass–Stone (TG, X, p. 36, th. 3).

d) Une partie non vide E de X est appelée un *pic* (relativement à A) s'il existe $f \in \mathrm{A}$ telle que $\|f\| = 1$ et que E soit l'ensemble des $x \in \mathrm{X}$ pour lesquels $f(x) = 1$. On peut alors supposer $|f(x)| < 1$ pour $x \notin \mathrm{E}$ (remplacer f par $\frac{1}{2}(1+f)$). Toute intersection dénombrable non vide de pics est un pic. Si E_1, E_2 sont des pics, alors $\mathrm{E}_1 \cup \mathrm{E}_2$ est un pic. (Soient $f_1, f_2 \in \mathrm{A}$ avec $f_i = 1$ sur E_i, $|f_i| < 1$ sur $\mathrm{X} - \mathrm{E}_i$; soit $g_i = \frac{1}{4}(1-f_i)^{1/3} \in \mathrm{A}$; alors $1 - g_1 g_2 = 1$ sur $\mathrm{E}_1 \cup \mathrm{E}_2$, $|1 - g_1 g_2| < 1$ sur $\mathrm{X} - (\mathrm{E}_1 \cup \mathrm{E}_2)$.)

e) Soit E une intersection de pics. Soit I l'ensemble des $f \in \mathrm{A}$ nulles sur E. Alors $f \mapsto f|\mathrm{E}$ définit une isométrie de A/I sur l'algèbre A|E des restrictions à E de fonctions dans A.

f) Soit E un pic. Soit $\mathrm{E}' \subset \mathrm{E}$ un pic relativement à A|E. Alors E′ est un pic relativement à A.

g) Toute partie antisymétrique de X est une intersection de pics. (Utiliser *d*) et *f*).)

h) Pour toute partie antisymétique K de X, l'algèbre A|K est une sous-algèbre fermée de $\mathscr{C}(K)$. (Utiliser *e*) et *g*).)

i) Soit R l'ensemble des parties réelles des éléments de A. On suppose que $X \in \mathfrak{R}$ et que R est stable par multiplication. Alors X est réduit à un point. (Soit $x_0 \in X$. Pour $u \in R$, il existe une unique $f \in A$ telle que $u = \mathscr{R}(f)$ et $f(x_0) \in \mathbf{R}$; poser $N(u) = \|f\|$. Alors R est un espace de Banach réel pour N ; le théorème du graphe fermé prouve que la multiplication dans R est séparément continue donc continue. En déduire sur $S = R + iR$ une structure d'algèbre de Banach. Soit $p \in R$ avec $p(x) > 0$ pour tout $x \in X$. Montrer que, pour tout caractère χ de S, on a $\mathscr{R}(\chi(p)) > 0$, et en déduire que $\log(p) \in R$. Supposant $X \neq \{x_0\}$, on peut construire une $f \in A$ telle que $0 < \mathscr{R}(f) \leqslant 1$ sur X, $f(x_0) \in \mathbf{R}$ et telle que $\|f\|$ soit arbitrairement grand. D'après ce qui précède, il existe $V \in A$ avec $|V|^2 = \mathscr{R}(f)$. On a $\|V\| \leqslant 1$ donc $N(\mathscr{R}(V)) \leqslant 2$, mais

$$N(\mathscr{R}(V)^2) \geqslant \frac{1}{2}(\|V^2 + f\| - |\mathscr{I}(V)(x_0)^2|)$$

est arbitrairement grand.)

j) Si R est stable par multiplication, alors $A = \mathscr{C}(X)$. (Utiliser *a*), *c*), *h*), *i*).) Par suite, si $A \neq \mathscr{C}(X)$, il existe $u \in R$ telle que $u^2 \notin R$.

11) Soit X un espace métrique, dont on note d la distance. Une fonction $f \colon X \to \mathbf{C}$ est dite *lipschitzienne* si il existe un nombre réel $c \geqslant 0$ tel que, pour tout x et y dans X, on a

$$|f(x) - f(y)| \leqslant c d(x, y)$$

(*cf.* FVR, IV, p. 7, déf. 1). On note $\mathrm{Lip}_b(X)$ l'ensemble des fonctions lipschitziennes bornées sur X.

a) L'ensemble $\mathrm{Lip}_b(X)$ est une sous-algèbre de $\mathscr{C}(X)$.

b) Munie de la norme

$$\|f\| = \sup_{x \in X} |f(x)| + \sup_{\substack{x, y \in X \\ x \neq y}} \frac{|f(x) - f(y)|}{d(x, y)},$$

et de l'involution $f \mapsto \overline{f}$, l'algèbre $\mathrm{Lip}_b(X)$ est une algèbre de Banach involutive commutative. Ce n'est pas une algèbre stellaire en général.

c) Pour toute algèbre de Banach commutative A, on note $\mathsf{X}_m(A)$ l'espace métrique $\mathsf{X}(A)$ muni de la distance induite par la norme du dual A′ de A. L'espace métrique $\mathsf{X}_m(A)$ est complet et de diamètre $\leqslant 2$.

d) Soit A une algèbre de Banach commutative unifère. La transformation de Gelfand applique A dans $\mathrm{Lip}_b(\mathsf{X}_m(A))$. Si A est sans radical, alors elle induit un homéomorphisme de A sur son image.

Dans la suite, on suppose que X est un espace métrique compact. On note $\mathrm{A} = \mathrm{Lip}_b(\mathrm{X})$.

e) L'application φ qui envoie $x \in \mathrm{X}$ sur le caractère $f \mapsto f(x)$ est un homéomorphisme de X sur $\mathsf{X}(\mathrm{A})$.

f) Soit d_1 la distance sur X induite par l'homéomorphisme φ. Alors d_1 est équivalente à d.

CHAPITRE II

Groupes localement compacts commutatifs

Dans tout ce chapitre, la lettre G *désigne, sauf mention du contraire, un groupe localement compact commutatif muni d'une mesure de Haar notée généralement dx ; pour $p \in [1, +\infty]$, l'espace* $\mathrm{L}^p(\mathrm{G}, dx)$ *sera simplement noté* $\mathrm{L}^p(\mathrm{G})$, *et sa norme sera notée $f \mapsto \|f\|_p$. On identifie* $\mathrm{L}^1(\mathrm{G})$ *à un sous-espace de* $\mathscr{M}^1(\mathrm{G})$ *par l'application $f \mapsto f \cdot dx$. On rappelle que le support de la mesure de Haar est égal à* G (INT, VII, §1, n° 1, remarque 3) *; en particulier* (INT, III, §2, n° 2, proposition 9), *l'application canonique de l'espace* $\mathscr{K}(\mathrm{G})$ *dans* $\mathrm{L}^p(\mathrm{G})$ *est injective pour $p \in [1, +\infty]$. Pour $p \neq +\infty$, on identifiera* $\mathrm{L}^p(\mathrm{G})$ *à un sous-espace de l'espace* $\widetilde{\mathscr{F}}(\mathrm{G}; \mathbf{C})$ *des classes de fonctions à valeurs complexes sur* G *définies et finies presque partout* (INT, IV, §3, n° 5, n° 6). *En particulier, la notation* $\mathrm{L}^1(\mathrm{G}) \cap \mathrm{L}^2(\mathrm{G})$ *désigne l'intersection de* $\mathrm{L}^1(\mathrm{G})$ *et* $\mathrm{L}^2(\mathrm{G})$ *dans cet espace. On note $f \mapsto \widetilde{f}$ l'involution sur l'algèbre involutive* $\mathrm{L}^1(\mathrm{G})$ (exemple 4 de I, p. 99) ; *on a $\widetilde{f}(x) = \overline{f(x^{-1})}$ pour tout x dans* G.

On rappelle (INT, V, §5, n° 3, th. 1) *que si μ est une mesure complexe sur un espace topologique localement compact* X *et si f est une fonction localement μ-intégrable sur* X, *alors la mesure ν de densité f par rapport à μ est notée $f \cdot \mu$ ou encore $f\mu$. Une fonction g de* X *dans* $\mathbf{C}$ *est essentiellement intégrable pour la mesure ν si, et seulement si,*

N. Bourbaki, *Théories spectrales*, https://doi.org/10.1007/978-3-030-14064-9_2

gf est essentiellement intégrable pour μ ; on a alors

$$(f \cdot \mu)(g) = \int_X g d(f \cdot \mu) = \int_X gf \, d\mu = \mu(gf).$$

Si G *est un groupe topologique* compact, *on appelle* mesure de Haar normalisée *sur* G *l'unique mesure de Haar μ sur* G *telle que $\mu(G) = 1$.*

Si X *est un espace topologique discret, on appelle* mesure de comptage *sur* X *la mesure discrète μ sur* X *telle que $\mu(\{x\}) = 1$ pour tout $x \in X$. Si* G *est un groupe topologique discret, la mesure de comptage sur* G *est une mesure de Haar sur* G.

Nous ferons aussi usage des deux lemmes suivants.

Lemme 1. — *Soient* X *un espace topologique localement compact et μ une mesure positive sur* X. *Soit x un élément du support de μ. Soit* U *un voisinage ouvert de x. Il existe une fonction $f \in \mathscr{K}_+(X)$ de support contenu dans* U *telle que $\int f d\mu = 1$.*

Par définition du support d'une mesure (INT, III, §2, n° 2, déf. 1), il existe une fonction $g \in \mathscr{K}(X)$ à support contenu dans U telle que $\mu(g) \neq 0$. On a alors $\mu(|g|) > 0$ puisque μ est positive, et la fonction $f = \mu(|g|)^{-1}|g|$ a les propriétés voulues.

Lemme 2. — *Soient* G *et* H *des groupes topologiques d'éléments neutres e_G et e_H ; supposons que le groupe topologique* G *est séparé. Soit f un morphisme de groupes topologiques de* G *dans* H. *Supposons que pour tout voisinage* U *de e_G dans* G, *il existe un voisinage* W *de e_H dans* H *tel que $\overset{-1}{f}(W) \subset U$. Alors, le morphisme f est injectif et strict* (TG, III, p. 16, déf. 1).

Les hypothèses impliquent que Ker(f) est contenu dans tout voisinage de e_G dans G, donc que Ker$(f) = \{e_G\}$ puisque G est séparé. L'homomorphisme de G dans $f(G)$ déduit de f par passage aux sous-espaces est alors bijectif ; notons $g \colon f(G) \to G$ l'homomorphisme réciproque. Les hypothèses entraînent alors que g est continu en e_H, donc continu (TG, III, p. 15, prop. 23).

§ 1. TRANSFORMATION DE FOURIER

1. Caractères unitaires d'un groupe localement compact commutatif

DÉFINITION 1. — *On appelle* caractère unitaire *de* G *un homomorphisme continu de* G *dans le groupe multiplicatif* **U** *des nombres complexes de module* 1.

Autrement dit, un caractère unitaire est une fonction continue χ sur G, à valeurs complexes, telle que :

$$\chi(xy) = \chi(x)\chi(y), \qquad |\chi(x)| = 1 \qquad (x, y \in \mathrm{G}).$$

Dans ce chapitre, on dira souvent simplement « caractère » au lieu de « caractère unitaire ».

Soit E un espace hilbertien de dimension 1, et soit χ un caractère unitaire de G. L'application qui à $x \in \mathrm{G}$ fait correspondre l'homothétie de rapport $\chi(x)$ dans E est une représentation linéaire continue isométrique de G dans E. Réciproquement, toute représentation linéaire continue bornée de G dans E est obtenue par ce procédé, et en particulier est unitaire.

Il est immédiat que le produit de deux caractères unitaires, l'inverse d'un caractère unitaire, et la fonction constante égale à 1 sont des caractères unitaires. Par suite, l'ensemble $\widehat{\mathrm{G}}$ des caractères unitaires de G est un groupe pour la multiplication. Ce groupe est commutatif. D'autre part, l'application $(\chi_1, \chi_2) \mapsto \chi_1\chi_2^{-1} = \chi_1\overline{\chi}_2$ est continue pour la topologie de la convergence compacte et $\widehat{\mathrm{G}}$ muni de la topologie de la convergence compacte est un groupe topologique (TG, X, p. 6, corollaire 2 et remarque 1).

DÉFINITION 2. — *Le groupe topologique* $\widehat{\mathrm{G}}$ *est appelé le* groupe dual *de* G.

Puisque G est localement compact, l'application $(x, \chi) \mapsto \chi(x)$ est continue sur $\mathrm{G} \times \widehat{\mathrm{G}}$ (TG, X, p. 28, th. 3).

Rappelons que $\mathscr{M}^1(\mathrm{G})$ désigne l'algèbre de Banach involutive unifère des mesures complexes bornées sur G (exemple 4 de I, p. 99). Pour toute mesure complexe bornée $\mu \in \mathscr{M}^1(\mathrm{G})$ et tout $\chi \in \widehat{\mathrm{G}}$, on note

$$\chi(\mu) = \int_{\mathrm{G}} \chi(x)\, d\mu(x) \qquad (1)$$

(*cf.* INT, VIII, §2, n° 6).

Lemme 1. — *Pour tout* $\chi \in \widehat{G}$*, l'application* $\mu \mapsto \chi(\mu)$ *est un caractère hermitien de l'algèbre de Banach involutive* $\mathscr{M}^1(G)$.

D'après INT, VIII, §3, n° 3, prop. 11, l'application $\mu \mapsto \chi(\mu)$ est un caractère de l'algèbre de Banach involutive $\mathscr{M}^1(G)$. De plus, on a :

$$\chi(\mu^*) = \int_G \chi(x^{-1})d\overline{\mu}(x) = \int_G \overline{\chi(x)}d\overline{\mu}(x) = \overline{\chi(\mu)}$$

et ce caractère est donc hermitien.

On a ainsi défini une application de $\widehat{G}$ dans $X(\mathscr{M}^1(G))$; on la qualifiera de canonique.

Soit $\chi \in \widehat{G}$. La restriction de $\mu \mapsto \chi(\mu)$ à $L^1(G)$ est non nulle (*cf.* INT, VIII, §2, n° 7, prop. 10). Par restriction à la sous-algèbre de Banach involutive $L^1(G)$, on obtient donc une application de $\widehat{G}$ dans $X(L^1(G))$, dite canonique. Elle associe à $\chi \in \widehat{G}$ le caractère hermitien

$$f \mapsto \chi(f) = \chi(f \cdot dx) = \int_G f(x)\chi(x)\,dx \qquad (f \in L^1(G)) \tag{2}$$

de $L^1(G)$.

Proposition 1. — *L'application canonique de* $\widehat{G}$ *dans* $X(L^1(G))$ *est un homéomorphisme.*

Notons ev cette application canonique et, pour $\chi \in \widehat{G}$, notons ev_χ l'image du caractère χ par ev, c'est-à-dire le caractère hermitien $f \mapsto \chi(f)$ de $L^1(G)$. Considérée comme une application de $\widehat{G}$ dans le dual de $L^1(G)$, l'application ev est la composée de l'injection de $\widehat{G}$ dans $L^\infty(G)$, muni de la topologie faible $\sigma(L^\infty(G), L^1(G))$, et de l'injection de $L^\infty(G)$ dans le dual de $L^1(G)$, muni de la topologie de la convergence simple. Comme $\widehat{G}$ est une partie bornée de $L^\infty(G)$, la première application est continue d'après le théorème de Lebesgue (INT, IV, §3, n° 7, th. 6). La seconde est également continue, par définition. Ceci démontre que l'application ev est continue.

Si $\chi \in \widehat{G}$ et si $f \in L^1(G)$, on a $\mathrm{ev}_\chi(\varepsilon_x * f) = \chi(x)\mathrm{ev}_\chi(f)$. En prenant f telle que $\mathrm{ev}_\chi(f) \neq 0$, on en déduit que l'application ev est injective.

Soit $\zeta \in \mathsf{X}(\mathrm{L}^1(\mathrm{G}))$ et soit $f \in \mathrm{L}^1(\mathrm{G})$ telle que $\zeta(f) \neq 0$. Définissons une application $\chi\colon \mathrm{G} \to \mathbf{C}$ en posant, pour $x \in \mathrm{G}$:

$$\chi(x) = \frac{\zeta(\varepsilon_x * f)}{\zeta(f)}. \tag{3}$$

On a $\chi(e) = 1$. Comme l'application $x \mapsto \varepsilon_x * f = \gamma(x)(f)$ de G dans $\mathrm{L}^1(\mathrm{G})$ est continue (INT, VIII, §2, n° 5, prop. 8), l'application χ est continue. Elle est bornée car, pour tout $x \in \mathrm{G}$, on a

$$|\chi(x)| \leqslant \frac{\|\varepsilon_x * f\|}{|\zeta(f)|} = \frac{\|f\|}{|\zeta(f)|}$$

(th. 1 de I, p. 29 et INT, VIII, *loc. cit.*).

Soit maintenant $\mathfrak{B}$ une base du filtre des voisinages de e formée de voisinages compacts. Pour tout $\mathrm{V} \in \mathfrak{B}$, soit g_{V} une fonction continue positive, nulle en dehors de V et d'intégrale égale à 1 (lemme 1 de II, p. 200). Pour toute fonction $h \in \mathrm{L}^1(\mathrm{G})$, on a alors

$$\varepsilon_x * h = \lim_{\mathrm{V},\mathfrak{B}} (\varepsilon_x * h) * g_{\mathrm{V}} = \lim_{\mathrm{V},\mathfrak{B}} (\varepsilon_x * g_{\mathrm{V}} * h),$$

dans $\mathrm{L}^1(\mathrm{G})$, la limite étant prise suivant le filtre des sections de $\mathfrak{B}$ (INT, VIII, §4, n° 7, prop. 20). En particulier, comme $\zeta(\varepsilon_x * g_{\mathrm{V}} * f) = \zeta(\varepsilon_x * g_{\mathrm{V}})\zeta(f)$, on en déduit que

$$\chi(x) = \lim_{\mathrm{V},\mathfrak{B}} \zeta(\varepsilon_x * g_{\mathrm{V}}).$$

Pour tout $h \in \mathrm{L}^1(\mathrm{G})$, on obtient

$$\zeta(\varepsilon_x * h) = \lim_{\mathrm{V},\mathfrak{B}} \zeta(\varepsilon_x * g_{\mathrm{V}} * h) = \zeta(h) \lim_{\mathrm{V},\mathfrak{B}} \zeta(\varepsilon_x * g_{\mathrm{V}}) = \chi(x)\zeta(h).$$

Par suite, on a pour $x, y \in \mathrm{G}$:

$$\chi(xy) = \frac{\zeta(\varepsilon_x * \varepsilon_y * f)}{\zeta(f)} = \frac{\chi(x)\zeta(\varepsilon_y * f)}{\zeta(f)} = \chi(x)\chi(y),$$

ce qui démontre que χ est un homomorphisme de G dans $\mathbf{C}^*$. Comme χ est borné et continu, c'est un caractère unitaire de G. De plus, si $g \in \mathrm{L}^1(\mathrm{G})$, on a

$$g * f = \int_{\mathrm{G}} (\varepsilon_x * f) g(x) dx$$

dans $\mathrm{L}^1(\mathrm{G})$ (INT, VIII, §1, n° 5, prop. 7), d'où

$$\zeta(g)\zeta(f) = \zeta(g * f) = \int_{\mathrm{G}} \zeta(\varepsilon_x * f) g(x) dx$$

$$= \zeta(f) \int_{\mathrm{G}} \chi(x) g(x) dx = \mathrm{ev}_\chi(g)\zeta(f)$$

(INT, VI, §1, n° 1, prop. 1) ce qui montre que $\zeta = \mathrm{ev}_\chi$. Par suite, ev est surjective, donc bijective.

Montrons finalement que l'application réciproque ev^{-1} est continue. Soit $\zeta \in \mathsf{X}(\mathrm{L}^1(\mathrm{G}))$. Soit $f \in \mathrm{L}^1(\mathrm{G})$ une fonction telle que $\zeta(f) \neq 0$. L'ensemble W des $\xi \in \mathsf{X}(\mathrm{L}^1(\mathrm{G}))$ tels que $\xi(f) \neq 0$ est un voisinage ouvert de ζ dans $\mathsf{X}(\mathrm{L}^1(\mathrm{G}))$. Pour tout $\xi \in \mathrm{W}$, ce qui précède montre que $\mathrm{ev}^{-1}(\xi)$ est le caractère

$$x \mapsto \frac{\xi(\varepsilon_x * f)}{\xi(f)}.$$

Soit $\mathfrak{F}$ un filtre sur $\mathrm{W} \subset \mathsf{X}(\mathrm{L}^1(\mathrm{G}))$ convergeant vers ζ. Puisque l'ensemble $\mathsf{X}(\mathrm{L}^1(\mathrm{G}))$ est borné, donc équicontinu, dans $\mathrm{L}^\infty(\mathrm{G})$, la structure uniforme de la convergence simple coïncide avec la structure uniforme de la convergence compacte (TG, X, p. 16, th. 1). Soit K une partie compacte de G. L'ensemble des $\varepsilon_x * f$ pour $x \in \mathrm{K}$ est compact dans $\mathrm{L}^1(\mathrm{G})$ (INT, VIII, §2, n° 5, prop. 8). On a donc

$$\lim_{\xi,\mathfrak{F}} \xi(\varepsilon_x * f) = \zeta(\varepsilon_x * f)$$

uniformément pour $x \in \mathrm{K}$. On en déduit que

$$\lim_{\xi,\mathfrak{F}} \mathrm{ev}^{-1}(\xi) = \mathrm{ev}^{-1}(\zeta),$$

donc ev^{-1} est continue en ζ. Ceci achève la démonstration de la proposition.

Nous identifierons désormais un caractère unitaire χ de G au caractère $f \mapsto \int_{\mathrm{G}} f(x)\chi(x)dx$ de $\mathrm{L}^1(\mathrm{G})$.

Remarques. — 1) *La bijectivité de l'application de $\widehat{\mathrm{G}}$ dans $\mathsf{X}(\mathrm{L}^1(\mathrm{G}))$ de la prop. 1 est un cas particulier de la correspondance entre représentations continues d'un groupe localement compact H (non nécessairement commutatif) et représentations continues de l'algèbre $\mathrm{L}^1(\mathrm{H})$.*

2) L'application canonique de $\widehat{\mathrm{G}}$ dans $\mathsf{X}(\mathscr{M}^1(\mathrm{G}))$ n'est pas surjective en général (II, p. 308, exerc. 14).

COROLLAIRE 1. — *Tout caractère de* $\mathrm{L}^1(\mathrm{G})$ *est hermitien. L'application canonique de* $\mathsf{X}(\mathrm{Stell}(\mathrm{G}))$ (déf. 9 de I, p. 125) *dans* $\mathsf{X}(\mathrm{L}^1(\mathrm{G}))$ *est un homéomorphisme.*

La première assertion résulte de la proposition 1 et du lemme 1 en restriction à $\mathrm{L}^1(\mathrm{G})$. La seconde résulte de la première et du cor. de la prop. 20 de I, p. 124.

COROLLAIRE 2. — *Le groupe topologique* $\widehat{G}$ *est localement compact.*

En effet, $\mathsf{X}(L^1(G))$ est localement compact (corollaire du théorème 1 de I, p. 29).

Nous identifierons $\widehat{G}$ avec $\mathsf{X}(L^1(G))$ et $\mathsf{X}(\mathrm{Stell}(G))$. Pour $x \in G$ et $\chi \in \widehat{G}$, nous noterons $\langle \chi, x \rangle$ le nombre complexe $\chi(x)$, qui appartient à $\mathbf{U}$.

On dit que x et χ sont *orthogonaux* si $\langle \chi, x \rangle = 1$. Soit A une partie de G (resp. de $\widehat{G}$) ; l'ensemble des éléments de $\widehat{G}$ (resp. de G) orthogonaux à A est un sous-groupe fermé de $\widehat{G}$ (resp. de G) qu'on appelle *orthogonal* de A et qu'on note $A^{\perp}$. L'orthogonal de G est réduit à e.

Pour $x \in G$, notons $\eta(x)$ l'application de $\widehat{G}$ dans $\mathbf{U}$ définie par $\chi \mapsto \langle \chi, x \rangle$. Par définition de la multiplication dans $\widehat{G}$, l'application $\eta(x)$ est un homomorphisme de groupes. Elle est continue puisque l'application $(x, \chi) \mapsto \langle \chi, x \rangle$ de $G \times \widehat{G}$ dans $\mathbf{U}$ est continue (TG, X, p. 28, th. 3). Nous avons ainsi défini une application η, dite canonique, de G dans le groupe bidual $\widehat{\widehat{G}}$; c'est un homomorphisme de groupes. De plus, l'application η est continue (TG, X, p. 28, th. 3). Nous démontrerons plus loin (II, p. 220, th. 2) que η est un isomorphisme de groupes topologiques de G sur $\widehat{\widehat{G}}$.

Soient G et H des groupes localement compacts commutatifs, et $\varphi\colon G \to H$ un morphisme de groupes topologiques. Pour tout $\chi \in \widehat{H}$, l'application $\chi \circ \varphi$ est un caractère de G noté $\widehat{\varphi}(\chi)$. Cette définition se traduit par la formule

$$\langle \chi, \varphi(x) \rangle = \langle \widehat{\varphi}(\chi), x \rangle \tag{4}$$

quels que soient $\chi \in \widehat{H}$ et $x \in G$. On en déduit que $\widehat{\varphi}$ est un morphisme du groupe topologique $\widehat{H}$ dans le groupe topologique $\widehat{G}$; on dit que $\widehat{\varphi}$ est le *dual* du morphisme φ.

Soient K un groupe localement compact commutatif et $\psi\colon H \to K$ un morphisme de groupes topologiques. La définition montre que $\widehat{\psi \circ \varphi} = \widehat{\varphi} \circ \widehat{\psi}$. Si φ est l'application identique de G, alors $\widehat{\varphi}$ est l'application identique de $\widehat{G}$. En particulier, si φ est un isomorphisme de groupes topologiques, il en est de même de $\widehat{\varphi}$, et $\widehat{\varphi}^{-1}$ est le dual de φ^{-1}.

Lemme 2. — *Soient* G *et* H *des groupes localement compacts commutatifs et soit* $f\colon H \to G$ *un morphisme de groupes topologiques. Le noyau de* $\widehat{f}$ *est l'orthogonal de l'image de* f.

Par définition, on a $\chi \in \mathrm{Ker}(\widehat{f})$ si et seulement si la restriction de χ à l'image de f est triviale.

PROPOSITION 2. — *Soit $n \geqslant 0$ un entier et soient $\mathrm{G}_1, \ldots, \mathrm{G}_n$ des groupes commutatifs localement compacts. Soit G le groupe produit des groupes G_j pour $1 \leqslant j \leqslant n$. Pour $1 \leqslant j \leqslant n$, soit λ_j l'injection de G_j dans G qui associe à $x \in \mathrm{G}_j$ l'élément (x_k) tel que $x_k = e$ si $k \neq j$ et $x_j = x$. L'application*

$$(\widehat{\lambda}_j)_{1 \leqslant j \leqslant n} \colon \widehat{\mathrm{G}} \to \prod_{1 \leqslant j \leqslant n} \widehat{\mathrm{G}}_j$$

est un isomorphisme de groupes topologiques.

Soit m l'application produit de $\widehat{\mathrm{G}}^n$ dans $\widehat{\mathrm{G}}$, et pour tout j tel que $1 \leqslant j \leqslant n$, soit π_j la projection de G sur G_j. Soit μ le morphisme de groupes topologiques $m \circ (\widehat{\pi}_j)_j$ de $\prod \widehat{\mathrm{G}}_j$ dans $\widehat{\mathrm{G}}$, de sorte que

$$\langle \mu((\chi_j)), (x_j) \rangle = \prod_{j=1}^{n} \langle \chi_j, x_j \rangle.$$

L'application μ est continue, et on vérifie que μ et $(\widehat{\lambda}_j)$ sont des bijections réciproques l'une de l'autre. La proposition en résulte.

Remarque. — Le calcul du groupe dual d'un produit infini de groupes compacts commutatifs est l'objet du corollaire 4 de II, p. 234 ci-dessous. Le cas d'un groupe localement compact commutatif qui est un produit quelconque de groupes localement compacts découle de ces deux énoncés, puisque dans un tel produit, tous les facteurs sauf un nombre fini sont compacts (TG, I, p. 66, prop. 14, *b*)).

2. Définition de la transformation de Fourier

DÉFINITION 3. — *Soit $\mu \in \mathscr{M}^1(\mathrm{G})$ une mesure complexe bornée sur G. On appelle* transformée de Fourier *de μ la fonction $\mathscr{F}_{\mathrm{G}}(\mu)$ sur $\widehat{\mathrm{G}}$ définie par*

$$\mathscr{F}_{\mathrm{G}}(\mu)(\widehat{x}) = \int_{\mathrm{G}} \overline{\langle \widehat{x}, x \rangle} d\mu(x). \tag{5}$$

On appelle cotransformée de Fourier *de μ la fonction $\overline{\mathscr{F}}_{\mathrm{G}}(\mu)$ sur $\widehat{\mathrm{G}}$ definie par*

$$\overline{\mathscr{F}}_{\mathrm{G}}(\mu)(\widehat{x}) = \int_{\mathrm{G}} \langle \widehat{x}, x \rangle d\mu(x). \tag{6}$$

Lorsque il n'y a pas d'ambiguïté concernant le groupe G considéré, on écrira aussi $\mathscr{F}(\mu)$ et $\overline{\mathscr{F}}(\mu)$. On note aussi parfois $\widehat{\mu} = \mathscr{F}_{\mathrm{G}}(\mu)$.

PROPOSITION 3. — *Pour toute mesure $\mu \in \mathscr{M}^1(\mathrm{G})$, les fonctions $\mathscr{F}_{\mathrm{G}}(\mu)$ et $\overline{\mathscr{F}}_{\mathrm{G}}(\mu)$ sont continues et bornées. Les applications $\mathscr{F}_{\mathrm{G}}\colon \mu \mapsto \mathscr{F}_{\mathrm{G}}(\mu)$ et $\overline{\mathscr{F}}_{\mathrm{G}}\colon \mu \mapsto \overline{\mathscr{F}}_{\mathrm{G}}(\mu)$ sont des morphismes continus de l'algèbre involutive $\mathscr{M}^1(\mathrm{G})$ dans l'algèbre involutive des fonctions continues bornées sur $\widehat{\mathrm{G}}$* (exemple 1 de I, p. 99).

Soit $\mu \in \mathscr{M}^1(\mathrm{G})$. Pour tout $\chi \in \widehat{\mathrm{G}}$, on a

$$|\mathscr{F}(\mu)(\chi)| = \Big|\int_{\mathrm{G}} \overline{\langle \chi, x\rangle} d\mu(x)\Big| \leqslant \|\mu\|_1, \tag{7}$$

donc la transformée de Fourier de μ est bornée. Similairement, on vérifie que $\overline{\mathscr{F}}(\mu)$ est bornée.

Si χ tend vers χ_0 dans $\widehat{\mathrm{G}}$, la fonction χ sur G tend vers χ_0 uniformément sur tout compact en restant bornée par la fonction constante 1 qui appartient à $\mathrm{L}^1(\mathrm{G}, \mu)$. D'après le théorème de Lebesgue (INT, IV, §3, n° 7, th. 6), il en résulte que $\mathscr{F}(\mu)(\chi)$ tend vers $\mathscr{F}(\mu)(\chi_0)$. Donc $\mathscr{F}(\mu)$ est continue. Il en est de même de $\overline{\mathscr{F}}(\mu)$.

Pour tout $\chi \in \widehat{\mathrm{G}}$, l'application $\mu \mapsto \chi(\mu) = \int \langle \chi, x\rangle d\mu(x)$ est un caractère hermitien de $\mathscr{M}^1(\mathrm{G})$ (lemme 1 de II, p. 202). Cela entraîne que $\mathscr{F}$ et $\overline{\mathscr{F}}$ sont des morphismes d'algèbres involutives de $\mathscr{M}^1(\mathrm{G})$ dans l'algèbre involutive des fonctions continues bornées sur $\widehat{\mathrm{G}}$. L'inégalité (7) démontre que ces morphismes sont continus.

La *transformation de Fourier* de G (resp. la *cotransformation de Fourier* de G) est l'application $\mu \mapsto \mathscr{F}_{\mathrm{G}}(\mu)$ (resp. l'application $\mu \mapsto \overline{\mathscr{F}}_{\mathrm{G}}(\mu)$) de $\mathscr{M}^1(\mathrm{G})$ dans $\mathscr{C}_b(\widehat{\mathrm{G}})$.

Notons quelques formules utiles pour $\mu \in \mathscr{M}^1(\mathrm{G})$, $x \in \mathrm{G}$ et $\chi \in \widehat{\mathrm{G}}$:

$$\overline{\mathscr{F}}(\mu)(\chi) = \mathscr{F}(\mu)(\chi^{-1}) = \overline{\mathscr{F}(\overline{\mu})(\chi)}, \tag{8}$$

$$\|\mathscr{F}(\mu)\|_\infty = \|\overline{\mathscr{F}}(\mu)\|_\infty \leqslant \|\mu\|_1, \tag{9}$$

$$\begin{cases} \mathscr{F}(\varepsilon_x)(\chi) = \overline{\langle \chi, x\rangle}, \\ \overline{\mathscr{F}}(\varepsilon_x)(\chi) = \langle \chi, x\rangle, \end{cases} \tag{10}$$

(en particulier $\mathscr{F}(\varepsilon_e) = \overline{\mathscr{F}}(\varepsilon_e) = 1$),

$$\text{(11)} \qquad \begin{cases} \mathscr{F}(\varepsilon_x * \mu)(\chi) = \overline{\langle \chi, x \rangle} \mathscr{F}(\mu)(\chi), \\ \overline{\mathscr{F}}(\varepsilon_x * \mu)(\chi) = \langle \chi, x \rangle \overline{\mathscr{F}}(\mu)(\chi), \end{cases}$$

$$\text{(12)} \qquad \begin{cases} \mathscr{F}(\chi \cdot \mu) = \varepsilon_\chi * \mathscr{F}(\mu), \\ \overline{\mathscr{F}}(\chi \cdot \mu) = \varepsilon_{\chi^{-1}} * \overline{\mathscr{F}}(\mu). \end{cases}$$

Les formules (8), (9), (10) et (11) découlent des définitions. Démontrons la première des formules (12), la seconde étant analogue. On a pour tout ξ dans $\widehat{\mathrm{G}}$ les égalités

$$\begin{aligned} \mathscr{F}(\chi \cdot \mu)(\xi) = \int_{\mathrm{G}} \overline{\langle \xi, x \rangle} \langle \chi, x \rangle d\mu(x) &= \int_{\mathrm{G}} \overline{\langle \xi \chi^{-1}, x \rangle} d\mu(x) \\ &= \mathscr{F}(\mu)(\xi \chi^{-1}) = (\varepsilon_\chi * \mathscr{F}(\mu))(\xi). \end{aligned}$$

Notons par ailleurs que pour tout $\chi \in \widehat{\mathrm{G}}$ et toutes mesures μ et ν dans $\mathscr{M}^1(\mathrm{G})$, on a

$$\text{(13)} \qquad (\varepsilon_\chi * \mathscr{F}(\mu))(\varepsilon_\chi * \mathscr{F}(\nu)) = \varepsilon_\chi * (\mathscr{F}(\mu)\mathscr{F}(\nu)),$$

puisque les deux membres de cette égalité sont des fonctions sur $\widehat{\mathrm{G}}$ dont la valeur en $\xi \in \widehat{\mathrm{G}}$ est

$$\mathscr{F}(\mu)(\xi\chi^{-1})\mathscr{F}(\nu)(\xi\chi^{-1}).$$

Soit H un groupe localement compact commutatif et soit $\varphi \colon \mathrm{G} \to \mathrm{H}$ un morphisme continu. Soit $\mu \in \mathscr{M}^1(\mathrm{G})$. La mesure image $\varphi(\mu)$ est définie (INT, V, §6, n° 1, remarque 1), et il vient $\mathscr{F}_{\mathrm{H}}(\varphi(\mu)) = \mathscr{F}_{\mathrm{G}}(\mu) \circ \widehat{\varphi}$ (*cf.* INT, V, §6, n° 4, prop. 7).

Par restriction à la sous-algèbre $\mathrm{L}^1(\mathrm{G})$ de $\mathscr{M}^1(\mathrm{G})$, on obtient la définition de la transformation de Fourier et de la cotransformation de Fourier sur $\mathrm{L}^1(\mathrm{G})$. On a donc pour $f \in \mathrm{L}^1(\mathrm{G})$ et $\chi \in \widehat{\mathrm{G}}$:

$$\text{(14)} \quad \mathscr{F}_{\mathrm{G}}(f)(\chi) = \int_{\mathrm{G}} \overline{\langle \chi, x \rangle} f(x) dx, \qquad \overline{\mathscr{F}}_{\mathrm{G}}(f)(\chi) = \int_{\mathrm{G}} \langle \chi, x \rangle f(x) dx.$$

En particulier, $\mathscr{F}_{\mathrm{G}}(f) = \overline{\overline{\mathscr{F}}_{\mathrm{G}}(\overline{f})}$. On a aussi

$$\text{(15)} \qquad \overline{\mathscr{F}}(f)(\chi) = \chi(f)$$

pour tout $f \in \mathrm{L}^1(\mathrm{G})$ et tout $\chi \in \widehat{\mathrm{G}}$.

Soient σ un automorphisme de G et Δ le module de σ (INT, VII, §1, n° 4, déf. 4). Pour $f \in \mathrm{L}^1(\mathrm{G})$, on a

$$\text{(16)} \qquad \mathscr{F}(f \circ \sigma) = \Delta^{-1} \mathscr{F}(f) \circ \widehat{\sigma}^{-1}$$

(*cf. loc. cit.*, formule (31)).

Si l'on identifie $\widehat{G}$ et $X(L^1(G))$ (prop. 1 de II, p. 202), la cotransformation de Fourier n'est autre que la transformation de Gelfand de l'algèbre de Banach $L^1(G)$ (I, p. 7, déf. 5).

PROPOSITION 4. — *La transformation de Fourier et la cotransformation de Fourier sont des morphismes injectifs d'algèbres involutives de* $L^1(G)$ *dans l'algèbre* $\mathscr{C}_0(\widehat{G})$ *des fonctions continues nulles à l'infini sur* $\widehat{G}$.

La cotransformation de Fourier est un morphisme d'algèbres involutives de $L^1(G)$ dans l'algèbre des fonctions continues bornées sur $\widehat{G}$ (prop. 3). Comme elle s'identifie à la transformation de Gelfand, son image est contenue dans $\mathscr{C}_0(\widehat{G})$ (I, p. 37, prop. 5), et son noyau est le radical de $L^1(G)$ (prop. 8 de I, p. 38), qui est nul (cor. de la prop. 22 de I, p. 126).

Nous verrons ultérieurement (corollaire de la proposition 13 de II, p. 221) que la cotransformation de Fourier sur $\mathscr{M}^1(G)$ est également injective.

Remarque. — La transformation de Fourier sur l'espace $L^1(G)$ dépend du choix de la mesure de Haar dx, contrairement à la transformation de Fourier sur $\mathscr{M}^1(G)$. Si l'on remplace dx par la mesure $a \cdot dx$ (avec $a > 0$), alors pour toute fonction f intégrable sur G, la transformée de Fourier de f est $a\widehat{f}$, où $\widehat{f}$ est la transformée de Fourier définie relativement à la mesure dx.

Considérons l'algèbre stellaire Stell(G) du groupe G (déf. 9 de I, p. 125), et identifions $L^1(G)$ à une sous-algèbre dense de Stell(G) (prop. 22 de I, p. 126).

PROPOSITION 5. — *Par continuité, la transformation de Fourier et la cotransformation de Fourier se prolongent de manière unique en des isomorphismes d'algèbres stellaires de* Stell(G) *sur* $\mathscr{C}_0(\widehat{G})$.

La cotransformation de Fourier se prolonge par continuité en un morphisme d'algèbres stellaires de Stell(G) dans $\mathscr{C}_0(\widehat{G})$. Si l'on identifie $\widehat{G}$ avec $X(\mathrm{Stell}(G))$ (cor. 1 de II, p. 204 et prop. 1 de II, p. 202), ce prolongement est la transformation de Gelfand de Stell(G). D'après le th. 1 de I, p. 108, c'est un isomorphisme. L'assertion concernant la transformation de Fourier en découle.

On notera toujours $\overline{\mathscr{F}}$ et $\mathscr{F}$ les isomorphismes de la prop. 5.

COROLLAIRE. — *L'image de* $L^1(G)$ *par la transformation de Fourier de* G *est dense dans* $\mathscr{C}_0(\widehat{G})$.

Puisque $L^1(G)$ est dense dans Stell(G), cela découle de la proposition 5.

PROPOSITION 6. — *Supposons que* G *est compact. La mesure de Haar normalisée* dx *appartient à* $\mathscr{M}^1(G)$, *et sa transformée de Fourier est* φ_e, *la fonction caractéristique de* $\{e\}$.

Soit $\chi \in \widehat{G}$. Puisque $\varepsilon_y * dx = dx$ pour tout $y \in G$, on a

$$\mathscr{F}(dx)(\chi) = \overline{\langle \chi, y \rangle} \mathscr{F}(dx)(\chi)$$

d'après la formule (11). Si $\chi \neq 1$, il existe $y \in G$ tel que $\langle \chi, y \rangle \neq 1$, donc $\mathscr{F}(dx)(\chi) = 0$. Si $\chi = 1$, alors $\mathscr{F}(dx)(\chi) = \int_G dx = 1$ puisque la mesure dx est normalisée.

3. Le théorème de Plancherel

On note A(G) le sous-espace vectoriel de $L^1(G)$ engendré par les fonctions $f * g$ pour $f, g \in L^1(G) \cap L^2(G)$.

PROPOSITION 7. — *L'espace* A(G) *est un idéal auto-adjoint de* $L^1(G)$. *Il est contenu dans* $L^1(G) \cap L^2(G)$, *et dans l'image de* $\mathscr{C}(G)$ *dans* $L^1(G)$.

Soit $f \in L^1(G)$. Pour tout $g \in L^2(G)$, on a $f * g \in L^1(G)$ (INT, VIII, §4, n° 5, prop. 12). Par conséquent, l'espace $L^1(G) \cap L^2(G)$ est un idéal de $L^1(G)$, et il en est de même de l'espace A(G). L'idéal A(G) est auto-adjoint.

Soient f et g dans $L^2(G)$. Le produit de convolution $f * g$ est alors la classe de la fonction continue donnée par

$$y \mapsto \int_G f(yx^{-1}) g(x) dx$$

(INT, VIII, §4, n° 5, prop. 15). La seconde assertion en résulte.

Comme $\chi(f * g) = (\chi f) * (\chi g)$ pour $\chi \in \widehat{G}$, $f \in L^1(G)$ et $g \in L^1(G)$ (INT, VIII, §3, n° 1, prop. 6), on a $\chi h \in A(G)$ pour tout $h \in A(G)$ et $\chi \in \widehat{G}$. Comme $\varepsilon_x * f = \gamma(x) f$ et la représentation linéaire γ est isométrique sur $L^p(G)$ pour tout p (INT, VIII, §2, n° 5, prop. 8), on a $\varepsilon_x * f \in A(G)$ pour tous $x \in G$ et $f \in A(G)$.

On note $\widehat{\mathrm{A}}(\mathrm{G})$ l'image de A(G) par la transformation de Fourier. C'est un sous-espace de $\mathscr{C}_0(\widehat{\mathrm{G}})$.

PROPOSITION 8. — *Il existe une base de filtre* $\mathfrak{B}$ *sur* $\mathrm{A}(\mathrm{G}) \cap \mathscr{K}_+(\mathrm{G})$ *telle que les conditions suivantes soient vérifiées :*

(i) *Pour tout élément* φ *d'un ensemble de* $\mathfrak{B}$, *on a* $\|\varphi\|_1 = 1$ *et* $\|\mathscr{F}(\varphi)\|_\infty \leqslant 1$;

(ii) *On a*

$$\lim_{\varphi,\mathfrak{B}} \varphi \cdot dx = \varepsilon_e$$

dans l'espace $\mathscr{C}'(\mathrm{G})$ *des mesures à support compact sur* G *muni de la topologie de la convergence uniforme sur les parties compactes de* $\mathscr{C}(\mathrm{G})$;

(iii) *On a*

$$\lim_{\varphi,\mathfrak{B}} \mathscr{F}(\varphi) = 1$$

pour la topologie de la convergence compacte sur $\widehat{\mathrm{G}}$;

(iv) *Pour* $p = 1$ *ou* $p = 2$, *et pour tout* $f \in \mathrm{L}^p(\mathrm{G})$, *on a* $\varphi * f \in \mathrm{A}(\mathrm{G})$ *pour tout* φ *appartenant à un ensemble de* $\mathfrak{B}$ *et*

$$\lim_{\varphi,\mathfrak{B}} \varphi * f = f$$

dans $\mathrm{L}^p(\mathrm{G})$.

Soit K_0 un voisinage compact fixé de e dans G. Soit $\mathfrak{B}_0$ une base du filtre des voisinages de e dans G formée de voisinages compacts symétriques contenus dans K_0 (*cf.* TG, III, p. 4). Pour $\mathrm{K} \in \mathfrak{B}_0$, soit X'_K l'ensemble des fonctions $\psi \in \mathscr{K}_+(\mathrm{G})$ telles que $\mathrm{Supp}(\psi) \subset \mathrm{K}$ et $\int \psi(x)dx = 1$; il est non vide (lemme 1 de II, p. 200). Soit X_K l'ensemble des fonctions $\psi * \psi$ pour $\psi \in \mathrm{X}'_\mathrm{K}$. Il est non vide et contenu dans $\mathrm{A}(\mathrm{G}) \cap \mathscr{K}_+(\mathrm{G})$. L'ensemble $\mathfrak{B}$ dont les éléments sont les ensembles X_K pour K variant dans $\mathfrak{B}_0$ est une base de filtre sur $\mathrm{A}(\mathrm{G}) \cap \mathscr{K}_+(\mathrm{G})$. Démontrons que $\mathfrak{B}$ vérifie les propriétés demandées.

Si $\mathrm{X} \in \mathfrak{B}$ et $\varphi \in \mathrm{X}$, on a $\|\varphi\|_1 = \int_\mathrm{G} \varphi(x)dx = 1$, donc $\|\mathscr{F}(\varphi)\|_\infty \leqslant 1$, ce qui établit la propriété (i).

La propriété (ii) résulte de INT, VIII, § 2, n° 7, corollaire 1 du lemme 4. Une partie compacte de $\widehat{\mathrm{G}}$ est une partie compacte de $\mathscr{C}(\mathrm{G})$, donc (ii) entraîne $\lim_{\varphi,\mathfrak{B}} \mathscr{F}(\varphi) = 1$ pour la topologie de la convergence compacte sur $\widehat{\mathrm{G}}$, c'est-à-dire (iii).

Finalement, soit $p = 1$ ou $p = 2$. Soit $f \in \mathrm{L}^p(\mathrm{G})$. On a $\varphi * f \to f$ dans $\mathrm{L}^p(\mathrm{G})$ selon le filtre $\mathfrak{B}$ (INT, VIII, §4, n° 7, prop. 20). De plus, pour tout K dans $\mathfrak{B}_0$ et $\varphi \in X_K$, il existe $\psi \in X'_K$ tel que $\varphi = \psi * \psi$, d'où $\varphi * f = \psi * (\psi * f)$. On a $\psi \in L^1(G) \cap L^2(G)$ et $\psi * f \in L^1(G) \cap L^2(G)$, donc $\varphi * f \in A(G)$.

Corollaire 1. — *L'espace* A(G) *est dense dans* $L^1(G)$ *et dans* $L^2(G)$. *Il est également dense dans* Stell(G), *et son image* $\widehat{A}(G)$ *par la transformation de Fourier est dense dans* $\mathscr{C}_0(\widehat{G})$.

L'assertion (iv) de la proposition fournit la première assertion. Puisque $L^1(G)$ est dense dans Stell(G), la seconde en résulte, et la dernière découle alors de la prop. 5 de II, p. 209.

Corollaire 2. — *Pour* $f \in A(G)$, *soit* Ω_f *l'ensemble des* $\chi \in \widehat{G}$ *tels que* $\mathscr{F}(f)(\chi) \neq 0$. *Les ensembles* Ω_f *forment un recouvrement ouvert de* $\widehat{G}$.

Cela découle du corollaire précédent puisque, pour tout $\chi \in \widehat{G}$, l'application $f \mapsto \mathscr{F}(f)(\chi)$ est un caractère non nul de $L^1(G)$.

Rappelons que la représentation régulière gauche γ de Stell(G) sur $L^2(G)$ (*cf.* I, p. 125, n° 13) est notée $\gamma(\varphi)f = \varphi * f$ pour $\varphi \in$ Stell(G) et $f \in L^2(G)$.

Lemme 3. — *Pour tout* $f \in A(G)$, *il existe une unique mesure bornée* μ_f *sur* $\widehat{G}$ *telle que*

$$(\varphi * f)(e) = \int_{\widehat{G}} \mathscr{F}(\varphi) d\mu_f \tag{17}$$

quel que soit $\varphi \in$ Stell(G).

De plus, pour tous f et g dans A(G), *on a l'égalité*

$$\mathscr{F}(f) \cdot \mu_g = \mathscr{F}(g) \cdot \mu_f, \tag{18}$$

entre la mesure de densité $\mathscr{F}(f)$ *par rapport à* μ_g *et la mesure de densité* $\mathscr{F}(g)$ *par rapport à* μ_f.

Soient f, g des éléments de $L^1(G) \cap L^2(G)$. Pour tout $\varphi \in$ Stell(G), on a $\varphi * f \in L^2(G)$ et $\|\varphi * f\|_2 \leqslant \|\varphi\|_* \|f\|_2$ (I, p. 126, formule (8)). De plus, on a $\varphi * (f * g) = (\varphi * f) * g$ (*loc. cit.*, formule (9)). Cette dernière fonction appartient à l'adhérence $\mathscr{C}_0(G)$ de $\mathscr{K}(G)$ dans $\mathscr{C}(G)$ (INT, VIII, §4, n° 5, prop. 15). De plus, on a

$$\|\varphi * (f * g)\|_\infty \leqslant \|\varphi * f\|_2 \|g\|_2 \leqslant \|\varphi\|_* \|f\|_2 \|g\|_2.$$

Puisque les fonctions $f * g$ pour f et g dans $L^1(G) \cap L^2(G)$ engendrent A(G), on en déduit que $\varphi * f \in \mathscr{C}_0(G)$ pour tous $f \in A(G)$ et $\varphi \in$ Stell(G), et que l'application $\varphi \mapsto (\varphi * f)(e)$ est une forme linéaire continue sur Stell(G). Comme $\mathscr{F}$ est un isomorphisme de Stell(G) sur $\mathscr{C}_0(\widehat{G})$ (prop. 5 de II, p. 209), la première assertion en résulte.

Soient maintenant f et g dans A(G). Pour $\varphi \in L^1(G)$, on a

$$\begin{aligned}(\mathscr{F}(f) \cdot \mu_g)(\mathscr{F}(\varphi)) = \int_{\widehat{G}} \mathscr{F}(\varphi)\mathscr{F}(f)d\mu_g = \int_{\widehat{G}} \mathscr{F}(\varphi * f)d\mu_g \\ = ((\varphi * f) * g)(e).\end{aligned} \tag{19}$$

Comme $(\varphi * f) * g = (\varphi * g) * f$ et comme l'image de $L^1(G)$ par la transformation de Fourier est dense dans $\mathscr{C}_0(\widehat{G})$ (cor. de II, p. 210), on déduit de la formule (19) que la formule (18) est satisfaite pour tous f et g dans A(G).

Lemme 4. — Il existe une unique mesure ν sur $\widehat{G}$ telle que

$$\mu_f = \mathscr{F}(f) \cdot \nu$$

pour tout $f \in A(G)$. Pour $f \in A(G)$, on a $\mathscr{F}(f) \in L^1(\widehat{G}, \nu) \cap L^2(\widehat{G}, \nu)$.

Soit $f \in A(G)$. Notons Ω_f l'ensemble ouvert dans $\widehat{G}$ formé des $\chi \in \widehat{G}$ tels que $\mathscr{F}(f)(\chi) \neq 0$. Soit φ la fonction caractéristique de $\widehat{G} - \Omega_f$. Pour tout $g \in A(G)$, on a alors

$$\int_{\widehat{G}} \mathscr{F}(g)d(\varphi \cdot \mu_f) = \int_{\widehat{G}} \varphi\mathscr{F}(f)d\mu_g = 0$$

compte tenu de la formule (18).

D'après le corollaire 1 de II, p. 212, l'image $\widehat{A}(G)$ de A(G) par la transformation de Fourier est dense dans $\mathscr{C}_0(\widehat{G})$. On déduit alors de la formule précédente que $\varphi \cdot \mu_f = 0$, donc que μ_f est concentrée sur Ω_f (INT, IV, §4, n° 7, déf. 4). Soit ν_f la mesure sur Ω_f de densité $\mathscr{F}(f)^{-1}$ par rapport à $\mu_f|\Omega_f$.

Les ensembles Ω_f, pour $f \in A(G)$, forment un recouvrement ouvert de $\widehat{G}$ (cor. 2). Pour tous f et g dans A(G), la formule (18) démontre que $\nu_f|(\Omega_f \cap \Omega_g) = \nu_g|(\Omega_f \cap \Omega_g)$. Par suite, il existe une unique mesure ν sur $\widehat{G}$ telle que l'on ait $\nu_f = \nu|\Omega_f$ pour tout $f \in A(G)$ (INT, III, §2, n° 1, prop. 1).

Si $f \in A(G)$, les mesures μ_f et $\mathscr{F}(f) \cdot \nu$ sont concentrées sur Ω_f, et leurs restrictions à Ω_f sont égales à $\mathscr{F}(f) \cdot \nu_f$; ces mesures sont donc égales.

Puisque μ_f est une mesure bornée, la transformée de Fourier $\mathscr{F}(f)$ appartient à l'espace $L^1(\widehat{G}, \nu)$. Comme, de plus, $\mathscr{F}(f)$ appartient à $\mathscr{C}_0(\widehat{G})$, on a aussi $\mathscr{F}(f) \in L^2(\widehat{G}, \nu)$.

La formule (17) s'écrit maintenant, pour $\varphi \in \mathrm{Stell}(\mathrm{G})$ et $f \in \mathrm{A}(\mathrm{G})$:

$$(\varphi * f)(e) = \int_{\widehat{\mathrm{G}}} \mathscr{F}(\varphi)\mathscr{F}(f)d\nu. \tag{20}$$

En particulier, pour f et g dans $\mathrm{A}(\mathrm{G})$, on a

$$\int_{\widehat{\mathrm{G}}} \mathscr{F}(f)\mathscr{F}(g)d\nu = (f * g)(e) = \int_{\mathrm{G}} f(x)g(x^{-1})dx. \tag{21}$$

PROPOSITION 9. — *La mesure ν caractérisée par le lemme 4 est une mesure de Haar sur $\widehat{\mathrm{G}}$.*

Soit $\chi \in \widehat{\mathrm{G}}$. Pour f et g dans $\mathrm{A}(\mathrm{G})$, appliquons la formule (21) à χf et χg. Le membre de droite est inchangé, d'où

$$\nu(\mathscr{F}(f)\,\mathscr{F}(g)) = \nu(\mathscr{F}(\chi f)\ \mathscr{F}(\chi g)).$$

D'après les formules (12) de II, p. 208 et (13) de II, p. 208, il vient

$$\nu(\mathscr{F}(f)\,\mathscr{F}(g)) = \nu(\varepsilon_\chi * (\mathscr{F}(f)\mathscr{F}(g))).$$

On déduit alors de INT, VIII, §4, n° 3, prop. 7 que

$$\nu(\mathscr{F}(f)\mathscr{F}(g)) = (\varepsilon_{\chi^{-1}} * \nu)(\mathscr{F}(f)\mathscr{F}(g)),$$

c'est-à-dire

$$(\mathscr{F}(f)\cdot\nu)(\mathscr{F}(g)) = (\mathscr{F}(f)\cdot(\varepsilon_{\chi^{-1}} * \nu))(\mathscr{F}(g)).$$

Comme l'espace $\widehat{\mathrm{A}}(\mathrm{G})$ est dense dans $\mathscr{C}_0(\widehat{\mathrm{G}})$ (cor. 1), il en résulte l'égalité

$$\mathscr{F}(f)\cdot\nu = \mathscr{F}(f)\cdot(\varepsilon_{\chi^{-1}} * \nu).$$

Les mesures ν et $\varepsilon_{\chi^{-1}} * \nu$ coïncident donc sur l'ouvert Ω_f où $\mathscr{F}(f)$ est non nulle. D'après le corollaire 2 et INT, III, §2, n° 1, cor. de la prop. 1, ces mesures sont donc égales.

Ceci montre que la mesure ν est proportionnelle à une mesure de Haar sur $\widehat{\mathrm{G}}$. Soit $f \in \mathrm{A}(\mathrm{G})$. Prenons $g = \widetilde{f}$ dans la formule (21). Elle s'écrit alors

$$\int_{\widehat{\mathrm{G}}} |\mathscr{F}(f)|^2 d\nu = \int_{\mathrm{G}} |f|^2 dx, \tag{22}$$

ce qui démontre que la mesure ν n'est pas nulle. La mesure ν est donc une mesure de Haar sur $\widehat{\mathrm{G}}$.

DÉFINITION 4. — *La mesure de Haar ν sur $\widehat{\mathrm{G}}$ de la proposition 9 est dite* mesure duale *de la mesure de Haar dx donnée sur* G.

Nous noterons souvent $d\chi$ ou $d\widehat{x}$ la mesure de Haar sur $\widehat{\mathrm{G}}$ qui est duale de la mesure de Haar dx.

Remarque. — Soit a un nombre réel > 0. Si l'on remplace dx par la mesure $a\cdot dx$, le produit de convolution des fonctions f et $g \in L^1(G)$ est remplacé par $a(f * g)$. Nous avons vu (II, p. 209, remarque) que $\mathscr{F}(f)$ est remplacée par $a\ \mathscr{F}(f)$. Donc μ_f est inchangée et ν est remplacée par $a^{-1}\cdot\nu$. En particulier, la mesure $dx\otimes d\widehat{x}$ sur $G\times\widehat{G}$ est indépendante du choix de la mesure de Haar sur G.

Lemme 5. — *L'espace* $A(\widehat{G})$ *est dense dans* $L^2(\widehat{G})$.

Soit h un élément de $L^2(\widehat{G})$ orthogonal à $\widehat{A}(G)$. Pour f et g dans $A(G)$, on a $\mathscr{F}(f)\cdot\mathscr{F}(g) = \mathscr{F}(f * g) \in \widehat{A}(G)$, donc $h\cdot\overline{\mathscr{F}(f)}$ est orthogonal à $\mathscr{F}(g)$. Ainsi, pour tout $f \in A(G)$, la fonction $h\cdot\mathscr{F}(f)$ est orthogonale à $\widehat{A}(G)$. Mais $h\cdot\mathscr{F}(f) \in L^1(\widehat{G})$, et $\widehat{A}(G)$ est dense dans $\mathscr{C}_0(\widehat{G})$, donc la mesure $h\mathscr{F}(f)\cdot\nu$ est nulle, c'est-à-dire que $h\mathscr{F}(f)$ est ν-localement négligeable (INT, V, §5, n° 3, cor. 2 de la prop. 3). En particulier, h est ν-localement négligeable sur l'ensemble Ω_f des caractères χ tels que $\mathscr{F}(f)(\chi) \neq 0$. D'après le corollaire 2, on en déduit que h est ν-localement négligeable, donc nulle puisque h appartient à $L^2(\widehat{G})$. Cela conclut la preuve.

THÉORÈME 1 (Plancherel). — *La restriction de la transformation de Fourier au sous-espace* $A(G)$ *de* $L^2(G)$ *se prolonge de manière unique en une isométrie* Φ *de* $L^2(G)$ *sur* $L^2(\widehat{G})$.

De plus, si $f \in L^1(G)\cap L^2(G)$, *sa transformée de Fourier appartient à* $L^2(\widehat{G})$ *et coïncide dans* $L^2(\widehat{G})$ *avec* $\Phi(f)$.

D'après la formule (22), la restriction de $\mathscr{F}$ à $A(G)$ est une isométrie du sous-espace $A(G)$ de $L^2(G)$ sur le sous-espace $\widehat{A}(G)$ de $L^2(\widehat{G})$. Comme $A(G)$ est dense dans $L^2(G)$ (cor. 1 de II, p. 212), la transformation de Fourier se prolonge de manière unique en une isométrie Φ de $L^2(G)$ sur un sous-espace fermé de $L^2(\widehat{G})$. Mais puisque son image contient $\widehat{A}(G)$, qui est dense dans $L^2(\widehat{G})$ (lemme 5), l'application Φ est surjective.

Soit maintenant $f \in L^1(G)\cap L^2(G)$; démontrons que sa transformée de Fourier appartient à $L^2(\widehat{G})$. D'après la prop. 8, (iv) de II, p. 211, et le fait que $A(G)$ est un idéal de $L^1(G)$, il existe une base de filtre $\mathfrak{B}$ sur $A(G)$ qui converge vers f à la fois dans $L^1(G)$ et dans $L^2(G)$. On a alors

$$\Phi(f) = \lim_{g,\mathfrak{B}} \Phi(g) = \lim_{g,\mathfrak{B}} \mathscr{F}(g)$$

dans $L^2(\widehat{G})$ et $\mathscr{F}(f) = \lim_{g,\mathfrak{B}} \mathscr{F}(g)$ dans $\mathscr{C}_0(\widehat{G})$. Il existe donc une suite (g_n) dans $A(G)$ telle que $\mathscr{F}(g_n)$ converge vers $\Phi(f)$ dans $L^2(\widehat{G})$ et vers $\mathscr{F}(f)$ dans $\mathscr{C}_0(\widehat{G})$. D'après INT, IV, §3, nº 4, th. 3 et cor. 1, on a $\mathscr{F}(f) = \Phi(f)$, et en particulier $\mathscr{F}(f) \in L^2(\widehat{G})$. Ceci achève de prouver le théorème.

On note encore $\mathscr{F}$ l'isométrie de $L^2(G)$ sur $L^2(\widehat{G})$ définie dans le théorème 1, et on l'appelle la transformation de Fourier dans $L^2(G)$. De même, la cotransformation de Fourier admet un unique prolongement isométrique à $L^2(G)$, encore appelé cotransformation de Fourier et noté $\overline{\mathscr{F}}$.

COROLLAIRE. — *Supposons que* G *est compact et que* dx *est la mesure de Haar normalisée sur* G. *Alors la famille des caractères unitaires de* G *est une base orthonormale de* $L^2(G)$.

Puisque G est compact, les caractères de G appartiennent à $L^2(G)$. Pour χ et ξ dans $\widehat{G}$, on a

$$\int_G \overline{\langle \chi, x\rangle}\langle \xi, x\rangle dx = \mathscr{F}_G(dx)(\chi\xi^{-1}),$$

donc la famille des caractères de G est orthonormale (prop. 6 de II, p. 210). Elle est de plus totale car le produit scalaire de $\chi \in \widehat{G}$ et de $f \in L^2(G)$ est égal à $\mathscr{F}_G(f)(\chi)$, et donc f est orthogonale à $\widehat{G}$ si et seulement si $\mathscr{F}_G(f)$ est nulle dans $L^2(\widehat{G})$, si et seulement si f est nulle (th. 1).

Remarques. — 1) Certaines des formules concernant la transformation de Fourier sur $L^1(G)$ s'étendent à la transformation de Fourier sur $L^2(G)$. En particulier, pour $f \in L^2(G)$ et $\chi \in \widehat{G}$, on a

$$\overline{\mathscr{F}}(f) = (\chi \mapsto \mathscr{F}(f)(\chi^{-1})) = \overline{\mathscr{F}(\overline{f})}$$

$$\mathscr{F}(\varepsilon_x * f) = \eta(x^{-1})\mathscr{F}(f), \qquad \overline{\mathscr{F}}(\varepsilon_x * f) = \eta(x)\mathscr{F}(f)$$

$$\mathscr{F}(\chi f) = \varepsilon_\chi * \mathscr{F}(f), \qquad \overline{\mathscr{F}}(\chi f) = \varepsilon_\chi * \mathscr{F}(f).$$

Si σ est un automorphisme de G et Δ le module de σ (INT, VII, §1, nº 4, déf. 4), alors pour $f \in L^2(G)$, on a

$$\mathscr{F}(f \circ \sigma) = \Delta^{-1}\mathscr{F}(f) \circ \widehat{\sigma}^{-1}$$

dans $L^2(G)$.

2) Les formules

$$\|\overline{\mathscr{F}}(f)\|^2 = \|f\|^2 \tag{23}$$

pour $f \in L^2(G)$, ou bien

$$\int_G f(x)\overline{g(x)}dx = \int_{\widehat{G}} \mathscr{F}(f)(\chi)\overline{\mathscr{F}(g)(\chi)}d\chi \tag{24}$$

pour f et g dans $L^2(G)$, sont appelées « formules de Plancherel ».

PROPOSITION 10. — *Soit $n \geqslant 0$ un entier et soient $G_1, \cdots, G_n$ des groupes commutatifs localement compacts. Soient μ_j, pour $1 \leqslant j \leqslant n$, des mesures de Haar sur G_j. Soit G le groupe produit des groupes G_j pour $1 \leqslant j \leqslant n$. Soit β l'isomorphisme de $\widehat{G}$ sur $\prod \widehat{G}_j$ de la prop. 2* de II, p. 206. *La mesure de Haar sur $\widehat{G}$ duale de la mesure de Haar produit $\mu = \mu_1 \otimes \cdots \otimes \mu_n$ sur G s'identifie au produit des mesures de Haar $\widehat{\mu}_j$.*

En effet, pour toute famille (f_j) d'éléments non nuls de $\mathscr{L}^2(G_j)$, la fonction f sur G définie par $(x_j) \mapsto \prod f_j(x_j)$ appartient à $\mathscr{L}^2(G)$, et vérifie

$$\int_G |f|^2 d\mu = \prod_j \int_{G_j} |f_j|^2 d\mu_j = \prod_j \int_{\widehat{G}_j} |\mathscr{F}_{G_j}(f)|^2 d\widehat{\mu}_j,$$

d'après la formule de Plancherel, ce qui démontre que la mesure de Haar produit des $\widehat{\mu}_j$ s'identifie à la mesure de Haar duale de μ.

4. La formule d'inversion de Fourier

Rappelons que tout élément f de $A(G)$ est la classe d'une unique fonction continue (prop. 7, *b*) de II, p. 210). Pour $x \in G$, on notera $f(x)$ la valeur de cette fonction en x.

PROPOSITION 11. — *Soit $f \in A(G)$. Alors $\mathscr{F}(f) \in L^1(\widehat{G})$ et, pour tout $x \in G$, on a*

$$f(x) = \int_{\widehat{G}} \langle \widehat{x}, x\rangle \mathscr{F}(f)(\widehat{x})d\widehat{x}. \tag{25}$$

Autrement dit, pour $f \in A(G)$, on a

$$f = \overline{\mathscr{F}}_{\widehat{G}}(\mathscr{F}_G(f)) \circ \eta, \tag{26}$$

où η désigne l'application canonique de G dans le groupe bidual $\widehat{\widehat{G}}$.

D'après le lemme 4 de II, p. 213 et la proposition 9 de II, p. 214, on a $\mathscr{F}(f) \in L^1(\widehat{G})$ pour toute fonction $f \in A(G)$. D'après la formule de Plancherel (24), pour f et g dans $L^2(G)$, on a

$$(f * \widetilde{g})(e) = \int_{\widehat{G}} \mathscr{F}(f)(\chi)\overline{\mathscr{F}(g)(\chi)}d\widehat{x}(\chi). \tag{27}$$

Soient f et g dans $L^1(G) \cap L^2(G)$ et $h = f * \widetilde{g} \in A(G)$. Puisque la transformation de Fourier est un morphisme involutif, la formule (27) est l'assertion (25) pour la fonction h au point $x = e$. Par linéarité, on en déduit que la formule (25) est valide au point $x = e$ pour toute fonction $h \in A(G)$.

Soient $x \in G$ et $h \in A(G)$. Soit $h_1 = \varepsilon_{x^{-1}} * h$. Alors $h_1 \in A(G)$ et $h_1(e) = h(x)$. Comme de plus $\mathscr{F}(h_1)(\chi) = \overline{\langle \chi, x\rangle}\mathscr{F}(f)(\chi)$ pour tout $\chi \in \widehat{G}$ (*cf.* formule (11) de II, p. 208), la formule (25) pour la fonction h_1 au point e implique la formule (25) pour h au point x.

Lemme 6. — *Soit* $\varphi \in L^1(\widehat{G}) \cap L^2(\widehat{G})$. *Alors* $f = \overline{\mathscr{F}}_{\widehat{G}}(\varphi) \circ \eta$ *appartient à* $L^2(G)$ *et* $\mathscr{F}_G(f) = \varphi$ *dans* $L^2(\widehat{G})$.

La fonction f est continue et bornée sur G car $\varphi \in L^1(\widehat{G})$. Pour toute fonction $g \in L^1(G) \cap L^2(G)$, on a

$$\begin{aligned}\int_G g(x)f(x)dx &= \int_G g(x)\Big(\int_{\widehat{G}} \langle \chi, x\rangle \varphi(\chi)d\widehat{x}(\chi)\Big)dx \\ &= \int_{\widehat{G}} \overline{\mathscr{F}}_G(g)(\chi)\varphi(\chi)d\widehat{x}(\chi),\end{aligned} \tag{28}$$

en appliquant le théorème de Lebesgue-Fubini (INT, V, §8, nº 4, th. 1, *a*)) à la fonction $(x, \chi) \mapsto g(x)\varphi(\chi)\langle \chi, x\rangle$ qui est intégrable sur $G \times \widehat{G}$ par rapport à la mesure produit $dx \otimes d\widehat{x}$. On en déduit que

$$\Big|\int_G g(x)f(x)dx\Big| \leqslant \|\overline{\mathscr{F}}_G(g)\|_2 \,\|\varphi\|_2 = \|g\|_2 \,\|\varphi\|_2,$$

d'après la formule de Plancherel. La forme linéaire $g \mapsto \int_G fg$ est donc continue sur $L^1(G) \cap L^2(G)$, et comme $L^1(G) \cap L^2(G)$ est dense dans l'espace hilbertien $L^2(G)$, on en déduit que f appartient à $L^2(G)$.

En appliquant alors le th. 1 de II, p. 215, on obtient d'autre part

$$\begin{aligned}\int_G g(x)f(x)dx &= \int_{\widehat{G}} \overline{\mathscr{F}_G(\overline{g})(\chi)}\mathscr{F}_G(f)(\chi)d\widehat{x}(\chi) \\ &= \int_{\widehat{G}} \overline{\mathscr{F}}_G(g)(\chi)\mathscr{F}_G(f)(\chi)d\widehat{x}(\chi)\end{aligned}$$

pour tout $g \in L^2(G)$. Comparant avec (28), on conclut que $\varphi = \mathscr{F}_G(f)$ dans $L^2(\widehat{G})$, puisque $A(G)$ est contenu dans $L^1(G) \cap L^2(G)$ et que $\widehat{A}(G)$ est dense dans $L^2(\widehat{G})$ (lemme 5 de II, p. 215).

PROPOSITION 12 (Formule d'inversion de Fourier)

Soit $f \in L^2(G)$ *telle que* $\mathscr{F}_G(f) \in L^1(\widehat{G})$. *Alors on a* $f = \overline{\mathscr{F}}_{\widehat{G}}(\mathscr{F}_G(f)) \circ \eta$ *dans* $L^2(G)$. *Autrement dit, pour presque tout* $x \in G$, *on a*

$$f(x) = \int_{\widehat{G}} \langle \widehat{x}, x \rangle \mathscr{F}_G(f)(\widehat{x}) d\widehat{x}.$$

La fonction $\varphi = \mathscr{F}_G(f)$ appartient à $L^1(\widehat{G}) \cap L^2(\widehat{G})$, et on obtient la formule désirée en appliquant le lemme.

COROLLAIRE 1. — *Pour tout sous-ensemble fermé* P *de* $\widehat{G}$ *et tout* $\chi \in \widehat{G}$ *n'appartenant pas à* P, *il existe une fonction* $f \in L^1(G)$ *telle que* $\mathscr{F}(f)$ *soit nulle sur* P *et non nulle en* χ.

Comme, d'après (12), on a $\mathscr{F}(\chi f) = \varepsilon_\chi * \mathscr{F}(f)$ pour tout $\chi \in \widehat{G}$, il suffit de considérer le cas où χ est l'élément neutre de $\widehat{G}$.

Soit U un voisinage compact symétrique de $e \in \widehat{G}$ tel que $U^2 \cap P = \varnothing$. Soit φ une fonction continue positive sur $\widehat{G}$, nulle en dehors de U et telle que $\varphi(e) = 1$. La fonction $\varphi_1 = \varphi * \varphi$ est alors nulle sur P et $\varphi_1(e) > 0$. Il suffit donc de démontrer que φ_1 appartient à l'image de la transformation de Fourier sur $L^1(G)$. Or φ et φ_1 appartiennent à $L^1(\widehat{G}) \cap L^2(\widehat{G})$. Posons $f = \overline{\mathscr{F}}(\varphi) \circ \eta$ et $f_1 = \overline{\mathscr{F}}(\varphi_1) \circ \eta$. Le lemme 6 implique que f et f_1 appartiennent à $L^2(G)$ et vérifient $\varphi = \mathscr{F}(f)$ et $\varphi_1 = \mathscr{F}(f_1)$. De plus

$$f_1 = \overline{\mathscr{F}}(\varphi * \varphi) \circ \eta = (\overline{\mathscr{F}}(\varphi) \circ \eta)^2 = f^2,$$

et donc $f_1 \in L^1(G)$. Ainsi $\varphi_1 = \mathscr{F}(f_1)$ est bien dans l'image de $L^1(G)$ par la transformation de Fourier.

COROLLAIRE 2. — *L'algèbre de Banach* $L^1(G)$ *est régulière* (I, p. 89, déf. 1).

D'après la prop. 1 de I, p. 88 et l'identification de la transformation de Gelfand de $L^1(G)$ et de la cotransformation de Fourier de G, cela découle du corollaire précédent.

5. Le théorème de dualité de Pontryagin

THÉORÈME 2 (Pontryagin). — *L'application canonique* η *de* G *dans* $\widehat{\widehat{\mathrm{G}}}$ *est un isomorphisme de groupes topologiques. Il transforme la mesure de Haar* dx *en la mesure de Haar biduale* $d\widehat{\widehat{x}}$.

Démontrons d'abord que η est injective et stricte. Il suffit pour cela de montrer que pour tout voisinage U de e dans G, il existe un voisinage W de e dans $\widehat{\widehat{\mathrm{G}}}$ tel que $\overset{-1}{\eta}(\mathrm{W}) \subset \mathrm{U}$ (lemme 2 de II, p. 200). Or soit V un voisinage compact symétrique de e dans G tel que $\mathrm{V}^2 \subset \mathrm{U}$, soit f une fonction continue positive sur G, à support contenu dans V, et telle que $f(e) > 0$. Soit $g = \widetilde{f} * f$. Alors g appartient à A(G), son support est contenu dans U et $g(e) > 0$. De plus, $\mathscr{F}_{\mathrm{G}}(g) \in \mathrm{L}^1(\widehat{\mathrm{G}})$ d'après la prop. 11 de II, p. 217. L'ensemble W des ξ dans $\widehat{\widehat{\mathrm{G}}}$ tels que

$$\left|\overline{\mathscr{F}}_{\widehat{\mathrm{G}}}(\mathscr{F}_{\mathrm{G}}(g))(\xi) - \overline{\mathscr{F}}_{\widehat{\mathrm{G}}}(\mathscr{F}_{\mathrm{G}}(g))(e)\right| < \frac{1}{2}g(e)$$

est un voisinage de e dans $\widehat{\widehat{\mathrm{G}}}$ puisque la fonction $\overline{\mathscr{F}}_{\widehat{\mathrm{G}}}(\mathscr{F}_{\mathrm{G}}(g))$ est continue sur $\widehat{\widehat{\mathrm{G}}}$. Soit $x \in \overset{-1}{\eta}(\mathrm{W})$. D'après la formule (26), on a

$$\overline{\mathscr{F}}_{\widehat{\mathrm{G}}}(\mathscr{F}_{\mathrm{G}}(g))(\eta(x)) = g(x),$$

et donc $|g(x) - g(e)| < \frac{1}{2}g(e)$. Cela implique $g(x) \neq 0$ et donc $x \in \mathrm{U}$, puisque le support de g est contenu dans U. Ainsi $\overset{-1}{\eta}(\mathrm{W}) \subset \mathrm{U}$.

Démontrons que l'application η est surjective. Comme cette application est un homéomorphisme sur son image, le groupe $\eta(\mathrm{G})$ est un sous-groupe localement compact de $\widehat{\widehat{\mathrm{G}}}$. Il est donc fermé dans $\widehat{\widehat{\mathrm{G}}}$ (TG, III, p. 22, cor. 2). Raisonnons par l'absurde et supposons qu'il existe un caractère $\xi \in \widehat{\widehat{\mathrm{G}}}$ tel que $\xi \notin \eta(\mathrm{G})$. Il existe alors (corollaire 1 de II, p. 219) un élément f non nul de $\mathrm{L}^1(\widehat{\mathrm{G}})$ tel que $\mathscr{F}_{\widehat{\mathrm{G}}}(f)$ soit nulle sur $\eta(\mathrm{G})$. Soit $g \in \mathrm{L}^1(\mathrm{G})$. La fonction $(x, \chi) \mapsto g(x)f(\chi)\overline{\langle \chi, x\rangle}$ appartient à $\mathrm{L}^1(\mathrm{G} \times \widehat{\mathrm{G}})$. D'après le th. de Lebesgue-Fubini (INT, V, §8, nº 4, th. 1, *a*)), il vient donc

$$\begin{aligned}\int_{\widehat{\mathrm{G}}} f(\chi)\mathscr{F}_{\mathrm{G}}(g)(\chi)d\chi &= \int_{\mathrm{G}} g(x)\Big(\int_{\widehat{\mathrm{G}}} f(\chi)\overline{\langle\chi, x\rangle}d\chi\Big)dx \\ &= \int_{\mathrm{G}} g(x)\mathscr{F}_{\widehat{\mathrm{G}}}(f)(\eta(x))dx = 0.\end{aligned}$$

Puisque l'image de la transformation de Fourier est dense dans $\mathscr{C}_0(\widehat{\mathrm{G}})$ (cor. de la prop 5 de II, p. 209), il en résulte que la mesure $f \cdot d\chi$ est nulle. Cela contredit le fait que $f \neq 0$ dans $L^1(\widehat{G})$, et démontre que η est surjective.

La mesure image $\eta(dx)$ et la mesure ν duale de la mesure $d\chi$ sont des mesures de Haar sur $\widehat{\widehat{G}}$. Soit f un élément non nul de $A(G)$; en particulier $f \in L^2(G)$. D'après la prop. 12 de II, p. 219, $\mathscr{F}_G(f) \in L^1(\widehat{G})$ et l'on a

$$\int_{\widehat{\widehat{G}}} \left|\overline{\mathscr{F}}_{\widehat{G}}(\mathscr{F}_G(f))\right|^2 \eta(dx) = \int_G |f|^2 dx = \int_{\widehat{\widehat{G}}} \left|\overline{\mathscr{F}}_{\widehat{G}}(\mathscr{F}_G(f))\right|^2 d\nu,$$

où la deuxième égalité suit de deux applications de la formule de Plancherel, donc la mesure de Haar duale de $d\chi$ est la mesure $\eta(dx)$.

Nous identifierons dorénavant G *et* $\widehat{\widehat{G}}$ *par l'isomorphisme* η. On a alors :

COROLLAIRE. — *La cotransformation de Fourier de* $L^2(\widehat{G})$ *sur* $L^2(G)$ *et la transformation de Fourier de* $L^2(G)$ *sur* $L^2(\widehat{G})$ *sont des isométries réciproques l'une de l'autre.*

Remarque. — Soient $f \in L^2(G)$ et $g \in L^2(\widehat{G})$. En appliquant la formule de Plancherel (24) à f et $\overline{\mathscr{F}_{\widehat{G}}(g)}$, on obtient la formule

$$\int_G f(x)\mathscr{F}_{\widehat{G}}(g)(x)dx = \int_{\widehat{G}} \mathscr{F}_G(f)(\chi)g(\chi)d\widehat{x}(\chi) \tag{29}$$

puisque l'on a $\mathscr{F}_G(\overline{\mathscr{F}_{\widehat{G}}(g)}) = \mathscr{F}_G(\overline{\mathscr{F}}_{\widehat{G}}(\overline{g})) = \overline{g}$.

La transformation et la cotransformation de Fourier définies sur $\mathscr{M}^1(\widehat{G})$ sont à valeurs dans l'espace des fonctions continues bornées sur G. Pour $\beta \in \mathscr{M}^1(\widehat{G})$ et $x \in G$, on a

$$\mathscr{F}_{\widehat{G}}(\beta)(x) = \int_{\widehat{G}} \overline{\langle \chi, x\rangle} d\beta(\chi), \qquad \overline{\mathscr{F}}_{\widehat{G}}(\beta)(x) = \int_{\widehat{G}} \langle \chi, x\rangle d\beta(\chi).$$

Les transformations de Fourier de G et $\widehat{G}$ sont également transposées l'une de l'autre. Plus précisément :

PROPOSITION 13. — *Soient* $\alpha \in \mathscr{M}^1(G)$ *et* $\beta \in \mathscr{M}^1(\widehat{G})$. *On a alors*

$$\mathscr{F}_G(\overline{\mathscr{F}}_{\widehat{G}}(\beta) \cdot \alpha) = \beta * \mathscr{F}_G(\alpha) \tag{30}$$

et en particulier

$$\int_G \mathscr{F}_{\widehat{G}}(\beta)(x)d\alpha(x) = \int_{\widehat{G}} \mathscr{F}_G(\alpha)(\chi)d\beta(\chi). \tag{31}$$

La formule (30) implique la formule (31) en évaluant les deux côtés de l'identité en $\chi = 1$. Démontrons (30). Soit $\chi \in \widehat{\mathrm{G}}$. Il vient

$$\begin{aligned}(\mathscr{F}_{\mathrm{G}}(\overline{\mathscr{F}}_{\widehat{\mathrm{G}}}(\beta)\cdot\alpha))(\chi) &= \int_{\mathrm{G}} \overline{\langle\chi, x\rangle}\,\overline{\mathscr{F}}_{\widehat{\mathrm{G}}}(\beta)(x)d\alpha(x)\\ &= \int_{\mathrm{G}} \overline{\langle\chi, x\rangle}\Big(\int_{\widehat{\mathrm{G}}}\langle\xi, x\rangle d\beta(\xi)\Big)d\alpha(x).\end{aligned}$$

La fonction $(x,\xi) \mapsto \overline{\langle\chi, x\rangle}\langle\xi, x\rangle$ est continue et bornée, donc intégrable sur $\mathrm{G}\times\widehat{\mathrm{G}}$ par rapport à la mesure $\alpha\otimes\beta$. D'après le théorème de Lebesgue-Fubini (INT, V, §8, n° 4, th. 1, *a*)), on obtient

$$\begin{aligned}(\mathscr{F}_{\mathrm{G}}(\overline{\mathscr{F}}_{\widehat{\mathrm{G}}}(\beta)\cdot\alpha))(\chi) &= \int_{\widehat{\mathrm{G}}}\Big(\int_{\mathrm{G}} \overline{\langle\chi\xi^{-1}, x\rangle}d\alpha(x)\Big)d\beta(\xi)\\ &= \int_{\widehat{\mathrm{G}}}\mathscr{F}_{\mathrm{G}}(\alpha)(\chi\xi^{-1})d\beta(\xi) = (\beta * \mathscr{F}_{\mathrm{G}}(\alpha))(\chi),\end{aligned}$$

comme désiré.

COROLLAIRE. — *La transformation de Fourier $\mathscr{F}_{\mathrm{G}}$ est injective sur $\mathscr{M}^1(\mathrm{G})$.*

En effet, si $\alpha \in \mathscr{M}^1(\mathrm{G})$ vérifie $\mathscr{F}_{\mathrm{G}}(\alpha) = 0$, on déduit de (31) que $\alpha(\mathscr{F}_{\widehat{\mathrm{G}}}(f)) = 0$ pour toute $f \in \mathrm{L}^1(\widehat{\mathrm{G}})$; comme l'image de $\mathrm{L}^1(\widehat{\mathrm{G}})$ par la transformation de Fourier est dense dans $\mathscr{C}_0(\mathrm{G})$ (cor. de la prop. 5 de II, p. 209), on a donc $\alpha = 0$.

Il existe des espaces fonctionnels sur G et $\widehat{\mathrm{G}}$, autres que $\mathrm{L}^2(\mathrm{G})$ et $\mathrm{L}^2(\widehat{\mathrm{G}})$, sur lesquels $\mathscr{F}$ et $\overline{\mathscr{F}}$ sont des isomorphismes inverses l'un de l'autre. Le théorème suivant en donne un exemple. On note B(G) le sous-espace vectoriel de $\mathrm{L}^1(\mathrm{G})$ formé des éléments $f \in \mathrm{L}^1(\mathrm{G})$ tels que $\mathscr{F}_{\mathrm{G}}(f) \in \mathrm{L}^1(\widehat{\mathrm{G}})$. C'est une sous-algèbre de $\mathrm{L}^1(\mathrm{G})$. En effet, soient f et g dans B(G). On a $f * g \in \mathrm{L}^1(\mathrm{G})$ et $\mathscr{F}_{\mathrm{G}}(f*g) = \mathscr{F}_{\mathrm{G}}(f)\mathscr{F}_{\mathrm{G}}(g) \in \mathrm{L}^1(\widehat{\mathrm{G}})$, puisque $\mathscr{F}_{\mathrm{G}}(f) \in \mathrm{L}^1(\widehat{\mathrm{G}})$ et $\mathscr{F}_{\mathrm{G}}(g) \in \mathscr{C}_0(\widehat{\mathrm{G}})$.

THÉORÈME 3. — *La restriction de la transformation de Fourier à* B(G) *induit un isomorphisme d'espaces vectoriels de* B(G) *sur* $\mathrm{B}(\widehat{\mathrm{G}})$, *dont la réciproque est induite par la restriction à* $\mathrm{B}(\widehat{\mathrm{G}})$ *de la cotransformation de Fourier.*

Soit $f \in \mathrm{B}(\mathrm{G})$. Notons $g = \mathscr{F}_{\mathrm{G}}(f)$. On a $g \in \mathrm{L}^1(\widehat{\mathrm{G}}) \cap \mathscr{C}_0(\widehat{\mathrm{G}}) \subset \mathrm{L}^1(\widehat{\mathrm{G}}) \cap \mathrm{L}^2(\widehat{\mathrm{G}})$. Posons $f_1 = \overline{\mathscr{F}}_{\widehat{\mathrm{G}}}(g) \in \mathrm{L}^2(\mathrm{G})$. Pour toute fonction continue à support compact $h \in \mathscr{K}(\widehat{G})$, on a $h \in L^1(\widehat{G}) \cap L^2(\widehat{G})$ et

$$\begin{aligned}\int_G f_1(x)\mathscr{F}_{\widehat{G}}(h)(x)dx &= \int_G \overline{\mathscr{F}}_{\widehat{G}}(g)(x)\overline{\overline{\mathscr{F}}_{\widehat{G}}(\overline{h})(x)}dx \\ &= \int_{\widehat{G}} g(\chi)h(\chi)d\widehat{x}(\chi) \\ &= \int_{\widehat{G}} \mathscr{F}_G(f)(\chi)h(\chi)d\widehat{x}(\chi) = \int_G f(x)\mathscr{F}_{\widehat{G}}(h)(x)dx\end{aligned}$$

en utilisant le théorème de Plancherel et la formule (31). Puisque $\mathscr{K}(\widehat{G})$ est dense dans $L^2(\widehat{G})$, son image par la transformation de Fourier est dense dans $L^2(G)$. Par conséquent, on a $f_1 = f$ dans $L^1(G)$; cela démontre que $g \in B(\widehat{G})$.

La formule $f_1 = f$ signifie que la restriction à $B(G)$ de la composition $\overline{\mathscr{F}}_{\widehat{G}} \circ \mathscr{F}_G$ est l'application identique de $B(G)$. En échangeant les rôles de G et $\widehat{G}$, on constate que $\mathscr{F}_G \circ \overline{\mathscr{F}}_{\widehat{G}}$ est l'application identique de $B(\widehat{G})$, ce qui achève la preuve du théorème.

Corollaire 1. — *Soit $f \in L^1(G)$. Alors $f \in B(G)$ si et seulement si f appartient à l'image de la transformation de Fourier $\mathscr{F}_{\widehat{G}}$ sur $L^1(\widehat{G})$. En particulier, on a $A(G) \subset B(G)$.*

Le théorème 3 prouve que si $f \in B(G)$, alors $f = \mathscr{F}_{\widehat{G}}(\overline{\mathscr{F}}_G(f))$, où $\overline{\mathscr{F}}_G(f)$ appartient à $L^1(\widehat{G})$. Réciproquement, si $f = \mathscr{F}_{\widehat{G}}(g)$, où $g \in L^1(\widehat{G})$, alors on a $g \in B(\widehat{G})$ et donc $f \in B(G)$ d'après le théorème. La dernière assertion résulte alors de la prop. 11 de II, p. 217.

Corollaire 2. — *L'espace vectoriel $B(G)$ est une algèbre à la fois pour la multiplication et pour la convolution. La transformation de Fourier échange convolution et multiplication dans $B(G)$ et $B(\widehat{G})$.*

On a déjà vu que $B(G)$ est une sous-algèbre de $L^1(G)$. D'autre part, si f et g appartiennent à $B(G)$, alors $fg \in L^1(G)$ puisque $f \in L^1(G)$ et g appartient à l'image de la transformation de Fourier sur $L^1(\widehat{G})$ (corollaire 1). Comme il existe f_1 et g_1 dans $L^1(\widehat{G})$ telles que $f = \mathscr{F}_{\widehat{G}}(f_1)$ et $g = \mathscr{F}_{\widehat{G}}(g_1)$ (*loc. cit.*), on a $fg = \mathscr{F}_{\widehat{G}}(f_1 * g_1)$, et donc $fg \in B(G)$ de nouveau par le corollaire précédent.

Proposition 14. — *Soient f et g dans $L^2(G)$. Alors $\mathscr{F}_G(fg) = \mathscr{F}_G(f) * \mathscr{F}_G(g)$.*

L'égalité est vraie si f et g appartiennent à $B(G)$ (corollaire 2), et en particulier si f et g appartiennent à $A(G)$ puisque $A(G) \subset B(G)$ (cor. 1). Comme $A(G)$ est dense dans $L^2(G)$ (cor. 1 de II, p. 212), il suffit de démontrer que les deux membres de l'égalité sont des fonctions continues de $(f, g) \in L^2(G) \times L^2(G)$ à valeurs dans $\mathscr{C}_0(\widehat{G})$. Or l'application $(f, g) \mapsto \mathscr{F}_G(fg)$ s'obtient en composant l'application continue $(f, g) \mapsto fg$ de $L^2(G) \times L^2(G)$ dans $L^1(G)$ et la transformation de Fourier $\mathscr{F}_G$ de $L^1(G)$ dans $\mathscr{C}_0(\widehat{G})$, qui est également continue. De même, l'application $(f, g) \mapsto \mathscr{F}_G(f) * \mathscr{F}_G(g)$ s'obtient en composant les applications continues $(f, g) \mapsto (\mathscr{F}_G(f), \mathscr{F}_G(g))$ de $L^2(G) \times L^2(G)$ dans $L^2(\widehat{G}) \times L^2(\widehat{G})$ et $(h_1, h_2) \mapsto h_1 * h_2$ de $L^2(\widehat{G}) \times L^2(\widehat{G})$ dans $\mathscr{C}_0(\widehat{G})$ (INT, VIII, §4, n° 5, prop. 15).

Remarque. — Voir le n° 9 et les exercices 22 de II, p. 270 et 31 de II, p. 275 pour d'autres exemples d'espaces fonctionnels sur lesquels la transformation de Fourier est un isomorphisme, dans le cas de groupes G particuliers.

6. Propriétés fonctorielles de la dualité

Soient G et H des groupes localement compacts commutatifs. Rappelons que si $\varphi\colon G \to H$ est un morphisme de groupes topologiques, le morphisme dual $\widehat{\varphi}\colon \widehat{H} \to \widehat{G}$ est défini par $\langle \chi, \varphi(x) \rangle = \langle \widehat{\varphi}(\chi), x \rangle$ quels que soient $\chi \in \widehat{H}$ et $x \in G$. Cette définition montre que $\widehat{\widehat{\varphi}} = \varphi$ avec les identifications de G (resp. H) et $\widehat{\widehat{G}}$ (resp. $\widehat{\widehat{H}}$) du théorème 2 de II, p. 220.

Soit θ une application de $G \times H$ dans $\mathbf{U}$. Pour tout $x \in G$ (resp. tout $y \in H$), soit θ_x (resp. θ^y) la fonction de G dans $\mathbf{U}$ définie par $y \mapsto \theta(x, y)$ (resp. la fonction de H dans $\mathbf{U}$ définie par $x \mapsto \theta(x, y)$). Supposons que l'application $\alpha\colon x \mapsto \theta_x$ soit un isomorphisme du groupe topologique G sur le groupe topologique $\widehat{H}$. Pour tout $y \in H$ et $x \in G$, on a

$$\theta^y(x) = \theta(x, y) = \langle \alpha(x), y \rangle = \langle x, \widehat{\alpha}(y) \rangle,$$

c'est-à-dire $\theta^y = \widehat{\alpha}(y)$. D'après le th. 2 de II, p. 220, l'application $\beta\colon y \mapsto \theta^y$ est donc un isomorphisme du groupe topologique H sur le groupe topologique $\widehat{G}$. Dans ces conditions, nous dirons que θ *met* G *et* H *en dualité*, ou que G *et* H *sont en dualité relativement à* θ. Nous identifierons alors chacun des groupes G et H au dual de l'autre. On appellera *mesure duale de la mesure de Haar* dx la mesure de Haar sur H obtenue par transport de structure à partir de la mesure duale de dx.

Lemme 7. — *Soient* $(\mathrm{G}_i)_{i\in\mathrm{I}}$ *et* $(\mathrm{H}_i)_{i\in\mathrm{I}}$ *des familles finies de groupes topologiques localement compacts. Pour* $i \in \mathrm{I}$, *soit* $\theta_i \colon \mathrm{G}_i \times \mathrm{H}_i \to \mathbf{U}$ *une application qui met les groupes* G_i *et* H_i *en dualité. L'application* θ *définie par*

$$\theta((g_i),(h_i)) = \prod_{i\in\mathrm{I}} \theta_i(g_i,h_i)$$

met les groupes $\prod \mathrm{G}_i$ *et* $\prod \mathrm{H}_i$ *en dualité.*

Cela résulte de la prop. 2 de II, p. 206 et de la définition qui précède.

DÉFINITION 5. — *Soient* G, H *et* K *des groupes topologiques. Soient* $f \colon \mathrm{H} \to \mathrm{G}$ *et* $g \colon \mathrm{G} \to \mathrm{K}$ *des morphismes de groupes topologiques. On dit que le couple* (f,g) *est une* suite exacte de groupes topologiques, *si c'est une suite exacte de groupes* (A, II, p. 10, remarque 5) *et si* f *et* g *sont des morphismes stricts.*

On représentera une suite exacte par le diagramme

$$\mathrm{H} \xrightarrow{f} \mathrm{G} \xrightarrow{g} \mathrm{K},$$

et on dira qu'un diagramme

$$\mathrm{G}_1 \xrightarrow{f_1} \mathrm{G}_2 \xrightarrow{f_2} \mathrm{G}_3 \to \cdots \to \mathrm{G}_n \xrightarrow{f_n} \mathrm{G}_{n+1}$$

est exact si chaque couple (f_i, f_{i+1}) pour $1 \leqslant i \leqslant n-1$ est exact.

Une suite

$$1 \to \mathrm{H} \xrightarrow{f} \mathrm{G} \xrightarrow{g} \mathrm{K} \to 1$$

est exacte si et seulement si f est un morphisme injectif strict, g est un morphisme surjectif strict, et le noyau de g est égal à l'image de f. Si K est séparé, l'image de f est un sous-groupe fermé de G.

Exemples. — 1) Soit $f \colon \mathrm{H} \to \mathrm{G}$ un morphisme injectif strict dont l'image est un sous-groupe distingué. La suite

$$1 \to \mathrm{H} \xrightarrow{f} \mathrm{G} \xrightarrow{p} \mathrm{G}/f(\mathrm{H}) \to 1,$$

où p est la projection canonique, est exacte. En particulier, si H est un sous-groupe fermé et distingué de G, la suite de groupes topologiques

$$1 \to \mathrm{H} \xrightarrow{j} \mathrm{G} \xrightarrow{p} \mathrm{G}/\mathrm{H} \to 1,$$

où j est l'inclusion et p la projection canonique, est exacte.

2) Soit $g\colon \mathrm{G} \to \mathrm{K}$ un morphisme surjectif strict. La suite

$$1 \to \mathrm{Ker}(g) \xrightarrow{j} \mathrm{G} \xrightarrow{g} \mathrm{K} \to 1,$$

où j est l'inclusion, est exacte

THÉORÈME 4. — *Une suite*

$$\mathrm{H} \xrightarrow{f} \mathrm{G} \xrightarrow{g} \mathrm{K}$$

de groupes topologiques localement compacts commutatifs est exacte si, et seulement si, la suite duale

$$\widehat{\mathrm{K}} \xrightarrow{\widehat{g}} \widehat{\mathrm{G}} \xrightarrow{\widehat{f}} \widehat{\mathrm{H}}$$

est exacte.

Nous commencerons par démontrer quelques lemmes. On notera que chacun d'entre eux est par ailleurs une conséquence facile de l'assertion du th. 4.

Lemme 8. — *Soit* $g\colon \mathrm{G} \to \mathrm{K}$ *un morphisme de groupes topologiques localement compacts commutatifs. Si le morphisme* g *est surjectif et strict, alors* $\widehat{g}$ *est injectif et strict.*

Puisque g est surjectif, le morphisme $\widehat{g}$ est injectif (lemme 2 de II, p. 205). Pour démontrer que $\widehat{g}$ est un morphisme strict, il suffit de démontrer que pour tout voisinage U de e dans $\widehat{\mathrm{K}}$, il existe un voisinage V de e dans $\widehat{\mathrm{G}}$ tel que $\overset{-1}{\widehat{g}}(\mathrm{V}) \subset \mathrm{U}$ (lemme 2 de II, p. 200). Soit U un tel voisinage de e dans $\widehat{\mathrm{K}}$. Par définition de la topologie de $\widehat{\mathrm{K}}$, il existe une partie compacte X de K et un nombre $\varepsilon > 0$ tels que U contienne l'ensemble des $\widehat{z} \in \widehat{\mathrm{K}}$ qui, pour tout $z \in \mathrm{X}$, vérifient $|\langle \widehat{z}, z\rangle - 1| < \varepsilon$. Puisque g est strict et surjectif, il existe, d'après TG, I, p. 80, prop. 10, une partie compacte X_0 de G telle que $g(\mathrm{X}_0) = \mathrm{X}$. Soit V le voisinage de e dans $\widehat{\mathrm{G}}$ formé des éléments $\chi \in \widehat{\mathrm{G}}$ tels que, pour tout $x \in \mathrm{X}_0$, on ait $|\langle \chi, x\rangle - 1| < \varepsilon$. On a alors $\overset{-1}{\widehat{g}}(\mathrm{V}) \subset \mathrm{U}$. Cela démontre l'assertion.

Lemme 9. — *Soit* $f\colon \mathrm{H} \to \mathrm{G}$ *un morphisme de groupes topologiques localement compacts. Si le morphisme* f *est injectif et strict, alors* $\widehat{f}$ *est surjectif et strict.*

Supposons que f est injectif et strict. Le morphisme $\widehat{f}$ induit par passage au quotient un morphisme $q\colon \widehat{\mathrm{G}}/\mathrm{Ker}(\widehat{f}) \to \widehat{\mathrm{H}}$. Il s'agit de démontrer que c'est un isomorphisme de groupes topologiques ; par dualité, il suffit pour cela de démontrer que son dual $\widehat{q}$ est un isomorphisme.

Notons L le groupe dual de $\widehat{\mathrm{G}}/\mathrm{Ker}(\widehat{f})$ et $p\colon \widehat{\mathrm{G}} \to \widehat{\mathrm{G}}/\mathrm{Ker}(\widehat{f})$ la projection canonique. Nous allons d'abord démontrer que $\widehat{p}$ induit, par passage aux sous-espaces, un isomorphisme de L sur $f(\mathrm{H})$.

On a $q \circ p = \widehat{f}$, d'où $\widehat{p} \circ \widehat{q} = f$. L'image de $\widehat{p}$ contient donc $f(\mathrm{H})$.

Comme f est strict, son image $f(\mathrm{H})$ est un sous-groupe localement compact de G, et est donc fermé (TG, III, p. 22, cor. 2). Soit $\mathrm{K} = \mathrm{G}/f(\mathrm{H})$ et considérons la suite exacte

$$1 \to \mathrm{H} \xrightarrow{f} \mathrm{G} \xrightarrow{g} \mathrm{K} \to 1$$

associée (exemple 1). Par dualité, le morphisme $\widehat{f} \circ \widehat{g}$ est trivial et donc l'image de $\widehat{g}$ est contenue dans $\mathrm{Ker}(\widehat{f}) = \mathrm{Ker}(p)$. Ainsi $p \circ \widehat{g}$ est le morphisme trivial et, à nouveau par dualité, $g \circ \widehat{p}$ est aussi trivial. Il en résulte que l'image de $\widehat{p}$ est contenue dans le noyau de g, qui est égal à $f(\mathrm{H})$. On conclut que l'image de $\widehat{p}$ est égale à $f(\mathrm{H})$.

Par ailleurs, puisque p est un morphisme surjectif et strict, le morphisme dual $\widehat{p}$ est un morphisme injectif strict de L dans G (lemme 8). Il en résulte que $\widehat{p}$ induit un isomorphisme de groupes topologiques de L sur $f(\mathrm{H})$. Puisque $\widehat{p} \circ \widehat{q} = f$, et que f induit un isomorphisme de H sur son image $f(\mathrm{H})$, le morphisme $\widehat{q}$ est un isomorphisme.

Lemme 10. — *Soit*

$$\mathrm{H} \xrightarrow{f} \mathrm{G} \xrightarrow{g} \mathrm{K}$$

une suite exacte de groupes localement compacts commutatifs. Le noyau de $\widehat{f}$ est égal à l'image de $\widehat{g}$.

L'homomorphisme $\widehat{f} \circ \widehat{g}$ est trivial par dualité, donc l'image de $\widehat{g}$ est contenue dans le noyau de $\widehat{f}$. Réciproquement, soit χ dans le noyau de $\widehat{f}$. Cela signifie que $\mathrm{Im}(f) = \mathrm{Ker}(g)$ est contenu dans le noyau de χ, donc qu'il existe un caractère η de $\mathrm{Im}(g)$ tel que $\eta \circ g = \chi$. Puisque l'inclusion de $\mathrm{Im}(g)$ dans K est stricte, l'application duale de restriction des caractères de K à $\mathrm{Im}(g)$ est surjective (lemme 9). Il existe donc un caractère β de K tel que η est la restriction de β, et il vient $\chi = \beta \circ g = \widehat{g}(\beta)$. On en conclut que le noyau de $\widehat{f}$ est contenu dans l'image de $\widehat{g}$.

Démontrons maintenant le théorème 4. Il suffit par dualité de démontrer que la suite $\widehat{\mathrm{K}} \xrightarrow{\widehat{g}} \widehat{\mathrm{G}} \xrightarrow{\widehat{f}} \widehat{\mathrm{H}}$ est exacte lorsque la suite $\mathrm{H} \xrightarrow{f} \mathrm{G} \xrightarrow{g} \mathrm{K}$ l'est. Or, d'après les lemmes 8 et 9, les morphismes

$\widehat{f}$ et $\widehat{g}$ sont stricts et d'après le lemme 10, le noyau de $\widehat{f}$ est égal à l'image de $\widehat{g}$.

COROLLAIRE 1. — *Soit*

$$1 \to \mathrm{H} \xrightarrow{f} \mathrm{G} \xrightarrow{g} \mathrm{K} \to 1$$

une suite exacte de groupes topologiques localement compacts commutatifs. Le morphisme $\widehat{g}$ *induit un isomorphisme entre* $\widehat{\mathrm{K}}$ *et* $f(\mathrm{H})^{\perp}$, *et* $\widehat{f}$ *induit par passage au quotient un isomorphisme entre* $\widehat{\mathrm{G}}/f(\mathrm{H})^{\perp}$ *et* $\widehat{\mathrm{H}}$.

D'après le théorème 4, la suite

$$1 \to \widehat{\mathrm{K}} \xrightarrow{\widehat{g}} \widehat{\mathrm{G}} \xrightarrow{\widehat{f}} \widehat{\mathrm{H}} \to 1 \tag{32}$$

est exacte. Le morphisme $\widehat{g}$ induit donc un isomorphisme de $\widehat{\mathrm{K}}$ sur $\mathrm{Ker}(\widehat{f}) = f(\mathrm{H})^{\perp}$ (lemme 2 de II, p. 205), et $\widehat{f}$ induit par passage au quotient un isomorphisme de $\widehat{\mathrm{G}}/\mathrm{K}er(\widehat{f}) = \widehat{\mathrm{G}}/f(\mathrm{H})^{\perp}$ sur $\widehat{\mathrm{H}}$ (*loc. cit.*).

COROLLAIRE 2. — *Soit* $f\colon \mathrm{G} \to \mathrm{H}$ *un morphisme de groupes topologiques localement compacts commutatifs. Le morphisme* f *est strict si et seulement si* $\widehat{f}$ *est strict.*

D'après la décomposition canonique (E, II, p. 44) d'un morphisme strict, cela résulte des lemmes 8 et 9.

COROLLAIRE 3. — *Soit* H *un sous-groupe de* G. *On a* $(\mathrm{H}^{\perp})^{\perp} = \overline{\mathrm{H}}$.

Puisque $\mathrm{H}^{\perp} = \overline{\mathrm{H}}^{\perp}$, on peut supposer que H est fermé. Soit $f\colon \mathrm{H} \to \mathrm{G}$ l'injection canonique et $p\colon \mathrm{G} \to \mathrm{G}/\mathrm{H}$ la projection canonique. On a $\mathrm{H}^{\perp} = \mathrm{Ker}(\widehat{f})$ (lemme 10). Soit k l'injection canonique de $\mathrm{H}^{\perp}$ dans $\widehat{\mathrm{G}}$. D'après le théorème 4, le morphisme $\widehat{p}$ induit un isomorphisme $\widehat{p}_{\mathrm{H}}\colon \widehat{\mathrm{G}/\mathrm{H}} \to \mathrm{H}^{\perp}$ de groupes topologiques et on a $k \circ \widehat{p}_{\mathrm{H}} = \widehat{p}$. Par conséquent (corollaire 1), il vient

$$(\mathrm{H}^{\perp})^{\perp} = \mathrm{Ker}(\widehat{k}) = \mathrm{Ker}(\widehat{\widehat{p}}_{\mathrm{H}} \circ \widehat{k}) = \mathrm{Ker}(p) = \mathrm{H}.$$

COROLLAIRE 4. — *Soit* I *un ensemble et soit* $(\mathrm{H}_i)_{i\in\mathrm{I}}$ *une famille de sous-groupes fermés de* G. *L'orthogonal du sous-groupe fermé engendré par les* H_i *est* $\bigcap_{i\in\mathrm{I}} \mathrm{H}_i^{\perp}$. *L'orthogonal de* $\bigcap_i \mathrm{H}_i$ *est le sous-groupe fermé engendré par les sous-groupes* $\mathrm{H}_i^{\perp}$.

La première assertion découle de la définition de l'orthogonal. En appliquant ce résultat et le cor. 3 à la famille de sous-groupes fermés $(\mathrm{H}_i^{\perp})_{i\in\mathrm{I}}$ de $\widehat{\mathrm{G}}$, on voit que $\bigcap_i \mathrm{H}_i$ est l'orthogonal du sous-groupe fermé engendré par les sous-groupes $\mathrm{H}_i^{\perp}$, et la seconde assertion est alors obtenue par dualité.

Corollaire 5. — *Soit* $\varphi\colon \mathrm{G} \to \mathrm{H}$ *un morphisme de groupes localement compacts commutatifs. Alors le sous-groupe* $\overline{\mathrm{Im}(\varphi)}$ *de* H *et le sous-groupe* $\mathrm{Ker}(\widehat{\varphi})$ *de* $\widehat{\mathrm{H}}$ *sont l'orthogonal l'un de l'autre. En particulier, pour que* $\widehat{\varphi}$ *soit injectif, il faut et il suffit que l'image de* φ *soit dense dans* H.

On a $\mathrm{Ker}(\widehat{\varphi}) = \varphi(\mathrm{G})^{\perp}$ (lemme 2 de II, p. 205), d'où le résultat d'après le cor. 3.

Corollaire 6. — *Soit* $k \in \mathbf{Z}$. *Alors le noyau de l'homomorphisme* $x \mapsto x^k$ *de* G *dans* G *et l'adhérence de l'image du morphisme* $\chi \mapsto \chi^k$ *de* $\widehat{\mathrm{G}}$ *dans* $\widehat{\mathrm{G}}$ *sont l'orthogonal l'un de l'autre.*

Cela résulte du corollaire précédent puisque les morphismes $x \mapsto x^k$ de G dans G et $\chi \mapsto \chi^k$ de $\widehat{\mathrm{G}}$ dans $\widehat{\mathrm{G}}$ sont duaux l'un de l'autre.

Rappelons (A, X, p. 17) qu'un groupe commutatif A est *divisible* si, pour tout $n \in \mathbf{Z}$ non nul, l'application $a \mapsto a^n$ de A dans A est surjective.

Corollaire 7. — *Soit* G *un groupe localement compact commutatif.*

a) *Si* G *est divisible, alors le groupe dual* $\widehat{\mathrm{G}}$ *est sans torsion*;

b) *Si le groupe dual* $\widehat{\mathrm{G}}$ *est sans torsion, et si* $k \in \mathbf{Z}$ *est non nul, alors l'image de l'homomorphisme* $x \mapsto x^k$ *de* G *dans* G *est dense dans* G;

c) *Supposons* G *discret ou compact. Pour que* G *soit divisible il faut et il suffit que* $\widehat{\mathrm{G}}$ *soit sans torsion.*

Les assertions *a*) et *b*) résultent du cor. 6. Si G est discret ou compact, l'image du morphisme $x \mapsto x^k$ de G dans G est fermée, et *c*) résulte de *a*) et *b*).

Remarque. — Il existe des groupes localement compacts commutatifs G qui ne sont pas divisibles et tels que $\widehat{\mathrm{G}}$ est sans torsion (exercice 63 de II, p. 299).

7. La formule de Poisson

Dans ce numéro, on considère un sous-groupe fermé H de G. On note $\beta = dx$ la mesure de Haar sur G et $\widehat{\beta}$ la mesure de Haar duale sur $\widehat{\mathrm{G}}$. On note α une mesure de Haar sur H et $\widehat{\alpha}$ la mesure de Haar duale sur le groupe dual $\widehat{\mathrm{H}}$, que l'on identifie à $\widehat{\mathrm{G}}/\mathrm{H}^{\perp}$ (théorème 4 de

II, p. 226). On identifie aussi $\widehat{G/H}$ à $H^{\perp}$ par l'application duale de la projection canonique $G \to G/H$ (*loc. cit.*).

On désignera par $\dot{x}$ l'image canonique d'un élément x de G dans G/H et par $\dot{\chi}$ l'image canonique d'un élément χ de $\widehat{G}$ dans $\widehat{G}/H^{\perp}$.

On note γ la mesure de Haar β/α sur G/H (INT, VII, §2, n° 2, déf. 1 et n° 7, prop. 10), et $\widehat{\gamma}$ la mesure de Haar duale sur $H^{\perp}$. Rappelons (INT, VII, §2, n° 3, prop. 5, *c*)) que la mesure γ est caractérisée par la propriété suivante : pour toute $f \in \mathscr{L}^1(G)$, la fonction $y \mapsto f(xy)$ sur H est α-intégrable pour β-presque tout $x \in G$; son intégrale ne dépend que de $\dot{x}$ et la fonction définie γ-presque partout sur G/H par

$$f^{\flat} : \dot{x} \mapsto \int_{H} f(xh)d\alpha(h)$$

appartient à $L^1(G/H, \gamma)$ et vérifie

$$\int_{G/H} f^{\flat} d\gamma = \int_{G} f d\beta. \tag{33}$$

Proposition 15. — *Soit $f \in L^1(G)$ telle que la restriction à $H^{\perp}$ de la fonction continue $\mathscr{F}_G(f)$ est intégrable relativement à $\widehat{\gamma}$. Alors, pour presque tout $x \in G$, la fonction $y \mapsto f(xy)$ sur H est α-intégrable, et l'on a :*

$$\int_{H} f(xy)d\alpha(y) = \int_{H^{\perp}} \langle \chi, x\rangle \mathscr{F}_G(f)(\chi)d\widehat{\gamma}(\chi).$$

D'après ce qui précède, la fonction $f^{\flat}$ définie presque partout sur G/H par

$$f^{\flat}(\dot{x}) = \int_{H} f(xy)d\alpha(y)$$

appartient à $L^1(G/H)$. La transformée de Fourier de $f^{\flat}$ s'identifie à la fonction sur $H^{\perp} = \widehat{G/H}$ donnée pour $\chi \in H^{\perp}$ par

$$\begin{aligned}\mathscr{F}_{G/H}(f^{\flat})(\chi) &= \int_{G/H} \overline{\langle \chi, \dot{x}\rangle} f^{\flat}(\dot{x})d\gamma(\dot{x}) \\ &= \int_{G} \overline{\langle \chi, x\rangle} f(x)d\beta(x) = \mathscr{F}_G(f)(\chi)\end{aligned}$$

d'après la formule (33), appliquée à la fonction intégrable $x \mapsto \overline{\langle \chi, x\rangle} f(x)$. Par hypothèse, la fonction $\mathscr{F}(f)|H^{\perp} = \mathscr{F}_{G/H}(f^{\flat})$ appartient à $L^1(H^{\perp})$, et donc la fonction $f^{\flat}$ appartient à l'espace B(G/H). Il en résulte (th. 3 de II, p. 222) que $f^{\flat}$ coïncide presque partout avec

$\overline{\mathscr{F}}_{\widehat{\mathrm{G/H}}}(\mathscr{F}_{\mathrm{G/H}}(f^\flat))$. Pour presque tout $\dot{x} \in \mathrm{G/H}$, on a donc

$$f^\flat(\dot{x}) = \int_{\mathrm{H}^\perp} \langle \chi, x \rangle \mathscr{F}_{\mathrm{G/H}}(f^\flat)(\chi) d\widehat{\gamma}(\chi) = \int_{\mathrm{H}^\perp} \langle \chi, x \rangle \mathscr{F}_{\mathrm{G}}(f)(\chi) d\widehat{\gamma}(\chi).$$

Cela conclut la preuve.

COROLLAIRE (Formule de Poisson). — *Soit* $f \in \mathscr{L}^1(\mathrm{G})$. *On suppose que les conditions suivantes sont vérifiées :*

(i) *La restriction de* $\mathscr{F}_{\mathrm{G}}(f)$ *à* $\mathrm{H}^\perp$ *est intégrable ;*

(ii) *Pour tout* $x \in \mathrm{G}$, *la fonction* $y \mapsto f(xy)$ *sur* H *est intégrable ;*

(iii) *L'application* $x \mapsto \int_{\mathrm{H}} f(xy) d\alpha(y)$ *est continue sur* G.

Alors on a

$$\int_{\mathrm{H}} f(y) d\alpha(y) = \int_{\mathrm{H}^\perp} \mathscr{F}_{\mathrm{G}}(f)(\chi) d\widehat{\gamma}(\chi). \tag{34}$$

En effet, reprenant les notations de la preuve de la proposition précédente, les fonctions $f^\flat$ et $\overline{\mathscr{F}}_{\widehat{\mathrm{G/H}}}(\mathscr{F}_{\mathrm{G/H}}(f^\flat))$ sur G/H sont continues et égales presque partout. Elle sont donc égales partout et en particulier en e, ce qui donne la formule (34).

PROPOSITION 16. — *La mesure* $\widehat{\alpha}$ *sur* $\widehat{\mathrm{H}} = \widehat{\mathrm{G}}/\mathrm{H}^\perp$ *est égale à* $\widehat{\beta}/\widehat{\gamma}$.

Fixons $f \in \mathscr{K}(\mathrm{G})$ non nulle. Pour $x \in \mathrm{G}$ et $\chi \in \widehat{\mathrm{G}}$, posons

$$\varphi(x, \chi) = \int_{\mathrm{H}} f(xy) \langle \chi, y \rangle d\alpha(y).$$

La fonction φ est continue sur $\mathrm{G} \times \widehat{\mathrm{G}}$ (INT, IV, §4, n° 3, cor. 1 du th. 2). Pour x fixé, $\varphi(x, \chi)$ ne dépend que de la classe de χ dans $\widehat{\mathrm{G}}/\mathrm{H}^\perp = \widehat{\mathrm{H}}$. Pour χ fixé, $\langle \chi, x \rangle \varphi(x, \chi)$ ne dépend que de la classe de x dans G/H, et la fonction $\dot{x} \mapsto \langle \chi, x \rangle \varphi(x, \chi)$ sur G/H est à support compact.

Soit $x \in \mathrm{G}$. La fonction $\dot{\chi} \mapsto \varphi(x, \chi)$ sur $\widehat{\mathrm{H}}$ est la cotransformée de Fourier de la fonction $y \mapsto f(xy)$ sur H. Celle-ci est de carré intégrable, donc d'après la formule de Plancherel (23) de II, p. 217, on a

$$\int_{\widehat{\mathrm{G}}/\mathrm{H}^\perp} |\varphi(x, \chi)|^2 d\widehat{\alpha}(\dot{\chi}) = \int_{\mathrm{H}} |f(xy)|^2 d\alpha(y). \tag{35}$$

Soit $\chi \in \widehat{\mathrm{G}}$. La fonction $\dot{x} \mapsto \langle \chi, x \rangle \varphi(x, \chi)$ appartient à $\mathscr{K}(\mathrm{G/H})$, donc à $\mathrm{L}^1(\mathrm{G/H})$. Sa cotransformée de Fourier est la fonction sur $\mathrm{H}^\perp$

dont la valeur en $\xi \in \mathrm{H}^{\perp}$ est

$$\begin{aligned}\int_{\mathrm{G}/\mathrm{H}} \langle \xi, \dot{x}\rangle\langle\chi, x\rangle\varphi(x,\chi)d\gamma(\dot{x}) &= \int_{\mathrm{G}/\mathrm{H}}\Big(\int_{\mathrm{H}}\langle\chi\xi, xy\rangle f(xy)d\alpha(y)\Big)d\gamma(\dot{x})\\ &= \int_{\mathrm{G}}\langle\chi\xi, x\rangle f(x)d\beta(x) = \overline{\mathscr{F}}_{\mathrm{G}}(f)(\chi\xi)\end{aligned}$$

d'après la formule (33). Donc

$$\int_{\mathrm{G}/\mathrm{H}}|\varphi(x,\chi)|^2 d\gamma(\dot{x}) = \int_{\mathrm{H}^{\perp}}|\overline{\mathscr{F}}_{\mathrm{G}}(f)(\chi\xi)|^2 d\widehat{\gamma}(\xi) \tag{36}$$

par la formule de Plancherel de nouveau.

On calcule alors finalement

$$\begin{aligned}\int_{\widehat{\mathrm{G}}}|\overline{\mathscr{F}}_{\mathrm{G}}(f)|^2 d\widehat{\beta} &= \int_{\mathrm{G}}|f|^2 d\beta && \text{(par (23))}\\ &= \int_{\mathrm{G}/\mathrm{H}} d\gamma(\dot{x})\int_{\mathrm{H}}|f(xy)|^2 d\alpha(y) && \text{(par (33))}\\ &= \int_{\mathrm{G}/\mathrm{H}} d\gamma(\dot{x})\int_{\widehat{\mathrm{G}}/\mathrm{H}^{\perp}}|\varphi(x,\chi)|^2 d\widehat{\alpha}(\dot{\chi}) && \text{(par (35))}\\ &= \int_{\widehat{\mathrm{G}}/\mathrm{H}^{\perp}} d\widehat{\alpha}(\dot{\chi})\int_{\mathrm{G}/\mathrm{H}}|\varphi(x,\chi)|^2 d\gamma(\dot{x})\\ &= \int_{\widehat{\mathrm{G}}/\mathrm{H}^{\perp}} d\widehat{\alpha}(\dot{\chi})\int_{\mathrm{H}^{\perp}}|\overline{\mathscr{F}}_{\mathrm{G}}(f)(\chi\xi)|^2 d\widehat{\gamma}(\xi) && \text{(par (36))},\end{aligned}$$

où on a appliqué INT, V, §8, n° 3, prop. 5 à la fonction continue positive $(\dot{x},\dot{\chi}) \mapsto |\varphi(x,\chi)|^2$ sur $\mathrm{G}/\mathrm{H} \times \widehat{\mathrm{G}}/\mathrm{H}^{\perp}$.

En comparant cette égalité avec la formule d'intégration (33) pour le groupe $\widehat{\mathrm{G}}$, on conclut alors que les mesures de Haar $\widehat{\alpha}$ et $\widehat{\beta}/\widehat{\gamma}$ coïncident.

8. Exemples de dualité

Proposition 17. — *Soit $n \geqslant 1$ un entier. Notons $\boldsymbol{\mu}_n$ le groupe des racines n-ièmes de l'unité dans $\mathbf{C}$. Les groupes $\mathbf{Z}/n\mathbf{Z}$ et $\boldsymbol{\mu}_n$ sont en dualité relativement à l'application induite par passage au quotient de l'application $\mathbf{Z} \times \boldsymbol{\mu}_n \to \mathbf{U}$ définie par $(m,z) \mapsto z^m$.*

Le groupe $\widehat{\mathbf{Z}/n\mathbf{Z}}$ coïncide avec l'ensemble des homomorphismes χ de $\mathbf{Z}/n\mathbf{Z}$ dans $\mathbf{U}$. Ceux-ci sont de la forme $m \mapsto \chi(1)^m$ où $\chi(1)$ est un élément quelconque de $\mathbf{U}$ tel que $\chi(1)^n = 1$, d'où le résultat.

Corollaire 1. — *Soit G un groupe fini commutatif. Le groupe dual $\widehat{\mathrm{G}}$ est isomorphe à G.*

Le groupe G est isomorphe à un produit fini de groupes cycliques (A, VII, p. 22, th. 3), et son groupe dual est isomorphe au produit des groupes duaux de ceux-ci (prop. 2 de II, p. 206). On est donc ramené au cas où G est cyclique, qui relève de la proposition 17 puisque le groupe $\boldsymbol{\mu}_n$ est cyclique d'ordre n (A, V, p. 75, th. 1).

COROLLAIRE 2. — *Soit* G *un groupe localement compact commutatif. Le groupe* G *est fini si et seulement si* $\widehat{\mathrm{G}}$ *est fini. Un sous-groupe fermé* H *de* G *est d'indice fini si et seulement si son orthogonal est fini.*

Par dualité, la première assertion découle du fait que le dual d'un groupe fini est fini (corollaire 1). La seconde en résulte, puisque $\widehat{\mathrm{G}/\mathrm{H}}$ s'identifie à $\mathrm{H}^{\perp}$ (th. 4 de II, p. 226).

PROPOSITION 18. — *Pour que* $\widehat{\mathrm{G}}$ *soit compact, il faut et il suffit que* G *soit discret. Si* G *est discret, la mesure duale de la mesure de comptage sur* G *est la mesure de Haar normalisée sur* $\widehat{\mathrm{G}}$*. Si* G *est compact, la mesure duale de la mesure de Haar normalisée est la mesure de comptage sur* $\widehat{\mathrm{G}}$.

Supposons G discret, et soit α la mesure de comptage sur G. Soit φ la fonction caractéristique de $e \in \mathrm{G}$. On a $\mathscr{F}_{\mathrm{G}}(\varphi) = 1$ sur $\widehat{\mathrm{G}}$. Comme $\mathscr{F}_{\mathrm{G}}(\varphi)$ tend vers 0 à l'infini, le groupe $\widehat{\mathrm{G}}$ est compact.

En outre, pour la mesure duale $\widehat{\alpha}$ de α, la fonction $\mathscr{F}_{\mathrm{G}}(\varphi)$ doit être d'intégrale $\varphi(e) = 1$ (prop. 12 de II, p. 219). Donc $\widehat{\alpha}(\widehat{\mathrm{G}}) = 1$.

Supposons G compact. Alors la mesure de Haar dx appartient à $\mathscr{M}^1(\mathrm{G})$. Sa transformée de Fourier est strictement positive en $\chi = e$ et nulle pour $\chi \neq 0$ (prop. 6 de II, p. 210). Puisque elle est continue sur $\widehat{\mathrm{G}}$, le groupe $\widehat{\mathrm{G}}$ est discret. Si la mesure de G est 1, on déduit par dualité du cas précédent que la mesure duale de la mesure dx est la mesure de comptage sur $\widehat{\mathrm{G}}$.

COROLLAIRE 1 (Relations d'orthogonalité). — *Supposons* G *discret et muni de la mesure de comptage. Pour x et y dans* G, *on a*

$$\int_{\widehat{\mathrm{G}}} \chi(x)\overline{\chi(y)}d\chi = \begin{cases} 0 & si\ x \neq y \\ 1 & si\ x = y. \end{cases}$$

Cela résulte du cor. du théo. 1 de II, p. 215 et de la dualité.

Corollaire 2. — *Soit* H *un sous-groupe fermé de* G.

a) *Pour que* H *soit compact, il faut et il suffit que* $H^\perp$ *soit ouvert dans* $\widehat{G}$;

b) *Pour que* H *soit ouvert, il faut et il suffit que* $H^\perp$ *soit compact dans* $\widehat{G}$.

a) Dire que $H^\perp$ est ouvert revient à dire que $\widehat{G}/H^\perp$ est discret, or $\widehat{G}/H^\perp$ est isomorphe à $\widehat{H}$ (th. 4 de II, p. 226) ; l'assertion découle donc de la prop. 18. L'assertion *b*) résulte par dualité de l'assertion *a*) appliquée à $H^\perp$.

Corollaire 3. — *Soit* $(H_i)_{i\in I}$ *une famille filtrante décroissante de sous-groupes compacts de* G. *Pour que* G *s'identifie à la limite projective des groupes* G/H_i, *il faut et il suffit que* $\widehat{G}$ *soit réunion des sous-groupes ouverts* $H_i^\perp$.

Dire que G s'identifie à la limite projective des G/H_i revient à dire que $\bigcap_i H_i = \{e\}$ (TG, III, p. 60, prop. 2), c'est-à-dire que $\bigcup_i H_i^\perp$ est dense dans $\widehat{G}$ (cor. 4 du th. 4 de II, p. 226). Or $\bigcup_i H_i^\perp$ est un sous-groupe ouvert, donc fermé, de $\widehat{G}$.

Corollaire 4. — *Soit* I *un ensemble et soit* $(H_i)_{i\in I}$ *une famille de groupes compacts. Le dual du groupe produit des* H_i *est le groupe discret somme directe des groupes* $\widehat{H}_i$.

C'est un cas particulier du cor. 3.

Proposition 19. — *Soit* K *un corps localement compact non discret, non nécessairement commutatif, et soit* G *le groupe additif de* K, *dont la loi de groupe est notée additivement. Soit* χ *un caractère unitaire de* G *distinct de* 1. *Pour* $x, y \in G$, *posons* $\theta(x,y) = \chi(xy)$. *Alors* G *est en dualité avec lui-même relativement à* θ.

Pour $y \in G$, soit χ_y l'application de G dans $\mathbf{U}$ telle que $\chi_y(x) = \chi(xy)$. On a $\chi_y \in \widehat{G}$, et il faut démontrer que $\beta\colon y \mapsto \chi_y$ est un isomorphisme de groupes topologiques de G dans $\widehat{G}$.

L'application β est un homomorphisme injectif de G dans $\widehat{G}$; elle est continue (TG, X, p. 28, th. 3 appliqué à l'application continue θ de $G \times G$ dans $\mathbf{C}$). Démontrons que θ est un homéomorphisme sur son image. Il suffit (lemme 2 de II, p. 200) de démontrer que pour tout voisinage U de 0 dans K, il existe un voisinage V de e dans $\widehat{G}$ tel que $\overset{-1}{\beta}(V) \subset U$. Soit $x \mapsto |x|$ une valeur absolue sur K définissant la topologie de K (AC, VI, §9, n° 1, prop. 1), et soit $x_0 \in K$ tel que

$\chi(x_0) \neq 1$; notons $\eta = |\chi(x_0) - 1| > 0$. Soit U un voisinage de 0 dans K. Il existe $\delta > 0$ tel que U contienne l'ensemble des $y \in \mathrm{K}$ tels que $|y| < \delta$. Soit V l'ensemble des caractères $\xi \in \widehat{\mathrm{G}}$ tels que $|\langle \xi, x \rangle - 1| < \eta$ pour tout élément $x \in \mathrm{K}$ vérifiant $|x| \leqslant |x_0|/\delta$. C'est un voisinage de e dans $\widehat{\mathrm{G}}$. Si $y \neq 0$ est tel que $\beta(y)$ appartient à V, on a donc $|\chi(xy) - 1| < |\chi(x_0) - 1|$ pour tout x tel que $|x| \leqslant |x_0|/\delta$. Par conséquent, on a $|x_0 y^{-1}| > |x_0|/\delta$, et donc $|y| < \delta$, de sorte que $y \in \mathrm{U}$.

Puisque β est un homéomorphisme sur son image, celle-ci est fermée dans $\widehat{\mathrm{G}}$ (TG, III, p. 22, cor. 2). Mais par ailleurs l'orthogonal de l'image de β est l'ensemble des éléments x de G tel que $\chi(xy) = 1$ pour tout $y \in \mathrm{G}$, et est donc réduit à $\{0\}$. L'image de β est donc dense dans $\widehat{\mathrm{G}}$ (corollaire 3 de II, p. 228). On conclut que β est surjective.

COROLLAIRE 1. — *Soient* K *un corps localement compact non discret non nécessairement commutatif et* χ *un caractère unitaire non trivial du groupe additif de* K. *Soit* E *un espace vectoriel topologique de dimension finie sur* K. *L'application* θ *de* $\mathrm{E} \times \mathrm{E}'$ *dans* $\mathbf{U}$ *définie par* $\theta(x, \lambda) = \chi(\langle \lambda, x \rangle)$ *pour* $(\lambda, x) \in \mathrm{E}' \times \mathrm{E}$ *met les groupes topologiques* E *et* E′ *en dualité.*

Soient n la dimension de E et $(e_1, \dots, e_n)$ une base de E. Elle permet d'identifier E et K^n (EVT, I, p. 14, th. 2). Le résultat découle alors de la prop. 19 et de la prop. 2 de II, p. 206.

On note $\mathbf{T}$ le groupe $\mathbf{R}/\mathbf{Z}$.

COROLLAIRE 2. — a) *Le groupe* $\mathbf{R}$ *est en dualité avec lui-même relativement à l'application* $(x, y) \mapsto \exp(2i\pi xy)$, *et la mesure duale de la mesure de Lebesgue est la mesure de Lebesgue* ;

b) *Les groupes* $\mathbf{Z}$ *et* $\mathbf{T}$ *sont en dualité relativement à l'application obtenue par passage au quotient à partir de l'application de* $\mathbf{Z} \times \mathbf{R}$ *dans* $\mathbf{U}$ *telle que* $(n, x) \mapsto \exp(2i\pi nx)$. *La mesure de Haar duale de la mesure de comptage sur* $\mathbf{Z}$ *est la mesure de Haar normalisée sur* $\mathbf{R}/\mathbf{Z}$.

Le groupe $\mathbf{R}$ est en dualité avec lui-même relativement à l'application $(x, y) \mapsto \exp(2i\pi xy)$ d'après la prop. 19. Identifions $\widehat{\mathbf{R}}$ à $\mathbf{R}$. L'orthogonal de $\mathbf{Z}$ dans $\widehat{\mathbf{R}} = \mathbf{R}$ est alors $\mathbf{Z}$, et *b*) résulte du th. 4 de II, p. 226.

Soient α la mesure de comptage sur $\mathbf{Z}$ et γ la mesure de Haar normalisée sur $\mathbf{T}$. Si β désigne la mesure de Lebesgue sur $\mathbf{R}$, on a $\gamma = \beta/\alpha$, puisque ces deux mesures de Haar sur $\mathbf{R}/\mathbf{Z}$ sont de masse 1. La mesure de Haar $\widehat{\alpha}$ sur $\widehat{\mathbf{Z}} = \mathbf{T}$ est la mesure de Haar normalisée (prop. 18), et la mesure de Haar $\widehat{\gamma}$ est la mesure de comptage sur $\mathbf{Z}$ (*loc. cit.*). D'après la prop. 16 de II, p. 231, la mesure duale de β est donc la mesure β.

Remarque. — On retrouve en particulier la détermination de $\mathsf{X}(\mathrm{L}^1(\mathbf{Z}))$ faite à l'exemple 4 de I, p. 36.

Pour tout entier $n \geqslant 0$ et $(x, y) \in \mathbf{R}^n \times \mathbf{R}^n$, on note

$$x \cdot y = \sum_{j=1}^{n} x_j y_j.$$

Corollaire 3. — *Soit $n \geqslant 1$ un entier. Le groupe $\mathbf{R}^n$ est en dualité avec lui-même relativement à l'application $(x, y) \mapsto \exp(2i\pi\ x \cdot y)$ et la mesure duale de la mesure de Lebesgue sur $\mathbf{R}^n$ est la mesure de Lebesgue. Les groupes $\mathbf{Z}^n$ et $\mathbf{T}^n = \mathbf{R}^n/\mathbf{Z}^n$ sont en dualité relativement à l'application obtenue par passage au quotient à partir de l'application $(n, x) \mapsto \exp(2i\pi\ x \cdot y)$, et la mesure de Haar duale de la mesure de comptage sur $\mathbf{Z}^n$ est la mesure de Haar normalisée sur $(\mathbf{R}/\mathbf{Z})^n$.*

Ceci résulte du lemme 7 de II, p. 225, de la proposition 10 de II, p. 217 et du corollaire 2.

Remarque. — Étant donné un sous-groupe H de $\mathbf{R}^n$, il lui correspond donc son orthogonal $\mathrm{H}^\perp$, un sous-groupe de $\widehat{\mathbf{R}^n} = \mathbf{R}^n$, qui n'est autre que le sous-groupe associé à H défini en TG, VII, p. 6, n° 3.

Dans la suite, on identifiera le dual de $\mathbf{R}^n$ (resp. de $\mathbf{T}^n$) avec $\mathbf{R}^n$ (resp. avec $\mathbf{Z}^n$) par la dualité du corollaire. En particulier, pour $f \in \mathrm{L}^1(\mathbf{R}^n)$, sa transformée de Fourier s'identifie à la fonction de $\mathbf{R}^n$ dans $\mathbf{C}$ qui à $y \in \mathbf{R}^n$ associe

$$\mathscr{F}(f)(y) = \int_{\mathbf{R}^n} f(x) \exp(-2i\pi\ x \cdot y) dx.$$

Corollaire 4. — *Le groupe $\mathbf{R}^*$ est en dualité avec le groupe $\{-1, 1\} \times \mathbf{R}$ par l'application $(x, (\sigma, t)) \mapsto \sigma(x/|x|)|x|^{it}$. Le groupe $\mathbf{R}^*_+$ est en dualité avec $\mathbf{R}$ par l'application $(x, t) \mapsto x^{it}$.*

En effet, l'application $x \mapsto (x/|x|, \log(|x|))$ est un isomorphisme de groupes topologiques de $\mathbf{R}^*$ sur $\{-1, 1\} \times \mathbf{R}$. L'assertion résulte alors du lemme 7 de II, p. 225, du corollaire 2 et du fait que les caractères unitaires de $\{-1, 1\}$ sont 1 et $x \mapsto x$.

Soit p un nombre premier. Le corps $\mathbf{Q}_p$ des nombres p-adiques est le complété de $\mathbf{Q}$ pour la valuation p-adique (INT, VII, § 1, n° 6, exemple, et AC, VI, § 3, n° 4, exemple 4). Pour tout $x \in \mathbf{Q}_p$, il existe un unique entier $\nu \geqslant 0$ et un unique entier q vérifiant $0 \leqslant q < p^{\nu}$ tels que $qp^{-\nu} - x \in \mathbf{Z}_p$ (A, VII, p. 10, th. 2, appliqué à l'anneau principal $\mathbf{Z}_p$ et à l'ensemble R_p des entiers j tels que $0 \leqslant j < p$). On note $\lambda(x) = qp^{-\nu}$.

PROPOSITION 20. — *L'application* $x \mapsto \exp(2i\pi\lambda(x))$ *est un caractère unitaire de* $\mathbf{Q}_p$ *dont le noyau est* $\mathbf{Z}_p$.

Pour x_1 et x_2 dans $\mathbf{Q}_p$, on a par définition $\lambda(x_1+x_2)-\lambda(x_1)-\lambda(x_2) \in \mathbf{Z}_p \cap \mathbf{Q} = \mathbf{Z}$. L'application λ est de plus localement constante puisque $\lambda(x + y) = \lambda(x)$ si $y \in \mathbf{Z}_p$. Il en découle alors que $x \mapsto \exp(2i\pi\lambda(x))$ est un caractère unitaire de $\mathbf{Q}_p$. Comme $\lambda(x) \in \mathbf{Z}$ si et seulement si $x \in \mathbf{Z}_p$, le noyau de ce caractère est $\mathbf{Z}_p$.

On rappelle qu'on appelle *mesure de Haar normalisée* sur le groupe additif de $\mathbf{Q}_p$ l'unique mesure de Haar μ telle que $\mu(\mathbf{Z}_p) = 1$ (INT, VII, §1, n° 6, exemple).

COROLLAIRE. — a) *Le groupe* $\mathbf{Q}_p$ *est en dualité avec lui-même relativement à l'application* $(x, y) \mapsto \exp(2i\pi\lambda(xy))$. *La mesure de Haar normalisée sur* $\mathbf{Q}_p$ *est alors sa propre duale ;*

b) *Les groupes* $\mathbf{Z}_p$ *et* $\mathbf{Q}_p/\mathbf{Z}_p$ *sont en dualité relativement à l'application obtenue par passage au quotient à partir de l'application définie par* $(z, x) \mapsto \exp(2i\pi\lambda(zx))$, *et la mesure duale de la mesure de Haar normalisée sur* $\mathbf{Z}_p$ *est la mesure de comptage sur* $\mathbf{Q}_p/\mathbf{Z}_p$.

La démonstration suit pas à pas celle du cor. 2 de la prop. 19.

9. Transformée de Fourier euclidienne et séries de Fourier

* Soit $n \in \mathbf{N}$. On identifie $\mathbf{R}^n$ et son dual comme dans le cor. 3 de II, p. 236. La mesure duale de la mesure de Lebesgue est alors la mesure de Lebesgue. On munit $\mathbf{R}^n$ de la norme euclidienne. Pour tout multi-indice $\alpha \in \mathbf{N}^n$, et tout $x = (x_1, \dots, x_n) \in \mathbf{R}^n$, on notera $x^\alpha = x_1^{\alpha_1} \cdots x_n^{\alpha_n}$, et on note X^α la fonction $x \mapsto x^\alpha$ sur $\mathbf{R}^n$.

Soit $m \in \mathbf{R}^m$. Tout morphisme continu de groupes commutatifs de $\mathbf{R}^m$ dans $\mathbf{R}^n$ est une application linéaire $\sigma \in \mathscr{L}(\mathbf{R}^n, \mathbf{R}^m)$ (TG, VII, p. 11, prop. 1). Le morphisme dual $\widehat{\sigma}$ s'identifie à l'application linéaire ${}^t\sigma$.

La transformation de Fourier dans $\mathbf{R}^n$ prend une forme particulièrement pratique dans le cadre de l'espace des fonctions de Schwartz et de son dual (IV, à paraître). Nous en résumons ici les résultats principaux.

Soit $\mathscr{S}(\mathbf{R}^n)$ l'espace des fonctions indéfiniment dérivables φ sur $\mathbf{R}^n$, à valeurs complexes, telles que, pour tout multi-indice $\alpha \in \mathbf{N}^n$ et tout entier $k \in \mathbf{N}$, la fonction

$$x \mapsto \|x\|^k \partial^\alpha \varphi(x)$$

est bornée sur $\mathbf{R}^n$. On munit $\mathscr{S}(\mathbf{R}^n)$ de la topologie localement convexe définie par les semi-normes

$$p_{k,\alpha}\colon \varphi \mapsto \sup_{x\in\mathbf{R}^n} \|x\|^k |\partial^\alpha \varphi(x)|.$$

On dit que $\mathscr{S}(\mathbf{R}^n)$ est l'*espace des fonctions de Schwartz* sur $\mathbf{R}^n$.

Pour tout $\alpha \in \mathbf{N}^n$, les applications $\varphi \mapsto \partial^\alpha\varphi$ et $\varphi \mapsto \mathrm{X}^\alpha\varphi$ sont continues de $\mathscr{S}(\mathbf{R}^n)$ dans lui-même. L'espace $\mathscr{S}(\mathbf{R}^n)$ est une algèbre topologique ; c'est un espace de Fréchet et un espace de Montel (EVT IV, p. 18, déf. 4). Pour tout $p \in [1, +\infty]$, l'espace $\mathscr{S}(\mathbf{R}^n)$ est contenu dans $\mathscr{L}^p(\mathbf{R}^n)$ et l'injection canonique de $\mathscr{S}(\mathbf{R}^n)$ dans $\mathscr{L}^p(\mathbf{R}^n)$ est continue. L'image de $\mathscr{S}(\mathbf{R}^n)$ dans $\mathrm{L}^p(\mathbf{R}^n)$ est dense si $p \neq +\infty$.

Comme toute fonction de Schwartz φ est intégrable sur $\mathbf{R}^n$, elle admet une transformée de Fourier notée $\widehat{\varphi}$ qui s'identifie à la fonction continue sur $\mathbf{R}^n$ définie par

$$y \mapsto \int_{\mathbf{R}^n} \varphi(x)\exp(-2i\pi\ x\cdot y)dx.$$

La cotransformée de Fourier de φ s'identifie, quand à elle, à la fonction continue définie par

$$y \mapsto \int_{\mathbf{R}^n} \varphi(x)\exp(2i\pi\ x\cdot y)dx.$$

Soit $\varphi \in \mathscr{S}(\mathbf{R}^n)$. Soit $\alpha \in \mathbf{N}^n$ un multi-indice. On a

$$\mathscr{F}(\partial^\alpha\varphi) = (2i\pi)^{|\alpha|}\mathrm{X}^\alpha\mathscr{F}(\varphi),$$
$$\mathscr{F}(\mathrm{X}^\alpha\varphi) = (-2i\pi)^{-|\alpha|}\partial^\alpha(\mathscr{F}(\varphi)).$$

Proposition 21. — *La restriction à $\mathscr{S}(\mathbf{R}^n)$ de la transformation de Fourier est un automorphisme d'espaces vectoriels topologiques dont l'inverse est la restriction de la cotransformation de Fourier.*

Soit $\Lambda \subset \mathbf{R}^n$ un réseau (TG, VII, p. 4), et soit $\Lambda^* \subset \mathbf{R}^n$ le réseau associé (TG, VII, p. 6), aussi parfois appelé *réseau dual.*

On appelle *covolume* du réseau Λ, et on note $\mathrm{V}(\Lambda)$, la mesure de $\mathbf{R}^n/\Lambda$ pour la mesure de Haar induite par la mesure de Lebesgue sur $\mathbf{R}^n$ (*cf.* INT, VIII, §5, n° 5, exemple). Pour toute fonction $f \in \mathscr{S}(\mathbf{R}^n)$ et tout $y \in \mathbf{R}^n$, on a la formule de Poisson

$$\sum_{x\in\Lambda} f(x+y) = \frac{1}{\mathrm{V}(\Lambda)} \sum_{z\in\Lambda^*} \widehat{f}(z)\exp(2i\pi\, y\cdot z).$$

Remarques. — 1) Plus généralement, d'après le corollaire de la proposition 15 de II, p. 230, cette formule vaut pour toute fonction complexe intégrable sur $\mathbf{R}^n$ telle que

$$\sum_{x\in\Lambda} |f(x+y)| < +\infty,$$

pour tout $y \in \mathbf{R}^n$ et telle que la fonction sur $\mathbf{T}^n$ définie par

$$y \mapsto \sum_{x\in\Lambda} f(x+y)$$

est continue et admet une série de Fourier (*cf.* ci-dessous) absolument convergente.

2) Il existe des fonctions $f \in \mathrm{B}(\mathbf{R})$ telles que la série $\sum_{n\in\mathbf{Z}} f(n)$ diverge (exercice 4 de II, p. 263).

Exemple. — Soit Q une forme quadratique définie positive sur $\mathbf{R}^n$. La fonction définie par $\varphi(x) = \exp(-\pi \mathrm{Q}(x))$ appartient à $\mathscr{S}(\mathbf{R}^n)$. Il existe $\sigma \in \mathrm{GL}(n,\mathbf{R})$ tel que $\mathrm{Q}(x) = \|\sigma(x)\|^2$ pour tout $x \in \mathbf{R}^n$. La transformée de Fourier de φ est donnée pour tout $y \in \mathbf{R}^n$ par

$$\widehat{\varphi}(y) = \frac{1}{|\det(\sigma)|}\exp(-\pi \mathrm{Q}^*(y))$$

où $\mathrm{Q}^*(y) = \|{}^t\sigma^{-1}(y)\|^2$ (*cf.* INT, IX, §6, n° 4–5 et exercice 1, *c*) de II, p. 262).

DÉFINITION 6. — *On appelle* espace des distributions tempérées *sur* $\mathbf{R}^n$ *l'espace dual de* $\mathscr{S}(\mathbf{R}^n)$ *muni de la topologie de la convergence bornée. On le note* $\mathscr{S}'(\mathbf{R}^n)$.

Puisque $\mathscr{S}(\mathbf{R}^n)$ est bornologique, l'espace $\mathscr{S}'(\mathbf{R}^n)$ est complet et bornologique (EVT, III, p. 24, cor. 1 et 2). Comme $\mathscr{S}(\mathbf{R}^n)$ est un espace de Montel, il en est de même de $\mathscr{S}'(\mathbf{R}^n)$ (EVT, IV, p. 19, prop. 9).

Soit $\alpha \in \mathbf{N}^n$. On note encore $f \mapsto \mathrm{X}^\alpha f$ la transposée de l'endomorphisme $\varphi \mapsto \mathrm{X}^\alpha \varphi$ de $\mathscr{S}(\mathbf{R}^n)$, et on note $f \mapsto \partial^\alpha f$ l'endomorphisme de $\mathscr{S}'(\mathbf{R}^n)$ défini par

$$\langle \partial^\alpha f, \varphi \rangle = (-1)^{|\alpha|} \langle f, \partial^\alpha \varphi \rangle$$

pour $f \in \mathscr{S}'(\mathbf{R}^n)$ et $\varphi \in \mathscr{S}(\mathbf{R}^n)$.

Soit f une application linéaire de $\mathscr{S}(\mathbf{R}^n)$ dans $\mathbf{C}$. Alors f est une distribution tempérée si, et seulement si, pour toute famille $(\mathrm{M}_{k,\alpha})_{(k,\alpha) \in \mathbf{N} \times \mathbf{N}^n}$ dans $\mathbf{R}_+$, la forme linéaire f est bornée sur l'ensemble des fonctions $\varphi \in \mathscr{S}(\mathbf{R}^n)$ telles que pour tout $(k, \alpha) \in \mathbf{N} \times \mathbf{N}^n$, on a $p_{k,\alpha}(\varphi) \leqslant \mathrm{M}_{k,\alpha}$.

Une suite $(f_m)_{m \in \mathbf{N}}$ de distributions tempérées converge vers une distribution tempérée f si, et seulement si, on a $\langle f_m, \varphi \rangle \to \langle f, \varphi \rangle$ pour tout $\varphi \in \mathscr{S}(\mathbf{R}^n)$.

Exemple. — Une mesure ν sur $\mathbf{R}^n$ est dite *tempérée* s'il existe un entier positif r tel que l'application continue $x \mapsto (1 + \|x\|)^{-r}$ est ν-intégrable sur $\mathbf{R}^n$. La restriction de ν à $\mathscr{S}(\mathbf{R}^n)$ est une distribution tempérée. Elle est nulle si et seulement si la mesure ν est nulle.

Soit $p \in [1, +\infty]$ et $f \in \mathscr{L}^p(\mathbf{R}^n)$. Alors la mesure $f \cdot dx$ de densité f par rapport à la mesure de Lebesgue est tempérée. En particulier, la mesure de Lebesgue μ sur $\mathbf{R}^n$ est tempérée, et toute mesure bornée sur $\mathbf{R}^n$ est tempérée.

Pour tout $p \in [1, +\infty]$, on peut identifier $\mathrm{L}^p(\mathbf{R}^n)$ à un sous-espace de $\mathscr{S}'(\mathbf{R}^n)$ par l'application linéaire $f \mapsto f \cdot dx$; cette application est continue.

DÉFINITION 7. — *On appelle transformation de Fourier sur $\mathscr{S}'(\mathbf{R}^n)$, et on note $\mathscr{F}$ (resp. on appelle cotransformation de Fourier, et on note $\overline{\mathscr{F}}$) la transposée de la transformation de Fourier sur $\mathscr{S}(\mathbf{R}^n)$ (resp. de la cotransformation de Fourier).*

Pour $f \in \mathscr{S}'(\mathbf{R}^n)$, la distribution tempérée $\mathscr{F}(f)$ (resp. $\overline{\mathscr{F}}(f)$) est définie par $\varphi \mapsto \langle f, \mathscr{F}(\varphi) \rangle$ pour $\varphi \in \mathscr{S}(\mathbf{R}^n)$ (resp. par $\varphi \mapsto \langle f, \overline{\mathscr{F}}(\varphi) \rangle$).

La transformation de Fourier sur $\mathscr{S}'(\mathbf{R}^n)$ est un automorphisme d'espaces vectoriels topologiques dont l'inverse est la cotransformation de Fourier $\overline{\mathscr{F}}$.

PROPOSITION 22. — *Soit f une distribution tempérée appartenant à $\mathscr{M}^1(\mathbf{R}^n)$ (resp. à $\mathrm{L}^2(\mathbf{R}^n)$). La transformée de Fourier de f dans*

$\mathscr{S}'(\mathbf{R}^n)$ est la distribution tempérée associée à la transformée de Fourier de f dans $\mathscr{C}_0(\mathbf{R}^n)$ (resp. dans $\mathrm{L}^2(\mathbf{R}^n)$). Il en est de même pour la cotransformation de Fourier.

Remarque. — Les formules élémentaires concernant la transformation de Fourier des mesures restent valides pour la transformation de Fourier des distributions tempérées.

Ainsi, si $\alpha \in \mathbf{N}^n$ et $f \in \mathscr{S}'(\mathbf{R}^n)$, on a

$$\mathscr{F}(\partial^\alpha f) = (2i\pi)^{|\alpha|}\mathrm{X}^\alpha \mathscr{F}(f),$$

$$\mathscr{F}(\mathrm{X}^\alpha f) = (-2i\pi)^{-|\alpha|}\partial^\alpha(\mathscr{F}(f)).$$

Soit $y \in \mathbf{R}^n$. Notons $\boldsymbol{\gamma}(y)$ l'endomorphisme de $\mathscr{S}'(\mathbf{R}^n)$ défini par

$$\langle \boldsymbol{\gamma}(y)f, \varphi\rangle = \langle f, \boldsymbol{\gamma}(-y)\varphi\rangle$$

pour $f \in \mathscr{S}'(\mathbf{R}^n)$ et $\varphi \in \mathscr{S}(\mathbf{R}^n)$. Notons e_y le caractère de $\mathbf{R}^n$ tel que $e_y(x) = \exp(2i\pi x \cdot y)$. Alors $e_y \in \mathscr{S}'(\mathbf{R}^n)$. On a $\mathscr{F}(e_y) = \varepsilon_y$, et plus généralement

$$\mathscr{F}(e_y f) = \boldsymbol{\gamma}(y)\mathscr{F}(f)$$

pour tout $f \in \mathscr{S}'(\mathbf{R}^n)$. ⁎

Soient $n \geqslant 1$ un entier et $\mathrm{G} = \mathbf{T}^n$, muni de la mesure de Haar normalisée. Le groupe dual de G s'identifie à $\mathbf{Z}^n$ par l'application $h \mapsto \chi_h$, où χ_h est le caractère unitaire de $\mathbf{T}^n$ obtenu par passage au quotient à partir du caractère $x \mapsto \exp(2i\pi h \cdot x)$ de $\mathbf{R}^n$ (corollaire 3 de II, p. 236). La transformée de Fourier d'une mesure μ sur $\mathbf{T}^n$ s'identifie à la famille $(\widehat{\mu}(h))_{h\in\mathbf{Z}^n}$ où

$$\widehat{\mu}(h) = \int_{\mathbf{T}^n} e^{-2i\pi h\cdot x}d\mu(x).$$

La série

$$\sum_{h\in\mathbf{Z}^n} \widehat{\mu}(h)\chi_h$$

est appelée la *série de Fourier* de μ.

Si $f \in \mathrm{L}^1(\mathbf{T}^n)$ est telle que sa série de Fourier converge absolument dans $\mathrm{L}^1(\mathbf{Z}^n)$, on a alors $f \in \mathscr{C}(\mathbf{T}^n)$ et

$$f(x) = \sum_{h\in\mathbf{Z}^n} \widehat{f}(h)e^{2i\pi h\cdot x}$$

pour tout $x \in \mathbf{T}^n$ (théorème 3 de II, p. 222), où

$$\widehat{f}(h) = \int_{\mathbf{T}^n} f(x)e^{-2i\pi h\cdot x}dx, \qquad h \in \mathbf{Z}^n.$$

Pour $f \in \mathrm{L}^2(\mathbf{T}^n)$, la formule d'inversion de Fourier (prop. 12 de II, p. 219) dit que, si la série de terme général $\widehat{f}(h)$ converge absolument, on a

$$f(x) = \sum_{h\in\mathbf{Z}^n} \widehat{f}(h)e^{2i\pi h\cdot x}$$

pour presque tout x dans $\mathbf{T}^n$.

Cependant, même si f est continue, la série de Fourier de f ne converge en général pas vers $f(x)$ pour tout x (exerc. 30 de II, p. 274). Le résultat suivant est d'autant plus utile.

PROPOSITION 23 (Théorème de Fejér). — *Soit $n \geqslant 1$ un entier. Pour tout $h = (h_i) \in \mathbf{Z}^n$, on note $|h| = \sup_i |h_i|$. Soit $f \in \mathscr{C}(\mathbf{T}^n)$. Pour tout entier $\mathrm{N} \geqslant 1$, notons f_N la fonction sur $\mathbf{T}^n$ telle que*

$$f_\mathrm{N}(x) = \sum_{\substack{h\in\mathbf{Z}^n\\ |h|\leqslant \mathrm{N}}} \widehat{f}(h)e^{2i\pi h\cdot x} \prod_{j=1}^{n}\Big(1-\frac{|h_j|}{\mathrm{N}}\Big)$$

pour $x \in \mathbf{T}^n$. Alors f_N converge vers f dans $\mathscr{C}(\mathbf{T}^n)$.

Lemme 11. — *Pour tout $\mathrm{N} \geqslant 1$, soit μ_N la mesure sur $\mathbf{T}^n$ de densité l'application continue*

$$\mathrm{F}_\mathrm{N} \colon x \mapsto \sum_{\substack{h\in\mathbf{Z}\\ |h|\leqslant \mathrm{N}}} e^{2i\pi h\cdot x} \prod_{j=1}^{n}\Big(1-\frac{|h_j|}{\mathrm{N}}\Big).$$

La suite des mesures $(\mu_\mathrm{N})_{\mathrm{N}\geqslant 1}$ converge vers ε_0 dans l'espace $\mathscr{M}^1(\mathbf{T}^n)$ muni de la topologie de la convergence compacte dans $\mathscr{C}(\mathbf{T}^n)$.

On se ramène au cas $n = 1$ en notant que μ_N est le produit de mesures du même type pour $n = 1$. Il suffit alors de vérifier que la suite (μ_N) satisfait aux hypothèses du lemme 4 de INT, VIII, §2, nº 7 avec $a = 0$.

Pour cela, notons tout d'abord que F_N est la cotransformée de Fourier de l'application $\varphi_\mathrm{N} \colon h \mapsto (1 - |h|/\mathrm{N})$ sur $\mathbf{Z}$. Celle-ci s'écrit $\varphi_\mathrm{N} = \mathrm{N}^{-1}\psi_\mathrm{N} * \widetilde{\psi}_\mathrm{N}$, où ψ_N est la fonction caractéristique de l'ensemble défini par $-\mathrm{N}/2 < |h| \leqslant \mathrm{N}/2$. Par conséquent, $\mathrm{F}_\mathrm{N} = \mathrm{N}^{-1}|\overline{\mathscr{F}}(\psi_\mathrm{N})|^2 \geqslant 0$. Ainsi, μ_N est une mesure positive ; on a $\mu_\mathrm{N}(\mathbf{T}) = 1$, ce qui démontre (i) et (iii) dans *loc. cit.*

Démontrons la condition (ii) de *loc. cit.* Soit U un voisinage ouvert de 0 dans $\mathbf{T}$. Il suffit de démontrer que $\mu_\mathrm{N}(\mathrm{U}) \to 1$ quand $\mathrm{N} \to +\infty$. Soient K un voisinage compact symétrique de 0 tel que $\mathrm{K}^2 \subset \mathrm{U}$ et ψ

la fonction caractéristique de K. Posons $\varphi = \psi * \psi$. C'est un élément de $A(\mathbf{T})$ à support contenu dans U. Le nombre réel $m = \varphi(0)$ est la mesure de l'ensemble K et donc $m > 0$. De plus, il vient $0 \leqslant \varphi \leqslant m$ puisque $\varphi(x)$ est la mesure de l'ensemble $K \cap xK$. On a

$$\mu_N(U) \geqslant \frac{1}{m} \int_{\mathbf{T}} \varphi(x)\, \mu_N(x) = \frac{1}{m} \sum_{h \in \mathbf{Z}} \mathscr{F}(\varphi)(h) \varphi_N(h)$$

d'après les propriétés de transposition de la transformation de Fourier (prop. 13 de II, p. 221). Puisque $\varphi \in A(\mathbf{T})$, sa transformée de Fourier appartient à $L^1(\mathbf{Z})$ et φ vérifie la formule d'inversion de Fourier (prop. 11 de II, p. 217). Comme $\varphi_N(h) \to 1$ pour tout $h \in \mathbf{Z}$ et $|\varphi_N(h)| \leqslant 1$, le théorème de Lebesgue (INT, IV, §3, n° 7, th. 6) et la formule d'inversion de Fourier impliquent que

$$\liminf_{N \to +\infty} \mu_N(U) \geqslant \frac{1}{m} \lim_{N \to +\infty} \sum_{h \in \mathbf{Z}} \mathscr{F}(\varphi)(h) \varphi_N(h) =$$
$$\frac{1}{m} \sum_{h \in \mathbf{Z}} \mathscr{F}(\varphi)(h) = \frac{1}{m} \varphi(0) = 1.$$

Démontrons la proposition. On a $f * F_N = f_N$ pour $N \geqslant 1$. La représentation régulière $\boldsymbol{\gamma}$ de $\mathbf{T}^n$ dans $\mathscr{C}(\mathbf{T}^n)$ (INT, VIII, §2, n° 3) est continue et vérifie $f * F_N = \boldsymbol{\gamma}(\mu_N) f$ (INT, VIII, §4, n° 5, prop. 5 (iv)). L'application $\mu \mapsto \boldsymbol{\gamma}(\mu) f$ est continue de $\mathscr{M}^1(\mathbf{T}^n)$ dans $\mathscr{C}(\mathbf{T}^n)$ (INT, VI, §1, n° 6, prop. 14). D'après le lemme, on a donc

$$\lim_{N \to +\infty} f_N = \lim_{N \to +\infty} f * F_N = \lim_{N \to +\infty} \boldsymbol{\gamma}(\mu_N) f = \boldsymbol{\gamma}(\varepsilon_0)(f) = f$$

dans $\mathscr{C}(\mathbf{T}^n)$.

Remarque. — Il existe des fonctions $f \in L^1(\mathbf{T})$ dont la série de Fourier diverge en tout point $x \in \mathbf{T}$ (théorème de Kolmogorov, *cf.* exercice 51 de II, p. 289).

Un théorème de Carleson[1] démontre que les sommes partielles symétriques de la série de Fourier de f convergent vers $f(x)$ pour presque tout $x \in \mathbf{T}$ si $f \in \mathscr{L}^2(\mathbf{T})$.

---

[1] L. Carleson, *On convergence and growth of partial sums of Fourier series*, Acta Mathematica 116 (1), 1966, p. 135–157.

§ 2. CLASSIFICATION

1. Groupes engendrés par une partie compacte

Lemme 1. — *Soit* H *un groupe localement compact, et soit* R *l'un des groupes* **R** *ou* **Z**. *Soit* φ *un morphisme continu de* R *dans* H. *Si* φ *n'est pas un isomorphisme topologique de* R *sur un sous-groupe de* H, *alors l'image de* R *dans* H *est relativement compacte.*

Soit I l'image de φ. Quitte à remplacer H par $\overline{\mathrm{I}}$, on peut supposer que I est dense dans H. On doit alors montrer que H est compact si φ n'est pas un isomorphisme topologique de R sur I.

Supposons qu'il existe un voisinage V de e dans H et un entier $\mathrm{M} > 0$ tels que, pour tout $t > \mathrm{M}$ dans R, on ait $\varphi(t) \notin \mathrm{V}$. Alors φ est injective : si $\varphi(u) = e$, on a $\varphi(nu) = e$ pour tout entier $n \geqslant 1$, donc l'ensemble $\mathbf{N}u$ est borné dans R, ce qui signifie que $u = 0$. La restriction de φ à $[-\mathrm{M}, \mathrm{M}] \cap \mathrm{R}$ est donc un homéomorphisme sur son image, qui contient $\mathrm{V} \cap \mathrm{I}$. La restriction de φ^{-1} à $\mathrm{V} \cap \mathrm{I}$ étant continue, il s'ensuit que φ est un isomorphisme topologique de R sur I.

Supposons maintenant que φ n'est pas un isomorphisme topologique de R sur I. Soient W un voisinage ouvert relativement compact de e dans H, et V un voisinage symétrique de e tel que $\mathrm{V}^2 \subset \mathrm{W}$. Pour tout $x \in \mathrm{H} = \overline{\mathrm{I}}$, il existe un élément $s \in \mathrm{R}$ tel que $x \in \varphi(s)\mathrm{V}$. D'après l'alinéa précédent et l'hypothèse sur φ, il existe $t \in \mathrm{R}$ tel que $t > |s|$ et $\varphi(t) \in \mathrm{V}$. On a alors $x \in \varphi(t+s)\varphi(t)^{-1}\mathrm{V} \subset \varphi(t+s)\mathrm{W}$, et $t+s > 0$. Par suite, les ensembles ouverts $\varphi(u)\mathrm{W}$ pour $u > 0$ forment un recouvrement ouvert de H. Comme W est relativement compact, il existe un entier $n \geqslant 1$ et des éléments $u_1, \ldots, u_n$ de R, strictement positifs, tels que $\overline{\mathrm{W}} \subset \bigcup_{1 \leqslant i \leqslant n} \varphi(u_i)\mathrm{W}$. Soit U le plus grand des u_i.

Soit $x \in \mathrm{H}$ et soit $s = \inf\{t \in \mathrm{R} | t \geqslant 0,\ \varphi(t)x^{-1} \in \overline{\mathrm{W}}\}$. Comme $\overline{\mathrm{W}}$ est compact, on a alors $\varphi(s)x^{-1} \in \overline{\mathrm{W}}$. Il existe un entier i tel que $\varphi(s)x^{-1} \in \varphi(u_i)\mathrm{W}$, d'où $\varphi(s-u_i)x^{-1} \in \overline{\mathrm{W}}$. La définition de s entraîne $s - u_i < 0$, d'où $s \leqslant \mathrm{U}$. Il en résulte que $\mathrm{H} = \varphi([0, \mathrm{U}] \cap \mathrm{R})\overline{\mathrm{W}}$ est compact.

Lemme 2. — *Si* G *est engendré par une partie compacte* V, *il existe un entier* $n \geqslant 0$ *et un sous-groupe discret* D *de* G *isomorphe à* $\mathbf{Z}^n$ *tels que* G/D *soit compact.*

Quitte à remplacer V par $V \cup V^{-1}$, on peut supposer que V est symétrique ; l'hypothèse signifie alors que G est la réunion des ensembles V^n où $n \in \mathbf{N}$.

Comme V^2 est compact, il existe un entier $k \geqslant 1$ et des éléments $x_1, \ldots, x_k \in G$ tels que $V^2 \subset \bigcup_{1 \leqslant i \leqslant k} x_i V$. Soit D_0 le sous-groupe de G engendré par la famille $(x_i)_{1 \leqslant i \leqslant k}$. On a $V^2 \subset D_0 V$, d'où par récurrence $V^n \subset D_0 V$ pour tout entier $n \geqslant 1$, et donc $G = D_0 V$ puisque V engendre G. Soit alors J une partie de $\{1, 2, \ldots, k\}$ telle que le sous-groupe D engendré par la famille $(x_i)_{i \in J}$ soit topologiquement isomorphe à $\mathbf{Z}^{\mathrm{Card}(J)}$, et maximale pour cette propriété. Montrons que G/D est compact.

Soit p la surjection canonique de G sur G/D. Soit $i \in \{1, 2, \ldots, k\} - J$. Si le sous-groupe H_i de G/D engendré par $p(x_i)$ est topologiquement isomorphe à $\mathbf{Z}$, le sous-groupe de G engendré par D et x_i est discret et l'application $(d, n) \mapsto d x_i^n$ est un isomorphisme de $D \times \mathbf{Z}$ sur ce sous-groupe, contrairement à la maximalité de J. Le lemme 1 entraîne donc que $\overline{H}_i$ est compact. Donc $G/D = (\prod_{i \notin J} \overline{H}_i) p(V)$ est compact

Lemme 3. — *Soient* A *et* B *des groupes commutatifs tels que* A *est divisible. Soit* C *un sous-groupe de* B *et* φ *un morphisme de* C *dans* A. *Il existe un morphisme de* B *dans* A *qui prolonge* φ.

Soit $\mathscr{O}$ l'ensemble des couples (X, f), où X est un sous-groupe de B contenant C et f un morphisme de X dans A prolongeant φ. Ordonnons $\mathscr{O}$ par la relation « $X \subset X'$ et f' prolonge f ». On vérifie que $\mathscr{O}$ est inductif. Soit (X, f) un élément maximal de $\mathscr{O}$ (E, III, p. 20 , th. 2). Si $X \neq B$, prenons un élément b de $B - X$ et soit X' le sous-groupe engendré par X et b. La commutativité de B montre que X' est l'ensemble des éléments $b^n x$ pour $n \in \mathbf{Z}$ et $x \in X$. Supposons d'abord que $b^n \notin X$ pour tout entier $n \neq 0$ et définissons f' de X' dans A en prenant un élément $y \in A$ arbitraire et en posant $f'(b^n x) = y^n f(x)$ pour tout $n \in \mathbf{Z}$ et tout $x \in X$. Comme A est commutatif, f' est un morphisme, et il prolonge f. Supposons maintenant qu'il existe $n \neq 0$ tel que $b^n \in X$ et soit $m > 0$ tel que $m\mathbf{Z} = \{n \in \mathbf{Z} \mid b^n \in X\}$. Puisque A est divisible, il existe un élément $y \in A$ tel que $y^m = f(b^m)$. On prolonge alors f en un morphisme de X' dans A par $f'(b^n x) = y^n f(x)$ pour $n \in \{0, 1, \ldots, m-1\}$ et $x \in X$. Dans les deux cas, (X, f) ne serait pas maximal. Donc on a $X = B$ et le lemme est démontré.

Remarque. — Dans le langage des catégories, le lemme dit que les groupes divisibles sont des objets injectifs dans la catégorie des groupes commutatifs ; *cf.* A, VII, p. 53, exerc. 3.

PROPOSITION 1. — *Les conditions suivantes sont équivalentes :*

(i) G *est engendré par une partie compacte* ;

(ii) *il existe des entiers positifs p et q et un groupe compact* K *tels que* G *soit isomorphe à* $\mathbf{R}^p \times \mathbf{Z}^q \times \mathrm{K}$;

(iii) *il existe un entier* $n \geqslant 0$ *tel que* $\widehat{\mathrm{G}}$ *est localement isomorphe à* $\mathbf{R}^n$;

(iv) *il existe des entiers positifs p et q et un groupe discret* D *tels que* $\widehat{\mathrm{G}}$ *soit isomorphe à* $\mathbf{R}^p \times \mathbf{T}^q \times \mathrm{D}$.

(i) $\Longrightarrow$ (iii) : si G possède la propriété (i), il existe un entier $n \geqslant 0$ et un sous-groupe D de G isomorphe à $\mathbf{Z}^n$ tel que G/D soit compact (lemme 2). Alors $\mathrm{D}^{\perp}$, qui s'identifie au dual de G/D, est discret (th. 4 de II, p. 226 et prop. 18 de II, p. 233). Donc $\widehat{\mathrm{G}}$ est localement isomorphe à $\widehat{\mathrm{G}}/\mathrm{D}^{\perp}$, c'est-à-dire à $\widehat{\mathrm{D}}$, qui est isomorphe à $\mathbf{T}^n$ (th. 4 de II, p. 226 et prop. 18 de II, p. 233). Or $\mathbf{T}^n$ est localement isomorphe à $\mathbf{R}^n$.

(iii) $\Longrightarrow$ (iv) : si $\widehat{\mathrm{G}}$ est localement isomorphe à $\mathbf{R}^n$, il existe un entier p tel que $0 \leqslant p \leqslant n$ de sorte que la composante neutre $\widehat{\mathrm{G}}_0$ de $\widehat{\mathrm{G}}$ soit un sous-groupe ouvert isomorphe à $\mathbf{R}^p \times \mathbf{T}^{n-p}$ (TG, VII, p. 13, th. 1). En particulier, $\widehat{\mathrm{G}}_0$ est un groupe divisible. Appliquons alors le lemme 3 à l'application identique du sous-groupe $\widehat{\mathrm{G}}_0$ du groupe $\widehat{\mathrm{G}}$ dans le groupe divisible $\widehat{\mathrm{G}}_0$. Il existe donc un morphisme π de $\widehat{\mathrm{G}}$ dans $\widehat{\mathrm{G}}_0$ qui est l'application identique sur $\widehat{\mathrm{G}}_0$. Par conséquent, on a $\pi \circ \pi = \pi$, et π est un projecteur. Il est continu, puisque sa restriction au sous-groupe ouvert $\widehat{\mathrm{G}}_0$ l'est. Par suite, $\widehat{\mathrm{G}}$ est produit direct de $\widehat{\mathrm{G}}_0$ et du sous-groupe $\overset{-1}{\pi}(e)$, qui est discret puisque isomorphe à $\widehat{\mathrm{G}}/\widehat{\mathrm{G}}_0$ (TG, III, p. 47, cor.)

(iv) $\Longrightarrow$ (ii) : découle de la prop. 2 de II, p. 206, de la prop. 18 de II, p. 233 et du corollaire 3 de II, p. 236.

(ii) $\Longrightarrow$ (i) : pour tout groupe compact K, le groupe $\mathbf{R}^p \times \mathbf{Z}^q \times \mathrm{K}$ est engendré par l'ensemble compact $[0,1]^p \times \{0,1\}^q \times \mathrm{K}$.

COROLLAIRE 1. — *Supposons que* G *soit engendré par un voisinage compact de e.*

a) *Il existe un sous-groupe compact* K *de* G *et des entiers positifs p et q tels que* G *soit isomorphe à* $\mathbf{R}^p \times \mathbf{Z}^q \times \mathrm{K}$.

b) *Inversement, soient* K *un groupe compact, p et q des entiers positifs, et* G *un groupe isomorphe à* $\mathbf{R}^p \times \mathbf{Z}^q \times \mathrm{K}$. *Alors* K *est l'unique sous-groupe compact maximal de* G, *et les entiers* (p, q) *sont déterminés de manière unique par* G.

L'assertion *a*) résulte de la prop. 1. Soit alors K un groupe compact, et p, q des entiers positifs. Supposons que G soit isomorphe au groupe $\mathbf{R}^p \times \mathbf{Z}^q \times \mathrm{K}$, et identifions G à ce groupe. Par la projection canonique de G sur $\mathbf{R}^p \times \mathbf{Z}^q$, l'image de tout sous-groupe compact de G est un sous-groupe compact de $\mathbf{R}^p \times \mathbf{Z}^q$, donc est réduit à l'élément neutre. Donc $\mathrm{K}' \subset \mathrm{K}$ et K est le plus grand sous-groupe compact de G. Le sous-groupe $\mathbf{R}^p \times \mathrm{K}$ est aussi unique car $\mathbf{R}^p$ est la composante neutre de G/K. Compte tenu de TG, VII, p. 13, cor. 3, l'entier p est déterminé de manière unique par G. Puisque $\mathrm{G}/(\mathbf{R}^p \times \mathrm{K})$ est isomorphe à $\mathbf{Z}^q$, l'entier q est également déterminé de manière unique par G.

Remarque. — Par dualité, $\widehat{\mathrm{G}}$ est isomorphe à $\mathbf{R}^p \times \mathbf{T}^q \times \mathrm{D}$ (prop. 3 (iv)) où les sous-groupes $\mathbf{R}^p \times \mathbf{T}^q$ et $\mathbf{T}^q$, et les entiers p et q, sont déterminés de manière unique.

COROLLAIRE 2. — *Les conditions suivantes sont équivalentes :*

(i) *Les groupes* G *et* $\widehat{\mathrm{G}}$ *sont engendrés par des parties compactes* ;

(ii) *Il existe des entiers positifs* n *et* m *tels que* G *est localement isomorphe à* $\mathbf{R}^m$ *et* $\widehat{\mathrm{G}}$ *à* $\mathbf{R}^n$;

(iii) *Il existe des entiers positifs* p, q *et* r *et un groupe fini* A *tels que* G *est isomorphe à* $\mathbf{R}^p \times \mathbf{T}^q \times \mathbf{Z}^r \times \mathrm{A}$;

(iv) *Il existe des entiers positifs* p, q *et* r *et un groupe fini* A *tels que* $\widehat{\mathrm{G}}$ *est isomorphe à un produit* $\mathbf{R}^p \times \mathbf{Z}^q \times \mathbf{T}^r \times \mathrm{A}$.

On a (i) $\Leftrightarrow$ (ii) d'après la prop. 1, et (iii) $\Leftrightarrow$ (iv) par dualité, donc (iii) $\Rightarrow$ (i). Finalement, si (i) est vrai, alors $\widehat{\mathrm{G}}$ est isomorphe à $\mathbf{R}^p \times \mathbf{T}^r \times \mathrm{D}$ où D est discret (prop. 1). Le groupe D est engendré par une partie compacte, donc finie, de D. Par conséquent, il existe $q \geqslant 0$ tel que D soit isomorphe à $\mathbf{Z}^q \times \mathrm{A}$, où A est un groupe fini (A, VII, p. 22, th. 3).

Remarque. — Avec les notations du cor. 2, si l'on identifie G à $\mathbf{R}^p \times \mathbf{T}^q \times \mathbf{Z}^r \times \mathrm{A}$, le sous-groupe $\mathbf{R}^p \times \mathbf{T}^q$ est la composante neutre de G, le sous-groupe $\mathbf{T}^q \times \mathrm{A}$ est son plus grand sous-groupe compact et $\mathbf{T}^q$ est la composante neutre de celui-ci ; les entiers p, q, r sont déterminés de manière unique par G d'après la remarque précédente, et le groupe A est déterminé par G à isomorphisme près.

PROPOSITION 2. — *Supposons* G *compact. Il existe une famille filtrante décroissante* $(H_i)_{i\in I}$ *de sous-groupes fermés de* G *tels que*

a) *le groupe* G *s'identifie à la limite projective des* G/H_i ;

b) *pour tout* i, *il existe un entier* $q \geqslant 0$ *et un groupe fini* A *tels que* G/H_i *est isomorphe à* $\mathbf{T}^q \times A$.

En effet, $\widehat{G}$ est discret (prop. 18 de II, p. 233), donc réunion d'une famille filtrante croissante $(D_i)_{i\in I}$ de sous-groupes de type fini. Posons $H_i = D_i^{\perp}$; le groupe G s'identifie à la limite projective des G/H_i (II, p. 234, cor. 3), et (H_i) est une famille filtrante décroissante.

Soit $i \in I$. Il existe un entier $q \geqslant 0$ et un groupe fini A tels que le groupe D_i est isomorphe à $\mathbf{Z}^q \times A$ (A, VII, p. 22, th. 3), donc G/H_i est isomorphe à $\mathbf{T}^q \times \widehat{A}$ (*cf.* corollaire 1 de II, p. 232).

COROLLAIRE. — *Si le groupe* G *est engendré par une partie compacte, alors il est limite projective de groupes isomorphes à des groupes de la forme* $\mathbf{R}^p \times \mathbf{T}^q \times \mathbf{Z}^r \times A$, *où* A *est un groupe fini et* p, q, r *sont des entiers positifs.*

D'après le (ii) de la prop. 1 de II, p. 246, le corollaire résulte de la prop. 2.

2. Cas général

Dans ce numéro, G désigne un groupe localement compact commutatif.

PROPOSITION 3. — a) *Il existe un entier* $n \geqslant 0$ *et un sous-groupe* L *tel que* G *est produit direct de* L *et d'un sous-groupe isomorphe à* $\mathbf{R}^n$, *et de plus* L *admet un sous-groupe ouvert compact* K *tel que* L/K *est discret* ;

b) *Le groupe* G *est réunion d'une famille filtrante croissante de sous-groupes ouverts, chacun étant limite projective de groupes isomorphes à des groupes de la forme* $\mathbf{R}^p \times \mathbf{T}^q \times \mathbf{Z}^r \times A$, *où* A *est un groupe fini et* p, q, r *sont des entiers positifs.*

Démontrons *b*). Pour tout voisinage compact V de e, notons G_V le sous-groupe de G engendré par V. Il est ouvert, et d'après le corollaire de la prop. 2, le groupe G_V est limite projective de groupes de la forme $\mathbf{R}^p \times \mathbf{T}^q \times \mathbf{Z}^r \times A$, où A est un groupe compact et p, q et r dans $\mathbf{N}$. Lorsque V parcourt les voisinages compacts de e, ces sous-groupes G_V

forment une famille filtrante (puisque G_V et G_W sont contenus dans $G_{V\cup W}$ pour tous voisinages compacts V et W de e). Finalement, le groupe G est la réunion des sous-groupes G_V.

Soit H un sous-groupe ouvert de G engendré par un voisinage compact de e. Il existe un groupe compact K et des entiers positifs p et q tels que H est isomorphe à $\mathbf{R}^p \times \mathbf{Z}^q \times K$ (prop. 1 de II, p. 246) ; identifions H à ce produit. La surjection canonique de H sur le groupe divisible $\mathbf{R}^p$ se prolonge en un morphisme π de G sur $\mathbf{R}^p$ (lemme 3 de II, p. 245). C'est un projecteur π de G sur $\mathbf{R}^p$, qui est continu puisque sa restriction au sous-groupe ouvert H est continue. Donc G est produit direct de $\mathbf{R}^p$ et du noyau L de π (TG, III, p. 47, cor.). On a $\mathbf{Z}^q \times K = H \cap L$, donc $\mathbf{Z}^q \times K$ est un sous-groupe ouvert de L. Ainsi K est un sous-groupe compact ouvert de L, et par conséquent L/K est discret.

PROPOSITION 4. — *Soit* B_G *l'ensemble des éléments de* G *qui engendrent un sous-groupe relativement compact de* G. *Alors* B_G *est un sous-groupe fermé de* G *et* $B_G^{\perp}$ *est la composante neutre de* $\widehat{G}$.

L'ensemble B_G est un sous-groupe de G puisque le produit de deux parties compactes de G est une partie compacte de G.

Soit H un sous-groupe ouvert de G engendré par un voisinage compact de e. Il existe des entiers positifs p et q et un groupe compact K tel que le sous-groupe H soit isomorphe à $\mathbf{R}^p \times \mathbf{Z}^q \times K$ (prop. 1 de II, p. 246). Si l'on identifie ces groupes, on voit que $B_G \cap H = K$ est fermé dans H. Comme la famille des sous-groupes ouverts H engendrés par les voisinages compacts est un recouvrement ouvert de G (par exemple, x appartient au sous-groupe engendré par $U \cap \{x\}$ pour tout voisinage compact fixé U de e), on en déduit que B_G est fermé.

Calculons maintenant $B_G^{\perp}$. Par la prop. 3, a), il existe un entier positif $n \geqslant 0$ et un groupe L admettant un sous-groupe ouvert compact tel que G puisse s'identifier à $\mathbf{R}^n \times L$. Alors B_G s'identifie à $\{0\} \times B_L$, et $B_G^{\perp}$ à $\mathbf{R}^n \times B_L^{\perp}$. On est donc ramené au cas où $G = L$ admet un sous-groupe ouvert compact K.

On a alors $K \subset B_G$; si l'on identifie $\widehat{G/K}$ à $K^{\perp}$ (théorème 4 de II, p. 226), l'orthogonal $(B_G/K)^{\perp}$ de B_G/K dans $\widehat{G/K}$ s'identifie à $B_G^{\perp}$. Mais d'autre part $B_G/K = B_{G/K}$, et comme $K^{\perp}$ est un sous-groupe ouvert de $\widehat{G}$ (cor. 2 de II, p. 233), la composante neutre $\widehat{G}_0$ de $\widehat{G}$ est également la composante neutre de $K^{\perp}$ (TG, III, p. 35, prop. 14). Donc l'assertion pour le groupe discret G/K est équivalente à celle pour G.

Finalement, supposons que G est discret. Le groupe $\widehat{G}$ est alors compact (prop. 18 de II, p. 233). La composante neutre $(\widehat{G})_0$ est l'intersection des sous-groupes ouverts de $\widehat{G}$ (TG, III, p. 35, prop. 14) et un sous-groupe de $\widehat{G}$ est ouvert si et seulement si il est fermé et d'indice fini, ou encore si son orthogonal est fini (corollaire 2 de II, p. 233) ; le corollaire 4 de II, p. 228 montre que $(\widehat{G})_0^{\perp}$ est la réunion des sous-groupes finis de G, qui n'est autre que B_G puisque G est discret. On conclut par dualité.

COROLLAIRE 1. — *Supposons* G *compact. Alors les conditions suivantes sont équivalentes :*

(i) *Le groupe* G *est connexe*;

(ii) *Le groupe* $\widehat{G}$ *est sans torsion*;

(iii) *Le groupe* G *est divisible.*

Ceci résulte de la prop. 4 et du cor. 7 de II, p. 229 puisque $B_G = G$.

COROLLAIRE 2. — *Supposons* G *compact. Alors* G *est totalement discontinu si et seulement si* $\widehat{G}$ *est un groupe de torsion.*

Le groupe G est totalement discontinu si et seulement sa composante neutre est réduite à $\{e\}$; la prop. 4 montre que cette condition équivaut à $B_{\widehat{G}} = \widehat{G}$. Comme le groupe $\widehat{G}$ est discret (prop. 18 de II, p. 233), cela revient à dire que chaque élément de $\widehat{G}$ engendre un groupe fini, donc que $\widehat{G}$ est de torsion.

COROLLAIRE 3. — *Si* G *est connexe, alors* G *est divisible.*

En effet, il existe un groupe compact connexe K et un entier $n \geqslant 0$ tel que G est isomorphe à $\mathbf{R}^n \times K$ (II, p. 248, prop. 3, où on doit avoir L = K). Le corollaire 1 montre que K est divisible, et donc G est divisible.

§ 3. SOUS-ESPACES INVARIANTS

L'objectif de ce numéro est l'étude de certains sous-espaces invariants par translation dans les espaces $L^1(G)$, $L^2(G)$ et $L^\infty(G)$.

1. Le cas de l'espace hilbertien $L^2(G)$

Pour toute partie mesurable M de $\widehat{G}$, on note E_M l'ensemble des $f \in L^2(G)$ telles que la transformation de Fourier $\mathscr{F}_G(f)$ est nulle presque partout sur $\widehat{G}$. Soit φ_M la fonction caractéristique de M. L'espace E_M est le noyau de l'application linéaire continue $f \mapsto \varphi_M \mathscr{F}_G(f)$ de $L^2(G)$ dans $L^2(\widehat{G})$, et c'est donc un sous-espace fermé de $L^2(G)$.

PROPOSITION 1. — a) *Soit* M *une partie mesurable de* $\widehat{G}$. *Pour tout* $x \in G$, *l'espace* E_M *est stable par l'application* $f \mapsto \varepsilon_x * f$;

b) *Soient* M *et* N *des parties mesurables de* $\widehat{G}$. *On a* $E_M = E_N$ *si et seulement si* M *et* N *sont égales à un ensemble localement négligeable près* ;

c) *Tout sous-espace de* $L^2(G)$ *stable par les applications* $f \mapsto \varepsilon_x * f$ *pour tout* $x \in G$ *est de la forme* E_M *pour une partie mesurable* M *de* $\widehat{G}$.

Ce résultat sera démontré ultérieurement (*cf.* V, à paraître).

2. Idéaux fermés de $L^1(G)$

La cotransformation de Fourier sur l'algèbre de Banach $L^1(G)$ s'identifie avec la transformation de Gelfand de $L^1(G)$ (II, p. 209). Avec cette identification, rappelons que si I est un idéal de $L^1(G)$, on note V(I) l'ensemble fermé dans $\widehat{G}$ des caractères $\chi \in \widehat{G}$ tels que, pour toute fonction $f \in I$, la cotransformation de Fourier de f s'annule en χ (*cf.* I, p. 30). Pour toute partie M de $\widehat{G}$, on note $\Upsilon(M)$ l'idéal fermé des $f \in L^1(G)$ telles que $\overline{\mathscr{F}}_G(f)$ s'annule sur M (I, p. 30).

D'après la prop. 2 de II, p. 219, l'algèbre de Banach $L^1(G)$ est régulière. D'après § 5 de I, p. 88 on en déduit donc les propriétés suivantes de la transformation et de la cotransformation de Fourier :

1) Si F est une partie fermée de $\widehat{G}$ et K une partie compacte de $\widehat{G}$ telles que $F \cap K = \varnothing$, il existe une fonction $f \in L^1(G)$ telle que $\mathscr{F}_G(f)$ soit égale à 0 sur F et à 1 sur K (I, p. 88, prop. 1 ; pour ce fait et les suivants, on passe de la cotransformation de Fourier à la transformation de Fourier par le biais de la formule (8) de II, p. 207).

2) Soit M une partie fermée de $\widehat{G}$. L'ensemble des idéaux I de $L^1(G)$ tels que $V(I) = M$ a pour plus grand élément $\Upsilon(M)$ et pour plus petit

élément l'ensemble des $f \in L^1(G)$ dont la cotransformation de Fourier est à support compact disjoint de M (I, p. 91, prop. 4).

3) Soient I un idéal de $L^1(G)$, et $g\colon \widehat{G} \to \mathbf{C}$ une fonction continue. On suppose que pour tout $\chi \in \widehat{G}$, il existe une fonction $f_\chi \in I$ telle que g soit égale à $\mathscr{F}_G(f_\chi)$ au voisinage de χ. On suppose en outre qu'il existe une fonction $f_\infty \in I$ telle que g soit égale à $\mathscr{F}_G(f_\infty)$ dans le complémentaire d'une partie compacte de $\widehat{G}$, cette dernière condition étant toujours satisfaite si G est discret. Alors il existe une fonction $f \in I$ telle que $g = \mathscr{F}_G(f)$ (I, p. 91, cor. 2).

Lemme 1. — L'espace des fonctions de $L^1(G)$ *dont la transformée de Fourier est à support compact est dense dans* $L^1(G)$.

Comme $\mathscr{K}(\widehat{G})$ est dense dans $L^2(\widehat{G})$ et que la transformation de Fourier de $L^2(G)$ est une isométrie sur $L^2(\widehat{G})$ (th. 1 de II, p. 215), le sous-espace V de $L^2(G)$ formé des $f \in L^2(G)$ telles que $\mathscr{F}_G(f) \in \mathscr{K}(\widehat{G})$ est dense dans $L^2(G)$.

Soit $g \in L^1(G)$. Il existe $g_1, g_2 \in L^2(G)$ telles que $g = g_1 g_2$ (on peut par exemple prendre $g_1 = |g|^{1/2}$, et $g_2(x) = 0$ si $g(x) = 0$, $g_2(x) = g(x)/g_1(x)$ sinon). On déduit donc de ce qui précède que g est limite d'une suite de fonctions de la forme $h_1 h_2$, où h_1 et h_2 appartiennent à V. Or $\mathscr{F}_G(h_1 h_2) = \mathscr{F}_G(h_1) * \mathscr{F}_G(h_2)$ (II, p. 223, prop. 14), et $\mathscr{F}_G(h_1) * \mathscr{F}_G(h_2)$ appartient à $\mathscr{K}(G)$. Le lemme en résulte.

PROPOSITION 2. — *Soit* I *un idéal fermé de* $L^1(G)$, *et soit* $f \in L^1(G)$. *Si* $\overline{\mathscr{F}}_G(f)$ *s'annule sur un voisinage de* V(I), *alors* f *appartient à* I.

Soit $\varepsilon > 0$. Il existe une fonction $g \in L^1(G)$ telle que $\|f - f * g\|_1 < \varepsilon$ (prop. 8 de II, p. 211 (iv)). Soit $h \in L^1(G)$ tel que le support de $\overline{\mathscr{F}}_G(h)$ est compact et $\|f\|_1 \|g - h\|_1 < \varepsilon$ (lemme 1). On a

$$\|f - f * h\|_1 \leqslant \|f - f * g\|_1 + \|f * (g - h)\|_1 < 2\varepsilon.$$

D'après l'hypothèse sur f, la fonction $\overline{\mathscr{F}}_G(f * h) = \overline{\mathscr{F}}_G(f)\overline{\mathscr{F}}_G(h)$ est à support compact disjoint de V(I), ce qui implique que $f * h \in I$ (remarque 2 ci-dessus). Comme ε est arbitrairement petit, on a $f \in \overline{I} = I$.

THÉORÈME 1. — *Soit* I *un idéal fermé de* $L^1(G)$ *distinct de* $L^1(G)$. *Il existe un caractère* $\widehat{x} \in \widehat{G}$ *tel que* $\mathscr{F}_G(f)(\widehat{x}) = 0$ *pour toute* $f \in I$.

Comme l'algèbre $L^1(G)$ est régulière (prop. 2 de II, p. 219) et sans radical (cor. de la prop. 22 de I, p. 126), et que l'ensemble des fonctions dont la cotransformée de Fourier est à support compact est dense dans

$L^1(G)$ (lemme 1), le cor. 1 de I, p. 92 montre que l'idéal I est contenu dans un idéal maximal régulier de $L^1(G)$, c'est-à-dire dans le noyau d'un caractère $\widehat{y}$ de $L^1(G)$ (th. 2 de I, p. 30) ; on peut alors prendre $\widehat{x} = \widehat{y}^{-1}$ (*cf.* formule (8) de II, p. 207).

COROLLAIRE 1 (Théorème taubérien de Wiener)

Soit $f \in L^1(G)$. *Si la transformée de Fourier de* f *ne s'annule pas, les fonctions* $f * \varepsilon_x : g \mapsto f(gx^{-1})$, *où* x *parcourt* G, *forment un ensemble total dans* $L^1(G)$ (EVT, I, p. 12, déf. 1).

Soit V le sous-espace vectoriel fermé de $L^1(G)$ engendré par les $f * \varepsilon_x$. D'après INT, VIII, §4, cor. de la prop. 20, l'espace V est un idéal fermé de $L^1(G)$. D'après le th. 1 on a $V = L^1(G)$.

DÉFINITION 1. — *Soit* g *une fonction complexe sur* G *et soit* Φ *un filtre sur* G. *On dit que* g *est* lentement oscillante suivant Φ *si, pour tout* $\varepsilon > 0$, *il existe un ensemble* $M \in \Phi$ *et un voisinage* V *de* e *dans* G *tels que*

$$x \in M \quad et \quad y \in V \quad \Longrightarrow \quad |g(xy) - g(x)| \leqslant \varepsilon.$$

COROLLAIRE 2. — *Soit* Φ *un filtre sur* G *invariant par translation. Soit* $f \in L^1(G)$ *telle que la transformée de Fourier de* f *ne s'annule pas et telle que* $\int_G f(x)dx = 1$. *Soit* $g \in L^\infty(G)$. *On suppose que* $f * g$ *a une limite finie* α *suivant* Φ.

a) *Pour toute fonction* $h \in L^1(G)$ *telle que* $\int_G h(x)dx = 1$, *la limite de* $h * g$ *suivant* Φ *est égale à* α ;

b) *Supposons de plus que* g *soit lentement oscillante suivant* Φ. *Alors* g *tend vers* α *suivant* Φ.

En remplaçant g par $g - \alpha$, on se ramène au cas où $\alpha = 0$. Soit I l'ensemble des fonctions $h \in L^1(G)$ telles que $h * g$ tende vers 0 suivant Φ. L'ensemble I est un sous-espace vectoriel de $L^1(G)$ invariant par translation. C'est un espace fermé. En effet, soit $h \in \overline{I}$. Pour toute fonction $h_0 \in L^1(G)$ et tout $x \in G$, on a

$$\begin{aligned} |(h * g)(x)| &\leqslant |((h - h_0) * g)(x)| + |(h_0 * g)(x)| \\ &\leqslant \|h - h_0\|_1 \|g\|_\infty + |(h_0 * g)(x)|. \end{aligned}$$

Pour tout $\varepsilon > 0$, il existe $h_0 \in I$ telle que $\|h - h_0\|_1 \|g\|_\infty < \varepsilon$. Soit $M \in \Phi$ tel que $|(h_0 * g)(x)| < \varepsilon$ pour tout $x \in M$. On a alors $|(h * g)(x)| < 2\varepsilon$ pour tout $x \in M$, donc $h * g$ converge vers 0 suivant Φ. Cela montre que $h \in I$.

L'espace I est donc un idéal fermé de $L^1(G)$. On a $f \in I$ par hypothèse, donc $I = L^1(G)$ d'après le th. 1 puisque la transformée de Fourier de f ne s'annule pas. Ceci implique *a*).

Plaçons-nous dans les hypothèses de *b*). Soit $\varepsilon > 0$. Puisque g est lentement oscillante suivant Φ, il existe $M \in \Phi$ et un voisinage compact V de e tels que

$$x \in M \quad \text{et} \quad y \in V \Longrightarrow |g(y^{-1}x) - g(x)| \leqslant \varepsilon.$$

Soient φ la fonction caractéristique de V et $\mu = \int \varphi(x)dx$. Pour tout $x \in G$, on a

$$\frac{1}{\mu}(\varphi * g)(x) = \frac{1}{\mu}\int_V g(y^{-1}x)dy = g(x) + \frac{1}{\mu}\int_V (g(y^{-1}x) - g(x))dy.$$

Donc pour tout $x \in M$, on a

$$\left|\frac{1}{\mu}(\varphi * g)(x) - g(x)\right| \leqslant \varepsilon.$$

Comme, d'après *a*), la limite de $\varphi * g$ selon Φ est nulle, on a $\limsup_\Phi |g| \leqslant \varepsilon$. Puisque ε est arbitraire, on conclut que la limite de g selon Φ est nulle, ce qui prouve *b*).

Lemme 2. — *Soit* K *une partie compacte de* G. *Pour tout* $\eta > 0$, *il existe une fonction* $j \in L^1(G)$ *telle que :*

a) $\|j\|_1 \leqslant \sqrt{2}$;

b) *la fonction* $\mathscr{F}_G(j)$ *est égale à* 1 *au voisinage de l'élément neutre de* $\widehat{G}$;

c) *pour tout* $x \in K$, *on a* $\|j - j * \varepsilon_x\|_1 \leqslant \eta$.

L'ensemble U_1 des éléments $\widehat{x} \in \widehat{G}$ tels que

$$|\langle \widehat{x}, x\rangle - 1| \leqslant \frac{\eta}{4}$$

pour tout $x \in K$ est un voisinage de e dans $\widehat{G}$. Soit $U \subset U_1$ un voisinage ouvert, symétrique, et intégrable pour la mesure de Haar $m = d\widehat{x}$ de $\widehat{G}$ duale de la mesure dx. Soit $V \subset U$ un voisinage compact symétrique de e tel que $m(V) \geqslant \frac{1}{2}m(U)$. Notons φ_U (resp. φ_V) la fonction caractéristique de U (resp. de V). Puisque φ_U appartient à $L^2(G)$, il existe $u \in L^2(G)$ telle que $\varphi_U = \mathscr{F}_G(u)$ (th. 1 de II, p. 215). De même, il existe une fonction $v \in L^2(G)$ telle que $\varphi_V = \mathscr{F}_G(v)$. Nous allons montrer que la fonction $j = \frac{1}{m(V)}uv$ vérifie les propriétés demandées. On a $j \in L^1(G)$.

a) D'après le théorème de Plancherel et la condition $m(V) \geqslant \frac{1}{2}m(U)$, on a

$$\|j\|_1 \leqslant \frac{\|u\|_2\|v\|_2}{m(V)} = \frac{\|\mathscr{F}_G(u)\|_2\|\mathscr{F}_G(v)\|_2}{m(V)} = \frac{\sqrt{m(U)m(V)}}{m(V)} \leqslant \sqrt{2}.$$

b) Il existe un voisinage W de e dans $\widehat{G}$ tel que $WV \subset U$ (TG, II, p. 31, prop. 4). Pour tout $\widehat{x} \in W$, on a $\widehat{x}V \subset U$, et la prop. 14 de II, p. 223 implique

$$\begin{aligned}\mathscr{F}_G(j)(\widehat{x}) &= \frac{1}{m(V)}(\mathscr{F}_G(u) * \mathscr{F}_G(v))(\widehat{x}) \\ &= \frac{1}{m(V)}\int_{\widehat{G}} \varphi_U(\widehat{y})\varphi_V(\widehat{y}^{-1}\widehat{x})\, dm(\widehat{y}) \\ &= \frac{m(U \cap \widehat{x}V^{-1})}{m(V)} = \frac{m(\widehat{x}V)}{m(V)} = 1\end{aligned}$$

puisque V est symétrique.

c) Si $x \in K$, on a

$$\|u - u * \varepsilon_x\|_2^2 = \int_{\widehat{G}} \left|\mathscr{F}_G(u)(\widehat{x})(1 - \overline{\langle x, \widehat{x}\rangle})\right|^2 dm(\widehat{x}) \leqslant m(U)\Big(\frac{\eta}{4}\Big)^2$$

puisque $U \subset U_1$, et de même $\|v - v * \varepsilon_x\|_2^2 \leqslant m(V)\big(\frac{\eta}{4}\big)^2$. Donc

$$\begin{aligned}\|j - j * \varepsilon_x\|_1 &= \frac{1}{m(V)}\|u(v - v * \varepsilon_x) + (v * \varepsilon_x)(u - u * \varepsilon_x)\|_1 \\ &\leqslant \frac{\eta}{4m(V)}(\|u\|_2\sqrt{m(V)} + \|v\|_2\sqrt{m(U)}) \\ &= \frac{\eta\sqrt{m(U)m(V)}}{2m(V)} < \eta.\end{aligned}$$

PROPOSITION 3. — *L'algèbre* $L^1(G)$ *vérifie la condition de Ditkin* (I, p. 92, déf. 2).

Soit χ un caractère de $L^1(G)$. Distinguons deux cas suivant que χ est nul ou non. Si χ est nul, il faut vérifier que pour toute fonction $f \in L^1(G)$, il existe une suite $(f_n)_{n\geqslant 1}$ dans $L^1(G)$ telle que $\mathscr{F}(f_n)$ s'annule hors d'une partie compacte de $\widehat{G}$ et telle que $f_n * f$ tende vers f dans $L^1(G)$. L'existence d'une telle suite résulte du lemme 1 ci-dessus et de la prop. 8 de II, p. 211.

Supposons maintenant que χ est non nul, donc $\chi \in X(L^1(G)) = \widehat{G}$ (prop. 1 de II, p. 202). Soit $f \in L^1(G)$ telle que $\mathscr{G}_{L^1(G)}(f)(\chi) = \overline{\mathscr{F}}(f)(\chi) = 0$. Il s'agit de prouver l'existence d'une suite $(f_n)_{n\geqslant 1}$ dans

$L^1(G)$ telle que $f * f_n$ converge vers f dans $L^1(G)$ et telle que $\overline{\mathscr{F}}(f_n)$ s'annule au voisinage de χ. On peut supposer que $\|f\|_1 = 1$. Par translation dans $\widehat{G}$, on se ramène au cas où $\chi = e$.

Soit K_n une partie compacte de G telle que

$$\int_{G-K_n} |f(x)|dx \leqslant \frac{1}{n}.$$

Soit $u_n \in L^1(G)$ une fonction $\geqslant 0$ telle que $\|u_n\|_1 = 1$ et

$$\|f - f * u_n\|_1 \leqslant \frac{1}{n}$$

(*cf.* prop. 8 de II, p. 211, (iii)). D'après le lemme 2, il existe une fonction j_n dans $L^1(G)$ telle que $\|j_n\|_1 \leqslant \sqrt{2}$, dont la cotransformée de Fourier vaut 1 au voisinage de e, et de plus telle que $\|j_n - j_n * \varepsilon_x\|_1 \leqslant n^{-1}$ pour tout $x \in K_n$. On pose

$$f_n = u_n - j_n * u_n.$$

Nous allons montrer que la suite $(f_n)_{n\geqslant 1}$ possède les propriétés requises. Tout d'abord, on a

$$\mathscr{F}(f_n) = \mathscr{F}(u_n) - \mathscr{F}(j_n)\mathscr{F}(u_n) = (1 - \mathscr{F}(j_n))\mathscr{F}(u_n)$$

donc la transformée de Fourier de f_n s'annule au voisinage de $\chi = e$. D'autre part,

$$\|f * f_n - f\|_1 \leqslant \|f * u_n - f\|_1 + \|f * j_n\|_1\|u_n\|_1 \leqslant \frac{1}{n} + \|f * j_n\|_1.$$

Or, pour presque tout $y \in G$, on a

$$(f * j_n)(y) = \int_G f(x)j_n(x^{-1}y)dx = \int_G f(x)(j_n(x^{-1}y) - j_n(y))dx$$

puisque, par hypothèse, on a $\mathscr{F}(f)(e) = \int_G f(x)dx = 0$. D'où

$$\begin{aligned} \|f * j_n\|_1 &\leqslant \int_G |f(x)|\ \|j_n * \varepsilon_x - j_n\|_1 dx \\ &= \int_{K_n} |f(x)|\ \|j_n * \varepsilon_x - j_n\|_1 dx \\ &\quad + \int_{G-K_n} |f(x)|\ \|j_n * \varepsilon_x - j_n\|_1 dx \\ &\leqslant \frac{1}{n}\int_{K_n} |f(x)|\, dx + 4\int_{G-K_n} |f(x)|\, dx \leqslant \frac{5}{n}. \end{aligned}$$

Finalement, $\|f * f_n - f\|_1 \leqslant 6n^{-1}$ et donc $f * f_n$ converge dans f dans $L^1(G)$, comme désiré.

Appliquant la prop. 5, on obtient alors le résultat suivant :

THÉORÈME 2. — *Soit* I *un idéal fermé de* $L^1(G)$ *tel que la frontière de* V(I) *ne contienne aucun ensemble parfait non vide. Alors* I *est l'ensemble des fonctions* $f \in L^1(G)$ *telles que* $\mathscr{F}(f)$ *s'annule sur* V(I).

Pour un idéal fermé quelconque de $L^1(G)$, la conclusion du th. 2 est en général inexacte (*cf.* exerc. 12 de II, p. 314). Plus précisément, on peut montrer que, si G est non compact, il existe un idéal fermé de $L^1(G)$ qui n'est pas auto-adjoint (voir par exemple W. RUDIN, *Fourier analysis on groups*, Interscience tracts in pure and applied mathematics, theorem 7.7.1.)

COROLLAIRE. — *Si un idéal fermé* I *de* $L^1(G)$ *est contenu dans un seul idéal régulier maximal, alors* I *est lui-même régulier maximal.*

3. Sous-espaces invariants faiblement fermés de $L^\infty(G)$

Dans ce numéro, on identifie $L^\infty(G)$ au dual de $L^1(G)$, et on le munit de la topologie faible $\sigma(L^\infty(G), L^1(G))$. On note $(f, g) \mapsto \langle f, g\rangle$ l'application bilinéaire définissant cette dualité pour $f \in L^1(G)$ et $g \in L^\infty(G)$.

L'application $W \mapsto W^\circ$ est une bijection de l'ensemble des sous-espaces vectoriels faiblement fermés de $L^\infty(G)$ sur l'ensemble des sous-espaces vectoriels fermés de $L^1(G)$ (EVT, II, p. 55, prop. 10).

D'autre part, si $f \in L^1(G)$ et $x \in G$, l'endomorphisme $g \mapsto f * g$ (resp. $g \mapsto \varepsilon_x * g$) de l'espace de Banach $L^1(G)$ a pour transposé l'endomorphisme $h \mapsto \check{f} * h$ (resp. $h \mapsto \varepsilon_{x^{-1}} * h$) de l'espace de Banach $L^\infty(G)$ (INT, VIII, §4, n° 3, exemple 6). Pour qu'un sous-espace vectoriel fermé de $L^1(G)$ soit un idéal de $L^1(G)$, il faut et il suffit qu'il soit invariant par les translations de G. Donc, pour qu'un sous-espace vectoriel faiblement fermé de $L^\infty(G)$ soit stable par convolution avec les éléments de $L^1(G)$, il faut et il suffit qu'il soit invariant par les translations de G.

Soit W un sous-espace vectoriel faiblement fermé de $L^\infty(G)$. Supposons W (donc aussi W°) invariant par les translations de G. Soit $f \in L^1(G)$. Pour tout $g \in L^\infty(G)$, on a $(\check{f} * g)(x) = \langle \varepsilon_x * f, g\rangle = \langle f, \varepsilon_{x^{-1}} * g\rangle$. Donc, pour que f appartienne à W°, il faut et il suffit que $\check{f} * g = 0$ pour tout $g \in W$.

Si W est un sous-espace vectoriel de $L^\infty(G)$ faiblement fermé et invariant par translation, nous noterons A(W) l'ensemble des caractères $\chi \in \widehat{G}$ qui appartiennent à W. C'est une partie fermée de $\widehat{G}$. Si F est une partie fermée de $\widehat{G}$, nous noterons Y(F) le sous-espace vectoriel faiblement fermé de $L^\infty(G)$ engendré par les éléments de F ; comme toute translation de G transforme chaque caractère en une fonction proportionnelle à ce caractère, l'espace Y(F) est invariant par translation.

Soit W un sous-espace faiblement fermé de $L^\infty(G)$ invariant par les translations de G. D'après le théorème des bipolaires (EVT, II, p. 48, th. 1), un caractère χ appartient à W si et seulement si il appartient à $(W^\circ)^\circ$; ce dernier espace est l'ensemble des fonctions $g \in L^\infty(G)$ telles que $\langle f, g\rangle = 0$ pour $f \in W^\circ$. On a $\langle f, \chi\rangle = \overline{\mathscr{F}}(f)(\chi)$, et donc

$$A(W) = V(W^\circ).$$

Similairement, une fonction $f \in L^1(G)$ appartient à $Y(F)^\circ$ si et seulement $\langle f, \chi\rangle = 0$ pour tout $\chi \in F$, ce qui équivaut à $\overline{\mathscr{F}}(f)(\chi) = 0$ pour $\chi \in F$, c'est-à-dire à $f \in \Upsilon(F)$. Donc (*loc. cit.*) on a

$$Y(F) = \Upsilon(F)^\circ.$$

Les relations $V(\Upsilon(F)) = F$ (I, p. 13 et I, p. 30) et $\Upsilon(V(I)) \supset I$, combinées avec le théorème des bipolaires (EVT, II, p. 48, th. 1), entraînent alors

$$A(Y(F)) = F, \qquad Y(A(W)) \subset W.$$

PROPOSITION 4. — *Soit* W *un sous-espace vectoriel faiblement fermé de* $L^\infty(G)$ *invariant par translation et non nul. Alors* W *contient au moins un caractère de* G.

On a vu que $A(W) = V(W^\circ)$. Comme $W \neq 0$, on a $W^\circ \neq L^1(G)$, et alors $V(W^\circ)$ est non vide d'après le th. 1 de II, p. 252.

PROPOSITION 5. — *Soit* W *un sous-espace vectoriel faiblement fermé de* $L^\infty(G)$ *invariant par translation.*

a) *Quel que soit le voisinage* U *de* A(W) *dans* $\widehat{G}$, *toute fonction de* W *est limite faible de combinaisons linéaires de caractères appartenant à* U ;

b) *Si la frontière de* A(W) *ne contient aucun ensemble parfait non vide, toute fonction de* W *est limite faible de combinaisons linéaires de caractères appartenant à* W.

Pour prouver *a*), il suffit par le théorème des bipolaires de montrer que si f est une fonction de $L^1(G)$ orthogonale aux éléments de U, alors f est orthogonale à W. Or, la cotransformée de Fourier $\overline{\mathscr{F}}(f)$ s'annule alors sur le voisinage U de A(W) = V(W°), de sorte que la prop. 2 de II, p. 252 montre effectivement que $f \in W^\circ$. L'assertion *b*) s'établit de manière analogue, en employant le th. 2 de II, p. 257 au lieu de la prop. 2 de II, p. 252.

Exercices

Dans tous les exercices du chapitre II, on identifie le dual de $\mathbf{R}^n$ (resp. de $(\mathbf{R}/\mathbf{Z})^n$, de $\mathbf{Z}^n$) avec $\mathbf{R}^n$ (resp. avec $\mathbf{Z}^n$, avec $(\mathbf{R}/\mathbf{Z})^n$) suivant le corollaire 3 de II, p. 236. Pour x et y dans $\mathbf{R}^n$, on note $x \cdot y = \sum_i x_i y_i$. On note $\mathbf{T} = \mathbf{R}/\mathbf{Z}$, et on munit $\mathbf{T}$ de sa structure de groupe de Lie réel (LIE, III, p. 105, prop. 11). On notera souvent $\widehat{f}$ la transformée de Fourier d'une fonction f.

Pour tout nombre réel t non nul, on note $\mathrm{s}(t) = t/|t|$, et on pose $\mathrm{s}(0) = 0$ (fonction signe).

Si E est un espace vectoriel topologique et $(x_h)_{h\in\mathbf{Z}}$ une famille d'éléments de E, on dit que la série de terme général x_h *converge symétriquement* dans E vers $x \in \mathrm{E}$ si la suite $(s_n)_{n\geqslant 1}$ définie par

$$s_n = \sum_{-n\leqslant h\leqslant n} x_h$$

converge vers x dans E.

On appelle *mesure de probabilité* sur un espace topologique localement compact X une mesure positive de masse totale 1. On note $\mathscr{P}(\mathrm{X})$ l'ensemble des mesures de probabilité sur X.

Sauf mention du contraire, G désigne un groupe topologique localement compact commutatif.

§ 1

1) *a)* Soient $\omega, p, q \in \mathbf{R}$ avec $p \leqslant q$. On pose $f(x) = e^{i\omega x}$ pour $p \leqslant x \leqslant q$, $f(x) = 0$ pour $x > q$ ou $x < p$. Alors pour $y \in \mathbf{R}$, on a

$$\mathscr{F}(f)(y) = i\frac{e^{ip(\omega-2\pi y)} - e^{iq(\omega-2\pi y)}}{\omega - 2\pi y}.$$

b) Soient $\omega \in \mathbf{R}$, $\beta > 0$. On pose $f(x) = e^{(-\beta+i\omega)x}$ pour $x \geqslant 0$, $f(x) = 0$ pour $x < 0$. Alors pour $y \in \mathbf{R}$, on a

$$\mathscr{F}(f)(y) = \frac{i}{\omega - 2\pi y + i\beta}.$$

c) Soit $a > 0$. On pose $f(x) = \frac{1}{a}e^{-a|x|}$ pour $x \in \mathbf{R}$. Alors pour $y \in \mathbf{R}$, on a

$$\mathscr{F}(f)(y) = \frac{2}{4\pi^2 y^2 + a^2}.$$

d) On pose $f(x) = e^{-\pi x^2}$ pour $x \in \mathbf{R}$. Alors pour $y \in \mathbf{R}$, on a $\mathscr{F}(f)(y) = e^{-\pi y^2}$. (Trouver une équation différentielle linéaire du premier ordre satisfaite par la transformée de Fourier de f, et utiliser la formule $\int_0^{+\infty} e^{-t^2}\,dt = \frac{1}{2}\sqrt{\pi}$ de FVR, VII, §1, n° 3.)

e) Soit $n \in \mathbf{N}$ et soit Q une forme quadratique définie positive sur $\mathbf{R}^n$. Soit σ une application linéaire sur $\mathbf{R}^n$ telle que $\mathrm{Q}(x) = \|\sigma(x)\|^2$. Soit Q^* la forme quadratique définie positive telle que $\mathrm{Q}^*(y) = \|{}^t\sigma^{-1}(y)\|^2$ pour tout $y \in \mathbf{R}^n$. Soit $z \in \mathbf{C}$ un nombre complexe tel que $\mathscr{I}(z) > 0$. La fonction f de $\mathbf{R}^n$ dans $\mathbf{C}$ définie par $f(x) = \exp(i\pi z\mathrm{Q}(x))$ appartient à $\mathscr{S}(\mathbf{R}^n)$ et on a

$$\mathscr{F}(f)(y) = |\det(\sigma)|^{-1}\Big(\frac{i}{z}\Big)^{n/2} \exp(i\pi z^{-1}\mathrm{Q}^*(y))$$

pour tout $y \in \mathbf{R}^n$.

f) Soit $f \in \mathscr{C}(\mathbf{R})$ la fonction définie par $f(x) = (\sin(\pi x)/(\pi x))^2$ pour $x \neq 0$ et $f(0) = 1$. On a $\mathscr{F}(f)(y) = 0$ si $|y| > 1$ et $\mathscr{F}(f)(y) = 1 - |y|$ sinon. Soit $g(x) = xf(x)$. On a $\mathscr{F}(g)(y) = 0$ si $|y| > 1$ et $\mathscr{F}(g)(y) = \mathrm{s}(y)/(2i\pi)$ sinon.

2) On identifie l'intervalle $[0, 1[$ avec $\mathbf{T} = \mathbf{R}/\mathbf{Z}$ par la projection canonique. Soient $0 \leqslant a < b < 1$. Soit f la fonction continue de $\mathbf{R}/\mathbf{Z}$ dans $\mathbf{R}$ telle que $f(x) = 0$ si $x \notin [a, b]$, $f((a+b)/2) = 1$, et telle que f est affine sur les intervalles $[a, (a+b)/2]$ et $[(a+b)/2, b]$.

Calculer la transformée de Fourier de f et démontrer qu'il existe une constante $\mathrm{C} \geqslant 0$ telle que

$$|\widehat{f}(n)| \leqslant \inf\Big(b - a, \frac{\mathrm{C}}{n^2}\Big)$$

pour tout $n \in \mathbf{Z} - \{0\}$.

3) *a)* Les fonctions $t \mapsto t^n e^{-\pi t^2}$ pour n entier $\geqslant 0$ forment un ensemble total dans $\mathrm{L}^2(\mathbf{R})$. (Soit $f \in \mathrm{L}^2(\mathbf{R})$ un élément orthogonal aux $t^n e^{-\pi t^2}$. Pour $z \in \mathbf{C}$, poser $\mathrm{F}(z) = \int_{-\infty}^{+\infty} f(t) e^{-\pi t^2} e^{2i\pi tz} dt$, et montrer que F est une fonction entière dont les dérivées en 0 sont toutes nulles. En déduire que la transformée de Fourier de la fonction $t \mapsto f(t)e^{-\pi t^2}$ sur $\mathbf{R}$ est nulle.)

b) Pour $k \in \mathbf{N}$, on a $\partial_t^k(e^{-2\pi t^2}) = \mathrm{P}_k(t) e^{-2\pi t^2}$, où P_k est un polynôme de degré k, de coefficient dominant $(-4\pi)^k$.

c) Soient $k \in \mathbf{N}$, $\mathrm{P} \in \mathbf{C}[t]$ non nul et α le coefficient dominant de P. Alors

$$\int_{\mathbf{R}} \mathrm{P}_k(t) e^{-2\pi t^2} \mathrm{P}(t)\, dt = \begin{cases} 0 & \text{si } \deg(\mathrm{P}) < k \\ (-1)^k k! 2^{-1/2} \alpha & \text{si } \deg(\mathrm{P}) = k. \end{cases}$$

d) Pour $k \in \mathbf{N}$ et $t \in \mathbf{R}$, on pose :

$$\mathscr{H}_k(t) = (-1)^k \frac{2^{1/4-k}}{\sqrt{\pi^k k!}} e^{\pi t^2} \partial_t^k (e^{-2\pi t^2})$$

(« fonctions d'Hermite »). La famille $(\mathscr{H}_k)$ est une base orthonormale de l'espace $\mathrm{L}^2(\mathbf{R})$. (Utiliser *a*), *b*), *c*)).

e) On a $\mathscr{F}(\mathscr{H}_k) = (-i)^k \mathscr{H}_k$.

4) *a)* Soient $\alpha > 0$, $h > 0$, et $f \colon \mathbf{R} \to \mathbf{R}$ la fonction continue nulle hors de l'intervalle $]-\alpha, \alpha[$, linéaire dans $[-\alpha, 0]$ et $[0, \alpha]$, égale à h en 0. On a :

$$\mathscr{F}(f)(t) = \frac{h}{\alpha\pi^2} \frac{\sin^2(\pi\alpha t)}{t^2}$$

pour $t \in \mathbf{R}^*$.

b) Soit $\mathrm{N} \in \mathbf{N}$. Posons $g(x) = \sum_{n=-\mathrm{N}}^{\mathrm{N}} f(x+n)$. Alors :

$$\mathscr{F}(g)(t) = \frac{h}{\alpha\pi^2} \frac{\sin^2(\pi\alpha t)}{t^2} \frac{\sin((2\mathrm{N}+1)\pi t)}{\sin(\pi t)}$$

pour $t \in \mathbf{R}^*$.

c) On choisit des suites $(\alpha_i)_{i\geqslant 1}$, $(h_i)_{\geqslant 1}$, $(\mathrm{N}_i)_{i\geqslant 1}$, d'où, pour chaque entier i, une fonction g_i construite par le procédé de *b*). Si $\sum_i h_i < +\infty$, la série $\sum_i g_i$ converge uniformément vers une fonction continue G sur $\mathbf{R}$.

d) Si

$$\sum_i \alpha_i h_i \mathrm{N}_i < +\infty, \quad \sum_i \frac{h_i}{\alpha_i} \log \mathrm{N}_i < +\infty, \quad \sum_i h_i \mathrm{N}_i = +\infty,$$

alors G et $\mathscr{F}(\mathrm{G})$ sont intégrables sur $\mathbf{R}$, mais

$$\sum_{n=-\infty}^{+\infty} \mathrm{G}(n) = +\infty.$$

Montrer qu'il existe des exemples de telles suites.

5) Soit $\mu \in \mathscr{M}^1(\mathrm{G})$. On suppose que $\mathscr{F}(\mu) \in \mathrm{L}^1(\widehat{\mathrm{G}})$. Alors μ est une mesure de base la mesure de Haar sur G (INT, V, § 5, n° 2, déf. 2), et admet une densité continue par rapport à celle-ci. (Utiliser la base de filtre $\mathfrak{B}$ de la prop. 8 de II, p. 211. Montrer que $\lim_{\varphi,\mathfrak{B}} \varphi * \mu = \mu$ pour la topologie vague, et pour φ dans un élément de $\mathfrak{B}$, on a $\mathscr{F}(\varphi * \mu) = \mathscr{F}(\varphi)\mathscr{F}(\mu)$; or $\mathscr{F}(\mu) \in \mathrm{L}^1(\widehat{\mathrm{G}})$, donc $\varphi * \mu = \overline{\mathscr{F}}(\mathscr{F}(\varphi * \mu))$ tend vers $\overline{\mathscr{F}}(\mathscr{F}(\mu))$ dans $\mathscr{C}_0(\mathrm{G})$. Ainsi $d\mu(x) = f(x)dx$ où $f = \overline{\mathscr{F}}(\mathscr{F}(\mu))$.)

6) Soient H un sous-groupe de G, et $\mu \in \mathscr{M}^1(\widehat{\mathrm{G}})$. Pour que $\mathscr{F}(\mu)$ soit invariante par les translations par des éléments de H, il faut et il suffit que le support de μ soit contenu dans $\mathrm{H}^\perp$.

7) Soit $f \in \mathrm{L}^1(\mathrm{G})$. Soit F une fonction holomorphe définie dans une partie ouverte U de **C**. On suppose que U contient l'ensemble des valeurs de $\mathscr{F}(f)$, et si G n'est pas discret, on suppose que $0 \in \mathrm{U}$ et $\mathrm{F}(0) = 0$.

Alors il existe $g \in \mathrm{L}^1(\mathrm{G})$ telle que $\mathrm{F} \circ \mathscr{F}(f) = \mathscr{F}(g)$. (Utiliser le calcul fonctionnel holomorphe.)

8) Soient $p \in [1, 2]$ et $q \in [2, +\infty]$ tels que $1/p + 1/q = 1$.

a) Soit $f \in \mathscr{K}(\mathrm{G})$. Montrer que $\|\mathscr{F}(f)\|_q \leqslant \|f\|_p$. (Cette inégalité est valide pour $p = 1$ et $p = 2$. Dans le cas général, utiliser l'inégalité de M. Riesz (INT, IV, §6, exerc. 18).)

b) En déduire que la restriction de $\mathscr{F}$ à $\mathscr{K}(\mathrm{G})$ se prolonge en une application linéaire continue de $\mathrm{L}^p(\mathrm{G})$ dans $\mathrm{L}^q(\widehat{\mathrm{G}})$ qui coïncide avec la transformation de Fourier sur $\mathrm{L}^p(\mathrm{G}) \cap \mathrm{L}^1(\mathrm{G})$ et sur $\mathrm{L}^p(\mathrm{G}) \cap \mathrm{L}^2(\mathrm{G})$.

¶ 9) Soit G un groupe localement compact (non nécessairement commutatif) muni d'une mesure de Haar à gauche.

a) Si $f \in \mathrm{L}^1(\mathrm{G})$, il existe f_1 et f_2 dans $\mathrm{L}^1(\mathrm{G})$ tels que $f_1 * f_2 = f$. (Utiliser l'exercice 30 de I, p. 185.)

b) Soient $f_1, f_2 \in \mathrm{L}^1(\mathrm{G})$ avec $f_1 \geqslant 0$, $f_2 \geqslant 0$. Montrer que $f_1 * f_2$ est presque partout égale à une fonction semi-continue inférieurement. (Considérer f_1 comme limite simple d'une suite croissante de fonctions $\geqslant 0$ de $\mathrm{L}^\infty(\mathrm{G})$.)

c) On prend $\mathrm{G} = \mathbf{R}$. Pour tout intervalle ouvert $\mathrm{I} =]a, b[$, posons

$$\mathrm{A}(\mathrm{I}) =]a, a + (b - a)/6[, \qquad \mathrm{A}'(\mathrm{I}) =]a + 5(b - a)/6, b[.$$

On définit des intervalles I_n pour $n \geqslant 1$ et I'_n pour $n \geqslant 0$ par $\mathrm{I}'_0 =]0, 1[$ et

$$\mathrm{I}_n = \mathrm{A}(\mathrm{I}'_{n-1}), \qquad \mathrm{I}'_n = \mathrm{A}'(\mathrm{I}'_{n-1})$$

pour $n \geqslant 1$. Soit F la réunion des intervalles I_n pour $n \geqslant 1$. Il n'existe aucun couple $(\mathrm{F}_1, \mathrm{F}_2)$ de parties de **R** telles que $\mathrm{F}_1 + \mathrm{F}_2 = \mathrm{F}$.

d) Si f est une fonction continue $\geqslant 0$ sur $\mathbf{R}$ telle que $\mathrm{F} = \{x \in \mathbf{R} | f(x) > 0\}$, alors il n'existe aucun couple de fonctions (f_1, f_2) dans $\mathrm{L}^1(\mathbf{R})$ telles que $f_1 \geqslant 0$, $f_2 \geqslant 0$ et $f = f_1 * f_2$. (Supposons une telle égalité. Soit E_i l'ensemble des $x \in \mathbf{R}$ tels que $f_i(x) > 0$. Soit F_i l'ensemble des points de densité de E_i (INT, V, §6, exerc. 15). Démontrer que $\mathrm{F} = \mathrm{F}_1 + \mathrm{F}_2$.)

10) Soit $k \in \mathbf{Z}$. L'application $x \mapsto x^k$ de G dans G est injective si et seulement si l'application $\chi \mapsto \chi^k$ de $\widehat{\mathrm{G}}$ dans $\widehat{\mathrm{G}}$ est surjective.

11) Soient G un groupe abélien fini et d un entier $\geqslant 1$. Démontrer que pour tout $x \in \mathrm{G}$ et tout $\chi \in \widehat{\mathrm{G}}$, on a

$$\sum_{\substack{y \in \mathrm{G} \\ y^d = x}} \chi(y) = \sum_{\substack{\eta \in \widehat{\mathrm{G}} \\ \eta^d = \chi}} \eta(x).$$

12) Soit $(\mathrm{G}_i)_{i \in \mathrm{I}}$ une famille de groupes commutatifs localement compacts. Pour tout $i \in \mathrm{I}$, soit H_i un sous-groupe ouvert compact de G_i. Soit G le produit direct local des G_i relativement aux H_i (TG, III, p. 71, exerc. 26) ; il est localement compact. Pour tout $\chi \in \widehat{\mathrm{G}}$, soit χ_i la restriction de χ à G_i. Montrer que $\chi \mapsto (\chi_i)_{i \in \mathrm{I}}$ est un isomorphisme du groupe topologique $\widehat{\mathrm{G}}$ sur le produit direct local des $\widehat{\mathrm{G}}_i$ relativement aux $\mathrm{H}_i^{\perp}$.

13) Soient G_d le groupe G muni de la topologie discrète et χ un caractère unitaire de G_d. Pour tout entier $n \geqslant 1$, tous éléments $x_1, \ldots, x_n \in \mathrm{G}$ et tout $\varepsilon > 0$, il existe $\widehat{x} \in \widehat{\mathrm{G}}$ tel que $|\langle \widehat{x}, x_i \rangle - \chi(x_i)| \leqslant \varepsilon$ pour $1 \leqslant i \leqslant n$. (L'injection canonique de G_d dans G a pour dual un morphisme de $\widehat{\mathrm{G}}$ dans $\widehat{\mathrm{G}}_d$ dont l'image est dense d'après le cor. 5 de II, p. 229.)

14) *a*) L'espace $\mathrm{L}^1(\mathrm{G})$ est un idéal fermé dans $\mathscr{M}^1(\mathrm{G})$, donc $\widehat{\mathrm{G}}$ s'identifie à une partie ouverte de $\mathsf{X}(\mathscr{M}^1(\mathrm{G}))$ (*cf.* exercice 17 de I, p. 169).

b) Soit $\mathscr{M}_d(\mathrm{G})$ (resp. $\mathscr{M}_a(\mathrm{G})$) l'ensemble des $\mu \in \mathscr{M}^1(\mathrm{G})$ qui sont diffuses (resp. atomiques). Alors $\mathscr{M}_d(\mathrm{G})$ est un idéal fermé de $\mathscr{M}^1(\mathrm{G})$ et $\mathscr{M}_a(\mathrm{G})$ est une sous-algèbre fermée de $\mathscr{M}^1(\mathrm{G})$.

¶ 15) Soit $\mathrm{E} \subset \mathrm{G}$. On dit que E est *indépendant* si, pour tout entier $k \geqslant 1$, pour tous éléments $x_1, \ldots, x_k$ deux à deux distincts de E et pour tous entiers $n_1, \ldots, n_k$, la relation $x_1^{n_1} \cdots x_k^{n_k} = e$ entraîne $x_1^{n_1} = \cdots = x_k^{n_k} = e$. On dit que E est un *ensemble de Kronecker* si toute fonction complexe continue sur E de valeur absolue 1 est limite uniforme sur E de caractères unitaires de G. Si q est un entier $\geqslant 1$ et $\mathrm{G} = (\mathbf{Z}/q\mathbf{Z})^{\mathbf{N}}$, on dit que E est *de type* K_q si toute application continue de E dans l'ensemble des racines q-èmes de l'unité coïncide sur E avec un caractère unitaire de G.

a) Soit P un ensemble compact de Kronecker. Si $\mu \in \mathscr{M}^1(\mathrm{G})$ est concentrée sur P, on a $\|\mathscr{F}(\mu)\|_\infty = \|\mu\|$. En déduire que toute fonction complexe continue sur P est la restriction de la transformée de Fourier d'un élément $f \in \mathrm{L}^1(\widehat{\mathrm{G}})$.

b) Soit $\mathrm{E} \subset \mathrm{G}$ un ensemble fini indépendant. Soit f une fonction complexe de valeur absolue 1 sur E. On suppose que $f(x)^q = 1$ lorsque $x \in \mathrm{E}$ est d'ordre q. La fonction f est limite uniforme sur E de caractères unitaires de G. (Utiliser l'exerc. 13.)

c) Tout ensemble de Kronecker est indépendant et ne contient que des éléments d'ordre infini.

d) Tout ensemble de type K_q est indépendant.

e) Soit $k \geqslant 1$ un entier et soient $\mathrm{V}_1, \ldots, \mathrm{V}_k$ des parties ouvertes non vides disjointes de G. Si tout voisinage de e dans G contient un élément d'ordre infini, il existe $x_i \in \mathrm{V}_i$ pour $1 \leqslant i \leqslant k$ tel que $\{x_1, \ldots, x_k\}$ soit un ensemble de Kronecker. Si $\mathrm{G} = (\mathbf{Z}/q\mathbf{Z})^{\mathbf{N}}$, il existe $x_i \in \mathrm{V}_i$ tel que $\{x_1, \ldots, x_k\}$ soit de type K_q.

f) Soient $\mathrm{E} \subset \mathrm{G}$ un ensemble compact indépendant, $\mathrm{F} = \mathrm{E} \cup \mathrm{E}^{-1}$. Soit μ une mesure bornée diffuse sur G, concentrée sur F. Alors les mesures μ^n, pour $n \geqslant 0$, sont deux à deux étrangères, où l'on pose $\mu^0 = \varepsilon_e$ et $\mu^n = \mu * \mu^{n-1}$ pour $n \geqslant 1$. (Montrer que, si $m < n$, l'ensemble des $(x_1, \ldots, x_n) \in \mathrm{G}^n$ tels que $x_1 \ldots x_n \in \mathrm{F}^m$ est négligeable pour $\mu \otimes \cdots \otimes \mu$). En déduire que, si $\mu \geqslant 0$, on a $\| \sum_{k=0}^n \alpha_k \mu^k \| = \sum_{k=0}^n |\alpha_k| \, \|\mu\|^k$ quels que soient les nombres complexes $\alpha_0, \ldots, \alpha_n$.

g) Soit $r \geqslant 1$ un entier. Soient $\mathrm{E} \subset \mathrm{G}$ un ensemble compact indépendant, $\mu_1, \ldots, \mu_r$ des mesures $\geqslant 0$ diffuses de masse 1, concentrées sur des parties disjointes $\mathrm{E}_1, \ldots, \mathrm{E}_r$ de E. Soient $z_1, \ldots, z_r \in \mathbf{C}$ avec $|z_i| \leqslant 1$ pour tout i. Il existe un caractère χ de $\mathscr{M}^1(\mathrm{G})$ tel que $\chi(\mu_i) = z_i$ pour $1 \leqslant i \leqslant r$. (Montrer d'abord, en raisonnant comme dans *f*), que, si $(n_1, \ldots, n_r) \neq (m_1, \ldots, m_r)$, les mesures $\mu_1^{m_1} * \cdots * \mu_r^{m_r}$ et $\mu_1^{n_1} * \cdots * \mu_r^{n_r}$ sont étrangères. Ensuite, supposant $|z_i| = 1$ pour tout i, montrer que le rayon spectral de $\varepsilon_e + \overline{z}_1\mu_1 + \cdots + \overline{z}_r\mu_r$ est $r+1$, d'où un caractère χ de $\mathscr{M}^1(\mathrm{G})$ tel que $\chi(\varepsilon_e + \overline{z}_1\mu_1 + \cdots + \overline{z}_r\mu_r) = r+1$; ce caractère répond à la question. Dans le cas général, écrire $z_i = \frac{1}{2}(z_i' + z_i'')$ avec $|z_i'| = |z_i''| = 1$, et $\mu_i = \frac{1}{2}(\mu_i' + \mu_i'')$ où $\mu_1', \mu_1'', \ldots, \mu_r', \mu_r''$ vérifient les mêmes hypothèses que $\mu_1, \ldots, \mu_r$.)

h) Soit $\mathscr{M}_d(\mathrm{E})$ l'espace de Banach des mesures diffuses sur G concentrées sur E. Toute forme linéaire continue de norme $\leqslant 1$ sur $\mathscr{M}_d(\mathrm{E})$ se prolonge en un caractère de $\mathscr{M}^1(\mathrm{G})$. (Utiliser *g*).)

16) Pour tout nombre complexe s tel que $\mathscr{R}(s) > 1$, on note

$$\zeta(s) = \sum_{n \geqslant 1} \frac{1}{n^s}$$

(« fonction zêta de Riemann »).

a) La fonction ζ est holomorphe sur l'ouvert de $\mathbf{C}$ formé des nombres complexes s tels que $\mathscr{R}(s) > 1$.

b) Pour $y \in \mathbf{R}_+^*$, notons

$$\theta(y) = \sum_{n \in \mathbf{Z}} e^{-\pi n^2 y} ;$$

cette série converge absolument et uniformément sur les compacts de $\mathbf{R}_+^*$. Pour tout s tel que $\mathscr{R}(s) > 1$, on a

$$\pi^{-s/2}\Gamma(s/2)\zeta(s) = \frac{1}{2}\int_0^{+\infty} \theta(y) y^{s/2}\frac{dy}{y}$$

(voir FVR, VII, p. 10 pour la fonction gamma dans le plan complexe).

c) Pour tout $y \in \mathbf{R}_+^*$, on a $\theta(y^{-1}) = \sqrt{y}\theta(y)$. (Utiliser la formule de Poisson et l'exercice 1.)

d) Pour tout s tel que $\mathscr{R}(s) > 1$, on a

$$\pi^{-s/2}\Gamma(s/2)\zeta(s) = \frac{1}{s(s-1)} + \frac{1}{2}\int_1^{+\infty} (\theta(y)-1)(y^{s/2} + y^{(1-s)/2})\frac{dy}{y}.$$

e) Il existe une unique fonction holomorphe sur $\mathbf{C} - \{1\}$ dont la restriction à l'ouvert des nombres complexes de partie réelle > 1 coïncide avec ζ. Cette fonction, encore notée ζ, vérifie $(s-1)\zeta(s) \to 1$ quand $s \to 1$ (*autrement dit, elle admet un pôle simple de résidu 1 en $s = 1$*).

f) La fonction Λ définie par

$$\Lambda(s) = \pi^{-s/2}\Gamma(s/2)\zeta(s)$$

est holomorphe sur $\mathbf{C} - \{0, 1\}$; elle a des pôles simples de résidu 1 en $s = 0$ et $s = 1$. On a $\Lambda(1-s) = \Lambda(s)$ pour tout $s \in \mathbf{C} - \{0, 1\}$.

g) Montrer que pour tout $s \in \mathbf{C}$ tel que $\mathscr{R}(s) > 1$, on a

$$\zeta(s) = \prod_p (1 - p^{-s})^{-1},$$

où le produit porte sur l'ensemble des nombres premiers et est absolument convergent (« produit eulérien »).

h) Lorsque $\sigma > 1$ converge ver 1, on a

$$\sum_p p^{-\sigma} = \log\Big(\frac{1}{\sigma - 1}\Big) + \mathrm{O}(1),$$

où la somme porte sur les nombres premiers.

i) Tout $s \in \mathbf{C} - \{1\}$ tel que $\zeta(s) = 0$ est soit de la forme $s = -2k$, où $k \geqslant 1$ est un entier, soit vérifie $0 \leqslant \mathscr{R}(s) \leqslant 1$.

j) On a $\zeta(s) \neq 0$ si $\mathscr{R}(s) = 1$ et $s \neq 1$. (Montrer à l'aide du produit eulérien que

$$\zeta(\sigma)^3\zeta(\sigma + it)^4\zeta(\sigma + 2it) \geqslant 1$$

pour tout $\sigma > 1$ et $t \in \mathbf{R}$, puis considérer t tel que $\zeta(1 + it) = 0$.)

17) Soient $q \geqslant 1$ un entier, et soit $a \geqslant 1$ un entier premier à q. Soit $\widetilde{\chi}$ un caractère du groupe $(\mathbf{Z}/q\mathbf{Z})^*$. On note χ l'application de $\mathbf{Z}$ dans $\mathbf{C}$ telle que $\chi(n) = 0$ si n n'est pas premier à q et $\chi(n) = \widetilde{\chi}(n \pmod{q})$ dans le cas contraire (« caractères de Dirichlet »).

a) Supposons $\widetilde{\chi}$ non trivial. La fonction définie par

$$\mathrm{L}(s, \chi) = \sum_{n \geqslant 1} \chi(n) n^{-s}$$

est holomorphe sur l'ouvert U de $\mathbf{C}$ formé des nombres complexes tels que $\mathscr{R}(s) > 1$, et il existe une unique fonction holomorphe sur $\mathscr{R}(s) > 0$ qui coïncide avec elle sur U. On a

$$\mathrm{L}(s, \chi) = \prod_p (1 - \chi(p) p^{-s})^{-1}$$

pour $s \in \mathrm{U}$, où le produit porte sur les nombres premiers et converge absolument et uniformément sur les parties compactes de U (« Fonction L de Dirichlet »).

b) Supposons que $\widetilde{\chi}^2$ n'est pas trivial. On a $\mathrm{L}(1, \chi) \neq 0$. (Adapter la méthode de la question *j)* de l'exercice précédent.)

c) On suppose que $\widetilde{\chi}$ est d'ordre 2. Pour tout entier $n \geqslant 1$, on note

$$r_\chi(n) = \sum_{d \mid n} \chi(d)$$

où la somme porte sur les diviseurs $d \geqslant 1$ de n. Il existe un nombre réel $c > 0$ tel que, pour tout $x \geqslant 2$, on ait

$$\sum_{n \leqslant x} \frac{r_\chi(n)}{\sqrt{n}} \geqslant c \log(x)$$

(remarquer que l'application r_χ est $\geqslant 0$ et multiplicative, c'est-à-dire que $r_\chi(nm) = r_\chi(n) r_\chi(m)$ si n et m sont premiers entre eux, et noter que $r_\chi(n) \geqslant 1$ si n est un carré d'un nombre entier.)

d) On suppose toujours que $\widetilde{\chi}$ est d'ordre 2. On a

$$\sum_{n \leqslant x} \frac{r_\chi(n)}{\sqrt{n}} = \frac{1}{2} \mathrm{L}(1, \chi) x^{1/2} + \mathrm{O}(1)$$

lorsque $x \to +\infty$. En déduire que $\mathrm{L}(1, \chi) \neq 0$.

e) Lorsque $\sigma > 1$ converge vers 1, on a

$$\sum_{p \equiv a \text{ mod. } q} p^{-\sigma} = \frac{1}{\varphi(q)} \sum_{p} p^{-\sigma} + \mathrm{O}(1),$$

où $\varphi(q)$ est l'indicateur d'Euler de q (A, V, p. 76).

f) Il existe une infinité de nombres premiers congrus à a modulo q (« théorème de la progression arithmétique de Dirichlet »).

18) *a)* Soit $n \in \mathbf{N}$ et soit $f \in \mathscr{S}(\mathbf{R}^n)$. La fonction de $\mathbf{R} \times \mathbf{R}^n$ dans $\mathbf{C}$ définie par

$$u(t,x) = \int_{\mathbf{R}^n} \widehat{f}(y) \exp(2\pi i x \cdot y - 4\pi^2 t \|y\|^2) dy$$

pour $(t,x) \in \mathbf{R} \times \mathbf{R}^n$ vérifie

$$(1) \qquad \begin{cases} u(0,x) = f(0,x) \\ \partial_t u = i\Delta_2 u, \end{cases}$$

(« équation de Schrödinger »)où

$$\Delta_2 u = \sum_{i=1}^{n} \partial_{x_i}^2 u.$$

b) La fonction u est l'unique solution de (1) telle que $t \mapsto (x \mapsto u(t,x))$ appartienne à $\mathscr{C}^\infty(\mathbf{R}, \mathscr{S}(\mathbf{R}^n))$.

19) Soit $n \in \mathbf{N}$ et soit $f \in \mathrm{L}^1(\mathbf{R}^n)$ (resp. $\mathrm{L}^2(\mathbf{R}^n)$) tel que $f \circ \sigma = f$ pour tout élément σ du groupe spécial orthogonal $\mathrm{SO}(n, \mathbf{R})$. Alors la transformée de Fourier $\widehat{f}$ de f vérifie $\widehat{f}(\sigma(y)) = \widehat{f}(y)$ pour tout $\sigma \in \mathrm{SO}(n, \mathbf{R})$ et tout $y \in \mathbf{R}^n$ (resp. presque tout $y \in \mathbf{R}^n$).

20) Soit $n \geqslant 1$ un entier. On identifie $\mathbf{R}_+^* \times \mathbf{S}_n$, et $\mathbf{R}^{n+1} - \{0\}$ par l'application $(t,z) \mapsto tz$. Soit ω l'unique mesure sur la sphère $\mathbf{S}_n \subset \mathbf{R}^{n+1}$ invariante par $\mathbf{O}(n+1, \mathbf{R})$ telle que la mesure $t^n dt \otimes \mu$ s'identifie à la mesure de Lebesgue sur $\mathbf{R}^{n+1} - \{0\}$ (*cf.* INT, VII, p. 116, exercice 8). Notons μ la mesure sur $\mathbf{R}^{n+1}$ image de la mesure ω par l'injection de $\mathbf{S}_n$ dans $\mathbf{R}^{n+1}$.

a) On a $\mu(\mathbf{S}_n) = 2\pi^{(n+1)/2}\Gamma(\frac{n+1}{2})^{-1}$ (*cf.* INT, V, §8, n° 7).

b) Pour tout nombre réel $k \geqslant 0$, on définit la fonction $\mathrm{J}_k \colon \mathbf{R}_+ \to \mathbf{C}$ par

$$\mathrm{J}_k(t) = \frac{(t/2)^k}{\Gamma(k+\frac{1}{2})\Gamma(\frac{1}{2})} \int_{-1}^{1} e^{iut}(1-u^2)^{k-1/2} du$$

pour $t \in \mathbf{R}_+$ (« fonction de Bessel de première espèce »). Pour tout $x \in \mathbf{R}^{n+1}$, on a

$$\mathscr{F}(\mu)(x) = \frac{2\pi}{\|x\|^{(n-1)/2}} \mathrm{J}_{(n-1)/2}(2\pi\|x\|)$$

où $\|x\|$ est la norme euclidienne.

c) Si $k \in \mathbf{N}$, on a

$$\mathrm{J}_k(t) = \frac{1}{2\pi}\int_0^{2\pi} \cos(t\sin(u) - ku)du$$

pour tout $t \in \mathbf{R}_+$.

d) Si n est pair, montrer que $\mathscr{F}(\mu)(x)$ est un polynôme en $\|x\|^{\pm 1/2}$, $\cos(2\pi\|x\|)$ et $\sin(2\pi\|x\|)$; pour $n = 2$, on a

$$\mathscr{F}(\mu)(x) = \frac{\sin(2\pi\|x\|)}{2\pi\|x\|}.$$

e) Soit g une fonction continue à support compact dans $\mathbf{R}_+^*$. Posons $f(x) = g(\|x\|^2)\|x\|^{1-n/2}$ pour tout $x \in \mathbf{R}^n$. Alors on a $\widehat{f}(y) = h(\|y\|^2)\|y\|^{1-n/2}$ pour $y \in \mathbf{R}^n$, où

$$h(s) = \pi \int_0^{+\infty} g(t)\mathrm{J}_{n/2-1}(2\pi\sqrt{ts})dt$$

pour tout $s \in \mathbf{R}_+$ (« transformée de Hankel »).

¶ 21) Soient H un sous-groupe fermé de G et f un élément de $\mathrm{L}^1(\mathrm{G})$ tel que $\mathscr{F}(f)$ s'annule sur $\mathrm{H}^\perp$. Soit $\varepsilon > 0$. Il existe une mesure $\mu \in \mathscr{M}^1(\mathrm{G})$ concentrée sur H telle que $\|\mu\| \leqslant 2$, $\|f * \mu\| \leqslant \varepsilon$ et telle que $\mathscr{F}(\mu) = 1$ au voisinage de $\mathrm{H}^\perp$.

22) Soit p un nombre premier. Soit K une extension finie du corps $\mathbf{Q}_p$ des nombres p-adiques ; c'est un corps localement compact non discret. Soit $t\colon \mathrm{K} \to \mathbf{Q}_p$ l'application trace. Notons $\lambda\colon \mathbf{Q}_p \to \mathbf{Q}$ l'application définie dans la prop. 20 de II, p. 237.

a) Le groupe additif de K est en dualité avec lui-même par le biais de l'application $(x, y) \mapsto \exp(2i\pi\lambda(t(xy)))$. On identifie K et son dual par cette application.

Pour tout entier $n \geqslant 1$, on note $\mathscr{S}(\mathrm{K}^n)$ l'espace vectoriel complexe des fonctions de K^n dans $\mathbf{C}$ qui sont localement constantes et à support compact.

b) La restriction de la transformation de Fourier à $\mathscr{S}(\mathrm{K}^n)$ est un automorphisme dont la réciproque est la restriction de la cotransformation de Fourier.

c) Pour tout réel $p \in [1, +\infty[$, l'espace $\mathscr{S}(\mathrm{K}^n)$ est dense dans $\mathrm{L}^p(\mathrm{K}^n)$.

23) Soient $p \geqslant 3$ un nombre premier et $k \geqslant 1$ un entier. On note $\mathrm{G} = \mathbf{F}_p^k$. On munit G de la mesure de Haar de masse totale 1, et on identifie $\widehat{\mathrm{G}}$ et G par le biais de l'application qui à $n = (n_1, \ldots, n_k) \in \mathrm{G}$ associe le caractère

$$e_n\colon x \mapsto \exp\Big(\frac{2i\pi}{p}\sum_{j=1}^{k} n_j x_j\Big).$$

Pour des fonctions f_1, f_2, f_3 de G dans $\mathbf{C}$, on note

$$\Lambda(f_1, f_2, f_3) = \frac{1}{p^{2k}} \sum_{x \in G} \sum_{h \in G} f_1(x) f_2(x+h) f_3(x+2h).$$

On note $\|f\|$ la norme de f dans $L^2(G)$.

a) On a

$$\Lambda(1, f_2, f_3) = \Big(\frac{1}{p^k} \sum_{x \in G} f_2(x)\Big)\Big(\frac{1}{p^k} \sum_{x \in G} f_3(x)\Big)$$

et

$$\Lambda(1, 1, f_3) = \frac{1}{p^k} \sum_{x \in G} f_3(x).$$

b) On a

$$\Lambda(f_1, f_2, f_3) = \sum_{t \in G} \widehat{f}_1(t) \widehat{f}_2(-2t) \widehat{f}_3(t),$$

et

$$|\Lambda(f_1, f_2, f_3)| \leqslant \|f_1\| \|f_2\| \|\widehat{f}_3\|_\infty.$$

c) Soit $f\colon G \to \mathbf{R}$ une fonction telle que $\sum f(x) = 0$. Il existe un hyperplan affine $H \subset G$ tel que

$$\frac{1}{p^{k-1}} \sum_{x \in H} f(x) \geqslant \frac{1}{2} \|\widehat{f}\|_\infty$$

(montrer qu'il existe des éléments $t \in G$ et $\theta \in \mathbf{R}$ tels que la partie réelle de $p^{-k} \sum_x f(x)(e_t(x) \exp(i\theta) + 1)$ soit égale à $\|\widehat{f}\|_\infty$).

d) Soit $A \subset G$ ne contenant pas de progression arithmétique de longueur 3, c'est-à-dire qu'il n'existe pas $x \in A$ et $h \in G - \{0\}$ tels que $x + h$ et $x + 2h$ appartiennent aussi à A. Montrer qu'il existe un hyperplan affine $H \subset G$ tel que

$$\frac{\operatorname{Card}(A \cap H)}{\operatorname{Card}(H)} \geqslant \frac{\operatorname{Card}(A)}{\operatorname{Card}(G)} + \frac{1}{2}\Big(\Big(\frac{\operatorname{Card}(A)}{\operatorname{Card}(G)}\Big)^2 - \frac{1}{p^k}\Big)$$

(appliquer les questions précédentes à $f = \varphi_A - |A|/p^k$, où φ_A est la fonction caractéristique de A).

e) Soit $A \subset G$ ne contenant pas de progression arithmétique de longueur 3. Montrer que $\operatorname{Card}(A) \leqslant 3p^k/k$ (« théorème de Roth pour $\mathbf{F}_p^k$ »).

¶ 24) *a)* Soit $\delta > 0$. Si p est un nombre premier assez grand et si A est une partie de $\mathbf{Z}/p\mathbf{Z}$ telle que $\operatorname{Card}(A) \geqslant \delta p$, alors A contient une progression arithmétique de longueur 3. (Adapter la méthode de l'exercice précédent.)

b) Soit $\delta > 0$. Si N est un entier assez grand et si $A \subset \{1, \ldots, N\}$ vérifie $\operatorname{Card}(A) \geqslant \delta N$, alors A contient une progression arithmétique de longueur 3. (Se ramener au cas de la question précédente en choisissant p convenablement en fonction de N.)

25) On note μ_G la mesure de Haar donnée sur G. Soit μ une mesure complexe sur G.

a) L'image de la transformée de Fourier de μ est finie si et seulement si μ est combinaison linéaire de mesures idempotentes, c'est-à-dire de mesures ν telles que $\nu * \nu = \nu$.

b) Le support de $\mathscr{F}_G(\mu)$ est fini si et seulement si μ est une combinaison linéaire finie de mesures $\widehat{x}\mu_G$, où $\widehat{x} \in \widehat{G}$.

c) On note A_μ l'ensemble des mesures de la forme $\widehat{x}\,\mu$ pour $\widehat{x} \in \widehat{G}$. L'ensemble des mesures $\nu \in A_\mu$ telles que $\nu(G) \neq 0$ est fini si et seulement si il existe un sous-groupe fermé H de G, un ensemble fini K, des caractères $\widehat{x}_k$ pour $k \in K$ et des nombres complexes t_k pour $k \in K$ tels que

$$\nu = \Big(\sum_{k\in K} t_k \widehat{x}_k\Big) i(\mu_H)$$

où i désigne l'inclusion canonique de H dans G.

26) Pour tout groupe compact commutatif H, on note μ_H la mesure de Haar normalisée sur H.

On suppose G compact. On note E_G l'ensemble des mesures complexes μ sur G telles que la transformée de Fourier de μ soit à valeurs entières. C'est un sous-groupe commutatif de $\mathscr{M}^1(G)$ qui contient la mesure de Haar μ_G. On note F_G le sous-groupe de E_G engendré par les mesures $\widehat{x}\, i_H(\mu_H)$, où H parcourt les sous-groupes fermés de G (i_H désignant l'inclusion canonique de H dans G), et où $\widehat{x}$ parcourt $\widehat{G}$.

Le but de cet exercice est de démontrer que $E_G = F_G$ (« théorème des idempotents de Cohen »).

a) Soit $\varphi\colon G_1 \to G_2$ un morphisme de groupes compacts commutatifs. L'application $\mu \mapsto \varphi(\mu)$ est un homomorphisme de groupes de E_{G_1} dans E_{G_2}.

b) Pour tout $\mu \in E_G$ et tout $\widehat{x} \in \widehat{G}$, on a $\widehat{x}\mu_G \in E_G$.

Soit μ une mesure complexe sur G. On note θ la fonction sur G telle que $\mu = \theta|\mu|$. On note $A_\mu \subset \mathscr{M}^1(G)$ l'ensemble des mesures de la forme $\widehat{x}\,\mu$. Soit ν un point adhérent à A_μ dans $\mathscr{M}^1(G)$.

c) Si ν n'appartient pas à A_μ, alors ν est singulière par rapport à μ_G.

d) Soit $\varepsilon > 0$. Soient $f \in \mathscr{C}(G)$ de norme $\leqslant 1$ telle que $\nu(f) > (1-\varepsilon)\|\mu\|$ et $\widehat{x} \in \widehat{G}$ tel que $\mathscr{R}(\mu(\widehat{x}\,f)) > (1-\varepsilon)\|\mu\|$. Montrer que

$$\int_G |1 - f\widehat{x}\theta|\, d|\mu| \leqslant 3\varepsilon^{1/2}\|\mu\|.$$

e) On suppose que $\mu \in E_G$. Montrer que $\|\nu\| \leqslant \|\mu\| - 1/(36\|\mu\|)$. (Appliquer la question précédente à deux caractères $\widehat{x}_1$ et $\widehat{x}_2$ tels que $\widehat{x}_1\mu \neq \widehat{x}_2\mu$, et noter que $\|\widehat{x}_1\mu - \widehat{x}_2\mu\| \geqslant 1$.)

f) Conclure que $\mathrm{E_G} = \mathrm{F_G}$ et plus précisément que toute mesure μ dans $\mathrm{E_G}$ s'écrit

$$\mu = \sum_{k\in\mathrm{K}} n_k \widehat{x}_k i(\mu_{\mathrm{H}_k})$$

où l'ensemble K est fini, $n_k \in \mathbf{Z}$, $\widehat{x}_k \in \widehat{\mathrm{G}}$, et les mesures $i(\mu_{\mathrm{H}_k})$ sont mutuellement étrangères. (Soit $\mu \in \mathrm{E_G}$; montrer qu'il existe une mesure $\nu \neq 0$ dans l'adhérence de $\{\nu \in \mathrm{A}_\mu \mid \nu(\mathrm{G}) \neq 0\}$ dont la norme est minimale ; montrer alors en utilisant *e*) que $\{\widehat{x} \in \widehat{\mathrm{G}} \mid \nu(\widehat{x}) \neq 0\}$ est fini, et appliquer l'exercice précédent.)

27) Soit f une fonction dans $\mathscr{S}(\mathbf{R})$ de norme L^2 égale à 1. On a (principe d'incertitude) l'inégalité

$$\Big(\int_{\mathbf{R}} x^2|f(x)|^2dx\Big)\Big(\int_{\mathbf{R}} t^2|\widehat{f}(t)|^2dt\Big) \geqslant \frac{1}{(4\pi)^2}$$

(remarquer que

$$-\frac{1}{2} = \mathscr{R}\Big(\int_{\mathbf{R}} xf(x)\overline{f'(x)}dx\Big),$$

et appliquer l'inégalité de Cauchy-Schwarz). Déterminer les cas d'égalité.

28) *a*) Soit $\delta > 0$ un nombre réel. Il n'existe pas de fonction $f\colon \mathbf{R} \to \mathbf{C}$ intégrable, non nulle et à support compact, telle que $\widehat{f}(y) = \mathrm{O}(\exp(-\delta|y|))$ quand $|y| \to +\infty$. (En particulier, il n'existe pas de telle fonction telle que $\widehat{f}$ soit aussi à support compact.)

b) Soit $(\varrho_n)_{n\geqslant 1}$ une suite sommable de nombres réels strictement positifs. Le produit

$$g(x) = \prod_{n\geqslant 1} \frac{\sin(\varrho_n x)}{\varrho_n x},$$

défini comme égal à 1 pour $x = 0$, converge absolument et uniformément sur tout compact de $\mathbf{R}$. Il définit une fonction continue, non nulle, paire, telle que $g \in \mathrm{L}^1(\mathbf{R})$.

c) Soit ϱ la somme de la série $\sum \varrho_n$. Le support de la transformée de Fourier de g est contenu dans $[-\varrho, \varrho]$.

d) Soit $r > 0$ un nombre réel. Soit $\delta\colon \mathbf{R}_+ \to \mathbf{R}_+^*$ une fonction décroissante telle que $\delta(y) \to 0$ quand $y \to +\infty$, telle que $y \mapsto \delta(y)/y$ est intégrable sur $[1, +\infty[$ par rapport à la mesure de Lebesgue, et telle que $y\delta(y) \to +\infty$ quand $y \to +\infty$. Il existe une fonction continue $f \in \mathrm{L}^1(\mathbf{R})$ à support compact contenu dans $[-r, r]$ telle que

$$\widehat{f}(y) = \mathrm{O}(\exp(-\delta(|y|)|y|))$$

quand $|y| \to +\infty$. (Montrer d'abord qu'il existe une suite sommable décroissante (ϱ_n) de nombres réels strictement positifs telle que $\varrho \leqslant r$ et $\varrho_n \geqslant e\delta(n)n^{-1}$ pour tout n assez grand.)

29) Soit $f \in \mathrm{L}^2(\mathbf{R})$ tel que

$$\int_{\mathbf{R}} |f(x)|^2 e^{x^2} dx \leqslant 1, \qquad \int_{\mathbf{R}} |\widehat{f}(y)|^2 e^{y^2} dy \leqslant 1.$$

a) Pour tout entier $n \in \mathbf{N}$, la fonction g_n définie par

$$g_n(z) = \Big(\int_{\mathbf{R}} f(x)x^n \exp(-zx^2/2)dx\Big)^2$$

est holomorphe dans l'ouvert $\mathrm{U} = \{z \in \mathbf{C} \mid \mathscr{R}(z) > -1\}$ de $\mathbf{C}$.

b) Pour tout entier $n \in \mathbf{N}$, la fonction h_n définie par

$$h_n(z) = \frac{(-1)^n}{z^{2n+1}}\Big(\int_{\mathbf{R}} \widehat{f}(y)y^n \exp(-y^2/(2z))dy\Big)^2$$

est holomorphe dans l'ouvert $\mathrm{V} = \{z \in \mathbf{C} \mid \mathscr{R}(z^{-1}) > -1\} = \{z \in \mathbf{C} \mid |z+1/2| > 1/2\}$ de $\mathbf{C}$.

c) Il existe une fonction holomorphe k_0 dans $\mathrm{U} \cup \mathrm{V} = \mathbf{C} - \{-1\}$ telle que $k_0|\mathrm{U} = g_0$ et $k_0|\mathrm{V} = h_0$.

d) La fonction k_0 est nulle. (Démontrer qu'il existe $c \in \mathbf{C}$ tel que $|k_0(z)| \leqslant c/|z+1|$ pour tout $z \in \mathbf{C} - \{-1\}$ et appliquer le théorème de Liouville à $z \mapsto (z+1)k_0(z)$.)

e) Montrer par récurrence sur $n \in \mathbf{N}$ qu'il existe une fonction holomorphe k_n dans $\mathrm{U}\cup\mathrm{V} = \mathbf{C}-\{-1\}$ telle que $k_n|\mathrm{U} = g_n$ et $k_n|\mathrm{V} = h_n$, puis que $k_n = 0$.

f) On a $f = 0$.

g) Soient a, $b > 0$ tels que $ab \geqslant 1$. Si $f \in \mathrm{L}^2(\mathbf{R})$ vérifie

$$\int_{\mathbf{R}} |f(x)|^2 e^{ax^2} dx < +\infty, \qquad \int_{\mathbf{R}} |\widehat{f}(y)|^2 e^{by^2} dy < +\infty,$$

alors $f = 0$ (« Principe d'incertitude de Hardy »).

30) *a*) Pour tout $x_0 \in \mathbf{T}$, il existe $f \in \mathscr{C}(\mathbf{T})$ tel que la série de Fourier de f en x_0 ne converge pas symétriquement vers $f(x_0)$. (Soient $s_n(f)$ les sommes partielles symétriques de la série de Fourier de f ; considérer les applications linéaires $f \mapsto s_n(f)(x_0)$ et appliquer le théorème de Banach-Steinhaus.)

b) Il existe $f \in \mathrm{L}^1(\mathbf{T})$ tel que la série de Fourier de f ne converge pas symétriquement vers f dans $\mathrm{L}^1(\mathbf{T})$.

c) La transformation de Fourier n'est pas surjective de $\mathrm{L}^1(\mathbf{T})$ dans l'espace de Banach des suites $(c_n)_{n\in\mathbf{Z}}$ tendant vers 0 à l'infini. (Appliquer le cor. 1 de EVT, I, p. 19.)

d) Supposons que $f \in \mathscr{C}^1(\mathbf{T})$. La suite $s_n(f)$ converge vers f dans $\mathscr{C}(\mathbf{T})$.

31) Soit $r \geqslant 1$ un entier. On note $\mathscr{S}(\mathbf{T}^r)$ l'espace vectoriel complexe des fonctions indéfiniment dérivables sur $\mathbf{T}^r$, et $\mathscr{S}(\mathbf{Z}^r)$ l'espace vectoriel complexe des fonctions $f\colon \mathbf{Z}^r \to \mathbf{C}$ telles que, pour tout réel $\mathrm{A} > 0$, on a $f(n) = \mathrm{O}(\|n\|^{-\mathrm{A}})$ quand $\|n\| \to +\infty$.

a) Muni des semi-normes

$$p_{\mathrm{A}}(f) = \sup_{n\in\mathbf{Z}^r} \|n\|^{\mathrm{A}}|f(n)|,$$

l'espace $\mathscr{S}(\mathbf{Z}^r)$ est un espace de Fréchet.

b) Pour tout réel $p \in [1, +\infty[$, l'espace $\mathscr{S}(\mathbf{Z}^r)$ (resp. l'espace $\mathscr{S}(\mathbf{T}^r)$) est dense dans $\mathrm{L}^p(\mathbf{Z}^r)$ (resp. dans $\mathrm{L}^p(\mathbf{T}^r)$).

c) La restriction de la transformation de Fourier de $\mathbf{T}^r$ à $\mathscr{S}(\mathbf{T}^r)$ est un isomorphisme de $\mathscr{S}(\mathbf{T}^r)$ dans $\mathscr{S}(\mathbf{Z}^r)$, dont l'inverse est la restriction de la cotransformation de Fourier.

d) L'espace vectoriel topologique $\mathscr{S}(\mathbf{Z}^r)$ est isomorphe à $\mathscr{S}(\mathbf{R}^n)$, en particulier c'est un espace de Montel. (Utiliser l'exercice 3.)

32) Soit G un groupe abélien fini. On munit G de la mesure de Haar de masse totale 1.

a) Montrer que si f est non nulle, alors

$$\mathrm{Card}(\mathrm{Supp}(f))\,\mathrm{Card}(\mathrm{Supp}(\widehat{f})) \geqslant \mathrm{Card}(\mathrm{G})$$

(« Principe d'incertitude » ; noter que

$$\|\widehat{f}\|_\infty \leqslant \frac{1}{\mathrm{Card}(\mathrm{G})} \sum_{x\in\mathrm{G}} |f(x)|$$

et appliquer l'inégalité de Cauchy-Schwarz et la formule de Plancherel.)

b) Déterminer les cas d'égalité.

33) Pour tout entier $r \geqslant 1$, on note $\mathrm{V}_r = \det((x_i^j)_{\substack{1\leqslant i\leqslant r\\ 0\leqslant j<r}}) \in \mathbf{Z}[x_1, \ldots, x_r]$ le déterminant de Vandermonde (A, III, p. 99, exemple 1).

a) Soient $f_1, \ldots, f_r$ des fonctions indéfiniment différentiables sur $\mathbf{R}$. Pour tous nombres réels $x_1 < \cdots < x_r$, il existe des nombres réels $(t_0, \ldots, t_{r-1})$ dans $[x_1, x_r]$ tels que

$$\det(f_i(x_j)) = \frac{1}{1!2!\cdots(r-1)!} \mathrm{V}_r(x_1, \ldots, x_r) \det((f_j^{(i)}(t_i))_{\substack{1\leqslant i\leqslant r\\ 0\leqslant j<r}})$$

(*cf.* FVR, I, p. 48, exerc. 11).

b) Soient r un entier positif et $m_1, \ldots, m_r$ des nombres entiers positifs. Soit

$$\Delta_r = \det((x_i^{m_j})_{1\leqslant i,j\leqslant r}) \in \mathbf{Z}[x_1, \ldots, x_r].$$

Le polynôme Δ_r est divisible par V_r dans $\mathbf{Z}[x_1, \ldots, x_r]$. On note $\mathrm{F}_r = \Delta_r/\mathrm{V}_r$.

c) Soit p un nombre premier. Supposons que

$$0 \leqslant m_1 < m_2 < \cdots < m_r \leqslant p-1.$$

Soient ξ_1, …, ξ_r des racines p-èmes de l'unité distinctes. On a

$$\mathrm{F}_r(\xi_1, \ldots, \xi_r) \neq 0.$$

(« Théorème de Chebotarev » ; soit ξ une racine primitive p-ème de l'unité ; on a $\mathrm{F}_r(\xi_1, \ldots, \xi_r) = \mathrm{P}(\xi)$ où $\mathrm{P} \in \mathbf{Z}[x]$ est de degré $\leqslant p-1$; d'après l'irréductibilité des polynômes cyclotomiques, la condition $\mathrm{F}_r(\xi_1, \ldots, \xi_r) = 0$ impliquerait que $\mathrm{F}_r(1, \ldots, 1)$ est divisible par p ; en utilisant *a*) avec $x_i \to 1$, démontrer que ce n'est pas le cas.)

d) Soit $\mathrm{G} = \mathbf{Z}/p\mathbf{Z}$. Pour toute fonction $f \neq 0$ de G dans $\mathbf{C}$, on a

$$\mathrm{Card}(\mathrm{Supp}(f)) + \mathrm{Card}(\mathrm{Supp}(\widehat{f})) \geqslant p+1.$$

e) Pour tous sous-ensembles non vides A et B dans G tels que

$$\mathrm{Card}(\mathrm{A}) + \mathrm{Card}(\mathrm{B}) \geqslant p+1,$$

il existe $f \colon \mathrm{G} \to \mathbf{C}$ dont le support est A et telle que le support de $\widehat{f}$ est B. (Considérer d'abord le cas où $\mathrm{Card}(\mathrm{A}) + \mathrm{Card}(\mathrm{B}) = p+1$.)

f) Soient A et B des sous-ensembles quelconques de G. On a

$$\mathrm{Card}(\mathrm{A}+\mathrm{B}) \geqslant \inf(\mathrm{Card}(\mathrm{A}) + \mathrm{Card}(\mathrm{B}) - 1, p)$$

(« théorème de Cauchy-Davenport » ; appliquer la question précédente à (A, C) et à (B, D), où C et D sont des sous-ensembles de cardinal respectivement $p+1-\mathrm{Card}(\mathrm{A})$ et $p+1-\mathrm{Card}(\mathrm{B})$, tels que $\mathrm{C} \cap \mathrm{D}$ a cardinal $\sup(\mathrm{Card}(\mathrm{A}) + \mathrm{Card}(\mathrm{B}) - p, 1)$.)

g) Soit $(a_1, \ldots, a_{2p-1})$ une famille d'éléments de $\mathbf{F}_p$. Il existe un sous-ensemble $\mathrm{I} \subset \{1, \ldots, 2p-1\}$ de cardinal p tel que

$$\sum_{i \in \mathrm{I}} a_i = 0.$$

Cette propriété est fausse en général pour une famille dans $\mathbf{F}_p^{2p-2}$. (Soient $0 \leqslant b_1 \leqslant \cdots \leqslant \cdots \leqslant b_{2p-1} < p$ des entiers dont les réductions modulo p forment une permutation de $(a_1, \ldots, a_{2p-1})$; traiter directement le cas où il existe i tel que $a_i = a_{i+p-1}$, et appliquer la question précédente dans le cas contraire.)

h) Soit $k \geqslant 1$ un entier. Soit $\nu \geqslant 0$ l'entier tel que $k = p^\nu r$ où p ne divise pas r. Notons γ l'entier

$$\gamma = \begin{cases} \nu+1 & \text{si } p \geqslant 3 \\ \nu+2 & \text{sinon.} \end{cases}$$

Si $\ell \geqslant 4k$ est un entier, alors il existe des entiers $(n_1, \ldots, n_\ell)$ tels que p ne divise pas tout les n_i et tels que

$$n_1^k + \cdots + n_\ell^k \equiv 0 \bmod p^\gamma.$$

34) Pour tout groupe compact commutatif G, on note μ_G la mesure de Haar normalisée sur G.

a) Soit G un groupe compact commutatif. Soit $(\nu_n)_{n\in\mathbf{N}}$ une suite de mesures sur G telles que $\nu_n(G) = 1$ pour tout n. Alors (ν_n) converge vaguement vers μ_G si et seulement si $\nu_n(\widehat{x})$ converge vers 0 pour tout caractère $\widehat{x} \neq 1$ de G (« critère d'équirépartition de Weyl »).

b) Soient $r \geqslant 1$ un entier et $x = (x_1, \ldots, x_r) \in \mathbf{T}^r$. Pour $n \geqslant 0$, on note ν_n la mesure sur $\mathbf{T}^r$ telle que

$$\nu_n(f) = \frac{1}{n} \sum_{k=0}^{n-1} f(kx)$$

pour $f \in \mathscr{C}(\mathbf{T}^r)$. La suite (ν_n) converge vaguement vers la mesure de Haar normalisée μ_H, où H est l'adhérence dans $\mathbf{T}^r$ de l'ensemble $\{kx \mid k \in \mathbf{Z}\}$.

c) Soient y_i des réels tels que x_i est la classe de y_i. Si la famille $(1, y_1, \ldots, y_n)$ est $\mathbf{Q}$-linéairement indépendante, alors on a $H = \mathbf{T}^r$. (« Théorème de Kronecker ».)

d) Soient P l'ensemble des nombres premiers et $G = \mathbf{U}^P$. Pour tout nombre réel $T > 0$, soit λ_T la mesure $T^{-1}\lambda$ sur $[0, T]$, où λ est la mesure de Lebesgue sur $\mathbf{R}$. Soit ν_T la mesure image de λ_T par l'application continue $t \mapsto (p^{it})_{p\in P}$ de $[0, T]$ dans G. Quand $T \to +\infty$, la famille (ν_T) converge vaguement vers μ_G.

35) *a*) Pour tout entier $N \geqslant 1$, toute famille $(a_n)_{1\leqslant n\leqslant N}$ de nombres complexes et tout entier $H \geqslant 1$, on a

$$\Big|\sum_{n=1}^{N} a_n\Big|^2 \leqslant \Big(1 + \frac{N+1}{H}\Big) \sum_{|h|<H} \Big(1 - \frac{|h|}{H}\Big) \sum_{\substack{1\leqslant n\leqslant N \\ 1\leqslant n+h\leqslant N}} a_{n+h}\overline{a}_n$$

(« inégalité de van der Corput »). (Poser $a_n = 0$ si n n'est pas entre 1 et N ; écrire $\sum_n a_n = \sum_n a_{n+h}$ pour $0 \leqslant h < H$, sommer sur h, puis appliquer l'inégalité de Cauchy-Schwarz.)

Notons $\pi\colon \mathbf{R} \to \mathbf{R}/\mathbf{Z}$ la projection canonique. On dit qu'une suite (x_n) de nombres réels est *équirépartie modulo* 1 si la suite (ν_n) de mesures sur $\mathbf{R}/\mathbf{Z}$ définie par

$$\nu_n(f) = \frac{1}{n} \sum_{k=1}^{n} f(\pi(x_k)), \qquad f \in \mathscr{C}(\mathbf{R}/\mathbf{Z})$$

converge vaguement vers la mesure de Haar de masse totale 1 sur $\mathbf{R}/\mathbf{Z}$.

b) Si, pour tout entier $h \geqslant 1$, la suite $(x_{n+h} - x_n)_n$ est équirépartie modulo 1, alors (x_n) est équirépartie modulo 1. (Utiliser l'exercice précédent et l'inégalité de van der Corput.)

c) Soient $d \geqslant 1$ un entier et $\mathrm{P} = \alpha_d \mathrm{X}^d + \cdots + \alpha_0 \in \mathbf{R}[\mathrm{X}]$ un polynôme tel que $\alpha_d \notin \mathbf{Q}$. Alors la suite $(\mathrm{P}(n))$ est équirépartie modulo 1. (Raisonner par récurrence sur $d \geqslant 1$.)

36) Soit σ un nombre réel positif. On note $\mathscr{E}_\sigma$ l'espace vectoriel complexe des fonctions entières f sur $\mathbf{C}$ telles que, pour tout nombre réel $\varepsilon > 0$, on a

$$|f(z)| = \mathrm{O}(e^{2\pi(\sigma+\varepsilon)|z|}), \qquad \text{quand } |z| \to +\infty.$$

a) Supposons $\sigma > 0$. Soit $g \in \mathrm{L}^2([-\sigma, \sigma])$. La fonction

$$f(z) = \int_{-\sigma}^{\sigma} g(x) e^{-2i\pi xz} dx$$

appartient à $\mathscr{E}_\sigma$. La restriction de f à $\mathbf{R}$ appartient à $\mathrm{L}^2(\mathbf{R})$.

Soit $f \in \mathscr{E}_\sigma$ telle que la restriction de f à $\mathbf{R}$ appartient à $\mathrm{L}^2(\mathbf{R})$. Soit $g \in \mathrm{L}^2(\mathbf{R})$ la transformée de Fourier de la restriction de f à $\mathbf{R}$. Le but de cet exercice est de démontrer que le support de g est contenu dans $[-\sigma, \sigma]$; d'après la question *a*), cela fournit une caractérisation de l'espace $\mathscr{E}_\sigma$ (« théorème de Paley-Wiener »).

b) Pour tout nombre réel θ, la fonction

$$h_\theta(z) = e^{-i\theta} \int_0^{+\infty} f(re^{-i\theta}) \exp(-2\pi z r e^{-i\theta}) dr$$

est holomorphe dans le demi-plan H_θ de $\mathbf{C}$ déterminé par l'inégalité

$$\mathscr{R}(z) \cos(\theta) + \mathscr{I}(z) \sin(\theta) > \sigma.$$

c) Si θ_1 et θ_2 sont tels que $|\theta_1 - \theta_2| < \pi$, alors $h_{\theta_1} | \mathrm{H}_{\theta_1} \cap \mathrm{H}_{\theta_2} = h_{\theta_2} | \mathrm{H}_{\theta_2} \cap \mathrm{H}_{\theta_1}$. (Appliquer la formule de Cauchy.)

d) La fonction h_0 (resp. h_π) est holomorphe dans l'ouvert des $z \in \mathbf{C}$ tels que $\mathscr{R}(z) > 0$ (resp. $\mathscr{R}(z) < 0$).

e) Soit $\mathrm{U} = \mathbf{C} - i[-\sigma, \sigma]$. Il existe une unique fonction holomorphe h sur U telle que $h(z) = h_0(z)$ si $\mathscr{R}(z) > 0$ et $h(z) = h_\pi(z)$ si $\mathscr{R}(z) < 0$.

f) Quand $x \to 0$ par valeurs > 0, les fonctions

$$y \mapsto h_0(x + iy) - h_\pi(-x + iy)$$

convergent vers g dans $\mathrm{L}^2(\mathbf{R})$.

g) Conclure que g est nulle presque partout en dehors de $[-\sigma, \sigma]$.

37) On garde les notations de l'exercice précédent.

a) Soit $f\colon \mathbf{C} \to \mathbf{C}$ un élément de $\mathscr{E}_{1/2}$ tel que la restriction de f à $\mathbf{R}$ appartient à $\mathrm{L}^2(\mathbf{R})$. Pour tout $z \in \mathbf{C} - \mathbf{Z}$, on a

$$f(z) = \frac{\sin(\pi z)}{\pi} \sum_{n\in\mathbf{Z}} (-1)^n \frac{f(n)}{z-n}.$$

(Utiliser le théorème de Paley-Wiener et la formule *a*) de l'exercice 1.)

b) Soit $f\colon \mathbf{C} \to \mathbf{C}$ un élément de $\mathscr{E}_{1/2}$ tel que f est bornée sur $\mathbf{R}$. Pour tout $z \in \mathbf{C} - \mathbf{Z}$, on a

$$f(z) = f(0) + \frac{\sin(\pi z)}{\pi}\Big(f'(0) + \sum_{n\in\mathbf{Z}-\{0\}} (-1)^n z \frac{f(n) - f(0)}{n(z-n)}\Big)$$

(appliquer la question précédente à la fonction définie par $z \mapsto (f(z) - f(0))/z$ pour $z \neq 0$ et qui applique 0 sur $f'(0)$).

c) Soit f un élément de $\mathscr{E}_{1/2}$ borné sur $\mathbf{R}$. Alors f' est bornée sur $\mathbf{R}$ et on a

$$\sup_{x\in\mathbf{R}} |f'(x)| \leqslant 2 \sup_{x\in\mathbf{R}} |f(x)|$$

(« inégalité de Bernstein » ; se ramener à majorer $|f'(1/2)|$ et appliquer la formule précédente).

d) Soit f un élément de $\mathscr{E}_{1/2}$ tel que la restriction de f à $\mathbf{R}$ appartient à $\mathrm{L}^2(\mathbf{R})$. Soient u et v les fonctions 1-périodiques sur $\mathbf{R}$ définies par

$$u(t) = \widehat{f}(t) + \widehat{f}(t-1), \qquad v(t) = 2i\pi(t\widehat{f}(t) + (t-1)\widehat{f}(t-1))$$

pour $0 \leqslant t < 1$. Pour presque tout $t \in [-1, 1]$, on a

$$\widehat{f}(t) = (1 - |t|)u(t) + (2i\pi)^{-1}\,\mathrm{s}(t)v(t),$$

et les coefficients des séries de Fourier de u et v sont $f(-n)$ et $f'(-n)$, respectivement, pour $n \in \mathbf{Z}$.

e) Soit $f \in \mathscr{E}_{1/2}$ comme dans la question précédente. On a pour tout $z \in \mathbf{C}$ la formule

$$f(z) = \Big(\frac{\sin(\pi z)}{\pi}\Big)^2 \Big\{\sum_{n\in\mathbf{Z}} \frac{f(n)}{(z-n)^2} + \sum_{n\in\mathbf{Z}} \frac{f'(n)}{z-n}\Big\},$$

où la série converge symétriquement dans $\mathscr{O}(\mathbf{C})$, c'est-à-dire, uniformément sur les parties compactes de $\mathbf{C}$. (Utiliser les formules de la question *f*) de l'exercice 1.)

38) Pour tout $n \in \mathbf{Z}$, on note e_n le caractère $x \mapsto e^{2i\pi nx}$ de $\mathbf{T}$. On note P le sous-espace de $\mathscr{C}(\mathbf{T})$ engendré par les e_n.

Soit $a = (a_h)_{h\in\mathbf{Z}}$ une famille de nombres complexes. La *famille conjuguée-harmonique* est la famille $\widetilde{a} = (-i\,\mathrm{s}(h)a_h)_{h\in\mathbf{Z}}$, où $\mathrm{s}(h)$ désigne la fonction signe.

Pour $f \in \mathrm{P}$, on note $\widetilde{f} \in \mathrm{P}$ la fonction sur $\mathbf{T}$ telle que $\mathscr{F}(\widetilde{f}) = \widetilde{\mathscr{F}(f)}$ (fonction conjuguée-harmonique de f).

a) Soit $f \in \mathrm{P}$ telle que $\mathscr{F}(f)(0) = 0$ et telle que f est à valeurs réelles. Pour tout entier $k \geqslant 1$, il existe une constante C_k, indépendante de f, telle que

$$\|\widetilde{f}\|_{2k} \leqslant \mathrm{C}_k \|f\|_{2k}.$$

(Observer que les coefficients de Fourier de $g = f + i\widetilde{f}$ sont supportés sur $\mathbf{N}^*$, écrire

$$\mathscr{R}\Big(\int_{\mathbf{T}} g(x)^{2k} dx\Big) = 0$$

et développer par la formule du binôme.)

b) Soit $1 < p < +\infty$. L'application $f \mapsto \widetilde{f}$ de P dans P admet une unique extension linéaire continue de $\mathrm{L}^p(\mathbf{T})$ dans $\mathrm{L}^p(\mathbf{T})$ telle que $\mathscr{F}(\widetilde{f}) = \widetilde{\mathscr{F}(f)}$ pour tout $f \in \mathrm{L}^p(\mathbf{T})$ (*cf.* exercice 8). (Pour $p \geqslant 2$, utiliser la question précédente et l'inégalité de M. Riesz (INT, IV, §6, exerc. 18) ; pour $1 < p < 2$, utiliser la dualité.)

c) Le résultat de la question précédente ne s'étend pas au cas $p = 1$. (Utiliser la question *b*) de l'exercice 30.)

39) Soit $\nu \in \mathscr{P}(\mathbf{R})$ une mesure de probabilité sur $\mathbf{R}$. La *fonction caractéristique* de ν est la fonction φ_ν de $\mathbf{R}$ dans $\mathbf{C}$ telle que

$$\varphi_\nu(x) = \int_{\mathbf{R}} e^{itx} d\nu(t)$$

pour tout $x \in \mathbf{R}$.

a) Pour ν_1, ν_2 dans $\mathscr{P}(\mathbf{R})$, on a $\nu_1 = \nu_2$ si et seulement si $\varphi_{\nu_1} = \varphi_{\nu_2}$.

b) Pour ν_1, ν_2 dans $\mathscr{P}(\mathbf{R})$, on a $\nu_1 * \nu_2 \in \mathscr{P}(\mathbf{R})$ et $\varphi_{\nu_1 * \nu_2} = \varphi_{\nu_1}\varphi_{\nu_2}$.

c) Soit $\nu \in \mathscr{P}(\mathbf{R})$. La fonction φ_ν est bornée par 1 et uniformément continue sur $\mathbf{R}$.

d) Soit $\nu \in \mathscr{P}(\mathbf{R})$. Pour tous nombres réels $a < b$, on a

$$\nu(]a, b[) + \frac{1}{2}\nu(\{a, b\}) = \lim_{\mathrm{T} \to +\infty} \frac{1}{2\mathrm{T}} \int_{-\mathrm{T}}^{\mathrm{T}} \varphi_\nu(x) \frac{e^{-ixa} - e^{-ixb}}{ix} dx,$$

et en particulier la limite existe toujours. De plus, pour tout $\mathrm{T} > 0$, on a

$$\nu([-2\mathrm{T}^{-1}, 2\mathrm{T}^{-1}]) \leqslant \frac{1}{\mathrm{T}} \int_{-\mathrm{T}}^{\mathrm{T}} (1 - \mathscr{R}(\varphi_\nu(x))) dx.$$

e) Soit $(\nu_n)_{n \in \mathbf{N}}$ une suite de mesures de probabilité sur $\mathbf{R}$ convergeant étroitement (INT, IX, p. 59, déf. 1) vers une mesure ν ; alors $\nu \in \mathscr{P}(\mathbf{R})$ et $\varphi_{\nu_n}(x)$ converge vers $\varphi_\nu(x)$ pour tout $x \in \mathbf{R}$.

Soit $(\nu_n)_{n\in\mathbf{N}}$ une suite de mesures de probabilité sur $\mathbf{R}$. On suppose que pour tout $x \in \mathbf{R}$, la suite $(\varphi_{\nu_n}(x))_n$ converge vers un nombre complexe $\varphi(x)$, et que la fonction $x \mapsto \varphi(x)$ est continue en 0.

f) Soit $\varepsilon > 0$. Il existe $a > 0$ tel que

$$\nu_n([-a,a]) \geqslant 1-\varepsilon$$

pour tout entier $n \in \mathbf{N}$.

g) La suite (ν_n) est relativement compacte pour la topologie étroite.

h) La suite (ν_n) converge étroitement vers une mesure de probabilité ν dont φ est la fonction caractéristique (« Théorème de continuité de P. Lévy »).

i) Il existe des suites (ν_n) de mesures de probabilité sur $\mathbf{R}$, ne convergeant pas étroitement vers une mesure de probabilité, telles que $\varphi_{\nu_n}(x)$ converge pour tout $x \in \mathbf{R}$.

40) Soit ν une mesure de probabilité sur $\mathbf{R}$ telle que la fonction identique x de $\mathbf{R}$ appartient à $\mathrm{L}^2(\nu)$. Notons $m = \nu(x) \in \mathbf{R}$ et soit $\sigma \geqslant 0$ tel que $\sigma^2 = \nu((x-m)^2)$. On suppose $\sigma > 0$.

a) Soit $f(t) = (t-m)/\sigma$. La mesure image $\mu = f(\nu)$ appartient à $\mathscr{P}(\mathbf{R})$, elle vérifie $\mu(x) = 0$ et $\mu(x^2) = 1$.

b) Pour $n \geqslant 1$, soit $\mu^n = \mu * \cdots * \mu$ la n-ème puissance de convolution de μ. La suite $(\mu^n)_{n\geqslant 1}$ converge étroitement vers la mesure de probabilité de densité

$$\frac{1}{\sqrt{2\pi}} e^{-x^2/2}$$

par rapport à la mesure de Lebesgue sur $\mathbf{R}$, dite « loi gaussienne standard » (« Théorème limite fondamental de la théorie des probabilités » ; appliquer l'exercice précédent).

c) Soit $d \geqslant 2$ un nombre entier. Pour tout entier $n \geqslant 1$, on note s_n l'application de $[0,1]$ dans $\{0,\ldots,d-1\}$ qui à x associe le n-ème terme du développement de x en base d, s'il est unique, ou le n-ème terme du développement limité de x en base d, dans le cas contraire (TG, IV, p. 43, n° 5).

Soit λ la mesure de Lebesgue sur $[0,1]$. Notons $m_{d,} = (d-1)/2$ et $\sigma_d = \sqrt{(d^2-1)/12}$. Pour tous nombres réels $a < b$, on a

$$\lim_{n\to+\infty} \lambda\Big(\Big\{x \in [0,1] \mid a < \frac{s_1(x)+\cdots+s_n(x)-nm_d}{\sigma_d\sqrt{n}} < b\Big\}\Big) = \frac{1}{\sqrt{2\pi}} \int_a^b e^{-x^2/2} dx.$$

41) Soit $\lambda \in \mathbf{R}_+^*$. On note ϖ_λ la mesure discrète sur $\mathbf{R}$ supportée sur $\mathbf{N}$ telle que

$$\varpi_\lambda(k) = e^{-\lambda}\frac{\lambda^k}{k!}$$

(« loi de Poisson de paramètre λ »).

a) La mesure ϖ_λ est une mesure de probabilité. Calculer la fonction caractéristique de ϖ_λ ; montrer que la fonction identique x de $\mathbf{R}$ appartient à $\mathrm{L}^2(\mathbf{R}, \varpi_\lambda)$ et calculer $\varpi(x)$, $\varpi(x^2)$.

b) La famille de mesures

$$\frac{\varpi_\lambda - \lambda}{\sqrt{\lambda}}$$

converge étroitement quand $\lambda \to +\infty$ vers la mesure gaussienne standard (*cf.* exercice précédent, *b*)).

42) Soit $n \geqslant 2$ un entier. On note G le groupe S_n muni de sa mesure de Haar μ_n de masse totale 1. Soit $\varpi\colon \mathrm{S}_n \to \mathbf{R}$ l'application qui à σ associe $a + b$, où a est le nombre de cycles dans la décomposition de σ en produit de cycles disjoints (A, I, p. 60, prop. 7) et b est le nombre de points fixes de σ. On note ν_n la mesure image $\nu_n = \varpi(\mu_n)$ sur $\mathbf{R}$. C'est une mesure de probabilité.

a) La fonction caractéristique φ_n de ν_n vérifie

$$\varphi_n(t) = \prod_{j=1}^{n}\Big(1 - \frac{1}{j} + \frac{e^{it}}{j}\Big)$$

pour tout $t \in \mathbf{R}$.

b) Soit ϖ_n une loi de Poisson de paramètre $\log(n)$ et ψ_n sa fonction caractéristique. Quand $n \to +\infty$, on a

$$\varphi_n(t) = \frac{1}{\Gamma(it)}\psi_n(t)(1 + o(1))$$

uniformément pour $t \in \mathbf{R}$. (Utiliser la formule de Gauss pour la fonction gamma, *cf.* FVR, VII, p. 11, formule (3).)

c) Soit $f_n(x) = (x - \log(n))/\sqrt{\log(n)}$ pour $x \in \mathbf{R}$. La suite de mesures $f_n(\mu_n)$ converge étroitement vers la loi gaussienne standard quand $n \to +\infty$.

43) Soit $k \geqslant 1$ un entier. On note λ la mesure de Lebesgue sur $\mathbf{R}^k$. Soient $(\mu_n)_{n\in\mathbf{N}}$ une suite de mesures de probabilité sur $\mathbf{R}^k$ et soit μ une mesure de probabilité sur $\mathbf{R}^k$. Supposons que les conditions suivantes sont satisfaites :

(i) La transformée de Fourier de μ appartient à $\mathrm{L}^1(\mathbf{R}^k)$;

(ii) Il existe une suite (σ_n) dans $\mathrm{GL}(k, \mathbf{R})$ telle que la suite de mesures images $(\sigma_n(\mu_n))$ converge étroitement vers μ ;

(iii) Pour tout réel positif τ, soit $\varphi_{n,\tau}$ la fonction caractéristique de l'ensemble des $t \in \mathbf{R}^k$ tels que $\|{}^t\sigma_n(t)\| \leqslant \tau$. On a

$$\lim_{a \to +\infty} \sup_{n \in \mathbf{N}} \int_{\|t\| \geqslant a} |\widehat{\mu}_n({}^t\sigma_n(t))| \varphi_{n,\tau}(t) dt = 0.$$

D'après l'exercice 5, la condition (i) implique que la mesure μ admet une densité continue ψ par rapport à la mesure de Lebesgue. On note $\alpha = \psi(0)$.

a) Soit $f \in \mathscr{C}_b(\mathbf{R}^k)$ une fonction intégrable telle que $\widehat{f}$ est à support compact. On a

$$\lim_{n \to +\infty} \frac{1}{|\det(\sigma_n)|} \int_{\mathbf{R}^k} f \ \mu_n = \alpha \int_{\mathbf{R}^k} f.$$

(Appliquer la formule de transposition de la transformation de Fourier.)

b) La formule de la question précédente est valide lorsque $f \in \mathscr{K}(\mathbf{R}^k)$. Pour tout sous-ensemble mesurable et borné $\mathrm{B} \subset \mathbf{R}^k$ tel que la frontière de B est négligeable pour la mesure de Lebesgue, on a

$$\lim_{n \to +\infty} \frac{1}{|\det(\sigma_n)|} \mu_n(\mathrm{B}) = \alpha\lambda(\mathrm{B}).$$

(Pour toute fonction $f \in \mathscr{K}_{\mathbf{R}}(\mathbf{R}^k)$, et tout $\varepsilon > 0$, il existe des fonctions intégrables f_1 et f_2 dont les transformées de Fourier sont à support compact et telles que $f_1 \leqslant f \leqslant f_2$ et $\int (f_2 - f_1) \leqslant \varepsilon$.)

c) Supposons que $\sigma_n^{-1} \to 0$ dans l'espace des matrices réelles de type (k, k) et qu'il existe une fonction continue $\Phi \colon \mathbf{R}^k \to \mathbf{C}^*$ telle que

$$\widehat{\mu}_n \cdot \Phi^{-1} \cdot (\widehat{\mu} \circ {}^t\sigma_n^{-1})^{-1} \to 1$$

uniformément sur les parties compactes de $\mathbf{R}^k$. Alors les conditions ci-dessus sont satisfaites.

d) Prenons $k = 1$. Soit μ une mesure de probabilité sur $\mathbf{R}$ de base la mesure de Lebesgue telle que la fonction identique x de $\mathbf{R}$ appartient à $\mathrm{L}^2(\nu)$ et telle que $\mu(x) = 0$. Soit $\sigma \geqslant 0$ tel que $\sigma^2 = \mu(x^2)$. On suppose $\sigma > 0$. Pour tout entier $n \geqslant 1$, soit μ^n la n-ème puissance de convolution de μ. Pour tout sous-ensemble mesurable borné $\mathrm{B} \subset \mathbf{R}$ dont la frontière est de mesure nulle par rapport à la mesure de Lebesgue, on a

$$\lim_{n \to +\infty} \sigma\sqrt{n} \ \mu^n(\mathrm{B}) = \frac{1}{2\sqrt{\pi}} \lambda(\mathrm{B})$$

(« théorème limite fondamental local »).

44) Soit $\mathrm{I} = [a, b]$ un intervalle compact de $\mathbf{R}$. Soit f une fonction continue de I dans $\mathbf{R}^2$ qui est injective sur l'intérieur de I, et qui est C^1 par morceaux (c'est-à-dire qu'il existe une partition finie de I en intervalles J tels que $f|\mathrm{J}$ est

différentiable, et $f(f|\mathrm{J})'$ est continue). On dit que f est une *courbe paramétrée* dans le plan. On dit que

$$\ell(f) = \int_{\mathrm{I}} |f'(t)|dt$$

(où $f'(t)$ est identifié à un nombre complexe) est la *longueur* de la courbe paramétrée f. Si de plus $f(a) = f(b)$, on dit que f définit une *courbe de Jordan*. Il existe alors une unique composante connexe bornée C de $\mathbf{R}^2 - f(\mathrm{I})$ (TA, à paraître). La mesure de Lebesgue de C est appelée *l'aire circonscrite* par la courbe de Jordan f, et notée $\mathrm{A}(f)$.

a) Supposons que f est une courbe de Jordan. Pour tout $t \in \mathrm{I}$, la restriction f_t de f à $[a, t]$ est une courbe paramétrée et la fonction $s\colon t \mapsto \ell(f_t)$ est une bijection strictement croissante de I dans $\mathrm{J} = [0, \ell(f)]$. La fonction $g = f \circ s^{-1}\colon \mathrm{J} \to \mathbf{R}^2$ est une courbe de Jordan, et pour tout $t \in \mathrm{J}$, on a $\ell(g_t) = t$.

b) Soit $f = (f_1, f_2)$ une courbe de Jordan. On a

$$\mathrm{A}(f) = \frac{1}{2} \int_{\mathrm{I}} (f_1 f_2' - f_2 f_1'),$$

où l'intégrale est par rapport à la mesure de Lebesgue sur I. (Appliquer la formule de Stokes.) De plus, on a $\mathrm{A}(g) = \mathrm{A}(f)$, où g est la fonction de la question *a*).

c) On a $4\pi \mathrm{A}(f) \leqslant \ell(f)^2$ (« inégalité isopérimétrique dans le plan »). (Se ramener au cas où $\ell(f) = 1$; considérer la série de Fourier des parties réelles et imaginaires de g et montrer que $|g'(t)|^2 = 1$ pour $t \in \mathrm{J}$.)

d) Si $4\pi \mathrm{A}(f) = \ell(f)^2$, alors l'image de f est un cercle dans $\mathbf{R}^2$.

45) Pour tout nombre réel $h > 0$, soit Δ_h la fonction continue sur $\mathbf{R}$ telle que $\Delta_h(t) = 0$ si $|t| > h$ et $\Delta_h(t) = 1 - |t|/h$ pour $t \in [-h, h]$.

a) La famille dans $\mathscr{C}([0, 1])$ formée des fonctions $f_0 = 1$, $f_1\colon t \mapsto t$, et des fonctions

$$f_{k,l}\colon t \mapsto \Delta_{2^{-k}}\Big(t - \frac{2l+1}{2^k}\Big)$$

pour $k \geqslant 1$ et $0 \leqslant l < 2^{k-1}$ est une base banachique de l'espace de Banach $\mathscr{C}([0, 1])$ (*cf.* EVT, IV, p. 70, exerc. 14). Plus précisément, pour tout $f \in \mathscr{C}([0, 1])$, on a

$$f = f(0)f_0 + (f(1) - f(0))f_1 + \sum_{k \geqslant 1} \sum_{0 \leqslant l < 2^{k-1}} \Big(f\Big(\frac{2l+1}{2^k}\Big) - \frac{1}{2}\Big(f\Big(\frac{l}{2^{k-1}}\Big) + f\Big(\frac{l+1}{2^{k-1}}\Big)\Big)\Big) f_{k,l}$$

dans $\mathscr{C}([0, 1])$.

b) La famille des fonctions $t \mapsto e^{2i\pi ht}$ pour $h \in \mathbf{Z}$ n'est pas une base banachique de l'espace des fonctions $f \in \mathscr{C}([0, 1])$ telles que $f(0) = f(1)$.

46) Pour tout entier $k \geqslant 0$, soit $\mathrm{D}_k \subset [0,1]$ l'ensemble des nombres $j/2^k$ pour $0 \leqslant j \leqslant 2^k$ entier. Soit D la réunion des ensembles D_k pour $k \geqslant 0$. Pour tout $k \geqslant 1$, et tout $t \in \mathrm{D}_{k+1} - \mathrm{D}_k$, notons t_+ (resp. t_-) le plus petit élément de D_{k+1} tel que $t < t_+$ (resp. le plus grand élément de D_{k+1} tel que $t_- < t$) ; t_+ et t_- appartiennent à D_k.

a) Soit $\sigma\colon \mathrm{D} \to [0,1]$ une fonction strictement croissante telle que $\sigma(0) = 0$ et $\sigma(1) = 1$, dont l'image est dense dans $[0,1]$. Alors il existe un unique homéomorphisme strictement croissant de $[0,1]$ dans lui-même qui prolonge σ.

Soit $f\colon [0,1] \to \mathbf{R}$ une fonction continue. On appelle *ébauche de niveau k de f* une application strictement croissante $\sigma\colon \mathrm{D}_k \to [0,1]$ telle que $\sigma(0) = 0$, $\sigma(1) = 1$ et telle que pour tout entier j tel que $0 \leqslant j < 2^k$, on ait l'une des conditions suivantes :

(i) $f(\sigma(j/2^k)) \neq f(\sigma((j+1)/2^k))$;

(ii) il existe un intervalle ouvert I contenu dans $]\sigma(j/2^k), \sigma(j+1)/2^k[$ tel que, pour tout $t \in \mathrm{I}$, on ait

$$f(t) = f(\sigma(j/2^k)).$$

On note t_σ le plus petit élément strictement positif de D_k tel que

$$\inf_{t' < t_\sigma} |\sigma(t_\sigma) - \sigma(t')| = \sup_{t \in \mathrm{D}_k} \inf_{t' < t} |\sigma(t) - \sigma(t')|.$$

On dit qu'une ébauche τ de niveau $k+1$ est une bonne extension d'une ébauche σ de niveau k si τ prolonge σ et si, pour tout $t \in \mathrm{D}_{k+1} - \mathrm{D}_k$, on a

$$f(\tau(t)) = \frac{1}{2}(f(\sigma(t_-)) + f(\sigma(t_+)))$$

si $t_- \neq t_\sigma$.

b) Il existe un homéomorphisme croissant σ de $[0,1]$ dans lui-même tel que

(i) Pour tout entier $k \geqslant 1$, la restriction σ_k de σ à D_k est une ébauche de niveau k ;

(ii) Pour tout entier $k \geqslant 1$, l'application σ_{k+1} est une bonne extension de σ_k.

c) On suppose que $f(0) = f(1)$. Notons σ l'homéomorphisme croissant de $[0,1]$ défini par une application $\sigma\colon \mathrm{D} \to [0,1]$ vérifiant les conditions de la question précédente. Il existe une constante $\mathrm{C} \geqslant 0$ telle que la fonction continue $f \circ \sigma$, identifiée à une fonction continue sur $\mathbf{T}$, vérifie

$$|\widehat{(f \circ \sigma)}(n)| \leqslant \frac{\mathrm{C}}{|n|}$$

pour tout $n \in \mathbf{Z} - \{0\}$ (« Théorème de Sahakyan » ; utiliser l'exercice 2 de II, p. 262 et l'exercice précédent.)

d) ¶ Il existe un homéomorphisme croissant σ de $[0,1]$ dans lui-même tel que la série de Fourier de $f\circ\sigma$ converge symétriquement dans $\mathscr{C}(\mathbf{T})$ (« Théorème de Bohr-Pál »).

e) ¶¶ Le théorème de Sahakyan vaut-il pour les fonctions continues à valeurs complexes ?

f) ¶¶ Existe-t-il une fonction $f\colon \mathbf{R}/\mathbf{Z}\to\mathbf{C}$ dont l'image est d'intérieur non vide et qui vérifie la condition $\sup\limits_{h\in\mathbf{Z}-\{0\}} |h||\widehat{f}(h)|<+\infty$?

47) Soient X un espace topologique localement compact et μ une mesure de probabilité sur X. Soit $(f_n)_{n\in\mathbf{N}^*}$ une famille orthonormale dans $\mathrm{L}^2(\mathrm{X},\mu)$. Soit $(a_n)_{n\in\mathbf{N}^*}$ une suite de nombres complexes telle que la famille $(a_n\log(n))_{n\in\mathbf{N}^*}$ appartient à $\ell^2(\mathbf{N}^*)$.

Pour tout ensemble fini d'entiers I, on note

$$s_{\mathrm{I}}=\sum_{n\in\mathrm{I}}a_nf_n,$$

et on écrit aussi $s_n=s_{\{1,\ldots,n\}}$.

a) Soit $\mathrm{N}\geqslant 1$. Il existe une famille $\mathscr{I}$ d'intervalles non vides de $\{1,\ldots,\mathrm{N}\}$ et une constante $\mathrm{C}\geqslant 0$, indépendante de N, vérifiant les conditions suivantes :

(i) Tout intervalle de $\{1,\ldots,\mathrm{N}\}$ de la forme $\mathrm{I}=\{1,\ldots,\mathrm{M}\}$ est réunion disjointe d'au plus $\mathrm{C}\log(\mathrm{M}+1)$ intervalles dans $\mathscr{I}$;

(ii) Tout entier $n\in\{1,\ldots,\mathrm{N}\}$ appartient à au plus $\mathrm{C}\log(\mathrm{N}+1)$ intervalles dans $\mathscr{I}$.

b) Il existe une constante $\mathrm{C}>0$ telle que pour tout $\mathrm{N}\in\mathbf{N}^*$, on a

$$\int_{\mathrm{X}}\Big(\sup_{1\leqslant n\leqslant\mathrm{N}}|s_n|^2\Big)\,d\mu\leqslant\mathrm{C}\sum_{n=1}^{\mathrm{N}}|a_n|^2.$$

(Soit $\tau(x)$ le plus petit entier $\leqslant\mathrm{N}$ tel que $\sup_{1\leqslant n\leqslant\mathrm{N}}|s_n(x)|=|s_{\tau(x)}(x)|$, et soit $\mathrm{S}(x)=s_{\tau(x)}(x)$. Soit $\mathscr{I}$ une famille d'intervalles comme dans la question précédente ; écrire

$$\mathrm{S}=\sum_{\mathrm{I}\in\mathscr{J}}s_{\mathrm{I}}$$

où $\mathscr{J}$ est une famille disjointe d'intervalles dans $\mathscr{I}$, puis appliquer l'inégalité de Cauchy-Schwarz.)

c) Pour $j\in\mathbf{N}^*$, on pose

$$\mathrm{S}_j=\sum_{2^j<n\leqslant 2^{j+1}}a_nf_n.$$

La série de terme général $(j+1)|\mathrm{S}_j|^2$ converge μ-presque partout dans X.

d) La suite $(s_{2^j}(x))_{j\in\mathbf{N}^*}$ est une suite de Cauchy pour μ-presque tout $x\in\mathrm{X}$. Notons $f(x)$ sa limite, définie μ-presque partout.

e) La suite $(s_n(x))_{n\in\mathbf{N}^*}$ converge vers $f(x)$ pour μ-presque tout $x \in \mathrm{X}$.

f) Soit $f \in \mathrm{L}^1(\mathbf{T})$ telle que

$$\sum_{h\in\mathbf{Z}} \log(|h|+1)^2|\widehat{f}(h)|^2 < +\infty.$$

Pour presque tout x, la série de Fourier de f en x converge symétriquement vers $f(x)$ (« théorème de Rademacher-Menshov »).

48) *a)* Soit $p \in [1,+\infty[$. Un sous-ensemble X de $\mathrm{L}^p(\mathbf{R})$ est relativement compact, si et seulement si il est borné, et vérifie les conditions

$$\lim_{y\to 0}\sup_{f\in\mathrm{X}} \|\gamma(y)f - f\|_p = 0$$

$$\lim_{\mathrm{R}\to+\infty}\sup_{f\in\mathrm{X}} \|(1-\varphi_{\mathrm{R}})f\|_p = 0,$$

où φ_{R} est la fonction caractéristique de l'intervalle $[-\mathrm{R},\mathrm{R}]$ (*cf.* INT, VIII, p. 205, exercice 26).

b) Soit X une partie bornée de $\mathrm{L}^2(\mathbf{R})$. Démontrer que X est précompacte si et seulement si

$$\lim_{\mathrm{R}\to+\infty}\sup_{f\in\mathrm{X}} \int_{\mathbf{R}} (1-\varphi_{\mathrm{R}})(|f|^2+|\widehat{f}|^2)dx = 0.$$

c) Soit (f_n) une suite dans $\mathrm{L}^2(\mathbf{R})$ orthonormale dans $\mathrm{L}^2(\mathbf{R})$ telle que $\sup_n |f_n|$ appartient à $\mathrm{L}^2(\mathbf{R})$. Alors $\sup_n |\widehat{f_n}|$ n'appartient pas à $\mathrm{L}^2(\mathbf{R})$.

49) Soit k un corps fini de caractéristique p et de cardinal q. On munit k de la mesure de comptage et on note $\widehat{f}$ la cotransformation de Fourier d'une fonction $f\colon k \to \mathbf{C}$.

a) Soit χ un caractère non-trivial de k^*. On étend χ à k en posant $\chi(0) = 0$. Démontrer que $|\widehat{\chi}(\psi)| = \sqrt{q}$ pour tout $\psi \in \widehat{k}$ tel que $\psi \neq 1$. (« Sommes de Gauss ».)

b) Soit $d \mid q-1$ un entier. Démontrer que pour tout caractère $\psi \neq 1$ de k, on a

$$\Big|\sum_{x\in k} \psi(x^d)\Big| \leqslant (d-1)\sqrt{q},$$

avec égalité si $d = 2$.

c) Soient χ_1 et χ_2 des caractères non-triviaux de k^*, étendus par 0 à k comme dans la question *a)*. On pose

$$\mathrm{J}(\chi_1,\chi_2) = \sum_{x\in k} \chi_1(x)\chi_2(1-x)$$

(« sommes de Jacobi »). Si $\chi_1\chi_2 \neq 1$, alors pour tout caractère $\psi \neq 1$ de k, on a

$$\mathrm{J}(\chi_1, \chi_2) = \frac{\widehat{\chi_1}(\psi)\widehat{\chi_2}(\psi)}{\widehat{\chi_1\chi_2}(\psi)}, \qquad |\mathrm{J}(\chi_1, \chi_2)| = \sqrt{q}.$$

d) Supposons que p est un nombre premier congru à 1 modulo 4. Il existe des entiers a et b tels que $a^2 + b^2 = p$ (« théorème des deux carrés de Fermat »). (Considérer une somme de Jacobi pour des caractères d'ordre convenablement choisi de $\mathbf{F}_p^*$.)

e) Supposons que p est impair. Soit $\lambda \in \widehat{k^*}$ l'unique caractère d'ordre 2 (« caractère de Legendre »). Soit χ un caractère non trivial de k^* et posons $\eta = \chi^2$. Démontrer que pour tout caractère $\psi \neq 1$ de k, on a

$$\widehat{\eta}(\psi)\widehat{\lambda}(\psi) = \chi(4)\widehat{\chi}(\psi)\widehat{\chi\lambda}(\psi)$$

(« formule de Hasse–Davenport »).

f) Supposons que p est impair. Soit N_p le nombre de $(x, y) \in \mathbf{F}_p \times \mathbf{F}_p$ tels que $y^2 = x^4 + 1$. On a

$$|\mathrm{N}_p - p| \leqslant 2\sqrt{p}.$$

(Lorsque p est congru à 3 modulo 4, montrer que $\mathrm{N}_p = p$; sinon, vérifier que $\mathrm{N}_p - p = -\sum_x \lambda(x^4 + 1)$, où λ est le caractère de Legendre modulo p, et exprimer cette somme à l'aide de sommes de Jacobi.)

g) Comparer ces formules avec celles satisfaites par la fonction gamma (FVR, VII).

50) Soit k un corps fini de caractéristique $p \neq 2$ et de cardinal q. On munit k de la mesure de comptage et on note $\widehat{f}$ la cotransformation de Fourier d'une fonction $f : k \to \mathbf{C}$. On munit k^* de la mesure de comptage et on fixe un caractère non trivial ψ de k. On note λ l'unique caractère d'ordre 2 de k^*, étendu à k en posant $\lambda(0) = 0$.

Pour tout $a \in k^*$, on pose

$$\mathrm{S}(a) = \sum_{x \in k^*} \lambda(x)\psi(ax + x^{-1})$$

(« sommes de Salié »). On note $\mathscr{F}(\mathrm{S})$ la transformée de Fourier de la fonction S sur k^*.

a) Soit $\chi \in \widehat{k^*}$ et posons $\eta = \chi^2$. On a

$$\mathscr{F}(\mathrm{S})(\chi) = \widehat{\overline{\chi}}(\psi)\widehat{\overline{\chi}\lambda}(\psi) = \chi(4)\widehat{\lambda}(\psi)\widehat{\overline{\eta}}(\psi)$$

(utiliser la formule de Hasse-Davenport).

b) En déduire que

$$\mathrm{S}(a) = \lambda(a)\widehat{\lambda}(\psi) \sum_{\substack{y \in k^* \\ y^2 = 4a}} \psi(y), \qquad |\mathrm{S}(a)| \leqslant 2\sqrt{q}.$$

c) Analogie avec les fonctions de Bessel $\mathrm{J}_{k+1/2}$ (exercice 20) pour $k \in \mathbf{N}$.

51) On identifie $\mathbf{T}$ et l'intervalle $[0,1[$. Pour $n \in \mathbf{Z}$, soit e_n le caractère unitaire de $\mathbf{T}$ défini par $t \mapsto \exp(2i\pi nt)$. Pour toute mesure $\mu \in \mathscr{M}^1(\mathbf{T})$ et tout entier $m \geqslant 1$, on note

$$\mathrm{S}_m(\mu) = \sum_{h=-m}^{m} \widehat{\mu}(h) e_h \in \mathscr{C}(\mathbf{T})$$

la m-ème somme partielle symétrique de la série de Fourier de μ.

Une famille finie $(y_1, \ldots, y_k)$ de nombres réels est dite $\mathbf{T}$-*indépendante* si $(1, y_1, \ldots, y_k)$ est $\mathbf{Q}$-linéairement indépendante. Cela revient à dire que l'équation

$$\sum_{j=1}^{k} m_j y_j = 0$$

dans $\mathbf{T}$, avec $m_j \in \mathbf{Z}$, a pour unique solution la famille nulle. Pour $t \in \mathbf{R}$, on note $t - (y_1, \ldots, y_k)$ la famille $(t - y_j)_j$.

a) Soit $n \geqslant 10^6$ un entier. Il existe des réels $x_1, \ldots, x_n$ dans $[0,1]$ tels que

$$|x_j - j/n| \leqslant 10^{-4} n^{-1}$$

et tels que la famille $\mathrm{E}_n = (x_1, \ldots, x_n)$ est $\mathbf{T}$-indépendante.

On note

$$\mu_n = \frac{1}{n} \sum_{j=1}^{n} \varepsilon_{x_j}.$$

C'est une mesure de probabilité sur $\mathbf{T}$.

b) Soit $t \in \mathbf{R}$. On a

$$\frac{1}{n} \sum_{j=1}^{n} \frac{1}{|\sin(\pi(t - x_j))|} \geqslant \frac{1}{5} \log n.$$

c) Soit $t \in \mathbf{R}$ tel que la famille $t - \mathrm{E}_n$ est $\mathbf{T}$-indépendante. Il existe $m \in \mathbf{N}^*$ tel que

$$|\mathrm{S}_m(\mu_n)(t)| \geqslant \frac{2}{15} \log n.$$

(appliquer le théorème de Kronecker, *cf.* exercice 34).

d) Soit $t \in \mathbf{R}$ tel que la famille $t - \mathrm{E}_n$ n'est pas $\mathbf{T}$-indépendante et soient $m_1, \ldots, m_n$ des entiers non tous nuls tels que

$$\sum_{j=1}^{n} m_j (t - x_j) = 0$$

dans $\mathbf{T}$. Si deux des entiers m_j sont non nuls, il existe $m \geqslant 0$ tel que

$$|\mathrm{S}_m(\mu_n)(t)| \geqslant \frac{1}{10} \log n$$

(soit j tel que $m_j \neq 0$ et $|x_j - t|$ est maximal ; noter que la famille $t-(x_i)_{i\neq j}$ est **T**-indépendante et appliquer le théorème de Kronecker).

e) On garde l'hypothèse de la question précédente, mais on suppose que seul un des coefficients m_j est non nul, et que $t \notin \mathrm{E}_n$. Il existe $m \geqslant 0$ tel que

$$|\mathrm{S}_m(\mu_n)(t)| \geqslant \frac{1}{10}\log n$$

(observer que la famille $m_j(t-x_i)_{i\neq j}$ est **T**-indépendante et appliquer le théorème de Kronecker).

f) On suppose que $t \in \mathrm{E}_n$. Il existe $m \geqslant 0$ tel que

$$|\mathrm{S}_m(\mu_n)(t)| \geqslant \frac{1}{10}\log n$$

(la famille $(x_i)_{x_i\neq t}$ est **T**-indépendante).

g) Il existe un entier $\mathrm{M} \geqslant 0$ tel que, pour tout $t \in \mathbf{T}$, on a

$$\sup_{0\leqslant m\leqslant \mathrm{M}} |\mathrm{S}_m(\mu_n)(t)| \geqslant \frac{1}{20}\log n.$$

h) Il existe une fonction $f_n \in \mathscr{C}^\infty(\mathbf{T})$ et un entier $\mathrm{M} \geqslant 0$ tels que

$$\mathrm{Supp}(f_n) \subset \bigcup_{j=1}^{n}\Big[\frac{j}{n} - \frac{2}{10^4 n}, \frac{j}{n} + \frac{2}{10^4 n}\Big]$$

$$\int_{j/n-2/(10^4 n)}^{j/n+2/(10^4 n)} f_n = \frac{1}{n}, \qquad 1 \leqslant j \leqslant n$$

$$\sup_{0\leqslant m\leqslant \mathrm{M}} |\mathrm{S}_m(f_n)(t)| \geqslant \frac{1}{40}\log n, \qquad \text{pour tout } t \in \mathbf{T}.$$

i) Il existe $\mathrm{M} \geqslant 1$ et une famille finie $(a_n)_{|n|\leqslant \mathrm{M}}$ de nombres complexes tels que la fonction

$$g_{\mathrm{M}}(t) = \sum_{k=-\mathrm{M}}^{\mathrm{M}} a_k e_k n$$

vérifie

$$\int_{\mathbf{T}} |g_{\mathrm{M}}(t)| dt \leqslant 2, \qquad \inf_{t\in\mathbf{T}} \sup_{0\leqslant m\leqslant \mathrm{M}} |\mathrm{S}_m(g_{\mathrm{M}})(t)| \geqslant \frac{1}{40}\log n.$$

j) Il existe $\varphi \in \mathrm{L}^1(\mathbf{T})$ telle que $\widehat{\varphi}(h) = 0$ si $h < 0$ et telle que la série

$$\sum_{h\geqslant 1} \widehat{\varphi}(h) e_h(t)$$

diverge pour tout $t \in \mathbf{T}$ (« théorème de Kolmogorov »).

(Il existe une suite N_k d'entiers et une suite de fonctions

$$g_k = \sum_{n=-\mathrm{N}_k}^{\mathrm{N}_k} a_{k,n} e_n$$

telles que $\|g_k\|_1 \leqslant 2$ et

$$\inf_{t\in\mathbf{T}} \sup_{0\leqslant m\leqslant \mathrm{N}_k} |\mathrm{S}_m(g_k)(t)| \geqslant 2^{2k}.$$

Soit $\widetilde{g}_k = e_{\mathrm{M}_k} g_k$, où M_k est un entier assez grand ; poser $\varphi = \sum_{k\geqslant 1} 2^{-k}\widetilde{g}_k$.)

52) Soit H un groupe discret dénombrable, non nécessairement commutatif.

a) Le groupe H est moyennable (EVT, IV, p. 73, exercice 4) si et seulement si il existe une suite croissante $(\mathrm{F_N})_\mathrm{N}$ de sous-ensembles finis de H telle que, pour tout $x \in \mathrm{H}$, on a

$$\lim_{\mathrm{N}\to+\infty} \frac{1}{\mathrm{Card}(\mathrm{F_N})} \mathrm{Card}((\mathrm{F_N} - x\mathrm{F_N}) \cup (x\mathrm{F_N} - \mathrm{F_N})) = 0$$

(« suite de Følner »). Si H est commutatif, alors il est moyennable.

b) Soit G un groupe compact commutatif. Fixons une suite $(\mathrm{F_N})_{\mathrm{N}\geqslant 1}$ de parties finies du groupe discret $\widehat{\mathrm{G}}$ comme dans *a*) et notons φ_N la fonction caractéristique de $\mathrm{F_N}$. Posons

$$\psi_\mathrm{N} = \frac{1}{\mathrm{Card}(\mathrm{F_N})} \varphi_\mathrm{N} * \widetilde{\varphi}_\mathrm{N}.$$

La fonction ψ_N est à support fini, elle vérifie $0 \leqslant \psi_\mathrm{N} \leqslant 1$, et

$$\lim_{\mathrm{N}\to+\infty} \psi_\mathrm{N}(\chi) = 1$$

pour tout $\chi \in \widehat{\mathrm{G}}$.

c) Soit μ_N la mesure sur G de densité l'application continue

$$\sum_{\chi\in\widehat{\mathrm{G}}} \psi_\mathrm{N}(\chi)\chi.$$

La suite des mesures $(\mu_\mathrm{N})_{\mathrm{N}\geqslant 1}$ converge vers ε_e dans l'espace $\mathscr{M}^1(\mathrm{G})$ muni de la topologie de la convergence compacte dans $\mathscr{C}(\mathrm{G})$. (Appliquer le lemme 4 de INT, VIII, §2, n° 7.)

d) Soit $f \in \mathscr{C}(\mathrm{G})$. On a alors

$$f = \lim_{\mathrm{N}\to\infty} \sum_{\chi\in\widehat{\mathrm{G}}} \psi_\mathrm{N}(\chi)\mathscr{F}(f)(\chi)\chi$$

dans $\mathscr{C}(\mathrm{G})$.

e) Retrouver le théorème de Fejér (prop. 23 de II, p. 242) comme cas particulier de cet énoncé.

53) Soit $f \in \mathscr{L}^1(\mathbf{T})$.

a) Soit $k \geqslant 1$ un entier et supposons que $f \in \mathscr{C}^k(\mathbf{T})$. La série de Fourier de f converge vers f dans $\mathscr{C}^{k-1}(\mathbf{T})$. Si $k \geqslant 2$, la série de Fourier de f converge absolument vers f dans $\mathscr{C}(\mathbf{T})$.

b) Pour tout entier $N \geqslant 1$, notons f_N la fonction sur $\mathbf{T}$ telle que

$$f_N(t) = \sum_{\substack{h \in \mathbf{Z} \\ |h| \leqslant N}} \widehat{f}(h) e^{2i\pi ht}\Big(1 - \frac{|h|}{N}\Big)$$

pour $t \in \mathbf{T}$. Soit $X \subset \mathbf{T}$ un ensemble tel que la restriction de f à X est continue. Démontrer que f_N converge vers f uniformément sur X.

c) Soit $X \subset \mathbf{T}$ un ouvert tel que la restriction de f à X est de classe C^1. Démontrer que la série de Fourier de f converge symétriquement vers f uniformément sur X.

54) On suppose que G n'est pas compact. On note $\widehat{G}_d$ le groupe dual $\widehat{G}$ muni de la topologie discrète et $\widetilde{G}$ le groupe dual de $\widehat{G}_d$; c'est un groupe topologique compact.

a) L'application qui associe à $x \in G$ le caractère $\chi \mapsto \chi(x)$ est un homomorphisme continu injectif de G dans $\widetilde{G}$; son image est dense dans $\widetilde{G}$.

On identifie désormais G à un sous-ensemble de $\widetilde{G}$.

b) Soient K un groupe topologique compact et $\varphi \colon G \to K$ un homomorphisme continu. Il existe un unique homomorphisme $\widetilde{\varphi}$ de $\widetilde{G}$ dans K qui étend φ.

c) Soit $f \in \mathscr{C}_b(G)$. Les conditions suivantes sont équivalentes :

(i) Il existe une fonction $\widetilde{f} \in \mathscr{C}(\widetilde{G})$ qui étend f ;

(ii) La fonction f appartient à l'adhérence dans $\mathscr{C}(G)$ du sous-espace de $\mathscr{C}(G)$ engendré par les caractères $\chi \in \widehat{G}$;

(iii) L'ensemble des $\boldsymbol{\gamma}(x)f$ pour $x \in G$ est précompact dans $\mathscr{C}(G)$.

(Pour vérifier que (iii) implique (i), montrer que f est uniformément continue. Considérer alors l'adhérence des $\boldsymbol{\gamma}(x)f$; c'est un espace métrique compact K. Démontrer que $\varrho \colon x \mapsto \boldsymbol{\gamma}(x)$ est un homomorphisme continu de G dans le groupe des isométries de K ; appliquer alors la question *b*) pour étendre ϱ en $\widetilde{\varrho}$ et poser $\widetilde{f}(x) = (\widetilde{\varrho}(x)f)(e)$.)

On dit qu'une fonction $f \in \mathscr{C}_b(G)$ vérifiant ces conditions équivalentes est *presque périodique.*

d) Soit f une fonction presque périodique sur G. Pour tout $\varepsilon > 0$ et pour toute partie compacte F de G, il existe $x \in G - F$ tel que $\|\boldsymbol{\gamma}(x)f - f\| \leqslant \varepsilon$.

e) L'ensemble des fonctions presque périodiques sur G est une sous-algèbre stellaire de $\mathscr{C}_b(G)$.

55) On garde les notations de l'exercice précédent. On munit $\widetilde{G}$ de la mesure de Haar normalisée ν. Soient f une fonction presque périodique sur G et $\widetilde{f}$

son extension à $\widetilde{\mathrm{G}}$. On pose

$$\mathrm{A}(f) = \int_{\widetilde{\mathrm{G}}} \widetilde{f}(x)\ \nu(x).$$

a) Soit $\chi \in \widehat{\mathrm{G}}$. La fonction $\overline{\chi} f$ est presque périodique. On définit alors $\mathscr{P}(f)(\chi) = \mathrm{A}(\overline{\chi} f)$. On a

$$\mathrm{A}(|f|^2) = \sum_{\chi \in \widehat{\mathrm{G}}} |\mathscr{P}(f)(\chi)|^2$$

et en particulier $\mathrm{A}(\overline{\chi} f) = 0$ sauf pour un ensemble dénombrable de χ.

b) Soit f une fonction presque périodique sur $\mathbf{R}$. Pour tout $y \in \mathbf{R}$, on a

$$\mathscr{P}(f)(y) = \lim_{\mathrm{T}\to+\infty} \frac{1}{2\mathrm{T}} \int_{-\mathrm{T}}^{\mathrm{T}} f(x) e^{-2i\pi xy} dx.$$

c) Soit Λ un sous-ensemble fini de $\mathbf{R}$. La fonction définie sur $\mathbf{R}$ par

$$f(x) = \sum_{\lambda \in \Lambda} e^{i\lambda x}$$

est presque périodique sur $\mathbf{R}$; déterminer en fonction de Λ l'ensemble des $y \in \mathbf{R}$ tels que $\mathscr{P}(f)(y) \neq 0$.

56) On pose

$$k(z) = \Big(\frac{\sin(\pi z)}{\pi z}\Big)^2$$

si $z \in \mathbf{C} - \mathbf{Z}$ et $k(z) = 1$ si $z \in \mathbf{Z}$. La fonction k appartient à l'espace $\mathscr{E}_{1/2}$ (exercice 36).

a) Pour tout nombre complexe $z \in \mathbf{C} - \mathbf{Z}$, on a

$$\sum_{n \in \mathbf{Z}} \frac{1}{(z-n)^2} = \Big(\frac{\pi}{\sin(\pi z)}\Big)^2$$

(appliquer la formule de Poisson).

b) Pour $z \in \mathbf{C} - \mathbf{Z}$, on définit

$$h(z) = \Big(\frac{\sin(\pi z)}{\pi}\Big)^2 \Big\{ \sum_{n \in \mathbf{Z}} \frac{\mathrm{s}(n)}{(z-n)^2} + \frac{2}{z} \Big\},$$

où $\mathrm{s}(n)$ désigne la fonction signe. La fonction h se prolonge en une fonction entière appartenant à l'espace $\mathscr{E}_2$. On pose $b = h + k$.

c) Pour tout $x \in \mathbf{R}$, on a $1 - k(x) \leqslant h(x) \leqslant 1$.

d) Pour tout $x \in \mathbf{R}$, on a $|\mathrm{s}(x) - h(x)| \leqslant k(x)$.

e) On a $b \geqslant \mathrm{s}$; la fonction $b - \mathrm{s}$ est intégrable sur $\mathbf{R}$ et vérifie $\int (b - \mathrm{s}) = 1$.

f) Soient $\alpha < \beta$ des nombres réels et φ la fonction caractéristique de l'intervalle $[\alpha, \beta]$. La fonction $f_{\alpha,\beta}(z) = \frac{1}{2}(b(\beta - z) + b(z - \alpha))$ vérifie $\varphi \leqslant f_{\alpha,\beta}$ et $\int_{\mathbf{R}} (f_{\alpha,\beta} - \varphi) = 1$.

g) *Il existe une fonction entière σ telle que $f_{\alpha,\beta}(x) = |\sigma(x)|^2$ pour tout $x \in \mathbf{R}$. La transformée de Fourier de la restriction de σ à $\mathbf{R}$ est à support dans $[-1/2, 1/2]$.*

57) On garde les notations de l'exercice précédent. Soient M, N $\geqslant 1$ des entiers et soit $(a_n)_{\mathrm{M}<n\leqslant \mathrm{M}+\mathrm{N}}$ une famille de nombres complexes. Soient $\delta > 0$ un nombre réel, R $\geqslant 1$ un entier et $(\xi_r)_{1\leqslant r\leqslant \mathrm{R}}$ une famille de nombres réels tels que $\inf_{h\in\mathbf{Z}}|\xi_r - \xi_{r'} - h| \geqslant \delta$ pour tous $r \neq r'$.

Pour tout $x \in \mathbf{R}$, posons

$$\mathrm{S}(x) = \sum_{n=\mathrm{M}+1}^{\mathrm{M}+\mathrm{N}} a_n e^{2i\pi nx}.$$

a) On a

$$\sum_{r=1}^{\mathrm{R}} |\mathrm{S}(\xi_r)|^2 \leqslant (\mathrm{N} + \delta^{-1} - 1) \sum_{n=\mathrm{M}+1}^{\mathrm{M}+\mathrm{N}} |a_n|^2$$

(« inégalité de grand crible »).

(Considérer la fonction $\tau\colon z \mapsto \sigma(\delta z)$, où σ est la fonction des questions *f*) et *g*) de l'exercice précédent pour l'intervalle $[\alpha, \beta] = [\delta(\mathrm{M}+1), \delta(\mathrm{M}+\mathrm{N})]$; poser

$$\mathrm{S}^*(x) = \sum_{n=\mathrm{M}+1}^{\mathrm{M}+\mathrm{N}} a(n)\tau(n)^{-1}e^{2i\pi nx}$$

et observer que

$$\mathrm{S}(x) = \int_{-\delta/2}^{\delta/2} \widehat{\tau}(t)\mathrm{S}^*(t+x)dt.$$

Poser $x = \xi_r$, appliquer l'inégalité de Cauchy-Schwarz et sommer sur r.)

b) La constante $\mathrm{N} + \delta^{-1} - 1$ est optimale.

58) Pour tout nombre réel non nul λ, on note μ_λ la mesure de probabilité discrète sur $\mathbf{R}$ telle que $\mu_\lambda(\lambda) = \mu_\lambda(-\lambda) = \frac{1}{2}$.

On fixe $\lambda \in \left]0, 1\right[$.

a) Posons $\nu_0 = \mu_1$ et $\nu_{n+1} = \mu_{\lambda^{n+1}} * \nu_n$ pour tout entier $n \geqslant 0$. La suite $(\nu_n)_{n\in\mathbf{N}}$ converge vers une mesure de probabilité ν_λ sur $\mathbf{R}$. La fonction caractéristique de ν_λ est la fonction sur $\mathbf{R}$ définie par

$$\varphi_\lambda(x) = \prod_{n=0}^{+\infty} \cos(\lambda^n x).$$

b) La mesure ν_λ est l'unique mesure positive ν de masse totale 1 sur $\mathbf{R}$ telle que

$$\nu = \frac{1}{2}\ell_1(\nu) + \frac{1}{2}\ell_2(\nu),$$

où ℓ_1 (resp. ℓ_2) est l'application $x \mapsto \lambda x - 1$ (resp. $x \mapsto \lambda x + 1$) de $\mathbf{R}$ dans $\mathbf{R}$.

c) Si la mesure ν_λ n'est pas une mesure de base la mesure de Lebesgue, alors ν_λ est étrangère à la mesure de Lebesgue. (Considérer la décomposition de Lebesgue de ν_λ par rapport à la mesure de Lebesgue, *cf.* INT, V, §5, n° 7, th. 3.)

d) Si $0 < \lambda < \frac{1}{2}$, alors la mesure ν_λ est étrangère à la mesure de Lebesgue.

e) Si $\lambda = \frac{1}{2}$, alors la mesure ν_λ est égale à la mesure uniforme sur $[-2, 2]$. Si $\lambda > 1/2$, le support de ν_λ est l'intervalle $[-(1-\lambda)^{-1}, (1-\lambda)^{-1}]$.

f) Un *nombre de Pisot* est un entier algébrique réel x tel que tous les conjugués $y \in \mathbf{C}$ de x, autre que x, vérifient $|y| < 1$. Si λ^{-1} est un nombre de Pisot, alors la fonction φ_λ ne tend pas vers 0 à l'infini. En particulier, la mesure ν_λ est étrangère à la mesure de Lebesgue.

g) Il existe $\lambda > 1/2$ tel que ν_λ est étrangère à la mesure de Lebesgue.

On suppose désormais que φ_λ ne tend pas vers 0 à l'infini et on note $\theta = 1/\lambda$. Pour tout nombre réel x, on note $\langle x \rangle$ l'unique nombre réel dans $[0, 1[$ tel que $x - \langle x \rangle \in \mathbf{Z}$.

h) Il existe un nombre réel $u \neq 0$ tel que la série de terme général $\sin(u\theta^n)^2$ converge ; la série de terme général $\langle u\theta^n \rangle$ converge.

i) Pour tout $n \in \mathbf{N}$, soit c_n un entier tel que $|u\theta^n - c_n| \leqslant \frac{1}{2}$. La série formelle $g(z) = \sum c_n z^n$ est une fraction rationnelle. (Utiliser le critère de A, IV, p. 85, exercice 1, et l'inégalité de Hadamard, EVT, V, p. 37, cor. 3, pour montrer que les déterminants de Hankel qui apparaissent tendent vers 0 ; conclure en observant que ces déterminants sont entiers.)

j) Il existe des polynômes à coefficients entiers f_1 et f_2 tels que $g = f_1/f_2$ et $f_2(0) = 1$.

k) Le nombre θ est un nombre de Pisot (« théorème de Salem »). (Remarquer que $f_2(\lambda) = 0$ et que les autres racines de f_2 sont de module > 1.)

59) Soit $n \geqslant 1$ un entier et munissons $\mathbf{R}^n$ de la norme euclidienne. On note μ la mesure de Lebesgue sur $\mathbf{R}^n$.

Soit $r > 0$. Un *empilement de sphères* de rayon r dans $\mathbf{R}^n$ est un ensemble $\mathscr{P}$ de parties disjointes de $\mathbf{R}^n$, tel que tout $\mathrm{S} \in \mathscr{P}$ est une boule fermée de rayon r. On dit que $\mathscr{P}$ est *périodique* s'il existe un réseau $\Lambda \subset \mathbf{R}^n$ tel que $\mathrm{S} + h \in \mathscr{P}$ pour tout $\mathrm{S} \in \mathscr{P}$ et tout $h \in \Lambda$.

Soit $\mathrm{A}_{\mathscr{P}}$ la réunion des éléments de $\mathscr{P}$. C'est un ensemble mesurable. On appelle *densité* de $\mathscr{P}$ le nombre réel

$$\Delta(\mathscr{P}) = \limsup_{\mathrm{R} \to +\infty} \frac{\mu(\mathrm{A}_{\mathscr{P}} \cap \mathrm{B}_\mathrm{R})}{\mu(\mathrm{B}_\mathrm{R})}$$

où B_R est la boule fermée de rayon R dans $\mathbf{R}^n$. On note $\Delta_n = \sup_{\mathscr{P}} \Delta(\mathscr{P})$.

a) On a

$$\Delta_n = \sup_{\mathscr{P} \text{ périodique}} \Delta(\mathscr{P}).$$

b) Soit $\mathscr{P}$ un empilement de sphères périodique, invariant par le réseau Λ. Soit $C \subset \mathbf{R}^n$ un ensemble de représentants des centres des boules $S \in \mathscr{P}$ modulo Λ. On a

$$\Delta(\mathscr{P}) = \mu(B_1)\frac{r^n \operatorname{Card}(C)}{V(\Lambda)}$$

où $V(\Lambda)$ est le covolume de Λ.

c) Soit $a > 0$ un nombre réel. Soit $f\colon \mathbf{R}^n \to \mathbf{R}$ une fonction de Schwartz telle que

(i) On a $f(x) \leqslant 0$ si $\|x\| \geqslant 2a$;

(ii) La transformée de Fourier de f est à valeurs réelles positives et vérifie $\widehat{f}(0) > 0$.

Alors on a

$$\Delta_n \leqslant \mu(B_1) a^n \frac{f(0)}{\widehat{f}(0)}.$$

(Il suffit de considérer les empilements de sphères périodiques de rayon a ; soit $\mathscr{P}$ l'un d'entre eux, et Λ, $C \subset \mathbf{R}^n$ comme dans la question précédente ; à l'aide de la formule de Poisson, démontrer que

$$\sum_{(c,d)\in C^2} \sum_{n\in\Lambda} f(d-c+n) = \frac{1}{V(\Lambda)} \sum_{h\in\Lambda^*} \Big|\sum_{c\in C} e^{2i\pi c\cdot h}\Big|^2 \widehat{f}(h),$$

où Λ^* est le réseau associé, et conclure.)

60) *a*) Soit $\mathbf{H} \subset \mathbf{C}$ l'ouvert des nombres complexes z tels que $\mathscr{I}(z) > 0$. La fonction

$$\Theta(z) = \sum_{n\in\mathbf{Z}} e^{2i\pi n^2 z}$$

est holomorphe sur H, et elle vérifie $\Theta(z) = (z/i)^{-1/2}\Theta(-1/z)$ pour $z \in H$, où $z \mapsto (z/i)^{1/2}$ est l'unique fonction holomorphe sur H qui prolonge la fonction $iy \mapsto \sqrt{y}$. (Utiliser l'exercice 16, *b*).)

b) Soient m et n des entiers strictement positifs. On a

$$\frac{1}{\sqrt{m}} \sum_{k=0}^{m-1} e^{2i\pi k^2 n/m} = \frac{e^{i\pi/4}}{\sqrt{2n}} \sum_{k=0}^{2n-1} e^{-2i\pi k^2 m/(2n)}.$$

(Appliquer la relation de la question précédente avec $z = -2in/m + iy$ et faire $y \to 0$.)

c) Pour tout entier $m \geqslant 1$ et tout $n \in \mathbf{Z}$, on pose

$$\tau(n,m) = \sum_{k=0}^{m-1} e^{2i\pi k^2 n/m}.$$

Pour tous entiers m_1 et m_2 strictement positifs, on a

$$\tau(1, m_1 m_2) = \tau(m_2, m_1)\tau(m_1, m_2).$$

d) Si m est impair, on a $\tau(1,m) = i^{((m-1)/2)^2}\sqrt{m}$. (Utiliser *a*).)

e) Si p est un nombre premier impair, alors $\tau(n,p) = \ell_p(n)\tau(1,p)$, où ℓ_p est l'unique caractère d'ordre 2 de $(\mathbf{Z}/p\mathbf{Z})^*$, étendu à $\mathbf{Z}/p\mathbf{Z}$ en posant $\ell_p(0) = 0$.

f) Soient $p \neq q$ deux nombres premiers impairs. On a

$$\ell_p(q)\ell_q(p) = \frac{\tau(1,pq)}{\tau(1,p)\tau(1,q)}.$$

g) En déduire une nouvelle preuve de la loi de réciprocité quadratique (*cf.* A, V, p. 156, exerc. 23) : pour tous nombres premiers impairs $p \neq q$, on a

$$\ell_p(q)\ell_q(p) = (-1)^{(p-1)(q-1)/4}.$$

61) Soit $r \geqslant 1$ un entier. Soit $\mathrm{A} = (a_{i,j})$ une matrice symétrique définie positive de type (r,r) à coefficients entiers, et soit $\mathrm{N} \geqslant 1$ un entier tel que la matrice $\mathrm{A}^* = \mathrm{N}\mathrm{A}^{-1}$ soit également à coefficients entiers. On note Q (resp. $\widetilde{\mathrm{Q}}$) la forme quadratique entière associée à A (resp. à A^{-1}), c'est-à-dire que l'on a $\mathrm{Q}(x) = {}^t x\mathrm{A}x$ pour tout $x \in \mathbf{Z}^r$. On note $(a,b) \mapsto \langle a|b\rangle_{\mathrm{A}}$ la forme bilinéaire associée à A, de sorte que $\langle a|b\rangle_{\mathrm{A}} = {}^t a\mathrm{A}b$.

On note **H** l'ensemble des nombres complexes z tels que $\mathscr{I}(z) > 0$. C'est un ouvert de **C**. On note $\log\colon \mathbf{H} \to \mathbf{C}$ la restriction à **H** de la détermination principale du logarithme (FVR, III, p. 10). Soit $k \in \mathbf{N}$ un entier impair. Pour $z \in \mathbf{H}$, on note $z^k = \exp(k\log(z))$.

a) Le groupe $\mathrm{SL}_2(\mathbf{Z})$ agit transitivement sur **H** par

$$\begin{pmatrix} a & b \\ c & d \end{pmatrix} \cdot z = \frac{az+b}{cz+d}, \qquad \begin{pmatrix} a & b \\ c & d \end{pmatrix} \in \mathrm{SL}_2(\mathbf{Z})$$

(*cf.* TA, I, p. 150, exercice 5).

b) Pour tout nombre complexe $z \in \mathbf{H}$ et tout $x \in \mathbf{Z}^r$, la série

$$\sum_{\substack{m \in \mathbf{Z}^r \\ m \equiv x \text{ mod. N}}} \exp(i\pi \mathrm{Q}(m)z)$$

converge absolument et uniformément sur les compacts.

On note $\theta_{\mathrm{A}}(z;x)$ ou $\theta_{\mathrm{Q}}(z;x)$ la somme de cette série (« fonction thêta associée à Q »). C'est une fonction holomorphe sur **H**.

c) Pour tout $y \in \mathbf{Z}^r$, on a

$$\sum_{m\in\mathbf{Z}^r} \exp(i\pi \mathrm{Q}(m+y)z) = \frac{1}{\sqrt{\det(\mathrm{A})}}\Big(\frac{i}{z}\Big)^{r/2} \sum_{m\in\mathbf{Z}^r} \exp\Big(-i\pi\frac{\widetilde{\mathrm{Q}}(m)}{z} + m\cdot y\Big),$$

(appliquer la formule de Poisson et l'exercice 1).

d) On note H le sous-groupe de $(\mathbf{Z}/\mathrm{N}\mathbf{Z})^r$ formé des éléments $\alpha \in (\mathbf{Z}/\mathrm{N}\mathbf{Z})^r$ tels que $\mathrm{A}\alpha = 0$ dans $\mathbf{Z}/\mathrm{N}\mathbf{Z}$. Le groupe H est de cardinal det(A). Tout caractère de H est de la forme

$$\psi_\beta(\alpha) = \exp\Big(2i\pi\frac{\langle\alpha|\beta\rangle_{\mathrm{A}}}{\mathrm{N}^2}\Big),$$

où $\beta \in \mathrm{H}$.

e) Pour tout $\alpha \in \mathrm{H}$ et $z \in \mathbf{H}$, on a $\theta_{\mathrm{Q}}(z+2;\alpha) = \exp(\frac{2i\pi\mathrm{Q}(\alpha)}{\mathrm{N}^2})\theta_{\mathrm{Q}}(z;\alpha)$.

f) Pour tout $\alpha \in \mathrm{H}$ et $z \in \mathbf{H}$, on a

$$\theta_{\mathrm{Q}}\Big(-\frac{1}{z};\alpha\Big) = \frac{1}{\sqrt{\det(\mathrm{A})}}(-iz)^{r/2}\sum_{\beta\in\mathrm{H}}\psi_\beta(\alpha)\theta_{\mathrm{Q}}(z;\beta).$$

g) Soit $g = \begin{pmatrix} a & b \\ c & d\end{pmatrix} \in \mathrm{SL}_2(\mathbf{Z})$ tel que $c \neq 0$, $d > 0$ et $b \equiv c \equiv 0$ mod. 2. Pour $\alpha \in \mathrm{H}$ et $z \in \mathbf{H}$, on a

$$\theta_{\mathrm{Q}}(g\cdot z;\alpha) = \frac{1}{d^{r/2}\det(\mathrm{A})}(cz+d)^{r/2}\sum_{\beta\in\mathrm{H}}\Phi(\alpha,\beta)\theta_{\mathrm{Q}}(z;\beta),$$

où

$$\Phi(\alpha,\beta) = \sum_{\gamma\in\mathrm{H}}\psi_\gamma(\alpha)\Big(\sum_{\substack{\delta \text{ mod. } d\mathrm{N}\\ \delta\equiv\alpha \text{ mod. N}}} \exp\Big(\frac{i\pi}{d\mathrm{N}^2}(b\mathrm{Q}(\delta) + 2\langle\gamma|\delta\rangle_{\mathrm{A}} - c\mathrm{Q}(\gamma))\Big)\Big)$$

(considérer d'abord $\theta_{\mathrm{Q}}(\widetilde{g}\cdot z;\alpha)$ où $\widetilde{g} = g\begin{pmatrix} 0 & -1 \\ 1 & 0\end{pmatrix}$; remarquer la formule $d\widetilde{g}\cdot z = b-(dz-c)^{-1}$, et appliquer la question précédente ; noter que $\Phi(\alpha,\beta)$ ne dépend que de β modulo N).

h) Supposons de plus que $c \equiv 0$ mod. 2N. Alors

$$\theta_{\mathrm{Q}}(g\cdot z;x) = \frac{\tau}{d^{r/2}}(cz+d)^k\theta_{\mathrm{Q}}(z;a\alpha),$$

où

$$\tau = \sum_{\substack{\delta \text{ mod. } d\mathrm{N}\\ \delta\equiv x \text{ mod. N}}} \exp\Big(\frac{i\pi b\mathrm{Q}(\delta)}{d\mathrm{N}^2}\Big).$$

i) Supposons de plus que d est impair. On a $\tau = \exp(\frac{i\pi ab\mathrm{Q}(\alpha)}{\mathrm{N}^2})\tau_{\mathrm{Q}}(c;d)$, où

$$\tau_{\mathrm{Q}}(c,d) = \sum_{x\in(\mathbf{Z}/d\mathbf{Z})^r} e\Big(-\frac{i\pi c\mathrm{Q}(x)}{d}\Big)$$

(« somme de Gauss »).

j) Écrivons $d = p_1 \cdots p_k$, où $p_1, \ldots p_k$ sont des nombres premiers. On note

$$\left(\frac{n}{d}\right) = \prod_{i=1}^{k} \ell_{p_i}(n)$$

où, pour tout nombre premier impair p, on note ℓ_p l'unique caractère d'ordre 2 de $(\mathbf{Z}/p\mathbf{Z})^*$, étendu à $\mathbf{Z}/p\mathbf{Z}$ en posant $\ell_p(0) = 0$ (« symbole de Jacobi »). Si d et $2c\det(\mathrm{A})$ sont premiers entre eux, alors

$$\tau_{\mathrm{Q}}(c,d) = \left(\frac{\det(\mathrm{A})}{d}\right)\left(\overline{\varepsilon}_d\left(\frac{2c}{d}\right)\sqrt{d}\right)^r,$$

où

$$\varepsilon_d = \begin{cases} 1 & \text{si } d \equiv 1 \text{ mod. } 4 \\ i & \text{si } d \equiv -1 \text{ mod. } 4. \end{cases}$$

(Diagonaliser la forme quadratique et utiliser l'exercice précédent.)

k) Si g est congrue à l'identité modulo 4N, alors

$$\theta_{\mathrm{Q}}(g\cdot z;\alpha) = \left(\frac{2c}{d}\right)^r (cz+d)^k \theta_{\mathrm{Q}}(z;\alpha).$$

Cela signifie que l'application $z \mapsto \theta_q(z;\alpha)$ est une forme modulaire holomorphe de poids $r/2$ et de niveau 4N. (FM, en préparation.)

62) Identifions $\mathbf{T}$ avec l'intervalle $]-1/2, 1/2]$. Soit f la fonction sur $\mathbf{R}/\mathbf{Z}$ définie par $f(x) = \mathrm{s}(x)$ (fonction signe). Soit s_n la somme partielle symétrique

$$s_n(x) = \sum_{h=-n}^{n} \widehat{f}(h)e^{2i\pi hx}$$

de la série de Fourier de f.

a) Pour tout $x \neq 0$ dans $\mathbf{T}$, on a $s_n(x) \to f(x)$ quand $n \to +\infty$.

b) Soient $n \geqslant 1$ et $0 < x \leqslant 1/2$. On a

$$s_{2n}(x) = \frac{\sin(2\pi nx)}{2\sin(\pi x)}.$$

c) On a

$$\lim_{n\to+\infty} s_{2n}\left(\frac{1}{4n}\right) = 2\int_0^{1/2} \frac{\sin(2\pi x)}{\pi x} dx,$$

et cette limite appartient à l'intervalle $]1, 2[$ (« phénomène de Gibbs »).

63) Soit G le sous-groupe de $\mathbf{T}^{\mathbf{N}}$ formé des éléments $x = (x_n)$ tels que $2x_n = 0$ pour tout $n \in \mathbf{N}$ sauf au plus un nombre fini.

a) Pour tout ensemble fini $\Lambda \subset \mathbf{N}$, soit $\mathrm{U}_\Lambda \subset \mathrm{G}$ l'ensemble des (x_n) tels que $x_n = 1$ pour $n \in \Lambda$ et $2x_n = 0$ pour $n \notin \Lambda$. Il existe une structure de groupe topologique sur G telle que la famille des ensembles U_Λ est une base de voisinages ouverts de e.

b) Le groupe topologique G est localement compact.

c) Le groupe G n'est pas divisible.

d) Le groupe dual $\widehat{G}$ est sans torsion.

64) Soit μ une mesure sur $\mathbf{T}$.

a) Pour tout $x \in \mathbf{T}$, on a

$$\mu(\{x\}) = \lim_{H\to+\infty} \frac{1}{2H+1} \sum_{|h|\leqslant H} \widehat{\mu}(h) e^{2i\pi hx}.$$

b) Écrivons $\mu = \mu_d + \mu_a$, où μ_a est une mesure atomique et μ_d une mesure diffuse (INT, V, §5, n° 10, prop. 15). Soit S le support de μ_a. On a

$$\lim_{H\to+\infty} \frac{1}{2H+1} \sum_{|h|\leqslant H} |\widehat{\mu}(h)|^2 = \sum_{x\in S} |\mu(\{s\})|^2$$

(considérer $(\mu * \widetilde{\mu})(\{0\})$).

c) Supposons que μ est une mesure de probabilité sur $\mathbf{T}$. Les conditions suivantes sont équivalentes :

(i) Il existe $x \in \mathbf{T}$ tel que $\mu = \varepsilon_x$;

(ii) On a $\lim_{|h|\to+\infty} |\widehat{\mu}(h)|^2 = 1$;

(iii) On a

$$\lim_{H\to+\infty} \frac{1}{2H+1} \sum_{|h|\leqslant H} |\widehat{\mu}(h)|^2 = 1.$$

65) On suppose que G est compact, muni de sa mesure de Haar normalisée μ. Soit $f\colon G \to G$ un homomorphisme continu et surjectif.

a) On a $f(\mu) = \mu$.

b) L'application f est μ-ergodique (*cf.* exercice 16 de I, p. 190) si et seulement si il n'existe pas de caractère $\chi \neq e_{\widehat{G}}$ de G et d'entier $n \geqslant 1$ tel que $\chi \circ f^n = \chi$.

c) Soient $d \geqslant 1$ un entier et a une matrice de type (d, d) à coefficients entiers et de déterminant 1. L'application $f_a\colon \mathbf{T}^d \to \mathbf{T}^d$ telle que $f_a(x) = ax$ pour tout $x \in \mathbf{T}^d$ est ergodique par rapport à la mesure de Haar normalisée sur $\mathbf{T}^d$ si et seulement si le spectre de la matrice a dans $\mathscr{L}(\mathbf{C}^n)$ ne contient aucune racine de l'unité.

¶ 66) On note $e\colon \mathbf{T} \to \mathbf{C}^*$ le caractère défini par passage au quotient par le caractère $x \mapsto e^{2i\pi x}$ de $\mathbf{R}$.

Soit $d \geqslant 2$ un entier. Soit $\alpha \in \mathbf{R}$ et soit $g \in \mathbf{R}[X]$ un polynôme dont le degré est $< d$. Soient a et q des entiers premiers entre eux, avec $q \neq 0$, tels que

$$\left|\alpha - \frac{a}{q}\right| \leqslant \frac{1}{q^2}.$$

a) Supposons que $\alpha \notin \mathbf{Z}$. Soient N et M des entiers avec $\mathrm{M} \geqslant 0$. On a

$$\Big|\sum_{n=\mathrm{N}}^{\mathrm{N+M}} e^{2i\pi\alpha n}\Big| \leqslant \frac{1}{|\sin(\pi\alpha)|}.$$

b) On note $\mathrm{D} = 2^{d-1}$. Pour tout $\varepsilon > 0$, il existe un nombre réel $\mathrm{C}(\varepsilon, d) \geqslant 0$ tel que pour tout entier $\mathrm{P} \geqslant 1$, on a

$$\Big|\sum_{n=1}^{\mathrm{P}} e^{2i\pi(\alpha n^d + g(n))}\Big| \leqslant \mathrm{C}(\varepsilon, d)\mathrm{P}^{1+\varepsilon}\Big(\mathrm{P}^{-1/\mathrm{D}} + q^{-1/\mathrm{D}} + \Big(\frac{\mathrm{P}^d}{q}\Big)^{-1/\mathrm{D}}\Big).$$

(Procéder par récurrence sur d en ramenant le carré du terme de gauche de l'inégalité à une famille de polynômes de degré $\leqslant d-1$; lorsque $d = 2$, appliquer alors la question *a*). On pourra démontrer et utiliser la majoration

$$d(n) = \mathrm{O}(n^{\varepsilon})$$

lorsque $n \to +\infty$, où $n \geqslant 1$ et $d(n)$ est le nombre de diviseurs de n dans $\mathbf{N}$, valide pour tout nombre réel $\varepsilon > 0$.)

c) En déduire une nouvelle preuve de l'assertion de la question *c*) de l'exercice 35.

¶ 67) Soient $k \geqslant 2$ et $\ell > k$ des entiers naturels. Pour tout entier $\mathrm{N} \geqslant 1$, on note $r_{k,\ell}(\mathrm{N})$ le nombre de familles $(n_1, \ldots, n_\ell) \in \mathbf{N}^\ell$ telles que

$$n_1^k + \cdots + n_\ell^k = \mathrm{N}.$$

Le but de cet exercice est de démontrer que, si ℓ est assez grand en fonction de k, alors $r_{k,\ell}(\mathrm{N}) \geqslant 1$ (« problème de Waring ») pour tout $\mathrm{N} \geqslant 1$.

On note $e \colon \mathbf{T} \to \mathbf{C}^*$ le caractère défini par passage au quotient par le caractère $x \mapsto e^{2i\pi x}$ de $\mathbf{R}$.

Soit $\mathrm{P} \geqslant 1$ un entier. On note $\mathrm{S_P}$ la fonction sur $\mathbf{T}$ telle que

$$\mathrm{S_P}(x) = \sum_{n=1}^{\mathrm{P}} e(xn^k).$$

On note dx la mesure de Haar normalisée sur $\mathbf{T}$.

a) Si $\mathrm{P} > \mathrm{N}^{1/k}$, alors on a

$$r_{k,\ell}(\mathrm{N}) = \int_{\mathbf{T}} \mathrm{S_P}(x)^\ell e(-\mathrm{N}x)dx.$$

b) Soit δ un nombre réel tel que $0 < \delta < 1/3$ et soit $\mathrm{P} = [\mathrm{N}^{1/k}]$. On suppose que N est suffisamment grand, de sorte que $\mathrm{P} \geqslant 1$. Soient a et q des entiers premiers entre eux tels que $1 \leqslant q \leqslant \mathrm{P}^{\delta}$. On note $\mathrm{M}_{a,q}$ l'image dans $\mathbf{T}$ de l'intervalle ouvert

$$\Big]\frac{a}{q} - \frac{1}{\mathrm{P}^{k-\delta}}, \frac{a}{q} + \frac{1}{\mathrm{P}^{k-\delta}}\Big[.$$

Pour $x \in \mathrm{M}_{a,q}$, on a

$$\sum_{n=1}^{\mathrm{P}} e^{2i\pi x n^k} = \frac{1}{q}\mathrm{S}(a;q)\mathrm{I}\Big(x - \frac{a}{q}\Big) + \mathrm{O}(\mathrm{P}^{2\delta})$$

lorsque $\mathrm{N} \to +\infty$, où

$$\mathrm{S}(a;q) = \sum_{x=1}^{q} e\Big(\frac{ax^k}{q}\Big), \qquad \mathrm{I}(y) = \int_0^{\mathrm{P}} e(yt^k)dt.$$

c) On note M la réunion des ensembles $\mathrm{M}_{a,q}$ lorsque q parcourt l'ensemble des entiers tels que $1 \leqslant q \leqslant \mathrm{P}^{\delta}$ et a l'ensemble des entiers premiers à q tels que $1 \leqslant a < q$. Si $\delta < 1/5$, alors il existe un nombre réel $\delta' > 0$ tel que

$$\int_{\mathrm{M}} \mathrm{S}_{\mathrm{P}}(x)^{\ell} e(-\mathrm{N}x)dx = \mathrm{P}^{\ell-k}\mathfrak{S}(\mathrm{P}^{\delta},\mathrm{N})\mathrm{J}(\mathrm{P}^{\delta}) + \mathrm{O}(\mathrm{P}^{\ell-k-\delta'})$$

lorsque $\mathrm{N} \to +\infty$, où on pose, pour $\mathrm{Q} \geqslant 1$

$$\mathfrak{S}(\mathrm{Q},\mathrm{N}) = \sum_{1\leqslant q\leqslant \mathrm{Q}} \sum_{\substack{a=1\\(a,q)=1}}^{q} \Big(\frac{1}{q}\mathrm{S}(a;q)\Big)^{\ell} e\Big(-\frac{a\mathrm{N}}{q}\Big)$$

$$\mathrm{J}(\mathrm{Q}) = \int_{-\mathrm{Q}}^{\mathrm{Q}} \Big(\int_0^1 e(yt^k)dt\Big)^{\ell} e(-y)dy.$$

d) On a

$$\mathrm{J}(\mathrm{Q}) = \frac{\Gamma(1+1/k)^{\ell}}{\Gamma(\ell/k)} + \mathrm{O}(\mathrm{Q}^{-(\ell/k-1)})$$

lorsque $\mathrm{Q} \to +\infty$. (Montrer d'abord que

$$\mathrm{J}(\mathrm{Q}) = \frac{1}{k^{\ell}} \int_{\mathrm{X}_{\ell}} (y_1 \cdots y_{\ell-1}(1 - y_1 - \cdots - y_{\ell-1}))^{-1+1/k} dy + \mathrm{O}(\mathrm{Q}^{-(\ell/k-1)})$$

où

$$\mathrm{X}_{\ell} = \{(y_1, \ldots, y_{\ell-1}) \in (\mathbf{R}_+^*)^{\ell-1} \mid y_1 + \cdots + y_{\ell-1} < 1\},$$

puis évaluer cette intégrale ; *cf.* FVR VII, p. 8, prop. 4.)

e) Supposons que $\ell > \delta^{-1}k2^k$. Il existe $\delta' > 0$ tel que

$$\int_{\mathbf{T}-\mathrm{M}} |\mathrm{S}_{\mathrm{P}}(x)|^{\ell} e(-\mathrm{N}x)dx = \mathrm{O}(\mathrm{P}^{\ell-k-\delta'})$$

lorsque $\mathrm{N} \to +\infty$. (Si N est suffisamment grand et si $x \in \mathbf{R}$ a image dans $\mathbf{T} - \mathrm{M}$, il existe des entiers a et q premiers entre eux tels que

$$\mathrm{P}^{\delta} \leqslant q \leqslant \mathrm{P}^{k-\delta}, \qquad \left|x - \frac{a}{q}\right| \leqslant \frac{1}{q^2}.$$

Utiliser alors l'exercice 66.)

f) Pour tout nombre premier p et tout entier $m \geqslant 1$, posons

$$\mathrm{A}(p^m) = \sum_{\substack{a=1 \\ (a,q)=1}}^{p^m} \Big(\frac{1}{p^m}\mathrm{S}(a;p^m)\Big)^{\ell} e\Big(-\frac{a\mathrm{N}}{p^m}\Big)$$

et

$$\mathrm{N}(p^m) = \mathrm{Card}(\{(x_1,\ldots,x_\ell) \in (\mathbf{Z}/p^m\mathbf{Z})^{\ell} \mid x_1^k + \cdots + x_\ell^k = \mathrm{N} \text{ mod. } p^m\}).$$

Lorsque $\ell > 2^k$, on a

$$1 + \sum_{m=1}^{+\infty} \mathrm{A}(p^m) = \lim_{m \to +\infty} \frac{\mathrm{N}(p^m)}{p^{m(\ell-1)}}.$$

g) Lorsque $\ell > 2^k$, on a $\mathfrak{S}(\mathrm{Q},\mathrm{N}) = \mathfrak{S}(\mathrm{N}) + o(1)$ quand $\mathrm{Q} \to +\infty$, où

$$\mathfrak{S}(\mathrm{N}) = \prod_p \Big(1 + \sum_{m \geqslant 1} \mathrm{A}(p^m)\Big),$$

le produit portant sur les nombres premiers étant absolument convergent.

h) Soit p un nombre premier. Soit $\nu \geqslant 0$ l'entier tel que $k = p^{\nu} r$ où p ne divise pas r. Notons γ l'entier

$$\gamma = \begin{cases} \nu + 1 & \text{si } p \geqslant 3 \\ \nu + 2 & \text{sinon.} \end{cases}$$

S'il existe des entiers $(n_1,\ldots,n_\ell)$ tels que p ne divise pas tout les n_i et tels que

$$x_1^k + \cdots + x_\ell^k \equiv 0 \text{ mod. } p^{\gamma},$$

alors

$$\lim_{m \to +\infty} \frac{\mathrm{N}(p^m)}{p^{m(\ell-1)}} > 0.$$

i) Il existe $\ell > k$ tel que, si N est suffisamment grand, alors $\mathfrak{S}(\mathrm{N}) > 0$. (Utiliser la question précédente et la question *h*) de l'exercice 33.)

j) Il existe un entier $\ell > k$ tel que $r_{k,\ell}(\mathrm{N}) \geqslant 1$ pour tout entier $\mathrm{N} \geqslant 1$.

68) On note additivement la loi de groupe de G. Soit Γ un sous-groupe discret de G tel que G/Γ soit compact. Soit $\Lambda = \Gamma^{\perp}$ l'orthogonal de Γ dans $\widehat{\mathrm{G}}$; comme $\widehat{\mathrm{G}/\Gamma}$ s'identifie à Λ, c'est un sous-groupe discret de $\widehat{\mathrm{G}}$, et $\widehat{\mathrm{G}}/\Lambda$ est compact (puisque son dual s'identifie à Γ).

On suppose que la mesure de Haar sur G est choisie de sorte que le quotient de la mesure duale $d\chi$ sur $\widehat{\mathrm{G}}$ par la mesure de comptage sur Λ est la mesure de Haar normalisée sur $\widehat{\mathrm{G}}/\Lambda$ (INT, VII, § 2, n° 2, déf. 1).

a) Il existe une partie mesurable Ω de $\widehat{\mathrm{G}}$ qui rencontre chaque classe de G modulo Λ en un point et un seul ; la mesure de Ω est égale à 1.

b) Pour $x \in \mathrm{G}$, on pose

$$\varphi(x) = \int_\Omega \chi(x)\, d\chi.$$

La fonction φ est continue ; elle vérifie $\varphi(0) = 1$ et $\varphi(\gamma) = 0$ pour tout $\gamma \in \Gamma - \{0\}$.

c) Démontrer que φ appartient à $\mathrm{L}^2(\mathrm{G})$ et que $\|\varphi\|_2 = 1$. Pour tout $\gamma \in \Gamma - \{e\}$, on a

$$\int_{\mathrm{G}} \varphi(x)\overline{\varphi(\gamma - x)}\, dx = 0.$$

d) Soit $f \in \mathrm{L}^2(\mathrm{G})$ telle que $\mathscr{F}(f)$ est nulle presque partout hors de Ω. Démontrer que

$$f = \sum_{\gamma\in\Gamma} f(\gamma)\boldsymbol{\delta}_\gamma(\varphi)$$

dans $\mathrm{L}^2(\mathrm{G})$, où $\boldsymbol{\delta}_\gamma(\varphi)(x) = \varphi(x - \gamma)$. De plus, on a

$$\int_{\mathrm{G}} |f(x)|^2 dx = \sum_{\gamma\in\Gamma} |f(\gamma)|^2.$$

e) Il existe une unique fonction continue sur G qui coïncide presque partout avec f. Si f est continue, alors

$$f = \sum_{\gamma\in\Gamma} f(\gamma)\boldsymbol{\delta}_\gamma(\varphi)$$

dans $\mathscr{C}(\mathrm{G})$.

f) Spécialiser au cas où $\mathrm{G} = \mathbf{R}$ et $\Lambda = h\mathbf{Z}$ pour un certain $h > 0$ en prenant $\Omega = [-h, h[$.

§ 2

1) *a*) Pour que G soit à base dénombrable, il faut et il suffit que $\widehat{\mathrm{G}}$ soit à base dénombrable. (Si G est à base dénombrable, alors $\mathrm{L}^1(\mathrm{G})$ est à base dénombrable, donc $\mathsf{X}(\mathrm{L}^1(\mathrm{G}))$ est à base dénombrable.)

b) Pour que G soit dénombrable à l'infini, il faut et il suffit que $\widehat{G}$ admette un sous-groupe ouvert à base dénombrable, ou encore que $\widehat{G}$ soit métrisable. (Utiliser la prop. 3 de II, p. 248.)

c) Supposons G compact. Pour que G soit métrisable, il faut et il suffit que $\widehat{G}$ soit dénombrable, ou encore que G soit isomorphe à un sous-groupe fermé de $\mathbf{T}^{\mathbf{N}}$. (Un groupe commutatif discret dénombrable est quotient de $\mathbf{Z}^{(\mathbf{N})}$.)

2) *a*) Tout groupe commutatif infini Γ admet un groupe quotient infini dénombrable. (Plonger un sous-groupe infini dénombrable Δ de Γ dans un groupe divisible dénombrable Δ' en appliquant A, II, p. 185, exerc. 14 ; puis prolonger à Γ le morphisme identique de Δ dans Δ'.)

b) Tout groupe commutatif compact infini contient un sous-groupe fermé infini métrisable. (Utiliser *a*).)

3) *a*) Soient K un groupe compact et $K_{(n)}$ l'ensemble des éléments d'ordre n de K. Si $K \neq E_n$ pour tout n, alors l'ensemble des éléments d'ordre infini de K est dense dans K. (Si $K_{(n)}$ est d'intérieur non vide, on a $K_{(m)} = K$ pour un entier $m \geqslant n$.)

b) Soit Γ un groupe discret commutatif dont les éléments ne sont pas d'ordre borné. Alors Γ admet un quotient dénombrable avec la même propriété. (Raisonner comme dans la partie *a*) de l'exercice 2.)

c) Si tout voisinage de e dans G contient un élément d'ordre infini, alors G possède un sous-groupe fermé métrisable avec la même propriété. (Se ramener au cas où G est compact, et utiliser *a*) et *b*).) Sinon, et si G n'est pas discret, il existe un entier $q > 1$ tel que G contienne un sous-groupe fermé isomorphe à $(\mathbf{Z}/q\mathbf{Z})^{\mathbf{N}}$. (Utiliser A, VII, p. 54, exerc. 4, *c*).)

4) Si G est compact et si $\widehat{G}$ possède un élément d'ordre infini, alors il existe un morphisme continu non trivial de $\mathbf{R}$ dans G. (Comme $\mathbf{R}$ est divisible, il existe un morphisme non trivial de $\widehat{G}$ dans $\mathbf{R}$.)

5) Soit p un nombre premier. Le groupe $\mathbf{Q}_p$ n'est pas produit d'un groupe compact et d'un groupe discret. (Tout sous-groupe compact de $\mathbf{Q}_p$ est de la forme $p^n\mathbf{Z}_p$ pour un entier $n \in \mathbf{Z}$.)

6) Si G est un groupe de torsion, alors G et $\widehat{G}$ sont totalement discontinus. ($\widehat{G}$ est totalement discontinu d'après le cor. 2 de II, p. 250 ; pour prouver que G est totalement discontinu, se ramener au cas où G est compact en utilisant la prop. 3 de II, p. 248, et prouver alors que $\widehat{G}$ est un groupe de torsion.)

7) Un élément x de G est dit de hauteur infinie si, pour tout $n \in \mathbf{Z}$, il existe $y \in \mathrm{G}$ tel que $y^n = x$. Prouver que, si G est compact, l'ensemble des éléments de hauteur infinie est la composante neutre de G.

¶ 8) Le groupe G est localement connexe si et seulement si G est isomorphe à un groupe $\mathbf{R}^n \times \mathrm{E} \times \widehat{\mathrm{D}}$, où E et D sont discrets et où tout sous-groupe de rang fini de D est libre.

9) *a*) Soit $\boldsymbol{a} = (a_n)_{n \geqslant 0}$ une suite d'entiers > 1. On munit $\mathbf{Z}$ de la structure d'anneau topologique pour laquelle les sous-ensembles $\mathbf{Z}a_0a_1 \cdots a_n$, où $n \geqslant 0$, forment un système fondamental de voisinages de 0. On note $\Delta_{\boldsymbol{a}}$ le complété de cet anneau. Il est compact, métrisable et totalement discontinu. Si p est un nombre premier, et si $a_i = p$ pour tout i, on a $\Delta_{\boldsymbol{a}} = \mathbf{Z}_p$.

b) On note $\mathbf{Z}(\boldsymbol{a}^\infty)$ le groupe multiplicatif des nombres complexes de la forme $\exp(2i\pi l/(a_0a_1 \cdots a_r))$ où $l \in \mathbf{Z}$ et $r \in \mathbf{N}$, muni de la topologie discrète. Alors $\chi \mapsto \chi(1)$ est un isomorphisme de $\widehat{\Delta}_{\boldsymbol{a}}$ sur $\mathbf{Z}(\boldsymbol{a}^\infty)$.

c) Soit B le sous-groupe de $\mathbf{R} \times \Delta_{\boldsymbol{a}}$ formé des (n, n) pour $n \in \mathbf{Z}$; il est discret. On pose $\Sigma_{\boldsymbol{a}} = (\mathbf{R} \times \Delta_{\boldsymbol{a}})/\mathrm{B}$. C'est un groupe compact métrisable connexe. (Observer que l'image canonique de $\mathbf{R}$ dans $\Sigma_{\boldsymbol{a}}$ est dense, et utiliser le lemme 1 de II, p. 244.)

d) Soit $\Gamma_{\boldsymbol{a}}$ le sous-groupe additif du groupe discret $\mathbf{Q}$ formé des nombres rationnels de la forme $l/(a_0a_1 \cdots a_r)$ où $l \in \mathbf{Z}$ et $r \in \mathbf{N}$. Si $\chi \in \widehat{\Sigma}_{\boldsymbol{a}}$, alors χ définit un caractère unitaire de $\mathbf{R} \times \Delta_{\boldsymbol{a}}$, donc un caractère unitaire de $\mathbf{R}$ de la forme $x \mapsto \exp(2i\pi\alpha_\chi x)$ où $\alpha_\chi \in \mathbf{R}$. Alors $\chi \mapsto \alpha_\chi$ est un isomorphisme de $\widehat{\Sigma}_{\boldsymbol{a}}$ sur $\Gamma_{\boldsymbol{a}}$.

e) Montrer que $\widehat{\mathbf{Q}}$ est canoniquement isomorphe à $\Sigma_{\boldsymbol{a}}$, où la suite $\boldsymbol{a}$ est définie par $a_n = n + 2$ pour tout $n \geqslant 0$.

f) Soit $\mathbf{R}_d$ le groupe $\mathbf{R}$ muni de la topologie discrète. Montrer que $\widehat{\mathbf{R}}_d$ est isomorphe à $(\widehat{\Sigma}_{\boldsymbol{a}})^{\mathfrak{c}}$ où $a_n = n + 2$ et où $\mathfrak{c}$ est la puissance du continu. (Considérer une base de $\mathbf{R}$ comme $\mathbf{Q}$-espace vectoriel.)

¶ 10) Un groupe topologique est dit *monothétique* s'il existe un élément du groupe dont les puissances sont denses dans le groupe, et *solénoïdal* s'il existe un morphisme continu de $\mathbf{R}$ dans le groupe dont l'image est dense.

a) Avec les notations de l'exerc. 9, le groupe $\Delta_{\boldsymbol{a}}$ est monothétique.

b) Tout groupe compact monothétique totalement discontinu est topologiquement isomorphe à un groupe de la forme $\Delta_{\boldsymbol{a}}$.

c) Supposons G compact. Pour que G soit monothétique, il faut et il suffit que $\widehat{\mathrm{G}}$ soit isomorphe à un sous-groupe de $\mathbf{T}$ muni de la topologie discrète.

d) Supposons G compact. Les conditions suivantes sont équivalentes :

(i) G est solénoïdal ;

(ii) $\widehat{G}$ est isomorphe à un sous-groupe de $\mathbf{R}$ muni de la topologie discrète ;

(iii) $\widehat{G}$ est sans torsion, et $\mathrm{Card}(\widehat{G}) \leqslant \mathfrak{c}$, la puissance du continu ;

(iv) G est quotient de $(\Sigma_{\boldsymbol{a}})^{\mathfrak{c}}$ avec $\boldsymbol{a} = (n+2)_{n\geqslant 0}$.

e) Si G est compact solénoïdal, alors G est monothétique.

11) On note L(G) l'ensemble des représentations continues de G dans $\mathbf{R}$. On appelle *sous-groupe à un paramètre* de G l'image d'un morphisme continu de $\mathbf{R}$ dans G.

a) Les conditions suivantes sont équivalentes :

(i) G est réunion de sous-groupes à un paramètre ;

(ii) tout morphisme de $\mathbf{Z}$ dans G se prolonge en un morphisme continu de $\mathbf{R}$ dans G ;

(iii) tout morphisme continu de $\widehat{G}$ dans $\mathbf{R}/\mathbf{Z}$ provient par passage au quotient d'un élément de $L(\widehat{G})$;

(iv) tout caractère unitaire de $\widehat{G}$ est de la forme $e^{i\lambda}$ où $\lambda \in L(\widehat{G})$.

b) Si G est à base dénombrable, les conditions de *a*) sont équivalentes à : G est isomorphe à $\mathbf{R}^n \times \mathbf{T}^{\mathrm{I}}$ où I est un ensemble dénombrable.

c) La réunion des sous-groupes à un paramètre de G est un sous-groupe dense dans la composante neutre de G. (Utiliser l'exerc. 4.)

d) Soit $t \mapsto \chi_t$ une application continue de $[0,1]$ dans $\widehat{G}$ telle que χ_0 soit le caractère trivial. Il existe une application $t \mapsto \lambda_t$ de $[0,1]$ dans L(G) telle que $\lambda_0 = 0$, pour tout t on a $\chi_t = \exp(2i\pi\lambda_t)$, et pour tout $x \in G$, l'application $t \mapsto \lambda_t(x)$ est continue.

e) La réunion des sous-groupes à un paramètre de G est aussi la réunion des arcs de G qui contiennent e, un arc de G étant l'image d'une application continue de $[0,1]$ dans G. (Utiliser *d*).)

12) On emploie la notation L(G) de l'exercice 11.

a) Soit H un sous-groupe fermé de G. Tout élément de L(H) se prolonge en un élément de L(G). (Se ramener d'abord au cas où $G = \mathbf{R}^n \times D$ avec D discret, puis au cas où l'élément donné de L(H) est trivial sur $\mathbf{R}^n$, puis au cas où G est discret. Utiliser alors le fait que $\mathbf{R}$ est divisible.)

b) Tout morphisme continu de H dans $\mathbf{R}^n \times \mathbf{T}^{\mathrm{I}}$, où I est un ensemble quelconque, se prolonge en un morphisme continu de G dans $\mathbf{R}^n \times \mathbf{T}^{\mathrm{I}}$. (Utiliser *a*) et le th. 4 de II, p. 226.)

c) Réciproquement, soit A un groupe commutatif localement compact. On suppose que, pour tout groupe commutatif localement compact G, pour tout sous-groupe fermé H de G, et tout morphisme continu φ de H dans A, φ se prolonge en un morphisme continu de G dans A. Alors il existe un entier n et un ensemble I tels que A soit isomorphe à $\mathbf{R}^n \times \mathbf{T}^{\mathrm{I}}$. (Prenant $\mathrm{G} = \mathbf{R}$, $\mathrm{H} = \mathbf{Z}$, on voit que A est connexe, donc de la forme $\mathbf{R}^n \times \widehat{\mathrm{D}}$ avec D discret. Montrer que D est un $\mathbf{Z}$-module projectif, donc libre.)

13) Soient C une partie compacte de G et $\varepsilon > 0$.

a) Soit α la mesure de Haar de G. Il existe une partie compacte D de G telle que $\alpha(\mathrm{CD}) \leqslant (1+\varepsilon)\alpha(\mathrm{D})$. (Le cas où $\mathrm{G} = \mathbf{R}^n$ étant immédiat, on est ramené au cas où G admet un sous-groupe ouvert compact H, et on peut supposer C saturé suivant H ; on est alors ramené au cas où G est discret ; on peut ensuite supposer G de type fini, et enfin $\mathrm{G} = \mathbf{Z}^p$.)

b) Il existe $k \in \mathrm{L}^1(\widehat{\mathrm{G}})$ telle que $\mathscr{F}(k) \in \mathscr{K}(\mathrm{G})$ vérifiant $\mathscr{F}(k)(x) = 1$ pour $x \in \mathrm{C}$, et $\|k\|_1 \leqslant 1 + \varepsilon$. (Prendre k de la forme $\lambda f g$, où λ est une constante et où $f, g \in \mathrm{L}^2(\widehat{\mathrm{G}})$ ont pour transformées de Fourier les fonctions caractéristiques d'ensembles convenables, en utilisant *a*).)

¶ 14) *a*) On suppose que tout voisinage de e dans G contient un élément d'ordre infini. Il existe une partie compacte métrique parfaite totalement discontinue P de G qui est un ensemble de Kronecker (exercice 15 de II, p. 265), et une mesure diffuse non nulle concentrée sur P. (Se ramener au cas où G est métrisable en utilisant l'exerc. 3, *c*). Imiter ensuite la construction de TG, IX, p. 64, lemme 3, et utiliser en même temps la partie *e*) de l'exerc. 15 de II, p. 265.)

b) Si $\mathrm{G} = (\mathbf{Z}/q\mathbf{Z})^{\mathbf{N}}$, il existe une partie compacte parfaite totalement discontinue P de G qui est de type K_q, et une mesure diffuse non nulle concentrée sur P.

c) On suppose G non discret. Il existe un élément τ de $\mathscr{M}^1(\mathrm{G})$ tel que $\|\mathscr{F}(\tau)\|_\infty < \varrho(\tau)$, où $\varrho(\tau)$ est le rayon spectral dans $\mathscr{M}^1(\mathrm{G})$. Il existe un élément non inversible τ' de $\mathscr{M}^1(\mathrm{G})$ tel que $\mathscr{F}(\tau') \geqslant 1$ partout sur $\widehat{\mathrm{G}}$. Il existe un caractère non hermitien de $\mathscr{M}^1(\mathrm{G})$. (Utiliser *a*), *b*), l'exerc. 3, *c*), et la partie *f*) de l'exerc. 15 de II, p. 265.)

d) Déduire de *c*) que $\widehat{\mathrm{G}}$, qui est ouvert dans $\mathsf{X}(\mathscr{M}^1(\mathrm{G}))$, n'est pas dense dans $\mathsf{X}(\mathscr{M}^1(\mathrm{G}))$.

§ 3

1) Soit $(a_n)_{n\in\mathbf{N}}$ une suite de nombres complexes telle qu'il existe un réel $\mathrm{A} \geqslant 0$ vérifiant $n|a_n| \leqslant \mathrm{A}$ pour tout $n \in \mathbf{N}$. Pour $z \in \mathbf{C}$ de module < 1, posons $\varphi(z) = \sum_{n\geqslant 0} a_n z^n$.

On suppose qu'il existe $\ell \in \mathbf{C}$ tel que

$$\lim_{\substack{x \in \mathbf{R}_+ \\ x<1}} \varphi(x) = \ell.$$

Pour $t \in \mathbf{R}_+^*$, on pose

$$g(t) = \sum_{0 \leqslant n \leqslant t^{-1}} a_n, \quad \mathrm{F}(t) = \varphi(e^{-t}).$$

On note dx la mesure de Lebesgue sur $\mathbf{R}$ ainsi que sa restriction à $\mathbf{R}_+^*$.

a) Soient $s \leqslant t$ des éléments de $\mathbf{R}_+^*$. On a

$$|g(s) - g(t)| \leqslant |a_{[t^{-1}+1]}| + \mathrm{A} \log\Big(\frac{t}{s}\Big).$$

b) La fonction g est lentement oscillante pour $t \to 0$.

c) Pour tout $t \in \mathbf{R}_+^*$, la fonction $x \mapsto g(t/x)xe^{-x}$ est intégrable sur $\mathbf{R}_+^*$, par rapport à la mesure de Haar $x^{-1}dx$.

d) Pour $0 < x < 1$, on a

$$\varphi(x) = \sum_{n \geqslant 0} g\Big(\frac{1}{n}\Big)(x^n - x^{n+1}).$$

e) Soit $f(x) = xe^{-x}$ pour $x \in \mathbf{R}_+^*$. On a $f \in \mathrm{L}^1(\mathbf{R}_+^*, dx/x)$; son intégrale est égale à 1, et on a $\mathrm{F} = g * f$.

f) La fonction g appartient à $\mathrm{L}^\infty(\mathbf{R}_+^*)$. (Montrer que $\mathrm{F} - g$ est bornée en utilisant *a*) ainsi que l'hypothèse.)

g) La transformée de Fourier de la fonction f sur le groupe $\mathbf{R}_+^*$ ne s'annule pas. (Identifier $\mathscr{F}(f)$ à la fonction $y \mapsto \Gamma(1+iy)$ et utiliser FVR, VII.)

h) On a

$$\sum_{n=0}^{+\infty} a_n = \ell.$$

Cet énoncé est le théorème « taubérien » de Littlewood. L'hypothèse concernant la suite (a_n), c'est-à-dire $a_n = \mathrm{O}(1/n)$, peut d'ailleurs être affaiblie : il suffit qu'il existe une constante $\mathrm{A} \geqslant 0$ telle que $na_n \geqslant -\mathrm{A}$ pour tout entier $n \geqslant 1$ (« théorème taubérien de Hardy–Littlewood », voir par exemple J. Korevaar, *Tauberian theory*, Grundlehren math. wiss. 329, Springer (2004), th. 7.4, p. 16 ; le lecteur prendra soin de ne pas confondre ce théorème avec celui de FVR, I, p. 50, exercice 18).

2) Soient F une partie fermée de $\widehat{\mathrm{G}}$ et K une partie compacte de $\widehat{\mathrm{G}}$ telles que $\mathrm{F} \cap \mathrm{K} = \varnothing$. Montrer qu'il existe une fonction continue g intégrable sur G telle que $\mathscr{F}(g)$ soit égale à 0 sur F et à 1 sur K. (Soit $f \in \mathrm{L}^1(\mathrm{G})$ telle que $\mathscr{F}(f)$ est nulle sur F et égale à 1 sur K ; considérer $f * \varphi$, où φ est la transformée

de Fourier d'une fonction de la forme $h * h'$ avec $h \in \mathscr{K}(\widehat{\mathrm{G}})$, $h' \in \mathscr{K}(\widehat{\mathrm{G}})$, et où $h * h' = 1$ sur K.)

3) Soit g une fonction complexe définie sur $]0, +\infty[$, intégrable pour la mesure de Lebesgue. On suppose que $\int_0^{+\infty} g(t)dt = 1$ et que $\int_0^{+\infty} g(t)t^{ix}dt \neq 0$ pour tout $x \in \mathbf{R}$. Soit f une fonction complexe mesurable et bornée dans $]0, +\infty[$, telle que $\frac{1}{x}\int_0^{+\infty} g(t/x)f(t)dt$ tende vers une limite finie ℓ quand x tend vers $+\infty$.

a) Pour toute fonction complexe h définie sur $]0, +\infty[$, intégrable pour la mesure de Lebesgue et d'intégrale 1, on a

$$\lim_{x\to+\infty} \frac{1}{x}\int_0^{+\infty} h\Big(\frac{t}{x}\Big) f(t)dt = \ell.$$

En particulier,

$$\lim_{x\to+\infty} \frac{1}{x}\int_0^{x} f(t)dt = \ell.$$

(Posant $g_1(t) = tg(t)$, $h_1(t) = th(t)$, on a $g_1 \in \mathrm{L}^1(\mathbf{R}_+^*)$; la transformée de Fourier $\mathscr{F}(g_1)$ ne s'annule pas et $\check{g}_1 * f$ tend vers ℓ, donc $h_1 * f$ tend vers ℓ.)

b) Si $f(t)$ est lentement oscillante sur $\mathbf{R}_+^*$ quand t tend vers $+\infty$, alors f tend vers ℓ quand t tend vers $+\infty$.

4) Soit $\mathrm{G} = \mathbf{R}$. Pour tout nombre réel $\alpha > 1$, on définit $f_\alpha \in \mathrm{L}^1(\mathbf{R})$ par

$$f_\alpha(x) = \begin{cases} 2 & \text{si } 0 < x < 1 \\ 1 & \text{si } 1 \leqslant x < \alpha \\ 0 & \text{sinon.} \end{cases}$$

a) Les fonctions $f * \varepsilon_x$ pour $x \in \mathbf{R}$ forment un ensemble total dans $\mathrm{L}^1(\mathbf{R})$ si et seulement si α est irrationnel.

b) Les fonctions $f * \varepsilon_x$ pour $x \in \mathbf{R}$ forment un ensemble total dans $\mathrm{L}^2(\mathbf{R})$.

5) Soient $f \in \mathrm{L}^\infty([0, +\infty([)$ et $k \in \mathbf{R}_+^*$. Si

$$\lim_{x\to+\infty} \frac{1}{x}\int_0^{+\infty} e^{-t/x} f(t)dt = \ell$$

alors

$$\lim_{x\to+\infty} \frac{k}{x^k}\int_0^{x} (x-t)^{k-1} f(t)dt = \ell$$

(Utiliser les fonctions $g(t) = e^{-t}$, et $h(t) = k(1-t)^{k-1}$ pour $0 \leqslant t \leqslant 1$, $h(t) = 0$ pour $t > 1$.)

6) Soient $f\colon \mathbf{R} \to \mathbf{R}$ et $g : \mathbf{R} \to \mathbf{C}$ deux fonctions. On suppose que $f \in \mathrm{L}^\infty(\mathbf{R})$ et que $g \in \mathrm{L}^1(\mathbf{R})$, $\int_{\mathbf{R}} g(x)dx = 1$ et que $\mathscr{F}(g)$ ne s'annule pas. On

suppose que f est *lentement décroissante*, c'est-à-dire que pour $y > x$ tel que $y - x$ tend vers 0 et $x \to +\infty$, on a

$$\liminf (f(y) - f(x)) \geqslant 0.$$

Si $(g * f)(x)$ tend vers ℓ quand x tend vers $+\infty$, alors $f(x)$ tend vers ℓ quand x tend vers $+\infty$.

7) Soit $g\colon \mathbf{R} \to \mathbf{C}$ une fonction continue telle que :

$$\sum_{n=-\infty}^{+\infty} \sup_{n \leqslant t \leqslant n+1} |g(t)| < +\infty.$$

a) On a $g \in \mathrm{L}^1(\mathbf{R})$.

b) Supposons que g soit d'intégrale 1 et que $\mathscr{F}(g)$ ne s'annule pas. Soit μ une mesure complexe sur $\mathbf{R}$ telle que $|\mu|([x, x+1])$ soit borné quand x parcourt $\mathbf{R}$. Si $(g * \mu)(x)$ tend vers ℓ quand x tend vers $+\infty$, alors, pour toute fonction continue $h\colon \mathbf{R} \to \mathbf{C}$ telle que

$$\sum_{n=-\infty}^{+\infty} \sup_{n \leqslant t \leqslant n+1} |h(t)| < +\infty,$$

d'intégrale 1, la limite de $(h * \mu)(x)$ quand x tend vers $+\infty$ est égale à ℓ. (Montrer que $h * \mu$ est lentement oscillante et que $(g * (h * \mu))(x)$ tend vers ℓ quand x tend vers $+\infty$.)

8) Soit g une fonction vérifiant les hypothèses de l'exerc. 3. En outre, on suppose $g \geqslant 0$ et $\liminf_{x \to 0} g(x) > 0$. Soit f une fonction réelle mesurable minorée sur $]0, +\infty[$. Si

$$\lim_{x \to +\infty} \frac{1}{x} \int_0^{+\infty} g\left(\frac{t}{x}\right) f(t) dt = \ell$$

alors

$$\sigma(x) = \frac{1}{x} \int_0^x f(t) dt$$

tend vers ℓ quand x tend vers $+\infty$. (Montrer que σ est bornée pour $x \geqslant 1$, puis que σ est lentement décroissante, puis que

$$\frac{1}{x} \int_0^{+\infty} g\left(\frac{t}{x}\right) \sigma(t) dt$$

tend vers ℓ quand x tend vers $+\infty$.)

9) Soit $\varphi\colon [0, +\infty[\to \mathbf{R}$ une fonction $\geqslant 0$ croissante, telle que la fonction $t \mapsto e^{-\sigma t} \varphi(t)$ soit intégrable pour la mesure de Lebesgue lorsque $\sigma > 1$. Pour tout $s \in \mathbf{C}$ tel que $\mathscr{R}(s) > 1$, on pose

$$f(s) = \int_0^{+\infty} e^{-st} \varphi(t) dt$$

(« transformée de Laplace de φ »).

Supposons qu'il existe $A \in \mathbf{C}$ avec la propriété suivante : lorsque σ tend vers 1 par valeurs > 1, la fonction

$$t \mapsto f(\sigma + i\tau) - \frac{A}{\sigma + i\tau - 1} \qquad \tau \in \mathbf{R}$$

converge uniformément vers une fonction g sur toute partie compacte de $\mathbf{R}$. Alors

$$\lim_{t \to +\infty} \varphi(t)e^{-t} = A$$

(« théorème taubérien de Ikehara »).

(On pose $a(t) = e^{-t}\varphi(t)$ pour $t > 0$, $a(t) = 0$ pour $t \leqslant 0$, $A(t) = A$ pour $t > 0$, $A(t) = 0$ pour $t \leqslant 0$. Soit $\lambda > 0$. On pose :

$$k_\lambda(t) = \lambda\sqrt{\frac{2}{\pi}}\Big(\frac{\sin 2\lambda t}{2\lambda t}\Big)^2$$

$$K_\lambda(t) = \begin{cases} 1 - \left|\dfrac{t}{2\lambda}\right| & \text{si } |t| \leqslant 2\lambda \\ 0 & \text{si } |t| > 2\lambda. \end{cases}$$

Utilisant l'exerc. 1 de II, p. 262, le th. de Lebesgue–Fubini et le th. de Plancherel, montrer que :

$$\lim_{\varepsilon \to 0} \frac{1}{\sqrt{2\pi}} \int_{-\infty}^{+\infty} k_\lambda(x-t)(a(t) - A(t))e^{-\varepsilon t}dt = \frac{1}{\sqrt{2\pi}} \int_{-2\lambda}^{2\lambda} K_\lambda(y)e^{-ixy}g(y)dy$$

et en déduire que

$$\lim_{x \to +\infty} \frac{1}{\sqrt{2\pi}} \int_{-\infty}^{+\infty} k_\lambda(x-t)a(t)dt = A.$$

Prouver ensuite que a est bornée et lentement décroissante. On peut enfin appliquer l'exerc. 6.)

10) On définit la *fonction de von Mangoldt* sur $\mathbf{N}^*$ par $\Lambda(n) = 0$ si n n'est pas de la forme p^k où p est premier et $k \geqslant 1$, et $\Lambda(p^k) = \log(p)$.

On note ζ la fonction holomorphe sur $\mathbf{C} - \{1\}$ dont la restriction à l'ensemble des $s \in \mathbf{C}$ tels que $\mathscr{R}(s) > 1$ coïncide avec la fonction zêta de Riemann (exercice 16 de II, p. 266).

Pour $x > 0$ on pose

$$\psi(x) = \sum_{1 \leqslant n \leqslant x} \Lambda(n).$$

a) Montrer que pour tout $s \in \mathbf{C}$ tel que $\mathscr{R}(s) > 1$, on a

$$\sum_{n \geqslant 1} \Lambda(n)n^{-s} = -\frac{\zeta'(s)}{\zeta(s)}.$$

b) On a

$$\lim_{x\to+\infty} \frac{\psi(x)}{x} = 1.$$

(Utiliser l'exercice 16 de II, p. 266 et l'exercice 9).

c) Soit $\pi(x)$ le nombre de nombres premiers $\leqslant x$. Montrer que

$$\pi(x) \sim \frac{x}{\log(x)}$$

quand $x \to +\infty$ (« théorème des nombres premiers », dû à Hadamard et de la Vallée Poussin).

11) On définit la *fonction de Möbius* μ sur $\mathbf{N}^*$ par $\mu(n) = (-1)^k$ si n est le produit de k facteurs premiers deux à deux distincts et $\mu(n) = 0$ dans le cas contraire.

Pour $x > 0$ on pose

$$\mathrm{M}(x) = \sum_{n\leqslant x} \mu(n), \qquad f(x) = \frac{\mathrm{M}(x)}{x}.$$

a) Montrer que pour $\mathscr{R}(s) > 1$, on a

$$\sum_{n\geqslant 1} \mu(n)n^{-s} = \frac{1}{\zeta(s)}.$$

b) Montrer que f est bornée, et que $f(y) - f(x) = \mathrm{O}((y-x)/x)$ pour $y \geqslant x \geqslant 1$, de sorte que f est lentement oscillante sur le groupe $\mathbf{R}_+^*$ quand x tend vers $+\infty$.

c) Soient $a, b \in \mathbf{R}_+^*$. Pour $x > 0$, soit $[x]$ la partie entière de x. On pose $g_0(t) = [t^{-1}]$ pour $t \in \mathbf{R}_+^*$ et

$$g(t) = 2g_0(t) - ag_0(at) - bg_0(bt).$$

La fonction g est intégrable sur $\mathbf{R}_+^*$ pour la mesure de Lebesgue. Si $s \in \mathbf{C}$ et $\mathscr{R}(s) > 0$, on a

$$\int_0^{+\infty} g(t)t^s dt = (2 - a^{-s} - b^{-s})\frac{\zeta(1+s)}{1+s}.$$

d) On a $\int_0^{+\infty} g(t)t^{ix}dt \neq 0$ pour tout $x \in \mathbf{R}$. (Utiliser la partie *j*) de l'exercice 16 de II, p. 266.)

e) Montrer que $\int_0^{+\infty} g(t/x)f(t)dt = o(x)$ quand $x \to +\infty$. En déduire que $\mathrm{M}(x) = o(x)$ quand $x \to +\infty$.

(On peut montrer de manière élémentaire que ce résultat équivaut au théorème des nombres premiers, *cf.* exercice 10 ; voir par exemple H. Iwaniec et E. Kowalski, *Analytic number theory*, A.M.S Coll. Publ. 53 (2004), p. 31–32.)

12) Soit J l'ensemble des $f \in \mathscr{S}(\mathbf{R}^3)$ telles que $\mathscr{F}(f)$ s'annule sur la sphère $\mathbf{S}_2$. Soit I l'ensemble des $f \in$ J telles que $(\partial/\partial y_1)(\mathscr{F}(f))$ s'annule sur $\mathbf{S}_2$. Soient $\bar{\mathrm{I}}$ et $\bar{\mathrm{J}}$ les adhérences de I et J dans $\mathrm{L}^1(\mathbf{R}^3)$. Alors on a $\mathrm{V}(\bar{\mathrm{I}}) = \mathrm{V}(\bar{\mathrm{J}}) = \mathbf{S}_2$, mais $\bar{\mathrm{I}} \neq \bar{\mathrm{J}}$. (Soit μ la mesure positive de masse 1 sur $\mathbf{S}_2$ invariante par le groupe orthogonal de $\mathbf{R}^3$; montrer à l'aide de l'exercice 20 de II, p. 269, *c*) que $f(t) = t_1\mathscr{F}(\mu)(t)$ est un élément de $\mathrm{L}^\infty(\mathbf{R}^3)$ orthogonal à I mais pas à J.)

13) On appelle C-*ensemble* dans $\widehat{\mathrm{G}}$ une partie fermée E de $\widehat{\mathrm{G}}$ possédant la propriété suivante : si $f \in \mathrm{L}^1(\mathrm{G})$, si $\mathscr{F}(f)$ s'annule sur E, et si $\varepsilon > 0$, il existe une fonction $g \in \mathrm{L}^1(\mathrm{G})$ telle que $\|f - f * g\| \leqslant \varepsilon$ et telle que $\mathrm{Supp}(\mathscr{F}(g))$ soit compact et disjoint de E.

a) Si E est un C-ensemble dans $\widehat{\mathrm{G}}$, il n'existe qu'un idéal fermé I de $\mathrm{L}^1(\mathrm{G})$ tel que $\mathrm{V}(\mathrm{I}) = \mathrm{E}$.

b) Tout ensemble $\widehat{\mathrm{G}}$ réduit à un élément est un C-ensemble.

c) La réunion de deux C-ensembles est un C-ensemble.

d) Tout ensemble déduit par translation d'un C-ensemble est un C-ensemble.

e) Soient H un sous-groupe fermé de $\widehat{\mathrm{G}}$, E une partie fermée de H, E′ la frontière de E relativement à H. Si E′ est un C-ensemble relativement à $\widehat{\mathrm{G}}$, alors E est un C-ensemble relativement à $\widehat{\mathrm{G}}$. (Utiliser l'exerc. 21 de II, p. 270.)

f) Dans $\mathbf{R}^n$, toute intersection E d'un nombre fini de demi-espaces fermés est un C-ensemble. (Raisonner par récurrence sur la dimension du sous-espace affine engendré par E, en utilisant *b*), *c*), *d*), *e*).)

14) Soit E une partie fermée de $\mathbf{R}^n$. On suppose qu'il existe un point intérieur p de E tel que toute droite passant par p rencontre la frontière de E en deux points au plus. Alors il n'existe qu'un idéal fermé I de $\mathrm{L}^1(\mathbf{R}^n)$ tel que $\mathscr{F}(f)$ s'annule sur E. (Considérer f comme limite dans $\mathrm{L}^1(\mathbf{R}^n)$ de fonctions déduites de f par des homothéties de centre p).

¶ 15) On note μ une mesure de Haar de G et $\mathfrak{B}$ le filtre des voisinages de e dans $\widehat{\mathrm{G}}$.

a) Soit U un voisinage ouvert intégrable de e dans G. Il existe une fonction $a \in \mathrm{L}^1(\mathrm{G})$, $a \geqslant 0$, d'intégrale 1, nulle hors de U, telle que $\mathscr{F}(a) \in \mathrm{L}^1(\widehat{\mathrm{G}})$, et

$$\int_{\mathrm{G}} a(x)^2 dx \leqslant \frac{2}{\mu(\mathrm{U})}.$$

(Soit V un voisinage compact de e tel que $\mathrm{V} \subset \mathrm{U}$, $\mu(\mathrm{U}) < \sqrt{2}\mu(\mathrm{V})$; soit W un voisinage compact symétrique de e tel que $\mathrm{VW}^2 \subset \mathrm{U}$; prendre $a = \lambda f * g$, où λ est une constante > 0, et où f, g sont les fonctions caractéristiques des ensembles VW et W.)

b) Si $f \in \mathrm{L}^\infty(\mathrm{G})$, on note $\mathrm{A}(f)$ l'ensemble des éléments de $\widehat{\mathrm{G}}$ qui appartiennent au sous-espace vectoriel faiblement fermé de $\mathrm{L}^\infty(\mathrm{G})$ invariant par translation engendré par f. Si $f, g \in \mathrm{L}^\infty(\mathrm{G})$, on a

$$\mathrm{A}(fg) \subset \overline{\mathrm{A}(f)\mathrm{A}(g)}.$$

(Soit U un voisinage de e. Montrer que fg est limite faible de combinaisons linéaires d'éléments de $\widehat{\mathrm{G}}$ appartenant à $\mathrm{A}(f)\mathrm{U}\mathrm{A}(g)\mathrm{U}$.)

c) Soient $g \in \mathrm{L}^\infty(\mathrm{G})$, K une partie compacte de $\widehat{\mathrm{G}}$, f une fonction de $\mathrm{L}^1(\mathrm{G})$ telle que $\mathscr{F}(f)$ soit nulle sur $\mathrm{A} = \mathrm{A}(g)$ et hors de K. Pour tout $\mathrm{V} \in \mathfrak{B}$, soit $\omega(\mathrm{V})$ la borne supérieure de $|\mathscr{F}(f)|$ sur AV. Si

$$\liminf_{\mathfrak{B}} \frac{\omega(\mathrm{V})^2 \mu((\mathrm{AV} - \mathrm{A}) \cap \mathrm{K})}{\mu(\mathrm{V})} = 0,$$

alors $\langle f, g \rangle = 0$. (Soit $\varepsilon > 0$. Il existe une partie compacte H de G telle que $\int_{\mathrm{G-H}} |f| dx \leqslant \varepsilon$. Puis il existe un voisinage ouvert U de e dans $\widehat{\mathrm{G}}$ tel que $|\langle x, \widehat{x} \rangle - 1| \leqslant \varepsilon$ pour $x \in \mathrm{H}$, $\widehat{x} \in \mathrm{U}$. Appliquant *a*) à $\widehat{\mathrm{G}}$ et U, on obtient une fonction $a \in \mathrm{L}^1(\widehat{\mathrm{G}})$. Soit $b = \mathscr{F}(a) \in \mathrm{L}^1(\mathrm{G})$. Utilisant *b*), montrer que $\mathscr{F}(bg)$ s'annule hors de AU. D'autre part,

$$\left| \int_{\mathrm{G}} fg \, dx - \int_{\mathrm{G}} fgb \, dx \right| \leqslant \varepsilon(\|f\|_1 + 2)\|g\|_\infty$$

et, comme $f, gb \in \mathrm{L}^2(\mathrm{G})$,

$$\int_{\mathrm{G}} fgb \, dx = \int_{\widehat{\mathrm{G}}} \mathscr{F}(f)\mathscr{F}(gb) d\widehat{x} = \int_{(\mathrm{AU-A}) \cap \mathrm{K}} \mathscr{F}(f)\mathscr{F}(gb) d\widehat{x}.$$

Majorer cette dernière expression par :

$$2\|g\|_\infty \frac{\omega(\mathrm{U})\sqrt{\mu((\mathrm{AU} - \mathrm{A}) \cap \mathrm{K})}}{\sqrt{\mu(\mathrm{U})}}$$

pour conclure.)

d) Soient I un idéal fermé de $\mathrm{L}^1(\mathrm{G})$, $\mathrm{A} = \mathrm{V}(\mathrm{I})$, f une fonction de $\mathrm{L}^1(\mathrm{G})$ telle que $\mathscr{F}(f)$ s'annule sur A, S l'ensemble des points où s'annule $\mathscr{F}(f)$, S′ la frontière de S, B le plus grand ensemble parfait contenu dans $\mathrm{S} \cap \mathrm{A}$. Pour $\mathrm{V} \in \mathfrak{B}$, soit $\omega(\mathrm{V})$ la borne supérieure de $|\mathscr{F}(f)|$ sur AV. On suppose que tout point de B possède un voisinage K dans $\widehat{\mathrm{G}}$ tel que

$$\liminf_{\mathfrak{B}} \frac{\omega(\mathrm{V})^2 \mu((\mathrm{AV} - \mathrm{A}) \cap \mathrm{K})}{\mu(\mathrm{V})} = 0.$$

Alors $f \in \mathrm{I}$. (Utiliser le fait que $\mathrm{L}^1(\mathrm{G})$ vérifie la condition de Ditkin, et raisonner comme dans la prop 5 de I, p. 94 ; soit $\mathrm{G}' = \widehat{\mathrm{G}} \cup \{\infty\}$ le compactifié d'Alexandroff de $\widehat{\mathrm{G}}$, et soit N l'ensemble des $\chi \in \mathrm{G}'$ tels que $\mathscr{F}(f)$ n'appartienne pas à $\mathscr{F}(\mathrm{I})$ au voisinage de χ. Montrer d'abord que $\mathrm{N} \subset \mathrm{B} \cup \{\infty\}$. Puis, utilisant *c*), montrer que $\mathrm{N} \subset \{\infty\}$. Enfin, montrer que $\mathrm{N} = \varnothing$.)

e) Soient I un idéal fermé de $L^1(\mathbf{R}^n)$, $A = V(I)$, f une fonction de $L^1(\mathbf{R}^n)$ telle que $\mathscr{F}(f)$ s'annule sur A. Pour $h > 0$, soit A_h l'ensemble des points de $\mathbf{R}^n$ extérieurs à A et situés à une distance de A inférieure à h, et soit $\omega(h) = \sup_{x\in A_h} |\mathscr{F}(f)(x)|$. Si

$$\liminf_{h\to 0} \frac{\omega(h)^2\mu(A_h)}{h^n} = 0$$

alors $f \in$ I. (Utiliser *d*).)

f) Soient $f \in L^1(\mathbf{R})$, $\alpha \in]0,1[$, et supposons $\int_{\mathbf{R}} |y|^\alpha |f(y)|dy < +\infty$. Alors il existe une constante k telle que $|\mathscr{F}(f)(x+h) - \mathscr{F}(f)(x)| \leqslant kh^\alpha$ pour tout $x \in \mathbf{R}$ et tout $h \in \mathbf{R}$.

g) Soient I un idéal fermé de $L^1(\mathbf{R})$, f une fonction de $L^1(\mathbf{R})$ telle que $\mathscr{F}(f)$ s'annule sur V(I). Si

$$\int_{\mathbf{R}} |y^{1/2}f(y)|dy < +\infty,$$

alors on a $f \in$ I. (Utiliser *e*) et *f*).)

16) Soit $f \in L^\infty(G)$. On dit que f vérifie la *condition de synthèse spectrale* si elle appartient à $Y(A(W_f))$, où W_f est l'intersection de tous les sous-espaces faiblement fermés invariant par translation de $L^\infty(G)$ qui contiennent f.

a) Soient $\mu \in \mathscr{M}^1(\widehat{G})$ et $f = \overline{\mathscr{F}}_{\widehat{G}}(\mu) \in L^\infty(G)$. Alors $A(W_f)$ est le support de μ. De plus, f vérifie la condition de synthèse spectrale.

b) Si G est discret, toute fonction $f \in L^2(G)$ vérifie la condition de synthèse spectrale.

17) Pour tout $p \geqslant 1$, on identifie $L^p(\mathbf{R}_+)$ à un sous-espace fermé de $L^p(\mathbf{R})$.

Soit $f \in L^1(\mathbf{R}_+)$ la fonction définie par $f(x) = 2e^{-x}$ pour $x \in \mathbf{R}_+$, et soit $g \in L^1(\mathbf{R})$ la fonction telle que $g(x) = f(-x)$.

a) Montrer que $f + g = f * g$.

b) Soit A (resp. B) la sous-algèbre de $L^1(\mathbf{R})$ engendrée par f (resp. par f et g). Montrer que A est dense dans $L^1(\mathbf{R}_+)$. (Soit $h \in L^\infty(\mathbf{R}_+)$ tel que $\langle h, f^{*n}\rangle = 0$ pour tout entier $n \geqslant 1$, où f^{*n} est la convolution itérée n fois de f ; montrer que la transformée de Laplace

$$F(z) = \int_0^{+\infty} e^{-xz}h(x)dx,$$

définie pour tout $z \in \mathbf{C}$ tel que $\mathscr{R}(z) > 0$, est nulle.) Déduire que B est dense dans $L^1(\mathbf{R})$.

c) Soit C une sous-algèbre fermée propre de $L^1(\mathbf{R})$ contenant A. On a $1 \in \mathrm{Sp}_C(f)$. (Montrer que dans le cas contraire, la question *a*) et le calcul fonctionnel holomorphe dans C impliqueraient que $g \in$ C.)

d) Il existe un caractère χ de C tel que $\chi(f) = 1$; on a

$$\chi(\varphi) = \int_0^{+\infty} e^{-x}\varphi(x)dx$$

pour toute fonction $\varphi \in \mathrm{L}^1(\mathbf{R}_+)$.

e) Il existe une mesure $\mu \in \mathscr{M}^1(\mathbf{R})$ de norme 1 telle que $\chi(\varphi) = \int \widehat{\varphi}\, d\mu$ pour toute fonction $\varphi \in \mathrm{C}$.

f) La transformée de Fourier de μ est la fonction $x \mapsto e^{-|x|}$.

g) Soit $\varphi \in \mathrm{C}$. Pour tout $y > 0$, on a

$$\int_{\mathbf{R}} \varphi(x)(e^{-|x+y|} - e^{-|x|-y})dx = 0.$$

(Utiliser la relation $\chi(\varphi * \psi) = \chi(\varphi)\chi(\psi)$ pour $\psi \in \mathrm{L}^1(\mathbf{R}_+)$.)

h) On a $\mathrm{C} = \mathrm{L}^1(\mathbf{R}_+)$. (Ainsi, la sous-algèbre $\mathrm{L}^1(\mathbf{R}_+)$ est une sous-algèbre fermée maximale de $\mathrm{L}^1(\mathbf{R})$.)

18) Soit G un groupe topologique commutatif discret ordonné. On note additivement la loi de groupe de G, et on note 0 son unité. On note G^+ l'ensemble des éléments $x \geqslant 0$ de G.

a) L'espace L^1_+ des fonctions $f \in \mathrm{L}^1(\mathrm{G})$ s'annulant en dehors de G^+ est une sous-algèbre fermée de $\mathrm{L}^1(\mathrm{G})$.

b) On suppose que G n'est pas archimédien (TG, V, p. 16, exercice 1 du §3). L'algèbre L^1_+ n'est pas maximale dans $\mathrm{L}^1(\mathrm{G})$.

On suppose désormais que G est archimédien. Soit A une sous-algèbre fermée de $\mathrm{L}^1(\mathrm{G})$ contenant L^1_+. Pour tout $x \in \mathrm{G}$, on note $\varphi_x \in \mathrm{L}^1(\mathrm{G})$ la fonction caractéristique de $\{x\}$. Elle est inversible dans $\mathrm{L}^1(\mathrm{G})$ et son inverse est φ_{-x}.

c) Il existe $y \in \mathrm{G}_+$ tel que $\varphi_y \in \mathrm{A}$ et $\varphi_{-y} = \varphi_y^{-1} \notin \mathrm{A}$ et il existe un caractère $\chi \neq 0$ de A tel que $\chi(y) = 0$.

d) Pour tout $x > 0$ dans G, on a $\chi(x) = 0$. (Il existe un entier $k \geqslant 1$ tel que $-y + kx > 0$.)

e) Il existe une mesure $\mu \in \mathscr{M}^1(\mathrm{G})$ de norme 1 telle que χ est la restriction de μ à l'algèbre A vue comme sous-espace de $\mathscr{C}(\mathrm{G})$. (Pour $f \in \mathrm{A}$, on a $|\chi(f)| \leqslant \varrho(f)$ et de plus $\varrho(f) = \|f\|_\infty$.)

f) Soit $\widehat{\mu}\colon \mathrm{G} \to \mathbf{C}$ la cotransformée de Fourier de μ. On a $\widehat{\mu}(x) = 0$ si $x > 0$.

g) La mesure μ est la mesure de comptage sur G.

h) La sous-algèbre L^1_+ est maximale dans $\mathrm{L}^1(\mathrm{G})$.

19) Pour $f \in \mathrm{L}^1(\mathbf{R})$, on note A_f la sous-algèbre fermée de $\mathrm{L}^1(\mathbf{R})$ engendrée par f.

a) Il existe $f \in \mathrm{L}^1(\mathbf{R})$ telle que A_f est une sous-algèbre maximale propre de $\mathrm{L}^1(\mathbf{R})$.

On suppose dans la suite que $f \in \mathrm{L}^1(\mathbf{R})$ est une fonction telle que A_f est une sous-algèbre maximale propre de $\mathrm{L}^1(\mathbf{R})$.

b) On note $\mathrm{S} = \{0\} \cup \widehat{f}(\mathbf{R}) \subset \mathbf{C}$. Montrer que la fonction $z \mapsto \overline{z}$ n'est pas limite uniforme sur S de fonctions polynômes. (Montrer d'abord que $\mathbf{C} - \mathrm{S}$ n'est pas connexe.)

c) La sous-algèbre de $\mathrm{L}^1(\mathbf{R})$ engendrée par f et $\widetilde{f}$ est dense dans $\mathrm{L}^1(\mathbf{R})$.

d) La transformée de Fourier de f est injective et ne s'annule pas sur $\mathbf{R}$. (Montrer que S ne saurait avoir deux composantes connexes bornées.)

FORMULAIRE DE THÉORIE DE FOURIER

Espaces de fonctions

Soit G un groupe localement compact commutatif. On rappelle les espaces fonctionnels principaux sur G et leur relation à la transformation de Fourier.

La colonne de gauche définit un espace de fonctions E sur G, et indique si c'est un sous-espace de $L^1(G)$, de $L^2(G)$, ou des deux. La colonne de droite indique des inclusions analogues pour l'image de E par la transformation et la cotransformation de Fourier (celle-ci étant soit celle définie sur $L^1(G)$, soit celle sur $L^2(G)$, suivant les cas). La notation $\mathscr{F}$ désigne soit la transformation de Fourier, soit la cotransformation de Fourier.

$\mathscr{M}^1(G)$ (espace des mesures bornées)	$\mathscr{F}(\mathscr{M}^1(G)) \subset \mathscr{C}_b(\widehat{G})$ (prop. 3, p. 207)
$L^1(G)$ (fonctions intégrables)	$\mathscr{F}(L^1(G)) \subset \mathscr{C}_0(\widehat{G})$ (prop. 4, p. 209)
$L^2(G)$ (fonctions de carré intégrable)	$\mathscr{F}(L^2(G)) = L^2(\widehat{G})$ (th. 1, p. 215)
$B(G) \subset L^1(G)$ (espace des $f \in L^1(G)$ telles que $\mathscr{F}_G(f) \in L^1(\widehat{G})$)	$\mathscr{F}(B(G)) = B(\widehat{G})$ (th. 3, p. 222)

N. Bourbaki, *Théories spectrales*, https://doi.org/10.1007/978-3-030-14064-9

$A(G) \subset L^1(G) \cap L^2(G) \cap B(G)$ (espace engendré par $f * g$ où f, $g \in L^1(G) \cap L^2(G)$)	$\mathscr{F}(A(G)) \subset \mathscr{C}_0(\widehat{G}) \cap L^1(\widehat{G}) \cap L^2(\widehat{G})$ (cor. de la prop. 8, p. 211, lemme 5, p. 215, prop. 11, p. 217)

Formulaire dans $\mathbf{R}^n$

On rappelle ici les formules les plus importantes concernant la transformation de Fourier dans $\mathbf{R}^n$, muni de la norme euclidienne. On identifie $\mathbf{R}^n$ à son dual par l'application $(x, y) \mapsto \exp(2i\pi x \cdot y)$, où $x \cdot y = \sum_j x_j y_j$ pour tous $x = (x_j)$ et $y = (y_j)$ dans $\mathbf{R}^n$.

$f \in L^1(\mathbf{R}^n)$	$\widehat{f}(y) = \int_{\mathbf{R}^n} f(x) \exp(-2i\pi x \cdot y) dx$ ($y \in \mathbf{R}^n$; déf. 3, p. 206)
$f \in L^1(\mathbf{R}^n)$ ou $L^2(\mathbf{R}^n)$, $y \in \mathbf{R}^n$	$\widehat{f_h}(y) = \exp(2i\pi h \cdot y)\widehat{f}(y)$, $f_h(x) = f(x+h)$ (éq. (11), p. 208)
$f \in L^1(\mathbf{R}^n)$ ou $L^2(\mathbf{R}^n)$, $h \in \mathbf{R}^n$	$\widehat{g_h}(y) = \widehat{f}(y-h)$, $g_h(x) = f(x) \exp(2i\pi h \cdot x)$ (éq. (12), p. 208)
$f \in L^1(\mathbf{R}^n)$ ou $L^2(\mathbf{R}^n)$, $\sigma \in GL(n, \mathbf{R})$	$\widehat{f \circ \sigma} = \frac{1}{\lvert\det(\sigma)\rvert} \widehat{f} \circ {}^t\sigma^{-1}$ (éq. (16), p. 208)
$f(x) = \exp(-Q(x))$, $Q(x) = \lVert\sigma(x)\rVert^2$, Q forme quadratique définie positive	$\widehat{f}(y) = \frac{1}{\det(\sigma)} \exp(-Q^*(y))$, $Q^*(y) = \lVert{}^t\sigma^{-1}(y)\rVert^2$ (exemple, p. 239)
$f \in L^2(\mathbf{R}^n)$	$\int_{\mathbf{R}^n} \lvert f(x)\rvert^2 dx = \int_{\mathbf{R}^n} \lvert\widehat{f}(y)\rvert^2 dy$ (th. 1, p. 215)
$f \in L^2(\mathbf{R}^n)$ telle que $\widehat{f} \in L^1(\mathbf{R}^n)$	$f(x) = \int_{\mathbf{R}^n} \widehat{f}(y) \exp(2i\pi x \cdot y) dx$ (presque partout ; prop. 12, p. 219)
$f \in A(\mathbf{R}^n)$	$f(x) = \int_{\mathbf{R}^n} \widehat{f}(y) \exp(2i\pi x \cdot y) dx$ ($x \in \mathbf{R}^n$; prop. 11 p. 217)

Formulaire dans $(\mathbf{R}/a\mathbf{Z})^n$

Pour la commodité du lecteur, nous énonçons les formules principales de la théorie de Fourier pour le groupe $(\mathbf{R}/a\mathbf{Z})^n$, où $a > 0$, muni de la mesure de Haar de masse totale 1, notée $a^{-n}\,dx$. Lorsque $n = 1$, cela correspond aux fonctions périodiques de période a. Le groupe dual de $(\mathbf{R}/a\mathbf{Z})^n$ est identifié au groupe $\mathbf{Z}^n$ par le biais de l'application $(\mathbf{R}/a\mathbf{Z})^n \times \mathbf{Z}^n \to \mathbf{U}$ induit par passage au quotient à partir de l'application définie par

$$(x, y) \mapsto \exp\Big(\frac{2i\pi}{a} x \cdot y\Big)$$

pour tout $x \in \mathbf{R}^n$ et tout $y \in \mathbf{Z}^n$. La mesure duale sur $\mathbf{Z}^n$ est alors la mesure de comptage.

$f \in \mathrm{L}^1((\mathbf{R}/a\mathbf{Z})^n)$	$\widehat{f}(y) = \dfrac{1}{a^n}\displaystyle\int_{(\mathbf{R}/a\mathbf{Z})^n} f(x)\exp\Big(-\frac{2i\pi}{a} y \cdot x\Big)dx$ ($y \in \mathbf{Z}^n$; déf. 3, p. 206)
$f \in \mathrm{L}^1((\mathbf{R}/a\mathbf{Z})^n)$ ou $\mathrm{L}^2((\mathbf{R}/a\mathbf{Z})^n)$ $h \in (\mathbf{R}/a\mathbf{Z})^n$	$\widehat{f_h}(y) = \exp(\frac{2i\pi}{a} h \cdot y)\widehat{f}(y)$ $f_h(x) = f(x + h)$ (éq. (11), p. 208)
$f \in \mathrm{L}^1((\mathbf{R}/a\mathbf{Z})^n)$ ou $\mathrm{L}^2((\mathbf{R}/a\mathbf{Z})^n)$ $h \in (\mathbf{R}/a\mathbf{Z})^n$	$\widehat{g_h}(y) = \widehat{f}(y - h)$ $g_h(x) = f(x)\exp(\frac{2i\pi}{a} h \cdot x)$ (éq. (12), p. 208)
$f \in \mathrm{L}^2((\mathbf{R}/a\mathbf{Z})^n)$	$\dfrac{1}{a^n}\displaystyle\int_{(\mathbf{R}/a\mathbf{Z})^n} \lvert f(x)\rvert^2 dx = \sum_{y \in \mathbf{Z}^n} \lvert\widehat{f}(y)\rvert^2$ (th. 1, p. 215)
$f \in \mathrm{L}^2((\mathbf{R}/a\mathbf{Z})^n)$ telle que $\widehat{f} \in \mathrm{L}^1(\mathbf{Z}^n)$	$f(x) = \displaystyle\sum_{y \in \mathbf{Z}^n} \widehat{f}(y)\exp(\frac{2i\pi}{a} y \cdot x)$ (presque partout ; prop. 12, p. 219)
$f \in \mathrm{A}((\mathbf{R}/a\mathbf{Z})^n)$	$f(x) = \displaystyle\sum_{y \in \mathbf{Z}^n} \widehat{f}(y)\exp(\frac{2i\pi}{a} y \cdot x)$ ($x \in (\mathbf{R}/a\mathbf{Z})^n$; prop. 11 p. 217)

Formule de Poisson dans $\mathbf{R}^n$

Nous énonçons ici la formule de Poisson dans le cas particulièrement important où $n = 1$ (corollaire de la proposition 15 de II, p. 230).

Soient $f \in \mathrm{L}^1(\mathbf{R})$ et $a > 0$. Supposons que

$$\sum_{h \in \mathbf{Z}} |\widehat{f}(a^{-1}h)| < +\infty,$$

$$\sum_{h \in \mathbf{Z}} |f(x + ah)| < +\infty \text{ pour tout } x \in \mathbf{R},$$

$$x \mapsto \sum_{h \in \mathbf{Z}} f(x + ah) \text{ continue sur } \mathbf{R}.$$

Alors, pour tout $x \in \mathbf{R}$, on a

$$\sum_{h \in \mathbf{Z}} f(x + ah) = \frac{1}{a} \sum_{k \in \mathbf{Z}} \widehat{f}\Big(\frac{k}{a}\Big) \exp(\tfrac{2i\pi}{a} kx).$$

INDEX DES NOTATIONS

$\mathrm{Sp}_A(x)$ (spectre) 2
$R(x, \lambda)$ (résolvante) 3
$\widetilde{A}$ (adjonction d'unité) 4
$\mathrm{Sp}'_A(x)$ (spectre) 4
$\mathsf{X}(A)$ (caractères) 6
$\mathsf{X}(h)$ (foncteur caractère) 6
$\mathscr{G}_A(x)$ (transformation de Gelfand) 7
$\mathsf{X}'(A)$ (caractères) 9
$\mathsf{X}'(h)$ (foncteur caractère) 9
$\mathscr{G}'_A(x)$ (transformation de Gelfand) 10
J(A) (idéaux primitifs) 12
V(M) (fermé de J(A)) 12
$\Upsilon(T)$ (idéal associé à T) 13
$\mathrm{cl}(\pi)$ (classe de π) 13
$\widehat{A}$ (ens. de représentations irréductibles) 14
γ (représentation régulière) 16
$\boldsymbol{\delta}$ (représentation régulière) 16
$\mathscr{B}(X; K)$ (fonctions bornées) 17
$\mathscr{C}_b(X; K)$ (fonctions continues bornées) 17
$\mathscr{C}_0(X; K)$ (fonctions continues tendant vers 0 à l'infini) 17
$\mathscr{C}(X; K)$ (fonctions continues) 17
$\mathscr{K}(X; K)$ (fonctions continues à support compact) 17
$\mathscr{M}^1(G)$ (mesures bornées) 19
$\varrho(x)$ (rayon spectral) 21
ev_x (évaluation en x) 32
X′ (compactifié d'Alexandroff) 33
$\mathrm{Sp}^{\Lambda}_A(x)$ (spectre simultané) 42
$\mathscr{O}(U; F)$ (fonctions holomorphes) 49
$\mathscr{O}(K; F)$ (germes) 50
$\mathscr{O}(U; A)$ (algèbre des fonctions holomorphes) 50

N. Bourbaki, *Théories spectrales*, https://doi.org/10.1007/978-3-030-14064-9

$\mathscr{O}(\mathrm{K};\mathrm{A})$ (algèbre des germes) . . . 50
Θ_a (calcul fonctionnel holomorphe) . . . 51
$f(\boldsymbol{a})$ (notation fonctionnelle du calcul fonctionnel holomorphe) . . . 72
j_H (idempotent associé à H) . . . 82
$\mathrm{R}_\mathrm{H}(x,\lambda)$ (résolvante par rapport à $\mathrm{A}_\mathrm{H} = j_\mathrm{H}\mathrm{A}j_\mathrm{H}$) . . . 83
$\mathscr{O}_\mathbf{R}(\mathrm{S})$ ($\mathbf{R}$-algèbre des germes $f = f^*$) . . . 86
$\mathrm{Sp}_{\mathrm{A}_{(\mathbf{C})}}(x)$ (spectre complexe) . . . 86
x^* (adjoint) . . . 96
A_h (éléments hermitiens) . . . 96
$\mathscr{C}'(\mathrm{X})$ (fonctions nulles en un point) . . . 103
$f(x)$ (calcul fonctionnel continu) . . . 110
A_+ (éléments positifs) . . . 115
$x \geqslant y$ (relation d'ordre sur A_h) . . . 117
x^+ (partie positive) . . . 117
x^- (partie négative) . . . 117
$|x|$ (valeur absolue) . . . 117
x^α (puissance d'un élément positif) . . . 118
$\sqrt{x}$ (racine carrée d'un élément positif) . . . 118
Stell(A) (algèbre stellaire enveloppante) . . . 124
Stell(G) (algèbre stellaire d'un groupe) . . . 125
$e_\mathrm{H}(u)$ (projecteur spectral) . . . 129
$\mathrm{E}_\mathrm{H}(u)$ (sous-espace spectral) . . . 129
$\widetilde{\mathrm{E}}_\mathrm{H}(u)$ (sous-espace spectral) . . . 129
$\iota(u)$ (image numérique) . . . 135
$m(u)$ (borne inférieure du spectre) . . . 138
$\mathrm{M}(u)$ (borne supérieure du spectre) . . . 138
$|u|$ (valeur absolue d'un morphisme entre des espaces hilbertiens) . . . 139
$(j,|u|)$ (décomposition polaire) . . . 140
P(X) (limites de polynômes) . . . 146
$\mathrm{lsc}(g)$ (longueur des commutateurs) . . . 155
$\mathbf{C}[\mathrm{G}]$ (algèbre de groupe) . . . 183
$\mathrm{Stell}_r(\mathrm{G})$ (algèbre stellaire réduite) . . . 184
$\mathrm{Lip}_b(\mathrm{X})$ (fonctions lipschitziennes bornées) . . . 196
$\widetilde{f}(x)$ (involution sur $\mathrm{L}^1(\mathrm{G})$) . . . 199
$\widehat{\mathrm{G}}$ (groupe dual) . . . 201
$\chi(\mu)$ (caractère de $\mathscr{M}^1(\mathrm{G})$) . . . 202
$\mathrm{A}^\perp$ (orthogonal) . . . 205
$\widehat{\varphi}$ (morphisme dual) . . . 205
$\mathscr{F}_\mathrm{G}(\mu)$ (transformée de Fourier) . . . 207
$\overline{\mathscr{F}}_\mathrm{G}(\mu)$ (cotransformée de Fourier) . . . 207
$\mathscr{F}_\mathrm{G}(f)$ (transformée de Fourier) . . . 208
$\overline{\mathscr{F}}_\mathrm{G}(f)$ (cotransformée de Fourier) . . . 208
A(G) (sous-espace engendré par $f * g$) . . . 210
$\widehat{\mathrm{A}}(\mathrm{G})$ (image de A(G) par $\mathscr{F}$) . . . 211

B(G) (sous-algèbre des $f \in L^1(G)$ avec $\mathscr{F}(f) \in L^1(\widehat{G})$) 222
$\mathbf{T}$ (tore) 235
$\mathscr{S}(\mathbf{R}^n)$ (fonctions de Schwartz) 238
V(Λ) (covolume) 239
$\mathscr{S}'(\mathbf{R}^n)$ (distributions tempérées) 239
A(W) (caractères dans W) 258
Y(F) (sous-espace de $L^\infty(G)$ engendré) 258
s(t) (fonction signe) 261
$\mathscr{P}(X)$ (mesures de probabilité) 261
$\zeta(s)$ (fonction zêta) 267
$L(s, \chi)$ (fonction L de Dirichlet) 268
L(G) (représentations de G dans $\mathbf{R}$) 307
$\Lambda(n)$ (fonction de von Mangoldt) 312

INDEX TERMINOLOGIQUE

A

Adjoint, 96
Adjonction d'un élément unité, 4, 105
Algèbre
  de Banach, 15
  de Banach involutive, 100
  de Banach régulière, 89
  involutive, 96
  normée, 15
  normée involutive, 100
  normée produit, 16
  sous-— involutive, 97
  unifère, 1
Algèbre stellaire, 102
  d'un groupe, 125
  enveloppante, 124
  quotient, 122
  réduite, 184
Application μ-ergodique, 190
Application partielle propre, 33
Auto-adjointe (partie —), 96

B

Bernoulli (décalage de —), 191
Bernstein (inégalité de —), 279
Bohr-Pál (théorème de —), 286
Bord de Shilov, 171

C

Calcul fonctionnel
  continu, 110
  holomorphe, 51
  holomorphe en une variable, 74
Caractère, 6, 9
  de Dirichlet, 268
  de Legendre, 288
  unifère, 6
  unitaire, 201
Cauchy-Davenport (théorème de —), 276
Chebotarev (théorème de —), 276
Cohen
  théorème de factorisation, 185
  théorème des idempotents, 272
Condition
  de Ditkin, 92
  de synthèse spectrale, 316
Convergence symétrique, 261
Convexe (ensemble polynomialement —), 44
Cotransformation de Fourier, 207
Cotransformée de Fourier, 207
Covolume, 239
Critère d'équirépartition de Weyl, 277

D

Décalage de Bernoulli, 191
Décomposition polaire, 140
  dans une algèbre stellaire, 119
Décomposition spectrale, 130
Densité d'un empilement de sphère, 295

N. Bourbaki, *Théories spectrales*, https://doi.org/10.1007/978-3-030-14064-9

Dirichlet
caractère de —, 268
fonction L de —, 268
théorème de —, 269
Distributions tempérées, 239
Diviseur de zéro topologique, 23
Dual
groupe —, 201
mesure —e, 214
morphisme —, 205
réseau —, 238
Dualité
de Pontryagin, 220
entre groupes, 225

E

Élément positif, 115
Empilement de sphères, 295
Ensemble résolvant, 2
Enveloppe polynomialement convexe, 45
Enveloppement, 70
Équation de Schrödinger, 269
Équirépartition modulo 1, 277
Ergodique (application μ-—), 190
Espace des caractères, 8
Exponentielle, 78

F

Fejér (théorème de —), 242
Fekete (lemme de —), 20
Fermat (théorème de —), 288
Fidèle (représentation —), 11
Fonction
caractéristique d'une mesure de probabilité, 280
conjuguée-harmonique, 280
de Bessel de première espèce, 269
de Möbius, 313
de Schwartz, 238
de von Mangoldt, 312
d'Hermite, 263
L de Dirichlet, 268
lentement oscillante, 253
lipschitzienne, 196
presque périodique, 292
signe, 261
thêta, 297
zêta de Riemann, 267
Forme différentielle associée, 52
Forme linéaire
hermitienne, 98
positive, 183
Forme modulaire, 299
Formule
de Hasse–Davenport, 288
de Plancherel, 217
de Poisson, 231
d'inversion de Fourier, 219
Fourier
cotransformation de —, 207
formule d'inversion de —, 219
série de —, 241
transformation de —, 207
Fuglede–Putnam (théorème), 106

G

Gauss (sommes de —), 287, 299
Gaussienne (loi —), 281
Gelfand (transformation de —), 7, 10
Gelfand–Mazur (théorème de —), 26
Germes de fonctions holomorphes, 49
Gibbs (phénomène de —), 299
Groupe
dual, 201
monothétique, 306
moyennable, 291
solonoïdal, 306
Groupes en dualité, 225

H

Hadamard–de la Vallée Poussin (théorème de —), 313
Hardy (principe d'incertitude), 274
Hardy–Littlewood (théorème de —), 309
Hasse–Davenport (formule de —), 288
Hausdorff–Toeplitz (théorème de —), 136
Hermitien
élément —, 96
forme linéaire —ne, 98
Hildebrandt (théorème de —), 189

I

Idéal
primitif, 11
régulier, 10

Idempotent associé à un élément, 82
Ikehara (théorème taubérien de), 312
Image numérique d'un endomorphisme, 135
Inégalité
de Bernstein, 279
de grand crible, 294
de van der Corput, 277
isopérimétrique, 284
Involution, 96
semi-linéaire, 95
Involutive
algèbre —, 96
algèbre de Banach —, 100
algèbre normée —, 100
Irréductible (représentation —), 11

J
Jacobi
sommes de —, 288
symbole de —, 299
Jacobson (topologie de —), 13

K
Kaplansky (théorème de —), 184
Kolmogorov (théorème de —), 290
Kronecker (théorème de —), 277

L
Laplace (transformation de —), 312
Legendre (caractère de —), 288
Lemme de Fekete, 20
Lévy
théorème de —, 67
théorème de continuité de —, 281
Logarithme, 78
Loi
de Poisson, 282
de réciprocité quadratique, 297
gaussienne, 281
Longueur stable des commutateurs, 155

M
Mesure
de comptage, 200
de Haar normalisée, 200
de probabilité, 261
duale, 214
Morphisme
d'algèbres involutives, 97
d'algèbres stellaires, 102
de représentations, 11
unifère, 1

N
Nombres de Pisot, 295
Nombres premiers (théorème des —), 313
Normal (élément), 96

O
Oka–Weil (théorème de —), 68
Orthogonal, 205
Orthoprojecteur, 133

P
Paley-Wiener (théorème de —), 278
Permanent, 156
Phénomène de Gibbs, 299
Plancherel
formule de —, 217
théorème de —, 215
Pleine (sous-algèbre —), 5
Poisson
formule de —, 231
loi de —, 282
Polynomialement convexe
ensemble —, 44
enveloppe —, 45
Pontryagin (théorème de dualité de —), 220
Positif
élément —, 115
élément systématiquement —, 182
Primitif (idéal —), 11
Principe
d'incertitude, 273, 275
d'incertitude de Hardy, 274
Produit eulérien, 267
Progression arithmétique (théorème de la — de Dirichlet), 269
Progressions arithmétiques de longueur 3, 271
Projecteur spectral, 129
Propre (application partielle —), 33

Q
Quasi-nilpotent (élément —), 21

R
Rademacher-Menshov (théorème de —), 287
Rayon spectral, 21
  d'une partie, 157
Régulier (idéal —), 10
Régulière
  algèbre de Banach —, 89
  représentation —, 16
Relations d'orthogonalité, 233
Représentation
  d'une algèbre, 11
  fidèle, 11
  irréductible, 11
  régulière, 16
Représentations équivalentes, 11
Réseau
  covolume d'un —, 239
  dual, 238
Résolvante, 3
  pôle de la —, 131
Riemann (fonction zêta de —), 267
Roth (théorème de —), 271
Runge (théorème de —), 69, 151

S
Sahakyan (théorème de —), 285
Salem (théorème de —), 295
Schwartz (fonctions de —), 238
Semi-linéaire (involution—), 95
Série de Fourier, 241
Sommes
  de Gauss, 287, 299
  de Jacobi, 288
  de Salié, 288
Sous-algèbre
  involutive, 97
  pleine, 5
Sous-ensemble indépendant, 265
Sous-espace spectral, 129
Sous-groupe à un paramètre, 307
Spectral
  décomposition —e, 130
  projecteur —, 129
  rayon —, 21
  sous-espace —, 129
Spectre, 2, 4
  complexe, 86
  d'un endomorphisme, 127
  exponentiel, 173
  simultané, 42
  singulier, 158
Suite
  adaptée, 52
  de Følner, 291
Suite exacte
  de groupes topologiques, 225
  duale, 226
Symbole de Jacobi, 299
Système générateur topologique, 16

T
Théorème
  de Bohr-Pál, 286
  de Cauchy-Davenport, 276
  de Chebotarev, 276
  de continuité de Lévy, 281
  de dualité de Pontryagin, 220
  de factorisation de Cohen, 185
  de Fejér, 242
  de Fermat, 288
  de Fuglede–Putnam, 106
  de Gelfand–Mazur, 26
  de Hausdorff–Toeplitz, 136
  de Hildebrandt, 189
  de Kaplansky, 184
  de Kolmogorov, 290
  de Kronecker, 277
  de la progression arithmétique de Dirichlet, 269
  de Oka–Weil, 68
  de P. Lévy, 67
  de Paley-Wiener, 278
  de Plancherel, 215
  de Rademacher-Menshov, 287
  de Roth, 271
  de Runge, 69, 151
  de Sahakyan, 285
  de Salem, 295
  de Wiener, 38
  des idempotents de Cohen, 272
  des nombres premiers, 313
  ergodique de von Neumann, 190
  limite fondamental de la théorie des probabilités, 281
  taubérien de Hardy–Littlewood, 309
  taubérien de Ikehara, 312

taubérien de Wiener, 253
Topologie
de Jacobson, 13
faible, 8, 10
Transformation
de Fourier, 207
de Gelfand, 7
de Hankel, 270
de Laplace, 312
Transformée de Fourier, 207

U
Unifère
algèbre —, 1
morphisme —, 1
Unitaire
caractère —, 201
élément —, 96
Unité approchée, 120
croissante, 120

V
Valeur propre, 128
van der Corput (inégalité de —), 277
von Neumann (théorème ergodique de —), 190

W
Weyl (critère de —), 277
Wiener
théorème de —, 38
théorème taubérien de —, 253

TABLE DES MATIÈRES

SOMMAIRE v

MODE D'EMPLOI vii

INTRODUCTION xi

CHAPITRE I. — ALGÈBRES NORMÉES 1

§ 1. *Spectres et caractères* 1
1. Algèbres unifères 1
2. Spectre d'un élément dans une algèbre unifère 2
3. Résolvante 3
4. Spectre d'un élément dans une algèbre 4
5. Sous-algèbres pleines 5
6. Caractères d'une algèbre unifère commutative 6
7. Cas des algèbres sans élément unité 9
8. Idéaux primitifs 11

§ 2. *Algèbres normées* 15
1. Généralités 15
2. Exemples 17
3. Rayon spectral 20
4. Inverses 22
5. Spectre d'un élément dans une algèbre normée 24
6. Spectre relatif à une sous-algèbre 28

§ 3. *Algèbres de Banach commutatives* 29
1. Caractères d'une algèbre de Banach commutative 29

N. Bourbaki, *Théories spectrales*, https://doi.org/10.1007/978-3-030-14064-9

2. Fonctions continues nulles à l'infini sur un espace localement compact 31
3. Applications partielles propres 33
4. Transformation de Gelfand 36
5. Morphismes d'algèbres de Banach commutatives .. 40
6. Spectre simultané 41
7. Ensembles polynomialement convexes 44

§ 4. *Calcul fonctionnel holomorphe* 49
1. Germes de fonctions holomorphes 49
2. Énoncé du théorème principal 51
3. Suites adaptées et formes différentielles associées .. 52
4. Construction des applications Θ_a 58
5. Propriétés des applications Θ_a 61
6. Théorèmes d'approximation 67
7. Existence et unicité du calcul fonctionnel holomorphe 70
8. Substitution dans le calcul fonctionnel 72
9. Calcul fonctionnel holomorphe en une variable 74
10. Exponentielle et logarithme 78
11. Partitions de l'espace des caractères 79
12. Partitions du spectre d'un élément 81
13. Calcul fonctionnel holomorphe dans une algèbre normable complète réelle ou complexe 85
14. Cas d'une algèbre sans élément unité 88

§ 5. *Algèbres de Banach commutatives régulières* 88
1. Définition 88
2. Synthèse harmonique 91

§ 6. *Algèbres stellaires* 95
1. Involutions semi-linéaires 95
2. Algèbres involutives 96
3. Algèbres normées involutives 100
4. Algèbres stellaires 102
5. Algèbres stellaires commutatives 107
6. Calcul fonctionnel dans les algèbres stellaires unifères 109
7. Applications du calcul fonctionnel 112
8. Calcul fonctionnel dans une algèbre non unifère . . 114
9. Éléments positifs dans les algèbres stellaires 115
10. Unités approchées dans les algèbres stellaires 120
11. Quotient par un idéal bilatère fermé 122

12. Algèbre stellaire enveloppante d'une algèbre de Banach involutive 123
13. Algèbre stellaire d'un groupe localement compact 125

§ 7. *Spectre des endomorphismes des espaces de Banach* . . 127
1. Spectre d'un endomorphisme 127
2. Projecteurs spectraux 129
3. Points isolés du spectre 131
4. Spectre de la transposée d'un endomorphisme 131
5. Cas des espaces hilbertiens 132
6. Image numérique 135
7. Éléments positifs 138
8. Décomposition polaire 139

§ 8. *Algèbres de fonctions continues sur un espace compact* 142
1. Sous-algèbres de l'algèbre des fonctions continues sur un espace compact 142
2. Fonctions continues sur un sous-ensemble compact de $\mathbf{C}^{\Lambda}$ 146
3. Fonctions continues sur un sous-ensemble compact de $\mathbf{C}$ 148

Exercices du § 1. 153
Exercices du § 2. 155
Exercices du § 3. 166
Exercices du § 4. 172
Exercices du § 5. 178
Exercices du § 6. 180
Exercices du § 7. 187
Exercices du § 8. 191

CHAPITRE II. — GROUPES LOCALEMENT COMPACTS COMMUTATIFS 199

§ 1. *Transformation de Fourier* 201
1. Caractères unitaires d'un groupe localement compact commutatif 201
2. Définition de la transformation de Fourier 206
3. Le théorème de Plancherel 210
4. La formule d'inversion de Fourier 217
5. Le théorème de dualité de Pontryagin 220
6. Propriétés fonctorielles de la dualité 224
7. La formule de Poisson 229

8. Exemples de dualité 232
9. Transformée de Fourier euclidienne et séries de Fourier 237

§ 2. *Classification* 244
1. Groupes engendrés par une partie compacte 244
2. Cas général 248

§ 3. *Sous-espaces invariants* 250
1. Le cas de l'espace hilbertien $L^2(G)$ 251
2. Idéaux fermés de $L^1(G)$ 251
3. Sous-espaces invariants faiblement fermés de $L^\infty(G)$ 257

Exercices du § 1. 262
Exercices du § 2. 304
Exercices du § 3. 308

FORMULAIRE DE THÉORIE DE FOURIER 319
Espaces de fonctions 319
Formulaire dans $\mathbf{R}^n$ 320
Formulaire dans $(\mathbf{R}/a\mathbf{Z})^n$ 321
Formule de Poisson dans $\mathbf{R}^n$ 322

INDEX DES NOTATIONS 323

INDEX TERMINOLOGIQUE 327

TABLE DES MATIÈRES 333

Printed in the United States
By Bookmasters